高职高专“十一五”规划教材

# 机械基础


主　编　余承辉

副主编　安　荣　余嗣元

参　编　耿道森　贾　芸　范文翠
　　　　邵　刚　廖玉松　沈　刚
　　　　汪再如

主　审　孙敬华

合肥工业大学出版社

## 内容简介

本书是作者在从事多年高职教学并积累大量教改经验的基础上编写而成的。本书现为安徽省高等学校"十一五"省级规划教材(见安徽省教育厅教秘高[2007]9号文件),主要内容包括常用机构、带传动和链传动、齿轮传动、轮系、螺纹联接与螺旋传动、轴与轴毂联接、轴承、联轴器与离合器、液压传动、气压传动、常用金属材料、锻压、焊接、钳工基础、金属切削基本知识、车削加工、铣削、刨削、镗削、磨削加工、机械加工工艺基础等。全书共五篇18章。

本书为高等职业技术教育近机械类或非机械类专业基础课教材,也可作为中等职业技术教育教材以及工程技术人员和自学人员的参考用书。


**图书在版编目(CIP)数据**

机械基础/余承辉主编.—合肥:合肥工业大学出版社,2006.10(2024.7重印)
ISBN 978-7-81093-375-9

Ⅰ.机... Ⅱ.余... Ⅲ.机械学—高等学校:技术学校—教材 Ⅳ.TH11

中国版本图书馆CIP数据核字(2006)第122209号

**机械基础**

主编 余承辉 责任编辑 马成勋

| | | | |
|---|---|---|---|
| 出　版 | 合肥工业大学出版社 | 版　次 | 2006年10月第1版 |
| 地　址 | 合肥市屯溪路193号 | 印　次 | 2024年7月第5次印刷 |
| 邮　编 | 230009 | 开　本 | 787毫米×1092毫米 1/16 |
| 电　话 | 理工图书出版中心:0551-62903204 | 印　张 | 20.75 |
| | 营销与储运管理中心:0551-62903198 | 字　数 | 500千字 |
| 网　址 | press.hfut.edu.cn | 发　行 | 全国新华书店 |
| E-mail | hfutpress@163.com | 印　刷 | 合肥华星印务有限责任公司 |

ISBN 978-7-81093-375-9 定价:36.00元

# 前　言

本书是高等职业技术教育理工科类专业学生重要的教学用书，是我们经过多年的高职教学实践，在总结经验和广泛地征求意见的基础上编写而成。本书现为安徽省高等学校“十一五”省级规划教材（见安徽省教育厅教秘高［2007］9号文件）。

《教育部关于加强高职高专人才培养工作的意见》指出：“课程和教学内容体系改革是高职高专教学改革的重点和难点。”以“应用”为主旨和特征来构建高职高专课程和教学内容体系是解决这一重点和难点的指导思想。而课程综合化是解决这一重点和难点的重要途径之一。本书是把机械传动、机械零部件、液压与气压传动、金属工艺和机械加工等知识体系进行有机重组和改造而成的一门综合性的课程教材。

在编写本书前，我们根据高职教育及专业课的特点，首先确定了编写的指导思想：以对机械的基础应用为目的，以必需、够用为度，以讲清概念、强化应用为重点。在具体编写时，我们按照生产第一线的高等技术应用性专门人才的培养要求，突出应用能力的培养；力求做到理论与实践的统一，教材内容来源于实践，经过归纳、分析，进行系统理论化后，又应用于实践，指导实践。编写后的本书体现了以下特色：

（1）对课程的知识体系进行整体优化，精选、整合教学内容，使本教材做到了“一本多能”；

（2）改变以往课程庞杂陈旧、分割过细的现象；删去繁琐的理论推导，避免简单拼凑、脱节和不必要的重复，注重“实用”；

（3）加强理论联系实际，注重通用性、实践性和应用性，培养学生的综合应用能力。

全书由余承辉担任主编，安荣、余嗣元担任副主编，由孙敬华教授担任主审。参加编写的老师为：贾芸、沈刚、范文翠、耿道森、安荣、廖玉松、余承辉、余嗣元、汪再如、邵刚。

此次重印前，我们对本书进行了适当修改。由于本书的知识体系跨度很大，加之编写这种教材是教学改革的一次探索，更限于编者的水平，书中的缺点和错误肯定难免，恳请读者批评指正。

编　者

2010年2月

# 目　录

## 第一篇　机械传动



## 第二篇　常用零部件

## 第三篇　液压与气压传动



## 第四篇　金属工艺基础



## 第五篇　机械加工基础

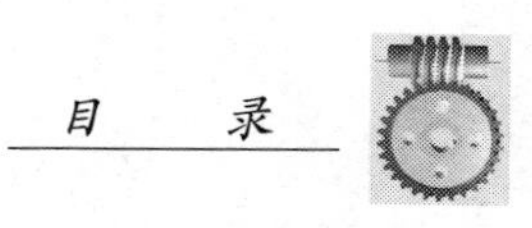

# 第一篇　机械传动

机械传动是机械系统中的重要组成部分。机械传动的主要作用是用来传递运动和动力,或变换运动形式。实现这些作用的机械种类繁多,但它们都是由一些基本机构组成或演化而来的。机械传动常用的有带传动、齿轮传动、链传动和推压传动(如凸轮机构、连杆机构、棘轮机构和槽轮机构等)。

# 第一章 常用机构

## 第一节　平面机构结构分析

机构是具有确定运动的构件系统，其组成要素有构件和运动副。所有构件的运动平面都相互平行的机构称为平面机构；否则称为空间机构。本节仅讨论平面机构的情况，因为在生活和生产中，平面机构应用最多。

### 一、机构的组成要素

1. 构件及其类型

构件是机构里的彼此相对运动的运动单元体。一个构件可以是一个单独制造的零件，如图 1－1a 所示的简单连杆；也可以是由若干零件联接构成的组合体，如图 1－1b 所示的结构复杂的连杆。

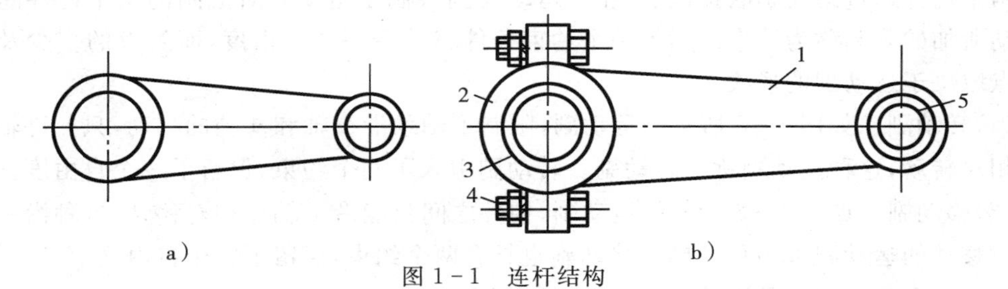


图 1－1　连杆结构

1—连杆体　2—连杆头　3—轴瓦　4—螺栓、垫圈、螺母　5—轴套

构件依其在机构中的地位和功能区分为机架、主动件、联运件和从动件。机架是机构中相对静止并用来支承各运动构件运动的构件，如图 1－2 所示，内燃机主体机构的气缸体 4；主动件又称为原动件或输入件，是输入运动和动力的构件，如活塞 1；从动件又称为被动件或输出件，是直接完成机构运动要求，跟随主动件运动的构件，如曲柄 3；联运件是联接主动件和从动件的中介构件，如连杆 2。

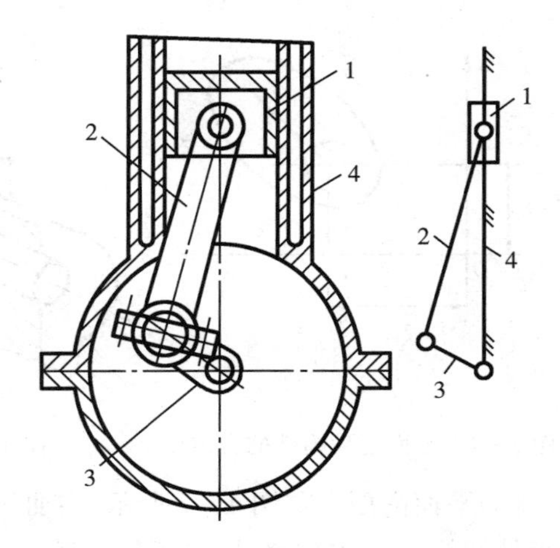


图 1－2　内燃机结构

1—活塞　2—连杆　3—曲柄　4—气缸体

2. 运动副

机构中各个构件之间必须有确定的相对运动，因此，构件的连接既要使两个构件直接接触，又能产生一定的相对运动，这种直接接

触的活动连接称为运动副。在图 1-3 中，轴承中的滚动体与内外圈的滚道（如图 1-3a），啮合中的一对齿廓（如图1-3b）、滑块与导轨（如图 1-3c），均保持直接接触，并能产生一定的相对运动，因而都构成了运动副。两构件上直接参与接触而构成运动副的点、线或面称为运动副元素。

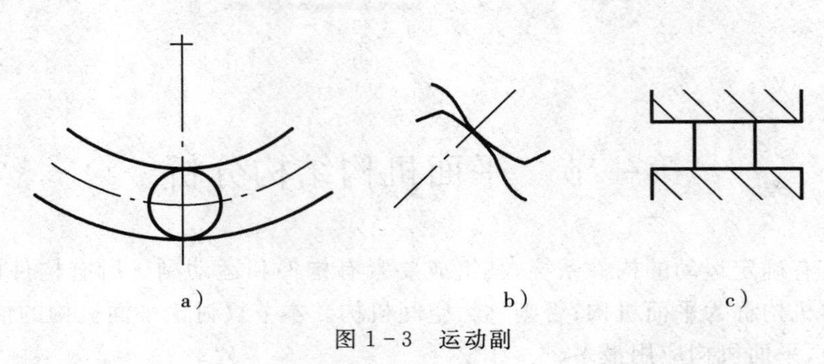


图 1-3　运动副

3. 自由度和运动副约束

任何一个构件在空间自由运动时皆有六个自由度。它可表示为在直角坐标系内沿着三个坐标轴的移动和绕三个坐标轴的转动。而对于一个作平面运动的构件，则只有三个自由度，如图 1-4 所示，即沿 $x$ 轴和 $y$ 轴移动，以及在 $xOy$ 平面内的转动。我们把构件相对于参考系具有的独立运动参数的数目称为自由度。

两个构件通过运动副联接以后，相对运动受到限制。运动副对成副的两个构件间的相对运动所加的限制称为约束。引入一个约束条件将减少一个自由度，而约束的多少及约束的特点取决于运动副的形式。

（1）转动副　如图 1-5 所示的运动副，限制了轴颈沿 $x$ 轴和 $y$ 轴的移动，只允许轴颈绕轴承相对转动，这种运动副称为转动副。转动副引入了两个约束，保留了一个自由度。

（2）移动副　如图 1-6 所示的运动副，构件之间只能沿 $x$ 轴作相对移动，这种沿一个方向相对移动的运动副称为移动副。移动副也具有两个约束，保留了一个自由度。

转动副和移动副都是面接触，统称为低副。

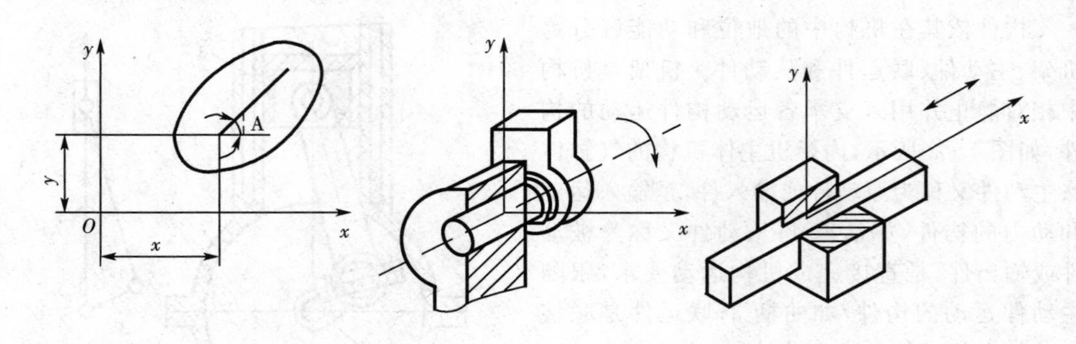


图 1-4　平面运动构件的自由度　　图 1-5　转动副　　图 1-6　移动副

（3）平面高副　如图 1-7 所示，在曲线构成的运动副中，构件 2 相对于构件 1 既可沿接触点处切线 $t—t$ 方向移动，又可绕接触点 $A$ 转动，运动副保留了两个自由度，带进了一个约束。这种点接触或线接触的运动副称为高副。

4. 运动链和机构

两个以上的构件通过运动副联接而成的系统称为运动链。运动链分为闭式运动链和开式运动链两种。所谓闭式运动链是指组成运动链的每个构件至少包含两个运动副，组成一个首尾封闭的系统；开式运动链的构件中有的构件只包含一个运动副，它们不能组成一个封闭的系统。如图 1－8 所示。

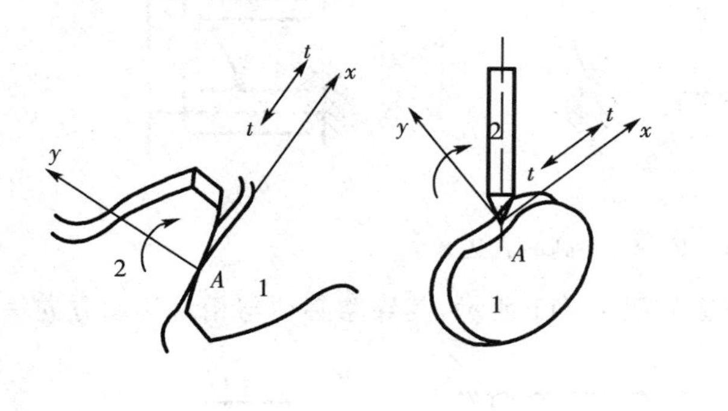


图 1－7　平面高副

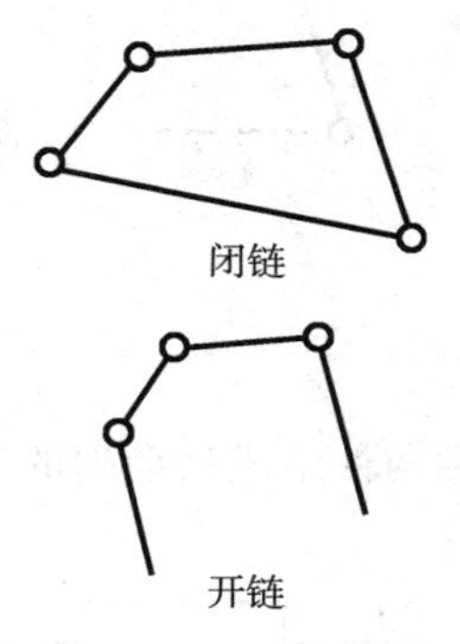


图 1－8　运动链

## 二、平面机构的运动简图的绘制

实际构件的外形和结构往往很复杂，在研究机构运动时，为了突出与运动有关的因素，将那些无关的因素删减掉，保留与运动有关的外形，用规定的符号来代表构件和运动副，并按一定的比例表示各种运动副的相对位置。这种表示机构各构件之间相对运动的简化图形，称为机构运动简图。机构运动简图与原机构具有完全相同的运动特性。

1. 常用机构的构件、运动副的代表符号

（1）构件均用直线或小方块等来表示，画有斜线的表示机架。图 1－9a 表示包含两个运动副元素的构件的各种画法，图 1－9b 表示包含三个运动副元素的构件的各种画法，图 1－9c表示包含四个运动副元素的构件的画法，这些画法可供绘制机构运动简图时参考。

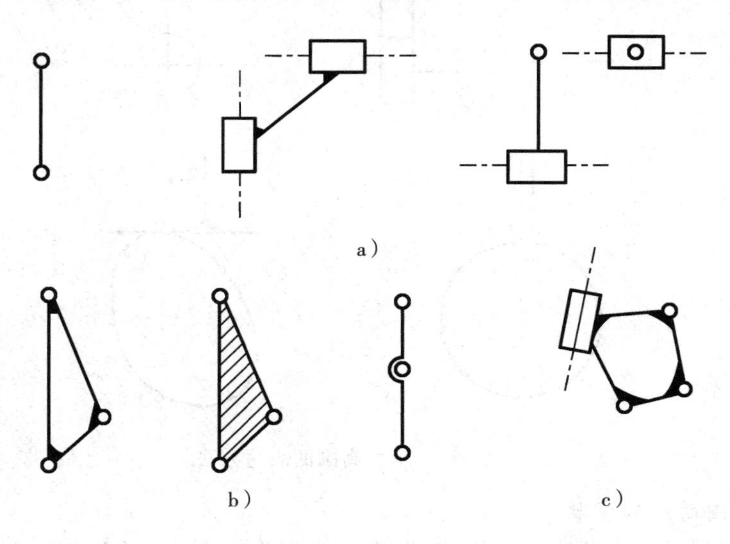


图 1－9　构件的画法

(2)两构件组成转动副时,其表示方法如图 1-10 所示。图面垂直于回转轴线时用图 1-10a表示;图面不垂直于回转轴线时用图 1-10b 表示。表示回转副的圆圈,其圆心必须与回转轴线重合。

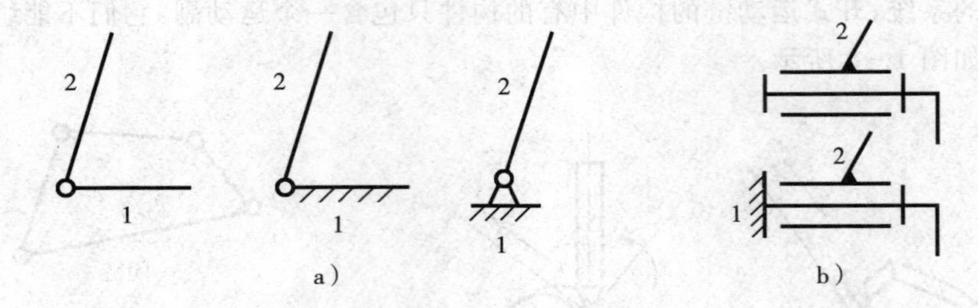


图 1-10　转动副的表达方法

(3)两构件组成移动副的表示方法如图 1-11 所示,其导路必须与相对移动方向一致。

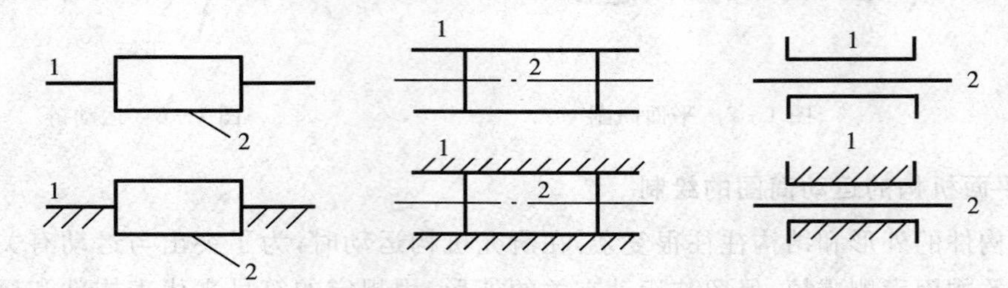


图 1-11　移动副的表达方法

(4)两构件组成平面高副时,其运动简图中应画出两构件接触处的曲线轮廓。对于齿轮,常用点画线画出其节圆,对于凸轮、滚子,习惯上画出其全部轮廓,如图 1-12 所示。

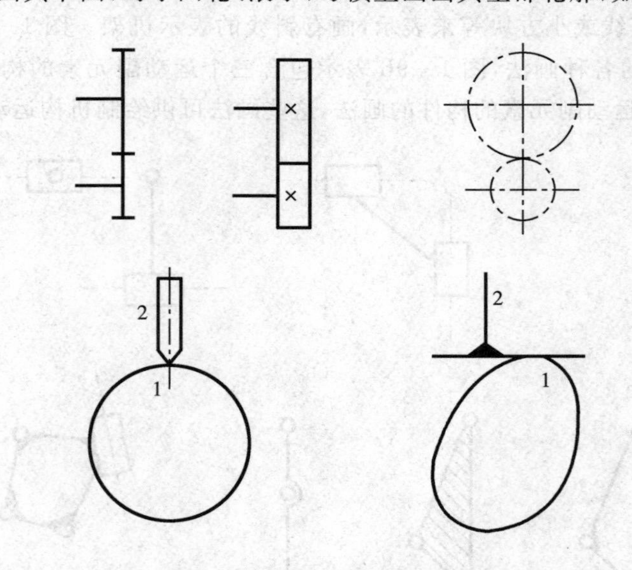


图 1-12　平面高副的表达方法

2. 运动简图的绘制步骤

(1) 分析机械的运动原理和结构情况,确定其原动件、机架、执行部分和传动部分。

(2) 沿着运动传递路线，逐一分析每个构件间相对运动的性质，以确定运动副的类型和数目。

(3) 恰当地选择视图平面，通常可选择机械中多数构件的运动平面为视图平面，必要时也可选择两个或两个以上的视图平面，然后将其展到同一视图平面上。

(4) 选择适当的比例尺，定出各运动副的相对位置，并用各运动副的代表符号、常用机构的运动简图符号和简单的线条，绘制机构运动简图。

(5)从原动件开始，按传动顺序标出各构件的编号和运动副的代号。在原动件上标出箭头以表示其运动方向。

运动简图是设计者交流思想所需要的一种共同语言，既要简洁，又能够正确表达设计思想；运动简图还是设计者研究分析机构运动学和动力学问题的一个重要工具。因此，要求准确表达机构的运动特性和运动尺寸。但是，由于运动简图仅反映机构的运动状况，不涉及机构的具体结构尺寸和强度问题，故不能用机械零件图和总装图代替。

**【例 1－1】** 绘制图 1－13a 所示的颚式破碎机主体机构运动简图。

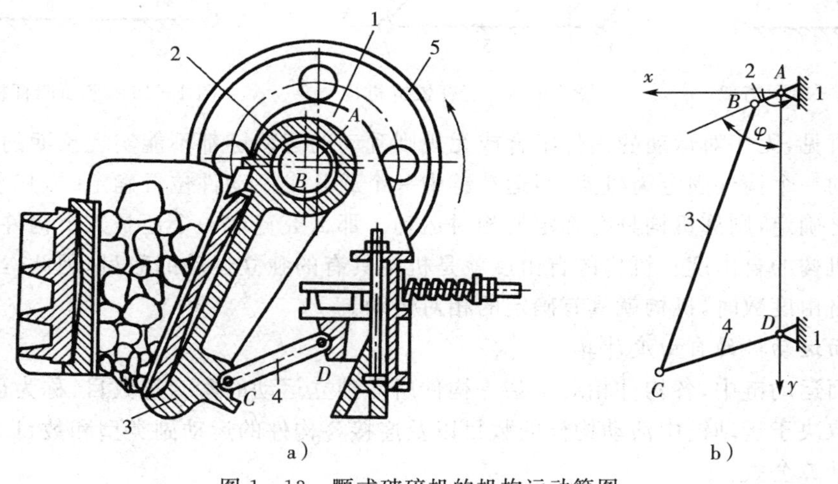


图 1－13　颚式破碎机的机构运动简图

**【解】** (1)分析机构运动，识别机构的结构

图示的颚式破碎机中，带轮 5 和偏心轴 2 固接在一起绕轴心 $A$ 转动，偏心轴 2 带动动颚 3，动颚 3 与机架 1 之间装有肘板 4，动颚运动时就可不断地破碎矿石。由此可知，机架 1、原动件(偏心轴)2、从动件(动颚)3 和肘板 4 等四个构件组成四杆机构。

偏心轴 2 与机架 1 绕轴心 $A$ 相对转动，偏心轴 2 与动颚 3 绕轴心 $B$ 相对转动。由此可知，整个机构有 $A$、$B$、$C$、$D$ 四个转动副。

(2)选择视图平面、比例尺，绘制机构运动简图

对于平面机构，选构件运动平面为视图平面，因其已可将平面机构表达清楚，故不需再选辅助视图平面。本例选择的所在平面为视图平面，如图 1－13b 所示。

根据图纸的大小、实际机构的大小和能清楚表达机构的结构，选择长度比例尺：

$$\mu_l = \frac{\text{实际尺寸(m)}}{\text{图上尺寸(mm)}}$$

在图 1－13a 中，测量 $A$、$B$ 两点的长度，$B$、$C$ 两点的长度，$C$、$D$ 两点的长度，$A$、$D$ 两点的长度，画转动副 $A$、$B$、$C$、$D$，各转动副间距离按比例计算。用简单线条连成构件 2、3、4 及机架 1，在原动件 2 上标注带箭头的圆弧，在机架 1 上画出斜线，便得到图 1－13b 所示的机构运动简图。

### 三、平面机构的自由度

1. 机构具有确定运动的条件

运动链和机构都是由机件和运动副组成的系统，机构要实现预期的运动传递和变换，必须使其运动具有可能性和确定性。如图 1－14 所示，由三个构件通过三个转动副联接而成的系统就没有运动的可能性。如图 1－15 所示的五杆系统，若取构件 1 作为主动件，当给定角度时，构件 2、3、4 既可以处在实线位置，也可以处在虚线或其他位置，因此，其从动件的位置是不确定的。但如果给定构件 1、4 的位置参数，则其余构件的位置就都被确定下来。如图 3－16 所示的四杆机构，当给定构件 1 的位置时，其他构件的位置也被相应确定。

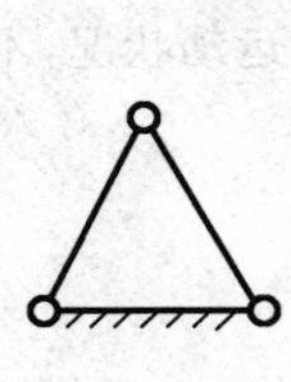
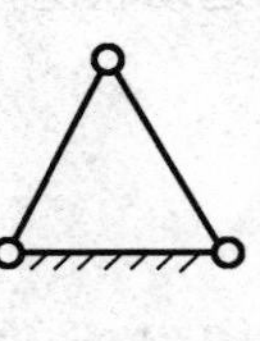
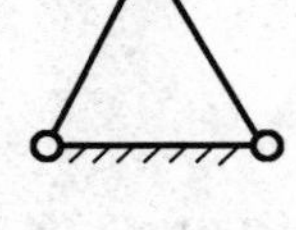

图 1－14　桁架

图 1－15　五杆铰链机构

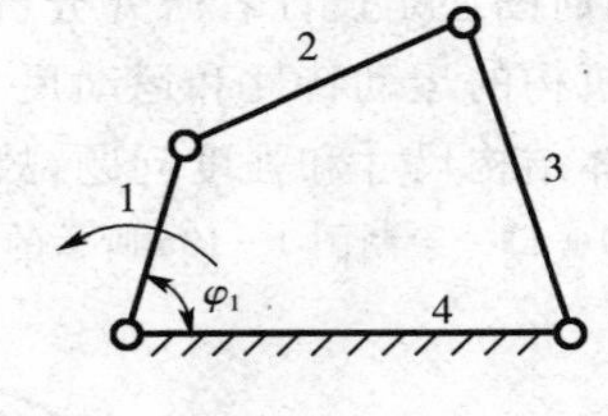


图 1－16　平面四杆机构

由此可见，无相对运动的构件组合或无规则乱动的运动链都不能实现预期的运动变换。将运动链的一个构件固定为机架，当运动链中一个或几个主动件位置确定时，其余从动件的位置也随之确定，则称机构具有确定的相对运动。那么究竟取一个还是几个构件作主动件，这取决于机构的自由度。机构的自由度就是机构具有的独立运动的数目，因此，当机构的主动件等于自由度数时，机构就具有确定的相对运动。

2. 平面运动链的自由度计算

在平面运动链中，各构件相对于某一构件所需独立运动的参变量数目，称为运动链的自由度。它取决于运动链中活动构件的数目以及连接各构件的运动副类型和数目。平面运动链自由度计算公式：

$$F=3n-2P_L-P_H \tag{1-1}$$

式中：$F$——机构的自由度数目；

$n$—— 活动构件的数目；

$P_L$——低副的数目；

$P_H$——高副的数目。

设一个平面运动链中除去机架时，其余活动构件的数目为 $n$ 个。而一个不受任何约束的构件在平面中有三个自由度，故一个运动链中活动构件在平面共具有 $3n$ 个自由度。当两构件连接成运动副后，其运动受到约束，自由度将减少。自由度减少的数目，应等于运动副引入的约束数目。由于平面运动链中的运动副只可能是高副或低副，其中每个低副引入的约束数为 2，每个高副引入的约束数为 1。因此，对于平面运动链，若各构件之间共构成了 $P_L$ 个低副和 $P_H$ 个高副，则它们共引入（$2P_L+P_H$）个约束。运动链的自由度 $F$ 应为：$F=3n-2P_L-P_H$。此式即为平面运动链自由度的计算公式，也称为平面机构结构公式。

由公式可知，机构自由度 $F$ 取决于活动构件的数目以及运动副的性质和数目。

如图 1-14 所示桁架的自由度为 $F=3n-2P_L-P_H=3\times2-2\times3-0=0$，它的各杆件之间不可能产生相对运动。

如图 1-15 所示五杆铰链机构的自由度为 $F=3n-2P_L-P_H=3\times4-2\times5-0=2$，原动件数小于机构自由度，机构运动不确定，表现为任意乱动。

如图 1-16 所示平面四杆机构的自由度为 $F=3n-2P_L-P_H=3\times3-2\times4-0=1$，原动件数=机构自由度，机构有确定的运动。

综上所述，机构具有确定运动的条件是：机构自由度必须大于零、且原动件数与其自由度必须相等。

3. 计算机构自由度的注意事项

应用式(1—1)计算机构的自由度时，必须注意以下问题。

(1)复合铰链　由两个以上构件组成两个或更多个共轴线的转动副，即为复合铰链。如图 1-17a 所示，为三个构件在 A 处构成的复合铰链。由其侧视图 1-17b 可知，此三构件共组成两个共轴线转动副。当由 $m$ 个构件组成复合铰链时，则应当组成$(m-1)$个共轴线转动副。

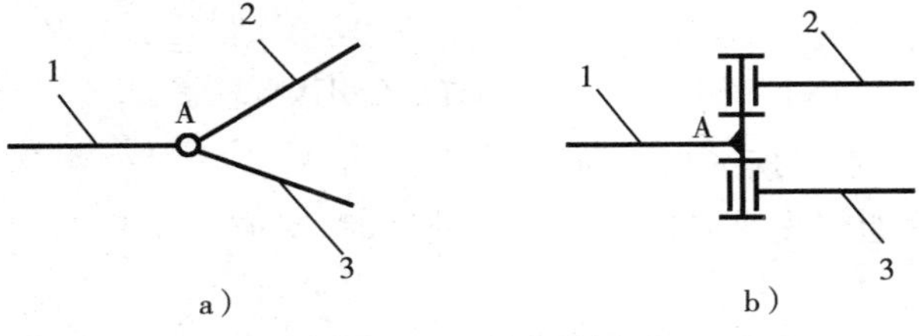


图 1-17　复合铰链

(2)局部自由度　机构中常出现一种与输出构件运动无关的自由度，称为局部自由度或多余自由度。在计算机构自由度时，可预先排除。

如图 1-18a 所示的平面凸轮机构中，为了减少高副接触处的磨损，在从动件上安装一个滚子 3，使其与凸轮轮廓线滚动接触。显然，滚子绕其自身轴线转动与否并不影响凸轮与从动件间的相对运动，因此，滚子绕其自身轴线的转动为机构的局部自由度，在计算机构的自由度时，应预先将转动副 $C$ 除去不计，或如图 1-18b 所示，设想将滚子 3 与从动件 2 固联在一起作为一个构件来考虑。这样在机构中，$n=2$，$P_L=2$，$P_H=1$，其自由度为 $F=3n-2P_L-P_H=3\times2-2\times2-1=1$，此凸轮机构中只有一个自由度。

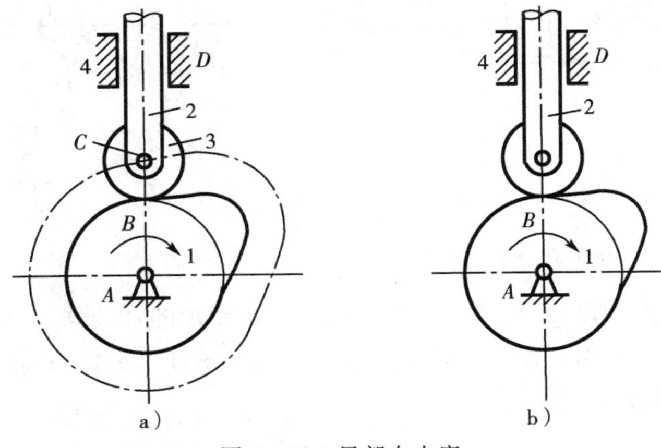


图 1-18　局部自由度

(3)虚约束　在运动副引入的约束中，有些约束对机构自由度的影响是重复的。这些对机构运动不起限制作用的重复约束，称为消极约束或虚约束。在计算机构自由度时，这种约束应当除去不计。

如图 1-19a 所示的平行四边形机构中，如果以 $n=4, P_L=6, P_H=0$ 来计算，则 $F=3n-2P_L-P_H=3\times4-2\times6-0=0$。显然计算结果不符合实际，其原因是，该运动链中的连杆作平移运动，因此，去掉一个构件，右图与左图的运动完全相同。这种起重复限制作用的约束称为虚约束。计算自由度时应先将产生虚约束的构件去掉，如图 1-19b 所示，再进行计算，结果为 $F=3n-2P_L-P_H=3\times3-2\times4-0=1$。

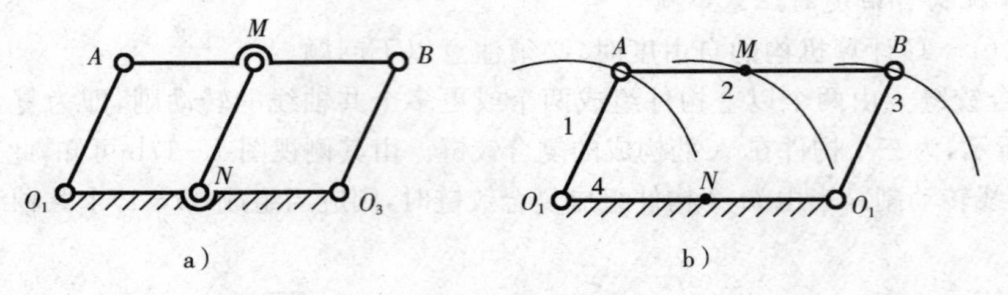


图 1-19　运动轨迹重合引入虚约束

平面机构的虚约束常出现下列几种情况：

(1)两个构件之间组成多个导路平行的移动副时，只有一个移动副起作用，其余都是虚约束。

(2)两个构件之间组成多个轴线重合的回转副时，只有一个回转副起作用，其余都是虚约束。如图 1-20 所示，两个轴承支撑一根轴，只能看作一个回转副。

(3)机构中对传递运动不起独立作用的对称部分，也为虚约束。如图 1-21 所示的轮系中，中心轮经过两个对称布置的小齿轮 2 和 2′驱动内齿轮 3，其中有一个小齿轮对传递运动不起独立作用。但由于第二个小齿轮的加入，使机构增加了一个虚约束。

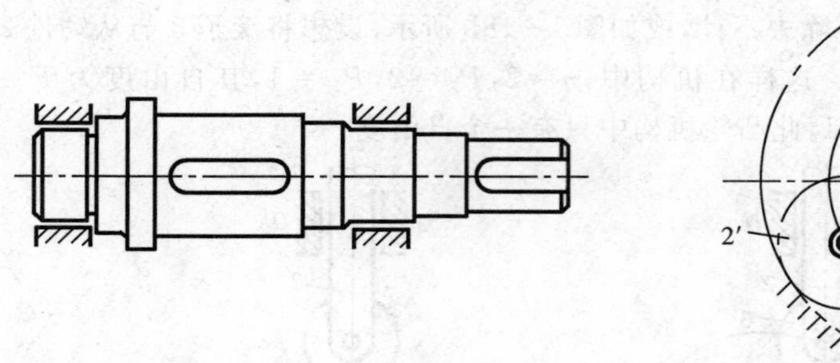

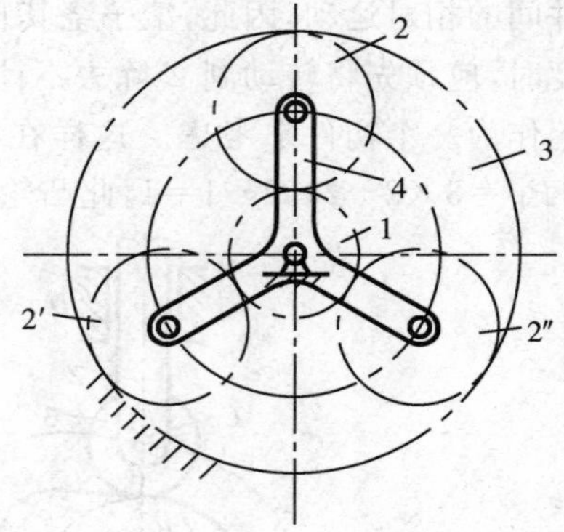


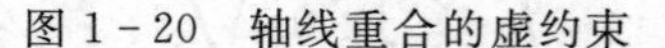
图 1-20　轴线重合的虚约束

图 1-21　对称结构的虚约束

应当注意，对于虚约束，从机构的运动观点来看是多余的，但能增加机构的刚性，改善其受力状况，因而被广泛采用。但是虚约束对机构的几何条件要求较高，因此对机构的加工和装配提出了较高的要求。

【例 1-2】 计算图 1-22 所示大筛机构的自由度。

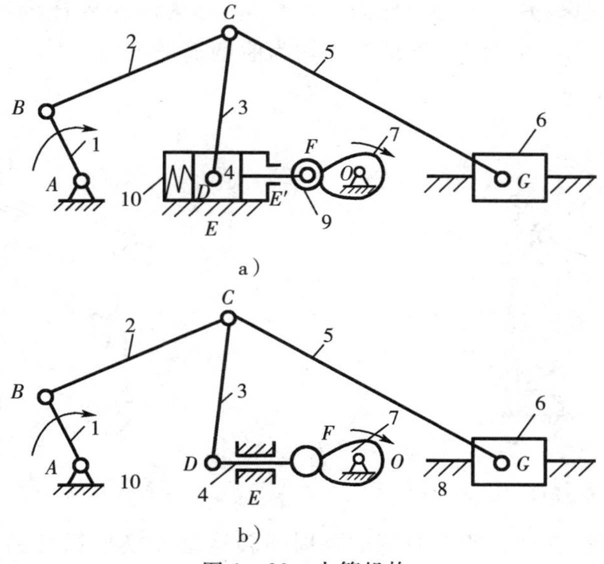


图 1-22 大筛机构

【解】(1)分析 构件 2、3、5 在 $C$ 处组成复合铰链;滚子 9 绕自身轴线的转动为局部自由度;活塞 4 在 $E$、$E'$ 两处形成导路平行的移动副,其中之一为虚约束。弹簧不起限制作用,可略去。经以上处理后,得机构运动简图。其中 $n=7$,$P_L=9$,$P_H=1$

(2)计算 由公式得 $F=3n-2P_L-P_H=2$,所以此机构应有两个自由度。

# 第二节 平面连杆机构

平面连杆机构是将各构件用转动副或移动副联接而成的平面机构。最简单的平面连杆机构是由四个构件组成的,简称平面四杆机构。它的应用非常广泛,而且是组成多杆机构的基础。

## 一、四杆机构的基本形式

全部用回转副组成的平面四杆机构称为铰链四杆机构,如图 1-23 所示。机构的固定件 4 称为机架;与机架用回转副相联接的杆 1 和杆 3 称为连架杆;不与机架直接联接的杆 2 称为连杆。能作整周转动的连架杆,称为曲柄。仅能以某一角度摆动的连架杆,称为摇杆。对于铰链四杆机构来说,机架和连杆总是存在的,因此可按照连架杆是曲柄还是摇杆,将铰链四杆机构分为三种基本型式:曲柄摇杆机构、双曲柄机构和双摇杆机构。

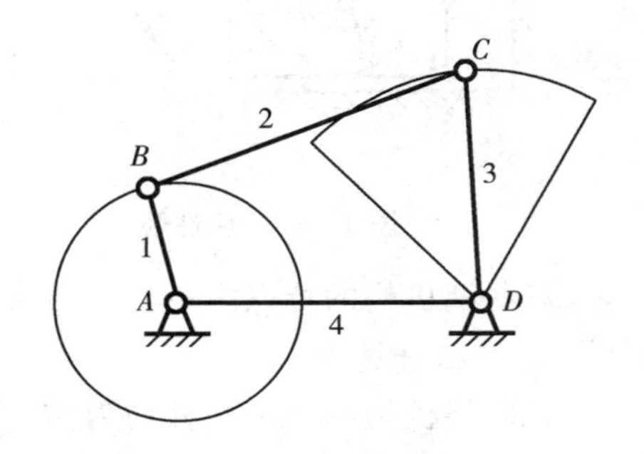


图 1-23 铰链四杆机构

所有运动副均为转动副的平面四杆机构称为铰链四杆机构,它是平面四杆机构的最基本的型式,其他型式的平面四杆机构都可看作是在它的基础上通过演化而成的。

1. 曲柄摇杆机构

两连架杆一个为曲柄另一个为摇杆的四杆机构，称为曲柄摇杆机构。如图 1-24 所示的搅拌机及图 1-25 所示的缝纫机脚踏机构均为曲柄摇杆机构。

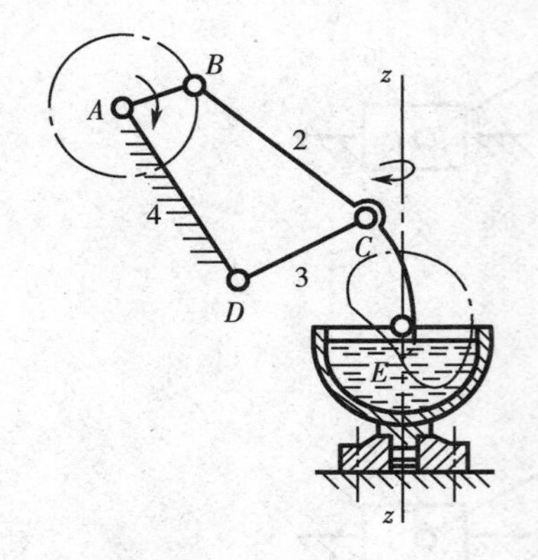


图 1-24 搅拌机

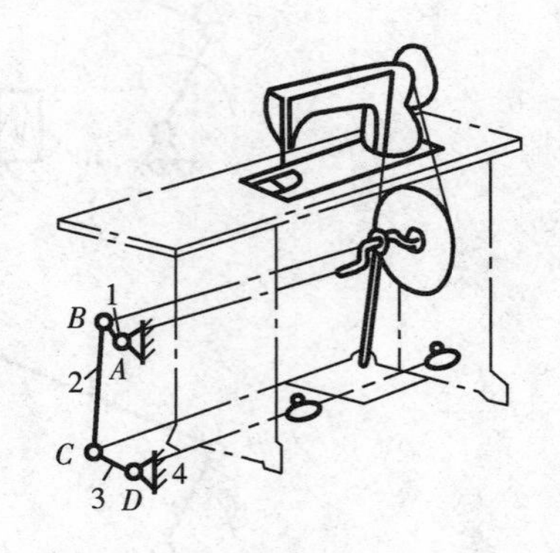


图 1-25 缝纫机

曲柄摇杆机构的特点是它能将曲柄的整周回转运动变换成摇杆的往复摆动，相反它也能将摇杆的往复摆动变换成曲柄的连续回转运动。

2. 双曲柄机构

两连架杆均为曲柄的四杆机构称为双曲柄机构，如图 1-26 所示的惯性筛及图 1-27 所示的机车车辆机构，均为双曲柄机构。惯性筛机构中，主动曲柄 $AB$ 等速回转一周时，曲柄 $CD$ 变速回转一周，使筛子 $EF$ 获得加速度，从而将被筛选的材料分离。机车车辆机构是平行四边形机构，它使各车轮与主动轮具有相同的速度，其内含有一个虚约束，以防止曲柄与机架共线时运动不确定。

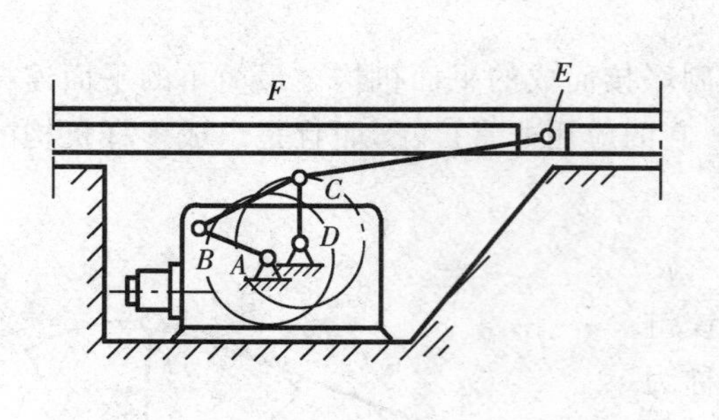


图 1-26 惯性筛

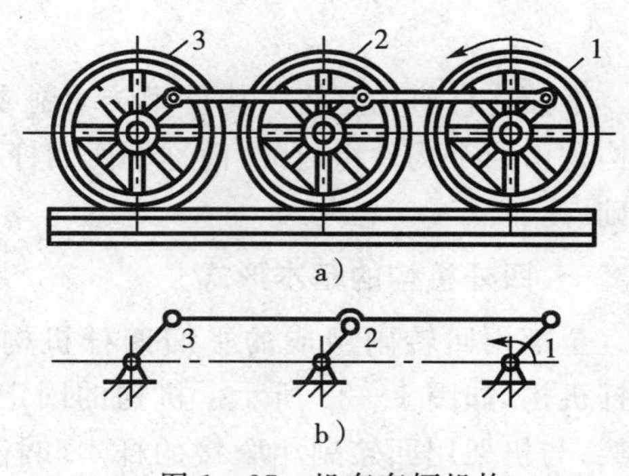


图 1-27 机车车辆机构

双曲柄机构的特点之一就是能将等角速度转动变为周期性变角速度转动。

3. 双摇杆机构

若四杆机构的两连架杆均为摇杆，则此四杆机构称为双摇杆机构。双摇杆机构在实际中的应用，主要是通过适当的设计，将主动摇杆的摆角放大或缩小，使从动摇杆得到所需的摆角；或者利用连杆上某点的运动轨迹实现所需的运动。如图 1-28 所示的起重机及图 1-29所示的电风扇的摇头机构，均为双摇杆机构。在起重机中，$CD$ 杆摆动时，连杆 $CB$ 上悬挂重物的点 $M$ 在近似水平直线上移动。图 1-29 所示的机构中，电机安装在摇杆 4 上，

铰链 $A$ 处装有一个与连杆 1 固接在一起的蜗轮。电机转动时，电机轴上的蜗杆带动蜗轮迫使连杆 1 绕 $A$ 点作整周转动，从而使连架杆 2 和 4 作往复摆动，达到风扇摇头的目的。

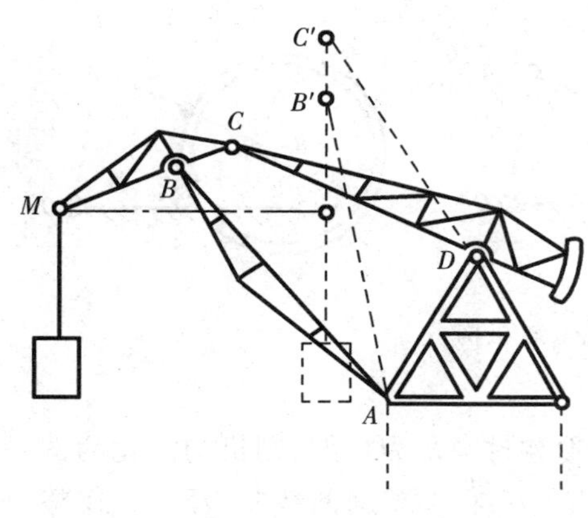


图 1－28　鹤式起重机

图 1－29　电风扇的摇头机构

**二、平面四杆机构的演化**

除前面介绍的三种基本型式的铰链四杆机构以外，在实际中还广泛使用着其他型式的四杆机构，都可看作是从铰链四杆机构演化而来的。

1. 转动副转化成移动副

如图 1－30a 所示的曲柄摇杆机构中，当摇杆 $DC$ 长度无限增加时，$C$ 点的运动轨迹便由弧线变成了直线，摇杆 $DC$ 便成了滑块，原来的转动副变成了移动副，曲柄摇杆机构便变成了曲柄滑块机构。如果铰链 $C$ 的运动轨迹 $m-m$ 通过曲柄的旋转中心 $A$，则称为对心曲柄滑块机构，如图 1－30c 所示。如果 $m-m$ 不通过曲柄的旋转中心，有偏心距 $e$，则称偏置曲柄滑块机构，如图 1－30d 所示。

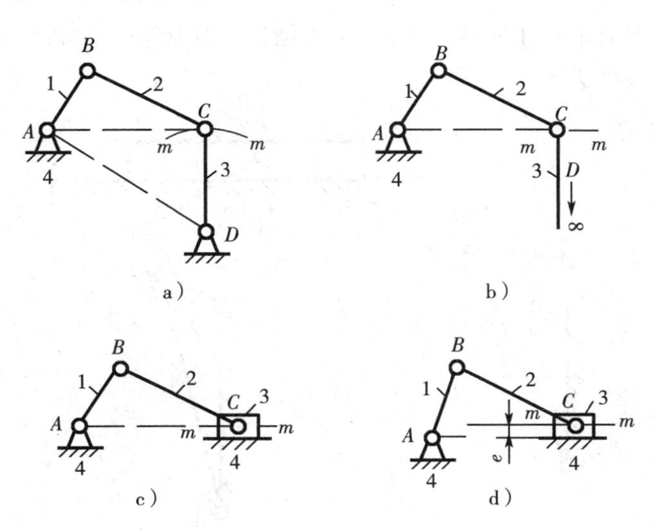


图 1－30　转动副转化成移动副

2. 扩大转动副

在曲柄摇杆机构中，当曲柄较短时，往往由于工艺、结构和强度等方面的需要，将回转副 $B$ 的销轴半径扩大到超过曲柄长度，使曲柄成为绕 $A$ 点转动的偏心轮机构，如图 1-31 所示。

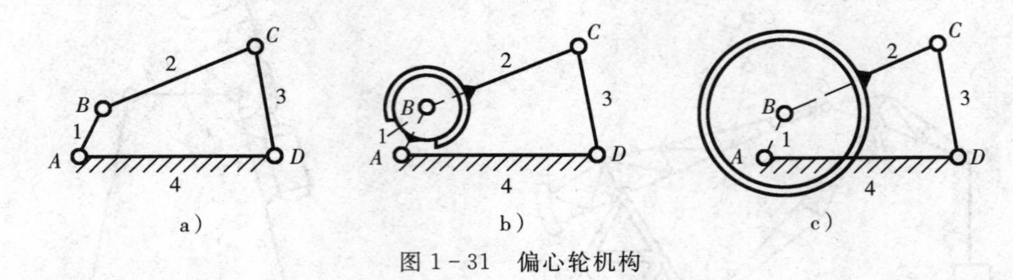


图 1-31　偏心轮机构

3. 变换机架

如图 1-32a 所示的曲柄滑块机构中，若改取构件 $AB$ 为机架，则机构演化为图1-32b、c 所示的导杆机构。构件 $AC$ 称导杆。若杆长 $l_1<l_2$，杆 2 整周回转时，杆 4 也作整周回转，这种导杆机构称为转动导杆机构，如图 1-32c 所示；若杆长 $l_1>l_2$，杆 2 整周回转时，杆 4 只能作绕点 $A$ 的往复摆动，这种导杆机构称为摆动导杆机构，如图 1-32b 所示。

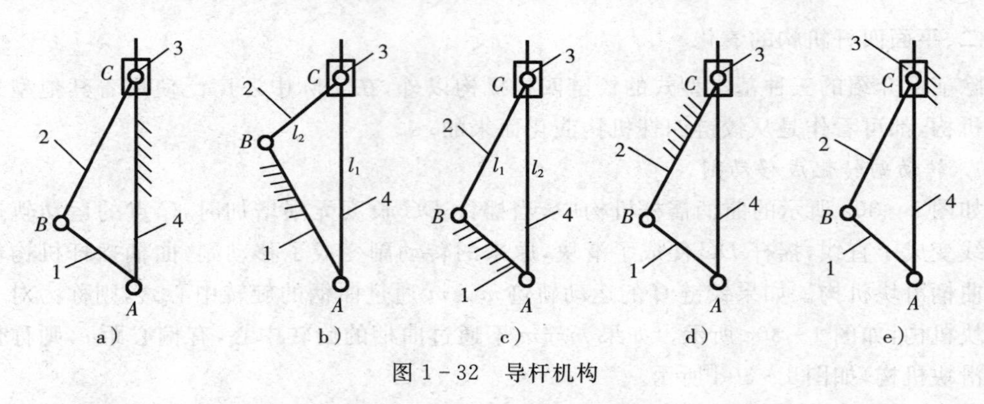


图 1-32　导杆机构

导杆机构在工程上常用作回转式油泵、牛头刨床和插床等工作机构。如图 1-33 所示为牛头刨床的摆动导杆机构。

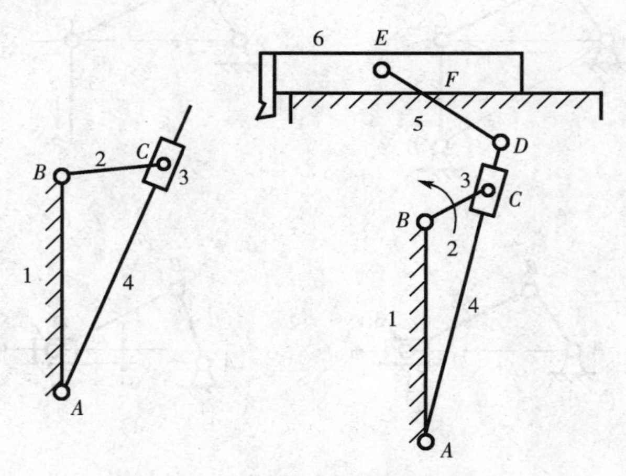


图 1-33　牛头刨床的摆动导杆机构

在图 1－32a 所示的曲柄滑块机构中，或取构件 $BC$ 为机架，则变成如图 1－32d 所示的摇块机构，或称摆动滑块机构。这种机构广泛应用于摆动式内燃机和液压驱动装置内。如图 1－34 所示自卸卡车翻斗机构及其运动简图。在该机构中，因为液压油缸 3 绕铰链 $C$ 摆动，故称为摇块。

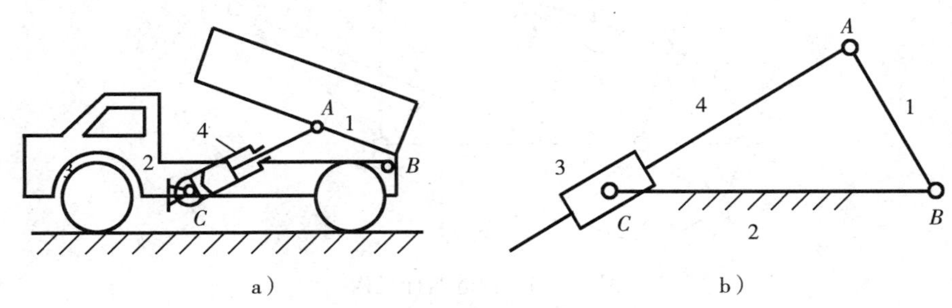


图 1－34　自卸卡车翻斗机构及其运动简图

在图 1－32a 所示的曲柄滑块机构中，若取杆 3 为固定件，即可得图 1－32e 所示的固定滑块机构或称定块机构。这种机构常用于如图 1－35 所示抽水唧筒等机构中。

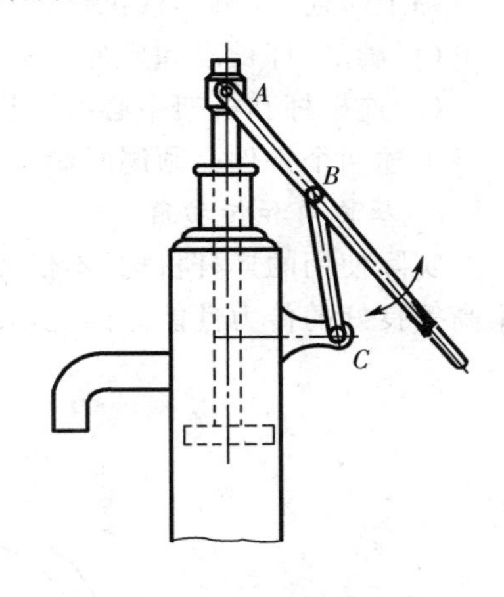


图 1－35　抽水唧筒机构

**三、平面四杆机构的基本特性**

1. 铰链四杆机构有曲柄的条件

在实际使用的机器中，大多数机器是由电动机及其他连续转动的动力装置来驱动，这便要求机器的原动件能作整周回转运动。但是在四杆机构中有的连架杆能作整周回转运动而成为曲柄，有的则不能。那么铰链四杆机构在什么条件下有曲柄存在呢？下面讨论连架杆成为曲柄的条件。

如图 1－36 所示为铰链四杆机构，图中 $a$、$b$、$c$、$d$ 分别代表各杆长度。若连架杆 $AB$ 既能转到 $AB_1$，又能转到 $AB_2$ 的位置，则它就能绕 $A$ 点整周转动而成为曲柄。此时各杆的长度应满足：

在$\triangle B_1C_1D$ 中　　$b+c>a+d$　即 $a+d<b+c$　　(1－2)

在$\triangle B_2C_2D$ 中　　$(d-a)+b>c$　即 $a+c<b+d$　　(1－3)

$(d-a)+c>b$　即 $a+b<c+d$　　(1－4)

将以上三式中每两式相加，化简后即得

$$a<b;\ a<c;\ a<d \tag{1-5}$$

由上式可知，铰链四杆机构中存在一个曲柄的条件是：

(1)曲柄是最短杆；

(2)最短杆与最长杆之和小于或等于(极限情况下)其余两杆长度之和，此条件称为“杆长之和条件”。

进一步分析图 1－36 还可得知，当 $AB$ 为曲柄时，组成转动副 $A$ 及 $B$ 的杆件均作相对

整周回转。因此，在满足“杆长之和条件”下，若以最短杆为机架，它们之间的相对运动关系仍应保持不变，但此时两连架均为曲柄，从而得双曲柄机构。

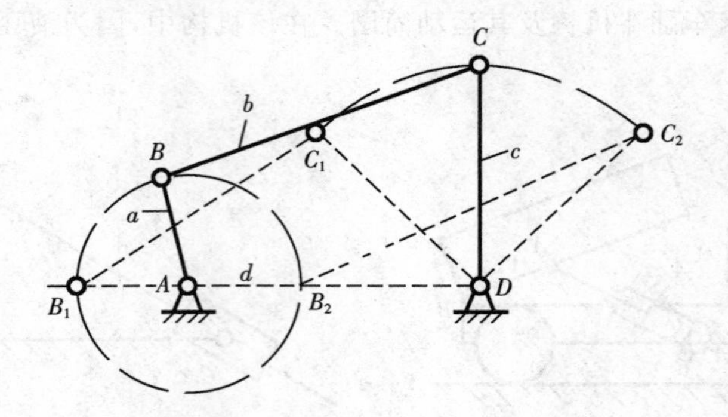


图 1-36　铰链四杆机构

综上所述，铰链四杆机构具有曲柄的条件是：

(1)满足“杆长之和条件”；

(2)连架杆和机架中必有一杆是最短杆。

上述两个条件必须同时满足，且“杆长之和条件”是前提，否则就只能是双摇杆机构。

2. 压力角和传动角

实际使用的连杆机构，不仅要保证实现预期的运动，而且要求传动时，具有轻便省力、效率高等良好的传力性能。因此，要对机构的传力情况进行分析。

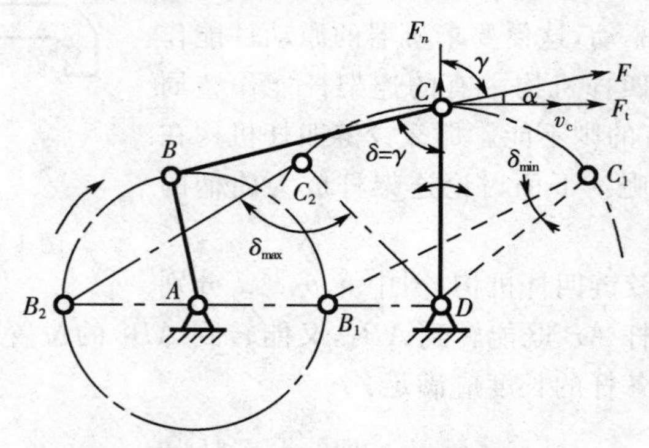


图 1-37　压力角和传动角

如图 1-37 所示的曲柄摇杆机构中，若不考虑构件的重力、惯性力以及转动副中的摩擦力等的影响，则当曲柄 $AB$ 为原动件时，通过连杆 $BC$ 作用于从动件 $CD$ 上的力 $F$ 沿 $BC$ 方向，此力的方向与力作用点 $C$ 的速度 $v_c$ 方向之间的夹角用 $\alpha$ 表示。将 $F$ 分解为沿 $v_c$ 方向的切向力 $Ft$ 和垂直于 $v_c$ 的法向力 $F_n$，其中 $F_t=F\cos\alpha$ 为驱使从动件运动并作功的有效分力，而 $F_n=F\sin\alpha$ 不作功，仅增加转动副 $D$ 中的径向压力。因此在 $F$ 大小一定情况下，分力 $F_t$ 愈大也即 $\alpha$ 愈小对机构工作愈有利，故称 $\alpha$ 为压力角，它可反映力的有效利用程度。

机构在运转过程中，$\alpha$ 角是不断变化的。压力角的余角 $\gamma$ 称为传动角。如图 1-37 所示，其中连杆 $BC$ 与从动件 $CD$ 之间所夹的锐角 $\delta$ 等于传动角 $\gamma$。$\gamma$ 愈大对机构工作愈有利。由于传动角易于观察和测量，因此工程上常以传动角 $\gamma$ 来衡量机构的传动性能。为了使传动角不致过小，常要求其最小值 $\gamma_{min}$ 大于许用传动角[$\gamma$]。[$\gamma$]一般取为 40°或 50°。

3. 急回运动

如图 1－38 所示的曲柄摇杆机构，当主动件曲柄 $AB$ 与连杆 $BC$ 两次共线时，从动件摇杆分别处于 $C_1D$ 及 $C_2D$ 两个极限位置。当曲柄按等角速度 $\omega$ 由 $AB_1$ 转过 $\varphi_1$ 角至极限位置 $AB_2$ 位置时，摇杆则由极限位置 $C_1D$ 转过 $\psi$ 角至极限位置 $C_2D$；当曲柄再由 $AB_2$ 按等角速度 $\omega$ 转过 $\varphi_2$（$\varphi_2<\varphi_1$）至 $AB_1$ 位置时，摇杆则由极限位置 $C_2D$ 摆过 $\psi$ 角回到极限位置 $C_1D$。因为曲柄 $AB$ 的角速度 $\omega$ 恒定，所以 $\varphi_1$ 大于 $\varphi_2$ 就意味着摇杆来回摆动的平均速度不相等，回摆时的速度较大，产生急回运动。

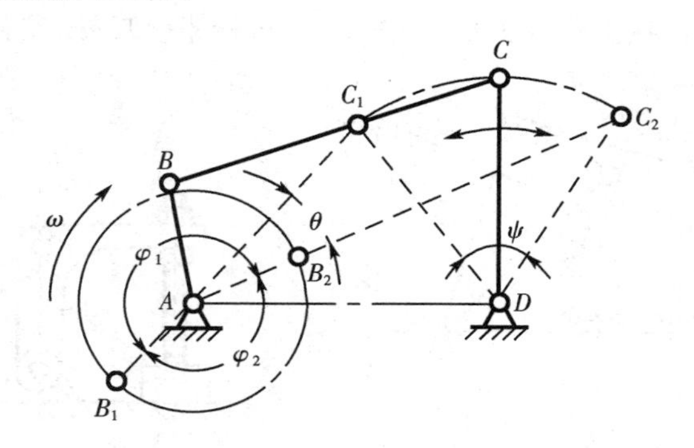


图 1－38 曲柄摇杆机构的急回特性

一般用行程速比系数 $K$ 来衡量机构的急回运动。$K$ 的定义为从动件回程平均角速度和工作行程平均角速度之比，机构具有急回特性必有 $K>1$，则极位夹角 $\theta\neq0$。极位夹角的定义是指当机构的从动件分别位于两个极限位置时，主动件曲柄的两个相应位置之间所夹的锐角。$\theta$ 和 $K$ 之间的关系为

$$K=\frac{\varphi_1}{\varphi_2}=\frac{180^\circ+\theta}{180^\circ-\theta} \tag{1-6}$$

$$\theta=180^\circ\frac{K-1}{K+1} \tag{1-7}$$

在各种形式四杆机构中，只要极限夹角 $\theta\neq0$，则该机构一定具有急回特性，且 $\theta$ 角越大，急回程度就越大。生产中使用的牛头刨床及往复式运输机等机械，就是利用急回特性缩短了非生产时间，提高了生产效率。

4. 死点

在铰链四杆机构中，当连杆与从动件处于共线位置时，主动件通过连杆传给从动件的驱动力必通过从动件铰链的中心，也就是说驱动力对从动件的回转力矩等于零。此时，无论施加多大的驱动力，均不能使从动件转动，且转向也不能确定。我们把机构中的这种位置称为死点位置。如图 1－39 所示曲柄摇杆机构中，若摇杆 3 为主动件，而曲柄 1 为从动件，则当摇杆摆动到极限位置 $C_1D$ 或 $C_2D$ 时，连杆 2 与从动件 1 共线，从动件的传动角 $\gamma=0$，通过连杆加于从动件上的力将经过铰链中心 $A$，从而驱使从动件曲柄运动的有效分力为零。机构的这种传动角为零的位置称为死点位置。四杆机构是否存在死点位置，决定于连杆能否运动至与转动从动件（摇杆或曲柄）共线或与移动从动件移动导路垂直。

对于传动机构来说，机构有死点位置是不利的，为了使机构能顺利地通过死点位置，通常在曲柄轴上安装飞轮，利用飞轮的惯性来渡过死点位置，例如家用缝纫机中的曲柄摇杆机构(将踏板往复摆动变换为带轮单向转动)，就是借助于带轮的惯性来通过死点位置并使带轮转向不变的。

但在工程实践中，有时也常常利用机构的死点位置来实现一定的工作要求，如图 1－40 所示的工件夹紧装置，当工件 5 需要被夹紧时，就是利用连杆 $BC$ 与摇杆 $CD$ 形成的死点位置，这时工件经杆 1、杆 2 传给杆 3 的力，通过杆 3 的传动中心 $D$。此力不能驱使杆 3 转动。故当撤去主动外力 $P$ 后，在工作反力 $N$ 的作用下，机构不会反转，工件依然被可靠地夹紧。

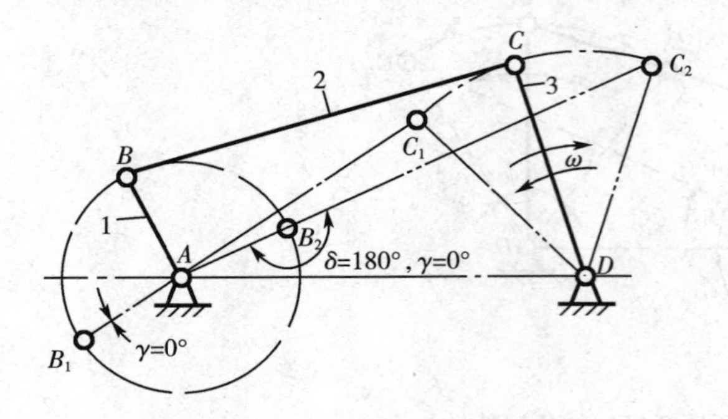


图 1－39　死点的位置

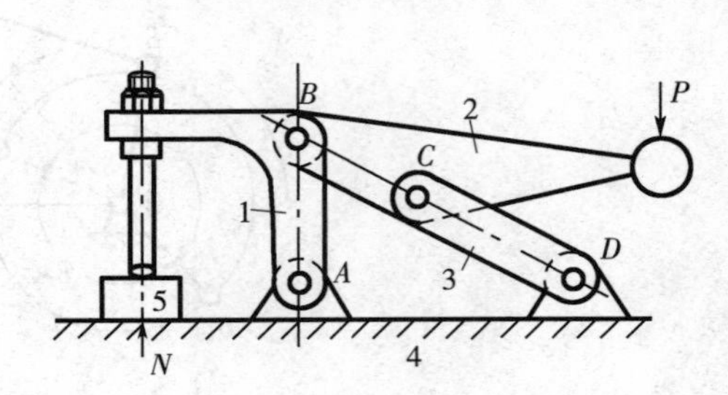


图 1－40　利用死点夹紧工件的夹具

**四、平面四杆机构的设计简介**

平面四杆机构的设计是指根据工作要求选定机构的型式，根据给定的运动要求确定机构的几何尺寸。其设计方法有作图法、解析法和实验法。作图法比较直观，解析法比较精确，实验法常需试凑。

平面四杆机构的设计是根据已知条件来确定机构各构件的尺寸，一般可归纳为两类基本问题：

(1) 实现已知运动规律，即要求主动件、从动件满足已知的若干组对应位置关系，包括满足一定的急回特性要求，或者在主动件运动规律一定时，从动件能精确或近似地按给定规律运动。

(2)实现已知运动轨迹，即要求连杆机构中作平面运动的构件上某一点精确或近似地沿着给定的轨迹运动。

在进行平面四杆机构运动设计时，往往还需要满足一些运动特性和传力特性等方面的要求，通常先按运动条件设计四杆机构，然后再检验其他的条件，如检验最小传动角是否满足曲柄存在的条件、机构的运动空间尺寸等。

作图法是利用机构运动过程中各运动副位置之间的几何关系，通过作图获得有关运动尺寸，所以作图法直观形象，几何关系清晰，对于一些简单设计问题的处理是有效而快捷的，但由于作图误差的存在，所以设计精度较低。解析法是将运动设计问题用数学方程加以描述，通过方程的求解获得有关运动尺寸，故其直观性差，但设计精度高。随着数值计算方法的发展和计算机的普及应用，解析法已成为各类平面连杆机构设计的一种有效方法。

# 第三节　凸轮机构

## 一、概述

凸轮机构能将主动件的连续等速运动变为从动件的往复变速运动或间歇运动。当从动件的位移、速度、加速度必须严格按照预定规律变化时，常用凸轮机构。

凸轮机构一般有凸轮、从动件和机架三个构件组成。其中凸轮是一个具有曲线轮廓或凹槽的构件，它运动时，通过高副接触可以使从动件获得连续或不连续的任意预期的往复运动。

### 1. 凸轮机构的应用及特点

如图 1－41 所示为内燃机配气凸轮机构。构件 1 是具有曲线轮廓的凸轮，当它作等速转动时，其曲线轮廓通过推动气门杆 2，使气阀有规律地开启和闭合。工作对气阀的动作程序及其速度和加速度都有严格的要求，这些要求都是通过凸轮的轮廓曲线来实现的。

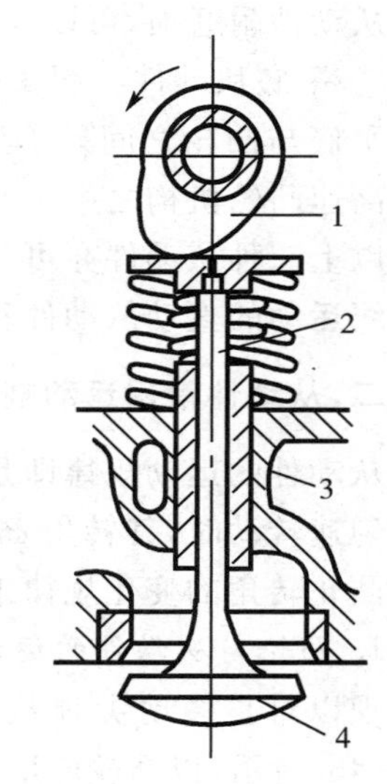


图 1－41　内燃机配气机构

凸轮机构的优点是：只需设计适当的凸轮轮廓，便可使从动件得到任意的预期运动，而且结构简单、紧凑、设计方便，因此在自动机床、轻工机械、纺织机械、印刷机械、食品机械、包装机械和机电一体化产品中得到广泛应用。

凸轮机构的缺点是：凸轮与从动件间为点或线接触，易磨损，只宜用于传力不大的场合；凸轮轮廓精度要求较高，需用数控机床进行加工；从动件的行程不能过大，否则会使凸轮变得笨重。

### 2. 凸轮机构的分类

(1)按凸轮的形状分类

① 盘形凸轮　它是凸轮的最基本型式。这种凸轮是一个绕固定轴线转动并具有变化半径的盘形零件，如图 1－41 所示。

② 移动凸轮　当盘形凸轮的回转中心趋于无穷远时，凸轮相对机架作往复移动，这种凸轮称为移动凸轮，如图 1－42 所示。

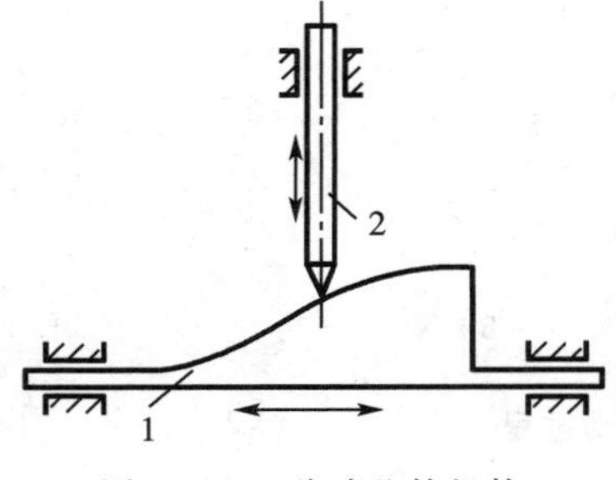


图 1－42　移动凸轮机构

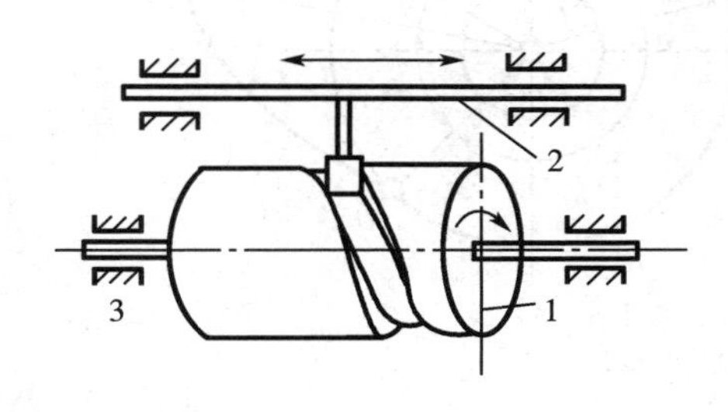


图 1－43　圆柱凸轮机构

③ 圆柱凸轮　这种凸轮可认为是将移动凸轮卷成圆柱体而演化成的，如图 1－43 所示。

盘形凸轮和移动凸轮与从动件之间的相对运动为平面运动；而圆柱凸轮与从动件之间的相对运动为空间运动，所以前两者属于平面凸轮机构，后者属于空间凸轮机构。

(2)按从动件的型式分

① 尖底从动件　图 1－44a 是移动和摆动尖顶从动件。这种从动件的结构简单，尖顶能与任意复杂的凸轮轮廓保持接触，因而可以实现任意运动。但因尖底易于磨损，故只宜用于传力不大的低速凸轮机构中。

② 滚子从动件　图 1－44b 是移动和摆动滚子从动件。这种从动件耐磨损，可以承受较大的载荷，故应用最普遍。

③ 平底从动件　图 1－44c 是移动和摆动平底从动件。由于平底与凸轮之间易于形成楔形油膜，故能减少磨损，常用于高速凸轮机构之中。

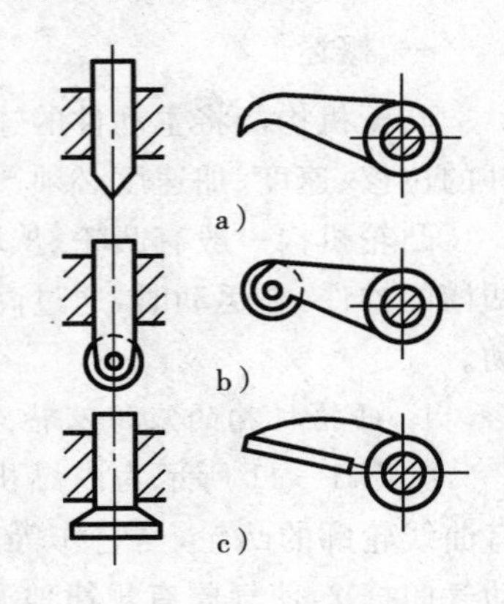


图 1－44　从动件的结构型式

以上三种从动件亦可按相对机架的运动形式分为作往复直线运动的直动从动件和作往复摆动的摆动从动件。

## 二、从动件常用运动规律

从动件的运动规律即是从动件的位移 $s$、速度 $v$ 和加速度 $a$ 随时间 $t$ 变化的规律。当凸轮作匀速转动时，其转角 $\varphi$ 与时间 $t$ 成正比，所以从动件运动规律也可以用从动件的运动参数随凸轮转角的变化规律来表示，即 $S=S(\varphi)$，$v=v(\varphi)$，$a=a(\varphi)$。

### 1. 凸轮与从动件的运动关系

现以对心移动尖顶从动件盘形凸轮机构为例，说明凸轮与从动件的运动关系。如图1－45a所示，以凸轮轮廓曲线的最小向径 $r_b$ 为半径所作的圆称为凸轮的基圆，$r_b$ 称为基圆

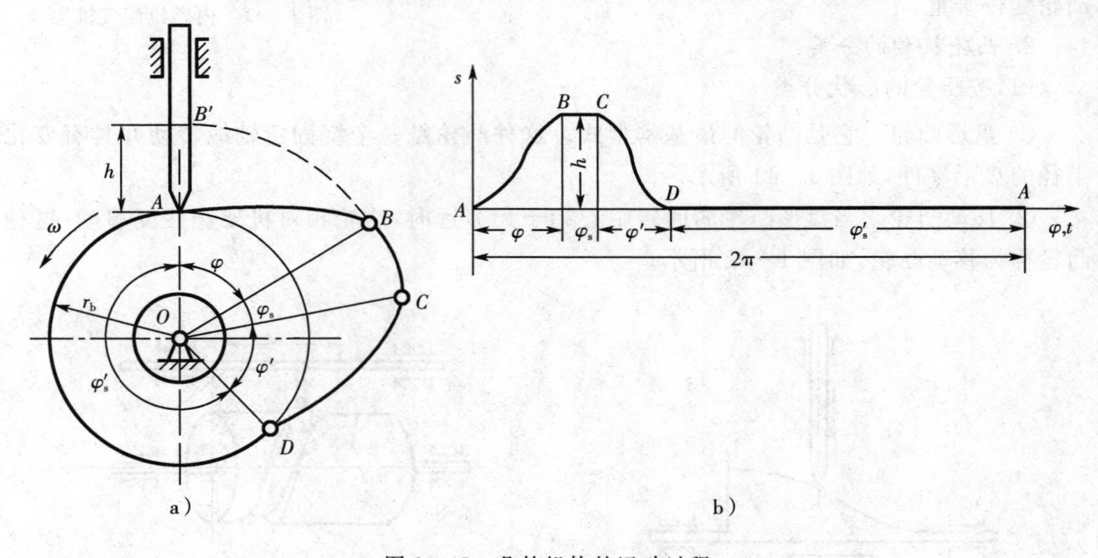


图 1－45　凸轮机构的运动过程

半径。点 $A$ 为凸轮轮廓曲线的起始点。当凸轮与从动件在 $A$ 点接触时，从动件处于最低位置（即从动件处于距凸轮轴心 $O$ 最近位置）。当凸轮以匀角速 $\omega$ 逆时针转动角 $\varphi$ 时，凸轮轮廓 $AB$ 段的向径逐渐增加，推动从动件以一定的运动规律到达最高位置 $B$（此时从动件处于距凸轮轴心 $O$ 最远位置），这个过程称为推程。这时从动件移动的距离 $h$ 称为升程，对应的凸轮转角 $\varphi$ 称为推程运动角。当凸轮继续转动 $\varphi_s$ 时，凸轮轮廓 $BC$ 段向径不变，此时从动件处于最远位置停留不动，相应的凸轮转角 $\varphi_s$ 称为远休止角。当凸轮继续转动 $\varphi'$ 时，凸轮轮廓 $CD$ 段的向径逐渐减小，从动件在重力或弹簧力的作用下，以一定的运动规律回到起始位置，这个过程称为回程。对应的凸轮转角 $\varphi'$ 称为回程运动角。当凸轮继续转动 $\varphi'_s$ 时，凸轮轮廓 $DA$ 段的向径不变，此时从动件在最近位置停留不动，相应的凸轮转角 $\varphi'_s$ 称为近休止角。当凸轮再继续转动时，从动件重复上述运动循环。如果以直角坐标系的纵坐标代表从动件的位移 $s$，横坐标代表凸轮的转角 $\varphi$，则可以画出从动件位移 $s$ 与凸轮转角 $\varphi$ 之间的关系线图，如图 1－45b 所示，它简称为从动件位移曲线。

从动件位移 $s$ 与凸轮转角 $\varphi$ 之间的对应关系可用从动件位移线图来表示。由于大多数凸轮是作等速转动，其转角与时间成正比，因此该线图的横坐标也代表时间 $t$。通过微分可以作出从动件速度线图和加速度线图，它们统称为从动件运动线图。

2. 从动件的常用运动规律

在凸轮机构中，凸轮的轮廓曲线决定了从动件的运动规律，常用的从动件运动规律有等速运动规律、等加速一等减速运动规律、余弦加速运动规律及正弦加速运动规律等，其运动线图如图 1－46 所示。为了获得更好的运动特征，可以把上述几种运动规律组合起来应用。组合时，两条曲线在拼接处必须保持连续。

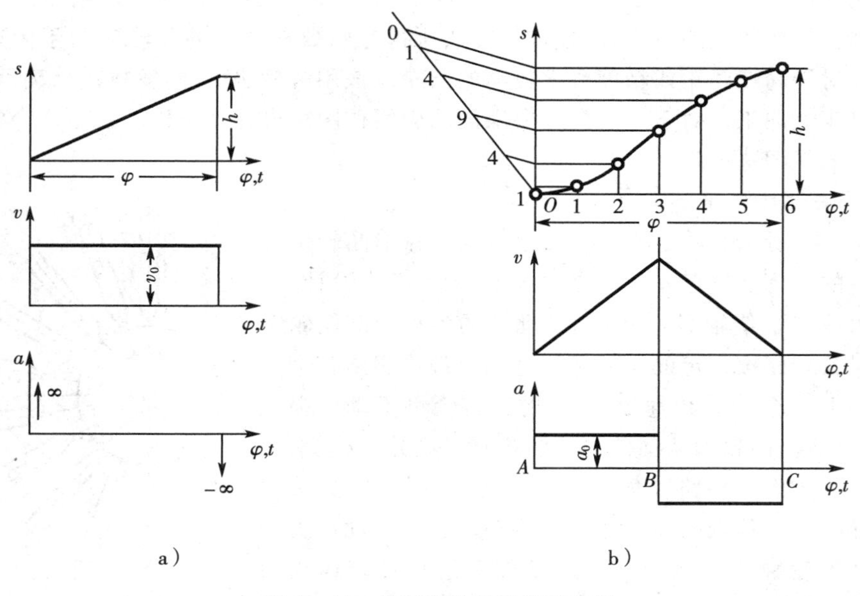


图 1－46　常用的从动件运动规律

a）等速运动　b）等加速一等减速运动

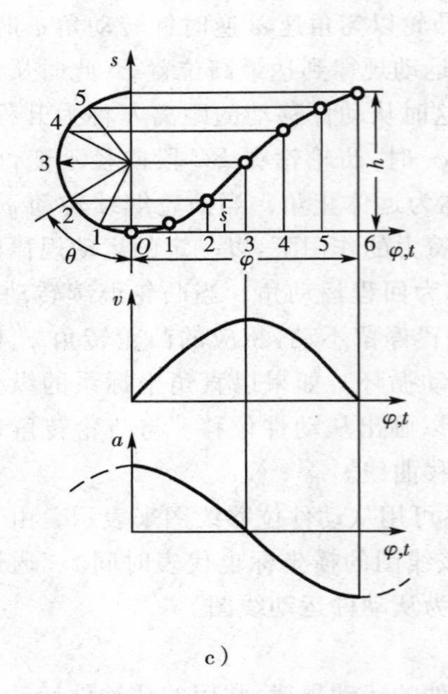


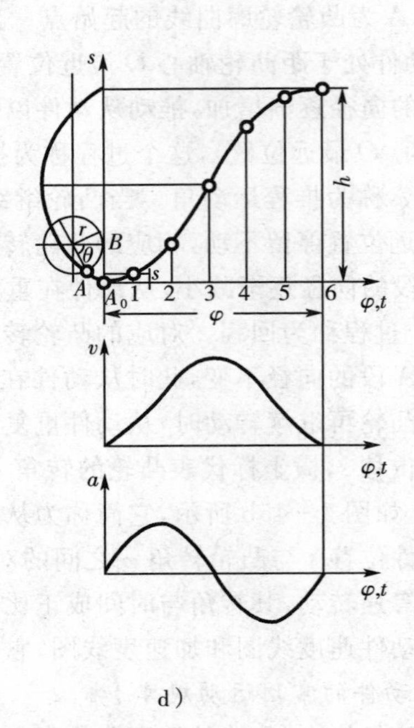


图 1－46　常用的从动件运动规律（续）

c）余弦加速运动　d）正弦加速运动

## 三、盘形凸轮轮廓曲线的作图法设计

当根据使用要求确定了凸轮机构的类型、基本参数以及从动件运动规律后，即可进行凸轮轮廓曲线的设计。设计方法有作图法和解析法，两者所依据的设计原理基本相同。作图法简便、直观，但作图误差较大，所以按作图法所得轮廓数据加工的凸轮应用于低速或不重要的场合。对于高速凸轮或精度要求较高的凸轮应该用解析法设计，解析法精确但繁琐，适合在数控机床上加工。对于一般精度要求的凸轮用作图法设计就可以了。下面介绍盘形凸轮轮廓曲线的作图法设计。

### 1. 反转法设计原理

如图 1－47 所示为一对心移动尖顶从动件盘形凸轮机构。设凸轮的轮廓曲线已按预定的从动件运动规律设计。当凸轮以角速度 $\omega$ 绕轴 $O$ 转动时，从动件的尖顶沿凸轮轮廓曲线相对其导路按预定的运动规律移动。现设想给整个凸轮机构加上一个公共角速度 $-\omega$，此时凸轮将不动。根据相对运动原理，凸轮和从动件之间的相对运动并未改变。这样从动件一方面随导路以角速度 $-\omega$ 绕轴 $O$ 转动，另一方面又在导路中按预定的规律作往复移动。由于从动件尖顶始终与凸轮轮廓相接触，显然，从动件在这种复合运动中，其尖顶的运动轨迹即是凸轮轮廓曲线。这种以凸轮作动参考系，按相对运动原理设计凸轮轮廓曲线的方法称反转法。

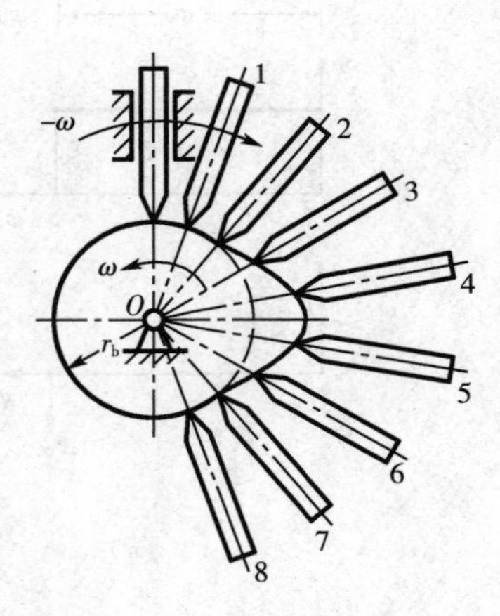


图 1－47　反转法原理

2. 尖底直动从动件盘形凸轮机构凸轮轮廓设计

已知从动件位移线图,凸轮以等角速 $\omega$ 顺时针回转,其基圆半径为 $r_b$,从动件导路偏距为 $e$,要求绘出此凸轮的轮廓曲线。设计步骤如下:

如图 1-48 所示以 $r_b$ 为半径作基圆,以 $e$ 为半径作偏距圆,点 $K$ 为从动件导路线与偏距圆的切点,导路线与基圆的交点 $B_0(C_0)$ 便是从动件尖底的初始位置。将位移线图的推程运动角和回程运动角分别作若干等分(图中各为四等分)。自 $OC_0$ 开始,沿 $\omega$ 的相反方向取推程运动角(180°)、远休止角(30°)、回程运动角(90°)、近休止角(60°),在基圆上得 $C_4$,$C_5$,$C_9$ 诸点。将推程运动角和回程运动角分成与从动件位移线图对应的等分,得 $C_1$,$C_2$,$C_3$ 和 $C_6$,$C_7$,$C_8$ 诸点。过 $C_1$,$C_2$,$C_3$,... 作偏距圆的一系列切线,它们便是反转后从动件导路的一系列位置。沿以上各切线自基圆开始量取从动件相应的位移量,即取线段 $C_1B_1=11'$,$C_2B_2=22'$,...,得反转后尖底的一系列位置 $B_1$,$B_2$,...。将 $B_0$,$B_1$,$B_2$,... 连成光滑曲线($B_4$ 和 $B_5$ 之间以及 $B_9$ 和 $B_0$ 之间均为以 $O$ 为圆心的圆弧),便得到所求的凸轮轮廓曲线。

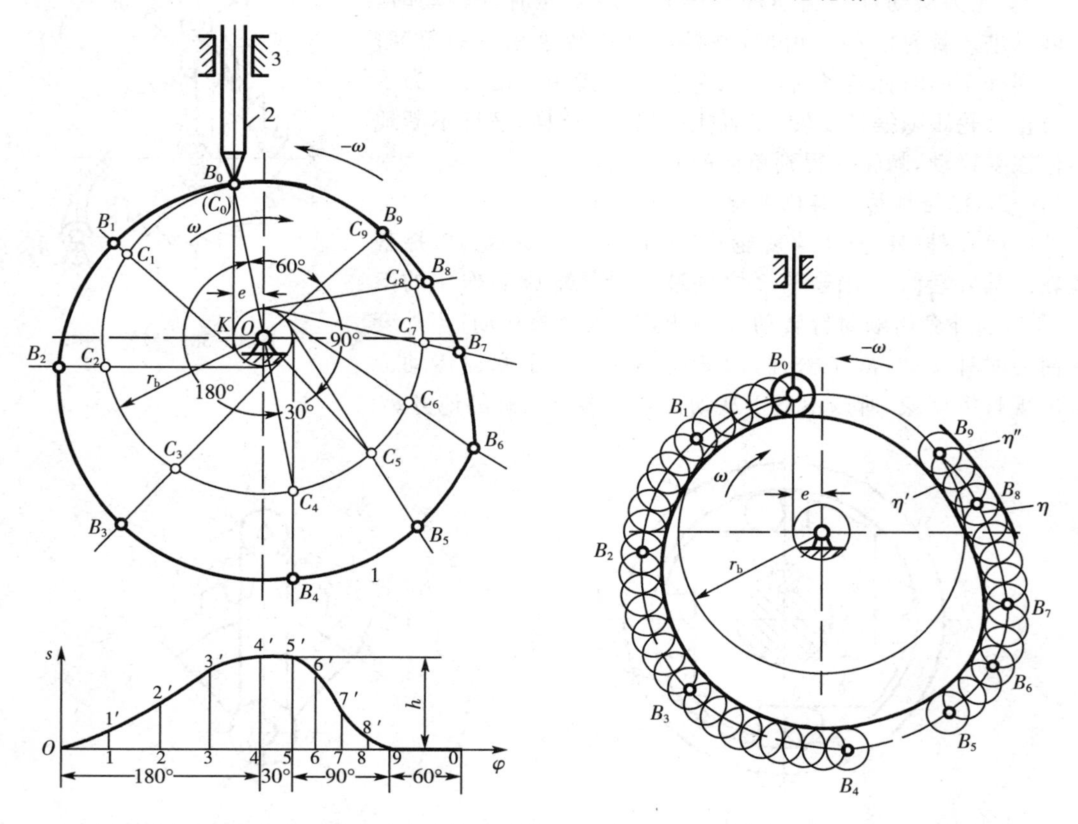


图 1-48　尖底直动从动件盘形凸轮机构凸轮轮廓设计　　图 1-49　滚子直动从动件盘形凸轮的设计

3. 滚子直动从动件盘形凸轮机构凸轮轮廓设计

把尖顶从动件改为滚子从动件时,其凸轮轮廓设计方法如图 1-49 所示。把滚子中心看作尖顶从动件的尖顶,按照上面的方法画出一条轮廓曲线 $\eta$。再以 $\eta$ 上各点为中心,以滚子半径 $r_T$ 为半径,画一系列滚子圆,然后作这一系列滚子圆的内包络线 $\eta'$($\eta''$ 为需设计内凹轮廓的凸轮的外包络线),则 $\eta'$ 就是所需设计的滚子从动件凸轮的工作轮廓。

# 第四节　间歇运动机构

机械中尤其是自动机械中，常要求某些执行构件实现周期性时动时停的间歇运动。如牛头刨床的工件进给运动，机械加工成品或工件输送运动，以及各种机器工作台的转位运动等。能够实现这类动作的机构称为间歇运动机构。

## 一、棘轮机构

### 1. 棘轮机构的工作原理

如图 1－50 所示为外啮合棘轮机构。它由摆杆 1、棘爪 4、棘轮 3、止回爪 5 和机架 2 组成。通常以摆杆为主动件、棘轮为从动件。当摆杆 1 连同棘爪 4 逆时针转动时，棘爪进入棘轮的相应齿槽，并推动棘轮转过相应的角度；当摆杆 1 顺时针转动时，棘爪 4 在棘轮齿顶上滑过。为了防止棘轮跟随摆杆反转，设置止回爪 5。这样，摆杆不断地作往复摆动，棘轮便得到单向的间歇运动。

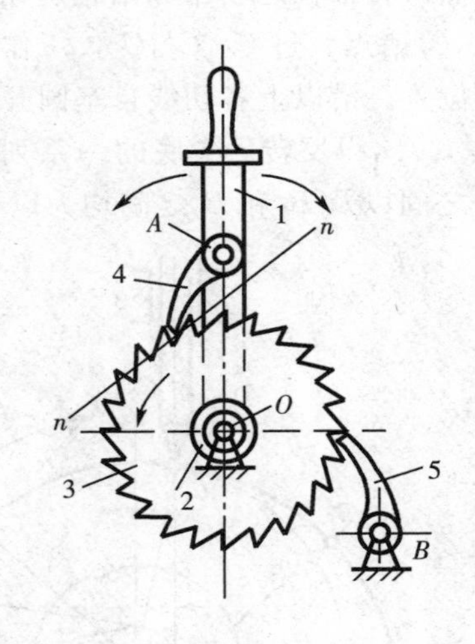

图 1－50　棘轮机构

### 2. 棘轮机构的其他类型

（1）摩擦棘轮（无声棘轮）　如图 1－51 所示为摩擦棘轮。其外套筒 1、内套筒 3 之间装有受压缩弹簧作用的滚子 2，当外套筒顺时针转动，滚子楔紧，内套筒转动；当外套筒逆时针转动，滚子松开，内套筒不动。由于摩擦传动会出现打滑现象，所以不适于从动件转角要求精确的地方。

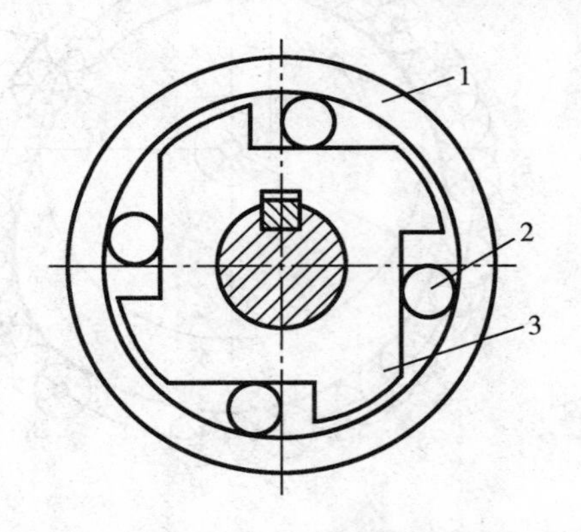

图 1－51　摩擦棘轮机构

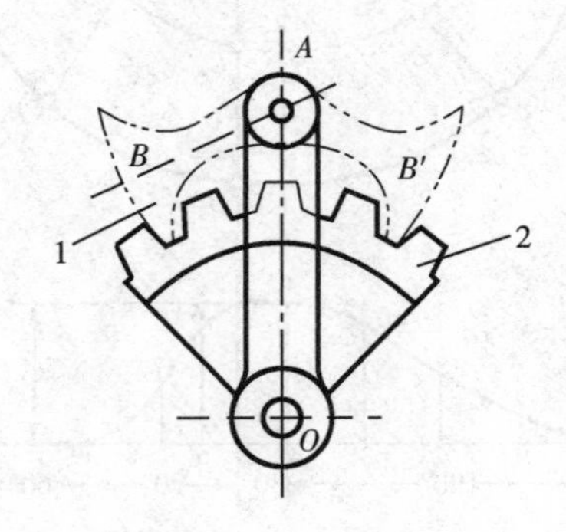

图 1－52　双向棘轮机构

（2）双向棘轮机构　如图 1－52 所示的棘轮机构，其棘爪 1 做有两个对称的爪端，棘轮 2 的轮齿做成矩形；在图示实线位置，棘爪 1 推动棘轮 2 作逆时针方向的间歇转动；若将棘爪 1 翻转到图示双点画线位置，则可推动棘轮 2 作顺时针方向的间歇转动。

### 3. 棘轮机构的特点及应用

棘轮机构结构简单、制造容易、运动可靠，而且棘轮的转角在很大范围内可调。但工作时有较大的冲击与噪声、运动精度不高，所以常用于低速轻载的场合。棘轮机构还常用作防

止机构逆转的停止器，这类停止器广泛用于卷扬机、提升机以及运输机中。

## 二、槽轮机构

### 1. 槽轮机构的工作原理

常用的槽轮机构如图 1－53 所示，槽轮机构由带有圆销 A 的拨盘 1，具有径向槽的槽轮 2 及机架组成。拨盘 1 为原动件，槽轮 2 为从动件。当拨盘上的圆销 A 未进入槽轮的径向槽时，槽轮因其内凹的锁止弧被拨盘外凸的锁止弧锁住而静止；当圆销 A 开始进入径向槽时，两锁止弧脱开，槽轮在圆销的驱动下逆时针转动；当圆销开始脱离径向槽时，槽轮因另一锁止弧又被锁住而静止，从而实现从动槽轮的单向间歇转动。

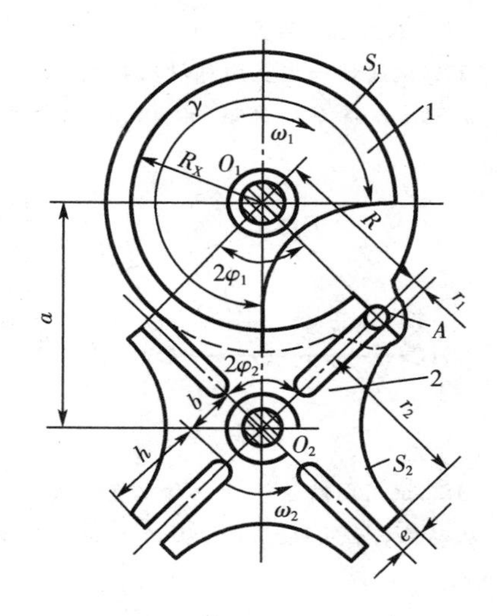


图 1－53　槽轮机构

### 2. 槽轮机构特点及应用

槽轮机构能准确控制转角、结构简单、制造容易、工作可靠、机械效率较高。与棘轮机构相比，工作平稳性较好，但槽轮机构动程不可调节，转角不可太小，销轮和槽轮的主从动关系不能互换，起停有冲击，并随着转速的增加或槽轮槽数的减少而加剧，故不适用于高速。槽轮机构的结构要比棘轮机构复杂，加工精度要求较高，因此就会增加制造成本。

## 思考与练习

**1.** 什么是机构？机构的特点是什么？

**2.** 什么是运动副？运动副的作用是什么？何谓低副？何谓高副？

**3.** 什么是机构的自由度？如何计算机构自由度？

**4.** 铰链四杆机构有哪几种型式？各有什么特点？

**5.** 铰链四杆机构可以通过哪几种方式演变成其他型式的四杆机构？试说明曲柄滑块机构是如何演变而来的。

**6.** 何谓连杆机构的压力角、传动角？它们的大小对连杆机构的工作有何影响？

**7.** 铰链四杆机构中有可能存在死点位置的机构有哪些？它们存在死点位置的条件是什么？试举出一些使机构顺利通过死点位置的措施以及利用死点位置来实现一定工作要求的机构实例。

**8.** 在曲柄摇杆机构和曲柄滑块机构中，要改变摇杆（滑块）摆角（行程）的大小或改变摆角（行程）的位置，怎样来调节曲柄与连杆的长度？

**9.** 凸轮机构是由哪几个基本构件组成的？它的工作特点是什么？

**10.** 等速运动从动件的位移曲线是什么形状？等速运动规律有何缺点？适用于什么场合？

**11.** 等加速等减速运动从动件的位移曲线是什么形状？它与等速运动从动件比较，有何优点？适用于什么场合？

**12.** 什么是反转法？为什么在设计凸轮轮廓曲线时常用反转法？

**13.** 棘轮机构、槽轮机构各是如何实现间歇运动的？它们有何异同？

**14.** 你见过的哪些机器中使用了间歇运动机构？试举例说明。

**15.** 槽轮机构中的锁止弧起什么作用？

**16.** 如图 1－54 所示，现欲设计一铰链四杆机构，设已知摇杆 $CD$ 长 $l_{CD}=75mm$，行程速比系数 $K=1.5$，机架 $AD$ 的长度为 $l_{CD}=100$mm，摇杆的一个极限位置与机架间的夹角为 $\psi=45°$，试求曲柄的长度 $l_{AB}$ 和连杆的长度 $l_{BC}$（有两组解）。

**17.** 试设计一偏置曲柄滑块机构，如图 1－55 所示，已知滑块的行程速比系数 $K=1.5$，滑块的冲程 $l_{c_1c_2}=50$mm，导路的偏距 $e=20$mm，求曲柄长度 $l_{AB}$和连杆长度 $l_{BC}$。

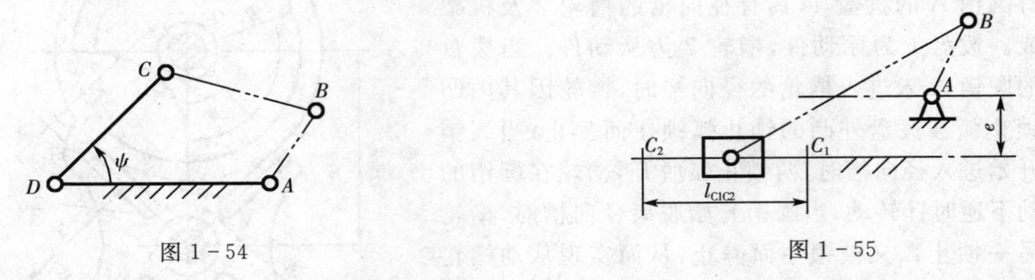


图 1－54　　　　图 1－55

**18.** 试用图解法设计一对心直动滚子从动件盘形凸轮机构，如图 1－56 所示。已知凸轮顺时针匀速转动，从动件行程 $h=20$mm，从动件的位移运动规律如图所示，凸轮基圆半径 $r_b=40$mm，滚子半径 $r_T=10$mm。

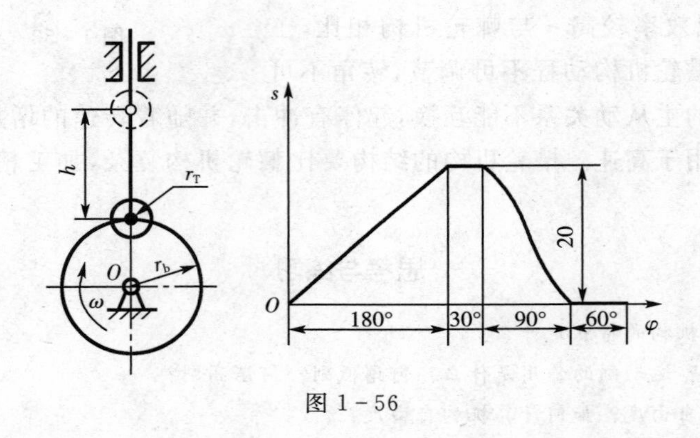


图 1－56

# 第二章 带传动和链传动

本章主要学习带传动和链传动的类型、工作原理、特点及应用；带传动的受力分析、带的应力分析和滑动分析；V型带传动的设计准则和设计方法；带轮和链轮的结构设计；链传动的布置、张紧和润滑等。

## 第一节　带传动

### 一、概述

带传动是机械设备中应用较多的传动装置之一，主要是由主动带轮1、从动带轮2和传动带3组成，如图2-1所示。工作时，靠带与带轮间的摩擦或啮合实现主动轮、从动轮间运动和动力的传递。

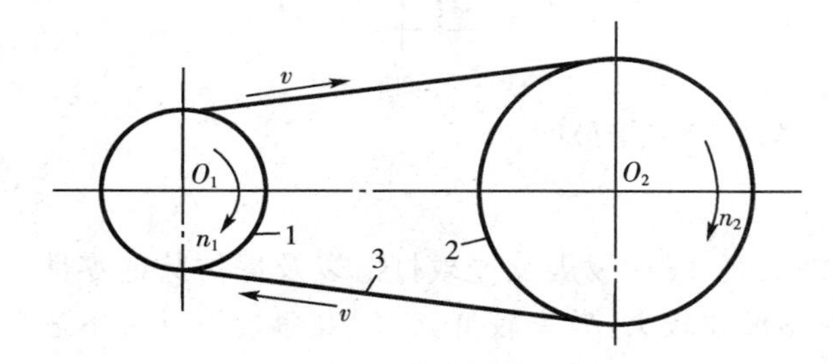


图2-1　摩擦型带传动

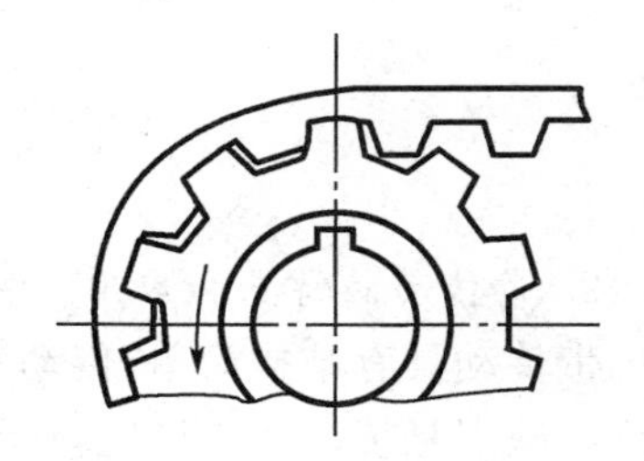

图2-2　啮合型带传动

1. 带传动的主要类型

(1) 按传动原理分类

① 摩擦带传动　靠传动带与带轮之间的摩擦力实现传动，如V带传动、平带传动等；

② 啮合带传动　靠带内侧凸齿与带轮外缘上的齿槽相啮合实现传动，如同步带传动。如图2-2所示同步带传动则属于啮合带传动，工作时，靠带的凸齿与带轮外缘上的齿槽啮合传动。

(2) 按用途分类

① 传动带　传递动力用。

② 输送带　输送物品用。

(3) 按传动带的截面形状分类

① 平带　平带的截面形状为矩形，内表面为工作面。常用的平带有胶带、编织带和强力锦纶带等，如图2-3a所示。

② V带　V带的截面形状为梯形，两侧面为工作表面，如图2－3b所示。

③ 多楔带　它是在平带基体上由多根V带组成的传动带。多楔带结构紧凑，可传递很大的功率，如图2－3c所示。

④ 圆形带　横截面为圆形，只用于小功率传动，如图2－3d所示。

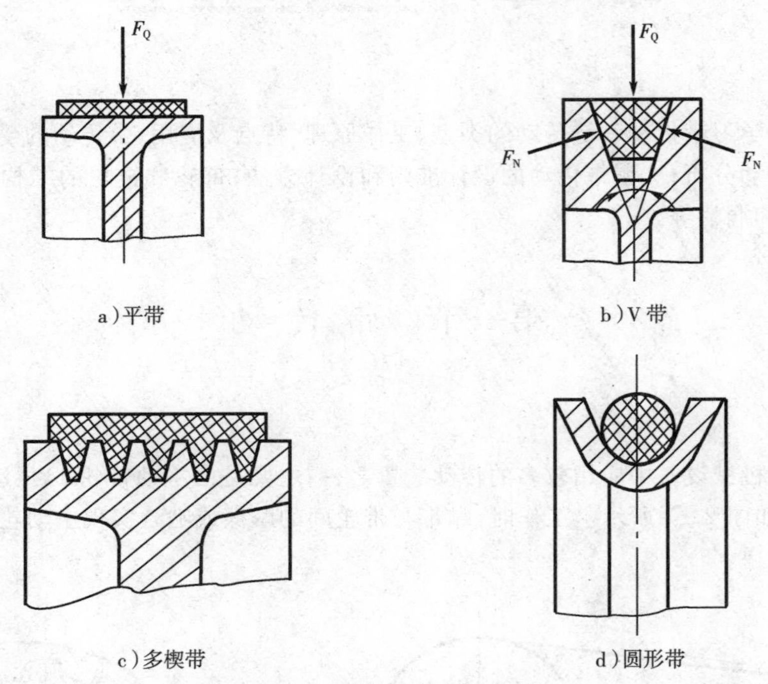


图2－3　传动带的截面形状

2. 带传动的特点和应用

带传动具有结构简单、传动平稳、价格低廉、缓冲吸震及过载打滑以及保护其他零件等优点。缺点是传动比不稳定，传动装置外形尺寸较大，效率较低，带的寿命较短以及不适合高温易燃场合等。

带传动一般不宜用于大功率传动（通常不超过50kw），且多用于高速级传动。带的工作速度一般为5～30m/s，高速带可达60m/s。平带传动的传动比通常为3左右，最大可达6，有张紧轮可达到10。V带传动的传动比一般不超过7，最大达到10。

## 二、V带和带轮的结构

1. 普通V带的结构和尺寸标准

普通V带的截面呈等腰梯形，V带的横剖面结构如图2－4所示，其中图a是帘布结构，图b是线绳结构，它们均由下面几部分组成：

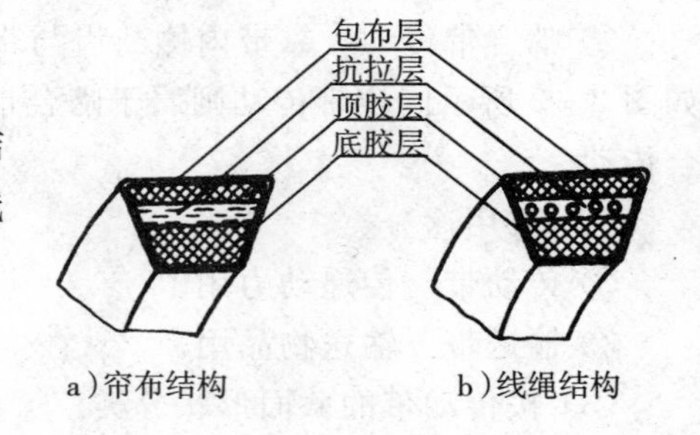


图2－4　V带结构

(1) 包布层　由胶帆布制成，起保护作用；

(2) 顶胶层　由橡胶制成，当带弯曲时承受拉伸；

(3) 底胶层　由橡胶制成，当带弯曲时承受压缩；

(4) 抗拉层　由几层挂胶的帘布或浸胶的棉线

(或尼龙)绳构成,承受基本拉伸载荷。V 带已标准化,按其截面大小分为 7 种型号,其截面尺寸如表 2-1 所示。

**表 2-1　普通 V 带截面尺寸**(GB/T11544—1989)　　mm

| 型号 | Y | Z | A | B | C | D | E |
|---|---|---|---|---|---|---|---|
| 顶宽 $b$ | 6.0 | 10.0 | 13.0 | 17.0 | 22.0 | 32.0 | 38.0 |
| 节宽 $b_p$ | 5.3 | 8.5 | 11.0 | 14.0 | 19.0 | 27.0 | 32.0 |
| 高度 $h$ | 4.0 | 6.0 | 8.01 | 1.0 | 14.0 | 19.0 | 25.0 |
| 楔角 $\theta$ | 40° | | | | | | |
| 每米质量 $q/(\text{kg}\cdot\text{m}^{-1})$ | 0.03 | 0.06 | 0.11 | 0.19 | 0.33 | 0.66 | 1.02 |

当带受纵向弯曲时,在带中保持原长度不变的任一条周线称为节线,由全部节线构成的面称为节面,带的节面宽度称为节宽($b_p$),当带受纵向弯曲时,该宽度保持不变。在 V 带轮上,与所配用的节宽 $b_p$ 相对应的带轮直径称为节径 $d_p$,通常它又是基准直径 $d_d$。普通 V 带轮轮缘的截面图及轮槽尺寸,如表 2-2 所示。普通 V 带两侧面的夹角均为 40°,V 带绕在带轮上弯曲时,其截面变形使两侧面的夹角减小,为使 V 带能紧贴轮槽两侧,轮槽的楔角规定为 32°、34°、36°和 38°。

**表 2-2　普通 V 带轮的轮槽尺寸**　　mm

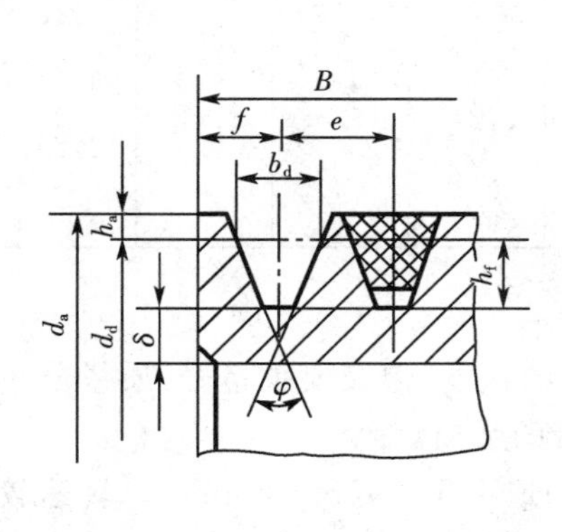


| | | V 带轮槽型 | Y | Z | A | B | C |
|---|---|---|---|---|---|---|---|
| | | 基准宽度 $b_d$ | 5.3 | 8.5 | 11 | 14 | 19 |
| | | 基准线上槽深 $h_{amin}$ | 1.6 | 2.0 | 2.75 | 3.5 | 4.8 |
| | | 基准线下槽深 $h_{fmin}$ | 4.7 | 7.0 | 8.7 | 10.8 | 14.3 |
| | | 槽间距 $e$ | 8±0.3 | 12±0.3 | 15±0.3 | 19±0.4 | 25.5±0.5 |
| | | 槽边距 $f_{min}$ | 6 | 7 | 9 | 11.5 | 16 |
| | | 轮缘厚 $\delta_{min}$ | 5 | 5.5 | 6 | 7.5 | 10 |
| | | 外径 $d_a$ | $d_a=d_d+2h_a$ | | | | |
| $\varphi$ | 32° | 基准直径 $d_d$ | ≤60 | | | | |
| | 34° | | | ≤80 | ≤118 | ≤190 | ≤315 |
| | 36° | | >60 | | | | |
| | 38° | | | >80 | >118 | >190 | >315 |

V 带在规定的张紧力下，位于带轮基准直径上的周线长度称为基准长度 $L_d$。普通 V 带的长度系列如表 2-3 所示。

**表 2-3 普通 V 带的长度系列和带长修正系数 $K_L$** (GB/T13575.1—1992)

| 基准长度 $L_d$/mm | $K_L$ | | | | | 基准长度 $L_d$/mm | $K_L$ | | | |
|---|---|---|---|---|---|---|---|---|---|---|
| | Y | Z | A | B | C | | Z | A | B | C |
| 200 | 0.81 | | | | | 1600 | 1.16 | 0.99 | 0.92 | 0.83 |
| 224 | 0.82 | | | | | 1800 | 1.18 | 1.01 | 0.95 | 0.86 |
| 250 | 0.84 | | | | | 2000 | | 1.03 | 0.98 | 0.88 |
| 280 | 0.87 | | | | | 2240 | | 1.06 | 1.00 | 0.91 |
| 315 | 0.89 | | | | | 2500 | | 1.09 | 1.03 | 0.93 |
| 355 | 0.92 | | | | | 2800 | | 1.11 | 1.05 | 0.95 |
| 400 | 0.96 | 0.87 | | | | 3150 | | 1.13 | 1.07 | 0.97 |
| 450 | 1.00 | 0.89 | | | | 3550 | | 1.17 | 1.09 | 0.99 |
| 500 | 1.02 | 0.91 | | | | 4000 | | 1.19 | 1.13 | 1.02 |
| 560 | | 0.94 | | | | 4500 | | | 1.15 | 1.04 |
| 630 | | 0.96 | 0.81 | | | 5000 | | | 1.18 | 1.07 |
| 710 | | 0.99 | 0.83 | | | 5600 | | | | 1.09 |
| 800 | | 1.00 | 0.85 | | | 6300 | | | | 1.12 |
| 900 | | 1.03 | 0.87 | 0.82 | | 7100 | | | | 1.15 |
| 1000 | | 1.06 | 0.89 | 0.84 | | 8000 | | | | 1.18 |
| 1120 | | 1.08 | 0.91 | 0.86 | | 9000 | | | | 1.21 |
| 1250 | | 1.11 | 0.93 | 0.88 | | 10000 | | | | 1.23 |
| 1400 | | 1.14 | 0.96 | 0.90 | | | | | | |

2. 普通 V 带轮的结构

V 带轮是普通 V 带传动的重要零件，它必须具有足够的强度，但又要重量轻，质量分布均匀；轮槽的工作面对带必须有足够的摩擦，又要减少对带的磨损。

带轮常用材料为灰铸铁 HT150($v$ 小于或等于 30m/s)或 HT200($v>30$m/s)。转速较高时可用铸钢或钢板冲压焊接结构；小功率时可用铸铝或塑料。

带轮轮槽的尺寸如表 2-2 所示。表 2-2 中 $b_d$ 表示带轮轮槽宽度的一个无公差规定值，称为轮槽的基准宽度。通常，V 带节面宽度与轮槽基准宽度重合，即 $b_p=b_d$。轮槽基准宽度所在圆称为基准圆(节圆)，其直径 $d_d$ 称为带轮的基准直径。

铸造带轮的结构如图 2-5 所示。带轮基准直径 $d_d<(2.5\sim3)d$($d$ 为带轮轴的直径，mm)时，可采用实心式；$d_d<300$mm 时，可采用腹板式，且当 $d_d-d_1>100$ 时，可采用孔板式；$d_d>300$mm 时，可采用轮辐式。V 带轮的结构形式及腹板(轮辐)厚度的确定可参阅有关设计手册。

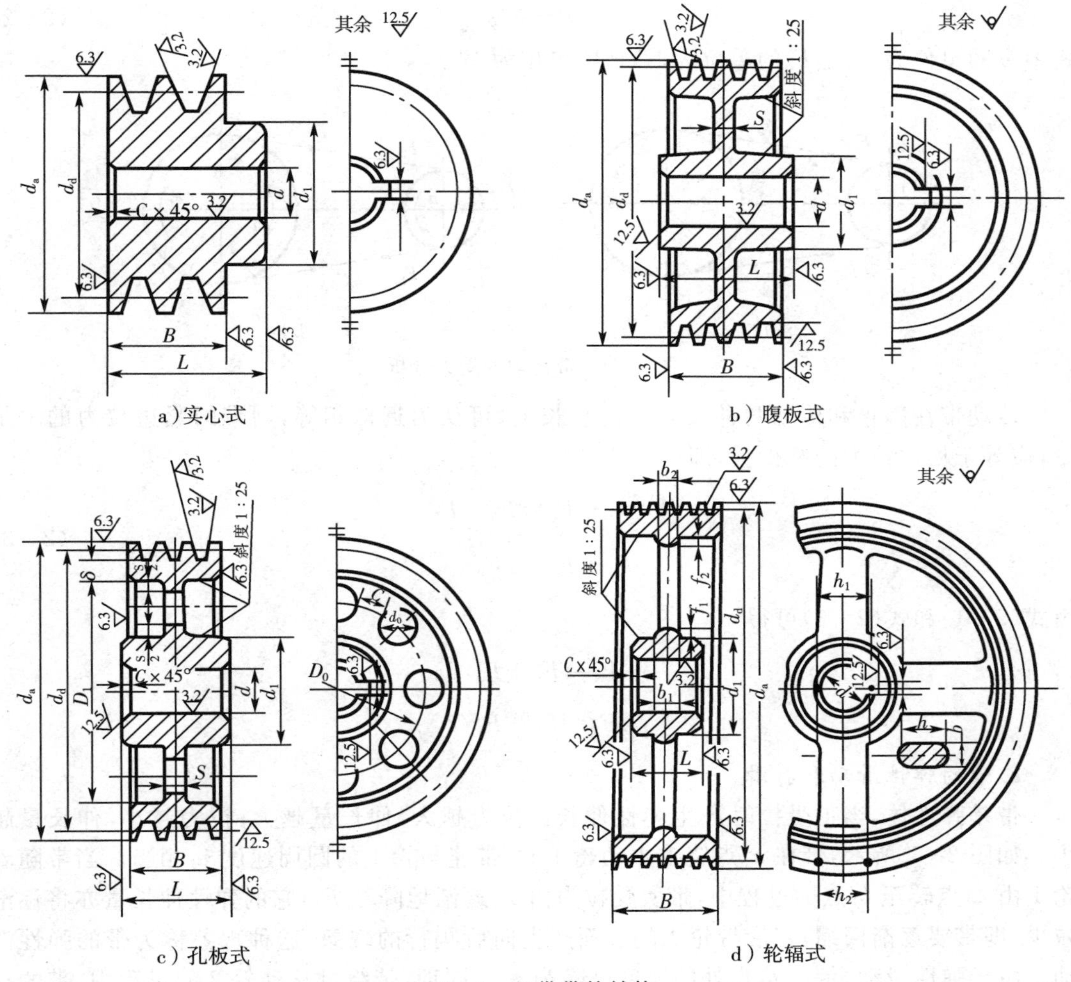


图 2－5　V 带带轮结构

## 三、带传动的工作特性

1. 带传动的受力分析

如图 2－6 所示，静止时，带以一定的初拉力 $F_0$ 张紧在两轮上，带的上、下两边所受的拉力均等于 $F_0$。工作时，主动带轮对带的摩擦力 $F_f$ 与带的运动方向一致，从动带轮对带的摩擦力 $F_f$ 与带的运动方向相反。于是，带绕入主动轮的一边被拉紧，称为紧边，拉力由 $F_0$ 增加到 $F_1$；带绕入从动轮的一边被略微放松，称为松边，拉力由 $F_0$ 减小到 $F_2$（图 2－6b）。取包在主动轮上的传动带为分离体，设主动带轮的基准直径为 $d_{d1}$，由力矩平衡条件 $\sum M=0$ 可得

$$F_f=F_1-F_2$$

紧边拉力与松边拉力的差值（$F_1-F_2$）是带传动中起传递功率作用的拉力，称为有效拉力，以 $F_e$ 表示。它等于带和带轮接触面上各点摩擦力的总和 $F_f$，即 $F_e=F_f$，故上式可写为

$$F_e=F_f=F_1-F_2 \qquad (2-1)$$

带所传递的功率 $P$ 为

$$P=F_e v \tag{2-2}$$

式中 $v$ 的单位为 m/s,$F_e$的单位为 N,$P$ 的单位为 W。

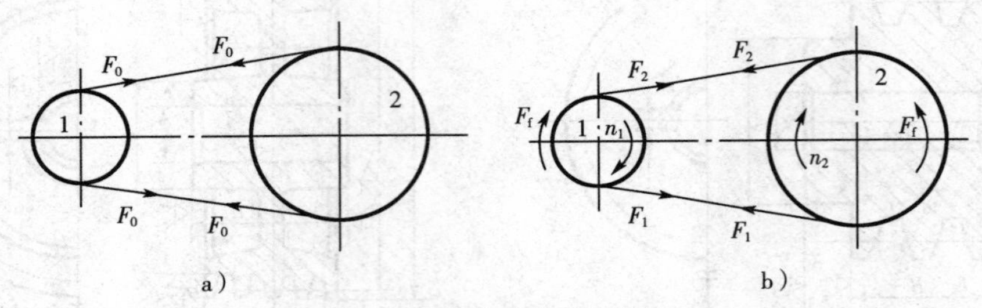


图 2-6　带传动的受力分析

传动带在静止和传动两种状态下的总长度,可认为近似相等,则带的紧边拉力的增加量,应等于松边拉力的减少量,即

$$\begin{gathered}F_1-F_0=F_0-F_2\\F_1+F_2=2F_0\end{gathered} \tag{2-3}$$

由式(2-1)和式(2-3)可得

$$F_1=F_0+F_e/2$$

$$F_2=F_0-F_e/2$$

2. 带的弹性滑动和打滑

带是弹性体,当带受拉时产生弹性伸长。拉力越大,伸长量越大;拉力越小,伸长量越小。如图 2-7 所示,带在 $a_1$点绕上主动轮 1 时,带速与轮 1 的圆周速度 $v_1$相当。当带随着轮 1 由 $a_1$点转至 $b_1$点的过程中,带所受拉力由 $F_1$逐渐地降至 $F_2$,它的弹性伸长量亦将逐渐减少,即带要逐渐回缩,带沿带轮 1 的表面产生向后爬行的现象,这种现象称为带的弹性滑动。由于弹性滑动,带在 $b_1$点处的速度已降为 $v_2$。同理,带绕过从动轮 2 的过程中,带的拉力将由 $F_2$逐渐增大至 $F_1$,带在从动轮的表面将产生向前爬行的弹性滑动,带速则由 $a_2$点的 $v_2$增至 $b_2$点的 $v_1$,从动轮的圆周速度,等于带在 $a_2$点绕上从动轮时带速 $v_2$。弹性滑动是带传动中无法避免的一种正常的物理现象。

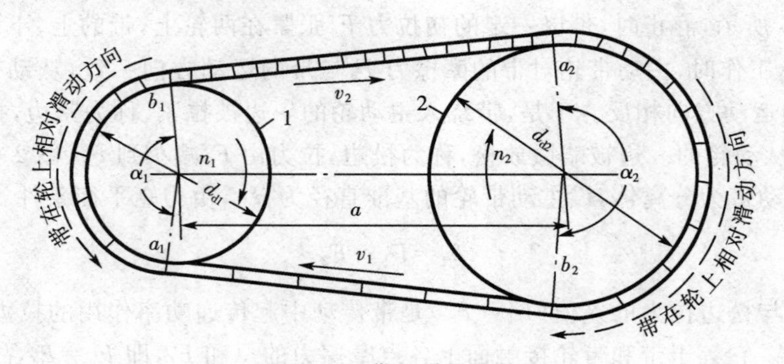


图 2-7　带的弹性滑动

弹性滑动导致从动轮的圆周速度 $v_2$低于主动轮的圆周速度 $v_1$,产生了速度的损失。有效拉力愈大,速度损失就愈严重。所以当外载荷波动时,速度损失也是变化的,故带传动的

瞬时传动比不能保持恒定。

当传递的外载荷增大时，要求有效拉力 $F_e$ 随之增大，当 $F_e$ 达到一定数值时，带与小带轮轮槽接触面间的摩擦力总和 $F_f$ 将达到极限值，若外载荷超过这个极限值，带将沿整个接触弧滑动，这种现象称为打滑。带传动一旦出现打滑，即失去传动能力，从动轮转速急剧下降，带严重磨损。所以，必须避免打滑。

打滑是带传动的主要失效形式。

3.V 带的疲劳损坏

在带的传动设计中除了保证不打滑外，还必须保证传动在较长的时间内仍能正常工作，因此必须考虑带的疲劳问题。

带在工作过程中，除受张紧拉力 $\sigma_1(\sigma_2)$ 和因绕经带轮时产生的离心应力 $\sigma_c$ 作用外，且每经过一个带轮，产生一次弯曲应力 $\sigma_{b1}(\sigma_{b2})$。带在任一剖面上的应力变化规律如图 2-8 所示。由图 2-8 可知，带上最大变应力发生在紧边刚进入小轮处。当这种变应力过大和重复一定次数后，带便产生疲劳损坏而失效。理论和实践都证明，在上述应力中弯曲应力对带的寿命影响最大。

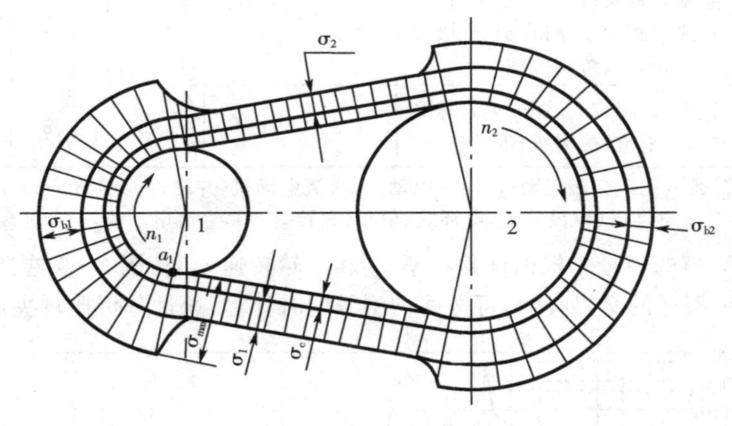


图 2-8 带传动的应力分析

带轮直径越小，带愈厚，带的弯曲应力就愈大；带在单位时间内绕转的次数愈多，应力变化频率就愈高。所以，为了保证带具有一定的使用寿命，应控制带轮的最小直径和带速。

带的疲劳损坏是带传动的另一种主要失效形式。

**四、V 带传动的设计**

1. 带传动的失效形式和设计准则

由于带传动的主要失效形式是带传动的打滑和带的疲劳损坏，因此，带传动的设计准则是：在保证不打滑的前提下，最大限度的发挥带传动的工作能力，同时带具有一定的疲劳强度和寿命。

2. V 带传动设计计算和参数选择

普通 V 带传动设计计算时，通常已知传动的用途和工作情况，传递的功率 $P$，主动轮和从动轮的转速 $n_1$、$n_2$（或传动比 $i$），传动位置要求和外廓尺寸要求，原动机类型等。

设计时主要确定带的型号、长度和根数，带轮的尺寸、结构和材料，传动的中心距，带的初拉力和压轴力，张紧和防护等。

(1) 确定计算功率 $P_C$　考虑载荷性质、原动机不同和每天工作时间的长短等，计算功率 $P_C$ 比要求传递的功率略大。设 $P$ 为传动的额定功率(kW)，$K_A$ 为工作情况系数(见表 2-4)，则

$$P_C = K_A P \tag{2-4}$$

表 2-4　工作情况系数 $K_A$

| 载荷性质 | 工作机 | 原动机 | | | | | |
|---|---|---|---|---|---|---|---|
| | | I类 | | | II类 | | |
| | | 每天工作时间(h) | | | | | |
| | | <10 | 10～16 | >16 | <10 | 10～16 | >16 |
| 载荷平稳 | 离心式水泵、通风机(≤7.5kW)、轻型输送机、离心式压缩机 | 1.0 | 1.1 | 1.2 | 1.1 | 1.2 | 1.3 |
| 载荷变动小 | 带式运输机、通风机(>7.5kW)、发电机、旋转式水泵、机床、剪床、压力机、印刷机、振动筛 | 1.1 | 1.2 | 1.3 | 1.2 | 1.3 | 1.4 |
| 载荷变动较大 | 螺旋式输送机、斗式提升机、往复式水泵和压缩机、锻锤、磨粉机、锯木机、纺织机械 | 1.2 | 1.3 | 1.4 | 1.4 | 1.5 | 1.6 |
| 载荷变动很大 | 破碎机(旋转式、鄂式等)、球磨机、起重机、挖掘机、辊压机 | 1.3 | 1.4 | 1.5 | 1.5 | 1.6 | 1.8 |

注：I类——普通鼠笼式交流电动机，同步电动机，直流电动机(并激)，$n \geqslant 600$r/min 内燃机。

II类——交流电动机(双鼠笼式，滑环式、单相、大转差率)，直流电动机，$n \leqslant 600$r/min 内燃机。

(2) 选定 V 带的型号　根据计算功率 $P_C$ 和小轮转速 $n_1$，按图 2-9 选择普通 V 带的型号。若临近两种型号的交界线时，可按两种型号同时计算，通过分析比较决定取舍。

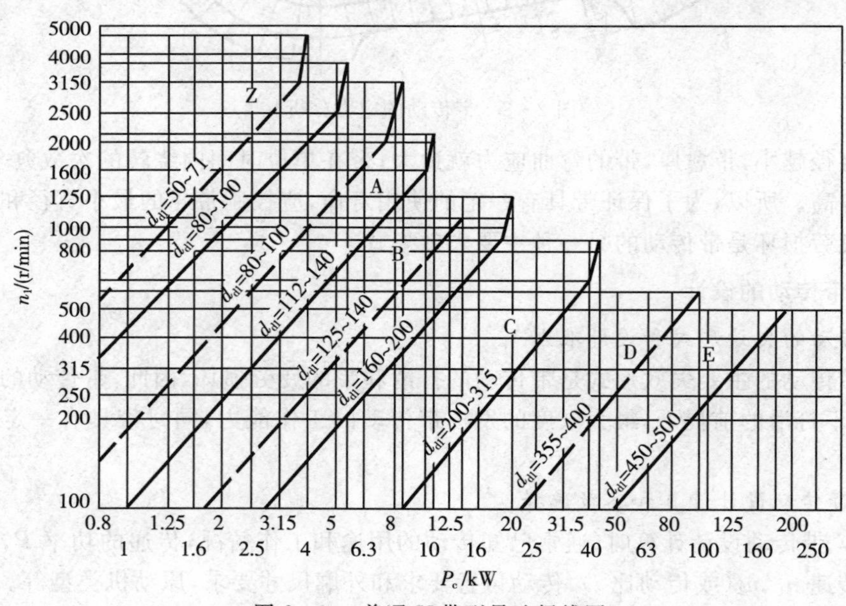


图 2-9　普通 V 带型号选择线图

(3) 确定带轮基准直径 $d_{d1}$、$d_{d2}$　表 2-5 列出了 V 带轮的最小基准直径和带轮的基准

直径系列，选择小带轮基准直径时，应使 $d_{d1}>d_{d\,min}$，以减小带的弯曲应力。大带轮的基准直径 $d_{d2}$ 由式(2－5)确定，即

$$d_{d2}=\frac{n_1}{n_2}d_{d1}=id_{d1} \tag{2-5}$$

$d_{d2}$ 值应圆整为整数。

**表 2－5　普通 V 带轮最小基准直径**　　mm

| 型　号 | Y | Z | A | B | C |
|---|---|---|---|---|---|
| 最小基准直径 $d_{dmin}$ | 20 | 50 | 75 | 125 | 200 |

注：带轮基准直径系列：20、22.4、25、28、31.5、35.5、40、45、50、56、63、71、75、80、85、90、95、100、106、112、118、125、132、140、150、160、170、180、200、212、224、236、250、265、280、300、315、335、355、375、400、425、450、475、500、530、560、600、630、670、710、750、800、900、1000、1060、1120、1250、1400、1500、1600、1800、2000、2240、2500

(摘自 GB/T13575.1—1992)

(4) 验算带速 $v$

$$v=\frac{\pi d_{d1}n_1}{60\times1000} \tag{2-6}$$

带速 $v$ 应在 5～25m/s 的范围内，其中以 10～20m/s 为宜。若 $v>25$m/s，则因带绕过带轮时离心力过大，使带与带轮之间的压紧力减小，摩擦力降低而使传动能力下降，而且离心力过大降低了带的疲劳强度和寿命。而当 $v<5$m/s 时，在传递相同功率时带所传递的圆周力增大，使带的根数增加。

(5) 确定中心距 $a$ 和基准长度 $L_d$　由于带是中间挠性件，故中心距可取大些或小些。中心距增大，将有利于增大包角，但太大则使结构外廓尺寸大，还会因载荷变化引起带的颤动，从而降低其工作能力。若已知条件未对中心距提出具体的要求，一般可按下式初选中心距 $a_0$，即

$$0.7(d_{d1}+d_{d2}\leqslant a_0\leqslant 2(d_{d1}+d_{d2}) \tag{2-7}$$

有了 $a_0$、$d_{d1}$、$d_{d2}$ 后，根据带传动的几何关系，可由下式得初定的 V 带基准长度

$$L_0=2a_0+\frac{\pi}{2}(d_{d1}+d_{d2})+\frac{(d_{d1}+d_{d2})^2}{4a_0}$$

根据初定的 $L_0$，由表 2－3 选取相近的基准长度 $L_d$。最后按下式近似计算实际所需的中心距

$$a\approx a_0+\frac{L_d-L_0}{2} \tag{2-8}$$

考虑安装和张紧的需要，应使中心距大约有 $\pm0.03L_d$ 的调整量。

(6) 验算小轮包角 $\alpha_1$

$$\alpha_1 = 180° - \frac{d_{d2} - d_{d1}}{a} \times 57.3°$$

一般要求 $\alpha_1 \geqslant 90° \sim 120°$，否则可加大中心距或增设张紧轮。

(7)确定带的根数 $z$

$$z = \frac{P_c}{(P_0 + \Delta P_0) K_\alpha K_L} \tag{2-9}$$

式中：$P_0$——单根普通 V 带的基本额定功率(表 2-6)，kW；

$\Delta P_1$——$i \neq 1$ 时的单根普通 V 带额定功率的增量(表 2-7)，kW；

$K_L$——为带长修正系数(表 2-3)；

$K_\alpha$——为包角修正系数(表 2-8)。

$z$——应圆整为整数，通常 $z < 10$，以使各根带受力均匀。

**表 2-6　单根普通 V 带的基本额定功率 $P_0$(kW)**

(在包角 $\alpha = 180°$、特定长度、平稳工作条件下)

| 带型 | 小带轮基准直径 $d_{d1}$/mm | 小带轮转速 $n_1$/(r/min) | | | | | | |
|---|---|---|---|---|---|---|---|---|
| | | 400 | 730 | 800 | 980 | 1200 | 1460 | 2800 |
| Z | 50 | 0.06 | 0.09 | 0.10 | 0.12 | 0.14 | 0.16 | 0.26 |
| | 63 | 0.08 | 0.13 | 0.15 | 0.18 | 0.22 | 0.25 | 0.41 |
| | 71 | 0.09 | 0.17 | 0.20 | 0.23 | 0.27 | 0.31 | 0.50 |
| | 80 | 0.14 | 0.20 | 0.22 | 0.26 | 0.30 | 0.36 | 0.56 |
| A | 75 | 0.27 | 0.42 | 0.45 | 0.52 | 0.60 | 0.68 | 1.00 |
| | 90 | 0.39 | 0.63 | 0.68 | 0.79 | 0.93 | 1.07 | 1.64 |
| | 100 | 0.47 | 0.77 | 0.83 | 0.97 | 1.14 | 1.32 | 2.05 |
| | 112 | 0.56 | 0.93 | 1.00 | 1.18 | 1.39 | 1.62 | 2.51 |
| | 125 | 0.67 | 1.11 | 1.19 | 1.40 | 1.66 | 1.93 | 2.98 |
| B | 125 | 0.84 | 1.34 | 1.44 | 1.67 | 1.93 | 2.20 | 2.96 |
| | 140 | 1.05 | 1.69 | 1.82 | 2.13 | 2.47 | 2.83 | 3.85 |
| | 160 | 1.32 | 2.16 | 2.32 | 2.72 | 3.17 | 3.64 | 4.89 |
| | 180 | 1.59 | 2.61 | 2.81 | 3.30 | 3.85 | 4.41 | 5.76 |
| | 200 | 1.85 | 3.05 | 3.30 | 3.86 | 4.50 | 5.15 | 6.43 |
| C | 200 | 2.41 | 3.80 | 4.07 | 4.66 | 5.29 | 5.86 | 5.01 |
| | 224 | 2.99 | 4.78 | 5.12 | 5.89 | 6.71 | 7.47 | 6.08 |
| | 250 | 3.62 | 5.82 | 6.23 | 7.18 | 8.21 | 9.06 | 6.56 |
| | 280 | 4.32 | 6.99 | 7.52 | 8.65 | 9.81 | 10.74 | 6.13 |
| | 315 | 5.14 | 8.34 | 8.92 | 10.23 | 11.53 | 12.48 | 4.16 |
| | 400 | 7.06 | 11.52 | 12.10 | 13.67 | 15.04 | 15.51 | — |

**表 2－7　单根普通 V 带额定功率的增量 $\Delta P_0$(kW)**

（在包角 $\alpha$=180°、特定长度、平稳工作条件下）

| 带型 | 小带轮转速 $n_1$(r/min) | 传动比 $i$ | | | | | | | | | |
|---|---|---|---|---|---|---|---|---|---|---|---|
| | | 1.00～1.01 | 1.02～1.04 | 1.05～1.08 | 1.09～1.12 | 1.13～1.18 | 1.19～1.24 | 1.25～1.34 | 1.35～1.51 | 1.52～1.99 | ≥2.0 |
| Z | 400 | 0.00 | 0.00 | 0.00 | 0.00 | 0.00 | 0.00 | 0.00 | 0.00 | 0.01 | 0.01 |
| | 730 | 0.00 | 0.00 | 0.00 | 0.00 | 0.00 | 0.00 | 0.01 | 0.01 | 0.01 | 0.02 |
| | 800 | 0.00 | 0.00 | 0.00 | 0.00 | 0.01 | 0.01 | 0.01 | 0.01 | 0.02 | 0.02 |
| | 980 | 0.00 | 0.00 | 0.00 | 0.00 | 0.01 | 0.01 | 0.01 | 0.02 | 0.02 | 0.02 |
| | 1200 | 0.00 | 0.00 | 0.01 | 0.01 | 0.01 | 0.01 | 0.02 | 0.02 | 0.02 | 0.03 |
| | 1460 | 0.00 | 0.00 | 0.01 | 0.01 | 0.01 | 0.02 | 0.02 | 0.02 | 0.02 | 0.03 |
| | 2800 | 0.00 | 0.01 | 0.02 | 0.02 | 0.03 | 0.03 | 0.03 | 0.04 | 0.04 | 0.04 |
| A | 400 | 0.00 | 0.01 | 0.01 | 0.02 | 0.02 | 0.03 | 0.03 | 0.04 | 0.04 | 0.05 |
| | 730 | 0.00 | 0.01 | 0.02 | 0.03 | 0.04 | 0.05 | 0.06 | 0.07 | 0.08 | 0.09 |
| | 800 | 0.00 | 0.01 | 0.02 | 0.03 | 0.04 | 0.05 | 0.06 | 0.08 | 0.09 | 0.10 |
| | 980 | 0.00 | 0.01 | 0.03 | 0.04 | 0.05 | 0.06 | 0.07 | 0.08 | 0.10 | 0.11 |
| | 1200 | 0.00 | 0.02 | 0.03 | 0.05 | 0.07 | 0.08 | 0.10 | 0.11 | 0.13 | 0.15 |
| | 1460 | 0.00 | 0.02 | 0.04 | 0.06 | 0.08 | 0.09 | 0.11 | 0.13 | 0.15 | 0.17 |
| | 2800 | 0.00 | 0.04 | 0.08 | 0.11 | 0.15 | 0.19 | 0.23 | 0.26 | 0.30 | 0.34 |
| B | 400 | 0.00 | 0.01 | 0.03 | 0.04 | 0.06 | 0.07 | 0.08 | 0.10 | 0.11 | 0.13 |
| | 730 | 0.00 | 0.02 | 0.05 | 0.07 | 0.10 | 0.12 | 0.15 | 0.17 | 0.20 | 0.22 |
| | 800 | 0.00 | 0.03 | 0.06 | 0.08 | 0.11 | 0.14 | 0.17 | 0.20 | 0.23 | 0.25 |
| | 980 | 0.00 | 0.03 | 0.07 | 0.10 | 0.13 | 0.17 | 0.20 | 0.23 | 0.26 | 0.30 |
| | 1200 | 0.00 | 0.04 | 0.08 | 0.13 | 0.17 | 0.21 | 0.25 | 0.30 | 0.34 | 0.38 |
| | 1460 | 0.00 | 0.05 | 0.10 | 0.15 | 0.20 | 0.25 | 0.31 | 0.36 | 0.40 | 0.46 |
| | 2800 | 0.00 | 0.10 | 0.20 | 0.29 | 0.39 | 0.49 | 0.59 | 0.69 | 0.79 | 0.89 |
| C | 400 | 0.00 | 0.04 | 0.08 | 0.12 | 0.16 | 0.20 | 0.23 | 0.27 | 0.31 | 0.35 |
| | 730 | 0.00 | 0.07 | 0.14 | 0.21 | 0.27 | 0.34 | 0.41 | 0.48 | 0.55 | 0.62 |
| | 800 | 0.00 | 0.08 | 0.16 | 0.23 | 0.31 | 0.39 | 0.47 | 0.55 | 0.63 | 0.71 |
| | 980 | 0.00 | 0.09 | 0.19 | 0.27 | 0.37 | 0.47 | 0.56 | 0.65 | 0.74 | 0.83 |
| | 1200 | 0.00 | 0.12 | 0.24 | 0.35 | 0.47 | 0.59 | 0.70 | 0.82 | 0.94 | 1.06 |
| | 1460 | 0.00 | 0.14 | 0.28 | 0.42 | 0.58 | 0.71 | 0.85 | 0.99 | 1.14 | 1.27 |
| | 2800 | 0.00 | 0.27 | 0.55 | 0.82 | 1.10 | 1.37 | 1.64 | 1.92 | 2.19 | 2.47 |

**表 2－8　包角修正系数 $K_\alpha$**

| 包角 $\alpha$ | 180° | 170° | 160° | 150° | 140° | 130° | 120° | 110° | 100° | 90° |
|---|---|---|---|---|---|---|---|---|---|---|
| $K_\alpha$ | 1.00 | 0.98 | 0.95 | 0.92 | 0.89 | 0.86 | 0.82 | 0.78 | 0.74 | 0.69 |

(8)确定初拉力 $F_0$并计算作用在轴上的载荷 $F_Q$　保持适当的初拉力是带传动工作的首要条件。初拉力不足,极限摩擦力小,传动能力下降;初拉力过大,将增大作用在轴上的载荷并降低带的寿命。单根普通 V 带合适的初拉力 $F_0$可按下式计算

$$F_0=\frac{500P_c}{zv}\left(\frac{2.5}{K_a}-1\right)+qv^2 \tag{2-10}$$

式中,各符号的意义同前。

$F_Q$可近似地按带两边的初拉力 $F_0$的合力来计算。由图 2-10 可得,作用在轴上的载荷 $F_Q$为

$$F_Q=2zF_0\sin\frac{\alpha_1}{2} \tag{2-11}$$

式中,各符号的意义同前。

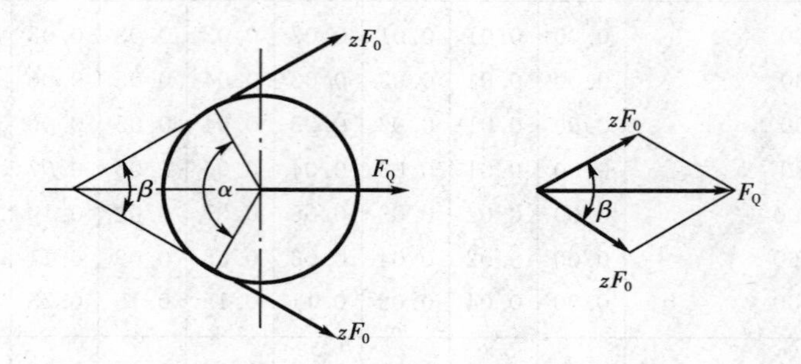


图 2-10　带传动的轴上载荷

**【例 2-1】**　设计某振动筛的 V 带传动。已知电动机功率 $P=1.7$kW,转速 $n_1=1430$r/min,工作机的转速 $n_2=285$ r/min,根据空间尺寸,要求中心距约为 500mm 左右,带传动每天工作 16 小时,试设计该 V 带传动。

**【解】**

(1) 确定计算功率 $P_c$

根据 V 带传动工作条件。查表 2-5,可得工作情况系数 $K_A=1.3$,所以

$$P_c=K_AP=1.3\times1.7=2.21\ \text{kW}$$

(2) 选取 V 带型号

根据 $P_c$、$n_1$,由图 2-9,选用 Z 型 V 带。

(3) 确定带轮基准直径 $d_{d1}$、$d_{d2}$

由表 2-5 选 $d_{d1}=80$ mm。

$$d_{d2}=\frac{n_1}{n_2}d_{d1}=\frac{1430}{285}\times80=401.1\ \text{mm}$$

根据表 2-5,选 $d_{d2}=400$ mm。

(4) 验算带速 $v$

$$v=\frac{\pi d_{d1}n_1}{60\times1000}=\frac{3.14\times80\times1430}{60\times1000}=5.99\ \text{m/s}$$

$v$ 在 5～25 m/s 范围内,故带的速度合适。

(5) 确定V带的基准长度和传动中心距

因题目要求中心距约为500mm左右，故初选中心距 $a_0=500\text{mm}$。

计算带所需的基准长度

$$L_0=2a_0+\frac{\pi}{2}(d_{d1}+d_{d2})+\frac{(d_{d2}-d_{d1})^2}{4a_0}$$

$$=2\times500+\frac{\pi}{2}(80+400)+\frac{(400-80)^2}{4\times500}=1804.8\ \text{mm}$$

由表2-3，选取带的基准长度 $L_d=1800\ \text{mm}$，所以

$$a=a_0+\frac{L_d-L_0}{2}=500+\frac{1800-1804.8}{2}=497.6\ \text{mm}$$

(6) 验算主动轮上的包角 $\alpha_1$

$$\alpha_1=180°-\frac{d_{d2}-d_{d1}}{a}\times57.3°=180°-\frac{400-80}{497.6}\times57.3°=143.16°>120°$$

故主动轮上的包角合适。

(7) 计算V带的根数 $z$

$$z=\frac{P_c}{(P_0+\Delta P_0)K_\alpha K_L}$$

由 $n_1=1430\text{r/min}$，$i=d_{d2}/d_{d1}=5$，查表2-7得 $\Delta P_0=0.03\text{kW}$。

查表2-8得 $K_\alpha=0.90$，查表2-3得 $K_L=1.06$，所以

$$z=\frac{2.21}{(0.35+0.03)\times0.90\times1.06}=6.09$$

取 $z=6$ 根

(8) 计算V带合适的初拉力 $F_0$

$$F_0=\frac{500P_c}{zv}\left(\frac{2.5}{K_\alpha}-1\right)+qv^2$$

查表2-1得 $q=0.06\text{kg/m}$，所以

$$F_0=\frac{500\times2.21}{6\times5.99}\left(\frac{2.5}{0.9}-1\right)+0.06\times5.99^2=56.8\ \text{N}$$

(9) 计算作用在轴上的载荷 $F_Q$

$$F_Q=2zF_0\sin\frac{\alpha_1}{2}=2\times6\times56.8\times\sin\frac{143.16}{2}=647.7\ \text{N}$$

(10) 带轮结构设计(略)

## 五、带传动的张紧和维护

### 1. 带传动的张紧

实际的V带并不是完全的弹性体，工作一段时间后，就会由于塑性变形而松弛，使初始拉力 $F_0$ 降低。为了保证带传动的正常工作，应定期检查初拉力，当发现初拉力 $F_0$ 小于允许范围时，须重新张紧。常见的张紧装置有三类：

(1) 定期张紧装置 常见的有滑道式(图2-11a)和摆架式(图2-11b)两种，均靠调节螺钉(杆)来调节带的张紧程度。

(2) 自动张紧装置 利用电动机自重，使带始终在一定的张紧力下工作(图2-11c)。

(3) 张紧轮张紧装置 当中心距不可调节时，采用张紧轮张紧。张紧轮一般应放在松

边内侧，并尽量靠近大带轮。张紧轮的轮槽尺寸与带轮相同，且直径小于小带轮的直径(图 2－11d)。

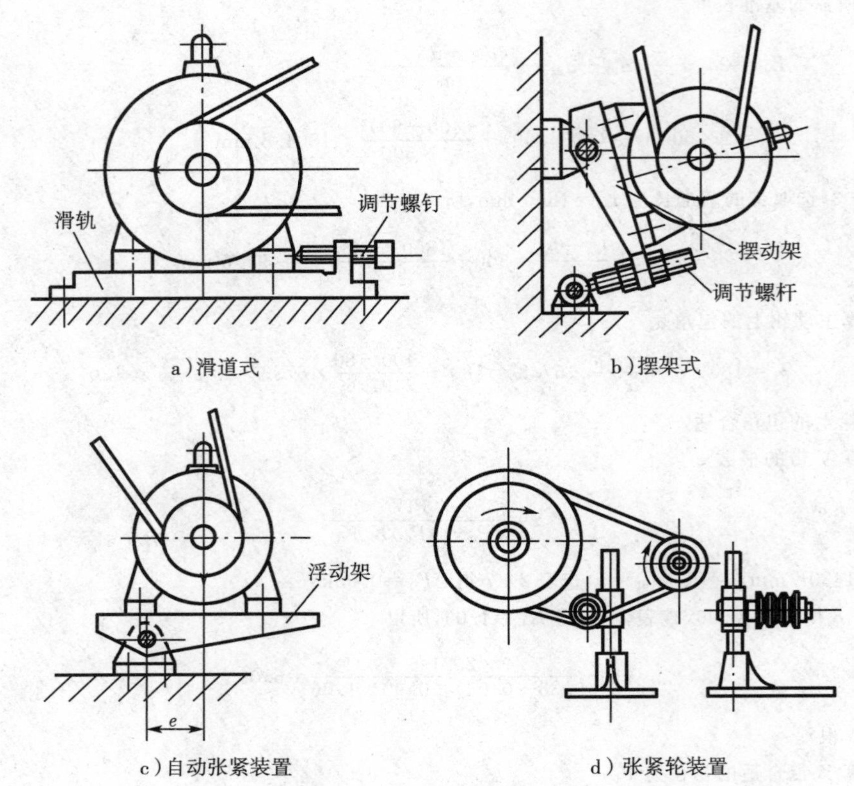


a)滑道式　b)摆架式

c)自动张紧装置　d)张紧轮装置

图 2－11　带传动的张紧

2. V 带传动的安装和维护

V 带传动的安装和维护需注意以下几点：

(1) 安装时，两带轮轴必须平行，两轮轮槽要对齐，否则将加剧带的摩擦，甚至使带从带轮上脱落。

(2) 胶带不宜与酸、碱或油接触，工作温度不应超过 60℃。

(3) 带传动装置应加保护罩。

(4) 定期检查胶带，发现其中一根过度松弛或疲劳损坏时，应全部更换新带，不能新旧并用。如果旧胶带尚可使用，应测量长度，选长度相同的组合使用。

# 第二节　链传动

## 一、链传动的特点及应用

链传动由装在平行轴上的链轮和跨绕在两链轮上的环形链条所组成，如图 2－12 所示，以链条作中间挠性件，靠链条与链轮轮齿的啮合来传递运动和动力。链传动结构简单，耐用，维护容易，运用于中心距较大的场合。

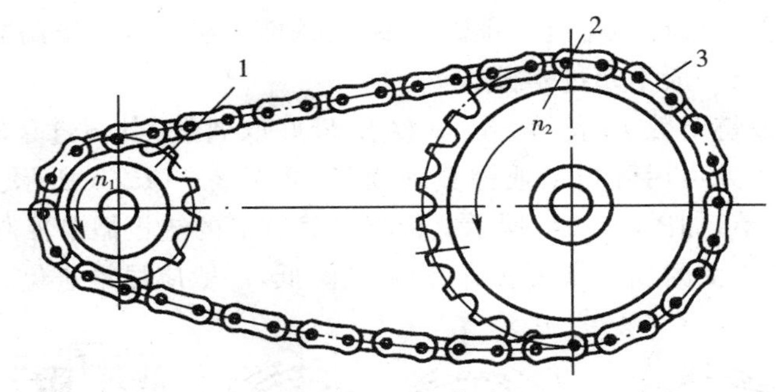


图 2－12　链传动

与带传动相比，链传动能保持准确的平均传动比；没有弹性滑动和打滑；需要的张紧力小；能在温度较高，有油污等恶劣环境下工作。

与齿轮传动相比，链传动的制造和安装精度要求较低；成本低廉；能实现远距离传动。但瞬时速度不均匀，瞬时传动比不恒定；传动中有一定的冲击和噪音。

链传动的传动比 $i \leqslant 8$；中心距 $a \leqslant 5 \sim 6$m；传递功率 $P \leqslant 100$kW；圆周速度 $v \leqslant 15$m/s；传动效率 $\eta = 0.92 \sim 0.96$。链传动广泛用于矿山机械、农业机械、石油机械、机床及摩托车中。

按照链条的结构不同，传递动力用的链条主要有滚子链和齿形链两种。其中齿形链结构复杂，价格较高，因此其应用不如滚子链广泛。

## 二、滚子链的结构及标准

### 1. 滚子链的结构

滚子链的结构如图 2－13 所示。它由内链板 1、外链板 2、套筒 3、销轴 4 和滚子 5 组成。链传动工作时，套筒上的滚子沿链轮齿廓滚动，可以减轻链和链轮轮齿的磨损。

为减轻链条的重量并使链板各横剖面的抗拉强度大致相等，内、外链板均制成“∞”字形。组成链条的各零件，由碳钢或合金钢制成，并进行热处理，以提高强度和耐磨性。

滚子链相邻两滚子中心的距离称为链节距，用 $p$ 表示，它是链条的主要参数。节距 $p$ 越大，链条各零件的尺寸越大，所能承受的载荷越大。

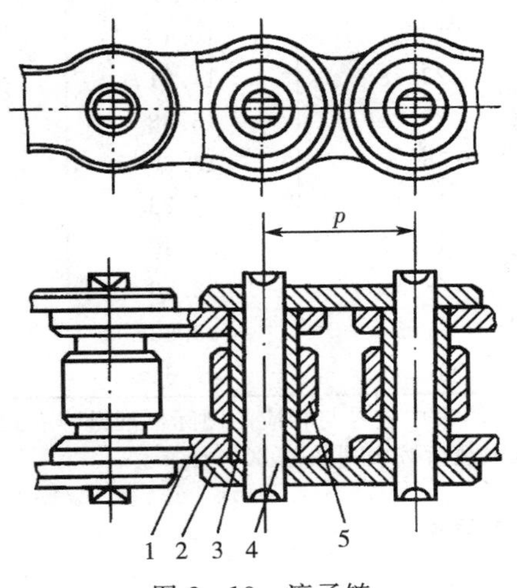


图 2－13　滚子链

1—内链板　2—外链板　3—套筒　4—销轴　5—滚子

滚子链可制成双排链或多排链。排数越多，承载能力越大。由于制造和装配精度，会使各排链受力不均匀，故一般不超过 4 排。

滚子链的长度以链节数 $L_p$ 表示。链节数 $L_p$ 最好取偶数，以便链条联成环形时正好是内、外链板相接，接头处可用开口销或弹簧夹锁紧，如图 2－14a、b 所示。若链节数为奇数时，则需采用过渡链节，如图 2－14c 所示。由于过渡链节的链板需单独制造，而且当链条受拉时，过渡链节还要承受附加的弯曲载荷，使强度降低，一般应尽量避免。

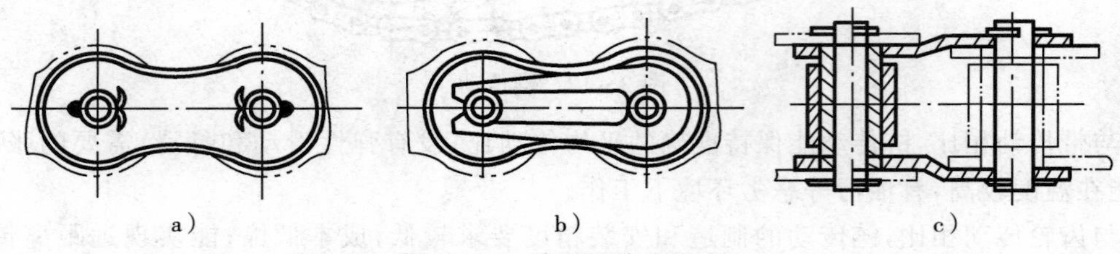

图 2－14　滚子链接头形式

2. 滚子链的标准

滚子链已标准化，分为 A、B 两个系列，常用的是 A 系列。表 2－9 列出了几种 A 系列滚子链的主要参数。设计时，要根据载荷大小及工作条件等选用适当的链条型号，确定链传动的几何尺寸及链轮的结构尺寸。

按照 GB/T1243.1－1983 的规定，套筒滚子链的标记为：

链号—排数×链节数　　标准号

例如 A 级、双排、70 节、节距为 38.1mm 的标准滚子链，标记应为：

24A—2×70 GB/T1243.1—1983

标记中，B 级链不标等级，单排链不标排数。

**表 2－9　A 系列滚子链的主要参数**

| 链号 | 节距 $p$/mm | 排距 $p_1$/mm | 滚子外径 $d_1$/mm | 极限载荷 $Q$（单排）N | 每米长质量 $q$（单排）kg/m |
|---|---|---|---|---|---|
| 08A | 12.70 | 14.38 | 7.95 | 13800 | 0.60 |
| 10A | 15.875 | 18.11 | 10.16 | 21800 | 1.00 |
| 12A | 19.05 | 22.78 | 11.91 | 21100 | 1.50 |
| 16A | 25.40 | 29.29 | 15.88 | 55600 | 2.60 |
| 20A | 31.75 | 35.76 | 19.05 | 86700 | 3.80 |
| 24A | 38.10 | 45.44 | 22.23 | 124600 | 5.60 |
| 28A | 44.45 | 48.87 | 25.40 | 169000 | 7.50 |
| 32A | 50.80 | 58.55 | 28.58 | 222400 | 10.10 |
| 40A | 63.50 | 71.55 | 39.68 | 347000 | 16.10 |
| 48A | 76.20 | 87.83 | 47.63 | 500400 | 22.60 |

注：1. 摘自 GB/T1234.1－1983，表中链号与相应的国际标准链号一致，后缀 A 表示 A 系列。
2. 使用过渡链节时，其极限载荷按表列数值 80％计算。

## 三、滚子链链轮的结构和材料

1. 链轮结构

图 2－15 为几种常用的链轮结构。小直径链轮一般做成整体式（图2－15a），中等直径

链轮多做成腹板式，为便于搬运、装卡和减重，在腹板上开孔(图2－15b)，大直径链轮可做成组合式(图 2－15c、d)，此时齿圈与轮芯可用不同材料制造。

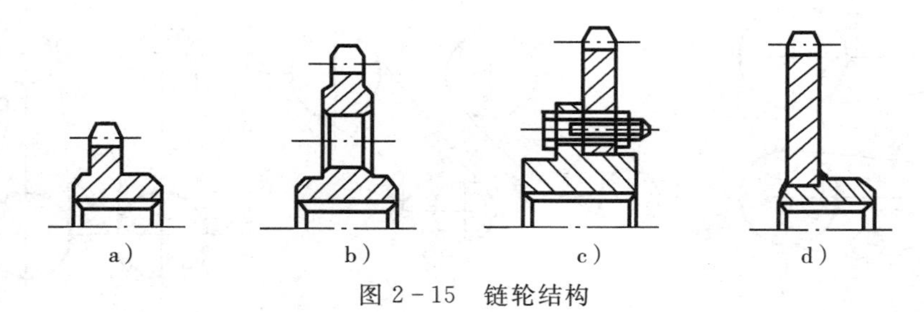


图 2－15　链轮结构

2. 轮齿的齿形

轮齿的齿形应保证链节能平稳地进入和退出啮合，受力良好，不易脱链，便于加工。

滚子链链轮的齿形已标准化(GB/T1244—1985)。

3. 链轮材料

链轮材料应保证轮齿有足够的强度和耐磨性，故链轮齿面一般都经过热处理，使之达到一定硬度。常用材料有 20、35、45、50、20Cr、35SiMn 等。

## 四、链传动的布置、张紧和润滑

1. 链传动的布置

如图 2－16 所示为链传动的布置，为使链传动能工作正常，应注意其合理布置，布置的原则简要说明如下：

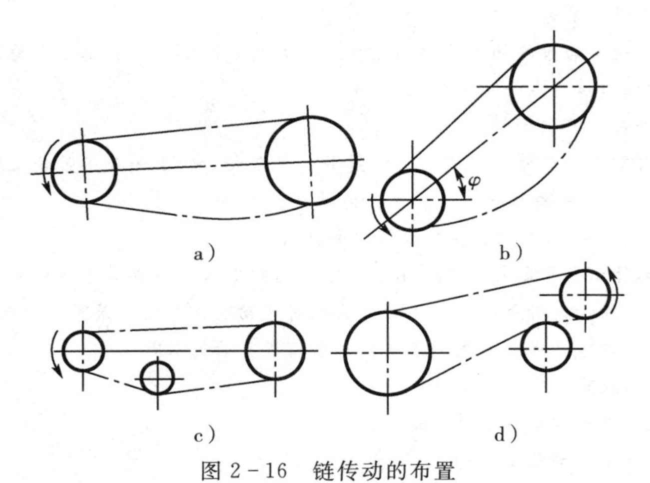


图 2－16　链传动的布置

(1) 两链轮的回转平面应在同一垂直平面内，否则易使链条脱落和产生不正常的磨损。

(2) 两链轮中心连线最好是水平的，或与水平面成 45°以下的倾角，尽量避免垂直传动，以免与下方链轮啮合不良或脱离啮合。

2. 链传动的张紧

链传动中如松边垂度过大，将引起啮合不良和链条振动，所以链传动张紧的目的和带传动不同，张紧力并不决定链的工作能力，而只是决定垂度的大小。

张紧的方法很多，最常见的是移动链轮以增大两轮的中心距。但如中心距不可调时，也可以采用张紧轮张紧，如图 2－17 所示。张紧轮应装在靠近主动链轮的松边上。不论是带齿的还是不带齿的张紧轮，其分度圆直径最好与小链轮的分度圆直径相近。

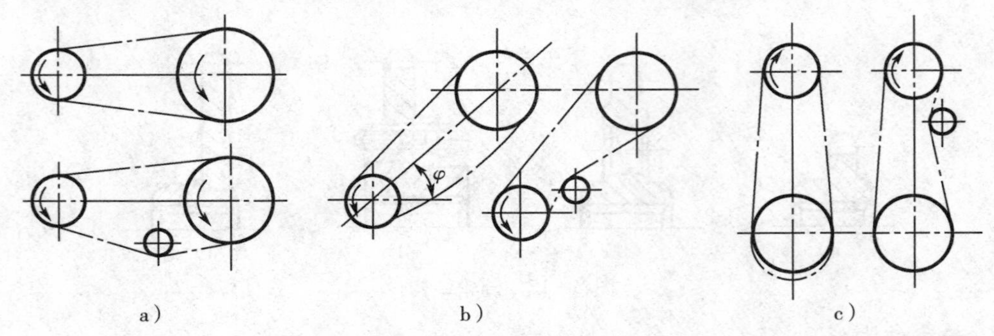


图 2－17　链传动的张紧

3. 链传动的润滑

链传动的润滑至关重要。适宜的润滑能显著降低链条铰链的磨损，延长使用寿命。

链传动的润滑方法有人工定期润滑、滴油润滑、油浴润滑或飞溅润滑、油泵压力喷油润滑。根据链速和链条节距大小选择相应的润滑方式。

## 思考与练习

**1.** 带传动有哪些主要类型？各有什么特点？

**2.** 什么是有效拉力？什么是初拉力？它们之间有何关系？

**3.** 带传动工作时，紧边和松边是如何产生的？怎样理解紧边和松边的拉力差即为带传动的有效圆周力？

**4.** 带传动为什么要限制其最小中心距？

**5.** 增大初拉力可以使带与带轮间的摩擦力增加，但为什么带传动中不能过大地增大初拉力来提高带的传动能力，而是把初拉力控制在一定数值上？

**6.** 小带轮包角对带传动有何影响？

**7.** 带传动的打滑经常在什么情况下发生？打滑多发生在大带轮上还是小带轮上？为什么？

**8.** 普通 V 带的楔角与带轮轮槽角是否相等？为什么？

**9.** 在 V 带传动设计过程中，为什么要校验带速和包角？

**10.** 在带传动中，为什么要限制传动的最小中心距？选取中心距时要考虑哪些问题？

**11.** 带传动的弹性滑动和打滑是怎样产生的？它们对传动有何影响？是否可以避免？

**12.** 为什么有些带传动需要张紧装置？张紧轮如何布置？为什么？

**13.** 链传动和带传动相比有哪些优缺点？

**14.** 链节距 $p$ 的大小对链传动的动载荷有何影响？

**15.** 链传动的合理布置有哪些要求？

**16.** 链传动为何要适当张紧？常用的张紧方法有哪些？

**17.** 如何确定链传动的润滑方式？常用的润滑装置和润滑油有哪些？

**18.** V 带传动传递的功率 $P=7.5\text{kW}$，带的速度 $v=10\text{m/s}$，紧边拉力是松边拉力的 5 倍。试求紧边拉力及有效拉力。

**19.** 已知一普通 V 带传动，用 Y 系列三相异步电动机驱动，转速 $n_1=1460\text{r/min}$，$n_2=650\text{r/min}$，主动轮基准直径 $d_{d1}=125\text{mm}$，中心距 $a=800\text{mm}$，B 型带三根，载荷平稳，两班制工作。试求带传动所能传递的功率 $P$。

**20.** 试设计某车床上电动机和主轴箱之间的普通 V 带传动。已知电动机的功率 $P=4\text{kW}$，转速 $n_1=1440\text{r/min}$，从动轴的转速 $n_2=680\text{r/min}$，两班制工作，根据机床结构，要求两带轮的中心距在 950mm 左右。

# 第三章 齿轮传动

本章主要学习齿轮传动的特点、应用范围、齿廓啮合基本定律、渐开线的性质与特点；圆柱齿轮和直齿圆锥齿轮的几何尺寸计算；一对渐开线齿轮的正确啮合条件、连续传动条件和正确安装条件；渐开线齿廓切齿原理、根切现象和避免根切的方法；斜齿圆柱齿轮和直齿圆锥齿轮及蜗轮蜗杆；齿轮传动的失效，计算准则、设计原理和强度计算（包括选择材料、热处理方式及各种参数）等。

## 第一节　概　述

### 一、齿轮传动机构的特点

齿轮传动是现代机械中应用最为广泛的一种传动。它可以用来传递空间任意两轴之间的运动和动力，而且传动准确、平稳、机械效率高、使用寿命长、传动比准确、工作安全可靠。但制造及安装精度要求高，价格较贵，不宜用于两轴间距离较大的场合。

### 二、齿轮传动的分类

按照一对齿轮传动的角速比是否恒定，可将齿轮传动分为：

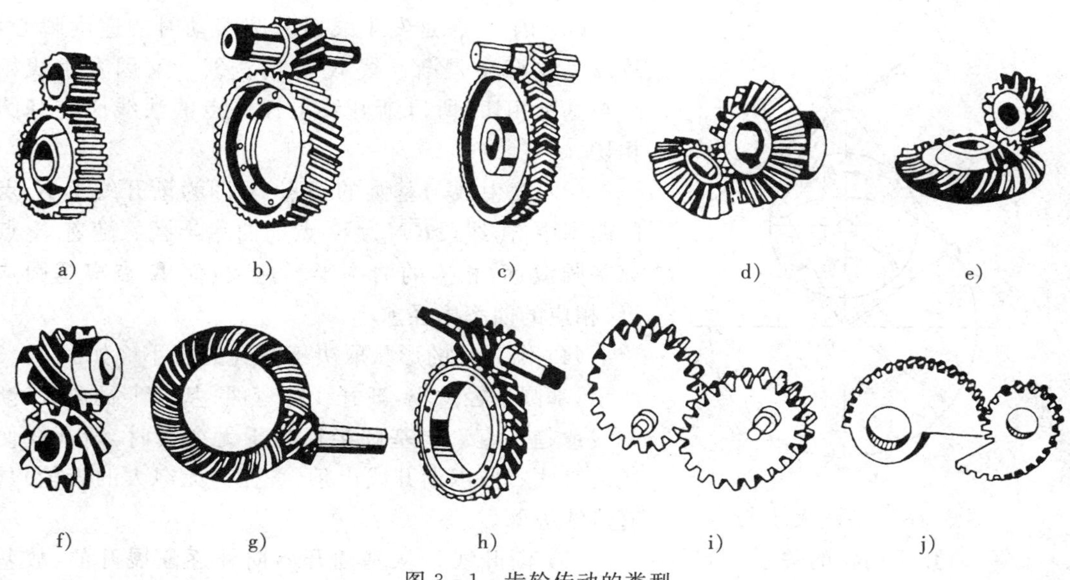


图 3 - 1　齿轮传动的类型

(1) 定传动比齿轮传动(图 3-1a~h);

(2) 变角速比齿轮传动(图 3-1i~j),当主动轮作匀角速度转动时,从动轮按一定角速度比作变速运动。

按照一对齿轮传动时两轮轴线的相对位置,可将齿轮传动分为:

(1) 两平行轴齿轮传动,如直齿、斜齿、人字齿圆柱齿轮传动(图 3-1a~c),此外还有内齿圆柱齿轮传动和齿轮齿条传动;

(2) 两轴相交的齿轮传动,如直齿、曲齿圆锥齿轮传动(图 3-1d~e);

(3) 两轴交错的齿轮传动,如螺旋齿轮、双曲线齿轮和蜗杆传动(图 3-1f~h)。

按齿廓曲线分为渐开线齿轮传动、摆线齿轮传动、圆弧齿轮传动。其中,渐开线齿轮传动应用最为广泛。

按齿轮传动机构的工作条件分为闭式传动、开式传动、半开式传动。

按齿面硬度分为软齿面(≤350HB)、硬齿面(>350HB)齿轮传动。

### 三、渐开线及渐开线齿廓

1. 渐开线的形成

如图 3-2 所示,以 $r_b$ 为半径画一个圆,这个圆称为基圆。当一直线 $NK$ 沿基圆圆周作纯滚动时,该直线上任一点 $K$ 的轨迹 $KA$,就称为该基圆的渐开线,直线 $NK$ 称为发生线。

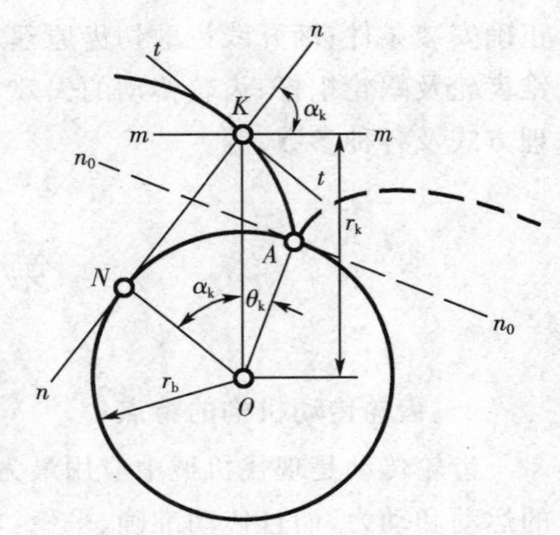

图 3-2 渐开线的形成

渐开线齿轮上每个轮齿的齿廓由同一基圆产生的两条对称的渐开线组成。

2. 渐开线的特性

(1) 发生线在基圆上滚过的一段长度等于基圆上相应被滚过的一段弧长,即$\overline{KN}=\widehat{AN}$。

(2) 因 $N$ 点是发生线沿基圆滚动时的速度瞬心,故发生线 $KN$ 是渐开线 $K$ 点的法线。又因发生线始终与基圆相切,所以渐开线上任一点的法线必与基圆相切。

(3) 发生线与基圆的切点 $N$ 即为渐开线上 $K$ 点的曲率中心,线段$\overline{KN}$为 $K$ 点的曲率半径。随着 $K$ 点离基圆愈远,相应的曲率半径愈大,而 $K$ 点离基圆愈近,相应的曲率半径愈小。

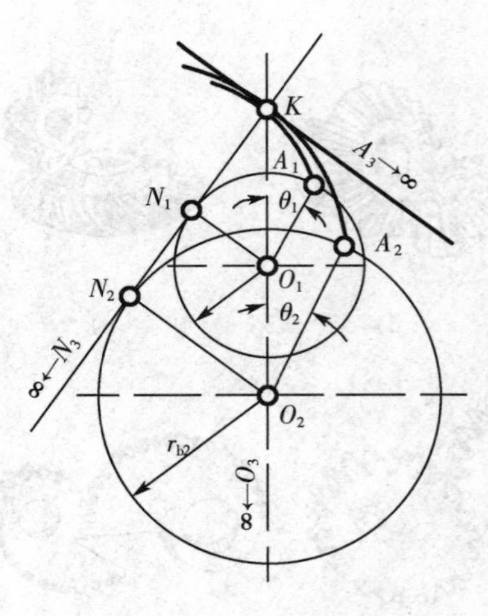

图 3-3 基圆大小与渐开线形状的关系

(4) 渐开线的形状取决于基圆的大小。如图 3-3 所示,基圆半径愈小,渐开线愈弯曲;基圆半径愈大,渐开线愈趋平直。当基圆半径趋于无穷大时,渐开线便成为直线。所以渐开线齿条(直径为无穷大的齿轮)具有直线齿廓。

(5) 渐开线是从基圆开始向外逐渐展开的,故基

圆以内无渐开线。

3. 渐开线齿廓啮合的特点

(1) 定角速比　如图 3－4 所示，两渐开线齿轮的基圆分别为 $r_{b1}$、$r_{b2}$，过两轮齿廓啮合点 $K$ 作两齿廓的公法线 $N_1N_2$，根据渐开线的性质，该公法线必与两基圆相切，即为两基圆的内公切线。又因两轮的基圆为定圆，在其同一方向的内公切线只有一条。所以无论两齿廓在任何位置接触（如图中虚线位置接触），过接触点所作两齿廓的公法线（即两基圆的内公切线）为一固定直线，它与连心线 $O_1O_2$ 的交点 $C$ 必是一定点。因此渐开线齿廓满足定角速比要求。

由图 3－4 知，两轮的传动比为

$$i_{12}=\frac{\omega_1}{\omega_2}=\frac{\overline{O_2C}}{\overline{O_1C}}=\frac{r_{b2}}{r_{b1}} \qquad (3-1)$$

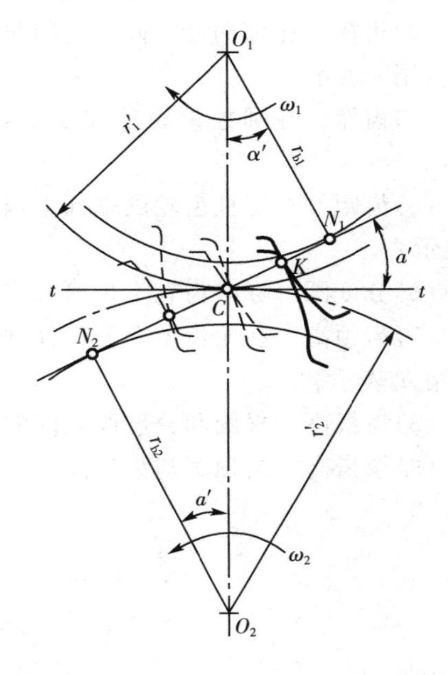


图 3－4　渐开线齿廓满足定角速比

上式表明两轮的传动比为一定值，并与两轮的基圆半径成反比。公法线与连心线 $O_1O_2$ 的交点 C 称为节点，以 $O_1$、$O_2$ 为圆心，$\overline{O_1C}$、$\overline{O_2C}$ 为半径作圆，这对圆称为齿轮的节圆，其半径分别以 $r_1'$ 和 $r_2'$ 表示。从图中可知，一对齿轮传动相当于一对节圆的纯滚动，而且两齿轮的传动比也等于其节圆半径的反比。故一对齿轮的传动比为

$$i=\frac{\omega_1}{\omega_2}=\frac{r_2'}{r_1'}=\frac{r_{b2}}{r_{b1}} \qquad (3-2)$$

(2) 啮合线为一定直线　既然一对渐开线齿廓在任何位置啮合时，接触点的公法线都是同一条直线 $N_1N_2$，这说明所有啮合点均在 $N_1N_2$ 直线上，因此 $N_1N_2$ 又是齿轮传动的啮合线。

(3) 渐开线齿轮的可分性　由（3－1）可知，渐开线齿轮制成后，基圆的半径就确定下来，即使由于制造和安装误差，或轴承磨损导致两轮中心距稍有变化，其传动比仍不变。

(4) 传动平稳　渐开线齿廓在传动过程中，靠轮齿之间的推压传递运动和动力。而齿廓之间的压力作用线与 $N_1N_2$ 重合，且其方向始终不变，所以 $N_1N_2$ 又是传动的压力作用线。这一特性对传动的平稳性很有利。

## 第二节　渐开线标准直齿圆柱齿轮传动

### 一、齿轮各部分的名称及代号

如图 3－5 所示是渐开线直齿圆柱齿轮的部分齿圈。其轮齿各部分名称和符号如下：

(1)齿顶圆　齿顶端所确定的圆称为齿顶圆,其直径用 $d_a$ 表示。

(2)齿根圆　齿槽底部所确定的圆称为齿根圆,其直径用 $d_f$ 表示。

(3)齿槽　相邻两齿之间的空间称为齿槽。齿槽两侧齿廓之间的弧长称为该圆上的齿槽宽,用 $e$ 表示。

(4)齿厚　在圆柱齿轮的端面上,轮齿两侧齿廓之间的弧长称为该圆上的齿厚,用 $s$ 表示。

(5)齿距　在圆柱齿轮的端面上,相邻两齿同侧齿廓之间的弧长称为该圆上的齿距,用 $p$ 表示。

(6)分度圆　标准齿轮上齿厚和齿槽宽相等的圆称为齿轮的分度圆,用 $d$ 表示其直径。

(7)齿顶高　在轮齿上介于齿顶圆和分度圆之间的部分称为齿顶,其径向高度称为齿顶高,用 $h_a$ 表示。

(8)齿根高　根圆和分度圆之间的部分称为齿根,其径向高度称为齿根高,用 $h_f$ 表示。

(9)全齿高　齿顶圆与齿根圆之间轮齿的径向高度称为全齿高,用 $h$ 表示。

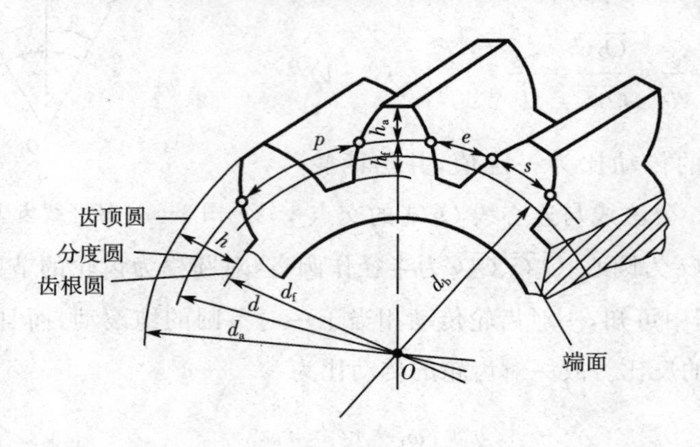


图 3－5　齿轮各部分的名称

## 二、齿轮主要参数

(1)齿数　在齿轮整个圆周上轮齿的总数称为齿数,用 $z$ 表示。

(2)模数　齿距与分度圆直径有如下计算关系

$$zp=\pi d \tag{3-3}$$

$$d=\frac{p}{\pi}z \tag{3-4}$$

在式中含有无理数"π",这对齿轮的计算和测量都不方便。因此,规定比值$\frac{p}{\pi}$等于整数或简单的有理数,并作为计算齿轮几何尺寸的一个基本参数。这个比值称为模数,以 $m$ 表示,单位为 mm,即 $m=\frac{p}{\pi}$,齿轮的主要几何尺寸都与 $m$ 成正比。齿轮的模数已经标准化。我国规定的模数系列如表 3－1 所示。

表 3-1 标准模数系列(GB/T1357—1987) mm

| | | | | | | | | | | | |
|---|---|---|---|---|---|---|---|---|---|---|---|
| 第一系列 | 1 | 1.25 | 1.5 | 2 | 2.5 | 3 | 4 | 5 | 6 | 8 | 10 |
| | 12 | 16 | 20 | 25 | 32 | 40 | 50 | | | | |
| 第二系列 | 1.75 | 2.25 | 2.75 | (3.25) | 3.5 | (3.75) | 4.5 | | | | |
| | 5.5 | (6.5) | 7 | 9 | (11) | 14 | 18 | 22 | 28 | 36 | 45 |

注:① 本表适用于渐开线圆柱齿轮,对斜齿轮是指法面模数;

② 优先采用第一系列,括号内的模数尽可能不用。

3. 压力角 由前述渐开线特性知,在不同圆周上渐开线的压力角是不同的。国家标准规定在分度圆上的压力角为20°,用$\alpha$表示,称为标准压力角。

$$\alpha = \arccos(r_b/r) \tag{3-5}$$

4. 齿顶高系数和顶隙系数 $h_a^*$和$c^*$分别称为齿顶高系数和顶隙系数,齿顶高和齿根高可表示为

$$h_a = h_a^* m \tag{3-6}$$

$$h_f = (h_a^* + c^*)m \tag{3-7}$$

对于圆柱齿轮,其标准值按正常齿制和短齿制规定为:

正常齿 $h_a^* = 1$, $c^* = 0.25$

短 齿 $h_a^* = 0.8$, $c^* = 0.3$

若一齿轮的模数、分度圆压力角、齿顶高系数、齿根高系数均为标准值,且其分度圆上齿厚与齿槽宽相等,则称为标准齿轮。因此,对于标准齿轮

$$s = e = \frac{p}{2} = \frac{\pi m}{2} \tag{3-8}$$

## 三、标准直齿圆柱齿轮几何尺寸

标准直齿圆柱齿轮几何尺寸计算公式如表3-2所示。

表 3-2 标准直齿圆柱齿轮传动的几何尺寸计算公式

| 名 称 | 代 号 | 公式与说明 |
|---|---|---|
| 齿数 | $z$ | 根据工作要求确定 |
| 模数 | $m$ | 由轮齿的承载能力确定,并按表3-1取标准值 |
| 压力角 | $\alpha$ | $\alpha = 20°$ |
| 分度圆直径 | $d$ | $d_1 = mz_1$; $d_2 = mz_2$ |
| 齿顶高 | $h_a$ | $h_a = h_a^* m$ |
| 齿根高 | $h_f$ | $h_f = (h_a^* + c^*)m$ |
| 全齿高 | $h$ | $h = h_a + h_f$ |

（续表）

| 名　称 | 代　号 | 公式与说明 |
| --- | --- | --- |
| 齿顶圆直径 | $d_a$ | $d_{a1}=d_1+2h_a=m(z_1+2h_a^*)$<br>$d_{a2}=m(z_2+2h_a^*)$ |
| 齿根圆直径 | $d_f$ | $d_{f1}=d_1-2h_f=m(z_1-2h_a^*-2c^*)$<br>$d_{f2}=m(z_2-2h_a^*-2c^*)$ |
| 分度圆齿距 | $p$ | $p=\pi m$ |
| 分度圆齿厚 | $s$ | $s=\frac{1}{2}\pi m$ |
| 分度圆齿槽宽 | $e$ | $e=\frac{1}{2}\pi m$ |
| 基圆直径 | $d_b$ | $d_{b1}=d_1\cos\alpha=mz_1\cos\alpha$<br>$d_{b2}=mz_2\cos\alpha$ |

**四、渐开线标准直齿圆柱齿轮的传动分析**

1. 渐开线齿轮正确啮合的条件

齿轮传动时，当它前一对齿脱离啮合（或尚未脱离啮合）时，后一对齿应进入啮合（或刚好进入啮合），而且两对齿廓的啮合点都应在啮合线 $N_1N_2$ 上，如图 3-6 所示，设 $K$ 和 $K'$ 为两对齿廓的啮合点，为了保证 $K$ 和 $K'$ 都在啮合线上，两齿轮的相邻两齿同侧齿廓的法线的距离 $KK'$ 相等，即两齿轮的法线齿距（沿法线方向的齿距称为法线齿距）应相等。根据渐开线的性质可知，法线齿距 $KK'$ 等于两齿轮的基圆齿距 $p_{b1}$ 和 $p_{b2}$。由此，要使两齿轮正确啮合，则要求

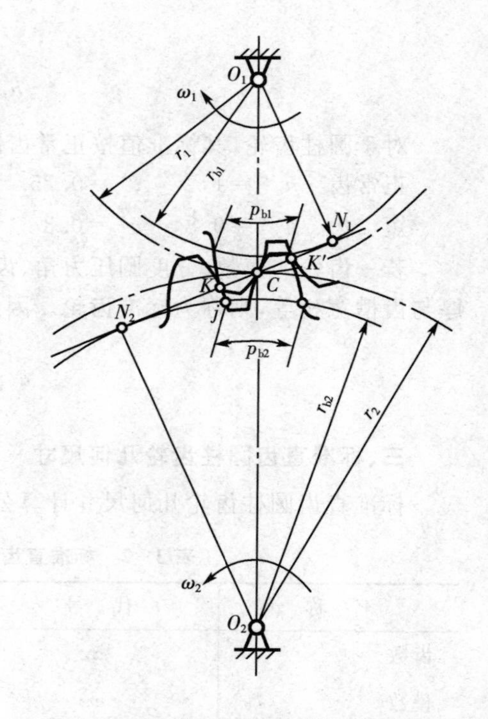

图 3-6　渐开线齿轮正确啮合的条件

$$p_{b1}=p_{b2}$$

$$p_b=\frac{\pi d_b}{z}=\frac{\pi}{z}d\cos\alpha=p\cos\alpha=\pi m\cos\alpha$$

$$p_{b1}=p_1\cos\alpha_1=\pi m_1\cos\alpha_1$$

$$p_{b2}=p_2\cos\alpha_2=\pi m_2\cos\alpha_2$$

由此可得：

$$m_1\cos\alpha_1=m_2\cos\alpha_2$$

由于模数和压力角已经标准化，为满足上式，应使：

$$m_1=m_2=m;\quad \alpha_1=\alpha_2=\alpha$$

上式表明，渐开线齿轮的正确啮合条件是两轮的模数和压力角必须分别相等。

2. 渐开线齿轮连续传动的条件

如图 3-7 所示为一对相互啮合的齿轮，设轮 1 为主动轮，轮 2 为从动轮。齿廓的啮合是由主动轮 1 的齿根部推动从动轮 2 的齿顶部开始，因此，从动轮齿顶圆与啮合线的交点 $B_2$（图中虚线位置）即为一对齿廓进入啮合的开始。随着轮 1 推动轮 2 转动，两齿廓的啮合点沿着啮合线移动。当啮合点移动到齿轮 1 的齿顶圆与啮合线的交点 $B_1$ 时，这对齿廓终止啮合，两齿廓即将分离。故啮合线 $N_1N_2$ 上的线段 $B_1B_2$ 为齿廓啮合点的实际轨迹，称为实际啮合线，而线段 $N_1N_2$ 称为理论啮合线。

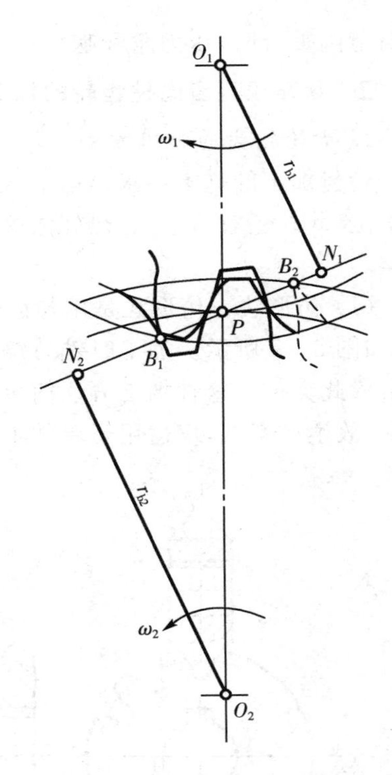


图 3-7 渐开线齿轮连续传动的条件

当一对轮齿在 $B_2$ 点开始啮合时，前一对轮齿仍在啮合，则传动就能连续进行。由图 3-7 可见，这时实际啮合线段 $B_1B_2$ 的长度大于齿轮的法线齿距。如果前一对轮齿已于 $B_1$ 点脱离啮合，而后一对轮齿仍未进入啮合，则这时传动发生中断，将引起冲击。所以，保证连续传动的条件是使实际啮合线长度大于或至少等于齿轮的法线齿距（即基圆齿距 $p_b$）。

通常将实际啮合线长度与基圆齿距之比称为齿轮的重合度，用 ε 表示，即

$$\varepsilon=\frac{\overline{B_1B_2}}{P_b}\geqslant 1 \tag{3-9}$$

理论上当 $\varepsilon=1$ 时，就能保证一对齿轮连续传动，但考虑齿轮的制造、安装误差和啮合传动中轮齿的变形，实际上应使 $\varepsilon>1$。一般机械制造中，常使 $\varepsilon\geqslant1.1\sim1.4$。重合度越大，表示同时啮合的齿的对数越多。对于标准齿轮传动，其重合度都大于 1，故通常不必进行验算。

3. 齿轮传动的标准中心距

一对齿轮传动时，齿轮节圆上的齿槽宽与另一齿轮节圆上的齿厚之差称为齿侧间隙。在齿轮加工时，刀具轮齿与工件轮齿之间是没有齿侧间隙的；在齿轮传动中，为了消除反向传动空程和减少撞击，也要求齿侧间隙等于零。

由前述已知，标准齿轮分度圆的齿厚和齿槽宽相等，一对正确啮合的渐开线齿轮的模数相等，即 $s_1=e_1=s_2=e_2=\frac{\pi m}{2}$

因此，当分度圆和节圆重合时，便可满足无侧隙啮合条件。安装时使分度圆与节圆重合的一对标准齿轮的中心距称为标准中心距，用 $a$ 表示。

$$a=r'_1+r'_2=r_1+r_2=\frac{m}{2}(z_1+z_2) \tag{3-10}$$

显然，此时的啮合角就等于分度圆上的压力角。应当指出，分度圆和压力角是单个齿轮本身所具有的，而节圆和啮合角是两个齿轮相互啮合时才出现。标准齿轮传动只有在分度

圆与节圆重合时,压力角和啮合角才相等。

**五、渐开线直齿圆柱齿轮的加工**

1. 齿轮轮齿的加工方法

轮齿加工的基本要求是齿形准确和分齿均匀。轮齿的加工方法很多,最常用的是切削加工法,此外还有铸造法、热轧法等。轮齿的切削加工方法按其原理可分为仿形法和范成法两类。

(1) 仿形法　仿形法是用与齿轮齿槽形状相同的圆盘铣刀或指状铣刀在铣床上进行加工,如图 3-8 所示。加工时铣刀绕本身的轴线旋转,同时轮坯转过 $2\pi/z$,再铣第二个齿槽。其余依此类推。这种加工方法简单,不需要专用机床,但精度差,而且是逐个齿切削,切削不连续,故生产率低,仅适用于单件生产及精度要求不高的齿轮加工。

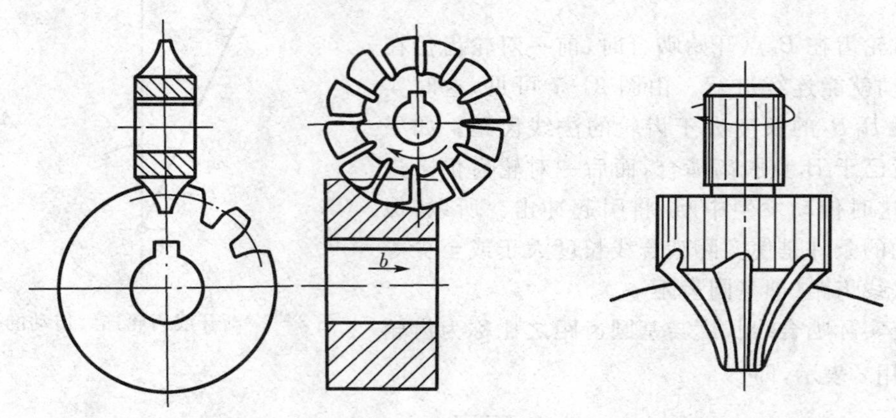


图 3-8　仿形法加工齿轮

(2) 范成法　范成法是利用一对齿轮(或齿轮与齿条)互相啮合时其共轭齿廓互为包络线的原理来切齿的(图 3-9)。如果把其中一个齿轮(或齿条)做成刀具,就可以切出与它共轭的渐开线齿廓。

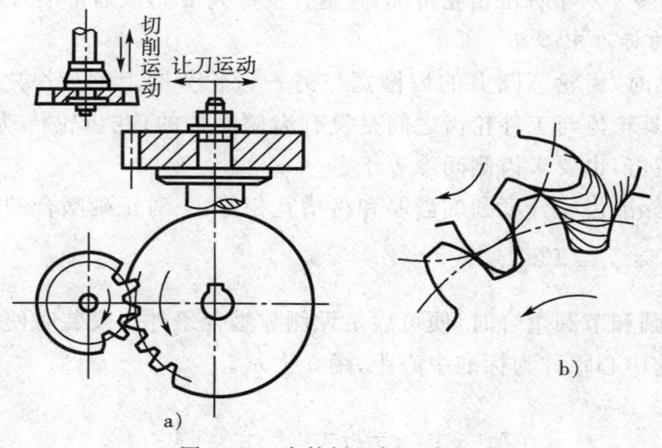


图 3-9　齿轮插刀加工齿轮

范成法种类很多,有插齿、滚齿、剃齿、磨齿等,其中最常用的是插齿和滚齿,剃齿和磨齿用于精度和粗糙度要求较高的场合。

① 插齿　如图 3－9 所示为用齿轮插刀加工齿轮时的情形。齿轮插刀的形状和齿轮相似，其模数和压力角与被加工齿轮相同。加工时，插齿刀沿轮坯轴线方向作上下往复的切削运动；同时，机床的传动系统严格地保证插齿刀与轮坯之间的范成运动。齿轮插刀刀具顶部比正常齿高出 $c^{*}m$，以便切出顶隙部分。

当齿轮插刀的齿数增加到无穷多时，其基圆半径变为无穷大，插刀的齿廓变成直线齿廓，齿轮插刀就变成齿条插刀，如图 3－10 所示为齿条插刀加工轮齿的情形。

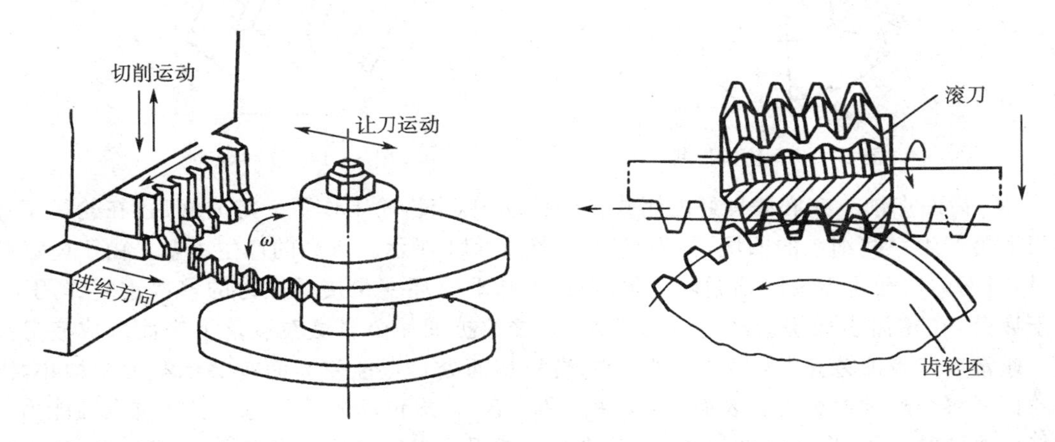


图 3－10　齿条插刀加工轮齿　　　　图 3－11　滚刀加工轮齿

② 滚齿　齿轮插刀和齿条插刀都只能间断地切削，生产率低。目前广泛采用齿轮滚刀在滚齿机上进行轮齿的加工。

滚齿加工方法基于齿轮与齿条相啮合的原理。图 3－11 为滚刀加工轮齿的情形。滚刀的外形类似沿纵向开了沟槽的螺旋，其轴向剖面齿形与齿条相同。当滚刀转动时，相当于这个假想的齿条连续地向一个方向移动，轮坯又相当于与齿条相啮合的齿轮，从而滚刀能按照范成原理在轮坯上加工渐开线齿廓。滚刀除旋转外，还沿轮坯的轴向逐渐移动，以便切出整个齿宽。

2. 轮齿的根切现象，齿轮的最小齿数

用范成法加工齿数较少的齿轮时，常会将轮齿根部的渐开线齿廓切去一部分，如图 3－12 所示。这种现象称为根切。根切将使轮齿的抗弯强度降低，重合度减小，故应设法避免。

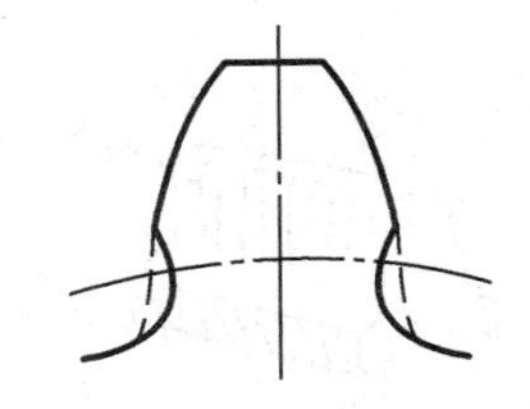

图 3－12　轮齿的根切现象

对于标准齿轮，是用限制最少齿数的方法来避免根切的。用滚刀加工压力角为 20°的正常齿制标准直齿圆柱齿轮时，根据计算，可得出不发生根切的最少齿数 $z_{\min}=17$。某些情况下，为了尽量减少齿数以获得比较紧凑的结构，在满足轮齿弯曲强度条件下，允许齿根部有轻微根切时，$z_{\min}=14$。

## 六、标准直齿圆柱齿轮设计基础

1. 轮齿的失效形式

(1) 轮齿折断　齿轮工作时；若轮齿危险剖面的应力超过材料所允许的极限值，轮齿将发生折断。

轮齿的折断有两种情况：一种是因短时意外的严重过载或受到冲击载荷时突然折断，称为过载折断；另一种是由于循环变化的弯曲应力的反复作用而引起的疲劳折断。轮齿折断一般发生在轮齿根部，如图 3－13 所示。

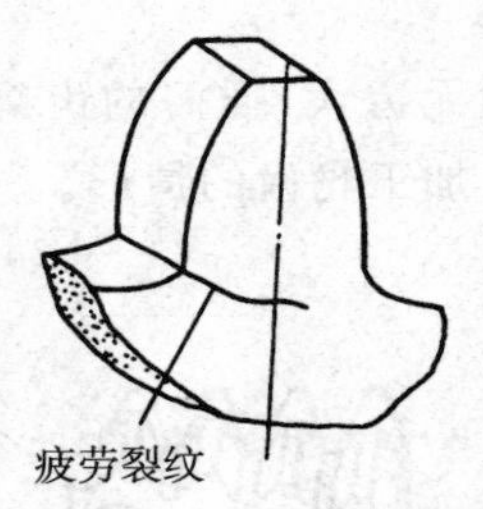

图 3－13　轮齿折断

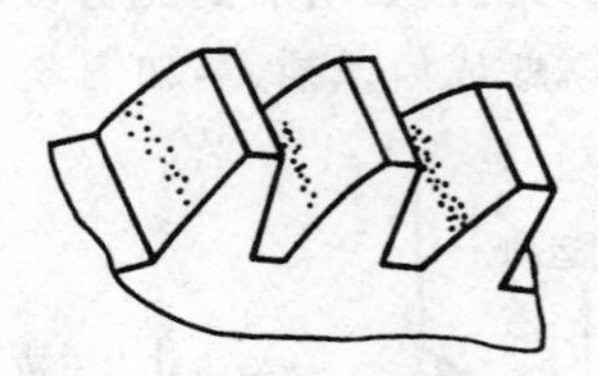
图 3－14　齿面点蚀

（2）齿面点蚀　在润滑良好的闭式齿轮传动中，当齿轮工作了一定时间后，在轮齿工作表面上会产生一些细小的凹坑，称为点蚀，如图 3－14 所示。点蚀的产生主要是由于轮齿啮合时，齿面的接触应力按脉动循环变化，在这种脉动循环变化接触应力的多次重复作用下，由于疲劳，在轮齿表面层会产生疲劳裂纹，裂纹的扩展使金属微粒剥落下来而形成疲劳点蚀。通常疲劳点蚀首先发生在节线附近的齿根表面处。点蚀使齿面有效承载面积减小，点蚀的扩展将会严重损坏齿廓表面，引起冲击和噪音，造成传动的不平稳。齿面抗点蚀能力主要与齿面硬度有关，齿面硬度越高，抗点蚀能力越强。点蚀是闭式软齿面（HBS≤350）齿轮传动的主要失效形式。

而对于开式齿轮传动，由于齿面磨损速度较快，即使轮齿表层产生疲劳裂纹，但还未扩展到金属剥落时，表面层就已被磨掉，因而一般看不到点蚀现象。

（3）齿面胶合　在高速重载传动中，由于齿面啮合区的压力很大，润滑油膜因温度升高容易破裂，造成齿面金属直接接触，其接触区产生瞬时高温，致使两轮齿表面焊粘在一起，当两齿面相对运动时，较软的齿面金属被撕下，在轮齿工作表面形成与滑动方向一致的沟痕，如图 3－15 所示，这种现象称为齿面胶合。

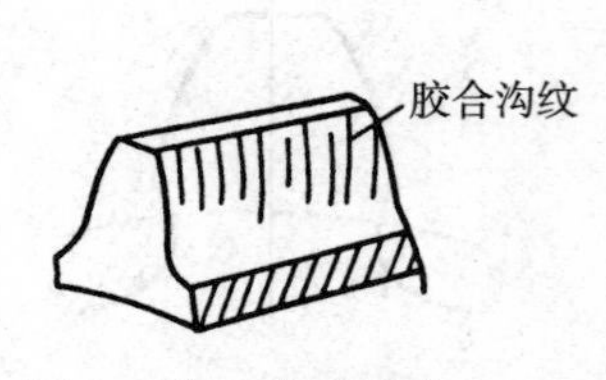

图 3－15　齿面胶合

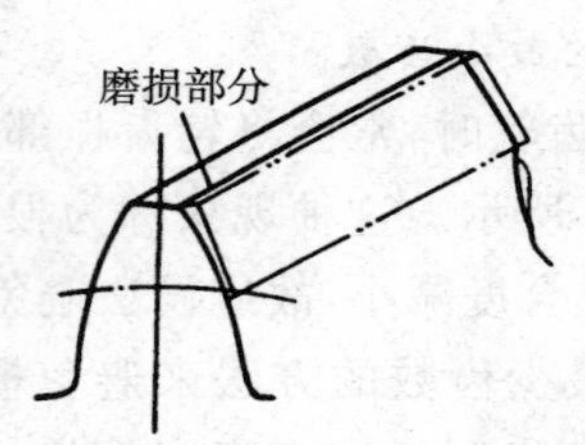

图 3－16　齿面磨损

（4）齿面磨损　互相啮合的两齿廓表面间有相对滑动，在载荷作用下会引起齿面的磨损，如图 3－16 所示。尤其在开式传动中，由于灰尘、砂粒等硬颗粒容易进入齿面间而发生磨损。齿面严重磨损后，轮齿将失去正确的齿形，会导致严重噪音和振动，影响轮齿正常工作，最终使传动失效。

（5）齿面塑性变形　在重载的条件下，较软的齿面上表层金属可能沿滑动方向滑移，出现局部金属流动现象，使齿面产生塑性变形，齿廓失去正确的齿形。在起动和过载频繁的传动中较易产生这种失效形式。

2. 齿轮传动的设计准则

齿轮在具体的工作情况下，必须具有足够的、相应的工作能力，以保证在整个工作寿命期间内不发生失效。齿轮传动的设计准则是根据齿轮可能出现的失效形式来进行的，但是对于齿面磨损、塑性变形等，尚未形成相应的设计准则，所以目前在齿轮传动设计中，通常只按保证齿根弯曲疲劳强度和齿面接触疲劳强度进行计算。而对于高速重载齿轮传动，还要按保证齿面抗胶合能力的准则进行计算（参阅 GB/T6413—1986）。

由工程实际得知，在闭式齿轮传动中，对于软齿面（HBS≤350）齿轮，按接触疲劳强度进行设计，弯曲疲劳强度校核；而对于硬齿面（HBS>350）齿轮，按弯曲疲劳强度进行设计，接触疲劳强度校核。开式（半开式）齿轮传动，按弯曲疲劳强度进行设计，不必校核齿面接触疲劳强度。

## 七、齿轮的常用材料

对齿轮材料的要求：齿面有足够的硬度和耐磨性，轮齿心部有较强韧性，以承受冲击载荷和变载荷。常用的齿轮材料是各种牌号的优质碳素钢、合金结构钢、铸钢和铸铁等，一般多采用锻件或轧制钢材。当齿轮直径在 400～600mm 范围内时，可采用铸钢；低速齿轮可采用灰铸铁。表 3-3 列出了常用齿轮材料及其热处理后的硬度。

**表 3-3　常用的齿轮材料**

| 材　料 | 机械性能 MPa | | 热处理方法 | 硬度 | |
|---|---|---|---|---|---|
| | $\sigma_b$ | $\sigma_s$ | | HBS | HRC |
| 45 | 580 | 290 | 正火 | 160～217 | |
| | 640 | 350 | 调质 | 217～255 | |
| | | | 表面淬火 | | 40～50 |
| 40Cr | 700 | 500 | 调质 | 240～286 | |
| | | | 表面淬火 | | 48～55 |
| 35SiMn | 750 | 450 | 调质 | 217～269 | |
| 42SiMn | 785 | 510 | 调质 | 229～286 | |
| 20Cr | 637 | 392 | 渗碳、淬火、回火 | | 56～62 |
| 20CrMnTi | 1100 | 850 | 渗碳、淬火、回火 | | 56～62 |
| 40MnB | 735 | 490 | 调质 | 241～286 | |
| ZG45 | 569 | 314 | 正火 | 163～197 | |
| ZG35SiMn | 569 | 343 | 正火、回火 | 163～217 | |
| | 637 | 412 | 调质 | 197～248 | |
| HT200 | 200 | | | 170～230 | |
| HT300 | 300 | 187～255 | | | |
| QT500—5 | 500 | | | 147～241 | |
| QT600—2 | 600 | 229～302 | | | |

# 第三节 其他齿轮传动

## 一、斜齿圆柱齿轮传动简介

### 1. 斜齿圆柱齿轮的形成及啮合特性

由于圆柱齿轮是有一定的宽度的，因此轮齿的齿廓沿轴线方向形成一曲面。直齿轮轮齿渐开线曲面的形成如图 3－17a 所示，平面 $S$ 与基圆柱相切于母线 $NN$，当平面 $S$ 沿基圆柱作纯滚动时，其上与母线平行的直线 $KK$ 在空间所走过的轨迹即为渐开线曲面，平面 $S$ 称为发生面，形成的曲面即为直齿轮的齿廓曲面。直齿圆柱齿轮啮合时，其接触线是与轴线平行的直线，如图 3－17b 所示，因而一对齿廓沿齿宽同时进入啮合或退出啮合，容易引起冲击和噪音，传动平稳性差，不适宜用于高速齿轮传动。

斜齿圆柱齿轮齿面的形成原理与直齿圆柱齿轮相似，所不同的是，发生面上展成渐开面的直线 $KK$ 不再与基圆柱母线 $NN$ 平行，而是相对于 $NN$ 偏斜一个角度 $\beta_b$，如图 3－18a 所示。$\beta_b$ 称斜齿轮基圆柱上的螺旋角。显然，$\beta_b$ 越大，轮齿的齿向越偏斜，而当 $\beta_b=0$ 时，斜齿轮就变成了直齿轮。因此可以认为直齿圆柱齿轮是斜齿圆柱齿轮的一个特例。一对斜齿轮啮合时，齿面接触线是斜直线，如图 3－18b 所示，接触线先由短变长，而后又由长变短，直至脱离啮合。因此，斜齿轮传动较平稳，冲击、振动较小，适用于高速、重载传动。

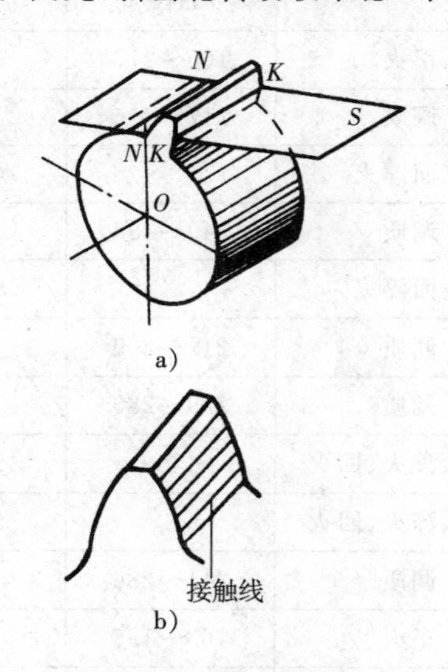


图 3－17 直齿轮齿廓曲面的形成

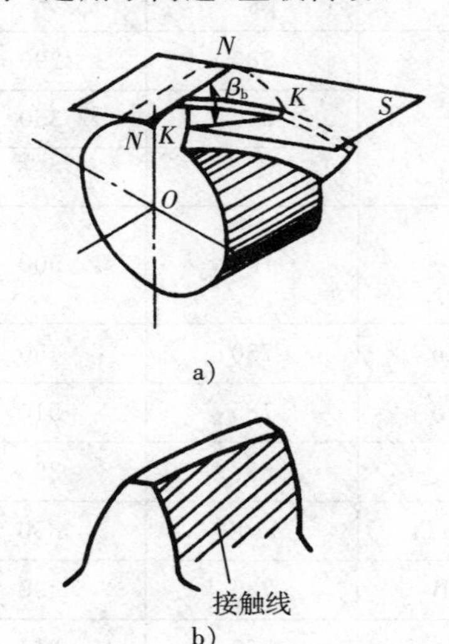


图 3－18 斜齿轮齿廓曲面的形成

### 2. 斜齿圆柱齿轮的几何参数和尺寸计算

斜齿轮的轮齿为螺旋形，在垂直于斜齿轮轴线的端面(下标为 t 表示)和垂直于齿廓螺旋面的法面(下标为 n 表示)上有不同的参数。斜齿轮的端面是标准的渐开线，但从斜齿轮的加工和受力角度，斜齿轮的法面参数应为标准值。在进行斜齿圆柱齿轮几何尺寸计算时，应当注意端面参数与法面参数之间的关系。

(1) 螺旋角　如图 3-19 所示为斜齿轮分度圆柱面展开图，螺旋线展开成一直线，该直线与轴线的夹角为 $\beta$，称为斜齿轮在分度圆柱上的螺旋角。斜齿轮的螺旋角一般为 8°～20°。

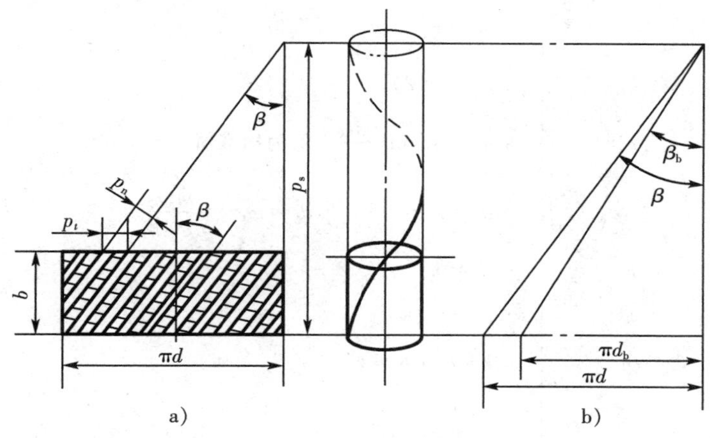


图 3-19　斜齿轮的的展开

(2) 模数　如图 3-19 所示，$p_t$ 为端面齿距，而 $p_n$ 为法面齿距，两者关系为

$$p_t = \frac{p_n}{\cos\beta} \tag{3-11}$$

因 $p=\pi m$，故法面模数 $m_n$ 和端面模数 $m_t$ 之间的关系为

$$m_n = m_t \cos\beta \tag{3-12}$$

(3) 压力角　图 3-20 是端面（$ABD$ 平面）压力角和法面（$A_1B_1D$ 平面）压力角的关系。由图可见

$$\tan\alpha_t = \frac{BD}{AB}$$

$$\tan\alpha_n = \frac{B_1D}{A_1B_1}$$

又 $B_1D = BD\cos\beta$，$AB = A_1B_1$，故

$$\tan\alpha_n = \tan\alpha_t \cos\beta \tag{3-13}$$

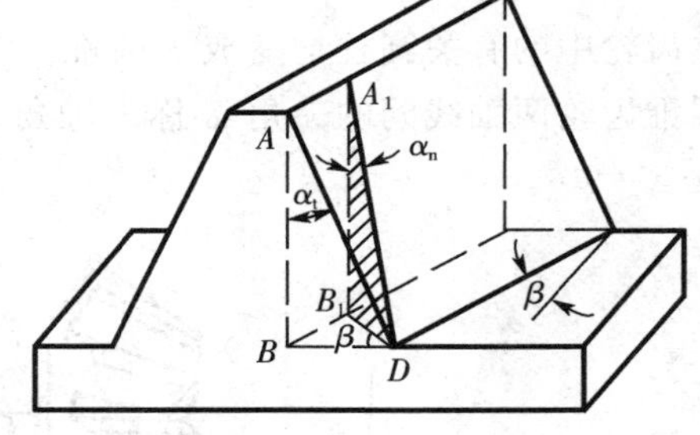


图 3-20　端面压力角和法面压力角

用铣刀或滚刀加工斜齿轮时，刀具沿着螺旋齿槽方向进行切削，刀刃位于法面上，故一般规定斜齿圆柱齿轮的法面模数和法面压力角为标准值。

一对斜齿圆柱齿轮的正确啮合条件是两轮的法面压力角相等，法面模数相等，两轮螺旋角大小相等而方向相反，即 $\beta_1 = -\beta_2$。

(4) 斜齿圆柱齿轮的几何尺寸计算　由斜齿轮齿廓曲面的形成可知，斜齿轮的端面齿廓曲线为渐开线。从端面看，一对渐开线斜齿轮传动相当于一对渐开线直齿轮传动，故可将直齿轮的几何尺寸计算方式用于斜齿轮的端面。渐开线标准斜齿轮的几何尺寸按表 3-4 的公式计算。

表 3-4 标准斜齿圆柱齿轮传动的参数和几何尺寸计算

| 名 称 | 代 号 | 计算公式 |
|---|---|---|
| 端面模数 | $m_t$ | $m_t=\dfrac{m_n}{\cos\beta}$，$m_n$为标准值 |
| 螺旋角 | $\beta$ | $\beta=8°\sim20°$ |
| 端面压力角 | $\alpha_t$ | $\alpha_t=\arctan\dfrac{\tan\alpha_n}{\cos\beta}$，$\alpha_n$ 为标准值 |
| 分度圆直径 | $d_1,d_2$ | $d_1=m_t z_1=\dfrac{m_n z_1}{\cos\beta}$，$d_2=m_t z_2=\dfrac{m_n z_2}{\cos\beta}$ |
| 齿顶高 | $h_a$ | $h_a=m_n$ |
| 齿根高 | $h_f$ | $h_f=1.25m_n$ |
| 全齿高 | $h$ | $h=h_a+h_f=2.25m_n$ |
| 顶隙 | $c$ | $c=h_f-h_a=0.25m_n$ |
| 齿顶圆直径 | $d_{a1},d_{a2}$ | $d_{a1}=d_1+2h_a$，$d_{a2}=d_2+2h_a$ |
| 齿根圆直径 | $d_{f1},d_{f2}$ | $d_{f1}=d_1-2h_f$，$d_{f2}=d_2-2h_f$ |
| 中心距 | $a$ | $a=\dfrac{d_1+d_2}{2}=\dfrac{m_t}{2}(z_1+z_2)=\dfrac{m_n(z_1+z_2)}{2\cos\beta}$ |

## 二、圆锥齿轮传动简介

### 1. 圆锥齿轮传动的特点及应用

(1) 圆锥齿轮机构的特点　圆锥齿轮机构是用来传递空间两相交轴之间运动和动力的一种齿轮机构，其轮齿分布在截圆锥体上，齿形从大端到小端逐渐变小，如图 3-21 所示。圆柱齿轮中的有关圆柱均变成了圆锥。为计算和测量方便，通常取大端参数为标准值。一对圆锥齿轮两轴线间的夹角 $\Sigma$ 称为轴角。其值可根据传动需要任意选取，在一般机械中，多取 $\Sigma=90°$。

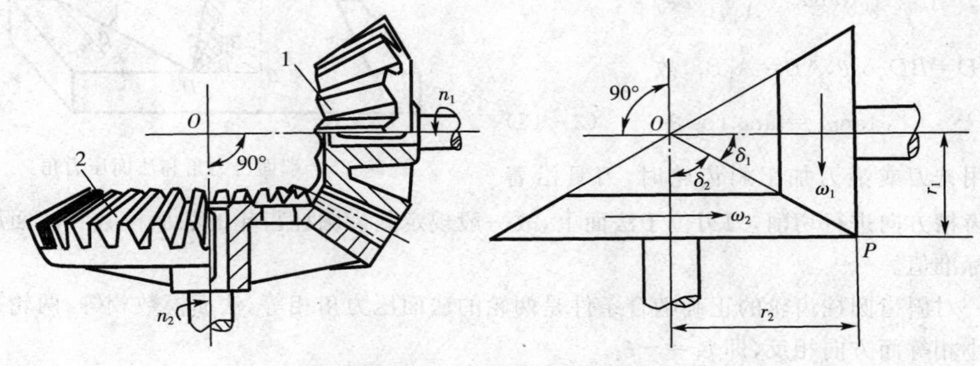


图 3-21　直齿圆锥齿轮传动

(2) 圆锥齿轮机构的应用　锥齿轮的轮齿有直齿、斜齿和曲线齿等形式。直齿和斜齿锥齿轮设计、制造及安装均较简单，但噪声较大，用于低速传动。曲线齿锥齿轮具有传动平稳、噪声小及承载能力大等特点，用于高速重载的场合。

2. 直齿圆锥齿轮的齿廓曲线、背锥和当量齿数

(1) 圆锥齿轮的齿廓曲线　如图 3 - 22 所示，一个圆平面 $S$ 与一个基圆锥切于直线 $ON$，圆平面半径与基圆锥锥距 $R$ 相等，且圆心与锥顶重合。当圆平面绕圆锥作纯滚动时，该平面上任一点 $B$ 将在空间展出一条渐开线 $AB$。渐开线必在以 $O$ 为中心、锥距 $R$ 为半径的球面上，成为球面渐开线。因此圆锥齿轮的齿廓曲线理论上是以锥顶 $O$ 为球心的球面渐开线。但因球面渐开线无法在平面上展开，给设计和制造造成困难，故常用背锥上的齿廓曲线来代替球面渐开线。

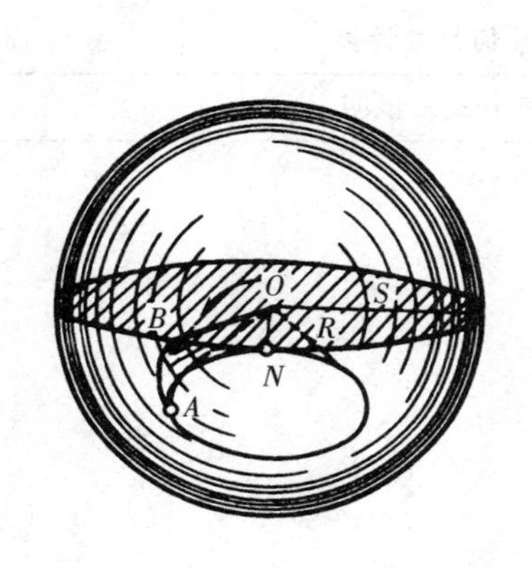


图 3 - 22　球面渐开线的形成

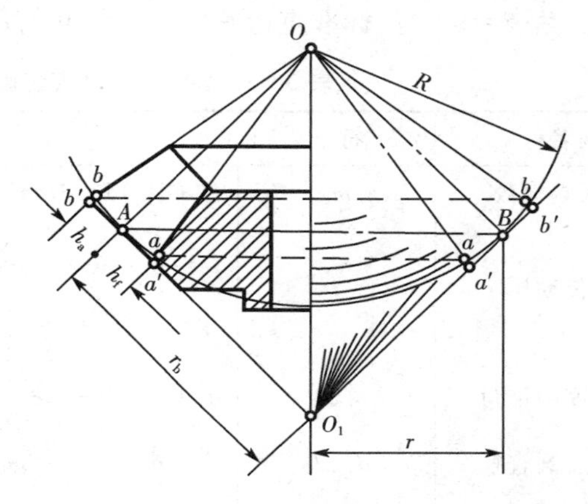


图 3 - 23　圆锥齿轮的背锥

(2) 背锥　如图 3 - 23 所示，$\triangle OAB$ 为圆锥齿轮的分度圆锥，过分度圆锥上的点 $A$ 作球面的切线 $AO_1$ 与分度圆锥的轴线交于 $O_1$ 点。以 $O_1A$ 为母线作一圆锥体，它的轴截面为 $\triangle AO_1B$，此圆锥称为背锥。背锥与球面相切于圆锥齿轮大端的分度圆上。若将球面渐开线的轮齿向背锥上投影，则 $a$、$b$ 点的投影为 $a'$、$b'$ 点，由图可见 $a'b'$ 和 $ab$ 相差很小，因此可以用背锥上的齿廓代替球面上的齿廓。

(3) 当量齿数　如图 3 - 24 所示，将背锥表面展开成平面，则成为两个扇形齿轮，其分度圆半径即为背锥的锥距，分别以 $r_{v1}$ 和 $r_{v2}$ 表示。将两扇形齿轮补足为完整的圆柱齿轮，这两个圆柱齿轮称为圆锥齿轮的当量齿轮，其齿数称为当量齿数，用 $z_v$ 表示。

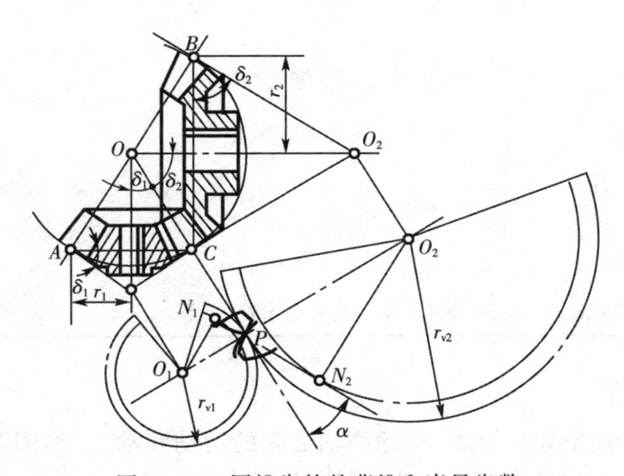


图 3 - 24　圆锥齿轮的背锥和当量齿数

$$z_v=\frac{z}{\cos\delta}$$

因 $\delta$ 总是大于零，故 $z_v>z$，且往往不是整数。

综上所述，一对圆锥齿轮的啮合相当于一对当量圆柱齿轮的啮合，因此可把圆柱齿轮的啮合原理运用到圆锥齿轮。

(4) 直齿圆锥齿轮传动的几何尺寸计算

根据 GB/T12369—1990 规定，直齿圆锥齿轮传动的几何尺寸计算是以其大端为标准。当轴交角 $\Sigma=90°$ 时，标准直齿圆锥齿轮的几何尺寸计算公式见表 3-5 所示。

**表 3-5　$\Sigma=90°$ 标准直齿圆锥齿轮的几何尺寸计算**

| 名称 | 符号 | 计算方式及说明 |
|---|---|---|
| 大端模数 | $m_e$ | 按 GB/T12367－1990 |
| 传动比 | $i$ | $i=\frac{z_2}{z_1}=\tan\delta_2=\cot\delta_1$<br>单级 $i<6\sim7$ |
| 分度圆锥角 | $\delta_1$、$\delta_2$ | $\delta_2=\arctan\frac{z_2}{z_1}$，$\delta_1=90°-\delta_2$ |
| 分度圆直径 | $d_1$、$d_2$ | $d_1=m_e z_1$，$d_2=m_e z_2$ |
| 齿顶高 | $h_a$ | $h_a=m_e$ |
| 齿根高 | $h_f$ | $h_f=1.25m_e$ |
| 全齿高 | $h$ | $h=2.25\ m_e$ |
| 顶隙 | $c$ | $c=0.25\ m_e$ |
| 齿顶圆直径 | $d_{a1}$，$d_{a2}$ | $d_{a1}=d_1+2m_e\cos\delta_1$，$d_{a2}=d_2+2m_e\cos\delta_2$ |
| 齿根圆直径 | $d_{f1}$，$d_{f2}$ | $d_{f1}=d_1-2.5m_e\cos\delta_1$，$d_{f2}=d_2-2.5m_e\cos\delta_2$ |
| 锥距 | $R_e$ | $R_e=\sqrt{r_1{}^2+r_2{}^2}=\frac{m_e}{2}\sqrt{z_1{}^2+z_2{}^2}=\frac{d_1}{2\sin\delta_1}=\frac{d_2}{2\sin\delta_2}$ |
| 齿宽 | $b$ | $b\leqslant\frac{R_e}{3}$，　$b\leqslant10m_e$ |
| 齿顶角 | $\theta_a$ | $\theta_a=\arctan\frac{h_a}{R_e}$(不等顶隙齿)<br>$\theta_a=\theta_f$(等顶隙齿) |
| 齿根角 | $\theta_f$ | $\theta_f=\arctan\frac{h_f}{R_e}$ |
| 根锥角 | $\delta_{f1}$、$\delta_{f2}$ | $\delta_{f1}=\delta_1-\theta_f$、$\delta_{f2}=\delta_2-\theta_f$ |
| 顶锥角 | $\delta_{a1}$、$\delta_{a2}$ | $\delta_{a1}=\delta_1+\theta_a$、$\delta_{a2}=\delta_2+\theta_a$ |

## 三、蜗杆传动简介

蜗杆传动用于传递空间交错成 90°的两轴之间的运动和动力，如图 3-25 所示，通常蜗杆为主动件。蜗杆传动广泛应用于各种机器和仪器中。

1. 蜗杆传动的特点

(1) 蜗杆传动的最大特点是结构紧凑、传动比大。一般传动比 $i=10\sim40$，最大可达 80。若只传递运动(如分度运动)，其传动比可达 1000。

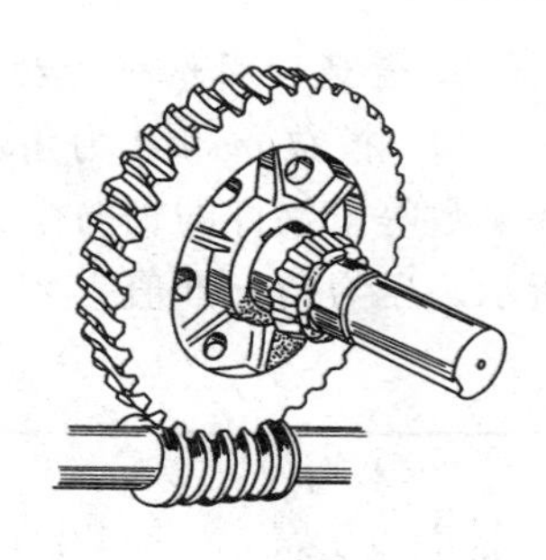

图 3-25　蜗杆传动

(2) 工作平稳，噪声较小。由于蜗杆上的齿是连续不断的螺旋齿，蜗轮轮齿和蜗杆是逐渐进入啮合并退出啮合的，同时啮合的齿数较多，所以传动平稳、噪声小。

(3) 可制成具有自锁性的蜗杆。当蜗杆的螺旋线升角小于啮合面的当量摩擦角时，蜗杆传动可以实现自锁。

(4) 蜗杆传动的主要缺点是传动效率较低。这是由于蜗轮和蜗杆在啮合处有较大的相对滑动，因而发热量大，效率较低。传动效率一般为 0.7～0.8，当蜗杆传动具有自锁性时，效率小于 0.5。

(5) 蜗轮材料造价较高。为减轻齿面磨损及防止胶合，蜗轮一般多用青铜制造，因此造价较高。

蜗杆传动常用于两轴交错、传动比较大、传递功率不太大或间歇工作的场合。当要求传递功率较大时，为提高传动效率，常取 $z_1=2\sim4$。此外，由于具有自锁性，也常用于卷扬机等起重机构中。

2. 蜗杆传动的正确啮合条件

如图 3-26 所示，通过蜗杆轴线并与蜗轮轴线垂直的平面，称为中间平面。在中间平面上，蜗轮与蜗杆的啮合相当于渐开线齿轮与齿条的啮合。因此，设计蜗杆传动时，其参数和

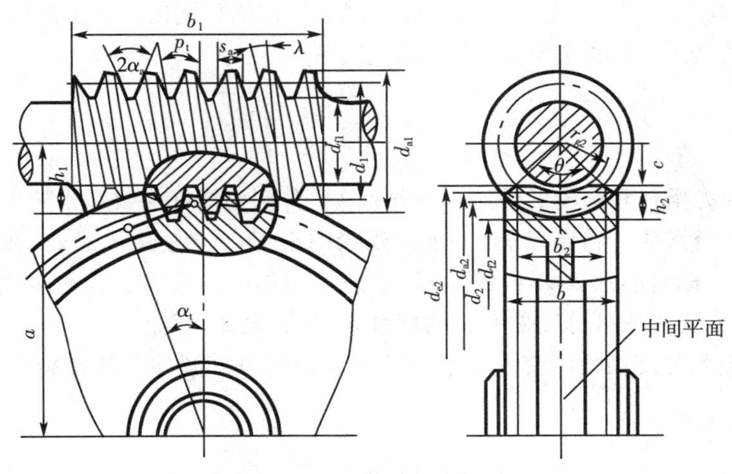


图 3-26　蜗杆传动的中间平面

尺寸均在中间平面内确定，并沿用渐开线圆柱齿轮传动的计算公式。从而可得蜗杆传动的正确啮合条件为：

(1) 在中间平面内，蜗杆的轴向模数 $m_{a1}$ 与蜗轮的端面模数 $m_{t2}$ 必须相等。

(2) 蜗杆的轴向压力角 $\alpha_{a1}$ 与蜗轮的端面压力角 $\alpha_{t2}$ 必须相等。

(3) 两轴线交错角为 90°时，蜗杆分度圆柱上的导程角 $\gamma$ 应等于蜗轮分度圆柱上的螺旋角 $\beta$，且两者的旋向相同。

3. 普通圆柱蜗杆传动的主要参数和几何尺寸计算

(1) 模数 $m$ 和压力角 $\alpha$　为了方便加工，规定蜗杆的轴向模数为标准模数。蜗轮的端面模数等于蜗杆的轴向模数，因此蜗轮端面模数也应为标准模数。标准模数系列如表 3-6 所示。压力角标准值为 20°。

**表 3-6　圆柱蜗杆的基本尺寸和参数**

| $m$ /mm | $d_1$ /mm | $z_1$ | $q$ | $m^2 d_1$ /mm³ | $m$ /mm | $d_1$ /mm | $z_1$ | $q$ | $m^2 d_1$ /mm³ |
|---|---|---|---|---|---|---|---|---|---|
| 1 | 18 | 1 | 18.000 | 18 | 6.3 | 363 | 1、2、4、6 | 10.000 | 2500 |
| 1.25 | 20 | 1 | 16.000 | 31.25 | 8 | 80 | 1、2、4、6 | 10.000 | 5120 |
| 1.6 | 20 | 1、2、4 | 12.500 | 51.2 | 10 | 90 | 1、2、4、6 | 9.000 | 9000 |
| 2 | 22.4 | 1、2、4、6 | 11.200 | 89.6 | 12.5 | 112 | 1、2、4 | 8.960 | 17500 |
| 2.5 | 28 | 1、2、4、6 | 11.200 | 175 | 16 | 140 | 1、2、4 | 8.750 | 35840 |
| 3.15 | 35.5 | 1、2、4、6 | 11.270 | 352 | 20 | 160 | 1、2、4 | 8.000 | 64000 |
| 4 | 40 | 1、2、4、6 | 10.000 | 640 | 25 | 200 | 1、2、4 | 8.000 | 125000 |
| 5 | 50 | 1、2、4、6 | 10.000 | 1250 | | | | | |

注：本表取材于 GB/T 10085－1988，本表所得的 $d_1$ 数值为国际规定的优先使用值。

(2) 蜗杆头数 $z_1$、蜗轮齿数 $z_2$ 和传动比 $i$　选择蜗杆头数 $z_1$ 时，主要考虑传动比、效率及加工等因素。通常蜗杆头数 $z_1=1、2、4$。若要得到大的传动比且要求自锁时，可取 $z_1=1$；当传递功率较大时，为提高传动效率，可采用多头蜗杆，通常取 $z_1=2$ 或 4。

蜗轮齿数 $z_2=iz_1$，为了避免蜗轮轮齿发生根切，$z_2$ 不应小于 26，但不宜大于 80。因为 $z_2$ 过大，会使结构尺寸增大，蜗杆长度也随之增加，致使蜗杆刚度降低而影响啮合精度。

对于蜗杆为主动件的蜗杆传动，其传动比为

$$i=\frac{n_1}{n_2}=\frac{z_2}{z_1} \tag{3-14}$$

式中：$n_1$、$n_2$ 分别为蜗杆和蜗轮的转速，r/min；$z_1$、$z_2$ 分别为蜗杆头数和蜗轮齿数。

(3) 蜗杆直径系数 $q$ 和导程角 $\gamma$　加工蜗轮的滚刀，其参数($m$、$\alpha$、$z_1$)和分度圆直径 $d_1$ 必须与相应的蜗杆相同，故 $d_1$ 不同的蜗杆，必须采用不同的滚刀。为减少滚刀数量并便于刀具的标准化，制定了蜗杆分度圆直径的标准系列(见表 3-6)。

蜗杆螺旋面和分度圆柱的交线是螺旋线，$\gamma$ 为蜗杆分度圆柱上的螺旋线导程角，$p_x$ 为轴向齿距，则

$$\tan\gamma=\frac{z_1 p_x}{\pi d_1}=\frac{z_1 m}{d_1}=\frac{z_1}{q} \tag{3-15}$$

上式中 $q=\frac{d_1}{m}$，称为蜗杆直径系数，表示蜗杆分度圆直径与模数的比。当 $m$ 一定时，$q$ 增大，则 $d_1$ 变大，蜗杆的刚度和强度相应提高。

又因 $\tan\gamma=\frac{z_1}{q}$，当 $q$ 较小时，$\gamma$ 增大，效率 $\eta$ 随之提高，在蜗杆轴刚度允许的情况下，应尽可能选用较小的 $q$ 值，$q$ 和 $m$ 的搭配列于表 3-6。

（4）圆柱蜗杆传动的几何尺寸计算　圆柱蜗杆传动的几何尺寸计算可参考表 3－7。

**表 3－7　圆柱蜗杆传动的几何尺寸计算**

| 名　　称 | 计算公式 | |
|---|---|---|
| | 蜗杆 | 蜗轮 |
| 分度圆直径 | $d_1=mq$ | $d_2=mz_2$ |
| 齿顶高 | $h_a=m$ | $h_a=m$ |
| 齿根高 | $h_f=1.25m$ | $h_f=1.25m$ |
| 齿顶圆直径 | $d_{a1}=m(q+2)$ | $d_{a1}=m(z_2+2)$ |
| 齿根圆直径 | $d_{f1}=m(q-2.5)$ | $d_{f2}=m(z_2-2.5)$ |
| 径向间隙 | $c=0.25m$ | |
| 中心距 | $a=0.5m(q+z_2)$ | |
| 蜗杆轴向齿距，蜗轮端面齿距 | $p_{a1}=p_{t2}=\pi m$ | |

4. 蜗杆传动的材料和结构

（1）蜗杆传动的材料　选用蜗杆传动材料时不仅要满足强度要求，更重要的是具有良好的减摩性、抗磨性和抗胶合的能力。蜗杆一般用碳素钢或合金钢制造。对于高速重载的蜗杆，可用 15Cr，20Cr，20CrMnTi 和 20MnVB 等，经渗碳淬火至硬度为 56～63HRC，也可用 40、45、40Cr、40CrNi 等经表面淬火至硬度为 45～50HRC。对于不太重要的传动及低速中载蜗杆，常用 45、40 等钢经调质或正火处理至硬度为 220～230HBS。

蜗轮常用锡青铜、无锡青铜或铸铁制造。锡青铜用于滑动速度 $v_s>3\text{m/s}$ 的传动，常用牌号有 ZQSn10－1 和 ZQSn6－6－3；无锡青铜一般用于 $v_s\leqslant 4\text{m/s}$ 的传动，常用牌号为 ZQAl8－4；铸铁用于滑动速度 $v_s<2\ \text{m/s}$ 的传动，常用牌号有 HT150 和 HT200 等。近年来，随着塑料工业的发展，也可用尼龙或增强尼龙来制造蜗轮。

（2）蜗杆和蜗轮的结构　蜗杆通常与轴做成一体，除螺旋部分的结构尺寸取决于蜗杆的几何尺寸外，其余的结构尺寸可参考轴的结构尺寸而定。图 3－27a 为铣制蜗杆，在轴上直接铣出螺旋部分，刚性较好；图 3－27b 为车制蜗杆，刚性稍差。

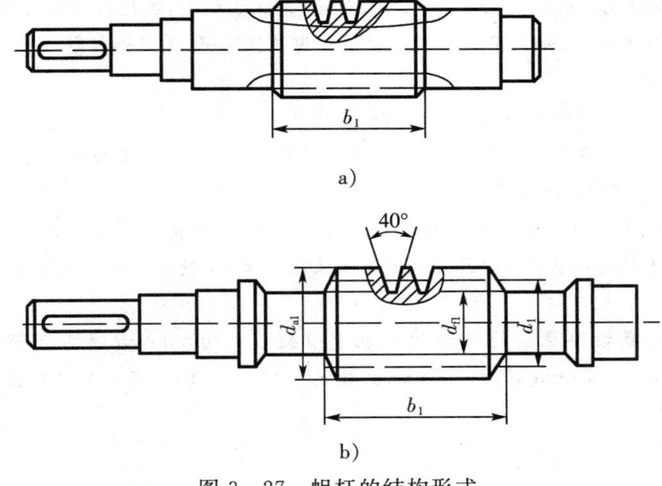


图 3－27　蜗杆的结构形式

蜗轮的结构有整体式和组合式两类。如图 3－28a 所示为齿圈式结构、图 3－28b 为螺栓联接式、图 3－28c 为整体浇铸式、图 3－28d 为拼铸式。

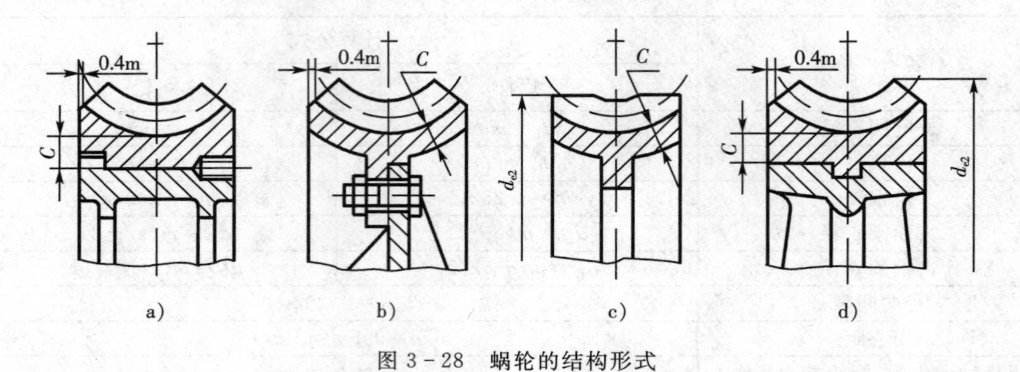


图 3－28　蜗轮的结构形式

## 思考与练习

**1.** 何谓齿廓啮合基本定律？

**2.** 渐开线是怎样形成的？它有哪些重要性质？

**3.** 为什么说渐开线齿轮的啮合线为一直线，啮合角为一定值？

**4.** 什么叫模数？它的物理意义是什么？

**5.** 分度圆有何特点？它对齿轮几何尺寸的划分有什么作用？它与节圆有何区别？

**6.** 渐开线齿轮的几何尺寸中共有几个圆，哪些圆可以直接测量，哪些圆不能直接测量？

**7.** 一对直齿圆柱齿轮正确啮合条件和连续传动条件分别是什么？

**8.** 斜齿轮传动的何种模数和压力角为标准值？斜齿轮几何尺寸计算用什么参数进行？

**9.** 渐开线斜齿圆柱齿轮的正确啮合条件是什么？怎样判断斜齿轮的螺旋线方向？

**10.** 直齿圆锥齿轮哪个部位的模数与压力角为标准值？

**11.** 何谓直齿圆锥齿轮的当量齿数？它有何用途？如何计算？

**12.** 常见的齿轮失效形式有哪几种？原因是什么？有哪些防止失效的措施？

**13.** 什么是软齿面和硬齿面？试述闭式齿轮传动的设计准则。

**14.** 为什么小齿轮的齿面硬度要比大齿轮的齿面硬度高？

**15.** 当某个直齿圆柱齿轮传动的功率、传动比、转速、工况已给定，齿轮材料和几何尺寸已初步拟定，验算后发现齿面接触强度不够，应如何解决？若是齿根弯曲强度不够，又应如何解决？

**16.** 蜗杆传动有何特点？

**17.** 为什么蜗杆传动的传动比不能表示为 $i=d_2/d_1$？

**18.** 一对渐开线标准直齿圆柱齿轮传动，已知小齿轮的齿数 $z_1=26$，传动比 $i_{12}=2.5$，模数 $m=3$，试求大齿轮的齿数、主要几何尺寸及中心距。

**19.** 在技术革新中，拟使用现有的两个标准直齿圆柱齿轮，已测得齿数 $z_1=22$、$z_2=98$，小齿轮齿顶圆直径 $d_{a1}=240$mm，大齿轮的全齿高 $h=22.5$mm（因大齿轮太大，不便测其齿顶圆直径），试判定这两个齿轮能否正确啮合传动。

**20.** 在现场测量得直齿圆柱齿轮传动的安装中心距 $a=700$mm，齿顶圆直径 $d_{a1}=420$mm，$d_{a2}=1020$mm，齿根圆直径 $d_{f1}=375$mm，$d_{f2}=975$mm，齿数 $z_1=40$，$z_2=100$，试计算这对齿轮的模数、齿顶高系数 $h^*$ 和顶隙系数 $c^*$。

# 第四章 轮　系

齿轮传动中最简单的形式是由一对齿轮组成。但是，在实际机械中，为了满足不同的工作需要，常采用一系列互相啮合的齿轮，将主动轴和从动轴连接起来。这种由一系列相互啮合齿轮组成的传动系统称为齿轮系，简称轮系。

## 第一节　概　述

### 一、轮系的分类

根据轮系传动时各齿轮的几何轴线在空间的相互位置是否固定，可分为定轴轮系和行星轮系两大类。

1. 定轴轮系

当轮系运动时，所有齿轮的几何轴线位置都是固定不动的，如图 4－1 所示。

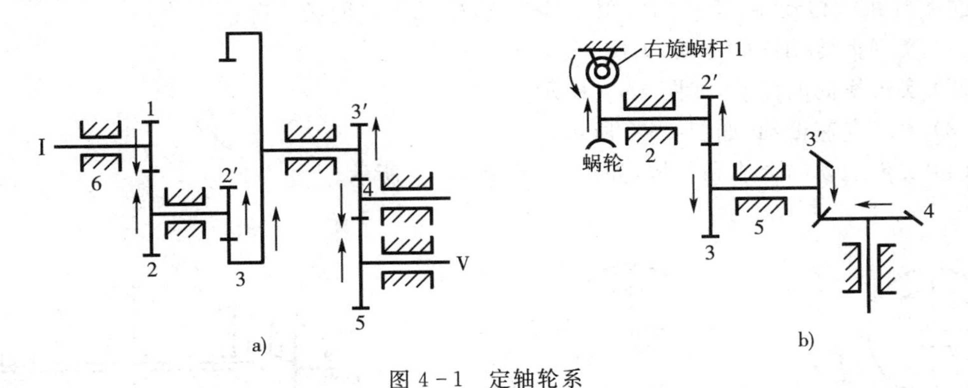


图 4－1　定轴轮系

2. 行星轮系

当轮系运动时，至少有一个齿轮的轴线是绕其他定轴齿轮的轴线转动，如图 4－2 所示，其中齿轮 1、3 和构件 $H$ 均绕固定的互相重合的几何轴线转动，齿轮 2 空套在构件 $H$ 上，与齿轮 1、3 相啮合。齿轮 2 一方面绕其自身轴线 $O_1-O_1$ 转动（自转），同时又随构件 $H$ 绕轴线 $O-O$ 转动（公转）。齿轮 2 称为行星轮，$H$ 称为行星架或系杆，齿轮 1、3 称为太阳轮。

通常将具有一个自由度的行星齿轮系称为简单行星齿轮系，如图 4－3a 所示；将具有两个自由度的行星齿轮系称为差动齿轮系，如图 4－3b 所示。

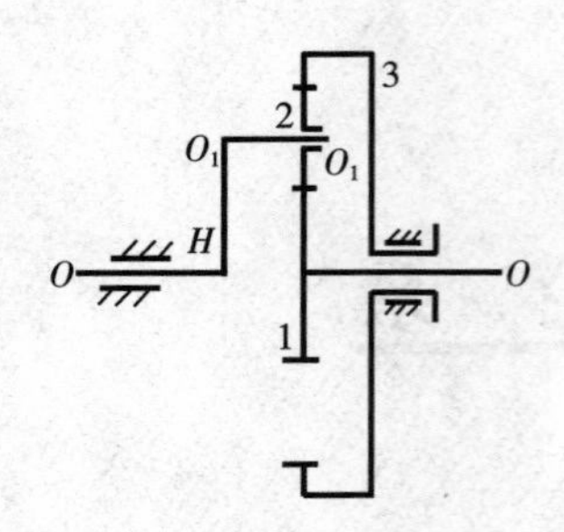


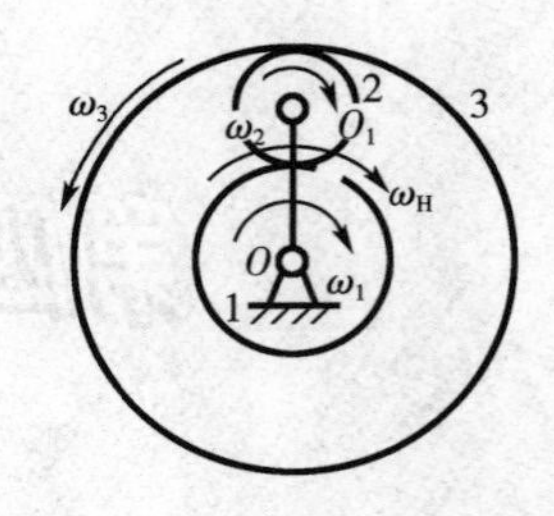


图 4-2　行星轮系

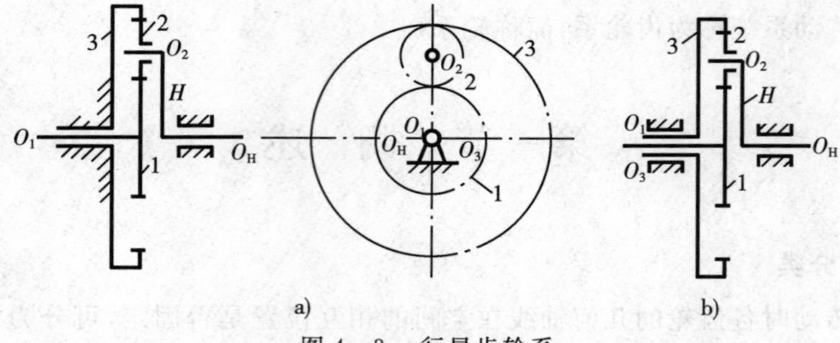


图 4-3　行星齿轮系

## 二、轮系的应用

在实际机械传动中，轮系的应用非常广泛，轮系的应用场合有：

（1）实现大传动比的传动，如图 4-7 所示。

（2）实现换向的传动，如图 4-4 所示。

（3）实现变速传动，如图 4-5 所示。

（4）实现运动的合成和分解，如图 4-6、图 4-7 所示。

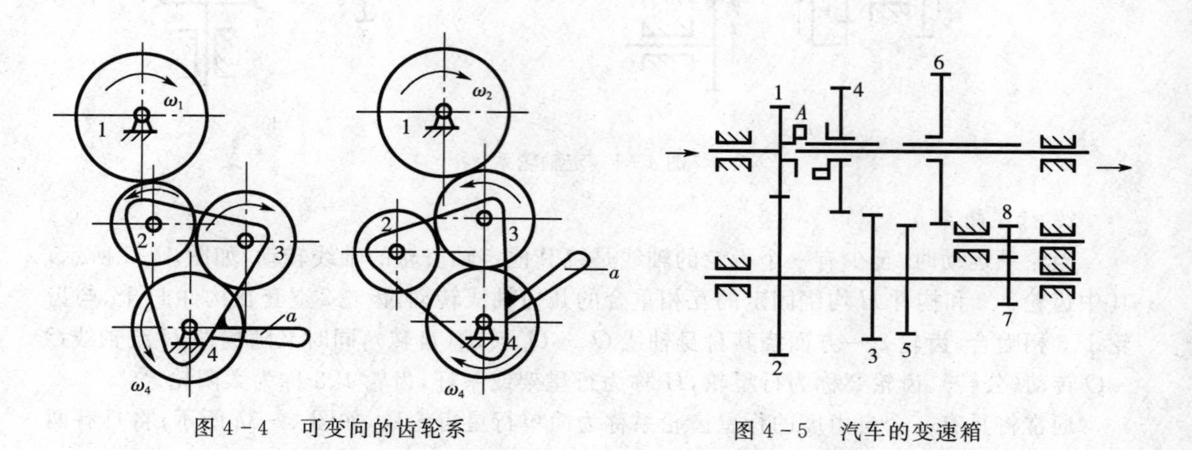


图 4-4　可变向的齿轮系　　　　图 4-5　汽车的变速箱

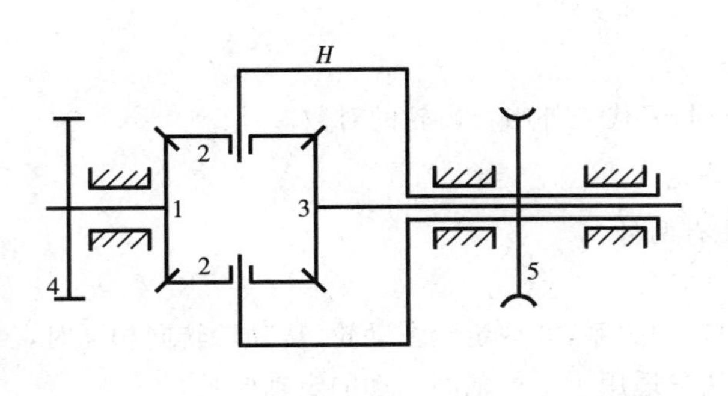


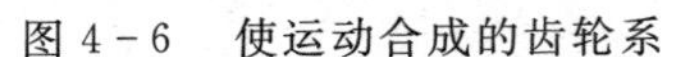

图 4-6　使运动合成的齿轮系

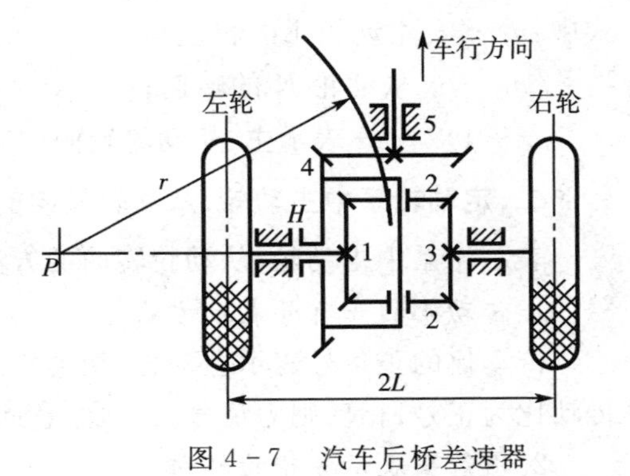


图 4-7　汽车后桥差速器

## 第二节　定轴轮系的传动比计算

### 一、定轴轮系的传动比大小的计算

如图 4-8 所示为一定轴轮系。设各轮齿数分别为 $z_1$、$z_2$、…；各轮的转速分别为 $n_1$、$n_2$、…。

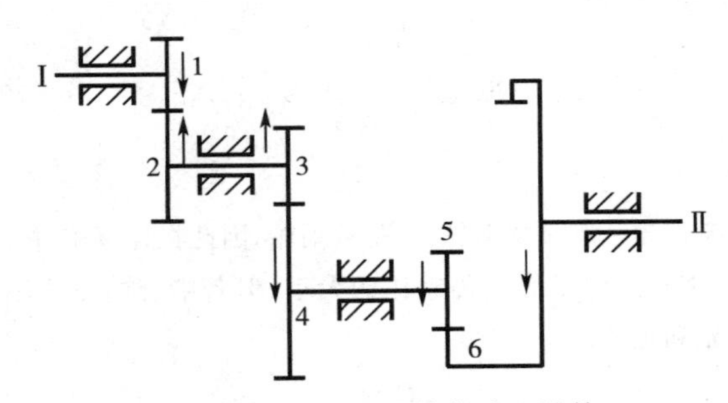


图 4-8　定轴轮系的传动比计算

该轮系中各对啮合的传动比为

$$i_{12}=\frac{n_1}{n_2}=-\frac{z_2}{z_1}$$

$$i_{34}=\frac{n_3}{n_4}=-\frac{z_4}{z_3}$$

$$i_{56}=\frac{n_5}{n_6}=+\frac{z_6}{z_5}$$

将上述等式各段连乘，并考虑到 $n_2=n_3$，$n_4=n_5$，可得

$$\frac{n_1}{n_6}=\frac{n_1}{n_2}\cdot\frac{n_3}{n_4}\cdot\frac{n_5}{n_6}=(-\frac{z_2}{z_1})(-\frac{z_4}{z_3})(\frac{z_6}{z_5})$$

$$i_{16}=\frac{n_1}{n_6}=(-)^2\frac{z_2z_4z_6}{z_1z_3z_5}$$

依次类推可知，所以 $i_{1K}=\dfrac{n_1}{n_K}=(-1)^m\dfrac{\text{各对啮合齿轮的从动轮齿数的连乘积}}{\text{各对啮合齿轮的主动轮齿数的连乘积}}$　　(4-1)

式中：$n_1$—— 主动轮 1 的转速；

$n_K$—— 从动轮 $K$ 的转速；

$(-1)^m$—— 表示主、从动轮转向的异同，$m$ 代表外啮合齿轮的对数。

**二、定轴轮系中主动轮、从动轮转向的确定**

表示轮系中主动轮、从动轮转向的方法有两种：

*1. 传动比的正负号表示方法*

传动比的正负号表示主动轮、从动轮的转向关系，并规定当主动轮、从动轮转向相同时，传动比为正号；相反则为负号。必须注意此法只适用于平行轴间传动的定轴轮系。

*2. 用箭头表示各轮的转向*

此法对任何定轴轮系都适用，如图 4－1a 所示，对于非平行轴的定轴轮系，则只能用箭头标注各轮的转向，因为此时各轮的轴线方向不同，根本谈不上两轮的转向是否相同，所以，不能用传动比的正、负号来表示两轮的转向，如图 4－1b 所示。

**【例 4－1】** 已知图 4－1a 所示的轮系中各齿轮齿数为 $z_1=22$、$z_2=25$、$z_2'=20$、$z_3=132$、$z_3'=20$、$z_5=28$，$n_1=1450\text{r/min}$，试计算 $n_5$，并判断其转动方向。

**【解】** 因为齿轮 1、2′、3′、4 为主动轮，齿轮 2、3、4、5 为从动轮，共有 3 次外啮合。代入式(4－1)得

$$i_{15}=(-1)^3\frac{z_2}{z_1}\frac{z_3}{z_2'}\frac{z_4}{z_3'}\frac{z_5}{z_4}=-\frac{25\times132\times28}{22\times20\times20}=-10.5$$

所以

$$n_5=\frac{n_1}{i}=\frac{1450}{10.5}=138.1\text{r/min}$$

转向与轮 1 相反。

从上例中可以看出：由于齿轮 4 既是主动轮，又是从动轮，因此在计算中并未用到它的具体齿数值。在轮系中，这种齿轮称为惰轮。惰轮虽然不影响传动比的大小，但若啮合的方式不同，则可以改变齿轮的转向，并会改变齿轮的排列位置和距离。

# 第三节　行星轮系的传动比计算

如图 4－2 所示为行星轮系，齿轮 1 和 3 为中心轮，齿轮 2 为行星轮，构件 $H$ 为转臂。因为行星轮 2 是既绕轴线 $O_2$ 转动，又随转臂绕 $O_H$ 转动，所以，行星轮系的传动比不能直接用求定轴轮系传动比的方法来计算。

下面介绍一种最常用的求行星轮系传动比的方法 —— 转化机构法。

由相对运动原理可知，对整个行星轮系加上一个与转臂的转速大小相等而方向相反的公共转速($-n_H$)后，轮系中各构件之间的相对运动关系并不因之改变，但此时转臂变为固定不动，齿轮 2 的轴线 $O_2$ 也随之固定，行星轮系转化为定轴轮系。这种经转化得到的假想定轴轮系，称为该行星轮系的转化轮系，转化轮系的传动比可用定轴轮系传动比的计算公式求得，如图 4－9 所示。

应当注意，轮系转化后各构件之间的相对运动关系虽然不变，但构件本身在转化前后的绝对转速却是不同的，具体见下表。

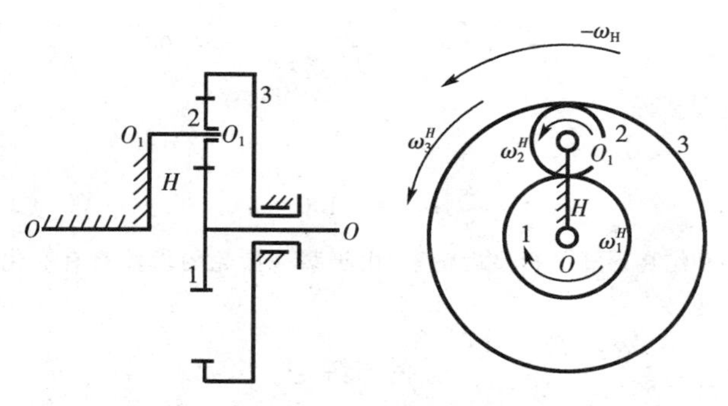


图 4-9　行星轮系传动比的计算

| 构　件 | 原来的转速 | 转化后的转速 |
|---|---|---|
| 齿轮 1 | $n_1$ | $n_1^H = n_1 - n_H$ |
| 齿轮 2 | $n_2$ | $n_2^H = n_2 - n_H$ |
| 齿轮 3 | $n_3$ | $n_3^H = n_3 - n_H$ |
| 系杆 H | $n_H$ | $n_H^H = n_H - n_H = 0$ |

按求定轴轮系传动比的方法可得图 4-9 所示行星系的转化轮的传动比是

$$i_{13}^H = \frac{n_1^H}{n_3^H} = \frac{n_1 - n_H}{n_3 - n_H} = (-1)^1 \frac{z_3 \cdot z_2}{z_2 \cdot z_1} = -\frac{z_3}{z_1}$$

依此类推，若行星轮系包含有 $K$ 个齿轮，且主动轮 1 的转速为 $n_1$，从动轮 $K$ 的转速为 $n_k$，则

$$i_{1K}^H = \frac{n_1^H}{n_k^H} = \frac{n_1 - n_H}{n_K - n_H} = (-1)^m \frac{\text{从 1 到 } K \text{ 所有从动轮齿数的连乘积}}{\text{从 1 到 } K \text{ 所有主动轮齿数的连乘积}} \qquad (4-2)$$

此式是求行星轮系传动比的普遍计算公式。使用此式时必须注意以下几点：

(1) 将已知转速代入公式求解未知转速时，必须将已知转速的大小和它的正(负)号一并代入(可先假定某一方向的转速为正，另一方向的转速为负)；

(2) 由圆锥齿轮组成的行星轮系，不能应用此式来计算该轮系中行星齿轮的转速；

(3) 轮 1 与轮 $K$ 均是中心轮。

**【例 4-2】** 图 4-10 所示为一大传动比的减速器，$z_1 = 100$，$z_2 = 101$，$z_{2'} = 100$，$z_3 = 99$，求输入件 $H$ 对输出件 1 的传动比 $i_{H1}$。

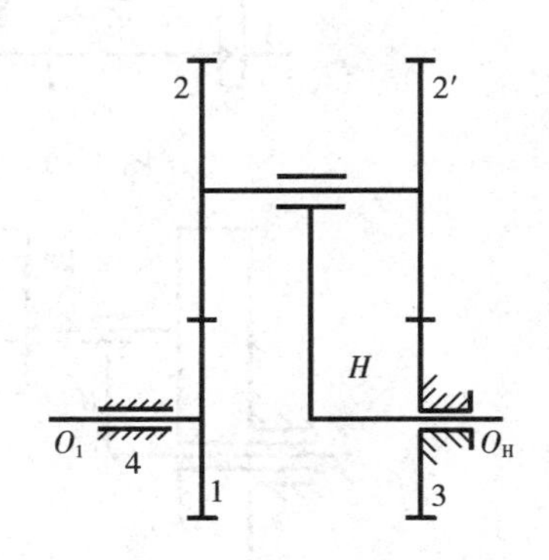


图 4-10　大传动比轮系

**【解】**

$$i_{13}^H = \frac{n_1 - n_H}{N_3 - n_H} = \frac{n_1 - n_H}{0 - n_H} = 1 - \frac{n_1}{n_H} \qquad (1)$$

又

$$i_{13}^H = (-1)^2 \frac{z_3 \cdot z_2}{z_1 \cdot z_{2'}} \qquad (2)$$

由(1)(2) 两式得：

$$1 - \frac{n_1}{n_H} = \frac{z_3 \cdot z_2}{z_1 \cdot z_{2'}}$$

$$\frac{n_1}{n_H} = 1 - \frac{z_3 \cdot z_2}{z_1 \cdot z_{2'}}$$

即

$$i_{1H} = 1 - \frac{z_3 \cdot z_2}{z_1 \cdot z_{2'}}$$

所以

$$i_{H1} = \frac{1}{i_{1H}} = \frac{1}{1 - \frac{101 \times 99}{100 \times 100}} = 10000$$

若 $Z_1 = 99$，则

$$i_{H1} = -100$$

由此结果可见，同一种结构形式的行星齿轮系，由于某一齿轮的齿数略有变化，其传动比则会发生巨大变化，同时转向也会改变。

## 思考与练习

**1.** 什么叫定轴轮系？怎样求定轴轮系的传动比？

**2.** 什么叫行星轮系？怎样求行星轮系的传动比？

**3.** 如何求混合轮系的传动比？

**4.** 如图 4-11 所示为一定轴轮系，图上标明了各齿轮的齿数，设轴 Ⅰ 为输入轴，转速 $n_1 = 1440\text{r/min}$，试求按图示啮合传动路线，轴 Ⅴ 的转速 $n_5$ 和转动方向。轴 Ⅴ 能获得几种不同的转速？

**5.** 如图 4-12 所示轮系，已知各轮的齿数，$z_1 = 50, z_2 = 30, z_{2'} = 20, z_3 = 100$，试求轮系的传动比 $i_{1H}$。

**6.** 如图 4-13 所示轮系，已知 $z_1 = 48, z_2 = 27, z_{2'} = 45, z_3 = 102, z_4 = 120$，设输入转速 $n_1 = 3750\text{r/min}$，试求传动比 $i_{14}$ 和 $n_4$。

**7.** 如图 4-14 所示轮系中，各轮的齿数为 $z_1 = 36, z_2 = 60, z_3 = 23, z_4 = 49, z_{4'} = 69, z_5 = 30, z_6 = 131, z_7 = 94, z_8 = 36, z_9 = 167$。设输入转速 $n_1 = 3549\text{r/min}$，试求行星架 $H$ 的转速 $n_H$。

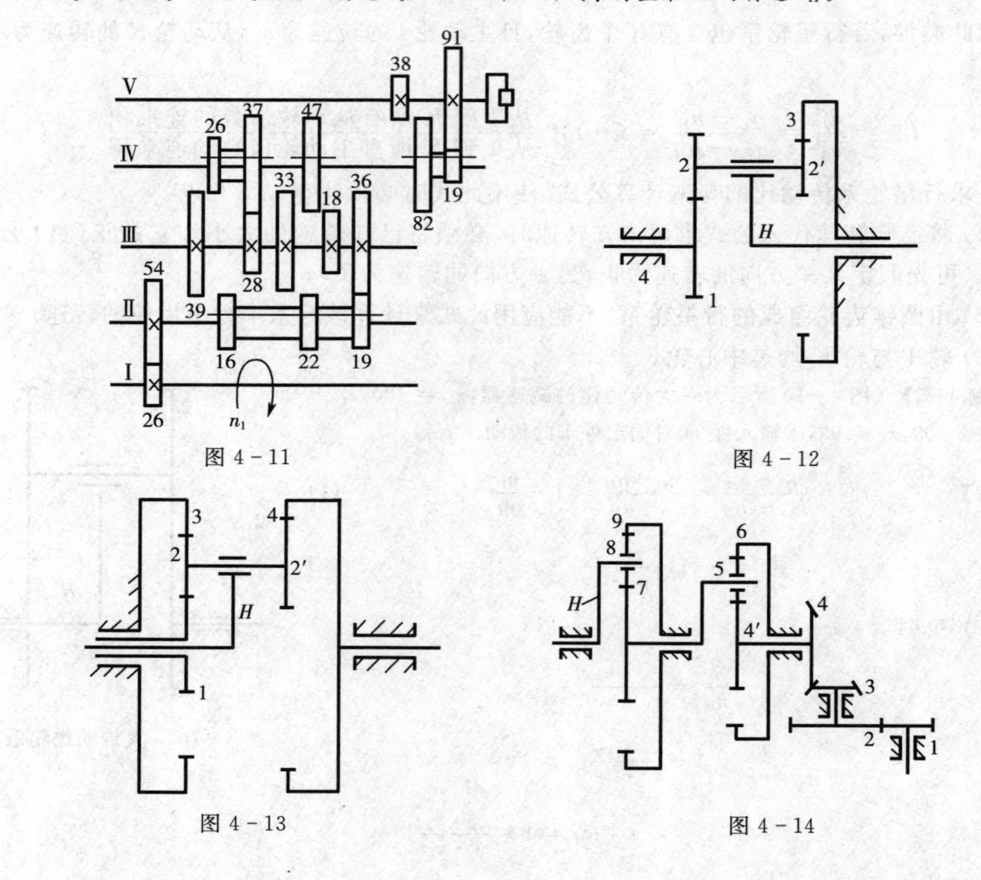


图 4-11

图 4-12

图 4-13

图 4-14

# 第二篇　常用零部件

本篇主要学习螺纹联接、轴及轴毂联接、轴承、联轴器和离合器等。

# 第五章 螺纹联接与螺旋传动

在机械中广泛应用着带有螺纹的零件，如螺栓、螺母、丝杆等，它们主要应用于机械零件的联接、机械零件之间相互位置的调整或进行机械传动。

## 第一节　螺纹的分类和参数

### 一、螺纹的分类

根据平面图形的形状，螺纹可分为三角形、矩形、梯形和锯齿形螺纹（如图 5 - 1）等。三角形螺纹主要用于联接，矩形、梯形和锯齿形螺纹主要用于传动。除矩形螺纹外，其他三种螺纹均已标准化。

根据螺旋线的绕行方向，可分为左旋螺纹和右旋螺纹，并规定将螺纹直立时螺旋线向右上升为右旋螺纹（图 5 - 2a），向左上升为左旋螺纹（图 5 - 2b）。机械制造中一般采用右旋螺纹，有特殊要求时，才采用左旋螺纹。

根据螺旋线的数目，可分为单线螺纹（图 5 - 2a）和等距排列的多线螺纹（图 5 - 2b）。为了制造方便，螺纹一般不超过 4 线。

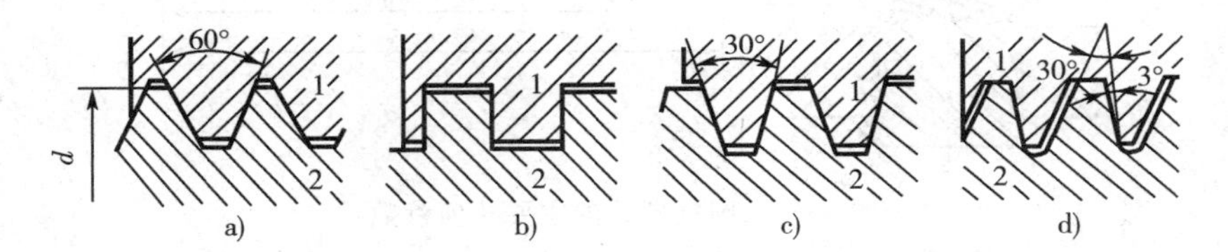


图 5 - 1　螺纹的牙型

a）三角形螺纹　b）矩形螺纹　c）梯形螺纹　d）锯齿形螺纹

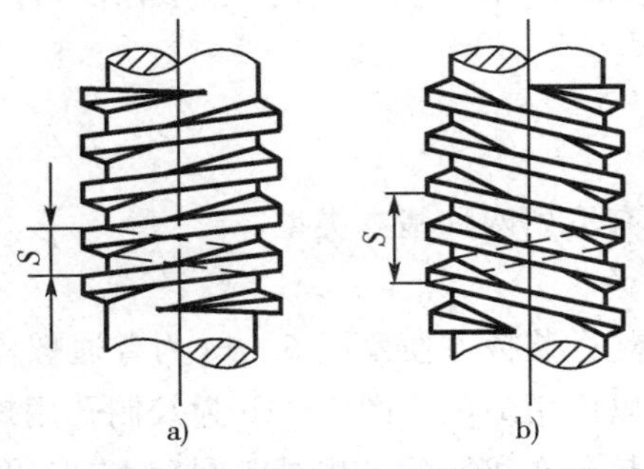


图 5 - 2　不同旋向和线数的螺纹

a）单线右旋螺纹　b）双线左旋螺纹

## 二、螺纹的参数

以圆柱螺纹为例(图 5-3)。在普通螺纹基本牙型中,外螺纹直径用小写字母表示,内螺纹直径用大写字母表示。

(1)大径 $d(D)$ 与外螺纹牙顶(或内螺纹牙底)相重合的假想圆柱体的直径。

(2)小径 $d_1(D_1)$ 与外螺纹牙底(或内螺纹牙顶)相重合的假想圆柱体的直径。

(3)中径 $d_2(D_2)$ 螺纹轴向剖面内,牙厚等于牙间宽处的假想圆柱体的直径。

(4)螺距 $P$ 相邻两牙在中径上对应两点间的轴向距离。

(5)导程 $S$ 同一条螺旋线上相邻两牙在中径线上对应两点间的轴向距离。设螺纹线数为 $n$,则有 $S = nP$ 。

(6)升角 $\phi$ 中径圆柱上,螺旋线的切线与垂直于螺纹轴线的平面间的夹角。

$$\tan\phi=\frac{S}{\pi d_2}=\frac{nP}{\pi d_2} \tag{5-1}$$

(7)牙型角 $\alpha$ 螺纹轴向剖面内螺纹牙两侧边的夹角。

(8)牙型斜角 $\beta$ 牙型侧边与螺纹轴线垂线间的夹角,对于对称牙型 $\beta = \alpha/2$。

(9)螺纹牙的工作高度 $h$ 内外螺纹旋合后,螺纹接触面在垂直于螺纹轴线方向上的距离。

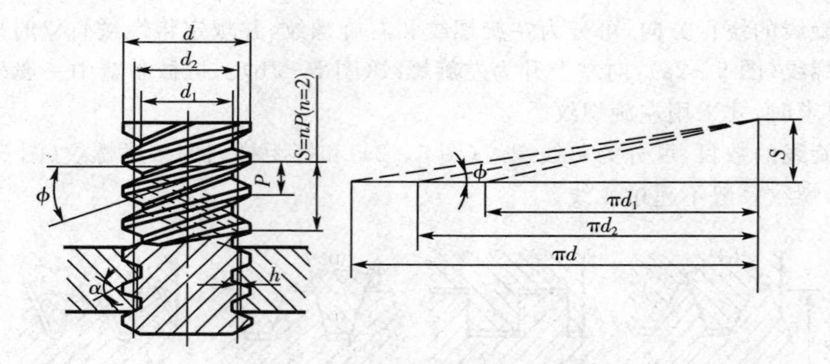


图 5-3 圆柱螺纹的主要几何参数

# 第二节 螺纹联接的基本类型和常用螺纹联接件

## 一、螺纹联接的基本类型

根据结构特点,螺纹联接有下列四种基本类型。

1. 螺栓联接

被联接件的孔中不切制螺纹,装拆方便。图 5-4a 为普通螺栓联接,螺栓与孔之间有间隙,由于加工简便,成本低,所以应用最广。图 5-4b 为铰制孔用螺栓联接,被联接件上孔用高精度铰刀加工而成,螺栓杆与孔之间一般采用过渡配合,主要用于需要螺栓承受横向载荷或需靠螺杆精确固定被联接件相对位置的场合。

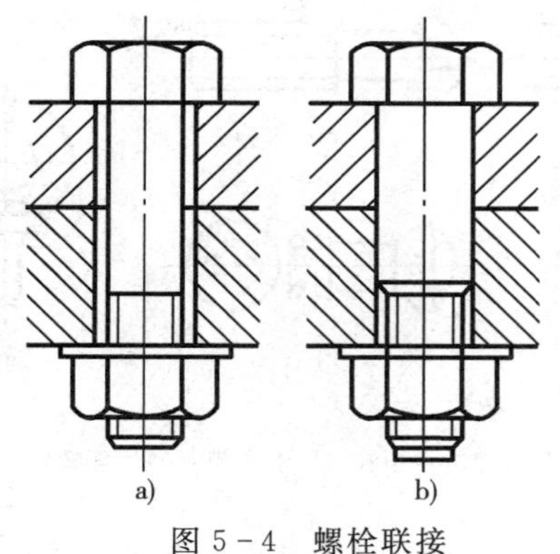


图 5－4 螺栓联接

a)普通螺栓联接 b)铰制孔用螺栓联接

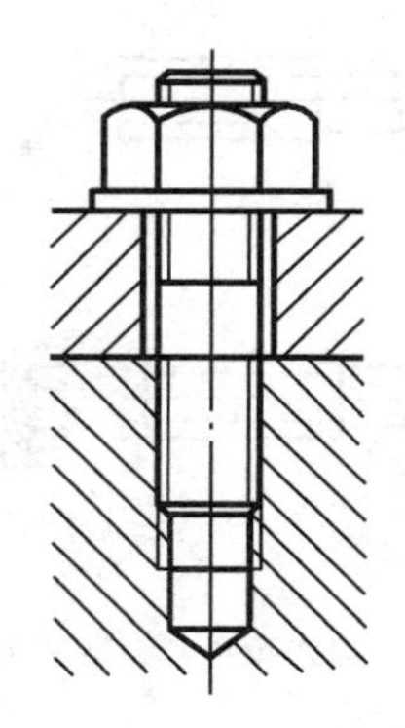

图 5－5 双头螺柱联接

2. 双头螺柱联接

使用两端均有螺纹的螺柱，一端旋入并紧定在较厚被联接件的螺纹孔中，另一端穿过较薄被联接件的通孔(图 5－5)。适用于被联接件较厚，要求结构紧凑和经常拆装的场合。

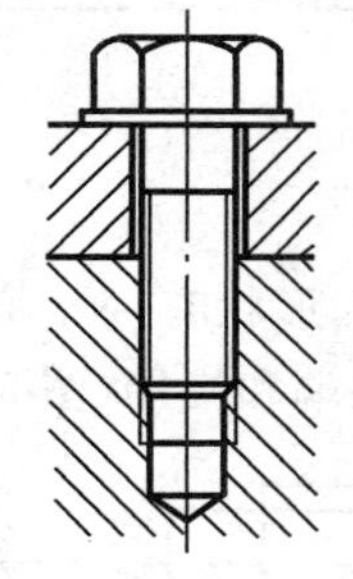

图 5－6 螺钉联接

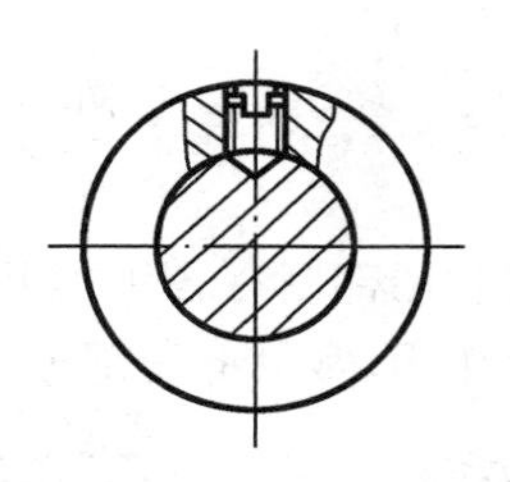

图 5－7 紧定螺钉联接

3. 螺钉联接

螺钉直接旋入被联接件的螺纹孔中，如图 5－6 所示，结构较简单，适用于被联接件之一较厚，或另一端不能装螺母的场合。但经常拆装会使螺纹孔磨损，导致被联接件过早失效，所以不适用于经常拆装的场合。

4. 紧定螺钉联接

将紧定螺钉拧入一零件的螺纹孔中，其末端顶住另一零件的表面或顶入相应的凹坑中，如图 5－7 所示。常用于固定两个零件的相对位置，并可传递不大的力或转矩。

## 二、常用螺纹联接件

螺纹联接件品种很多，大都已标准化。常用的标准螺纹联接件有螺栓、螺钉、双头螺柱、紧定螺钉、螺母和垫圈。

1. 螺栓

螺栓头部形状很多，最常用的有六角头，如图 5－8 所示。

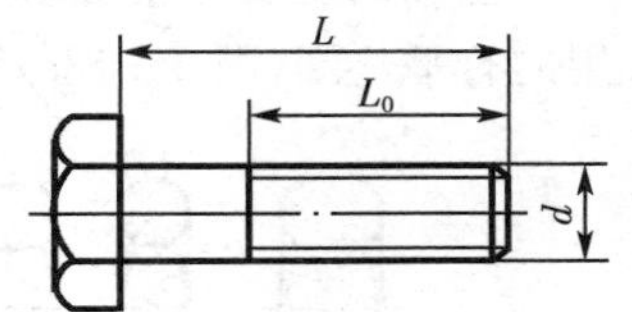


图 5－8 六角头螺栓

2. 螺钉

螺钉的结构形式与螺栓相同，但头部形式较多(图 5－9)，以适应对装配空间、拧紧程度、联接外观和拧紧工具的要求。有时也把螺栓作为螺钉使用。

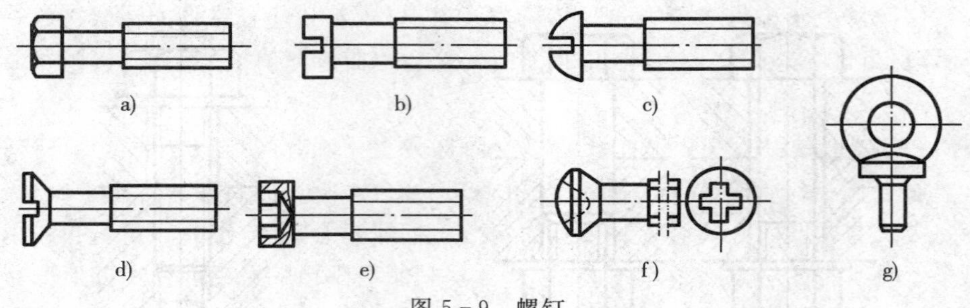


图 5－9　螺钉

a)六角头　b)圆柱头　c)半圆头　d)沉头　e)内六角孔　f)十字槽　g)吊环螺钉

3. 双头螺柱

双头螺柱没有钉头，两端制有螺纹。结构有 A 型(有退刀槽，图 5－10a)与 B 形(无退刀槽，图 5－10b)之分。

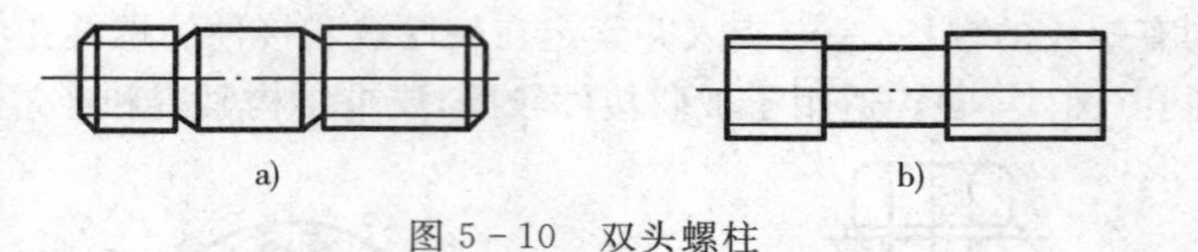


图 5－10　双头螺柱

4. 紧定螺钉

紧定螺钉的头部和尾部制有各种形状。常见的头部形状有一字槽(图 5－11a)等。螺钉的末端主要起紧定作用，常见的尾部形状有平端、圆柱端和锥端(图 5－11b、c、d)等。

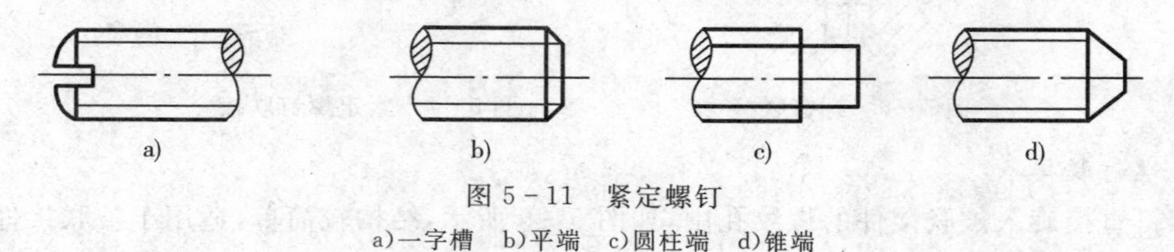


图 5－11　紧定螺钉

a)一字槽　b)平端　c)圆柱端　d)锥端

5. 螺母

螺母的结构形式很多，最常用的是六角螺母。按厚度不同，螺母可分为标准螺母(图 5－12a)、扁螺母(图 5－12b)和厚螺母(图 5－12c)三种。螺母的制造精度与螺栓相同，也分为粗制和精制两种，以便与同精度的螺栓配用。如图 5－12d 所示的圆螺母常用作轴上零件的轴向固定，并配有止退垫圈。

6. 垫圈

垫圈的主要作用是增加被联接件的支承面积或避免拧紧螺母时擦伤被联接件的表面。常用的有平垫圈(图 5－13a)和斜垫圈(图 5－13b)。当被联接件表面有斜度时，应使用斜垫圈。

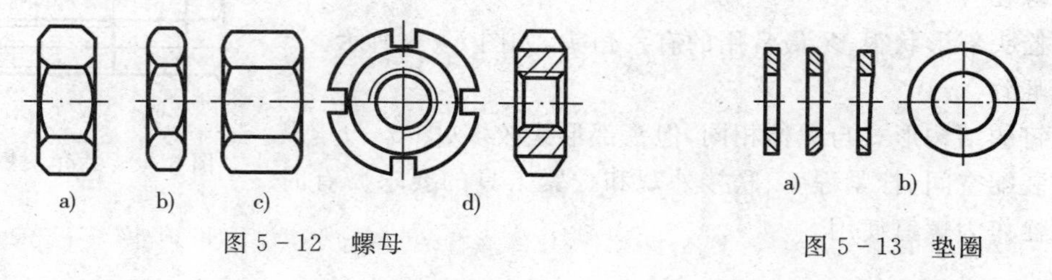


图 5－12　螺母

图 5－13　垫圈

**三、螺纹联接件的选择**

螺纹联接件的选择一般包括三方面的内容，即螺纹联接件类型选择，螺栓的数目及配置的确定，螺纹联接件的规格尺寸选择。

通常可根据联接的结构需要并参照同类机械使用情况确定螺纹联接类型和螺栓的数目及其配置。实际应用中，螺栓往往成组使用(称为螺栓组联接)。因此，在确定螺纹联接类型后，还应确定螺栓的数目及其分布。

螺纹联接件的规格尺寸一般是根据联接的工作情况、结构需要并参照同类机械使用经验来选择。然后通常还要对螺纹联接件的强度进行计算。计算的目的主要是确定(或校核)螺栓危险剖面的尺寸(主要是螺纹小径 $d_1$)。螺栓的其他尺寸以及螺母、垫圈尺寸，则根据螺栓直径并结合联接的结构需要按标准选定。

螺栓联接的强度计算可参阅《机械零件手册》和《机械设计手册》。

## 第三节 螺纹联接应注意的几个问题

**一、螺纹联接的预紧**

螺纹联接的预紧是指装配时把螺纹联接拧紧，使其受到预紧力的作用，目的是使螺纹联接可靠地承受载荷，获得所要求的紧密性、刚性和防松能力。除个别情况外，螺纹联接都必须预紧。由于预紧力的大小对螺纹联接的可靠性、强度和密封性都有很大的影响，所以对重要的螺纹联接，还应控制预紧力的大小。

**二、螺纹联接的防松**

松动是螺纹联接最常见的失效形式之一。在静载荷条件下，普通螺纹由于螺纹的自锁性一般可以保证螺纹联接的正常工作，但是，在冲击、振动或者变载荷作用下，或者当温度变化很大时，螺纹副间的摩擦力可能减少或者瞬时消失，致使螺纹联接产生自动松脱现象，为了保证螺纹联接的安全可靠，许多情况下螺纹联接都采取一些必要的防松措施。

螺纹联接防松的本质就是防止螺纹副的相对运动。按照工作原理来分，螺纹防松有摩擦防松、机械防松、破坏性防松以及粘合法防松等多种方法。

1. *摩擦防松*

(1)弹簧垫圈 弹簧垫圈(图 5－14)用弹簧钢制成，装配后垫圈被压平，其反弹力能使螺纹间产生压紧力和摩擦力，能防止联接松脱。

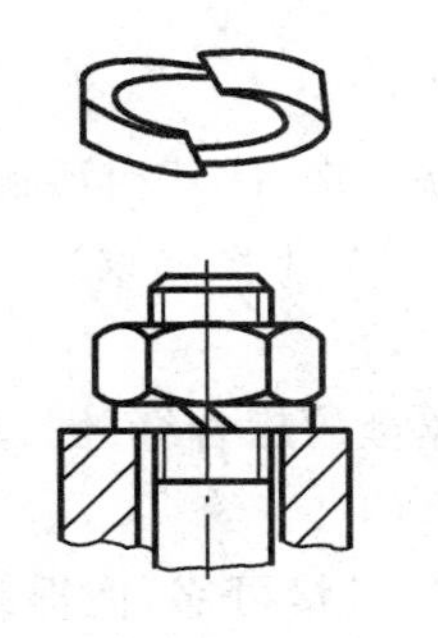

图 5－14 弹簧垫圈

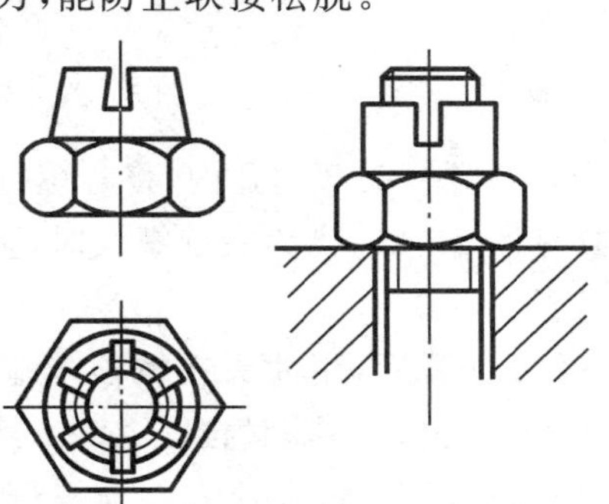

图 5－15 弹性圈螺母

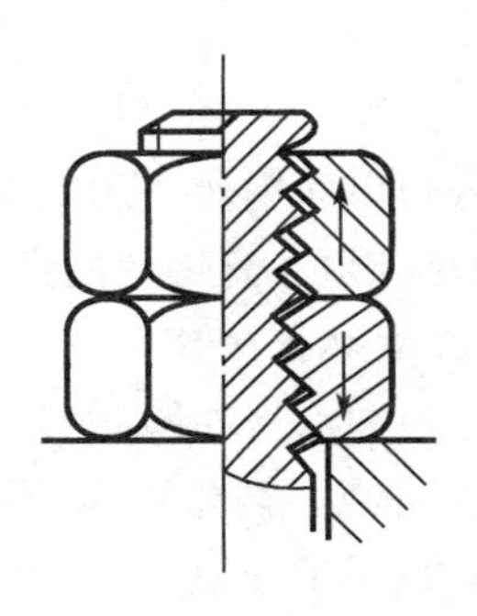

图 5－16 双螺母

(2)弹性圈螺母　如图 5－15 所示为弹性圈螺母,螺纹旋入处嵌入纤维或者尼龙来增加摩擦力。该弹性圈还可以防止液体泄漏。

(3)双螺母　利用两螺母(图 5－16)的对顶作用使螺栓始终受到附加拉力,致使两螺母与螺栓的螺纹间保持压紧和摩擦力。

2. 机械防松

(1)槽形螺母与开口销　槽形螺母拧紧后,用开口销穿过螺母上的槽和螺栓端部的销孔,使螺母与螺栓不能相对转动,如图 5－17 所示。

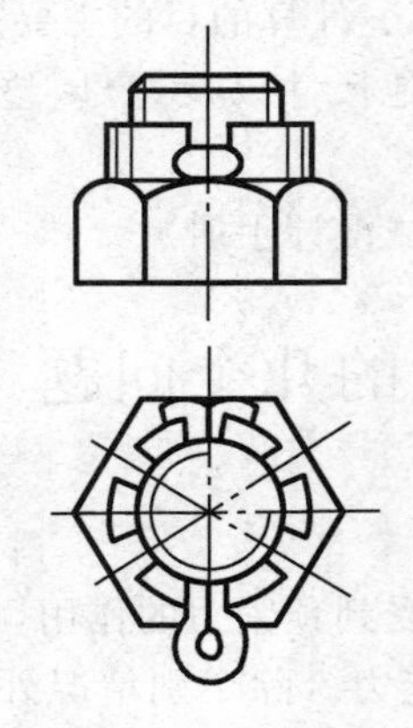

图 5－17　槽形螺母与开口销

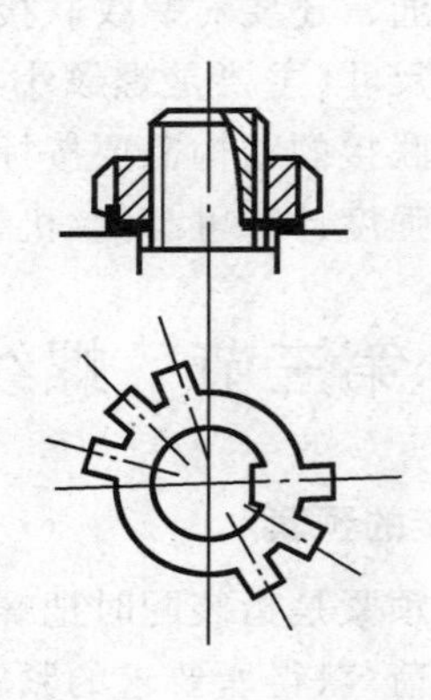

图 5－18　止退垫圈与圆螺母

(2)止退垫圈与圆螺母　将垫片的内翅嵌入螺栓(轴)的槽内,拧紧螺母后再将垫圈的一个外翅折嵌入螺母的一个槽内,螺母即被锁住,如图 5－18 所示。

(3)止动垫片　如图 5－19 所示,将垫片折边以固定螺母和被联接件的相对位置。

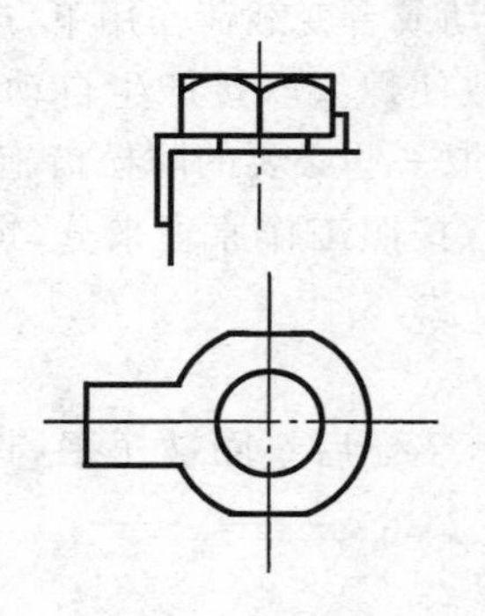

图 5－19　止动垫片

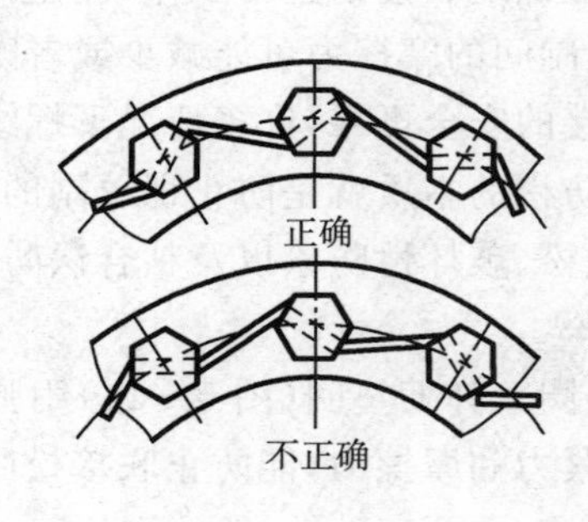


图 5－20　串联钢丝

(4)串联钢丝　用低碳钢丝穿入各螺钉头部的孔内,将各螺钉串联起来,使其相互制动。使用时必须注意钢丝的穿入方向(见图 5－20,当为右旋螺纹时,上图正确,下图错误)。

3. 破坏性防松

(1)冲点　如图 5－21 所示,螺母拧紧后,用冲头在螺栓末端与螺母的旋合缝处打冲 2～3 个冲点。防松可靠,适用于不需要拆卸的特殊联接。

(2)焊接　如图 5－22 所示,螺母拧紧后,将螺栓末端与螺母焊牢,联接可靠,但拆卸后联接件被破坏。

4. 粘合防松

如图 5－23 所示，在旋合的螺纹表面涂以粘合剂，防松效果良好。

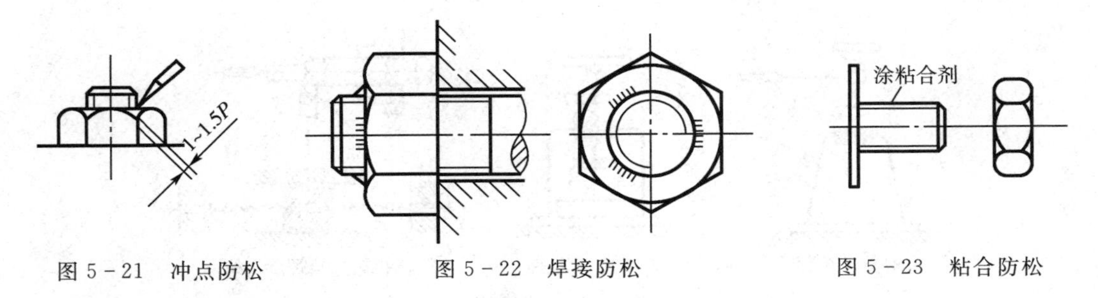


图 5－21　冲点防松　　图 5－22　焊接防松　　图 5－23　粘合防松

**三、支承面的平整**

若被联接件支承表面不平或倾斜，螺栓将受到偏心载荷作用，产生附加弯曲应力，从而使螺栓剖面上的最大拉应力可能比没有偏心载荷时的拉应力大得多。所以必须注意支承表面的平整问题。如图 5－24 所示的凸台和凹坑都是经过切削加工而成的支承平面。对于型钢等倾斜支承面，则应采用如图 5－25 所示的斜垫圈。

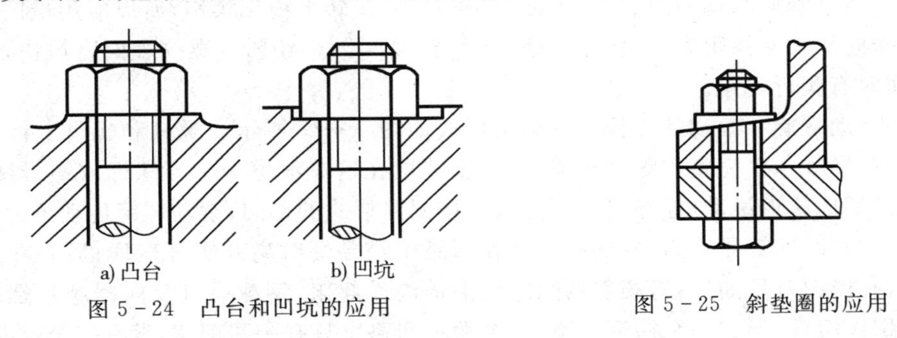


图 5－24　凸台和凹坑的应用　　图 5－25　斜垫圈的应用

**四、扳手空间**

设计螺纹联接时，要注意留有扳手扳动的必要空间，否则就无法装拆。各种结构情况下的扳手空间尺寸可参考机械设计手册。

## 第四节　螺旋传动简介

**一、螺旋传动的组成及其应用**

螺旋传动由螺杆、螺母和机架组成，主要用于把回转运动变为直线运动，同时传递运动和动力。其应用广泛，如螺旋千斤顶、螺旋丝杠、螺旋压力机等。

**二、螺旋传动的类型**

1. 根据用途，螺旋传动可分为三种类型

(1)传力螺旋　以传递动力为主，要求用较小的力矩转动螺杆(或螺母)而使螺母(或螺杆)产生轴向运动和较大的轴向力，这个力可以用来完成起重和加压等工作，如图 5－26a、b 所示的螺旋千斤顶和螺旋压力机等。

(2)传导螺旋　以传递运动为主,并要求有较高的运动精度,速度较高且能较长时间连续工作,如图 5-26c 所示的机床进给螺旋机构。

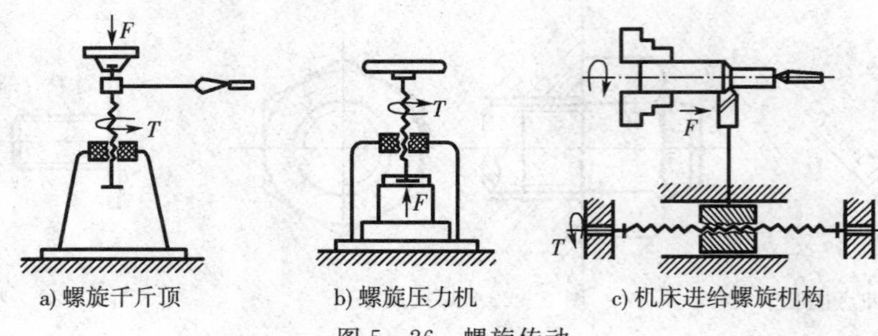

a) 螺旋千斤顶　b) 螺旋压力机　c) 机床进给螺旋机构

图 5-26　螺旋传动

(3)调整螺旋　用于调整并固定零、部件之间的相互位置,如机床卡盘,压力机的调整螺旋。调整螺旋不经常转动。

2. 根据螺旋副的摩擦情况,可分两种类型

(1)滑动螺旋　滑动螺旋工作时主要承受转矩和轴向力,在螺杆和螺母之间有较大的滑动摩擦。滑动螺旋结构简单、加工方便、易于自锁、运转平稳无噪声,所以应用最广。它的缺点是工作时滑动摩擦阻力大,传动效率低(一般为 30%~40%),螺纹表面磨损快,传动精度低,低速时有爬行现象。

(2)滚动螺旋　滚动螺旋传动的结构形式如图 5-27 所示。螺杆和螺母上都制有螺旋槽,装配后形成一个完整的螺旋滚道,钢球就装填在这个滚道中。当螺杆或螺母回转时,钢球依次沿螺旋滚道滚动,经导路出而复入。按回路形式的不同,滚动螺旋传动可分为外循环和内循环两种,前者导路为一导管,钢球在回路中经导管时离开螺杆表面;后者在螺母上开有侧孔,孔内镶有反向器,将相邻两圈螺纹滚道沟通起来,钢球通过反向器越过螺杆牙顶进入相邻螺纹滚道,形成一个循环回路,一个循环回路里只有一圈钢球,设有一个反向器,钢球在循环过程中不离开螺杆表面。外循环加工方便,但径向尺寸较大。滚动螺旋传动效率高,一般在 90%以上;磨损很小,并可以用预紧的方法消除螺杆与螺母之间的间隙。因此,可得到高的传动精度。此外,具有运动可逆性(不具自锁性),即在轴向力作用下,可由直线运动变为转动。其主要缺点是:结构复杂,制造较困难,成本高;滚珠与滚道为点接触,不宜传递大载荷;在有些应用场合,为防止逆转需要有防逆装置。

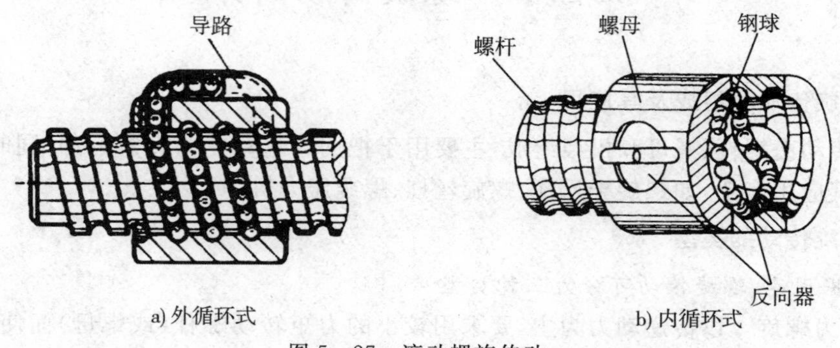

a) 外循环式　b) 内循环式

图 5-27　滚动螺旋传动

## 思考与练习

**1.** 螺纹主要有哪几种类型？根据什么选用螺纹类型？

**2.** 螺纹的主要参数有哪些？螺距和导程有什么区别？如何判断螺纹的线数和旋向？

**3.** 螺栓、双头螺柱、螺钉、紧定螺钉分别应用于什么场合？

**4.** 螺纹联接防松的本质是什么？螺纹防松主要有哪几种方法？

**5.** 什么情况下使用铰制孔用螺栓？

**6.** 一带式运输机的凸缘联轴器，用4个普通螺栓联接，$D_0=120\text{mm}$，传递扭矩 $T=180\text{N}\cdot\text{m}$，接合面摩擦系数为 $f=0.16$，试计算螺栓的直径。

# 第六章 轴和轴毂联接

## 第一节 轴

轴是组成机器的重要零件，它用来支承转动零件（如齿轮、带轮等），大多数轴还要承担传递运动和转矩的任务。

**一、轴的分类**

1. 按轴在工作时的承载情况可分为心轴、传动轴和转轴三类

（1）心轴　用来支承转动的零件，只承受弯矩而不承受转矩。心轴可以随转动零件一起转动，如铁路车辆的轴（图 6－1）；也可以是不转动的，如自行车的轴（图 6－2）。

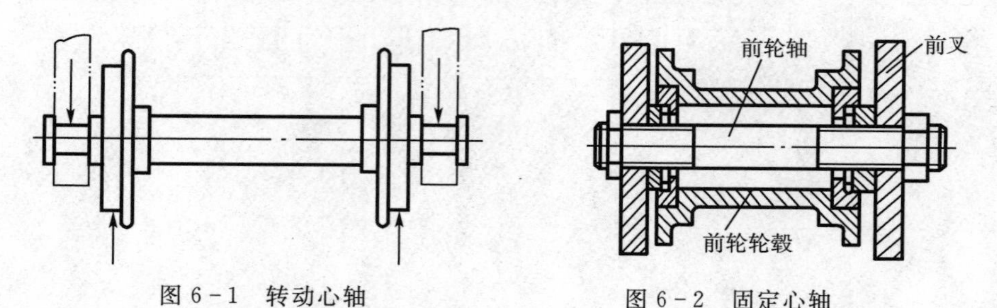

图 6－1　转动心轴　　图 6－2　固定心轴

（2）传动轴　主要承受转矩而不承受弯矩或所受弯矩很小的轴，如汽车变速箱与驱动桥（后桥）之间的传动轴（图 6－3）。

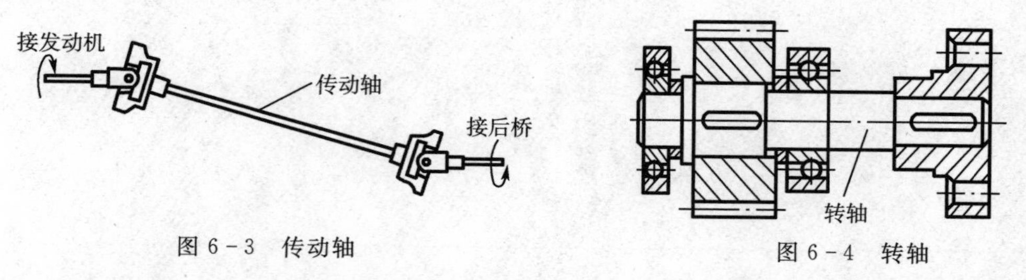

图 6－3　传动轴　　图 6－4　转轴

（3）转轴　如图 6－4 所示，工作时既承受弯矩又承受转矩的轴。转轴是机械中最常见的轴，如汽车变速箱中的轴、齿轮减速器中的轴。

2. 轴还可以按轴线几何形状不同分为直轴、曲轴和挠性轴三类

（1）直轴　如图 6－5 所示，直轴包括光轴及阶梯轴。光轴指各处直径相同的轴。阶梯轴指各段直径不同的轴。阶梯轴便于轴上零件的定位、紧固、装拆，在机械中最常见。有时

为了减轻重量或满足某种使用要求，将轴制造成空心的，称为空心轴，如汽车的传动轴和一些机床的主轴。

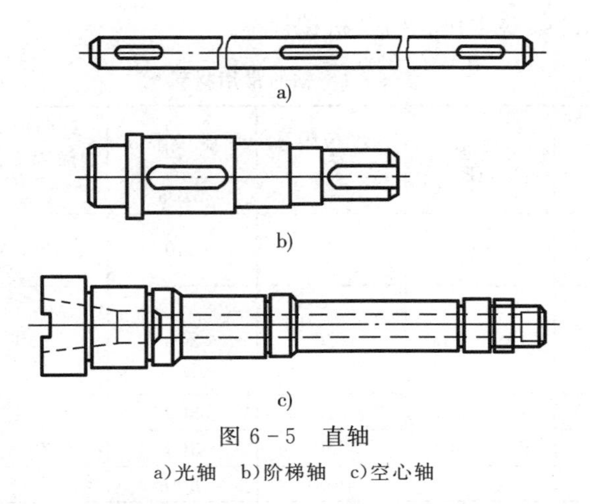


图 6-5 直轴

a)光轴 b)阶梯轴 c)空心轴

(2)曲轴 如图 6-6 所示，曲轴用于活塞式动力机械、曲轴压力机、空气压缩机等机械中，是一种专用零件。

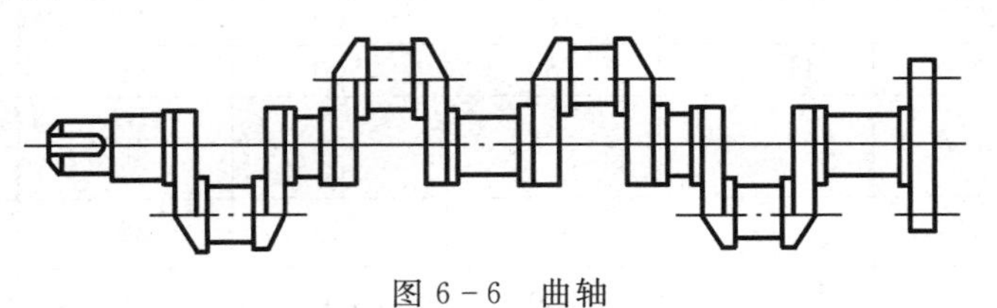

图 6-6 曲轴

(3)挠性轴 如图 6-7 所示，挠性轴通常是由几层紧贴在一起的钢丝层构成的，可以把转矩和运动灵活地传到任何位置。挠性轴常用于振捣器和医疗设备中。

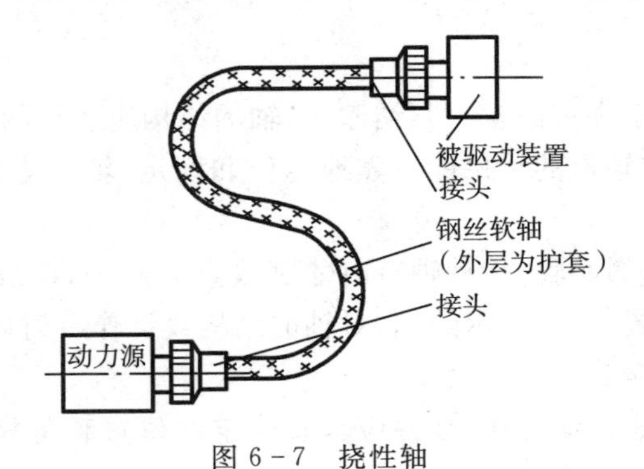


图 6-7 挠性轴

## 二、轴的材料

轴的材料主要是碳素钢和合金钢。常用的碳素钢为 45 号钢，一般应进行正火或调质处理以改善其机械性能。不重要的或受载较小的轴，可采用 A3、A4 等普通碳钢。

对于承受较大载荷、要求强度高、结构紧凑或耐磨性较好的轴，可采用合金钢。常用的合金钢有 40Cr、20Cr、20CrMnTi 等。应当指出：当尺寸相同时，采用合金钢不能提高轴的刚度，因为在一般情况下各种钢的弹性模量相差不多；合金钢对应力集中的敏感性较高，因此轴的结构设计更要注意减少应力集中的影响;采用合金钢时必须进行相应的热处理,以便更好地发挥材料的性能。

表 6－1 列出了轴的某些常用材料及机械性能。

**表 6－1　轴的常用材料**

| 材料及热处理 | 毛坯直径/mm | 硬度HB | 强度极限 $\sigma_b$ | 屈服极限 $\sigma_s$ | 弯曲疲劳极限 $\sigma_{-1}$ | 应用说明 |
| --- | --- | --- | --- | --- | --- | --- |
| | | | MPa | | | |
| Q235 | | | 440 | 240 | 200 | 用于不重要或载荷不大的轴 |
| 35 正火 | ≤100 | 149～187 | 520 | 270 | 250 | 塑性好和强度适中,可做一般曲轴、转轴等 |
| 45 正火 | ≤100 | 170～217 | 600 | 300 | 275 | 用于较重要的轴,应用最为广泛 |
| 45 调质 | ≤200 | 217～255 | 650 | 360 | 300 | |
| 40Cr 调质 | 25 | | 1000 | 800 | 500 | 用于载荷较大,而无很大冲击的重要的轴 |
| | ≤100 | 241～286 | 750 | 550 | 350 | |
| | ＞100～300 | 241～266 | 700 | 550 | 340 | |
| 40MnB 调质 | 25 | | 1000 | 800 | 485 | 性能接近于40Cr,用于重要的轴 |
| | ≤200 | 241～286 | 750 | 500 | 335 | |
| 35CrMo 调质 | ≤100 | 207～269 | 750 | 550 | 390 | 用于受重载荷的轴 |
| 20Cr 渗碳淬火回火 | 15 | 表面 HRC56～62 | 850 | 550 | 375 | 用于要求强度、韧性及耐磨性均较高的轴 |
| | — | | 650 | 400 | 280 | |
| QT400－100 | — | 156～197 | 400 | 300 | 145 | 结构复杂的轴 |
| QT600－2 | — | 197～269 | 600 | 200 | 215 | 结构复杂的轴 |

### 三、轴的结构

轴的结构形状决定于许多因素。归纳起来,轴的结构应满足的基本要求是:保证轴有足够的承载能力;轴和装在轴上的零件能可靠地定位和固定;轴上零件装拆方便,轴应便于加工。

一般来说,只有简单的心轴、传动轴有时才制成具有同一直径的光轴,而大多数的轴则呈阶梯形状。下面结合图 6－8 所示的轴,对轴的结构设计作一讨论。

#### 1. 轴上零件的定位和固定

为了保证轴上零件能正常工作,零件应具有确定的位置和可靠的固定。零件的固定有轴向和周向两种。

零件的轴向定位和固定的方法很多。如图 6－8 中的齿轮 4、滚动轴承 2 和半联轴器 6 均是靠轴肩定位。轴肩定位方便可靠。图中齿轮 4 与右边的滚动轴承 2 之间的位置用套筒 5 来定位。

当齿轮受轴向力时,向右的力将由轴肩承受并传至轴承 2 的内圈,再经轴承 2、端盖及联接螺栓将轴向力传给箱体;向左的轴向力则经套筒传给轴承 2 的内圈,再经轴承 2、端盖 1 和联接螺栓传给箱体。

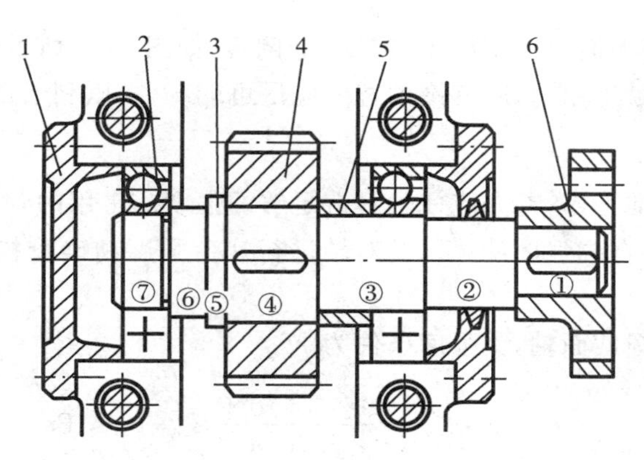


图 6－8 轴的结构

1—轴承盖 2—滚动轴承 3—轴 4—齿轮 5—套筒 6—半联轴器

当不便采用套筒或套筒太长时，可用圆螺母作轴向定位（图 6－9），其缺点是切制螺纹处有较大的应力集中。此外，还可采用弹性挡圈（图 6－10）、圆锥面及压板等进行轴向定位和固定。弹性挡圈结构紧凑，但只能承受较小的轴向力。图 6－11 是轴端挡圈定位，它适用于轴端，可承受剧烈的振动和冲击载荷。圆锥面及压板（图 6－12）是在轴端部安装零件时常用的固定方法之一。

零件在轴上的周向固定是为了使零件与轴一起转动并传递转矩。周向固定常采用键、花键、过盈配合等，其联接请参阅本节中“轴毂联接”。

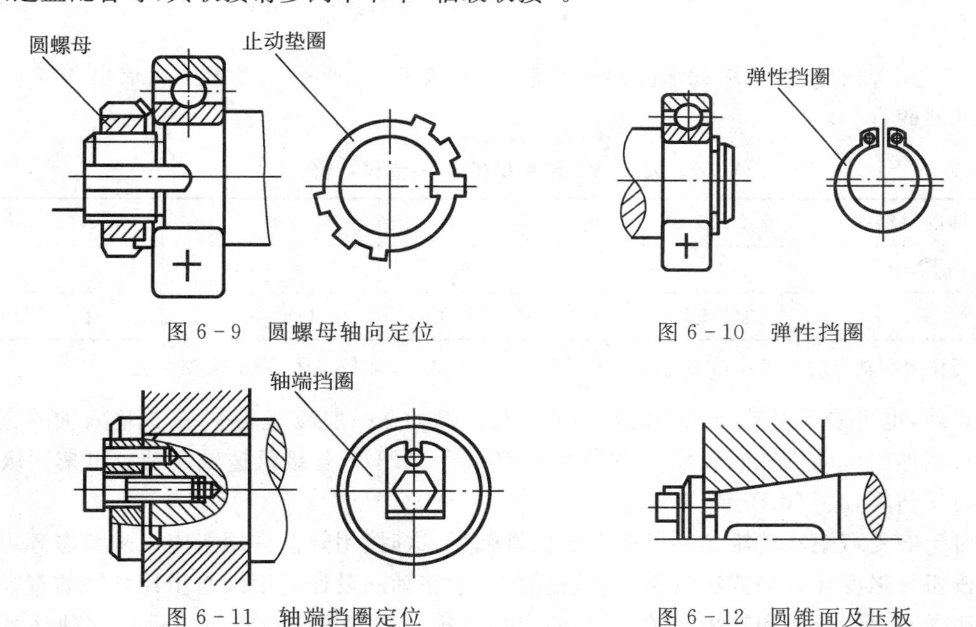


图 6－9 圆螺母轴向定位

图 6－10 弹性挡圈

图 6－11 轴端挡圈定位

图 6－12 圆锥面及压板

2. 装拆和加工要求

为便于轴上零件的装拆，轴一般设计成中间粗两端细的阶梯形，如图 6－8 所示的轴。在配合较紧的部位，如装滚动轴承、齿轮等处，当压入距离较长时，轴上应设置一小台阶以便于装拆。如图 6－8 所示，将安装轴承 2 和齿轮 4 处之间的轴段直径缩小即主要为此目的。

安装滚动轴承处的轴肩高度应低于轴承内圈，以便于拆卸轴承。为了便于装配零件并去掉锐边，轴端即轴肩端面应加工出45°或30°的倒角(如图6-8所示轴的两端)。同一轴上所有过渡圆角半径应尽量相同，所有键槽宽度应尽可能统一，以利于加工。

**四、轴的强度计算**

为了保证轴的正常工作，首先应使轴具有足够的强度。常用的轴的强度计算方法有：按扭转强度计算、按弯扭合成强度计算以及对轴进行疲劳强度精确校核。这里对按扭转强度计算作一介绍。

对于传递转矩的圆截面轴，其强度条件为

$$\tau=\frac{T}{W_T}=\frac{9.55\times10^6 P}{0.2d^3 n}\leqslant[\tau] \quad \text{MPa} \tag{6-1}$$

式中：$\tau$ 为转矩 $T$(N·mm)在轴上产生的剪应力；$[\tau]$为材料的许用剪切应力，MPa；$W_T$ 为抗扭截面系数，$mm^3$，对圆截面轴 $W_T=\frac{\pi d^3}{16}\approx0.2d^3$；$P$ 为轴所传递的功率，kW；$n$ 为轴的转速，r/min；$d$ 为轴的直径，mm。

对于既传递转矩又承受弯矩的轴，也可用上式初步估算轴的直径；但必须把轴的许用剪应力$[\tau]$适当降低(见表6-2)，以补偿弯矩对轴的影响。将降低后的许用应力代入上式，并改写为设计公式

$$d>\sqrt[3]{\frac{9.55\times10^6}{0.2[\tau]}}\sqrt[3]{\frac{p}{n}}=C\sqrt[3]{\frac{p}{n}} \quad \text{mm} \tag{6-2}$$

式中：$C$ 是由轴的材料和承载情况确定的常数，见表6-2所示。应用上式求出的 $d$ 值作为轴最细处的直径。

**表6-2　常用材料的$[\tau]$值和 $C$ 值**

| 轴的材料 | Q235,20 | Q275,35 | 45 | $40C_r$,35 SiMn |
|---|---|---|---|---|
| $[\tau]$ MPa | 12～20 | 20～30 | 30～40 | 40～52 |
| $C$ | 160～135 | 135～118 | 118～107 | 107～98 |

注：当作用在轴上的弯矩比传递的转矩小或只传递转矩时，$C$ 取较小值；否则取较大值。

此外，也可采用经验公式来估算轴的直径。例如在一般减速器中，高速输入轴的直径可按与其相连的电动机轴的直径 $D$ 估算，$d=(0.8\sim1.2)D$；各级低速轴的轴径可按同级齿轮中心距 $a$ 估算，$d=(0.3\sim0.4)a$。

对于兼受弯矩和转矩的亦可按上法估算轴径，这时，用降低许用扭应力来考虑弯矩的影响。按扭转强度计算的方法较粗略，但很简便，常在轴的设计时用来初步计算轴的直径。对于一般同时承受弯矩和转矩的轴，通常还应按弯扭合成强度进行计算。进行这种计算时应确定轴上所受的弯矩和转矩。

对于重要的轴，还须按疲劳强度进行精确验算。关于按弯扭合成强度进行计算的方法以及按疲劳强度进行精确验算的方法，可查阅有关参考资料。

轴除了应进行强度计算外，许多轴还应进行刚度计算；对于高转速下工作的轴，还应考虑其振动稳定性。

# 第二节　轴毂联接

为了传递运动和转矩，安装在轴上的齿轮、带轮等必须和轴联接在一起。轴毂联接常用的方法有键联接、花键联接、销联接和过盈联接等。

**一、键联接**

键联接结构简单、工作可靠、装拆方便，因此应用很广。键有平键、半圆键、楔键和切向键等多种。

1. 平键联接

如图 6－13a 所示，平键的两侧面是工作面，平键的上表面与轮毂槽底之间留有间隙。这种键的定心性好，装拆方便，应用广泛。常用的平键有普通平键和导向平键。

(1)普通平键　普通平键按其结构可分为圆头(称为 A 型)、方头(称为 B 型)和单圆头(称为 C 型)三种。图 6－13b 为 A 型键，A 型键在键槽中固定良好，但轴上键槽引起的应力集中较大。图 6－13c 为 B 型键，B 型键克服了 A 型键的缺点，当键尺寸较大时，宜用紧定螺钉将键固定在键槽中，以防松动。图 6－13d 为 C 型键，C 型键主要用于轴端与轮毂的联接。

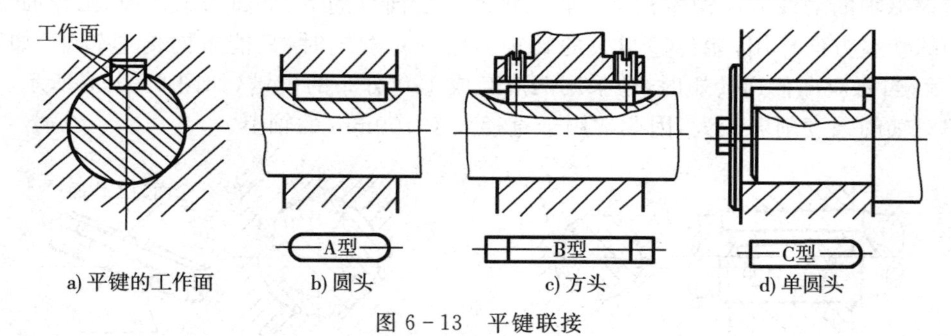


图 6－13　平键联接

(2)导向平键　图 6－14 为导向平键，该键较长，键用螺钉固定在键槽中，键与轮毂之间采用间隙配合，轴上零件可沿键作轴向滑移。

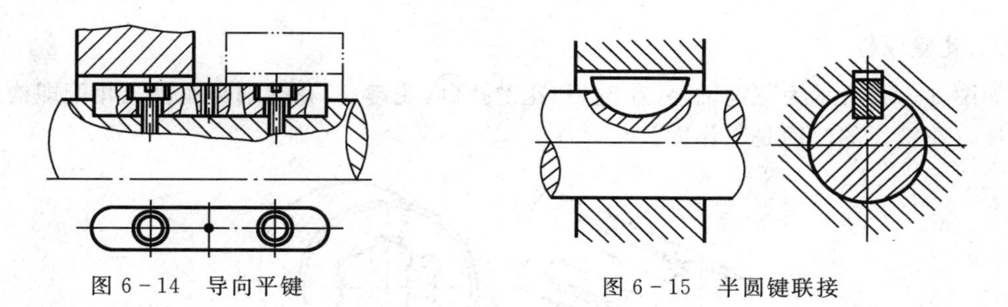

图 6－14　导向平键　　　　图 6－15　半圆键联接

2. 半圆键联接

半圆键联接如图 6－15 所示，键与轴上键槽均呈半圆形。与平键一样，半圆键也是侧面是工作面。半圆键联接的优点是装拆较方便；缺点是键槽较深，对轴的削弱较大，所以只适用轻载联接。

3. 楔键联接和切向键联接

(1)楔键联接　如图 6－16 所示为楔键联接，楔键的上、下两面为工作面。楔键的上表面和与它相配合的轮毂键槽底面均有 1∶100 的斜度。装配时将楔键打入，使楔键楔紧在轴和轮毂的键槽中，楔键的上、下表面受挤压，工作时靠这个挤压产生的摩擦力传递转矩。如图 6－16 所示，楔键分为普通楔键和钩头楔键两种，钩头楔键的钩头是为了便于拆卸的。

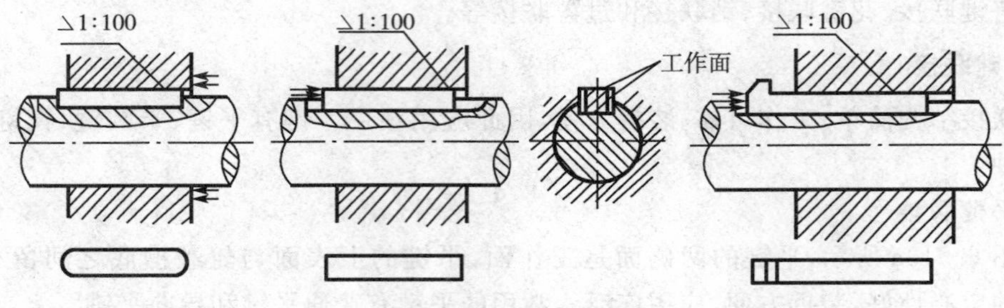


图 6－16　楔键联接

楔键联接的主要缺点是键楔紧后，轴和轮毂的配合产生偏心和偏斜，因此楔键联接一般用于定心精度要求不高和低转速的场合。

(2)切向键联接　如图 6－17 所示为切向键联接。切向键是由一对楔键组成的，装配时将切向键沿轴的切线方向楔紧在轴与轮毂之间。切向键的上、下面为工作面，工作面上的压力沿轴的切线方向作用，能传递很大的转矩。用一对楔键时，只能单向传递转矩，如图 6－17a 所示；当要双向传递转矩时，须采用两对互成 120°分布的楔键，如图 6－17b 所示。由于切向键对轴的强度削弱较大，因此常用于直径大于 100mm 的轴上。

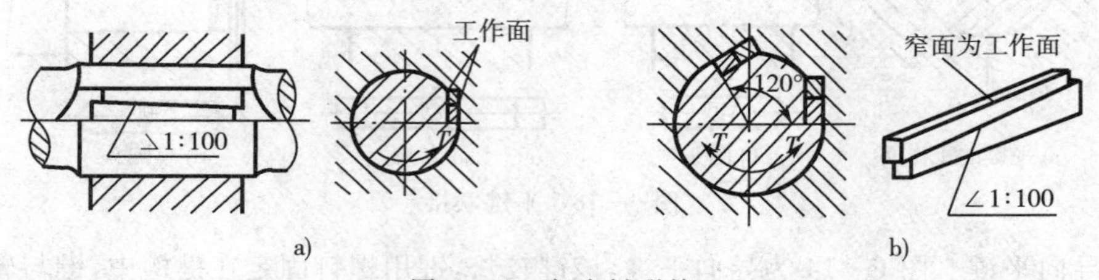


图 6－17　切向键联接

a)单向传递转矩　b)双向传递转矩

## 二、花键联接

如图 6－18 所示为花键轴(外花键)和花键孔(内花键)。花键轴与花键孔相配即构成花键联接。花键齿的侧面是工作面。

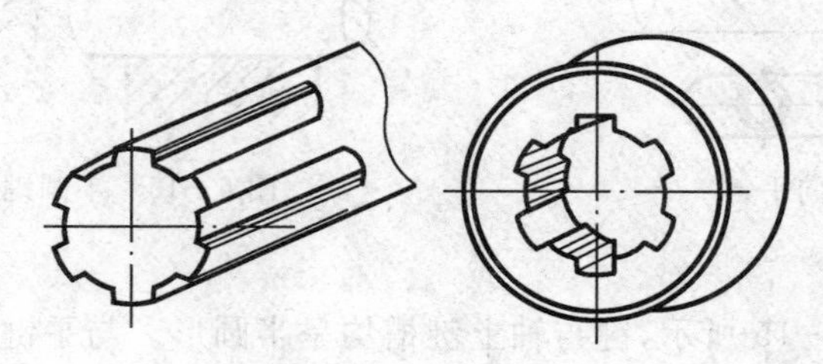

图 6－18　花键联接

花键联接由于多齿传递载荷，不但传递载荷的能力强，而且轴、毂之间对中性好、导向性

好。同时，轴上齿槽较普通键联接要浅，对轴的强度削弱较小。其缺点是制造比较复杂。

花键联接按其齿形不同，有矩形花键联接、渐开线花键联接和三角形花键联接等三种。前两种应用较多。

### 三、销联接

销的主要用途是固定零件之间的相对位置，也用于轴和轮毂的联接或其他零件的联接，通常只传递不大的载荷。销还可以用于安全装置中作为过载剪断元件，称为安全销，当过载时，销即断裂，以保证安全。

销的型式较多，有圆柱销、圆锥销及其他特殊形式的销等。如图 6－19 所示即为圆锥销在轴毂联接中的应用。

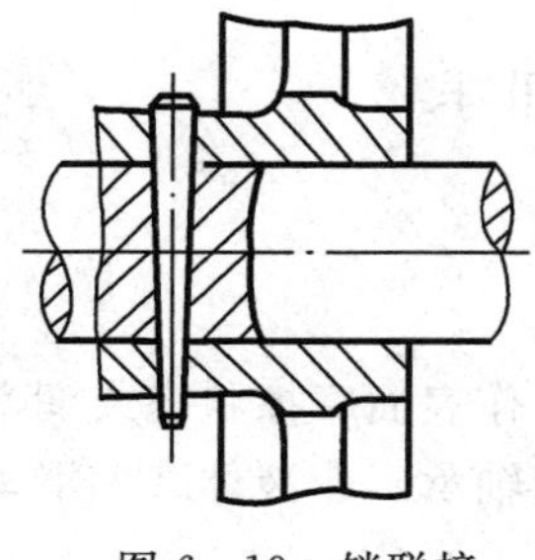

图 6－19　销联接

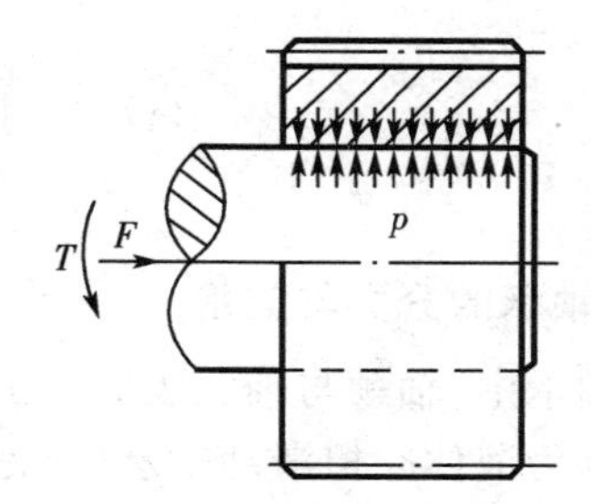


图 6－20　过盈联接

### 四、过盈联接

如图 6－20 所示，过盈联接是利用轴与轮毂孔两配合零件间的过盈（轴的尺寸略大于毂孔的尺寸）而构成的一种联接。过盈联接装配后，由于轮毂和轴的弹性变形，在配合面间产生很大的压力，工作时靠压力产生的摩擦力来传递转矩或轴向力。

过盈联接结构简单、定向性好、承载能力较大并能承受振动和冲击，又可以避免键槽对被联接件的削弱。但由于联接的承受能力直接取决于过盈量的大小，故对配合面加工精度要求较高。另外，装拆也较困难。

## 思考与练习

**1.** 轴有哪些类型？各有何特点？请各举 2～3 个实例。

**2.** 轴的常用材料有哪些？应如何选用？

**3.** 在齿轮减速器中，为什么低速轴的直径要比高速轴粗得多？

**4.** 轴上零件的周向和轴向定位方式有哪些？各适用什么场合？

**5.** 已知一传动轴传递的功率为 40kW，转速 $n=1000$r/min，如果轴上的剪切应力不许超过 40MPa，求该轴的直径？

**6.** 已知一传动轴直径 $d=35$mm，转速 $n=1450$r/min，如果轴上的剪切应力不许超过 55MPa，问该轴能传递多少功率？

**7.** 单键联接时如果强度不够应采取什么措施？若采用双键，对平键和楔键而言，分别应该如何布置？

**8.** 平键和楔键的工作原理有何不同？

# 第七章 轴　承

轴承是用来支承轴及轴上零件、保持轴的旋转精度和减少转轴与支承之间的摩擦和磨损。按照工作时摩擦性质的不同，轴承分为滑动轴承和滚动轴承两大类。

## 第一节　滑动轴承

### 一、滑动轴承的分类与应用

在滑动轴承中，轴颈与轴瓦表面为工作表面。按工作表面摩擦状态或润滑状态的不同，滑动轴承可分为液体摩擦滑动轴承（或称液体润滑滑动轴承），非液体摩擦滑动轴承（或称非液体润滑滑动轴承）。

液体润滑滑动轴承（图 7－1a）是当两工作表面间有充足的润滑油，而且满足一定的条件时，两金属工作表面能被压力油膜分开的轴承。或者说所形成的压力油膜能将轴颈托起，使其浮在油膜之上运动。此时只有液体与液体之间的内摩擦。由于工作表面避免了直接接触，因而能极大地减少摩擦磨损。

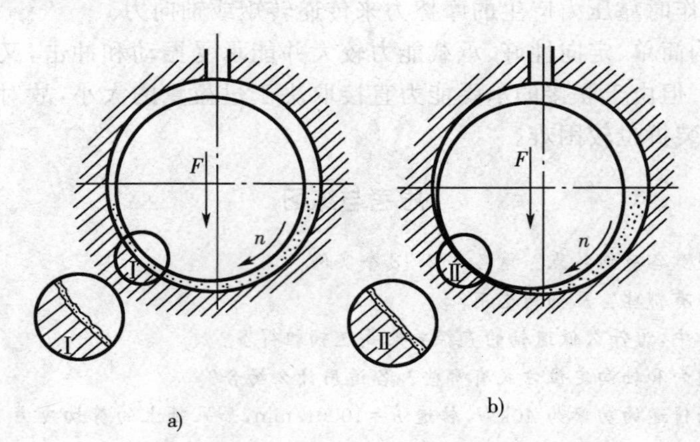


图 7－1　滑动轴承摩擦状态

a)液体摩擦　b)非液体摩擦

在液体润滑滑动轴承中，利用相对运动使轴承间隙中形成压力油膜，并将工作表面分开的轴承称为动压润滑滑动轴承；利用油泵将压力油压入轴承间隙中，强行使工作表面分开的轴承称为静压润滑滑动轴承。

液体润滑滑动轴承多用于高速、大功率（如汽轮机主轴、离心式压缩机主轴等）和低速重载（如轧钢机）的机械。

非液体润滑滑动轴承不具备形成液体润滑的条件，工作表面间虽有润滑油膜存在，但不能完全用油膜隔开，金属表面有时还有直接接触，并产生摩擦磨损，如图 7-1b 所示。一般来说，由于金属表面有一层润滑油膜，虽然不能免除摩擦磨损，但能起到减缓磨损的作用。此种润滑轴承由于结构简单，故在一般机械中仍有应用。

滑动轴承按承受载荷的方向主要分为：向心滑动轴承，它承受径向载荷；推力滑动轴承，它承受轴向载荷。

## 二、向心滑动轴承结构

### 1. 剖分式向心滑动轴承

如图 7-2 所示为一种常用的剖分式向心滑动轴承。其轴承座 5 和轴承盖 4 剖分为两部分，并用螺栓 3 联为一体。在轴承座与轴承盖内装有剖分式轴瓦 1、2，它是直接支撑轴颈的零件。轴承盖上部的内螺纹孔用来装润滑油杯，藉以供油润滑。

剖分式向心滑动轴承装拆、间隙调整和更换新轴瓦都很方便，故应用广泛。此种轴承的结构尺寸已经标准化。

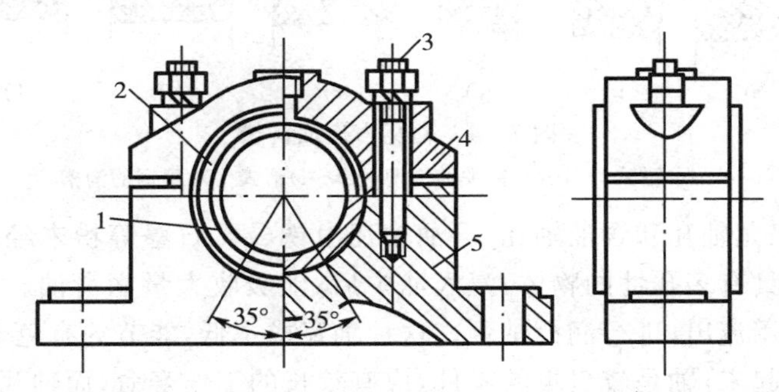


图 7-2　剖分式向心滑动轴承

### 2. 整体式向心滑动轴承

如图 7-3 所示为整体式向心滑动轴承，其轴承座 1、轴瓦 2 都是做成整体的。在轴承座顶部有内螺纹 4，用来装设润滑油杯。这种轴承的特点是结构十分简单，价格低，但仅能通过轴端进行装拆，轴瓦磨损后无法调整间隙，故只适宜用于低速、轻载和不重要的场合。

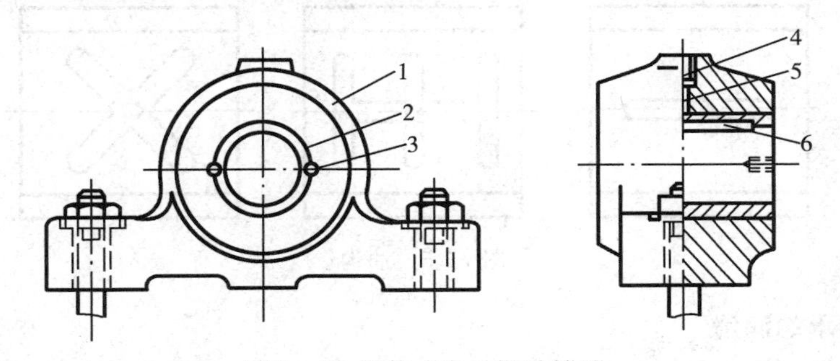


图 7-3　整体式向心滑动轴承

### 3. 轴瓦

轴瓦是滑动轴承的重要工作零件。它分为整体式和剖分式两种型式。为了使轴瓦具有良好的工作特性，应正确选用轴瓦材料，并使轴瓦有合理的结构。对轴瓦材料的要求是：磨擦系数小，导热性好，热膨胀系数小，耐磨，耐腐蚀，抗胶合能力强，有足够强度和可塑性等。

很难有一种材料同时具有这些性能，故应按具体情况下的主要要求来选用材料。

轴瓦常用材料有铸铁、青铜和轴承合金。轴瓦可以是单一材料制成的，也可以是两种及两种以上金属轴瓦。

铸铁轴瓦适用于低速、轻载和不重要的场合。青铜轴瓦可分别用锡青铜、铅青铜、铝青铜制成，适用于重载中速传动。轴承合金（又称巴氏合金、白金）是锡、铅、铜的合金，它具有作轴承用的许多良好性能，但其强度低、价格贵，而且是贵重金属。因此常在铸铁底瓦、钢底瓦或黄铜底瓦的内表面浇注一层很薄的轴承合金，称为轴承衬。这样的轴瓦称双金属轴瓦。若在底瓦与轴承衬之间再加一个中间层（如用青铜），即为三金属轴瓦。中间层作用是提高表层强度。为了使底瓦与轴承衬能紧密结合，在底瓦内表面制成一定形状的沟槽，如图 7－4 所示。此时由轴承衬支撑轴颈工作。这是一种省用贵重金属的方法。

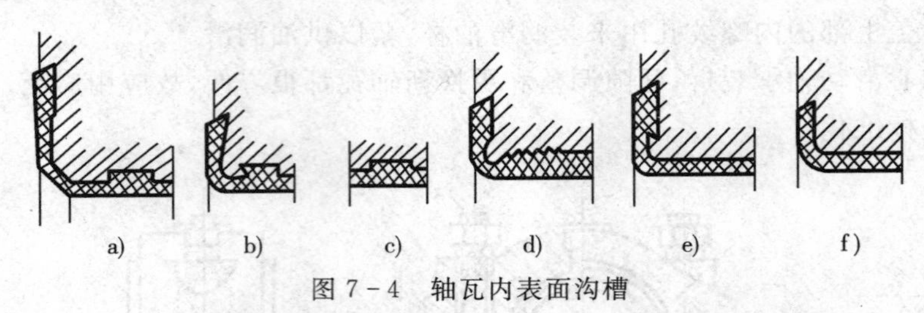


图 7－4　轴瓦内表面沟槽

a)～d)形式为对钢与铸铁的沟槽　e)～f)形式为对青铜的沟槽

此外，还采用尼龙轴瓦和含油轴瓦，含油轴瓦由铁、铜、石墨等粉末经挤压成型，再烧结而成。这种轴瓦是具有多孔性的物体，浸入油中后，能吸收大量润滑油。工作时，润滑油又自孔中因毛细管作用流出，进行润滑轴颈。这种轴瓦成本低，能节约有色金属。

轴与轴瓦比较起来，轴是较贵重的零件，应有较长的工作寿命，而轴瓦则是磨损零件，磨损后或者修复或者更换。

轴瓦应开油孔、油沟。为了使润滑油能在轴瓦内表面均匀分布，油沟应开在非承重区。如载荷向下时，由上部开油孔，并在上轴瓦内表面开油沟。常用油沟的形式如图 7－5 所示。一般情况下，油沟不延伸到轴瓦两末端，常为轴瓦长的 80%，以免润滑油流出。

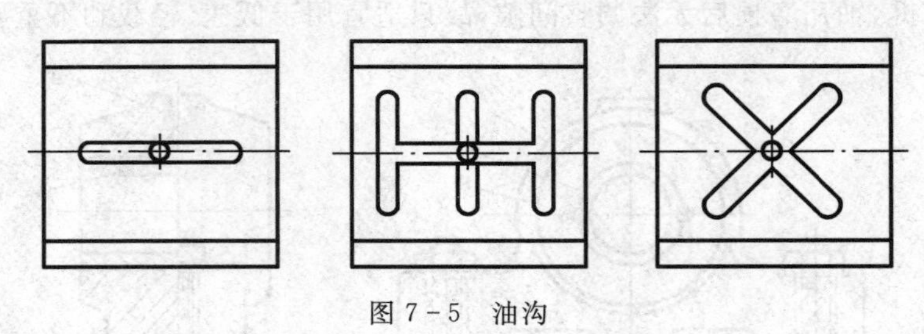

图 7－5　油沟

### 三、滑动轴承的润滑

轴承润滑的目的是为了减缓磨损，降低摩擦功率损耗，并使轴承保持正常工作状态，润滑的效果与正确选用润滑剂和供油方式有很大关系。

常用的润滑剂有润滑油、润滑脂。

润滑油常用的可分为高速机械油、机械油、汽轮机油、齿轮油等。粘度是选择润滑油的主要依据。选用润滑油时，要考虑速度、载荷和工作情况，对于载荷大、温度高的轴承宜选用

粘度大的油；对于载荷小、速度高的轴承宜选粘度较小的油。一般在夏季（温度高）选用粘度高的机油，冬季（温度低）选用粘度低的机油。

润滑脂又称黄油它是由润滑油和稠化剂（如钙、钠、铝、锂等）稠化而成的。润滑脂对载荷和速度有较大的适应性，但摩擦损耗较大，不宜用于高速。润滑脂润滑简单，不需经常上油，主要用于一般参数的机械，特别是低速、载荷大的机械。

## 第二节　滚动轴承

滚动轴承与滑动轴承相比，具有摩擦阻力小、起动灵敏、润滑方法简单和维修更换方便等优点。因此在机械中，滚动轴承比滑动轴承应用普遍。滚动轴承已经标准化，由专门工厂大批生产。在机械设计与使用中，主要是做出正确选用。

### 一、滚动轴承的结构

如图 7－6 所示，滚动轴承一般由内圈 1、外圈 2、滚动体 3 和保持架 4 组成。内圈装在轴颈上，外圈装在轴承座或轮毂孔内。一般是内圈与轴颈一同旋转，外圈不动，滚动体在内、外圈的滚道上作滚动，并产生滚动摩擦。但有时也用于外圈回转而内圈不动，或是内、外圈同时回转。保持架的作用是把滚动体均匀分开，避免互相接触发生磨损。

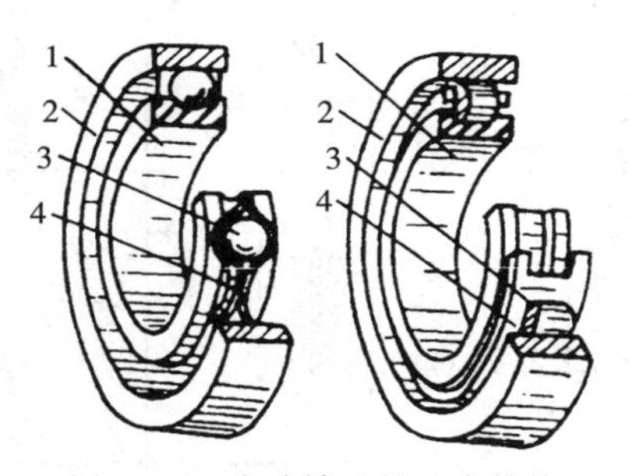


图 7－6　滚动轴承的基本结构

如图 7－7 所示，常用的滚动体按其外形分为：球、圆柱滚子、圆鼓形滚子、圆锥滚子、滚针。

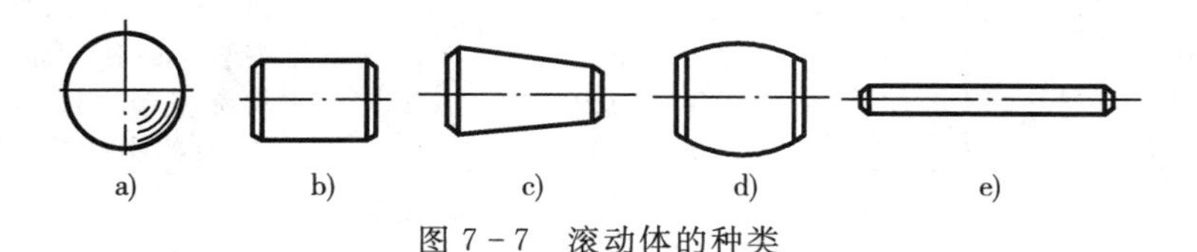


图 7－7　滚动体的种类

a)球　b)圆柱滚子　c)圆锥滚子　d)圆鼓形滚子　e)滚针

### 二、滚动轴承的类型及选择

1. 滚动轴承的类型

常用的滚动轴承按滚动体外形的不同，可以分为球轴承和滚子轴承两大类。

按照承受载荷的方向可分为向心轴承、推力轴承、向心推力轴承。

滚动轴承常用的类型和特性，见表 7－1。

**表 7-1　滚动轴承的主要类型和特性**

| 名称、类型及代号 | 结构简图、承载方向 | 尺寸系列代号 | 组合代号 | 极限转速 $n_c$ | 允许角偏差 $\theta$ | 特性与应用 |
|---|---|---|---|---|---|---|
| 双列角接触球轴承 (0) | | 32<br>33 | 32<br>33 | 中 | | 同时能承受径向载荷和双向的轴向载荷，比角接触球轴承具有较大的承载能力，与双联角接触球轴承比较，在同样载荷作用下能使轴在轴向更紧密地固定 |
| 调心球轴承 1 或(1) | | (0)2<br>22<br>(0)3<br>23 | 12<br>22<br>13<br>23 | 中 | 2°～3° | 主要承受径向载荷，可承受少量双向轴向载荷。外圈滚道为球面，具有自动调心性能。适用于多支点轴、弯曲刚度小的轴以及难于精确对中的支承 |
| 调心滚子轴承 2 | | 13<br>22<br>23<br>30<br>31<br>32<br>40<br>41 | 213<br>222<br>223<br>230<br>231<br>232<br>240<br>241 | 中 | 0.5°～2° | 主要承受径向载荷，其承载能力比调心球轴承约大一倍，也能承受少量的双向轴向载荷。外圈滚道为球面，具有调心性能。适用于多支点轴、弯曲刚度小的轴 |
| 推力调心滚子轴承 2 | | 92<br>93<br>94 | 292<br>293<br>294 | | 2°～3° | 可承受很大的轴向载荷和一定的径向载荷，滚子为鼓形，外圈滚道为球面，能自动调心。转速可比推力球轴承高。常用于水轮机轴转盘等 |
| 圆锥滚子轴承 3 | α | 02<br>03<br>13<br>20<br>22<br>23<br>29<br>30<br>31<br>32 | 302<br>303<br>313<br>320<br>322<br>323<br>329<br>330<br>331<br>332 | 中 | 2′ | 能承受较大的径向载荷和单向的轴向载荷，极限转速较低。内外圈可分离，轴承游隙可在安装时调整。通常成对使用，对称安装。适用于转速不太高，轴的刚性较好的场合 |
| 双列深沟球轴承 4 | | (2)2<br>(2)3 | 42<br>43 | 中 | | 主要承受径向载荷，也能承受一定双向轴向载荷。它比深沟球轴承具有较大的承载能力 |

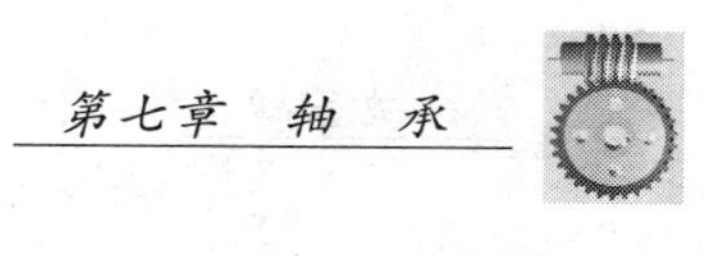

（续表）

| 名称、类型及代号 | 结构简图、承载方向 | 尺寸系列代号 | 组合代号 | 极限转速 $n_c$ | 允许角偏差 $\theta$ | 特性与应用 |
|---|---|---|---|---|---|---|
| 推力球轴承<br>5 | | 11<br>12<br>13<br>14 | 511<br>512<br>513<br>514 | 低 | 不允许 | 推力球轴承的套圈与滚动体可分离，单向推力球轴承只能承受单向轴向载荷，两个圈的内孔不一样大，内孔较小的与轴配合，内孔较大的与机座固定。双向推力球轴承可以承受双向轴向载荷，中间圈与轴配合，另两个圈为松圈，高速时，由于离心力大，寿命较低。常用于轴向载荷大、转速不高场合 |
| | | 22<br>23<br>24 | 522<br>523<br>524 | 低 | 不允许 | |
| 深沟球轴承<br>6 或(16) | | 17<br>37<br>18<br>19<br>(0)0<br>(1)0<br>(0)2<br>(0)3<br>(0)4 | 617<br>637<br>618<br>619<br>160<br>60<br>62<br>63<br>64 | 高 | 8′～16′ | 主要承受径向载荷，也可同时承受少量双向轴向载荷，工作时内外圈轴线允许偏斜。摩擦阻力小，极限转速高，结构简单，价格便宜，应用最广泛。但承受冲击载荷能力较差，适用于高速场合。在高速时可代替推力球轴承 |
| 角接触球轴承<br>7 | α | 19<br>(1)0<br>(0)2<br>(0)3<br>(0)4 | 719<br>70<br>72<br>73<br>74 | 较高 | 2′～3′ | 能同时承受径向载荷与单向的轴向载荷，公称接触角 α 有 15°、25°、40°三种，α 越大，轴向承载能力也越大。成对使用，对称安装，极限转速较高。适用于转速较高，同时承受径向和轴向载荷场合 |
| 推力圆柱滚子轴承<br>8 | | 11<br>12 | 811<br>812 | 低 | 不允许 | 能承受很大的单向轴向载荷，但不能承受径向载荷。它比推力球轴承承载能力要大，套圈也分紧圈与松圈。极限转速很低。适用于低速重载场合 |
| 圆柱滚子轴承<br>N | | 10<br>(0)2<br>22<br>(0)3<br>23<br>(0)4 | N10<br>N2<br>N22<br>N3<br>N23<br>N4 | 较高 | 2′～4′ | 只能承受径向载荷。承载能力比同尺寸的球轴承大，承受冲击载荷能力大，极限转速高。对轴的偏斜敏感，允许偏斜较小，用于刚性较大的轴上，并要求支承座孔很好地对中 |
| 滚针轴承<br>NA | | 48<br>49<br>69 | NA48<br>NA49<br>NA69 | 低 | 不允许 | 滚动体数量较多，一般没有保持架。径向尺寸紧凑且承载能力很大，价格低廉<br>不能承受轴向载荷，摩擦系数较大，不允许有偏斜。常用于径向尺寸受限制而径向载荷又较大的装置中 |

2.滚动轴承类型的选择

滚动轴承类型的选择需要综合地考虑载荷、工作转速、轴颈的偏角、轴的刚性等因素，结合各类型轴承的特性进行。具体选用时可参考表 7-1 的说明和以下要点：

(1)当要求工作转速和旋转精度高，且主要承受径向载荷时，应优先选用深沟球轴承。

(2)对于径向载荷大，但无轴向载荷，而工作转速又不高的情况，适宜选用圆柱滚子轴承。若载荷有冲击或震动，滚子轴承应优先于球轴承。

(3)对于承受径向载荷，又同时承受较大的轴向载荷的情况，推荐选用角接触球(或圆锥滚子)轴承。若轴向力远大于径向力，可以选用推力球轴承(承受轴向力)和深沟球轴承(承受径向力)的组合结构。角接触球(或圆锥滚子)轴承应成对使用，对称安装。

(4)如果轴的对中性较差，或有较大的偏转角，则应选用调心球(或滚子)轴承。在同一轴上，这种轴承不能与其他轴承混合使用，以免失去调心作用。

(5)仅有轴向载荷作用时，一般应选用推力球轴承。因推力球轴承极限转速低，若工作转速较高时，可以考虑用角接触球轴承来承受轴向力，而不用推力球轴承。

**三、滚动轴承代号**

滚动轴承类型甚多，为了表征各类图形的特点，便于生产管理和选用，规定了轴承代号及其表示方法。

国家标准 GB/T272—1993 规定，轴承代号由前置代号、基本代号和后置代号组成，用字母和数字表示。

滚动轴承的基本代号包括类型代号、尺寸系列代号、内径代号。

(1)内径尺寸代号　右起第一位、第二位数字表示内径尺寸，表示方法如表 7-2 所示。

(2)尺寸系列代号　右起第三位、第四位表示尺寸系列(第四位为 0 时可不写出)。为了适应不同承载能力的需要，同一内径尺寸的轴承，可使用不同大小的滚动体，因而使轴承的外径和宽度也随着改变。这种内径相同而外径或宽度不同的变化称为尺寸系列，如表 7-3 所示。

(3)类型代号　右起第五位表示轴承类型，其代号如表 7-1 所示。代号为 0 时不写出。

(4)前置代号　成套轴承分部件，如表 7-4 所示。

(5)后置代号　内部结构、尺寸、公差等，其顺序如表 7-4 所示，常见的轴承内部结构代号和公差等级如表 7-5 和 7-6 所示。

**表 7-2　轴承内径尺寸代号**

| 内径尺寸 | 代号表示 | 举　例 | |
|---|---|---|---|
| | | 代　号 | 内　径 |
| 10<br>12<br>15<br>17 | 00<br>01<br>02<br>03 | 6200 | 10 |
| 20～480(5 的倍数) | 内径/5 的商 | 23208 | 40 |
| 22、28、32 及 500 以上 | /内径 | 230/500<br>62/22 | 500<br>22 |

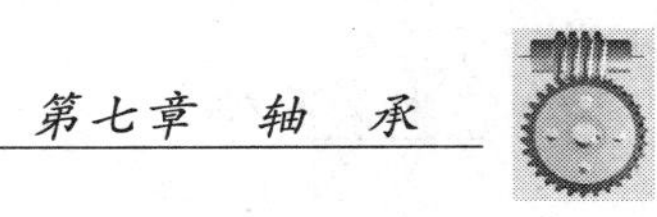

**表 7－3　向心轴承、推力轴承尺寸系列代号表示法**

<table>
<tr><th rowspan="4">直径系列代号</th><th colspan="7">向心轴承</th><th colspan="4">推力轴承</th></tr>
<tr><th colspan="7">宽度系列代号</th><th colspan="4">高度系列代号</th></tr>
<tr><th>窄 0</th><th>正常 1</th><th>宽 2</th><th>特宽 3</th><th>特宽 4</th><th>特宽 5</th><th>特宽 6</th><th>特低 7</th><th>低 9</th><th>正常 1</th><th>正常 2</th></tr>
<tr><th colspan="11">尺寸系列代号</th></tr>
<tr><td>超特轻 7</td><td>—</td><td>17</td><td>—</td><td>37</td><td>—</td><td>—</td><td>—</td><td>—</td><td>—</td><td>—V—</td><td></td></tr>
<tr><td>超轻 8</td><td>08</td><td>18</td><td>28</td><td>38</td><td>48</td><td>58</td><td>68</td><td>—</td><td>—</td><td>—</td><td>—</td></tr>
<tr><td>超轻 9</td><td>09</td><td>19</td><td>29</td><td>39</td><td>49</td><td>59</td><td>69</td><td>—</td><td>—</td><td>—</td><td>—</td></tr>
<tr><td>特轻 0</td><td>00</td><td>10</td><td>20</td><td>30</td><td>40</td><td>50</td><td>60</td><td>70</td><td>90</td><td>10</td><td>—</td></tr>
<tr><td>特轻 1</td><td>01</td><td>11</td><td>21</td><td>31</td><td>41</td><td>51</td><td>61</td><td>71</td><td>91</td><td>11</td><td>—</td></tr>
<tr><td>轻 2</td><td>02</td><td>12</td><td>22</td><td>32</td><td>42</td><td>52</td><td>62</td><td>72</td><td>92</td><td>12</td><td>22</td></tr>
<tr><td>中 3</td><td>03</td><td>13</td><td>23</td><td>33</td><td>—</td><td>—</td><td>63</td><td>73</td><td>93</td><td>13</td><td>23</td></tr>
<tr><td>重 4</td><td>04</td><td>—</td><td>24</td><td>—</td><td>—</td><td>—</td><td>—</td><td>74</td><td>94</td><td>14</td><td>24</td></tr>
</table>

**表 7－4　轴承代号排列**

<table>
<tr><th colspan="10">轴承代号</th></tr>
<tr><th rowspan="2">前置代号</th><th rowspan="3">基本代号</th><th colspan="8">后置代号</th></tr>
<tr><th>1</th><th>2</th><th>3</th><th>4</th><th>5</th><th>6</th><th>7</th><th>8</th></tr>
<tr><td>成套轴承分部件</td><td>内部结构</td><td>密封与防尘套圈变型</td><td>保持架及其材料</td><td>轴承材料</td><td>公差等级</td><td>游隙</td><td>配置</td><td>其他</td></tr>
</table>

**表 7－5　轴承内部结构代号**

| 代　　号 | 含　　义 | 示　　例 |
|---|---|---|
| C | 角接触球轴承公称接触角 $\alpha=15°$<br>调心滚子轴承 C 型 | 7005C<br>23122C |
| AC | 角接触球轴承公称接触角 $\alpha=25°$ | 7210AC |
| B | 角接触球轴承公称接触角 $\alpha=40°$<br>圆锥滚子轴承接触角加大 | 7210B<br>32310B |
| E | 加强型 | N207E |

**表 7－6　轴承公差等级代号**

| 代　　号 | 含　　义 | 示　　例 |
|---|---|---|
| /P0 | 公差等级符合标准规定的 0 级(可省略不标注) | 6205 |
| /P6 | 公差等级符合标准规定的 6 级 | 6205/P6 |
| /P6X | 公差等级符合标准规定的 6X 级 | 6205/P6X |
| /P5 | 公差等级符合标准规定的 5 级 | 6205/P5 |
| /P4 | 公差等级符合标准规定的 4 级 | 6205/P4 |
| /P2 | 公差等级符合标准规定的 2 级 | 6205/P2 |

**【例 7－1】**　试说明轴承代号 6203/P4 和 7312C 的意义。

**【解】**　6203/P4　6—深沟球轴承；2—窄 0 轻 2；03—内径 17；P4—4 级精度。

7312C　7—角接触球轴承；3—窄 0 中 3；12—内径 60；C—公称接触角 $\alpha=15°$。

## 四、滚动轴承的润滑

润滑对滚动轴承的使用寿命有重要意义。润滑的主要目的是减小摩擦与磨损。

滚动轴承的润滑剂可以是润滑脂、润滑油或固体润滑剂。一般情况下，轴承采用润滑脂润滑，但在轴承附近已经具有润滑油源时（如变速箱内本来就有润滑齿轮的油），也可采用润滑油润滑。具体选择可按速度因数 $dn$ 值来定。$d$ 代表轴承内径（mm），$n$ 代表轴承转速（r/min），$dn$ 值间接地反映了轴颈的圆周速度，当 $dn<(1.5\sim2)\times10^5$ mm·r/min 时，一般滚动轴承可采用润滑脂润滑，超过这一范围宜采用润滑油润滑。

脂润滑因润滑脂不易流失，故便于密封和维护，且一次充填润滑脂可运转较长时间。油润滑的优点是比脂润滑摩擦阻力小，并能散热，主要用于高速或工作温度较高的轴承。

润滑油的粘度可按轴承的速度因数 $dn$ 和工作温度 $t$ 来确定。油量不宜过多，如果采用浸油润滑则油面高度不超过最低滚动体的中心，以免产生过大的搅油损耗和热量。高速轴承通常采用滴油或喷雾方法润滑。

## 思考与练习

**1.** 滚动轴承主要类型有哪几种？各有何特点？

**2.** 说明下列型号轴承的类型、尺寸、系列、结构特点及精度等级：6208，6306，32210E，52411/P5，61805，7312AC。

**3.** 选择滚动轴承应考虑哪些因素？试举出1～2个实例说明之。

**4.** 滚动轴承的主要失效形式是什么？

**5.** 轴瓦的材料有哪些要求？

**6.** 轴承如何润滑？

# 第八章 联轴器和离合器

联轴器和离合器用来联接不同部件之间的两根轴或轴与其他回转零件，使之一起回转并传递转矩。用联轴器联接的两轴在工作时不能分开，只有停车后通过拆卸才能将它们分开；而用离合器联接的两轴，在机械运转时，能方便地将两轴分开和接合。此外，它们有的还可起到过载安全保护作用。联轴器、离合器是机械传动中的通用部件，而且大部分已标准化。下面仅介绍几种常用联轴器和离合器的结构、特点、应用范围及选择问题。

## 第一节　联 轴 器

联轴器所联接的两轴，由于制造及安装误差、承载后的变形及温度变化的影响等，往往不能保证严格的对中，而是存在着某种程度的相对位移与偏斜，如图 8－1 所示，如果这些偏斜得不到补偿，将会在轴、轴承及联轴器上引起附加的动载荷，甚至发生振动。因此在不能避免两轴相对位移的情况下，应采用弹性联轴器或可移式刚性联轴器来补偿被联接两轴间的位移与偏斜。

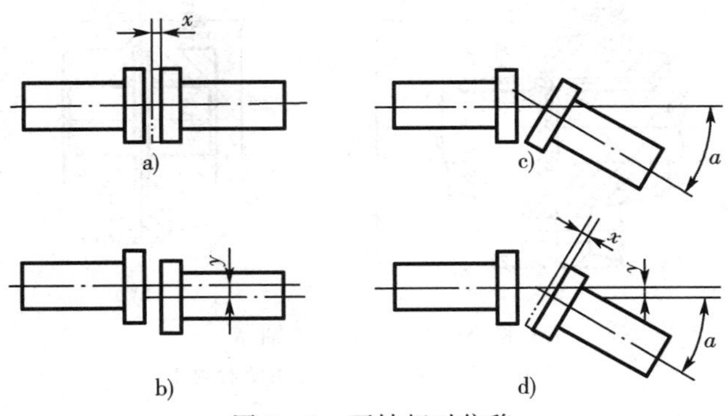


图 8－1　两轴相对位移

联轴器的类型很多，根据是否包含弹性元件，可划分为刚性联轴器和弹性联轴器。弹性联轴器因有弹性元件，故可起到缓冲减振的作用，也可在不同程度上补偿两轴之间的偏移；根据结构特点不同，刚性联轴器又可分为固定式和可移式两类。可移式刚性联轴器对两轴间的偏移量具有一定的补偿能力，下面分别予以介绍。

### 一、固定式联轴器

固定式联轴器是一种比较简单的联轴器，常用的有套筒式和凸缘式联轴器。

1. 套筒式联轴器

如图 8－2 所示，套筒式联轴器是一个圆柱形套筒。它与轴用圆锥销或键联接来传递转矩。当用圆锥销联接时，则传递的转矩较小；当用键联接时，则传递的转矩较大。套筒式联轴器的结构简单，制造容易，径向尺寸小；但两轴线要求严格对中，装拆时需作轴向移动，适用于工作平稳，无冲击载荷的低速轻载的轴。

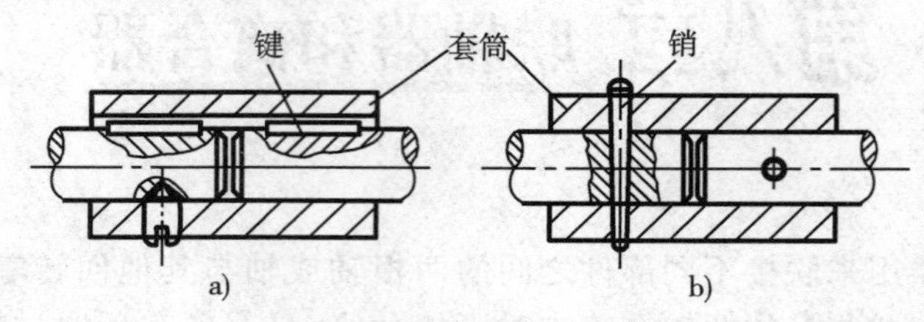


图 8-2　套筒式联轴器

a)键联接　b)圆锥销联接

2. 凸缘式联轴器

如图 8-3 所示，凸缘式联轴器是把两个带有凸缘的半联轴器用键分别与两轴联接，然后用螺栓把两个半联轴器联成一体，以传递运动和转矩。凸缘式联轴器有两种对中方法：一种是用一个半联轴器上的凸肩与另一个半联轴上的凹槽相配合而对中（图 8-3a）；另一种则是用绞制孔螺栓对中（图 8-3b）。前者采用普通螺栓联接，螺栓与孔壁间存在间隙，转矩靠半联轴器结合面间的摩擦力矩来传递，装拆时，轴必须作轴向移动。后者采用绞制孔联接，螺栓与孔同为过盈配合，靠螺栓杆承受挤压与剪切来传递转矩，装拆时轴无须作轴向移动。凸缘式联轴器的结构简单，使用维修方便，对中精度高，传递转矩大；但对所联两轴间的偏移缺乏补偿能力，制造和安装精度要求较高，故凸缘式联轴器适用于速度较低、载荷平稳、两轴对中性较好的情况。

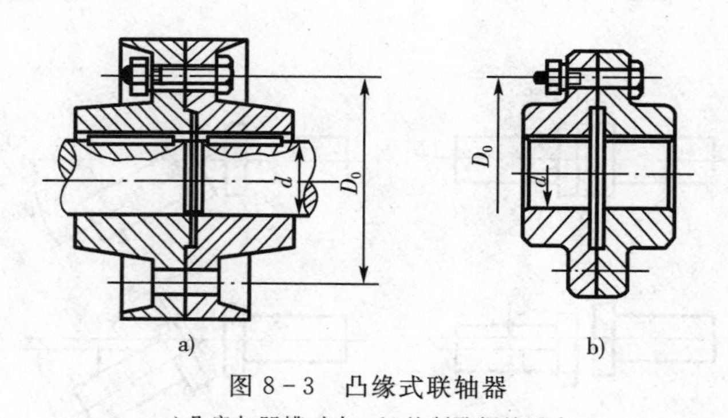


图 8-3　凸缘式联轴器

a)凸肩与凹槽对中　b)绞制孔螺栓对中

## 二、可移式联轴器

这类联轴器具有可移性，故可补偿两轴间的偏移。但因无弹性元件，故不能缓冲减振。常用的有以下几种：

1. 十字滑块联轴器

如图 8-4 所示，十字滑块联轴器是由两个在端面上开有凹槽的半联轴器 1、3 和一个两面带有凸牙的中间盘 2 组成。两个半联轴器 1、3 分别固定在主动轴和从动轴上，中间盘两面的凸牙位于相互垂直的两个直径方向上，并在安装时分别嵌入 1、3 的 凹槽中，将两轴联为一体。因为凸牙可在凹槽中滑动，故可补偿安装及运转时两轴间的偏移。这种联轴器结构简单，径向尺寸小，适用与径向位移 $y \leqslant 0.04d$（$d$ 为直径）、角位移 $a \leqslant 30°$、最高转速 $n \leqslant$

250r/min、工作平稳的场合。为了减少滑动面的摩擦及磨损，凹槽及凸块的工作面要淬硬，并且在凹槽和凸块的工作面间要注入润滑油。

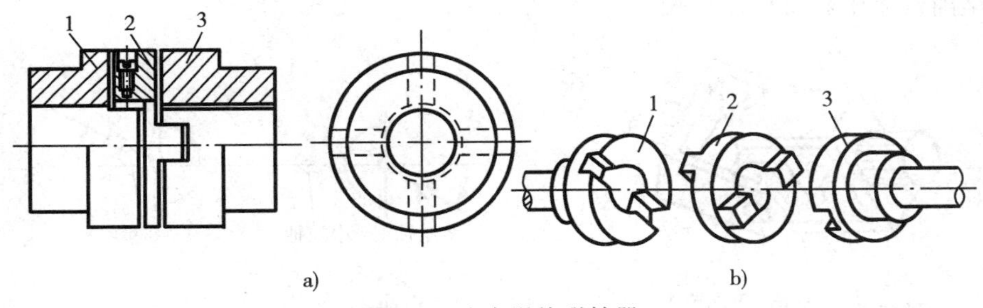


图 8-4 十字滑块联轴器

a)平面图 b)单件立体图

2. 齿式联轴器

如图 8-5 所示，齿式联轴器是由两个带有内齿及凸缘的外套筒 2、3 和两个带有外齿的内套筒 1、4 所组成。两个内套筒 1、4 分别用键与两轴联接，两个外套筒 2、3 用螺栓联成一体，依靠内外齿相啮合以传递转矩。由于外齿的齿顶制成椭球面，且保持与内齿啮合后具有适当的顶隙和侧隙，故在转动时，套筒 1 可有轴向、径向及角位移。工作时，轮齿沿轴向有相对滑动。为了减轻磨损，可由油孔注入润滑油，并在套筒之间装有密封圈，以防止润滑油泄露。

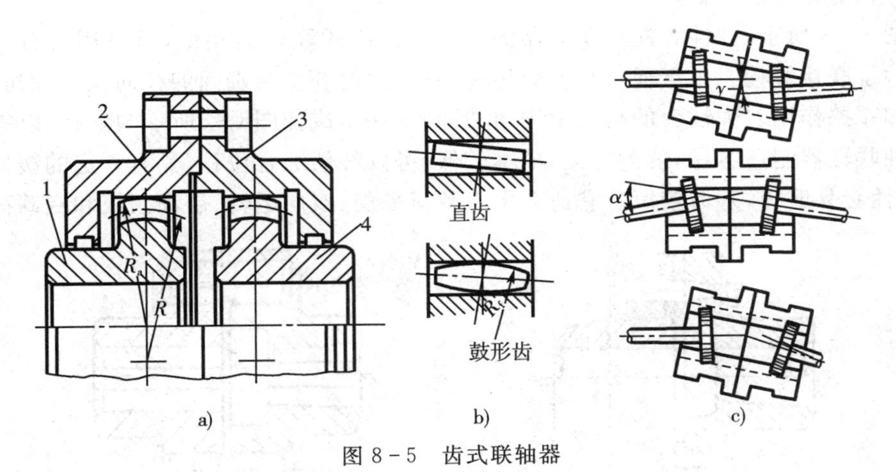


图 8-5 齿式联轴器

a)齿式联轴器结构 b)齿形示意图 c)位移补偿示意图

3. 万向联轴器

如图 8-6 所示，万向联轴器是由两个叉形接头和一个十字销组成。十字销分别与固定在两根轴上的叉形接头用铰链联接，从而形成一个可动的联接。这种联轴器可允许两轴间有较大的夹角，而且在运转过程中，夹角发生变化仍可正常工作；但当夹角 $\alpha$ 过大时，转动效率明显降低，故夹角 $\alpha$ 最大可达 35°～45°。若用单个万向联轴器联接轴线相交的两轴时，当主动轴以等角速度 $\omega_1$ 回转时，从动轴的角速度 $\omega_2$ 并不是常数，而是在一定的范围内（$\omega_1\cos\alpha \leqslant \omega_2 \leqslant \omega_1/\cos\alpha$）变化，因而在传动过程中将产生附加的动载荷。为了改善这种状况，常将万向联轴器成对使用，组成双万向联轴器，如图 8-7 所示；但安装时应保证主、从动轴与中间轴间的夹角相等，且中间轴两端叉形接头应在同一平面内。这样便可使主、从动轴的角速度相等。万向联轴器的结构紧凑，维修方便，能补偿较大的位移，因而在汽车、拖拉机和金属车削机床中获得广泛应用。

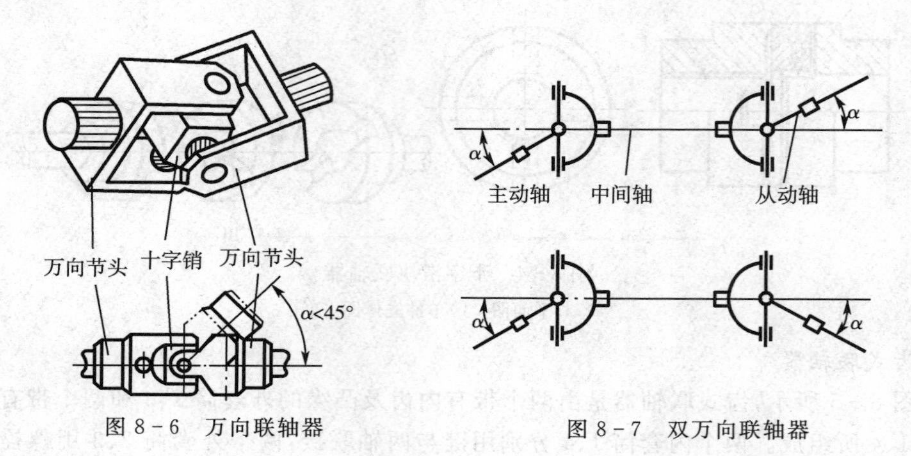


图 8－6　万向联轴器　　图 8－7　双万向联轴器

## 三、弹性联轴器

弹性联轴器因有弹性元件，不仅可以补偿两轴间的偏移，而且具有缓冲减振的作用。故适用于启动频繁、经常正反转、变载荷及高速运转的场合。

### 1. 弹性套柱销联轴器

如图 8－8 所示，弹性套柱销联轴器的结构与凸缘式联轴器相似，只是用套有弹性套的柱销代替了联接螺栓。由于通过弹性套传递转矩，故可补偿两轴间的径向位移和角位移，并有缓冲和减振作用。弹性套的材料常用耐油橡胶，并做成如图8－8所示的形状，以提高其弹性。这种联轴器制造容易，装拆方便，成本较低，可以补偿综合位移，具有一定的缓冲和吸振力，但弹性套易磨损，寿命较短。它适合用于载荷平稳、双向运转、启动频繁和变载荷场合。

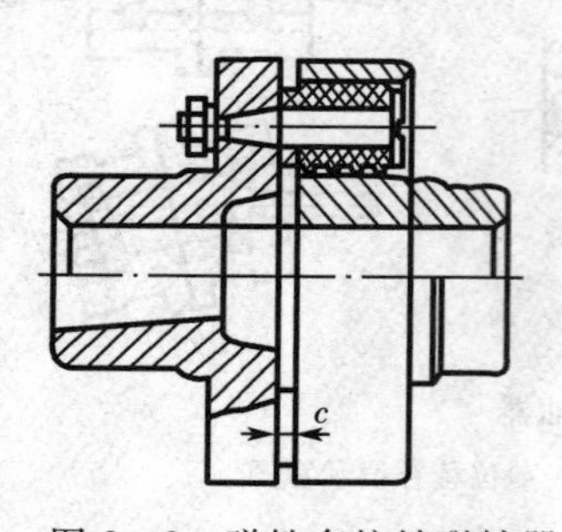


图 8－8　弹性套柱销联轴器

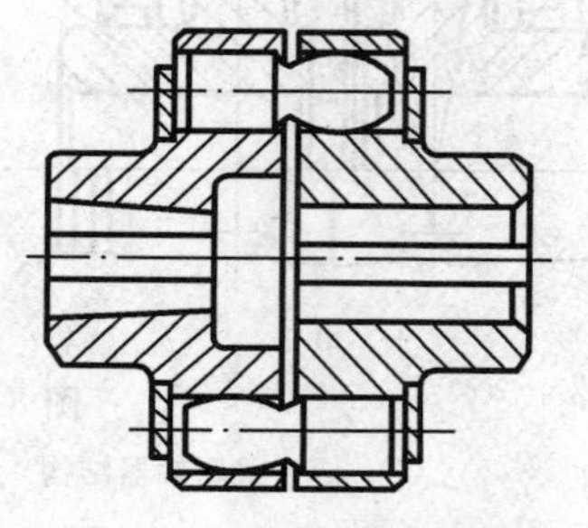

图 8－9　弹性柱销联轴器

### 2. 弹性柱销联轴器

如图 8－9 所示，弹性柱销联轴器是用若干个尼龙柱销将两个半联轴器联接起来，为防止柱销滑出，在半联轴器的外侧有用螺钉固定的挡板。为了增加补偿量，可将柱销的一端制成鼓形，其鼓半径为柱销直径的 2～4 倍。这种联轴器与弹性套柱销联轴器结构类似，但传递转矩的能力较大，可补偿两轴间一定的轴向位移及少量的径向位移和偏角位移。

### 3. 轮胎式联轴器

如图 8－10 所示，轮胎式联轴器是利用轮胎状橡胶元件用螺栓与两个半联轴器联接，轮

胎环中的橡胶件与低碳钢制成的骨架硫化粘结在一起，骨架上的螺纹孔处焊有螺母，装配时用螺栓与两个半联轴器的凸缘联接，依靠拧紧螺栓在轮胎环与凸缘端面之间产生的摩擦力来传递转矩。这种联轴器的结构简单，装拆、维修方便，弹性强，补偿能力大，具有良好的阻尼且不需润滑，但承载能力不高，外形尺寸较大。

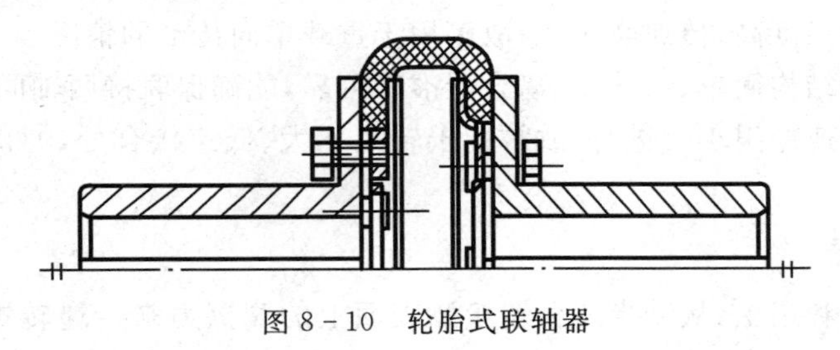

图 8-10　轮胎式联轴器

## 第二节　离合器

离合器要求接合平稳，分离迅速彻底；操纵省力，调节和维修方便；结构简单，尺寸小，重量轻，转动惯性小；接合元件耐磨和易于散热等。离合器的操纵方式除机械操纵外，还有电磁、液压、气动操纵。离合器已成为自动化机械中的重要组成部分。下面介绍几种常见的离合器。

### 一、牙嵌离合器

如图 8-11 所示，牙嵌离合器是由两个端面带牙的半离合器组成。其中一个半离合器固定在主动轴上；另一个半离合器用导键（或花键）与从动轴联接，并可由操纵机构使其作轴向移动，以实现离合器的分离与接合，它是靠牙的相互嵌合传递运动和转矩。为使两轴对中，在主动轴端的半离合器上固定一个对中环，从动轴可在对中环内自由转动。

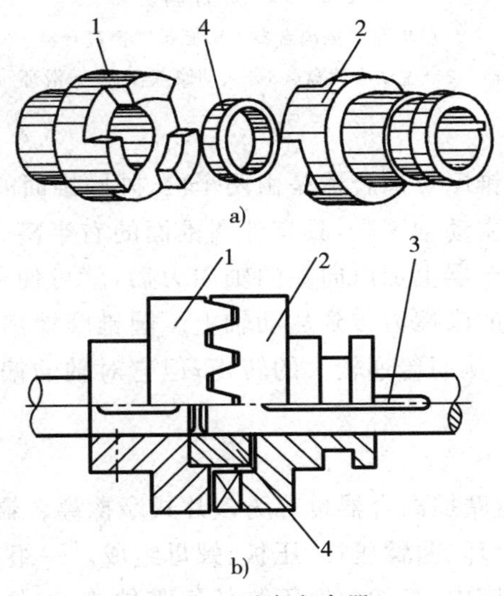


图 8-11　牙嵌离合器

1、2—半离合器　3—导向平键　4—对中环

牙嵌离合器常用的牙型有三角形、矩形、梯形和锯齿形。三角形牙接合、分离方便，但牙尖强度低，故多用于轻载的情况。矩形牙不便于接合和分离，牙根强度低，故应用较少。梯形牙接合、分离方便，能自动补偿因牙磨损而产生的侧隙，从而减轻反转时的冲击，牙根强度高，传递转矩大，故应用广泛。以上三种牙均可双向工作，而锯齿形牙只能单向工作，但接合、分离方便，牙根强度高，传递转矩大，故多用于重载单向传动的情况。

牙嵌离合器的结构简单、尺寸小、离合器准确可靠，能确保联接两轴同步运转，但接合应在两轴不转动或转速差很小时进行，故常用于转矩不大、低速接合处，如机床和农业机械中应用较多。

## 二、摩擦离合器

摩擦离合器是利用主、从动半离合器接触表面上的摩擦力来传递转矩和运动的。根据离合器的结构不同，可分为单盘式、多盘式和圆锥式三类。

### 1. 单盘摩擦离合器

如图 8-12a 所示，单盘摩擦离合器是由两个摩擦盘组成，一个摩擦盘固定在主动轴上，另一个摩擦盘通过导向平键与从动轴构成动联接。操纵滑环，可使从动轴上的摩擦盘作轴向移动，以实现两摩擦盘的接合和分离。单盘摩擦离合器结构简单，但传递的转矩较小，故实际生产中常采用多盘摩擦离合器。

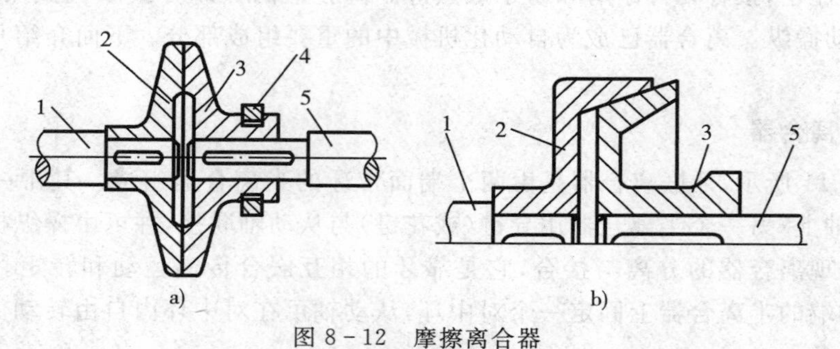


图 8-12 摩擦离合器

a)单盘摩擦离合器 b)圆锥摩擦离合器

1—主动轴 2—主动摩擦盘 3—从动摩擦盘 4—滑环 5—从动轴

### 2. 圆锥摩擦离合器

如图 8-12b 所示，圆锥摩擦离合器是由两个内、外圆锥面的半离合器组成，具有内圆锥面的左半离合器用平键与主动轴固联，具有外圆锥面的右半离合器则用导向平键与从动轴构成动联接。当在右半离合器上加以向左的轴向力后，就可使内、外圆锥面压紧，于是主动轴上的转矩通过接触面上的摩擦力传到从动轴上。圆锥摩擦离合器结构简单，可用较小的轴向力产生较大的正压力，从而传递较大的转矩；但它对轴的偏斜比较敏感，对锥体的加工精度要求也较高。

### 3. 多盘摩擦离合器

如图 8-13 所示，多盘摩擦离合器也称为多片式摩擦离合器，它主要由主动轴、从动轴、外套筒、内套筒、摩擦盘、滑环、曲臂压杆、压板、螺母组成。一组外摩擦盘以其外齿插入主动轴上的外套筒内壁的纵向槽中，盘的内壁不与任何零件接触，故盘可与主动轴 1 一起回转，并可在轴向力推动下沿轴向移动；另一组内摩擦盘(单件见图 8-13c)以其孔壁凹槽与从动

轴上的内套筒的凸齿相配合，而盘的外缘不与任何零件接触，故盘可与从动轴一起回转，也可在轴向力推动下沿轴向移动。另外在内套筒上开有三个纵向槽，其中安置了可绕销轴转动的曲臂压杆；当滑环 7 向左移动时，曲臂压杆通过压板将所有内、外摩擦盘压紧在调节螺母上，离合器处于接合状态。螺母可调节摩擦盘之间的压力。内摩擦盘可作成碟形（见图 8－13d），当承压时，可被压平而与外盘很好贴紧；松脱时，由于内盘的弹力作用，可以迅速与外盘分离。

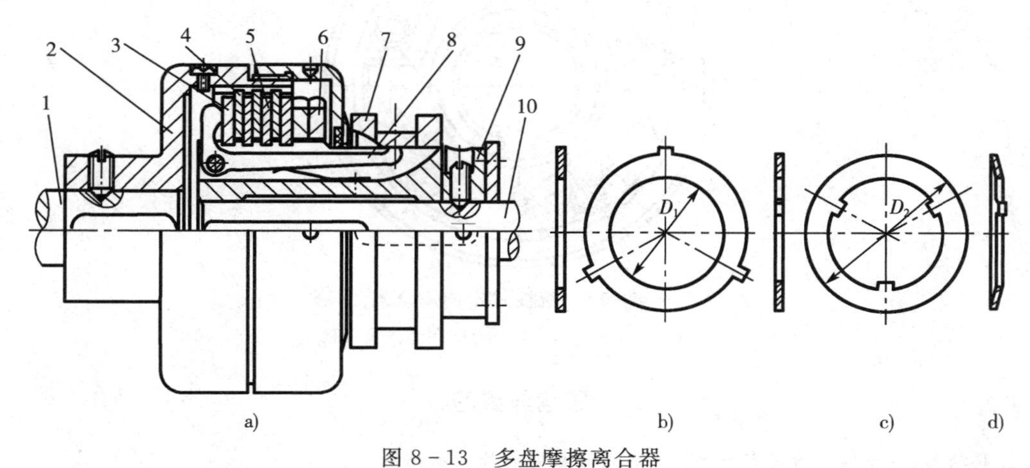


图 8－13　多盘摩擦离合器

a）多盘摩擦离合器结构图　b）外摩擦盘　c）平板形内摩擦盘　d）碟形内摩擦盘

1—主动轴　2—外套　3—压板　4—外摩擦盘　5—内摩擦盘

6—螺母　7—滑环　8—曲臂压杆　9—套筒　10—从动轴

多盘摩擦离合器的传动能力与摩擦面的对数有关，摩擦盘越多，摩擦面的对数也越多，则传递的功率也越大。如传递的功率一定，则它的径向尺寸与单盘摩擦离合器相比可大为减小，所需轴向力也大大降低。所以多盘摩擦离合器结构紧凑，操作方便，应用较多。

摩擦离合器可在任何转速下，随时结合与分离；结合过程平稳，冲击、振动小；过载时摩擦面间将产生打滑，以起到过载安全保护作用；从动轴的加速时间和所传递的转矩可以调节。但其外廓尺寸较大；摩擦面间有相对滑动，将产生磨损和发热；也不能保证两轴同步运转。因此，摩擦式离合器广泛应用于需要经常启动、制动或经常改变速度大小和方向的机械，如汽车、拖拉机和机床。

**三、超越离合器**

超越离合器也称为定向离合器，它只能传递单向转矩。

如图 8－14 所示为滚柱式定向离合器，由星轮 1、外圈 2、滚柱 3、弹簧顶杆 4 组成。弹簧顶杆的作用使滚柱与星轮和外圈保持接触。如果星轮主动并顺时针回转，由于摩擦力作用，滚柱靠自锁原理楔紧在楔形间隙内，使星轮、滚柱、外圈连成一体并一起回转，离合器处于接合状态。当星轮逆时针回转，滚柱在摩擦力作用下退到楔形间隙的宽敞部分，不能带动外圈转动，离合器处于分离状态。如果主动星轮顺时针回转，外圈从另外动力源同时获得顺时针方向回转而转速较快的运动时，根据相对运动原理，这相当于星轮作逆时针回转，离合器处于分离状态。这时，星轮和外圈以各自的转速旋转，互不干涉。当外圈的转速比星轮慢，离合器又处于接合状态，外圈同星轮等速回转，当外圈同星轮都逆时针回转时，也有类似的结果。这种离合器的接合与分离由相对转速而定，故称为超越离合器，它广泛应用于运输机械中。

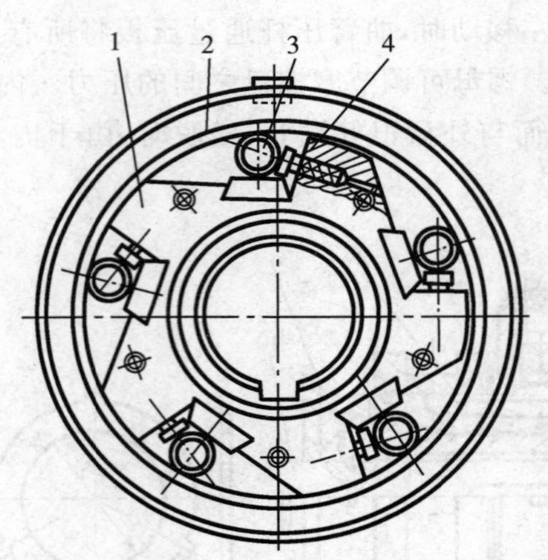


图 8-14　滚柱式定向离合器

1—星轮　2—外圈　3—滚柱　4—弹簧顶杆

## 思考与练习

**1.** 联轴器、离合器的功用有何异同？各用在机械的什么场合？

**2.** 为什么有的联轴器要求严格对中，而有的联轴器则可以允许有较大的综合位移？

**3.** 刚性联轴器和弹性联轴器有何差别？各举例说明它们适用于什么场合。

**4.** 选择联轴器的类型时要考虑哪些因素？确定联轴器的型号应根据什么原则？

**5.** 试比较牙嵌离合器和摩擦离合器的特点和应用。

**6.** 有一卷扬机，它的电动机前后输出轴需要分别安装联轴器与制动器，电动机型号为 Y132M—4，其额定功率 $P=7.5\text{kW}$，转速 $n=1440\text{r/min}$，电动机输出轴的直径为 38mm，试选择此联轴器。

# 第三篇　液压与气压传动

本篇主要学习液压与气压传动的元件、回路和典型的液压与气压传动系统。

# 第九章 液压传动

以液体作为工作介质、用液体的压力能进行工作的液体传动，称为液压传动或容积式液压传动。液压传动由于具有独特优点，因此在工农业生产中应用广泛。

## 第一节　液压传动基础知识

### 一、液压传动的工作原理

如图 9－1 所示液压千斤顶传动的工作原理图。两个直径不同的液压缸通过油管连接起来，组成了一个密封的容器。假设密封容器内的液体不可压缩，当液体中某一点处的压强发生变化时，其他各点的压强也随之变化，即施加于静止液体上的压强将以等值同时传递到液体的各点，这就是静压传递原理，或称帕斯卡原理。若不计液体的重量，可以认为容器内各点的压强是相等的。

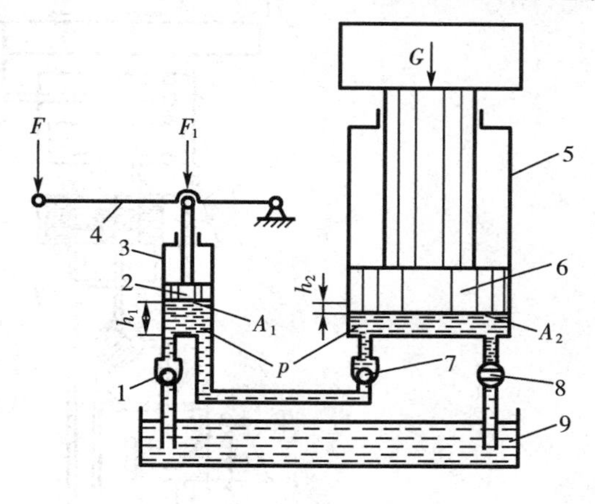


图 9－1　液压千斤顶的原理图

若上述装置中小活塞的面积为 $A_1$、大活塞的面积为 $A_2$，在大活塞上放有重物 $G$，在小活塞上施加外力 $F_1$ 则小液压缸内油液的压强 $p$ 为

$$p=\frac{F_1}{A_1} \tag{9-1}$$

根据静压传递原理，压强 $p$ 要传递到液体中的各点上去，因此也传递到大活塞上，故大活塞上所受的作用力 $F_2$ 为

$$F_2=pA_2 \tag{9-2}$$

将式(9－1)代入式(9－2)得

$$F_2=F_1\frac{A_2}{A_1} \tag{9-3}$$

由此可见，若活塞面积比值 $A_2/A_1$ 越大，则抬起大活塞的作用力 $F_2$ 就越大，即用较小

的力施加在小活塞上，就可以在大活塞上得到较大的作用力，将重物升起。若忽略活塞的自重与活塞移动时的摩擦阻力，将重物 $W$ 移走，此时无论怎样移动小活塞，密封容器内的液体压力是不能形成的。因此，液压传动有下列特点：

(1)液压传动是在一个密封的容器内进行的。

(2)液压传动是以液体作为工作介质、用液体的压力来传递动力的。

(3)液压传动的压力形成是其所受的外界载荷决定的。

如果液体中的某点处的压强小于大气压，则这点上就出现负压，形成真空。以大气压为基准计算压强时，基准以上的正值就叫表压力；基准以下的负值叫真空度。我国过去采用工程大气压(at)或 $kgf/cm^2$ 作为压强的计量单位，现在则采用 Pa(帕，$1Pa=1N/m^2$)作为压强的计量单位。

**二、液压系统的组成**

液压千斤顶是一种简单的液压传动装置，下面分析一种驱动机床工作台的液压传动系统。如图 9-2 所示，它由油箱、滤油器、液压泵、溢流阀、开停阀、节流阀、换向阀、液压缸以及连接这些元件的油管、接头组成。

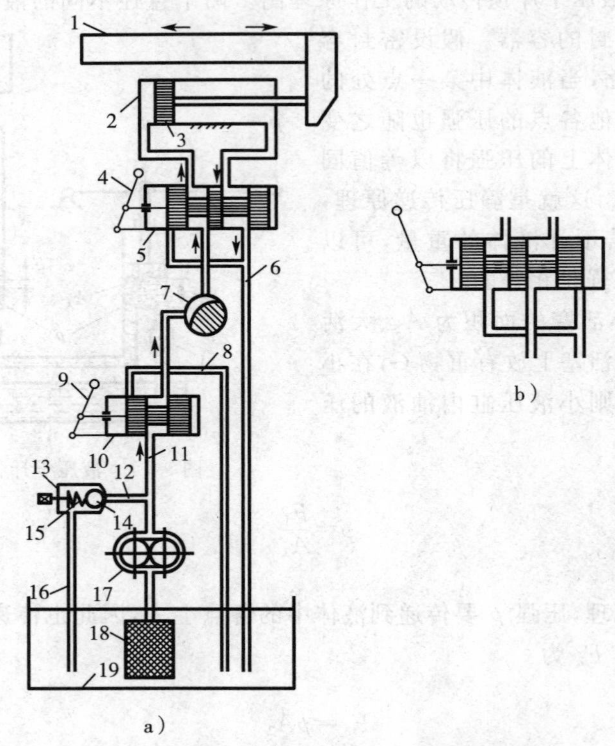


图 9-2 机床工作台液压系统工作原理图

1—工作台 2—液压缸 3—活塞 4—换向手柄 5—换向阀
6、8、16—回油 7—节流阀 9—开停手柄 10—开停阀
11—压力管 12—压力支管 13—溢流阀 14—钢球
15—弹簧 17—液压泵 18—滤油器 19—油箱

其工作原理如下：液压泵由电动机驱动后，从油箱中吸油。油液经滤油器进入液压泵，

油液在泵腔中从入口低压到出口高压，在图9－2a所示状态下，通过开停阀、节流阀、换向阀进入液压缸左腔，推动活塞使工作台向右移动。这时，液压缸右腔的油经换向阀和回油管6排回油箱。

如果将换向阀手柄转换成图9－2b所示状态，则压力管中的油将经过开停阀、节流阀和换向阀进入液压缸右腔、推动活塞使工作台向左移动，并使液压缸左腔的油经换向阀和回油管6排回油箱。

工作台的移动速度是通过节流阀来调节的。当节流阀开大时，进入液压缸的油量增多，工作台的移动速度增大；当节流阀关小时，进入液压缸的油量减小，工作台的移动速度减小。为了克服移动工作台时所受到的各种阻力，液压缸必须产生一个足够大的推力，这个推力是由液压缸中的油液压力所产生的。要克服的阻力越大，缸中的油液压力越高；反之压力就越低。从机床工作台液压系统的工作过程可以看出，一个完整的、能够正常工作的液压系统，应该由以下五个主要部分来组成：

(1)油源装置　油源装置是把机械能转换为液压能的装置。常见的油源装置就是为液压系统提供压力油的各种液压泵。

(2)执行装置　它是把液体的压力能还原为机械能的装置，如作直线往复运动的液压缸和作旋转运动的各种液压马达。

(3)控制调节装置　它是液压系统中控制油液的压力、流量和流动方向的装置，如压力控制阀、流量控制阀和方向控制阀。

(4)辅助装置　油箱、滤油器、油管、管接头、密封件和蓄能器等都是辅助装置。

(5)工作介质　传递能量的流体，即液压油等。

为简单起见，在液压系统图中，各种元件常用职能符号表示。本书在介绍一些液压元件时，在作用原理或结构图中附有职能符号。

**三、液压传动的优缺点**

液压传动与机械传动、电力传动相比，具有以下主要优点：

(1)能获得很大的力或力矩，如一个内径为300mm的液压缸，当油液压力为14N/mm$^2$时，活塞上可产生近1000kN的推力。

(2)能在极大的调速范围内实现无级调速，调速范围可达2000以上。

(3)重量轻，体积小，易于布置。

(4)便于实现办公自动化，尤其是与机械传动、电力传动联合应用时，能实现各种复杂的自动工作过程。

(5)液压元件易于实现标准化、系列化和通用化，便于专业性大批量生产。

液压传动的主要缺点是：

(1)温度变化时液压油的粘度也随之发生变化，影响运动特性。

(2)总效率低，易漏油。

(3)加工精度、维修保养技术要求、制造成本均较高。

**四、液压油**

液压油是液压传动系统中的传动介质，而且还对液压装置的机构、零件起着润滑、冷却和防锈作用。液压传动系统的压力、温度和流速在很大的范围内变化，因此液压油的质量优劣直接影响液压系统的工作性能。因此,合理的选用液压油也是很重要的。

1. 液压油的物理特性

(1)密度 $\rho$

$$\rho=m/V \quad \text{kg/m}^3 \qquad (9-4)$$

(2)液体的可压缩性　当液体受压力作用时体积减小的特性称为液体的可压缩性。

(3)流体的粘性　液体在外力作用下流动时,由于液体分子间的内聚力而产生一种阻碍液体分子之间进行相对运动的内摩擦力,液体的这种产生内摩擦力的性质称为液体的粘性。粘性的大小可用粘度来衡量,粘度是选择液压用流体的主要指标,是影响流体流动的重要物理性质。

①压力对粘度的影响　在一般情况下,压力对粘度的影响比较小,在工程中当压力低于5MPa时,粘度值的变化很小,可以不考虑。当液体所受的压力加大时,分子之间的距离缩小,内聚力增大,其粘度也随之增大。因此,在压力很大以及压力变化很大的情况下,粘度值的变化就不能忽视。

②温度对粘度的影响　液压油粘度对温度的变化是十分敏感的,当温度升高时,其分子之间的内聚力减小,粘度就随之降低。不同种类的液压油,它的粘度随温度变化的规律也不同。

2. 液压系统对液压油的要求

(1)适宜的粘度和良好的粘温性能。

(2)良好的化学稳定性,即对热、氧化、水解、相容都具有良好的稳定性。

(3)对液压装置及相对运动的元件具有良好的润滑性。

(4)对金属材料具有防锈性和防腐性。

(5)比热、热传导率大,热膨胀系数小。

(6)抗泡沫性好,抗乳化性好。

(7)油液纯净,含杂质量少。

(8)流动点和凝固点低,闪点(明火能使油面上油蒸气内燃,但油本身不燃烧的温度)和燃点高。

此外,对油液的无毒性、价格便宜等,也应根据不同的情况有所要求。

3. 液压油的选用

正确而合理地选用液压油,乃是保证液压设备高效率正常运转的前提。选用液压油时,可根据液压元件生产厂样本和说明书所推荐的品种号数来选用液压油,或者根据液压系统的工作压力、工作温度、液压元件种类及经济性等因素全面考虑,一般是先确定适用的粘度范围,再选择合适的液压油品种。同时还要考虑液压系统工作条件的特殊要求,如在寒冷地区工作的系统则要求油的粘度指数高、低温流动性好、凝固点低;伺服系统则要求油质纯、压缩性小;高压系统则要求油液抗磨性好。在选用液压油时,粘度是一个重要的参数。粘度的高低将影响运动部件的润滑、缝隙的泄漏以及流动时的压力损失、系统的发热温升等。所以,在环境温度较高,工作压力大或运动速度较低时,为减少泄漏,应选用粘度较高的液压油,否则相反。

# 第二节　液压元件

液压传动中，液压泵、液压马达、液压缸和液压控制阀等是液压传动系统的重要元件。能将机械能转换为流动油液的压力能，把流动油液的压力能转换为机械能，并能控制油液的压力和方向等。

## 一、液压泵

如图 9－3 所示为容积式液压泵的工作原理。在弹簧的作用下，柱塞的一端紧压在偏心轮 1 上。偏心轮旋转使柱塞能上下移动。当柱塞向右运动时，油腔 $a$ 容积逐渐增大，形成局部真空。油箱中的油液在大气压作用下顶起阀 4 中的钢球而进入油腔 $a$，这是泵的吸油过程；当柱塞向左运动时，油腔 $a$ 的容积逐渐减小，油液受压而产生一定的压力，此时油液可顶开阀 5 中的钢球，由管道进入系统中去，同时压力油作用在阀 4 的钢球上，封住吸油管，这是泵的压油过程。由此可见，液压泵是依靠密封容积的变化来实现吸油和压油的。偏心轮不断旋转，液压泵就能不断地吸油和压油。

### 1. 齿轮泵

齿轮泵由于其结构简单、重量轻、制造容易、工作可靠以及维修方便，已被广泛地应用于机械中。图 9－4 为外啮合齿轮泵工作原理图。在泵的壳体内装有一对互相啮合的齿轮，齿轮的两端面靠泵的端盖来密封。这样，由壳体、端盖和齿轮的各个齿间空隙形成了若干个密封的工作空间。当齿轮按图示的方向旋转时，右侧空间内的齿轮逐渐脱开啮合，使工作空间

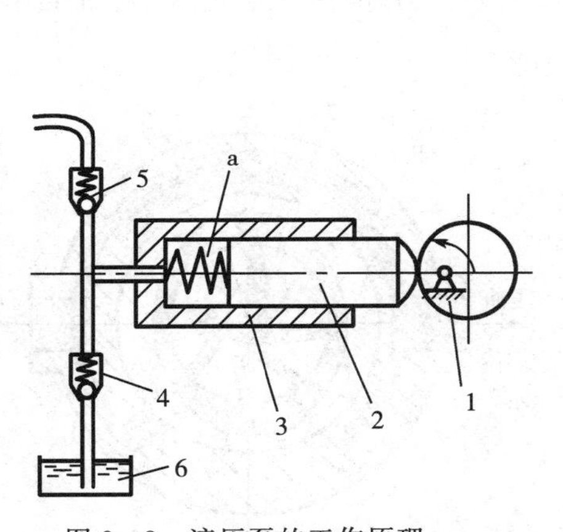


图 9－3　液压泵的工作原理

1—偏心轮　2—柱塞　3—泵体

4、5—单向阀　6—油箱

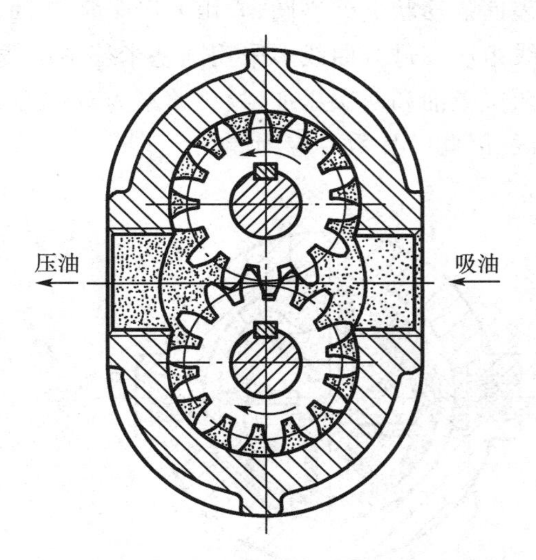


图 9－4　外啮合齿轮泵工作原理

的容积逐渐增大，形成了局部真空。因此油箱中的油液在大气压力的作用下，经吸油管充满空间，这是泵的吸油过程；充满到齿间的油液随齿轮转到左侧工作空间时，齿轮要逐渐进入啮合，工作空间的容积逐渐缩小，齿间的油液受压，油液经管道输送到系统中去，这是泵的压

油过程。由于泵在电机带动下连续旋转,因此齿轮泵能连续地吸油和压油。

一般说来,齿轮泵的工作压力比较低,这是因为齿轮与壳体之间的径向间隙和齿轮端面与端盖之间的轴向间隙所引起的泄漏所致。其中轴向间隙的泄漏量影响尤其重要。因为油压力越高,将端盖推开的作用力就越大,间隙也就越大,随之泄漏量也增大。为了提高齿轮泵的工作压力,必须设法减少泵轴向间隙的泄漏,目前采用液压补偿间隙的办法来减少泄漏,以提高齿轮泵的工作压力。

2. 叶片泵

图 9-5 为单作用式叶片泵工作原理。泵由转子 1、定子 2、叶片 3 和两侧盖板(图中未画出)等主要件组成。转子上开有叶片槽,叶片可在槽中自由滑动。定子的内表面是圆柱形,定子与转子之间有偏心距 $e$。当电机带动叶片泵的转子旋转时,叶片在离心力作用下,其顶端紧靠在定子的内表面上。因此,定子、转子、叶片和两侧盖板之间就形成了与叶片数目相同的若干个密封工作空间。当转子按图示方向转动时,右侧的叶片逐渐伸出,两叶片间的容积不断增大,形成局部真空,油箱中的油液在大气压力作用下,经吸油管和泵上的吸油窗口充满空间,这是泵的吸油过程。在泵的左侧,叶片在定子内表面的作用下,逐渐压回到转子槽内,两叶片之间的容积不断减小,将其内的油液压出,这是泵的压油过程。为了防止吸油腔与压油腔串通,液压泵的配流盘上必须有一段封油区,将吸油窗口与压油窗口隔开。由于泵每转一转时,每个工作空间只完成一次吸油和一次压油。因此,称该泵为单作用式叶片泵。

如图 9-6 所示为双作用式叶片泵工作原理。这种泵也是由定子 1、转子 2、叶片 3、泵体和两侧端盖组成。与单作用式叶片泵相比,该泵的定子与转子中心重合,没有偏心距。定子的内表面的形状近似椭圆,它由两段半径 R 的长径圆弧、两段半径为 r 的短径圆弧和四段过渡曲线组成。过渡曲线多采用阿基米德螺旋线或加速曲线。转子每转一转,每个工作空间完成两次吸油和两次压油,故称该泵为双作用式叶片泵。另外,由于泵有两个吸油区和两个压油区,因此叶片数目应为偶数。

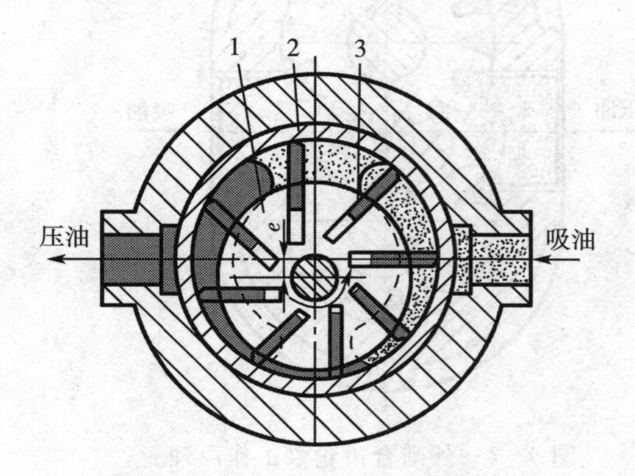

图 9-5　单作用式叶片泵工作原理

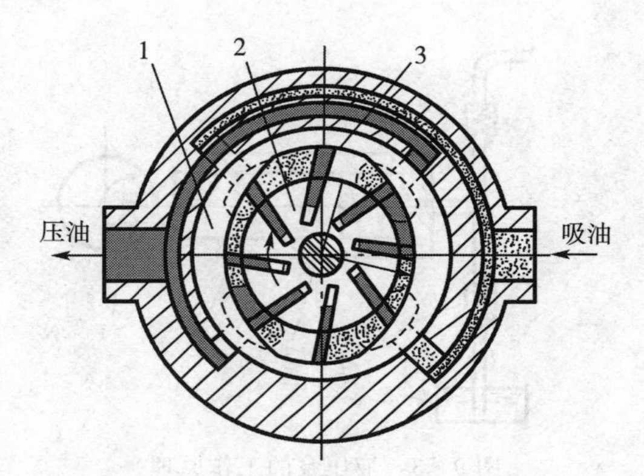

图 9-6　双作用式叶片泵工作原理

双作用式叶片泵的定子中心与转子中心重合,定子与转子之间的位置是固定的,故泵的流量也是固定的,即为定量泵。而单作用式叶片泵的定子和转子之间有偏心距,只要改变偏心距 $e$(通常是移动定子),泵的输出流量就变化了,所以单作用式叶片泵既可做成定量泵,也可做成变量泵,常见的变量叶片泵有限压式、稳压式等。

叶片泵的工作压力较高，且流量脉动小，噪声低，容积效率也高。但其结构比较复杂，叶片、定子内表面的制造精度要求也较高。

3. 柱塞泵

柱塞泵是依靠柱塞在泵的缸体内做往复运动时，由柱塞和缸体组成的密封工作空间的容积变化来实现吸油和压油的。按柱塞在泵内的排列方式，柱塞泵可分为轴向柱塞泵和径向柱塞泵。柱塞泵的特点是泄漏小，容积效率高，工作压力大，特别适用于建筑机械、起重机械和其他工程机械。

(1)轴向柱塞泵

轴向柱塞泵的工作原理如图 9-7 所示。它由斜盘 1、柱塞 2、缸体 3 和配油盘 4、驱动轴 5 等主要件组成。在缸体 3 的轴向上均匀地分布着单数个柱塞孔，柱塞可在孔内自由滑动。斜盘和配油盘固定不动，泵轴、缸体和柱塞一起旋转。柱塞在弹簧(图中未画出)或低压油的作用下，紧紧压在斜盘上。由于斜盘作用，柱塞可在缸体内往复运动。由柱塞、缸体所组成的密封工作空间的容积，在泵回转的过程中，有半周是在不断增大的，故产生了局部真空，油液经配油盘上的吸油窗口 a 进入，充满工作空间，这是吸油过程；而在另外半周内，密封工作空间的容积不断减少，使油液从配油盘的压油窗口 b 排出，这是压油过程。缸体每转一周，每个柱塞往复一次，完成一次吸油和压油。如果改变斜盘的倾斜角度，也就改变了柱塞往复运动的行程，因此泵的流量就改变了。轴向柱塞泵的变量调节方式多种多样，常见的有手动变量式，伺服变量式等。如果使斜盘的倾斜方向改变，这样泵的进油口和出油口互换而成为双向变量泵。

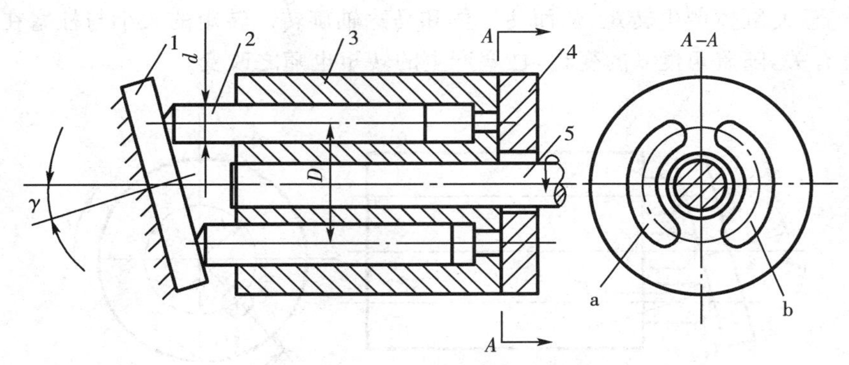


图 9-7　轴向柱塞泵工作原理

(2)径向柱塞泵

如图 9-8 所示为径向柱塞泵工作原理。该泵由柱塞 1、转子(缸体)2、衬套 3、定子 4 以及配油轴 5 等主要件组成。柱塞在转子上是径向均匀排列的。衬套紧配在转子孔内，随转子一起由电机或其他动力机驱动旋转，而配油轴则是固定不动的。当转子回转时，柱塞在离心力(或在低油压的作用力)作用下压紧在定子内壁上。由于转子与定子之间有偏心距 $e$，因此当转子转到上半周时，柱塞向外伸出，柱塞和缸体上的柱塞孔所组成的工作空间的容积逐渐增大，形成局部真空，油液经配油轴上的孔 a 和 b 进入工作空间；而当缸体转到下半周时，柱塞在定子内壁作用下逐渐缩回，使工作空间的容积减小，油液经配油轴上的孔 c 和 d 压出。缸体每转一周，每个柱塞完成一次吸油和压油。

如果改变定子与转子之间的偏心距 $e$(通常是移动定子)，则可改变泵的流量。因此，径向柱塞既可是定量的,也可是变量的。

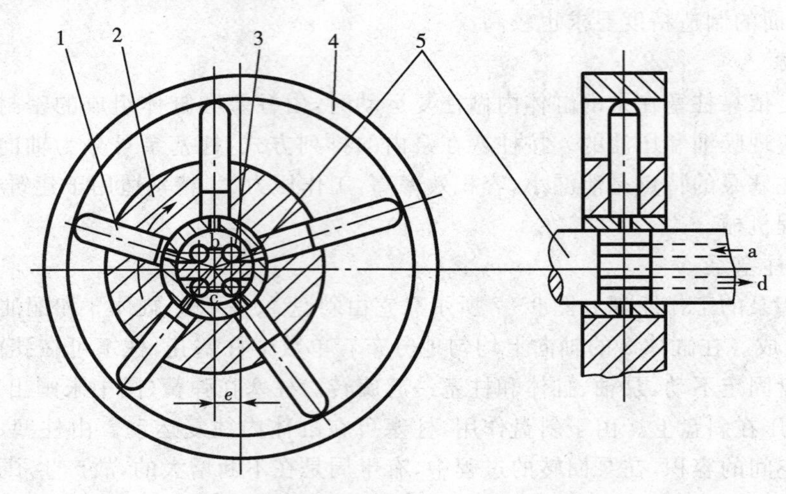


图 9-8 径向柱塞泵工作原理

## 二、液压马达

图 9-9 是轴向柱塞式液压马达的工作原理。当向液压马达输入压力油时,处在压油腔位置上的柱塞顶出,压在斜盘上。假设斜盘给柱塞的反作用力为 $F$,它可以分解为两个分力,一个是轴向分离 $F_x$,它和压力油作用在柱塞底部上的力平衡;另一个分力为 $F_y$,它和柱塞的轴线垂直,使缸体产生转矩,从而使缸体和马达轴旋转。转矩的大小与柱塞在压力油区所处的位置有关,随着角度 $\theta$ 的变化,柱塞产生的转矩也随之改变。

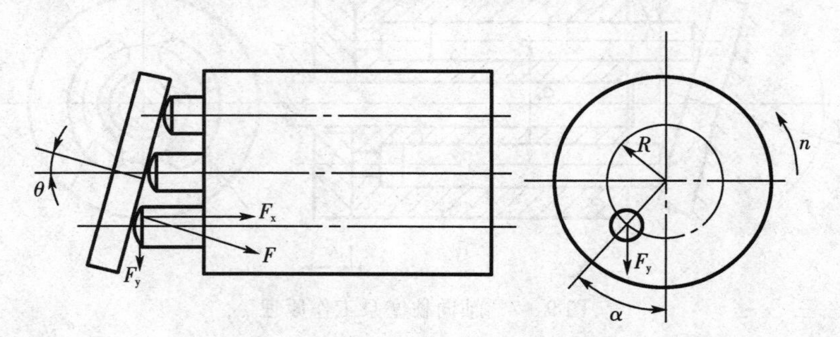


图 9-9 轴向柱塞式液压马达工作原理

## 三、液压缸

液压缸是液压系统中的执行机构。它的作用是将液压能转换为机械能,即产生一定的作用力和速度,实现机构的往返运动。液压缸的结构形式有活塞式、柱塞式等。

### 1. 活塞缸

(1)双活塞杆缸　双活塞杆缸是活塞两端都带有活塞杆的液压缸。这种缸由缸体、活塞、活塞杆和缸盖等组成。它用于对往复运动要求相同的场合。双活塞杆缸有两种安装方式,图 9-10a 为缸体固定式,其活塞杆与工作机构连接。图 9-10b 为活塞杆固定式,其缸体与工作机构相连。

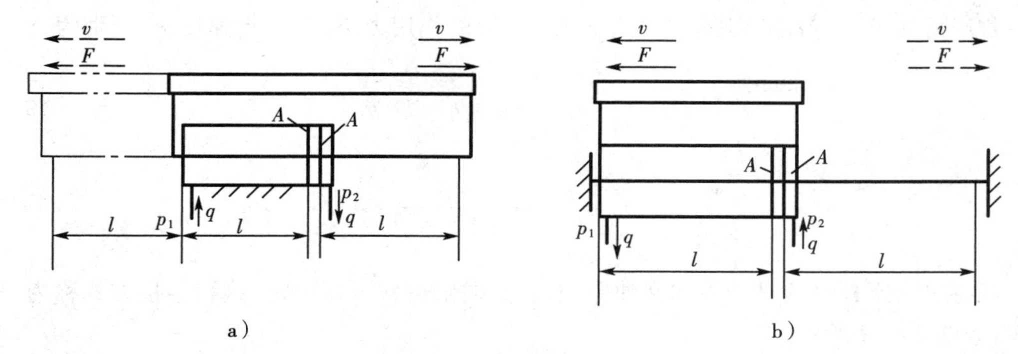


图 9-10 双活塞杆液压缸安装方式简图

双活塞杆缸两个活塞杆的直径通常是一样的。因此，这种缸两腔的有效面积亦是相同的。若进油腔油液压力为 $p_1$，回油腔油液压力为 $p_2$，缸体内径和活塞杆直径分别为 $D$ 和 $d$，则缸运动时所产生的推力 $F$ 为

$$F=\frac{\pi}{4}(D^2-d^2)(p_1-p_2) \tag{9-5}$$

若输入进腔的油液流量为 $q$，则缸的运动速度 $v$ 为

$$v=\frac{q}{A}=\frac{4q}{\pi(D^2-d^2)} \tag{9-6}$$

双活塞杆缸的特点是：不论缸向哪个方向运动，只要进油腔、回油腔的压力以及输入油液的流量相同，则缸所产生的推力和缸的运动速度是一样的。

(2)单活塞杆缸　单活塞杆缸是活塞只有一端带活塞杆的液压缸，其安装方式有缸体固定式和活塞杆固定式两种。由于缸两腔的有效面积不同，因此，缸在两个移动方向上所产生的作用力和运动速度也不同，如图 9-11 所示。

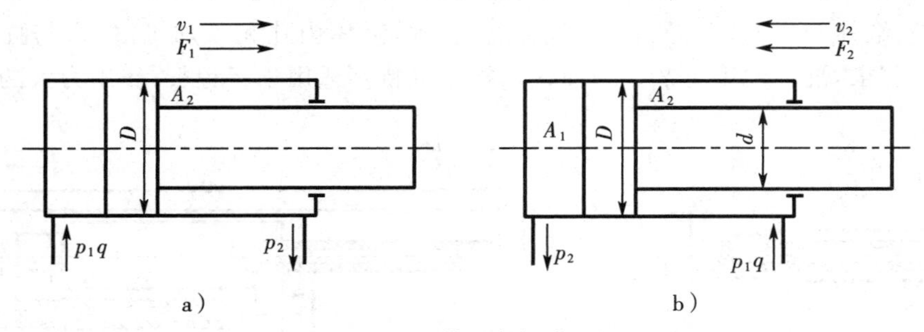


图 9-11 单活塞杆液压缸

若压力油进入无杆腔，进油腔和回油腔的油液压力分别是 $p_1$ 和 $p_2$，油液压力流量为 $q$，缸体内径为 $D$，活塞杆直径为 $d$，则缸体所产生的作用力 $F_1$ 和运动速度 $v_1$ 分别为

$$F_1=\frac{\pi}{4}[D^2p_1-(D^2-d^2)p_2] \tag{9-7}$$

$$v=\frac{q}{A_1}=\frac{4q}{\pi D^2} \tag{9-8}$$

若压力油进入有杆腔，其他参数不改变，则缸的作用力 $F_2$ 和运动速度 $v_2$ 分别为

$$F_2=\frac{\pi}{4}[(D^2-d^2)p_1-D^2p_2] \tag{9-9}$$

$$v_2=\frac{q}{A_2}=\frac{4q}{\pi(D^2-d^2)} \tag{9-10}$$

若将单活塞杆缸的进油腔和回油腔相连，并向缸内输入压力油，这种连接方式称为差动连接，如图 9-12 所示。

单活塞杆液压缸差动连接时其两油腔的油液压强是相同的，但由于两腔的有效面积不同，故缸仍然可以运动，使有杆腔的油液排入无杆腔，此时缸所产生的作用力 $F_3$ 为

$$F_3=p_1(A_1-A_2)=\frac{\pi}{4}d^2p_1 \tag{9-11}$$

差动连接时缸的运动速度 $v_3$ 为

$$v_3=\frac{4q}{\pi d^2} \tag{9-12}$$

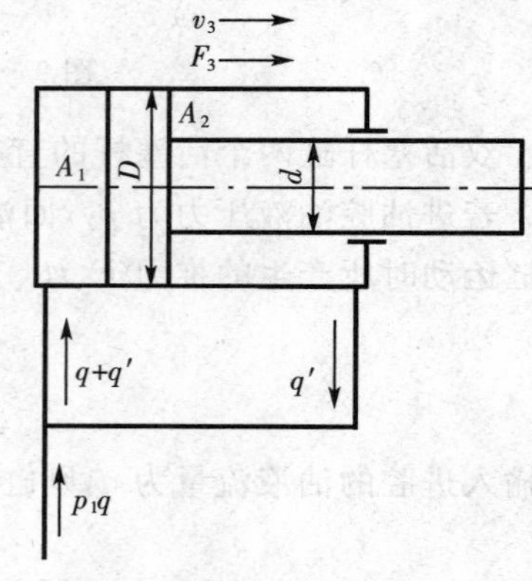

图 9-12 单活塞杆液压缸差动连接

由此可见，活塞杆采用差动连接时，缸所产生的作用力比非差动连接时小，但缸的运动速度却增加了。

2. 柱塞缸

如图 9-13a 所示为柱塞式液压缸。它有缸体、柱塞和缸盖等组成。柱塞缸也有缸体固定式和柱塞固定式两种安装形式。柱塞缸只能单向运动，反向时则依靠其他作用力（如弹簧力、立式部件的重力等）。若需要实现双向运动，则必须成对使用，如图 9-13b 所示。这种缸的特点是：缸体与柱塞之间没有精密的配合要求，缸体内孔无须加工，柱塞与缸盖导向孔之间有配合要求，缸的加工工艺大为简化。柱塞缸特别适用于行程长，作用力大的场合。

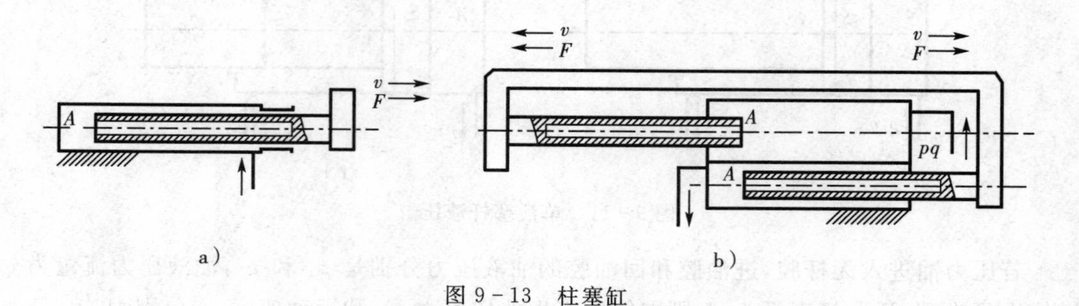

图 9-13 柱塞缸

## 四、液压控制阀

1. 方向控制阀

方向控制阀用来控制液压系统中的油液流动方向，如单向阀、换向阀等。

(1)单向阀

①普通单向阀　普通单向阀的作用是使油液只能向一个方向流动。如图 9－14 所示，阀芯在弹簧力作用下压在阀座上，当压力油从进油口流入时，作用在锥阀阀芯底部的油压力将克服弹簧 3 的作用力，顶开阀芯 2，压力油经过阀芯上径向孔 a 及轴向孔 b，从出油孔流出。当油液反向流入时，在弹簧力和油压力共同作用下，阀芯紧压在阀座上，此时单向阀关闭，油液不能通过单向阀。弹簧主要用来克服阀芯运动的摩擦力和惯性力，保证单向阀工作灵敏和可靠。弹簧力一般较小，阀的开启压力大约在 0.035MPa～0.05MPa。如果把单向阀装在液压缸的回油路上，使缸的回油腔产生一定的背压力，这时单向阀叫背压阀。不过此时应更换一个较硬的弹簧，使回油路上产生 0.2MPa～0.6MPa 的背压力。

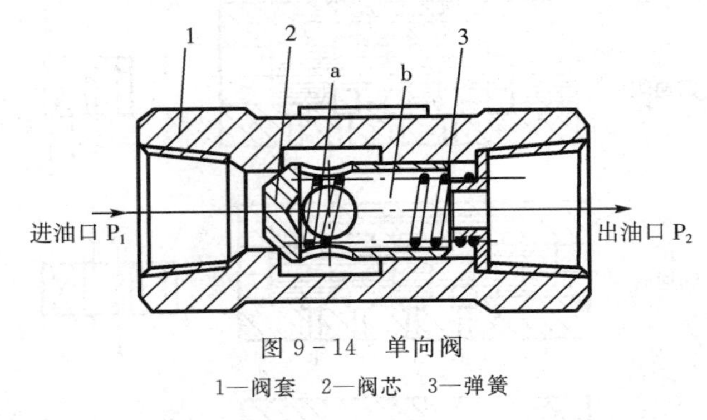


图 9－14　单向阀

1—阀套　2—阀芯　3—弹簧

②液控单向阀　图 9－15 为液控单向阀。当控制油口 K 不通压力油时油可从油口 $P_1$ 流入，打开单向阀而从油口 $P_2$ 流出。若压力油从 $P_2$ 流入，单向阀会关闭，油液不能通过单向阀，这与前面的单向阀作用是一样的。但是当控制油口 K 通压力油时，活塞 1 受到控制压力油的作用，使其向右移动，通过顶杆 2 打开单向阀，这样油口 $P_1$ 与油口 $P_2$ 接通，油液可以通过单向阀，使油液在两个方向上都可以自由流动。通常液压单向阀的最小控制压力约为主油路压力的 40％。

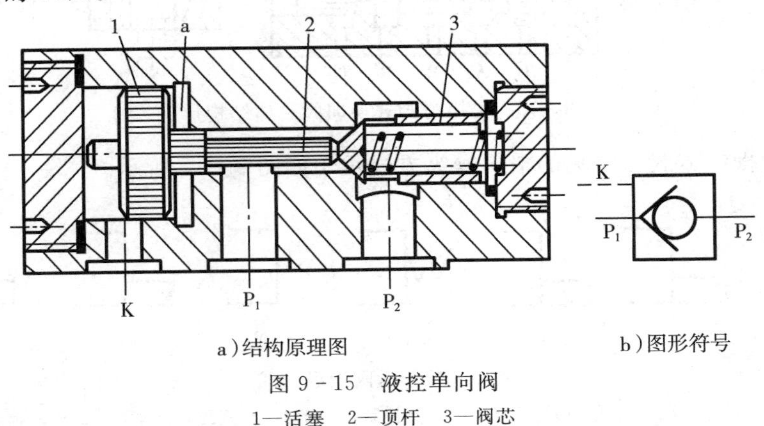


a)结构原理图　　b)图形符号

图 9－15　液控单向阀

1—活塞　2—顶杆　3—阀芯

(2)换向阀

换向阀利用阀芯相对于阀体的相对运动，使油路接通、关断，或变换油流的方向，从而使液压执行元件启动、停止或变换运动方向。换向阀种类繁多，形式各样。如果按其操作方式来分，有手动、机动、电磁动、液动和电液动等；如果按阀的动作位置分，有两位、三位等；如果按阀所连接的油路数目分，有二通、三通、四通和五通等；如果按阀的结构分，有转阀、滑阀等。下面主要介绍滑阀式换向阀。

①滑阀式换向阀结构主体　阀体和滑动阀芯是滑阀式换向阀的结构主体。如图 9－16 所示是其最常见的结构形式。由图可见，阀体上开有多个通口，阀芯移动后可以停留在不同的工作位置上。

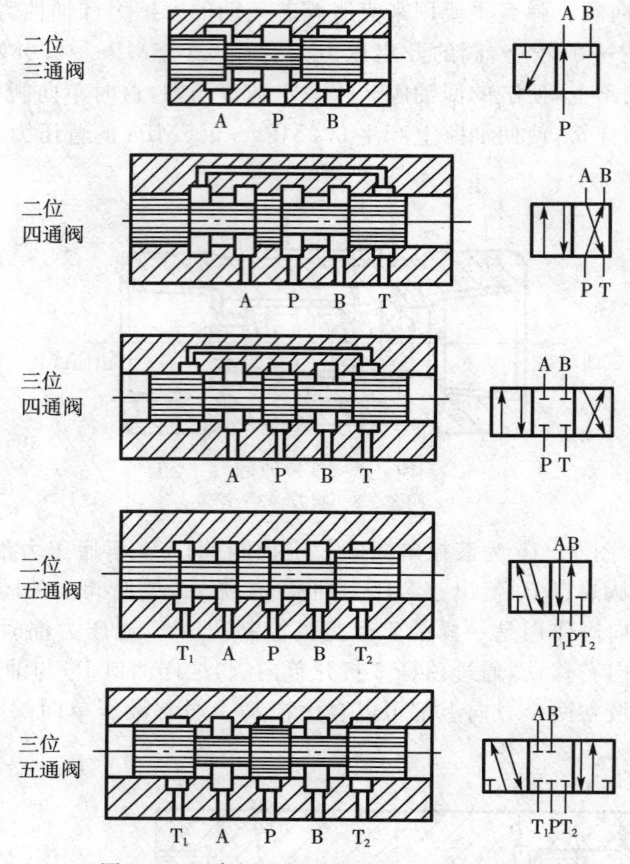


图 9－16　常用滑阀式换向阀主体结构形式

②滑阀的操纵方式　常见的滑阀操纵方式示于如图 9－17 所示。

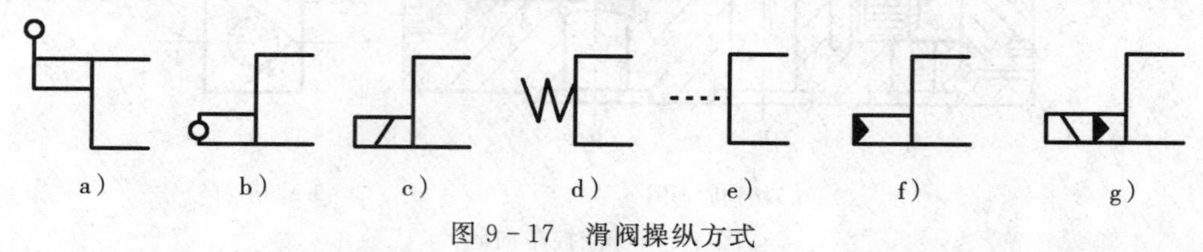


图 9－17　滑阀操纵方式

a)手动式　b)机动式　c)电磁动　d)弹簧控制　e)液动　f)液压先导控制　g)电液控制

③滑阀式换向阀的结构　在液压传动系统中广泛采用的是滑阀式换向阀，下面介绍这种换向阀的几种典型结构。

a. 手动换向阀。图 9－18 为手动换向阀，该阀适用于动作频繁、工作持续时间短的场合，操作比较安全，常用于工程机械的液压传动系统中。

b. 电磁换向阀。电磁换向阀是利用电磁铁的通电吸合与断电释放而直接推动阀芯来控制液流方向的。

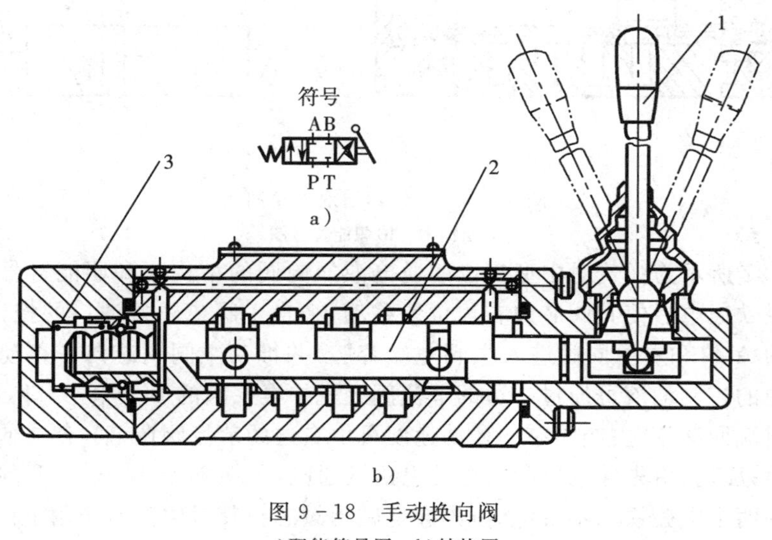


图 9-18 手动换向阀

a)职能符号图 b)结构图

1—手柄 2—阀芯 3—弹簧

如图 9-19a 所示为二位三通交流电磁换向阀结构，在图示位置，油口 P 和 A 相通，油口 B 断开；当电磁铁通电吸合时，推杆 1 将阀芯 2 推向右端，这时油口 P 和 A 断开，而与 B 相通。而当磁铁断电释放时，弹簧 3 推动阀芯复位。如图 9-19b 所示为其职能符号。

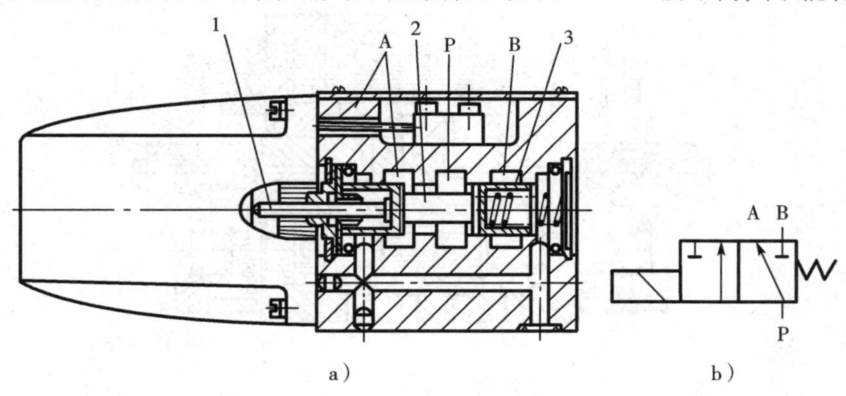


图 9-19 二位三通电磁换向阀

a)结构图 b)职能符号图

1—推杆 2—阀芯 3—弹簧

c. 液动换向阀。液动换向阀是利用控制油路的压力油来改变阀芯位置的换向阀，图9-20为三位四通液动换向阀的结构和职能符号。阀芯是由其两端密封腔中油液的压差来移动的，当控制油路的压力油从阀右边的控制油口 $K_2$ 进入滑阀右腔时，$K_1$ 接通回油，阀芯向左移动，使压力油口 P 与 B 相通，A 与 T 相通；当 $K_1$ 接通压力油，$K_2$ 接通回油时，阀芯向右移动，使得 P 与 A 相通，B 与 T 相通；当 $K_1$、$K_2$ 都通回油时，阀芯在两端弹簧和定位套作用下回到中间位置。

d. 电液换向阀。电液换向阀是由电磁滑阀和液动滑阀组合而成，电磁滑阀起先导作用，它可以改变控制液流的方向，从而改变液动滑阀阀芯的位置。

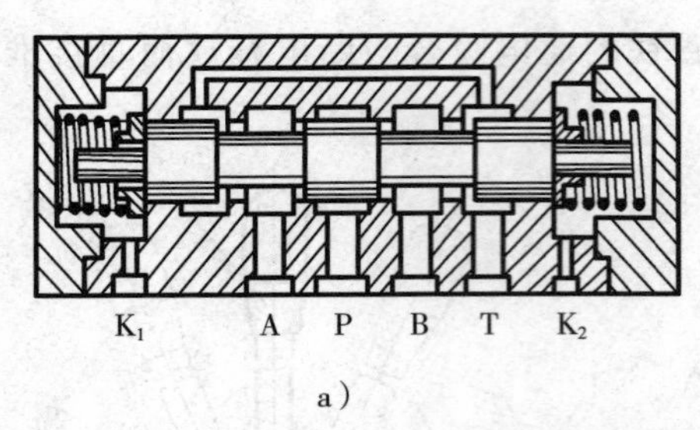


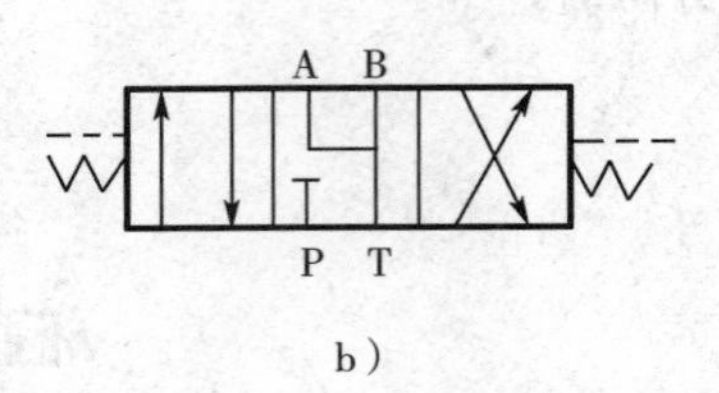


图 9-20 三位四通液动换向阀

a)结构图 b)职能符号图

如图 9-21 所示为弹簧对中型三位四通电液换向阀的结构图和职能符号，当先导电磁阀左边的电磁铁通电后使其阀芯向右边位置移动，来自主阀或外接油口的控制压力油可经先导电磁阀的 A′口和左单向阀进入主阀左端容腔，并推动主阀阀芯向右移动，这时主阀阀芯右端容腔中的控制油液可通过右边的节流阀经先导电磁阀的 B′口和 T′口，再从主阀的 T 口或外接油口流回油箱(主阀阀芯的移动速度可由右边的节流阀调节)，使主阀 P 与 A、B 和 T 的油路相通；反之，由先导电磁阀右边的电磁铁通电，可使 P 与 B、A 与 T 的油路相通；当先导电磁阀的两个电磁铁均不带电时，先导电磁阀阀芯在其对中弹簧作用下回到中位，此时来自主阀 P 口或外接油口的控制压力油不再进入主阀芯的左、右两容腔，主阀芯左右两腔的油液通过先导电磁阀中间位置的 A′、B′两油口与先导电磁阀 T′口相通，如图 9-21b 所示，再从主阀的 T 口或外接油口流回油箱。主阀阀芯在两端对中弹簧的预压力的推动下，依靠阀体定位，准确地回到中位，此时主阀的 P、A、B 和 T 油口均不通。

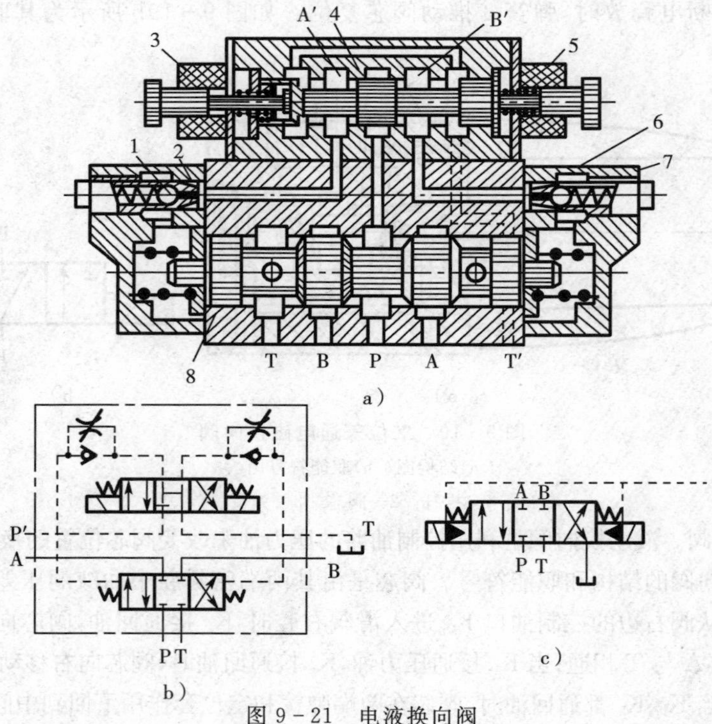


图 9-21 电液换向阀

a)结构图 b)职能符号 c)简化职能符号

1、6—节流阀 2、7—单向阀 3、5—电磁铁 4—电磁阀阀芯 8—主阀阀芯

2. 压力控制阀

压力控制阀用来控制液压系统中油液的压力，如溢流阀、安全阀、减压阀和顺序阀等。

(1)溢流阀

①直动式溢流阀如图 9－22 所示。它由调整螺帽 1、弹簧 2、上盖 3、阀芯 4 和阀体 5 等主要零件组成。油口 P 和 O 分别为进油口和回油口。当压力油自油口 P 经油腔 c、径向孔 e、阻尼孔 f 进入油腔 d 时，阀芯底部受到了油液压力的作用，而阀芯上端受到弹簧力作用。当油口 P 与油口 O 互不相通时，回油口 O 处无油流出。当油口 P 处的油压力升高，使作用在阀芯底部的力超过弹簧力时，阀芯上升，阀口处在某一开度，油腔 b 和油腔 c 互通，油液可从回油口 O 排出，并使进油口 P 处的油液压力稳定在某一值。若调节螺帽 1，可改变弹簧力，也调整了进油口 P 处的油液压力。阀芯上的阻尼孔 f 的作用是抑制阀芯快速移动时所产生的振动，以提高溢流阀的工作稳定性。直动式溢流阀只能用于压力较低的场合。

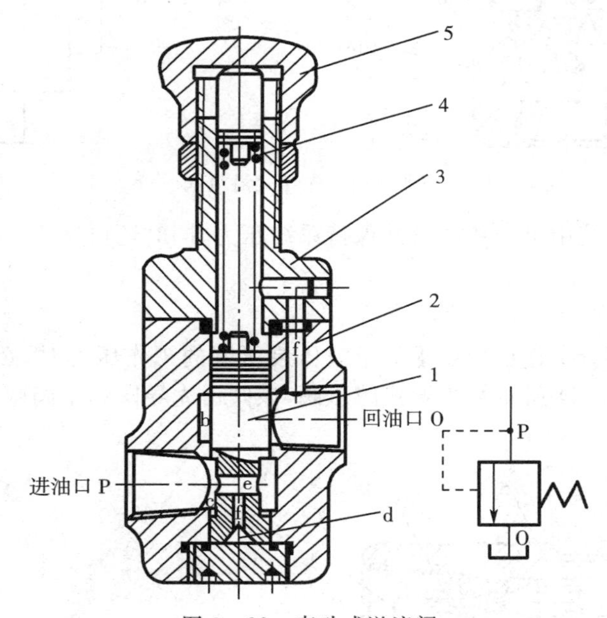


图 9－22　直动式溢流阀

②先导式溢流阀如图 9－23 所示。该阀由主阀和先导阀两部分组成。它利用主阀阀芯 2 大直径台肩上下两个环形面积上油液的压力差来使阀芯上下移动的。图中上部分是先导阀，下部分是主阀，压力油从进油口 P 流入阀腔，作用在阀芯大直径台肩的下环形面积上，同时压力油经阻尼孔 a 进入阀芯大直径台肩的上部，并经孔 b、阻尼孔 c 作用在先导锥阀 4 上。当系统的压力较低还不能顶开先导阀锥时，锥阀 4 在弹簧 6 的作用下处在关闭状态，没有油液流过阻尼孔 a，此时主阀阀芯 2 的上下两端油液压力相等，阀芯 2 在弹簧 3 的作用下压在阀座 1 上，进油口 P 与回油口 O 互不相通，溢流阀处于关闭状态。

当进油口 P 处的油液压力升高到使锥阀 4 上的油压作用力超过弹簧 6 的压紧力时，锥阀 4 打开，压力油经阻尼孔 a、孔 b 和阻尼孔 c，并经过主阀阀芯上的轴向小孔流到回油口 O 直到油箱。由于阻尼孔的作用，主阀阀芯上下两端的油压力不同，下端的油压力高于上端的油压力，当这个压力差所产生的作用力能克服弹簧的作用力、阀芯自重和摩擦力时，主阀阀芯上移，使进油口 P 与回油口 O 相通，油液在一定压力的作用下流回油箱。先导式溢流阀可以用于压力较高的系统中。

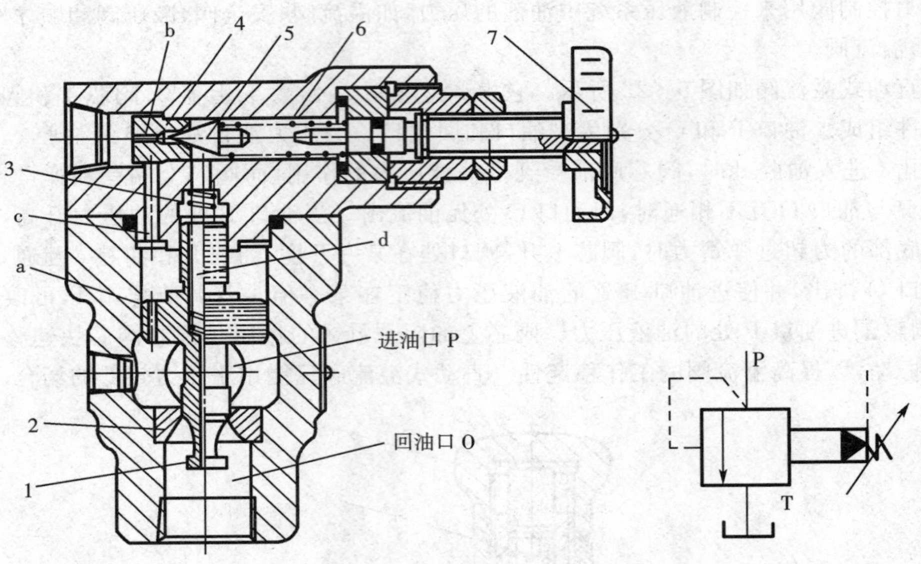


图 9-23　先导式溢流阀

溢流阀在液压系统中可用作溢流并保持系统压力，同时还可做安全阀使用，以防止系统过载。

(2)减压阀

当系统中某一部分工作压力要求低于液压泵所调的工作压力时，必须使减压阀来降低油液的压力。如图 9-24 所示为先导式减压阀，该阀由先导阀和主阀两部分组成，其结构与先导式溢流阀相似。

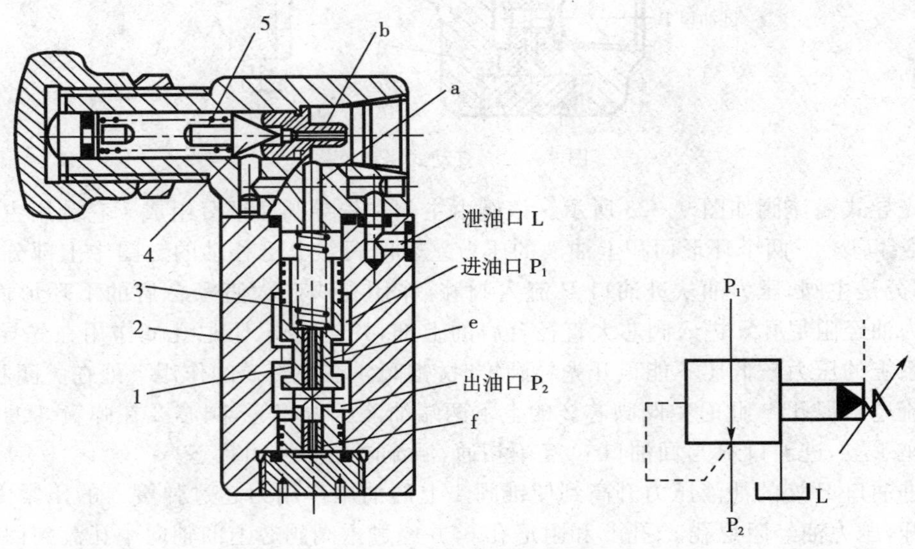


图 9-24　先导式减压阀

减压阀的工作原理是这样的：高压油（又称一次压力油）从油口 d 进入，经过主阀阀芯与阀体之间的开口后减压成低压油（又称二次压力油）从油口 f 流出。低压油经过小孔 g 作用

于主阀阀芯底部，同时经阻尼孔 e 流入阀芯的上端，又通过小孔 b 和 a 作用在先导阀的调整锥阀 1 上。当低压油的压力低于先导阀的调整压力时，锥阀 1 关闭，阻尼 e 上无油液流动，主阀阀芯上下两端的油压作用力相等，阀芯在弹簧的作用处在最下端的位置，减压开口为最大；当低压油的压力超过先导阀时的调整压力时，低压油经小孔 e 顶开锥阀而流出，由于阻尼孔的作用，主阀阀芯上下两端产生了压力差。当压力差所产生的作用力大于弹簧力时，主阀阀芯上移，使减压开口减小，从而降低了出油口的油液压力，并使作用在阀芯上的油液作用力与弹簧力在新的位置上达到平衡。因此，当进油压力变化时，低压油的压力仍可维持在调整好的压力值附近。与溢流阀相比，减压阀是利用低压油（二次压力油）来控制阀的减压开口，从而保持出油口的油液压力稳定。

（3）顺序阀

顺序阀是利用液压系统中压力变换来控制油路通断的。顺序阀有两种控制方式：一种是直接利用本身的进油压力来控制顺序阀的通断，这种方式为内控式；另一种是利用外来的油液压力来控制顺序阀的通断，这种方式称为外控式。

①内控式顺序阀如图 9－25 所示。它的结构和工作原理与直动式溢流阀相似，不同的是顺序阀出油口油液仍为压力油，不是直接排回油箱，而是接通某个执行机构，故顺序阀的泄油口须单独接回油箱（外部泄油）。当进油口的油液压力大于弹簧的调整压力时，阀芯上移，进油口 $P_1$ 与出油口 $P_2$ 接通，油液从进油口 $P_1$ 流入并经出油口 $P_2$ 流出。当进油口的油液压力低于弹簧的调整压力时，进油口 $P_1$ 与出油口 $P_2$ 关闭，油液不能经顺序阀流出。

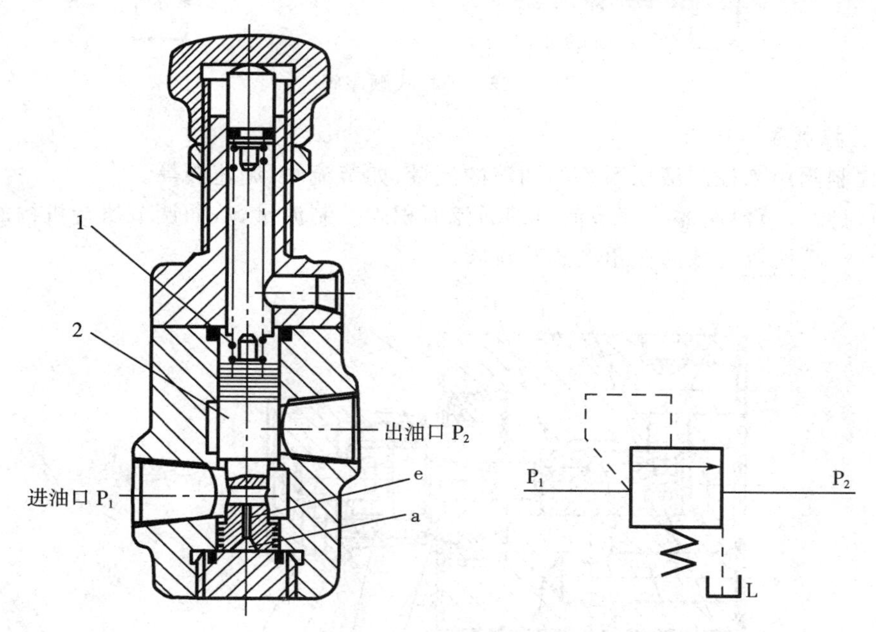


图 9－25 内控式顺序阀

②外控式顺序阀如图 9－26 所示。该阀阀芯下部有一个控制油口 K，当外来的控制油的压力超过阀芯上端弹簧的调整压力时，阀芯上移，进油口 $P_1$ 与出油口 $P_2$ 相通，油液可经顺序阀流出。当控制油的压力低于弹簧的调整压力时，阀芯处在最下端位置，，进油口 $P_1$ 与出油口 $P_2$ 互不相通，油液不能通过顺序阀流到系统中去。如果将泄油口与出油口相连通，

即成内部泄油．内泄油的外控顺序阀可作卸荷阀使用。

溢流阀(包括直动式和先导式)、减压阀和顺序阀(包括内控式和外控式)都是利用液压系统中的压力变化来控制阀口的开启和阀口的间隙大小。

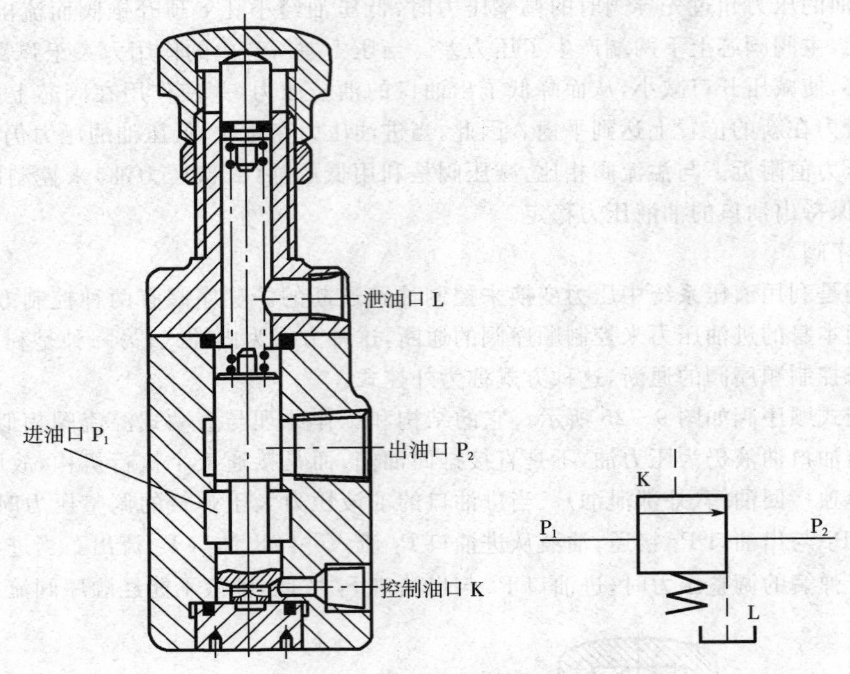


图 9－26　外控式顺序阀

3．流量控制阀

流量控制阀用来控制液压系统的油液的流量，如节流阀、调速阀等。

(1)节流阀　节流阀靠改变节流口的通流面积来控制流量，从而调节执行机构的运动速度。如图 9－27 所示为轴向三角槽式节流阀。

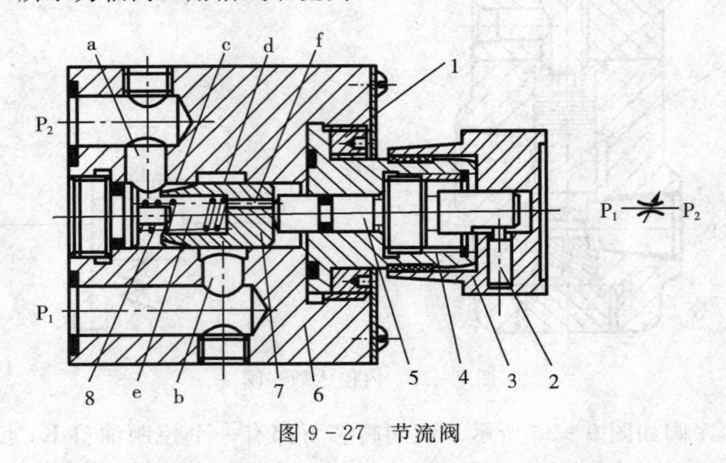


图 9－27　节流阀

油液从进油口 $P_1$ 流入，经油孔 b 和阀芯 7 左端的三角形节流槽，再经油孔 a 从出油口 $P_2$ 流出，调节手柄 3，借助推杆 5 便可以使阀芯 7 作轴向移动，改变节流口的通断面积从而调节流量。

(2)调速阀　普通节流阀的通流面积一定时，其流量与压力差有直接关系。为了获得稳定的流量，必须使节流阀上的压力差保持恒定。调速阀是在节流阀前串联一个定差减压阀的组合阀，如图 9－28 所示。

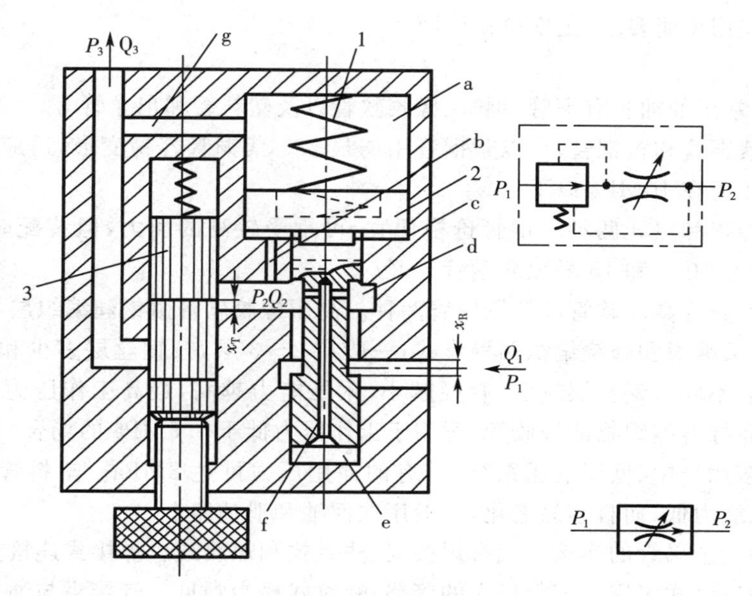


图 9－28　调速阀

调速阀的工作原理是这样的，压力为 $P_1$ 的高压油从右侧进油口输入，经减压阀 2 的缝隙 $x_R$ 进入油腔 $d$，将油压力降为 $P_2$，再经节流阀 3 上的节流缝隙 $x_T$ 将油压力降为 $P_3$，最后从出油口流出。油腔 $d$ 通过孔道 $f$ 和阻尼孔 $b$ 与油腔 $e$ 和 $c$ 相通，出油口通过孔道 $g$ 与油腔 $a$ 相通。因此，阀芯 2 在弹簧力，上下两端油液压力的作用下处在某一平衡位置。当调速阀出口处的油液压力 $P_3$ 增大时，作用在阀芯 2 上端的液压力增大，减压阀阀芯失去平衡下移，结果使缝隙 $x_R$ 增大，液阻减小，油液压力 $P_2$ 也随之增大，$P_2-P_3$ 基本保持原来的数值，节流阀所通过的流量也保持稳定。若油压力 $P_3$ 减小时，减压阀阀芯上端的液压力也减小，阀芯失去平衡而上移，于是缝隙 $x_R$ 减小，液阻增大，$P_2$ 也随之减小，使 $P_2-P_3$ 仍保持不变，保证通过节流阀的流量稳定。同理，当进油口处油液压力 $P_1$ 变化时，$P_2$ 也随之变化，阀芯 2 会因其下端液压压力的变化而自动地调整缝隙 $x_R$，从而维持压力差 $P_2-P_3$ 基本稳定。

由此可见，调速阀上的定差减压阀的作用是保证节流阀前后压力差基本稳定，从而使通过节流阀的流量基本不变，与节流阀相比，调速阀可获得较稳定的流量。

**五、辅助装置**

液压系统中的辅助装置有油箱、管件、滤油器、蓄能器、冷却器和密封件等。它们对系统的工作性能、寿命、噪音和温升都有直接影响，在设计和使用时必须给予充分的重视。

1. 油箱

油箱的主要作用是储存足够的油液以供给液压系统，使系统正常工作，同时它还使油液散热，分离油中所含的空气和杂质。

油箱多采用液面与外部大气(通过油箱的通气孔)相接触的开式结构。油箱的容积主要根据散热需要来确定，一般可取液压泵流量的 2～6 倍。流量大、压力低时取下限；流量小、压力高时取上限。油箱中液面高度应不超过油箱高度的80%,以防止油液溢出。油箱中吸油管上应安装100～200目网式滤油器。滤油器与油箱底的距离不小于20mm。吸油管与液压泵之间的管接头必须严格密封,防止吸入空气。要注意防止油箱中的油液被污染,要按照液压系统的使用说明要求,定期更换油液。

2. 管件

(1)油管　常用的油管有铜管、钢管、橡胶软管以及塑料管和尼龙管等。

①铜管有紫铜管和黄铜管,尤以紫铜管用的最多。紫铜管容易变形,适应性强,安装方便,密封性好,压力在10MPa以下。

②钢管有冷拔和热轧两种。钢管价格便宜,可承受较高的压力,但装配时不易任意弯曲,目前常用的有10号和15号无缝钢管。

③橡胶软管分为高压软管和低压软管两种。高压橡胶软管由钢丝编织层与耐油橡胶制成,钢丝层有交叉编织和缠绕编织两种形式,一般有2～3层,按钢丝层多少和管径大小,其耐压能力也各有不同。钢丝层越多,管径越小,耐压能力越高,最高工作压力可达35MPa。低压软管是夹有棉麻编织物的橡胶管,适用于工作压力低于1.5MPa的场合。

④尼龙管多用于中、低压液压系统中,有的使用压力可达8MPa。塑料管价格便宜,装配方便,但耐压能力低,而且容易老化,一般用在回油和泄油路上。

(2)管接头　金属管的连接方式有焊接式、法兰式和螺纹式。焊接式连接方法因装拆不便而较少使用;法兰式多用于直径较大的管路;螺纹式最为常见。管接头与油管的连接有管端扩口式、焊接式和卡套式。

(3)滤油器　滤油器在液压系统中的主要作用是滤去油液中的杂质污物,使油液保持清洁。常见的滤油器有网式滤油器、线隙式滤油器、纸质滤油器、烧结式滤油器、磁性滤油器。

(4)蓄能器　蓄能器有多种类型,气囊式蓄能器是最常用的蓄能器。气囊式蓄能器一般应垂直安装(即油口向下),因为水平或倾斜安装时皮囊会受到浮力作用而与壳体接触,妨碍其正常的伸缩。

蓄能器在液压系统中有三种用途:

①储存油液,在短时间内与液压泵一起供给系统大量油液;

②使系统保持一定的油压力;

③吸收压力冲击和压力脉动,液压系统常因液压泵起动或停止,阀的突然关闭或换向而引起压力冲击和压力脉动。利用蓄能器可以吸收压力冲击和压力脉动,使系统压力保持稳定。

(5)密封件　密封件是非常重要的辅助件,因为密封性能的好坏,直接影响到液压系统的性能,例如液压泵中的容积效率,液压阀中阀芯的运动性能等。同时,由于密封性能差而引起的外部泄漏,还会污染环境,浪费油液。目前液压装置中多采用不同形状的密封圈来密封,既可用于固定件,也可用于运动件,而且耐磨,抗腐蚀,摩擦力小,结构简单,容易装拆。因此得到了广泛的应用。

①O形密封圈　O形密封圈是耐油橡胶制成的。其断面形状为圆形,故称为O形密封圈。O形密封圈结构简单、密封性好、摩擦力小,但要注意沟槽的尺寸和制造质量,否则会影响密封性,甚至完全失去密封作用。

②Y形密封圈　Y形密封圈的截面形状呈Y形,它由耐油橡胶制成。

③V形密封圈　V形密封圈是由支承环、密封环和压环组成。三个环的截面形状不同,安装时要注意唇口朝着压力油腔。V形密封圈接触面较大,密封性能好,但摩擦力大。

④回转轴密封圈　由耐油橡胶制成。

## 第三节　液压基本回路

### 一、压力控制回路

压力控制回路是用压力阀来控制和调节液压系统主油路或某一支路的压力,以满足执行元件速度换接回路所需的力或力矩的要求。利用压力控制回路可实现对系统进行调压(稳压)、减压、增压、卸荷、平衡等各种控制。

1. 调压回路

当液压系统工作时,液压泵应向系统提供所需压力的液压油,同时,又能节省能源,减少油液发热,提高执行元件运动的平稳性。所以,应设置调压回路。

如图 9-29 所示为二级调压回路,该回路可实现两种不同的系统压力控制。由先导型溢流阀 3 和直动式溢流阀 1 各调一级,当二位二通电磁阀 2 处于图示位置时系统压力由阀 3 调定,当阀 2 通电后处于上位时,系统压力由阀 1 调定,但要注意是阀 1 的调定压力一定要小于阀 3 的调定压力,否则不能实现;当系统压力由阀 1 调定时,先导型溢流阀 3 的先导阀口关闭,但主阀开启,液压泵的溢流流量经主阀回油箱,这时阀 1 亦处于工作状态,并有油液通过。这种回路可用于两种不同压力的系统中。

2. 卸荷回路

当执行机构短时间停止工作时,一般都让液压泵在低压或零压下卸荷,而不是频繁地去启闭驱动液压泵的电机,这样可以节省功率,减少油液发热,延长液压泵和电机寿命。

图 9-30 是采用三位四通换向阀卸荷的回路。当换向阀处在中位时,液压泵输出的油液经换向阀流回油箱而实现卸荷。

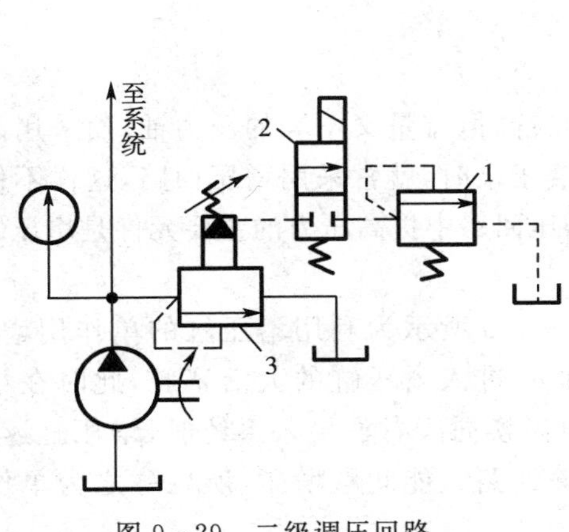


图 9-29　二级调压回路

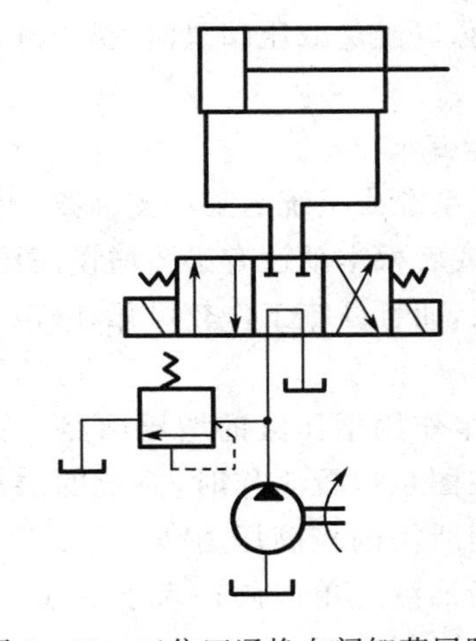

图 9-30　三位四通换向阀卸荷回路

3. 减压回路

当泵的输出压力是高压而局部回路或支路要求低压时，可以采用减压回路，如机床液压系统中的定位、夹紧、回路分度以及液压元件的控制油路等，它们往往要求比主油路较低的压力。减压回路较为简单，一般是在所需低压的支路上串接减压阀。采用减压回路虽能方便地获得某支路稳定的低压，但压力油经减压阀口时要产生压力损失，这是它的缺点。

最常见的减压回路为通过定值减压阀与主油路相连，如图 9－31a 所示。回路中的单向阀为主油路压力降低（低于减压阀调整压力）时防止油液倒流，起短时保压作用，减压回路中也可以采用类似两级或多级调压的方法获得两级或多级减压。图 9－31b 所示为利用先导型减压阀 1 的远控口接一远控溢流阀 2，则可由阀 1、阀 2 各调得一种低压。但要注意，阀 2 的调定压力值一定要低于阀 1 的调定减压值。

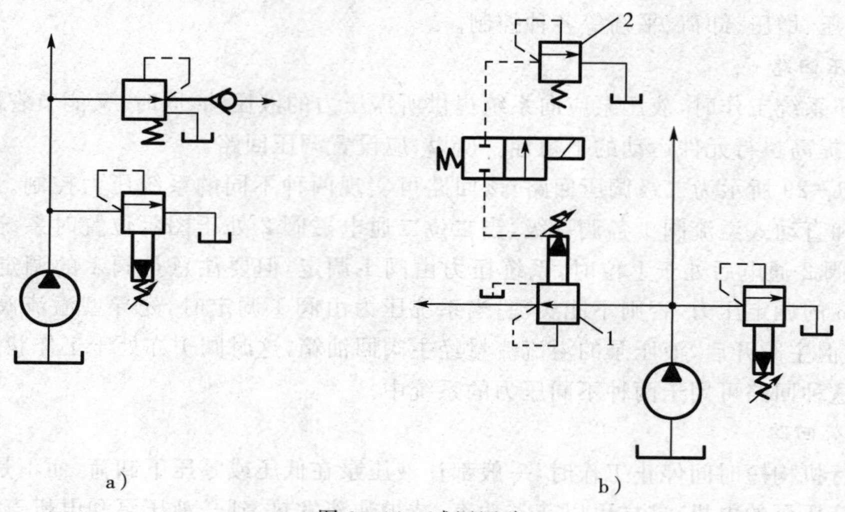


图 9－31　减压回路

为了使减压回路工作可靠，减压阀的最低调整压力不应小于 0.5MPa，最高调整压力至少应比系统压力小 0.5MPa。当减压回路中的执行元件需要调速时，调速元件应放在减压阀的后面，以避免减压阀泄漏（指由减压阀泄油口流回油箱的油液）对执行元件的速度产生影响。

4. 增压回路

如果系统或系统的某一支油路需要压力较高但流量又不大的压力油，而采用高压泵又不经济，或者根本就没有必要增设高压力的液压泵时，就常采用增压回路，这样不仅易于选择液压泵，而且系统工作较可靠，噪声小。增压回路中提高压力的主要元件是增压缸或增压器。

（1）单作用增压缸的增压回路　如图 9－32a 所示为利用增压缸的单作用增压回路，当系统在图示位置工作时，系统的供油压力 $p_1$ 进入增压缸的大活塞腔，此时在小活塞腔即可得到所需的较高压力 $p_2$；当二位四通电磁换向阀右位接入系统时，增压缸返回，辅助油箱中的油液经单向阀补入小活塞。因而该回路只能间歇增压，所以称之为单作用增压回路。

(2)双作用增压缸的增压回路　如图 9 - 32b 所示的采用双作用增压缸的增压回路，能连续输出高压油，在图示位置，液压泵输出的压力油经换向阀 5 和单向阀 1 进入增压缸左端大、小活塞腔，右端大活塞腔的回油通油箱，右端小活塞腔增压后的高压油经单向阀 4 输出，此时单向阀 2、3 被关闭。当增压缸活塞移到右端时，换向阀得电换向，增压缸活塞向左移动。同理，左端小活塞腔输出的高压油经单向阀 3 输出，这样，增压缸的活塞不断往复运动，两端便交替输出高压油，从而实现了连续增压。

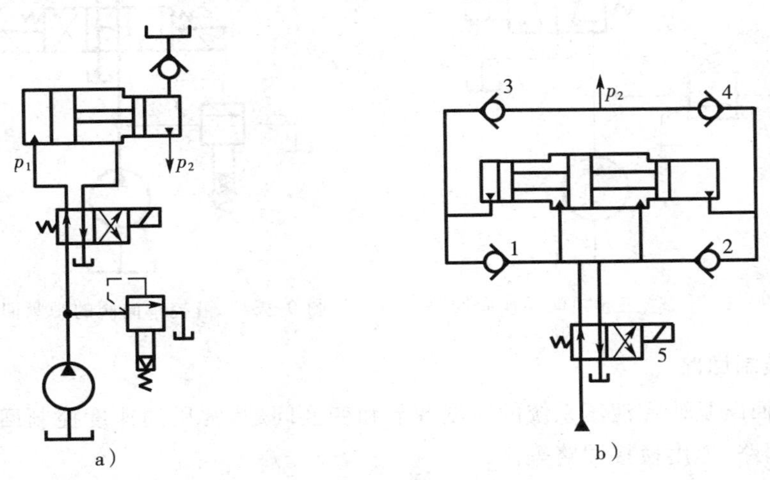


图 9 - 32　增压回路

## 二、方向控制回路

在液压系统中，起控制执行元件的起动、停止及换向作用的回路，称方向控制回路。方向控制回路有换向回路和锁紧回路。

### 1. 换向回路

运动部件的换向，一般可采用各种换向阀来实现。在容积调速的闭式回路中，也可以利用双向变量泵控制油流的方向来实现液压缸(或液压马达)的换向。

依靠重力或弹簧返回的单作用液压缸，可以采用二位三通换向阀进行换向，如图 9 - 33 所示。双作用液压缸的换向，一般都可采用二位四通(或五通)及三位四通(或五通)换向阀来进行换向，按不同用途还可选用各种不同的控制方式的换向回路。

### 2. 锁紧回路

为了使工作部件能在任意位置上停留，以及在停止工作时，防止在受力的情况下发生移动，可以采用锁紧回路。

采用 O 型或 M 型机能的三位换向阀，当阀芯处于中位时，液压缸的进、出口都被封闭，可以将活塞锁紧，这种锁紧回路由于受到滑阀泄漏的影响，锁紧效果较差。

图 9 - 34 是采用液控单向阀的锁紧回路。在液压缸的进、回油路中都串接液控单向阀(又称液压锁)，活塞可以在行程的任何位置锁紧。其锁紧精度只受液压缸内少量的内泄漏影响，因此，锁紧精度较高。

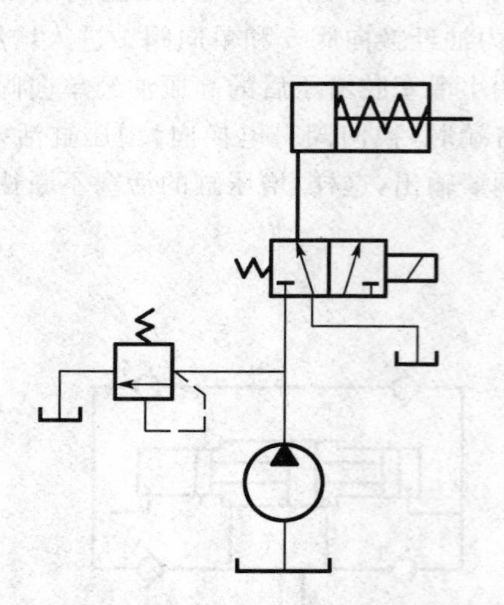

图 9－33　二位三通换向阀换向回路

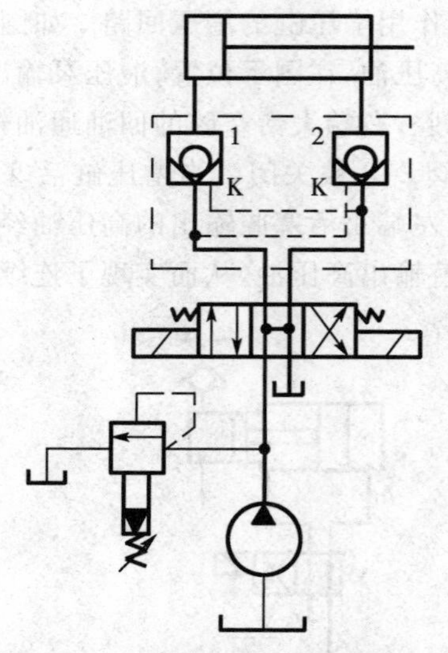


图 9－34　液控单向阀的锁紧回路

## 三、速度控制回路

速度控制回路是研究液压系统的速度调节和变换问题，常用的速度控制回路有调速回路、快速运动回路、速度换接回路等。

1. 调速回路

图 9－35 是由变量泵和变量马达组成的容积调速回路，它可以调节变量泵或变量马达的排量，还可以调节液压马达的转速。液压泵 1 是辅助供油泵，其压力由溢流阀 12 调节。单向阀 4 和 5 中的一个被低压油打开时，另一个则关闭。阀 6 和 7 作安全阀用。液动阀 8 能使部分用过的热油经溢流阀 9 排回油箱，与辅助泵提供的冷却油交换，而当液压泵的排油路与吸油路上的压力相差很小时，阀 8 可能处在中位，切断了回路与溢流阀 9 的油路，辅助泵 1 多余的油液则经溢流阀 12 流回油箱。

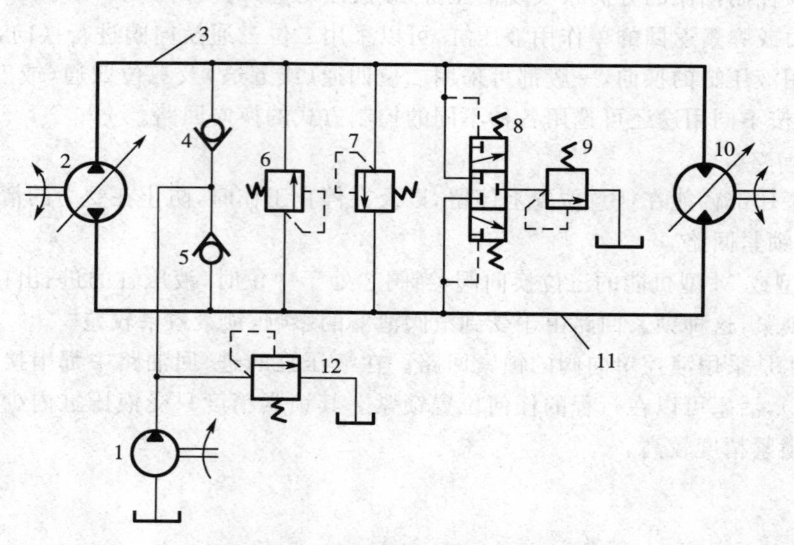


图 9－35　变量泵—变量马达调速回路

变量泵和变量马达的调速回路，其速度调节可分为两个阶段：第一阶段将变量马达的排量调到最大值，然后固定，再调节变量泵的排量，并且从小到大，这样液压马达的转速随着泵排量的增大而增大；第二阶段是将变量泵的排量固定在最大值，然后将变量马达的排量由最大值调到最小值，这样，液压马达的转速继续增大。

由此可见，这种调速回路可以得到比较大的调速范围，其调速比可达 100。这种回路的效率比较高，适用于要求大功率的系统中。

2. 快速运动回路

为了提高生产效率，机床工作部件常常要求实现空行程（或空载）的快速运动。这时要求液压系统流量大而压力低。

如图 9－36 所示为双泵供油的快速运动回路，这种回路是利用低压大流量泵和高压小流量泵并联为系统供油。图中 2 为高压小流量泵，用以实现工作进给运动。1 为低压大流量泵，用以实现快速运动。在快速运动时，液压泵 1 输出的油经单向阀 4 和液压泵 2 输出的油共同向系统供油。在工作进给时，系统压力升高，打开液控顺序阀（卸荷阀）3 使液压泵 1 卸荷，此时单向阀 4 关闭，由液压泵 2 单独向系统供油。溢流阀 7 控制液压泵 2 的供油压力是根据系统所需最大工作压力来调节的，而卸荷阀 3 使液压泵 1 在快速运动时供油，在工作进给时则卸荷，因此它的调整压力应比快速运动时系统所需的压力要高，但比溢流阀 7 的调整压力低。

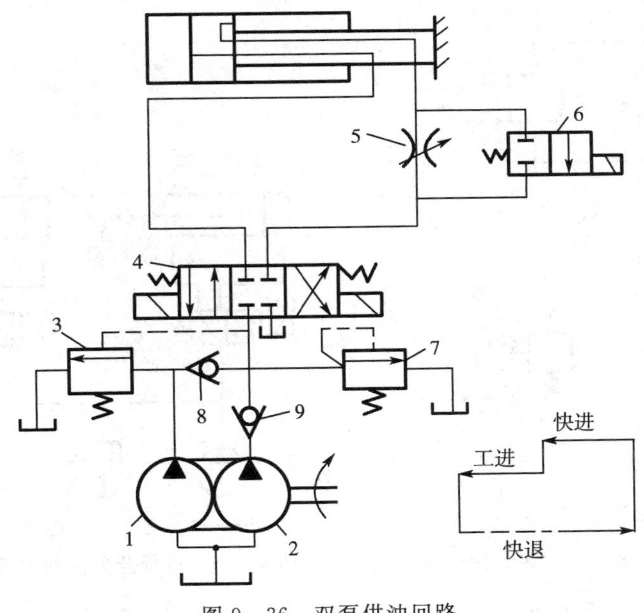


图 9－36　双泵供油回路

双泵供油回路功率利用合理、效率高，并且速度换接较平稳，在快、慢速度相差较大的机床中应用很广泛，缺点是要用一个双联泵，油路系统也稍复杂。

3. 速度换接回路

速度换接回路用来实现运动速度的变换，即在原来设计或调节好的几种运动速度中，从一种速度换成另一种速度。图 9－37 是两个调速阀串联的速度换接回路。

图中液压泵输出的压力油经调速阀 3 和电磁阀 5 进入液压缸，这时的流量由调速阀 3

控制。当需要第二种工作进给速度时，阀 5 通电，其右位接入回路，则液压泵输出的压力油先经调速阀 3，再经调速阀 4 进入液压缸，这时的流量应由调速阀 4 控制，回路中调速阀 4 的节流口应调得比调速阀 3 小，否则调速阀 4 速度换接回路将不起作用。这种回路在工作时调速阀 3 一直工作，它限制着进入液压缸或调速阀 4 的流量，因此在速度换接时不会使液压缸产生前冲现象，换接平稳性较好。

4. 多缸动作回路

（1）顺序动作回路　在多缸液压系统中，往往需要按照一定的要求顺序动作。例如，自动车床中刀架的纵横向运动，夹紧机构的定位和夹紧等。

顺序动作回路按其控制方式不同，分为压力控制、行程控制和时间控制三类。

图 9－38 是利用电气行程开关发讯来控制电磁阀先后换向的顺序动作回路。其动作顺序是：按起动按钮，电磁铁 1DT 通电，缸 1 活塞右行；当挡铁触动行程开关 2XK，使 2DT 通电，缸 2 活塞右行；缸 2 活塞右行至行程终点，触动 3XK，使 1DT 断电，缸 1 活塞左行；而后触动 1XK，使 2DT 断电，缸 2 活塞左行。至此完成了缸 1、缸 2 的全部顺序动作的自动循环。采用电气行程开关控制的顺序回路，调整行程大小和改变动作顺序均甚方便，且可利用电气互锁使动作顺序可靠。

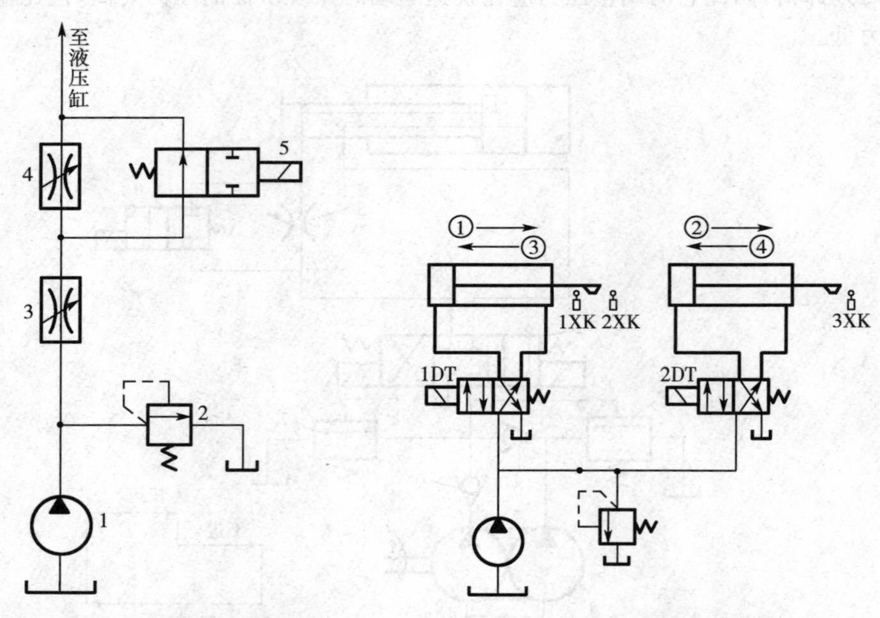


图 9－37　两个调速阀串联的速度换接回路　　图 9－38　行程开关控制的顺序回路

（2）同步回路　使两个或两个以上的液压缸，在运动中保持相同位移或相同速度的回路称为同步回路。在一泵多缸的系统中，尽管液压缸的有效工作面积相等，但是由于运动中所受负载不均衡，摩擦阻力也不相等，泄漏量的不同以及制造上的误差等，不能使液压缸同步动作。同步回路的作用就是为了克服这些影响，补偿它们在流量上所造成的变化。

图 9－39 是串联液压缸的同步回路，图中第一个液压缸回油腔排出的油液，被送入第二个液压缸的进油腔。如果串联油腔活塞的有效面积相等，便可实现同步运动。这种回路两缸能承受不同的负载，但泵的供油压力要大于两缸工作压力之和。

由于泄漏和制造误差，影响了串联液压缸的同步精度，当活塞往复多次后，会产生严重的失调现象，为此要采取补偿措施。

图9-40是两个并联的液压缸，分别用调速阀控制的同步回路。两个调速阀分别调节两缸活塞的运动速度，当两缸有效面积相等时，则流量也调整得相同；若两缸面积不等时，则改变调速阀的流量也能达到同步运动。

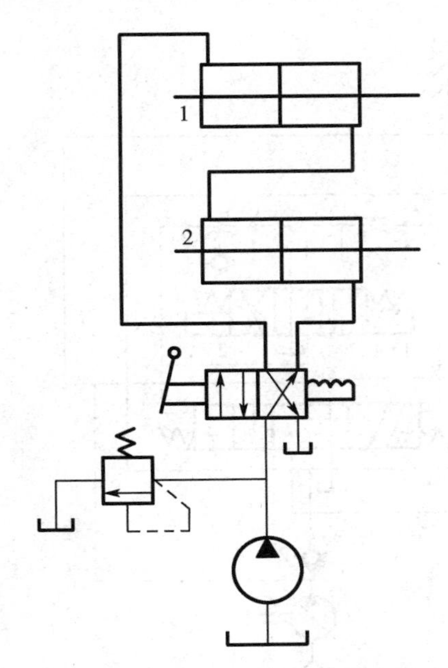


图9-39　串联液压缸的同步回路

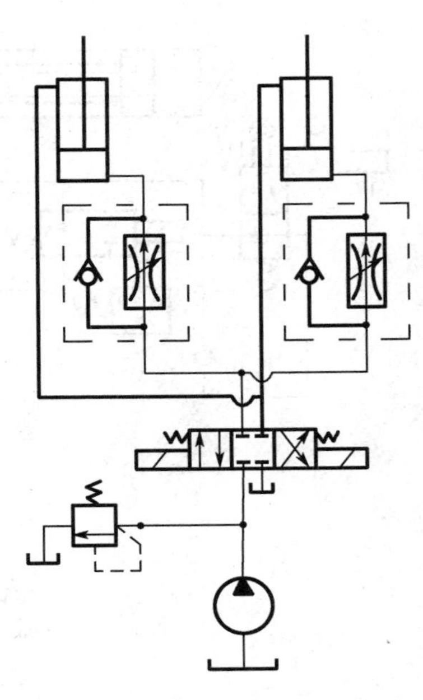

图9-40　调速阀控制的同步回路

用调速阀控制的同步回路，结构简单，并且可以调速，但是由于受到油温变化以及调速阀性能差异等影响，同步精度较低，一般在5%～7%左右。

# 第四节　典型液压系统分析

如今液压传动在各行各业应用十分广泛，其液压系统种类繁多。本节以组合机床动力滑台液压系统为例，介绍液压系统的分析方法。

**一、组合机床动力滑台液压系统概述**

组合机床是由一些通用和专用部件组合而成的专用机床，它操作简便，效率高，广泛应用于成批大量生产中。组合机床的主要通用部件——动力滑台是用来实现进给运动的，只要配以不同用途的主轴头，即可实现钻、扩、铰、镗、铣、刮端面、倒角及攻螺纹等加工。动力滑台有机械滑台和液压滑台之分。液压动力滑台是利用液压缸将泵站所提供的液压能转变成滑台运动所需的机械能。它对液压系统性能的主要要求是速度换接平稳，进给速度稳定，功率利用合理，效率高，发热少。现以YT4543型液压动力滑台为例，分析其液压系统的工作原理和特点。

该动力滑台要求进给速度范围是6.6mm/min～600mm/min，最大进给力是4.5×

$10^4$ N。图 9-41 所示为 YT4543 型动力滑台的液压系统原理图，该系统采用限压式变量泵供油、电液动换向阀换向、快进由液压缸差动连接来实现。用行程阀实现快进与工进的转换、二位二通电磁换向阀同来进行两个工进速度之间的转换，为了保证进给的尺寸精度，采用了止挡块停留来限位。通常实现的工作循环为：快进→第一次工作进给→第二次工作进给→止挡块停留→快退→原位停止。

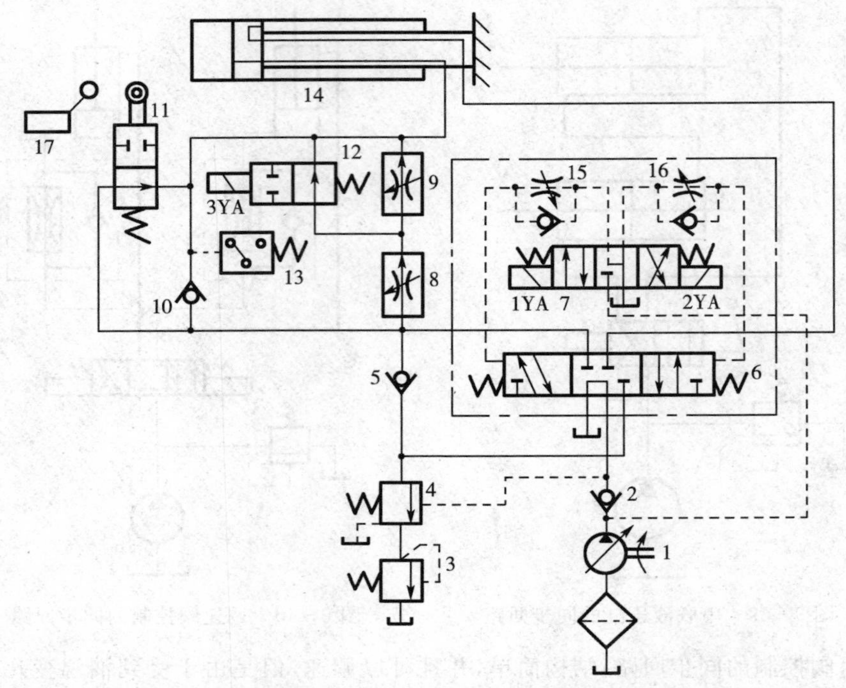


图 9-41　YT4543 组合机床动力滑台液压系统图

1—液压泵　2—单向阀　3—背压阀　4—顺序阀　5—单向阀　6—换向阀
7—先导阀　8、9—调速阀　10—单向阀　11—行程阀　12—电磁阀
13—继电器　14—液压缸　15、16—单向节流阀　17—行程阀

**二、YT4543 型动力滑台的液压系统的工作原理**

(1)快进　如图 9-41 所示，按下启动按钮，电磁铁 1YA 得电，电液动换向阀 10 的先导阀阀芯向右移动从而引起主阀芯向右移，使其左位接入系统，其主油路为：

进油路：泵 1→单向阀 2→换向阀 6(左位)→行程阀 11(下位)→液压缸左腔；

回油路：液压缸的右腔→换向阀 6(左位)→单向阀 6→行程阀 11(下位)→液压缸左腔，从而形成差动连接。

(2)第一次工作进给　当滑台快速运动到预定位置时，滑台上的行程挡块压下行程阀 11 的阀芯，切断了该通道，使压力油经调速阀 8 进入液压缸的左腔。由于油液流经调速阀，系统压力上升，打开液控顺序阀 4，此时单向阀 5 的上部压力大于下部压力，所以单向阀 5 关闭切断了液压缸的差动回路，回油经液控顺序阀 4 和背压阀 3 流回油箱使滑台转换为第一次工作进给。其油路是：

进油路：泵 1→单向阀 2→换向阀 6(左位)→调速阀 8→换向阀 12(右位)→液压缸左腔；

回油路：液压缸的右腔→换向阀6(左位)→顺序阀4→背压阀3→油箱。

因为工作进给时，系统压力升高，所以变量泵1的输油量便自动减小，以适应工作进给的需要，进给量的大小由调速阀8调节。

(3)二次工作进给　第一次工进结束后，行程挡块压下行程开关使3YA通电，二位二通换向阀将通路切断，进油必须经调速阀8、9才能进入液压缸，此时由于调速阀9的开口量小于阀8，所以进给速度再次降低，其它油路情况同一工进。

(4)止挡块停留　当滑台工作进给完毕之后，碰上止挡块的滑台不再前进，停留在止挡块处，同时系统压力升高，当升高到压力继电器13的调整值时，压力继电器动作，经过时间继电器的延时，再发出信号使滑台返回，滑台的停留时间可由时间继电器在一定范围内调整。

(5)快退　时间继电器经延时发出信号，2YA通电，1YA、3YA断电，主油路为：

进油路：泵1→单向阀2→换向阀6(右位)→液压缸右腔；

回油路：液压缸右腔→单向阀10→换向阀6(右位)→油箱。

(6)原位停止　当滑台退回到原位时，行程挡块压下行程开关，发出信号，使2YA断电，换向阀6处于中位，液压缸失去液压动力源，滑台停止运动。液压泵输出的油液经换向阀6直接回油箱，泵卸荷。

### 三、YT4543型动力滑台液压系统的特点

(1)系统采用了限压式变量叶片泵、调速阀、背压阀式的调速回路，能保证稳定的低速运动(进给速度最小可达6.6mm/min)、较好的速度刚性和较大的调速范围。

(2)系统采用了限压式变量泵和差动连接式液压缸来实现快进，能源利用比较合理。滑台停止运动时，换向阀使液压泵在低压下卸荷，减少能量损耗。

(3)系统采用了行程阀和顺序阀实现快进与工进的换接，不仅简化了电器回路，而且使动作可靠，换接精度亦比电气控制高，至于两个工进之间的换接则由于两者速度都较低，采用电磁阀完全能保证换接精度。

## 思考与练习

**1.** 何谓液压传动？液压传动的基本工作原理是怎样的？

**2.** 液压传动系统有哪些组成部分？各部分的作用是什么？

**3.** 和其他传动方式相比较，液压传动有哪些主要优点、缺点？

**4.** 什么是液体的粘性？常用粘度的表示方法有哪几种？说明粘度的单位。

**5.** 液压油的牌号与粘度有什么关系？如何选用液压油？

**6.** 伯努利方程的物理意义是什么？

**7.** 液压冲击和气穴现象是怎样产生的？有何危害？如何防止？

**8.** 从能量观点看，液压泵与液压马达有什么区别和联系？

**9.** 各类液压泵中，哪些能实现单向变量或者双向变量？

**10.** 已知单活塞液压杆缸缸筒内径 $D=100\text{mm}$，单活塞直径 $d=50\text{mm}$，工作压力 $p_1=2\text{MPa}$，流量 $q=10\text{L/min}$，回油压力 $p_2=0.5\text{MPa}$。试求活塞往返运动时的推力和运动速度。

**11.** 顺序阀的调定压力和进出口压力之间有何关系？

**12.** 减压阀的出油口被堵住后，减压阀处于何种工作状态？

**13.** 举出滤油器的各种可能的安装位置。

**14.** 作图说明几种典型的液压基本回路。

# 第十章 气压传动

## 第一节 气压传动概述

### 一、气压传动系统的工作原理

气压传动系统的工作原理是利用空气压缩机将电动机或其它原动机输出的机械能转变为空气的压力能，然后在控制元件的控制和辅助元件的配合下，通过执行元件把空气压力能转变为机械能，从而完成直线或回转运动并对外作功。

### 二、气压传动系统的组成

典型的气压传动系统，如图 10－1 所示。一般由以下四部分组成：

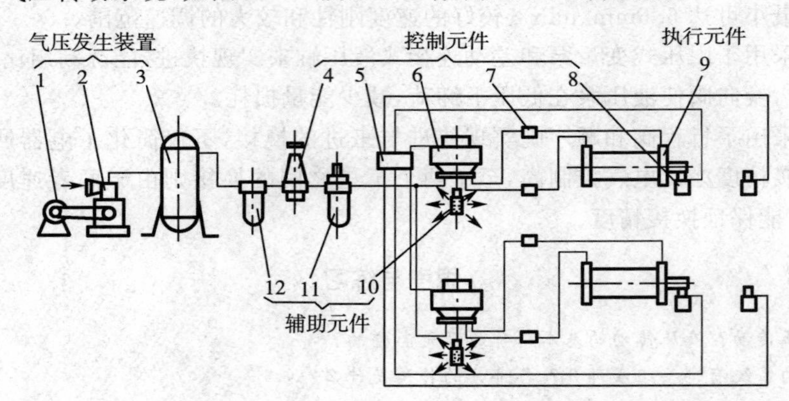


图 10－1　气动系统的组成示意图

1—电动机　2—空气压缩机　3—储气罐　4—压力控制阀　5—逻辑元件　6—方向控制阀　7—流量控制阀　8—机控阀　9—气缸　10—消声器　11—油雾器　12—空气过滤器

(1)气压发生装置　它将原动机输出的机械能转变为空气的压力能，其主要设备是空气压缩机。

(2)控制元件　是用来控制压缩空气的压力、流量和流动方向，以保证执行元件具有一定的输出力和速度并按设计的程序正常工作，如压力阀、流量阀、方向阀和逻辑阀等。

(3)执行元件　是将空气的压力能转变为机械能的能量转换装置，如气缸和气马达。

(4)辅助元件　是用于辅助保证气动系统正常工作的一些装置，如除油器、干燥器、空气过滤器、消声器和油雾器等。

### 三、气压传动的特点

1. 气压传动的优点

(1)以空气为工作介质,工作介质获得比较容易,用后的空气排到大气中,处理方便,与液压传动相比不必设置回收的油箱和管道。

(2)因空气的粘度很小(约为液压油粘度的万分之一),其损失也很小,所以便于集中供气、远距离输送。外泄漏不会像液压传动那样严重污染环境。

(3)与液压传动相比,气压传动动作迅速,反应快、维护简单、工作介质清洁,不存在介质变质等问题。

(4)工作环境适应性好,特别在易燃、易爆、多尘埃、强磁、辐射、振动等恶劣工作环境中,比液压、电子、电气控制优越。

(5)成本低,过载能自动保护。

2. 气压传动的缺点

(1)由于空气具有可压缩性,因此工作速度稳定性稍差。但采用气液联动装置会得到较满意的效果。

(2)因工作压力低(一般为 0.3 MPa～1.0MPa),又因结构尺寸不宜过大,总输出力不宜大于 10KN～40KN。

(3)噪声较大,在高速排气时要加消声器。

(4)气动装置中的气信号传递速度比电子及光速慢,因此,气动控制系统不宜用于元件级数过多的复杂回路。

## 第二节　气动元件

### 一、气源装置及辅件

1. 压缩空气站

压缩空气站是气压系统的动力源装置,一般压缩空气站的净化流程装置如图 10－2 所

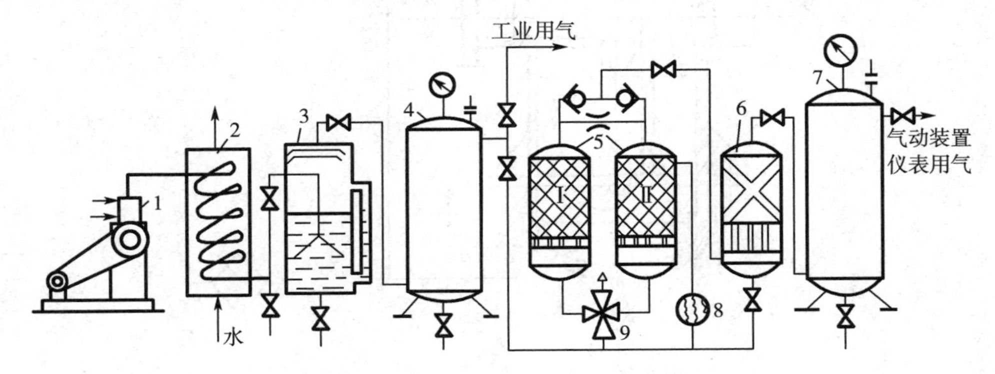


图 10－2　压缩空气站净化流程示意图

1—压缩机　2—冷却器　3—除油器　4—储气罐　5—干燥器

6—过滤器　7—储气罐　8—加热器　9—四通阀

示，空气首先经过过滤器过滤去部分灰尘、杂质后进入压缩机 1，压缩机输出的空气进入冷却器 2 进行冷却，当温度下降到 40℃～50℃时使油水与水气凝结成油滴和水滴，然后进入油水分离器 3，使大部分油、水和杂质从气体中分离出来；将得到的初步净化的压缩空气送入储气罐中(一般称为一次净化系统)。对于要求不高的气压系统即可从储气罐 4 直接供气。但对仪表用气和质量要求高的工业用气，则必须进行二次和多次净化处理。即将经过一次净化处理的压缩空气再送进干燥器 5 进一步除去气体中的残留水分和油。在净化系统中干燥器Ⅰ和Ⅱ交换使用，其中闲置的一个利用加热器 8 吹入的热空气进行再生，以备接替使用。四通阀 9 用于转换两个干燥器的工作状态，过滤器 6 的作用是进一步清除压缩空气中的渣子和油汽。经过处理的气体进入储气罐 7，可供给气动设备和仪表使用。

2. 空气压缩机

空气压缩机是将机械能转变为气体压力能的装置，是气动系统的动力源。一般有活塞式、膜片式、叶片式、螺杆式等几种系统类型，其中气压系统最常使用的机型为活塞式压缩机。在选择空气压缩机时，其额定压力应等于或略高于所需的工作压力，其流量应等于系统设备最大耗气量并考虑管路泄漏等因素。

3. 后冷却器

后冷却器安装在压缩机出口管道上，将压缩机排出的压缩气体温度由 140℃～170℃降至 40℃～50℃，使其中水汽、油雾汽凝结成水滴和油滴，以便经除油器析出。

后冷却器一般采用水冷换热装置，其结构形式有：列管式、散热片式，套管式、蛇管式和板式等。其中，蛇管式冷却器最为常用。

4. 除油器

除油器的作用是分离压缩空气中凝聚的水分和油分等杂质。使压缩空气得到初步净化，其结构形式有环形回转式、撞击折回式、离心旋转式和水浴式等。

图 10-3为撞击折回并环形式除油器。压缩空气自入口进入后，因撞击隔板而折回向

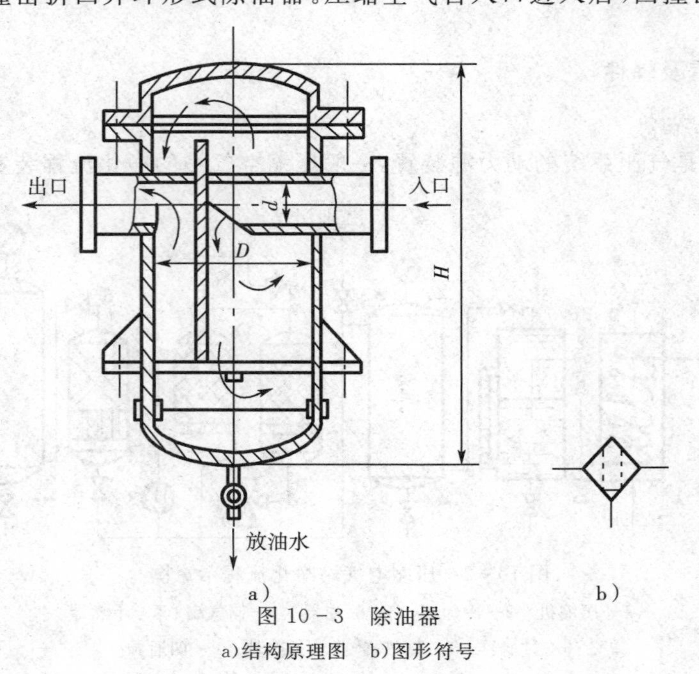


图 10－3　除油器

a)结构原理图　b)图形符号

下，继而又回升向上，形成回转环流，使水滴，油滴和杂质在离心力和惯性力作用下，从空气中分离析出，并沉降在底部，定期打开底部阀门排出，初步净化的空气从出口送往储气罐。

5. 干燥器

干燥器的作用是为了满足精密气动装置用气，把初步净化的压缩空气进一步净化以吸收和排除其中的水分、油分及杂质，使湿空气变成干空气。干燥器的形式有潮解式、加热式、冷冻式等。

6. 空气过滤器

空气过滤器的作用是滤除压缩空气的水分、油滴及杂质，以达到气动系统所要求的净化程度。它属于二次过滤器，大多与减压阀、油雾器一起构成气动三联件，安装在气动系统的入口处。

7. 储气罐

储气罐的作用是消除压力波动，保证输出气流的连续性；储存一定数量的压缩空气，调节用气量或以备发生故障和临时需要应急使用，进一步分离压缩空气中的水分和油分。储气罐一般采用圆筒状焊接结构，有立式和卧式两种，一般以立式居多。立式储气罐的高度 $H$ 为其直径 $D$ 的 2～3 倍，同时应使进气管在下，出气管在上，并尽可能加大两管之间的距离，以利于进一步分离空气中的油水。

8. 气动辅件

(1)油雾器　油雾器是气压系统中一种特殊的注油装置，其作用是把润滑油物化后，经压缩空气携带进入系统中各润滑的部位，满足润滑的需要。油雾器在安装使用中常与空气过滤器和减压阀一起构成气动三联件，尽量靠近换向阀垂直安装，进出气口不要装反，油雾器供油量一般以 $10m^3$ 自由空气用 1mL 油为标准，使用中，可根据实际情况调整。

(2)消声器　气压传动装置的噪声一般都比较大，尤其当压缩气体直接从气缸或阀中排向大气，较高的压差使气体体积急剧膨胀，产生涡流，引起气体的振动，发出强烈的噪声，为消除这种噪声应安装消声器。

(3)转换器　在气动控制系统中，也与其他自动控制装置一样，有发信、控制和执行部分，其控制部分工作介质为气体，而信号传感部分和执行部分不一定全用气体，可能用电或液体传输，这就要通过转换器来转换。常用的转换器有：气—电、电—气、气—液等。

## 二、执行元件

气动系统常用的执行元件为气缸和气马达。气缸用于实现直线往复运动，输出力和直线位移。气马达用于实现连续回转运动，输出力矩和角位移。

1. 常用气缸

(1)普通气缸　普通气缸的结构如图 10－4 所示。该气缸是一个双作用气缸，主要由前、后缸盖、活塞及活塞杆、缸体、密封圈、紧固件等零件组成。

(2)气液阻尼缸　气、液阻尼缸是由气缸和液压缸共同组成的。它以压缩空气为能源，利用液压油的不可压缩性和对油液油量的控制，使活塞获得稳定的运动，并可调节活塞的运动速度。

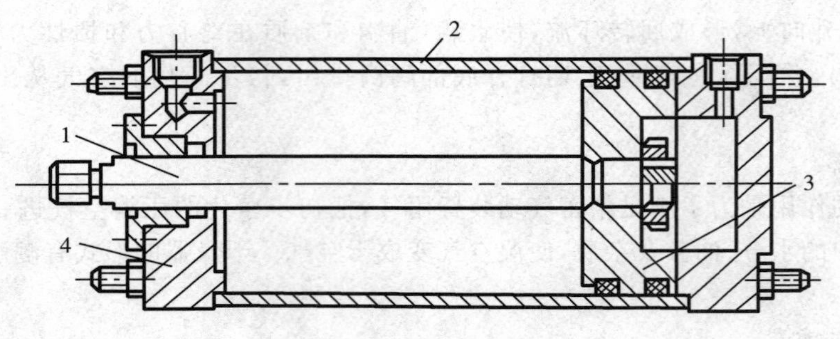


图 10-4　普通气缸

1—活塞杆　2—缸体　3—活塞　4—缸盖

图 10-5 为串联式气液阻尼缸的工作原理图。左半部为气缸，右半部为油缸。气缸活塞与油缸活塞通过一根活塞杆连成为一体。当压缩空气进入气缸右腔，推动活塞左行，液压缸左腔液压油流出，经节流阀进入油缸右腔，节流阀对活塞的运动产生阻尼作用，调节节流阀即可改变阻尼缸的运动速度。当压缩空气进入气缸左腔，活塞右行，液压缸右腔排油，顶开单向阀，液油快速流回油缸左腔，没有阻尼作用，阻尼缸即可快速返回。

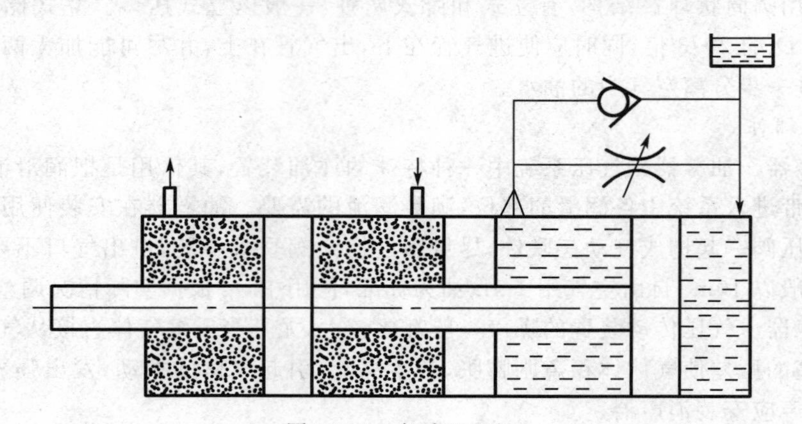

图 10-5　气液阻尼缸

气液阻尼缸充分利用了气动与液压各自的优点。它速度稳定、调速准确、以气源为动力，省去了液压源，经济性好，因而应用越来越广泛。

(3)摆动气缸　摆动气缸的输出为转矩，可以实现有限角度的往复摆动。

图 10-6 为单叶片摆动气缸的工作原理图。在压缩空气的推动下叶片带动转子、转子轴向外输出转矩。如图 10-6 所示，左腔进气，右腔排气，叶片带动转子顺时针转动，反之，叶片与转子则逆时针转动。摆动气缸多用于要求转动输出，转角确定(一般小于 360°)的工作场合，如夹具的回转、工件的搬移转位，阀门的开关等。

(4)冲击气缸　图 10-7 为普通型冲击气缸的结构示意图。它在结构上包含头腔、尾腔和储能腔三个工作腔，具有一个带喷嘴和排气小孔的中盖。冲击气缸结构简单、成本低、耗气功率小，但能产生相当大的冲击力。在很多需要冲击能量进行工作的场合，原本需要很大的驱动力且装置笨重，而采用冲击气缸往往就能满足工作要求，不仅节省了驱动功率也使设备结构紧凑、体积减少。冲击气缸在冲孔落料、模型锻造、弯曲折边等方面已得到了广泛的应用。此外，它还可用在铆接、压装、空气锤、粉碎等。

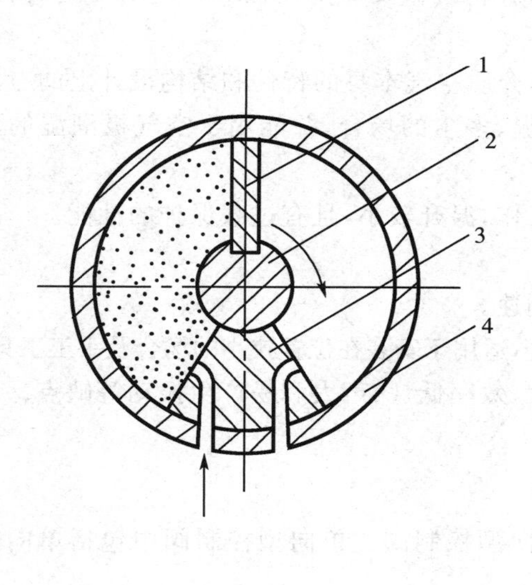


图 10－6　摆动气缸

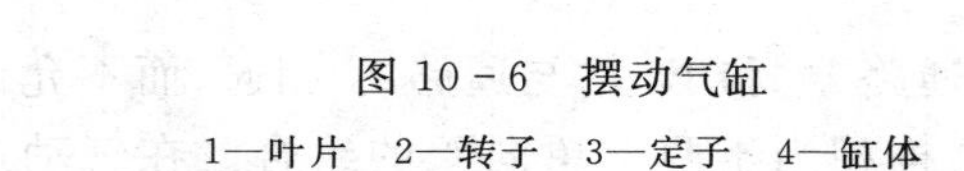
1—叶片　2—转子　3—定子　4—缸体

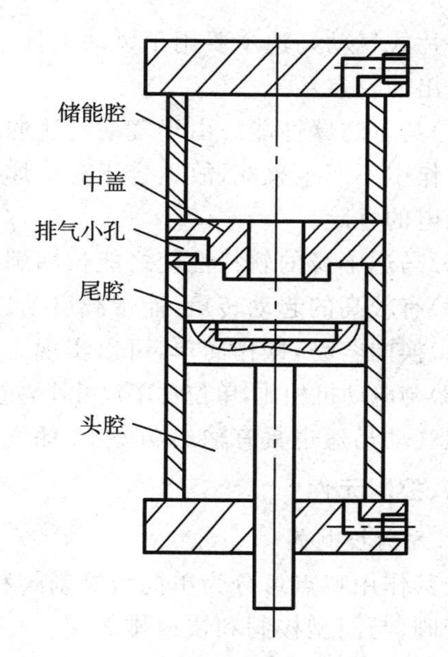


图 10－7　普通型冲击气缸

2. 气动马达

气动马达是将压缩空气的压力能转换成旋转的机械能的装置，在气压传动中使用最广泛的是叶片式和活塞式气动马达，本节以叶片式气动马达为例简单介绍气动马达的工作原理和它的主要技术性能。

如图 10－8 所示的为双向转叶片式气动马达的工作原理图。当压缩空气从进气口 A 进入气室后立即喷向叶片 1，作用在叶片的外伸部分，产生转矩带动转子 2 作逆时针转动，输出旋转的机械能，废气从排气口 C 排出，残余气体则经 B 排出(二次排气)；若进、排气口互换，则转子反转，输出相反方向的机械能。转子转动的离心力和叶片底部的气压力、弹簧力(图中未画出)使得叶片紧密地抵在定子 3 的内壁上，以保证密封，提高容积效率。

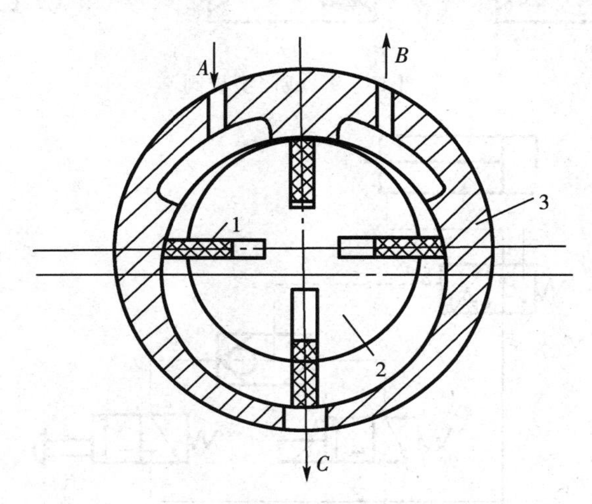


图 10－8　双向旋转的叶片马达

1—叶片　2—转子　3—定子

叶片式气动马达主要用于风动工具、高速旋转机械及矿山机械等。气动马达具有一些比较突出的特点：

(1)具有防爆性能。由于气动马达的工作介质空气本身的特性和结构设计上的考虑，能够在工作中不产生火花，故适合于有爆炸、高温、多尘的场合，并能用于空气极潮湿的环境，而无漏电的危险。

(2)马达本身的软特性使之能长期满载工作，温升较小，且有过载保护的性能。

(3)有较高的起动转矩，能带载启动。

(4)换向容易，操作简单，可以实现无级调速。

(5)与电动机相比，单位功率尺寸小，重量轻，适用于安装在位置狭小的场合及手工工具上。

但气动马达也具有输出功率小、耗气量大、效率低、噪声大和易产生振动等缺点。

## 三、控制元件

### 1. 方向控制阀

按其作用特点可分为单向型控制阀和换向型控制阀。单向型控制阀中包括单向阀、或门型梭阀、与门型梭阀和快速排气阀。

(1)或门型梭阀　在气压传动系统中，当两个通路 $P_1$ 和 $P_2$ 均与通路 A 相通，而不允许 $P_1$ 与 $P_2$ 相通时，就要采用或门型梭阀。该阀的结构相当于两个单向阀的组合。在气动逻辑回路中，该阀起到“或”门的作用，是构成逻辑回路的重要元件。

图 10-9 为或门型梭阀的工作原理图。当通路 $P_1$ 进气时，将阀芯推向右边，通路 $P_2$ 被关闭，于是气流从 $P_1$ 进入通路 A，如图 10-9a 所示；反之，气流则从 $P_2$ 进入 A，如图 10-9b 所示；当 $P_1$、$P_2$ 同时进气时，哪端压力高，A 就与哪端相通，另一端就自动关闭。图 10-9c 为该阀的图形符号。或门型梭阀在逻辑回路和程序控制回路中被广泛采用，图 10-10 是在手动、自动回路的转换上常用的或门型梭阀。

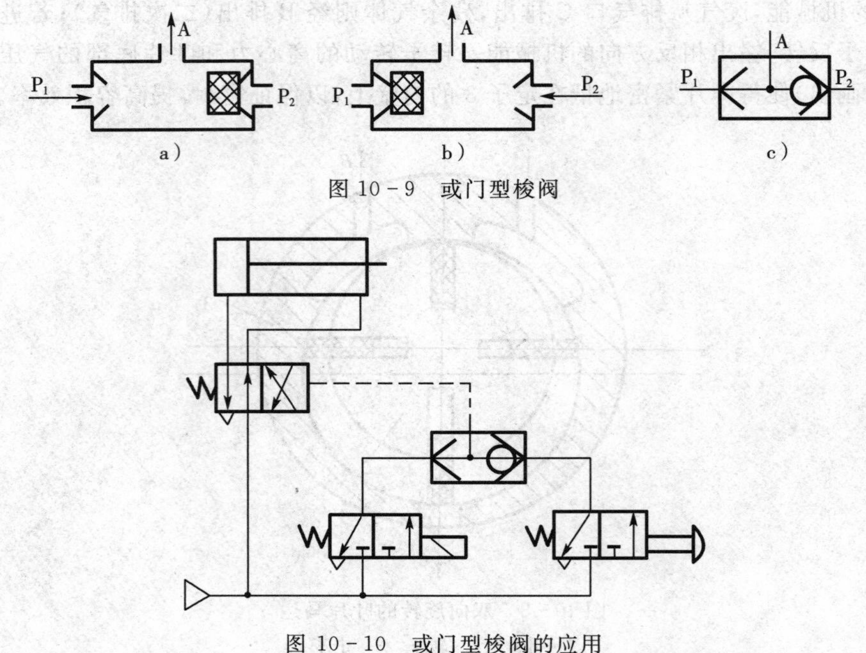


a)　b)　c)

图 10-9　或门型梭阀

图 10-10　或门型梭阀的应用

(2)与门型梭阀(双压阀)　与门型梭阀又称双压阀,该阀只有两个输入口 $P_1$、$P_2$ 同时进起气时,A 口才有输出,这种阀也是相当于两个单向阀的组合。图 10－11 是与门型梭阀(双压阀)的工作原理图。当 $P_1$ 或 $P_2$ 单独有输入时,阀芯被推向右端或左端(如图 10－11a、b 所示),此时 A 口无输出;只有当 $P_1$ 和 $P_2$ 同时有输入时,A 口才有输出(如图 10－11c 所示)。当 $P_1$ 和 $P_2$ 气体压力不等时,则气压低的通过 A 口输出。图 10－11d 为该阀的图形符号。与门型梭阀的应用很广泛,图 10－12 为该阀在钻床控制回路中的应用。行程阀 1 为工件定位信号,行程阀 2 是夹紧工件信号。当两个信号同时存在时,与门型梭阀(双压阀)3 才有输出,使换向阀 4 切换,钻孔缸 5 进给,钻孔开始。

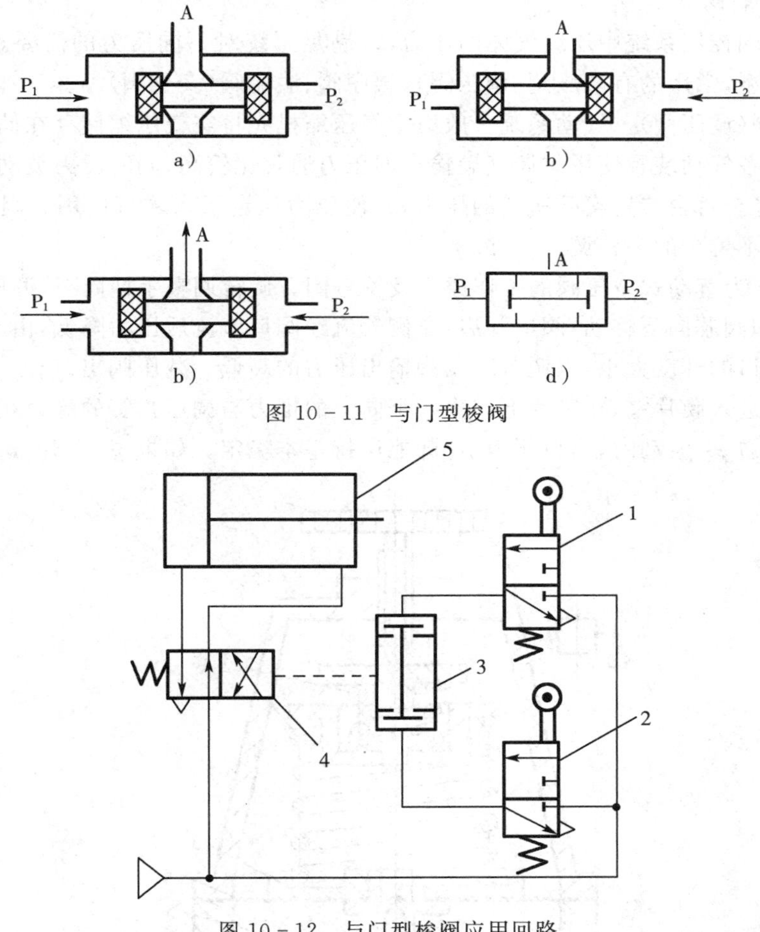


图 10－11　与门型梭阀

图 10－12　与门型梭阀应用回路

(3)快速排气阀　快速排气阀简称快排阀。它是为加快气缸运动速度作快速排气用的。快速排气阀的工作原理如图 10－13 所示。当进气腔 P 进入压缩空气时,将密封活塞迅速上推,开启阀口 2,同时关闭排气口 1,使进气腔 P 与工作腔 A 相通(如图 10－13a 所示);当 P 腔没有压缩空气进入时,在 A 腔和 P 腔压差作用下,密封活塞迅速下降,关闭 P 腔,使 A 腔通过阀口 1 经 O 腔快速排气,如图 10－13b 所示,图 10－13c 为该阀的图形符号。

在实际使用中,快速排气阀应配置在需要快速排气的气动执行元件附近,否则会影响快排效果。

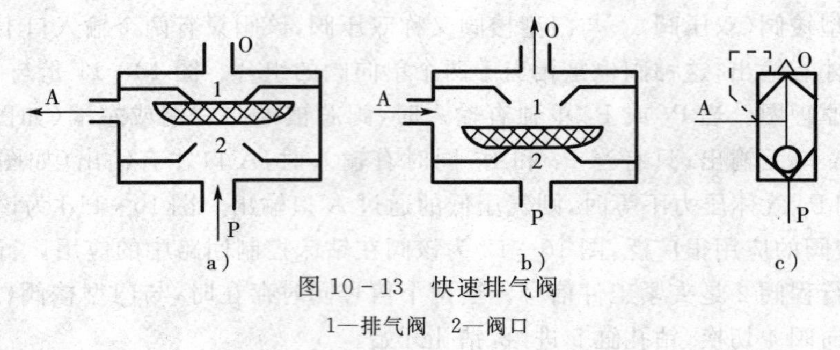

图 10－13　快速排气阀

1—排气阀　2—阀口

2. 压力控制阀

压力控制阀控制系统中压缩气体的压力，以满足系统对不同压力的需要。气动压力控制阀有很多类型，常用的有减压阀(调压阀)、顺序阀、溢流阀(安全阀)等。

(1)减压阀(调压阀)　气动系统一般由空气压缩机先将空气压缩储存在储气罐内，然后经管路输送给各气动装置使用。储气罐输出的压力通常比较高，同时压力波动也比较大，只有经过减压，降至每台装置实际所需的压力，并使压力稳定下来才可使用。因此，减压阀是气动系统中必不可少的一种调压元件。

图 10－14 为直动式减压阀的工作原理及符号图。旋转调整手柄向下，调压弹簧推动下弹簧座、膜片和阀芯向下移动，阀口开启，左侧气流经阀口节流后压力降低，由右侧输出。调整手柄决定阀口的开度大小，以调节减压阀输出压力的高低。减压阀出口有一阻尼孔，出口气流可由该孔进入膜片室，在膜片上产生一个向上的推力与调压弹簧的弹力相平衡，因此保证了在进口压力 $p_1$ 波动时，出口压力 $p_2$ 却能保持基本稳定。如果 $p_1$ 上升，$p_2$ 也会随之上

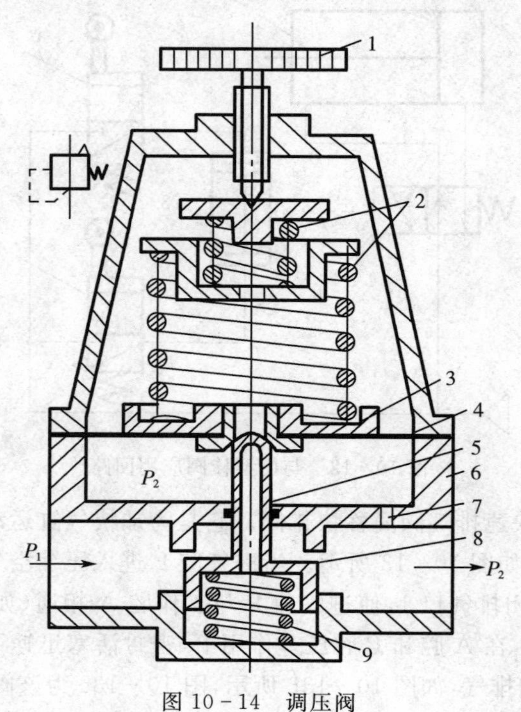

图 10－14　调压阀

1—调整手柄　2—调压弹簧　3—下弹簧座　4—膜片

5—阀芯　6—阀套　7—阻尼孔　8—阀口　9—复位弹簧

升，从而使膜片向上推力加大，阀芯便上移，阀口开度就减小，节流作用加强，使输出端压力 $p_2$ 又降下来；同样，如果 $p_1$ 下降，$p_2$ 也会下降，膜片推力减小，阀芯下移，阀口开度加大，输出压力 $p_2$ 又回升上去。可见，减压阀具有减压和稳压的双重作用。

(2)顺序阀　顺序阀的作用是依靠气路中压力的大小来控制执行机构按顺序动作。顺序阀常与单向阀并联结合成一体，称为单向顺序阀。

图 10－15 为单向顺序阀的工作原理图，当压缩空气由 P 口进入腔 4 后，作用在活塞 3 上的力小于弹簧 2 上的力时，阀处于关闭状态。而当作用于活塞上的力大于弹簧力时，活塞被顶起，压缩空气经腔 4 流入腔 5 由 A 口流出，然后进入其它控制元件或执行元件，此时单向阀关闭。当切换气源时，腔 4 压力迅速下降，顺序阀关闭，此时腔 5 压力高于腔 4 压力，在气体压力差作用下，打开单向阀，压缩空气由腔 5 经单向阀 6 流入腔 4 向外排出。

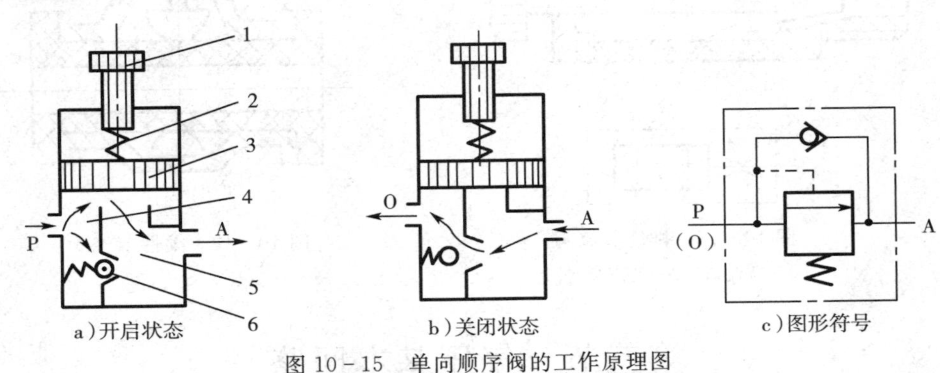


图 10－15　单向顺序阀的工作原理图

1—调压手柄　2—调压弹簧　3—活塞　4—阀左腔　5—阀右腔　6—单向阀

(3)溢流阀(安全阀)　溢流阀的作用是当系统压力超过调定值时，便自动排气，使系统压力下降，以保证系统安全，故也称其为安全阀。溢流阀的工作原理如图 10－16 所示。

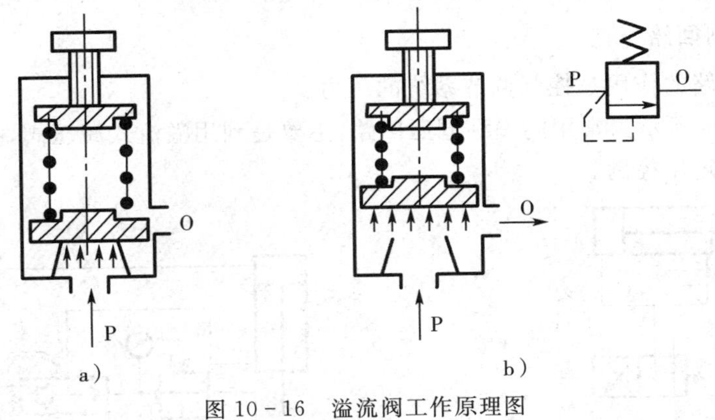


图 10－16　溢流阀工作原理图

a)关闭状态　b)开启状态

3. 流量控制阀

在气压传动系统中，经常要求控制气动执行元件的运动速度，这要靠调节压缩空气的流量来实现。凡用来控制气体流量的阀，称为流量控制阀。本节仅对排气节流阀和柔性节流阀作简要介绍。

(1)排气节流阀　如图 10－17 所示为排气节流阀的工作原理图，气流从 A 口进入阀内,由节流口 1 节流后经消声套 2 排出。因而它不仅能调节执行元件的运动速度,还能起到降低排气噪声的作用。

排气节流阀通常安装在换向阀的排气口处与换向阀联用,起单向节流阀的作用。它实际上只不过是节流阀的一种特殊形式。由于其结构简单,安装方便,能简化回路,故应用日益广泛。

(2)柔性节流阀　如图 10－18 所示为柔性节流阀的原理图,依靠阀杆夹紧柔韧的橡胶管而产生节流作用,也可以利用气体压力来代替阀杆压缩橡胶管。柔性节流阀结构简单,压降小,动作可靠性高,对污染不敏感,通常工作压力范围为 0.3MPa～0.63MPa。

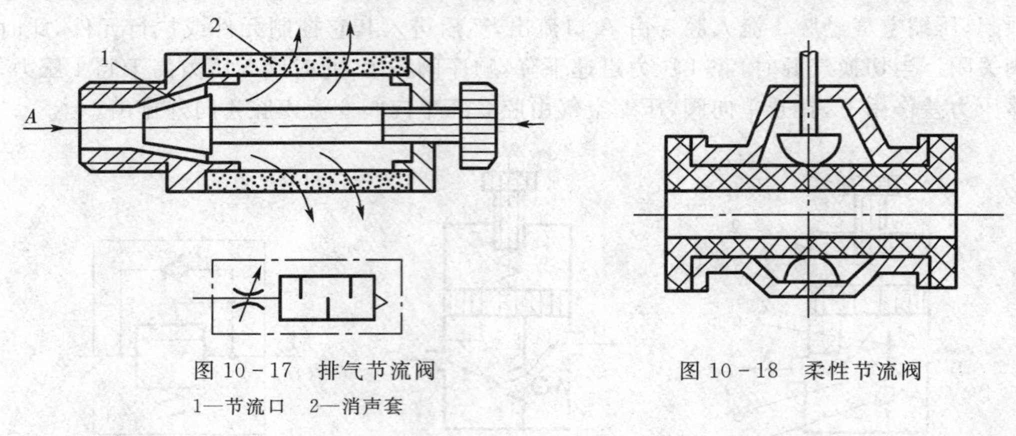


图 10－17　排气节流阀

1—节流口　2—消声套

图 10－18　柔性节流阀

# 第三节　气压基本回路

和液压传动系统一样,气压传动系统也是由各种功能的基本回路组成。因此,熟练掌握常用的基本回路是分析气压传动系统的基础。

**一、压力控制回路**

压力控制回路的作用是控制调节系统的压力。

如图 10－19a 所示为常用的一种调压回路,主要是利用溢流式减压阀,控制气动系统气源的压力以实现定压控制。

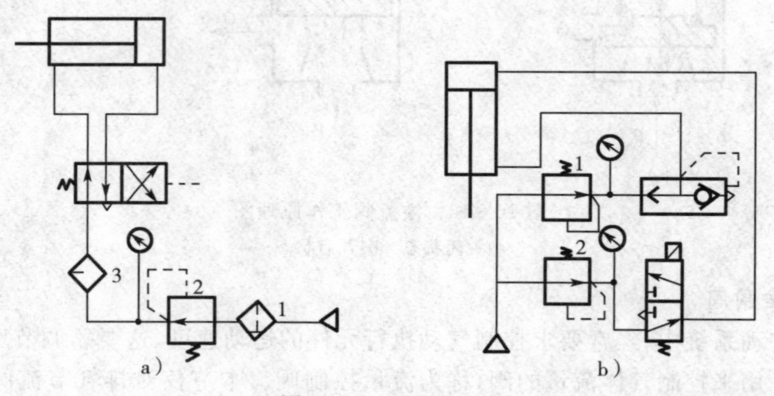


图 10－19　调压回路

如图 10－19b 所示为可提供两种压力的调压回路。气缸有杆腔压力由减压阀 1 调定,

无杆腔压力由减压阀 2 调定。实际工作中，通常活塞杆伸出和退回时的负载不同，采用此回路有利于能量消耗。

## 二、换向回路

### 1. 单作用气缸换向回路

如图 10－20 所示的为单作用气缸换向回路，图 10－20a 是用二位三通电磁阀控制的单作用气缸换向回路，该回路中，当电磁铁得电时，气缸向上伸出，失电时气缸在弹簧作用下返回。如图 10－20b 所示为三位四通电磁阀控制的单作用气缸上、下和停止的回路，该阀在两电磁铁均失电时能自动对中，使气缸停于任何位置，但定位精度不高，且定位时间不长。

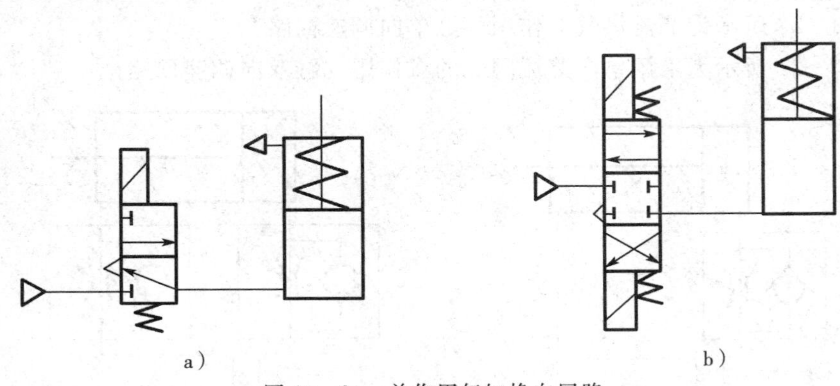


图 10－20　单作用气缸换向回路

### 2. 双作用气缸换向回路

如图 10－21a 所示为二位五通气控阀和手动二位三通阀控制的双作用气缸换向回路。当手动阀换向时，由手动阀控制的控制气流推动二位五通气控换向阀换向，气缸活塞杆外伸。松开手动换向阀，则活塞杆返回。

如图 10－21b 所示为双气控二位四通阀控制的双作用气缸换向回路。主阀由两个小流量二位三通手动阀控制。

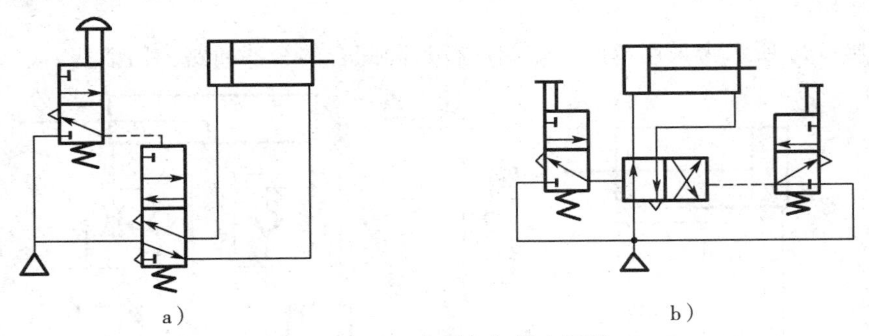


图 10－21　双作用气缸换向回路

## 三、速度控制回路

由于气压传动的速度控制所传递的功率不大，一般采用节流调速，但因气体的可压缩性和膨胀性远比液体大，故气压传动中气缸的节流调速在速度平稳性上的控制远比液压传动中的困难，速度负载特性差，动态响应慢。

### 1. 单作用气缸速度控制回路

如图 10－22 所示为可以进行双向速度调节的单作用气缸速度控制回路。

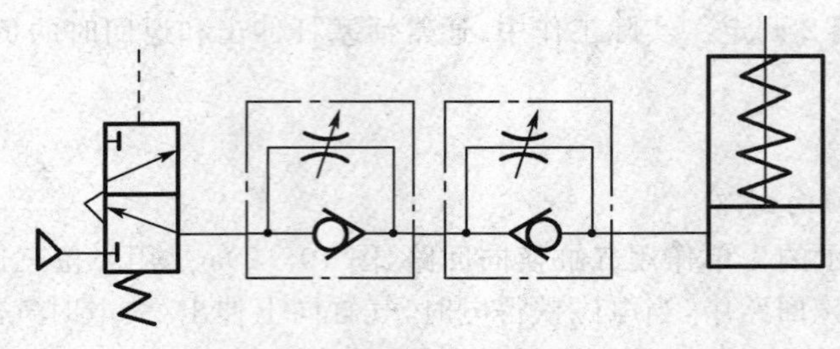

图 10－22　单作用气缸速度控制回路

2. 双作用气缸速度控制回路

如图 10－23 所示为节流供气双作用气缸单向调速回路。

如图 10－24 所示为采用单向节流阀式的双作用气缸双向调速回路。

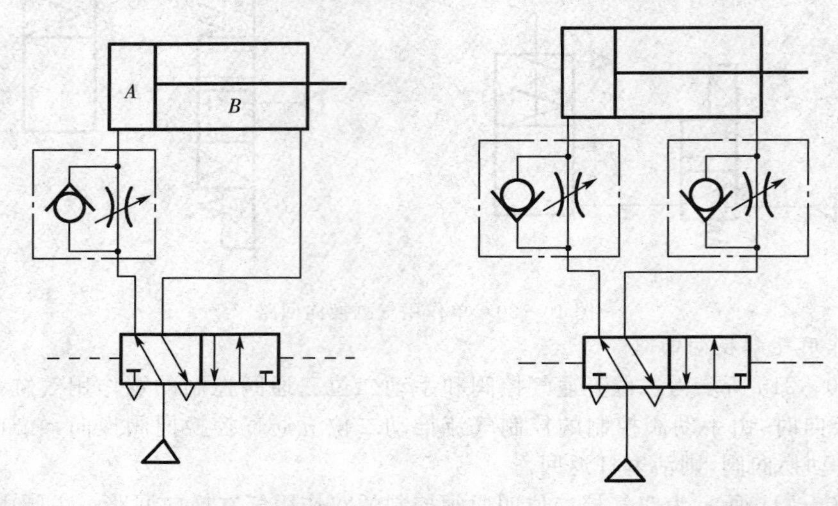


图 10－23　双作用气缸单向调速回路　　图 10－24　双作用气缸双向调速回路

3. 缓冲回路

如图 10－25 所示为采用单向节流阀和行程阀配合的缓冲回路。当活塞

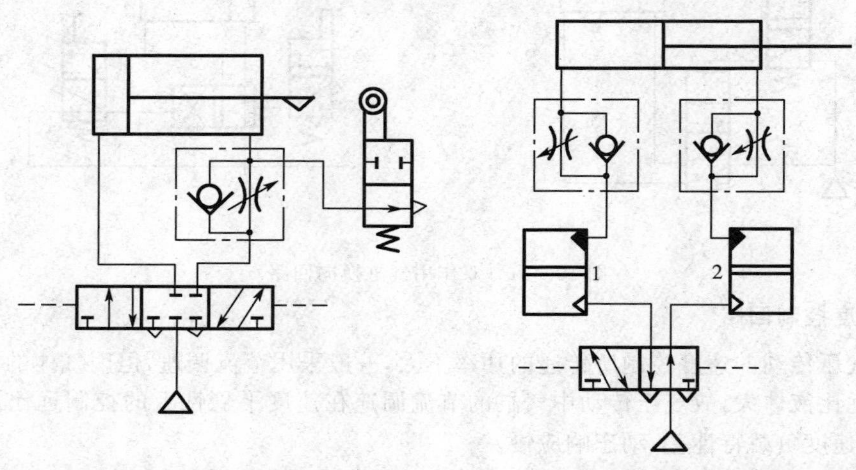


图 10－25　缓冲回路　　图 10－26　气液转换速度控制回路

1、2—气液转换器

前进到预定位置压下行程阀时，气缸排气腔的气流只能从节流阀通过，使活塞速度减慢，达到缓冲的目的。此种回路常用于惯性较大的气缸。

4. 气液转换速度控制回路

如图 10－26 所示为采用气液转换器的速度控制回路。利用气液转换器 1、2 将气压变成液压，利用液压油驱动液压缸，从而得到平稳的运动速度。两个单向节流阀进行出口节流调速，在选用气液转换器时，要注意使其流量大于所对应的液压缸的油腔容积，保持一定的余量。

## 第四节　气压传动系统实例

气液动力滑台是采用气－液阻尼缸作为执行元件。由于在它的上面可安装单轴头、动力箱或工件。因而在机床上常用来作为实现进给运动的部件。图 10－27 为气液动力滑台的回路原理图。图中阀 1、2、3 和阀 4、5、6 实际上分别被组合在一起，成为两个组合阀。

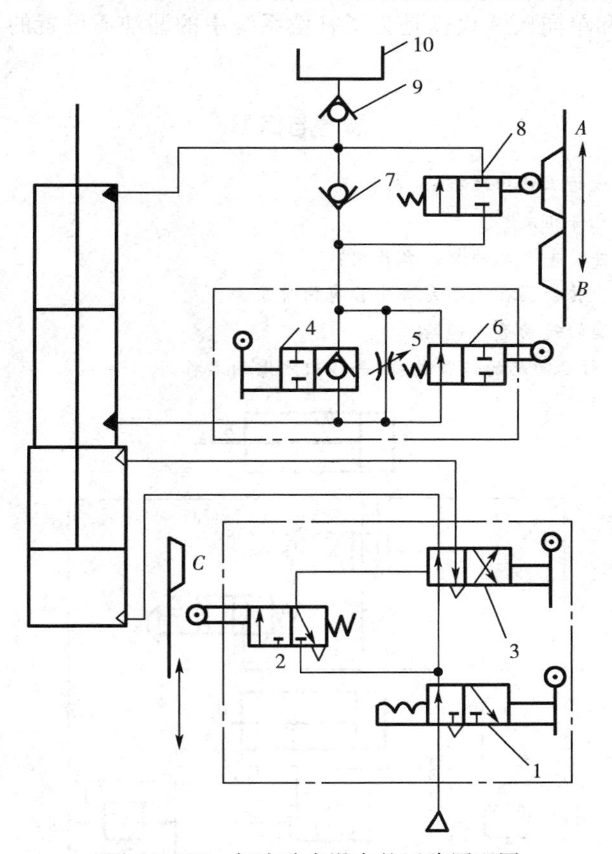


图 10－27　气液动力滑台的回路原理图

该种气液滑台能完成下面的两种工作循环：

(1)快进—慢进—快退—停止　当图中阀 4 处于图示状态时，就可实现上述循环的进给程序。其动作原理为：当手动阀 3 切换至右位时，实际上就是给予进刀信号，在气压作用下，气缸中的活塞开始向下运动，液压缸中活塞下腔油液经机控阀 6 的左位和单向阀 7 进入液压缸活塞的上腔，实现了快进；当快进到活塞杆上的挡铁 $B$ 切换机控阀 6(使它处于右位)后，油液只能经节流阀 5 进入活塞上腔，调节节流阀的开度，即可调节气一液阻尼缸运动速度。所以，这时开始慢进(工作进给)。当慢进到挡铁 $C$ 使机控阀 2 切换至左位时，输出气信号使阀 3 切换至左位，这时气缸活塞开始向上运动。液压缸活塞上腔的油液经阀 8 至图示位置而使油液通道被切断，活塞就停止运动。所以改变挡铁 $A$ 的位置，就能改变“停”的位置。

(2)快进—慢进—慢退—快退—停止　把手动阀 4 关闭(处于左位)时就可实现上述的双向进给程序，其动作原理为：其动作循环中的快进—慢进的动作原理与上述相同。当慢进至挡铁 $C$ 切换机控阀 2 至左位时，输出气信号使阀 3 切换至左位，气缸活塞开始向上运动。这时液压缸上腔的油液经机控阀 8 的左位和节流阀 5 进入液压活塞缸下腔，亦即实现了慢退(反向进给)；当慢退到挡铁 $B$ 离开阀 6 的顶杆而使其复位(处于左位)后，液压缸活塞上腔的油液就经阀 8 的左位、再经阀 6 的左位进入液压活塞缸下腔，开始快退；快退到挡铁 $A$ 切换阀 8 至图示位置时，油液通路被切断，活塞就停止运动。

图中补油箱 10 和单向阀 9 仅仅是为了补偿系统中的漏油而设置的，因而一般可用油杯来代替。

## 思考与练习

1. 简述气压传动系统的工作原理、组成及特点。
2. 气源装置有哪些元件组成？
3. 什么叫气动三联件？每个元件起什么作用？
4. 气电转换器和电气转换器在气动系统中各有何作用？
5. 作图说明几种典型的气动基本回路。
6. 分析如图 10－28 所示回路的工作过程，并指出元件的名称。

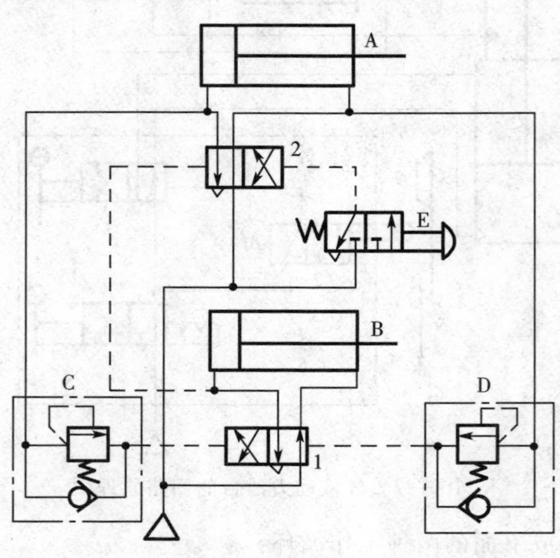


图 10－28

# 第四篇　金属工艺基础

本篇主要学习常用金属材料、焊接、锻压和钳工基础等。

# 第十一章 常用金属材料

本章主要学习常用金属材料的力学性能、碳钢、合金钢、铸铁和其他有色金属等。

## 第一节　材料的力学性能

材料的性能分使用性能和工艺性能。使用性能是指材料在使用时所表现出的各种性能，它包括物理性能、化学性能和力学性能。工艺性能是指材料在加工制造时所表现出的性能，根据制造工艺的不同，分为铸造性、可锻性、焊接性、热处理性能及切削加工性等。

材料的力学性能是材料抵抗外力作用的能力，常用的力学性能指标有强度、硬度、塑性、韧性和疲劳强度等。

**一、强度**

强度是材料抵抗变形和断裂的能力，可通过拉伸试验来测定。拉力试验能测出材料的弹性极限、屈服强度、抗拉强度和塑性等基本性能指标。进行拉伸试验时，先将材料加工成一定形状和尺寸的标准试样，如图 11－1 所示。然后在拉伸试验机上将试样夹紧，施加缓慢增加的拉力(载荷)，一直到试样被拉断为止。在此过程中，试验机能自动绘制出载荷 $F$ 和试样变形量 $\Delta l$ 的关系曲线，此曲线叫作拉伸曲线。图 11－2 为低碳钢的拉伸曲线，图中的纵坐标是载荷 $F$，单位为(牛顿)；横坐标是伸长量 $\Delta l$，单位为 mm(毫米)。由图可见，当试样由零开始受载荷到 $F_e$ 点以前，试样只产生弹性变形。此时去掉载荷，试样能恢复原来的形状，当载荷超过 $F_e$ 点以后，试样开始塑性变形，此时去掉载荷，试样已不能完全恢复原状，

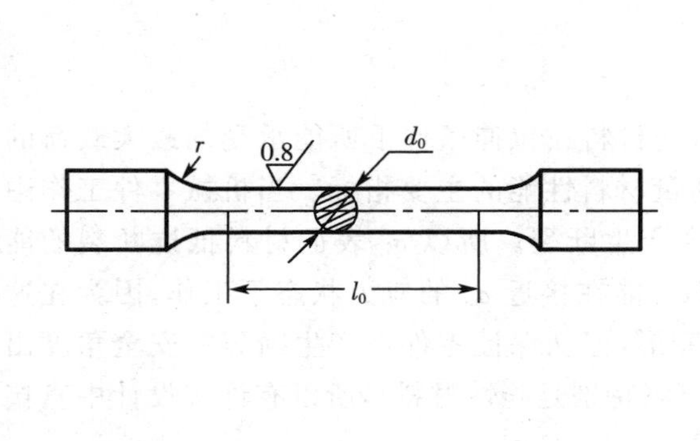


图 11－1　拉伸试验

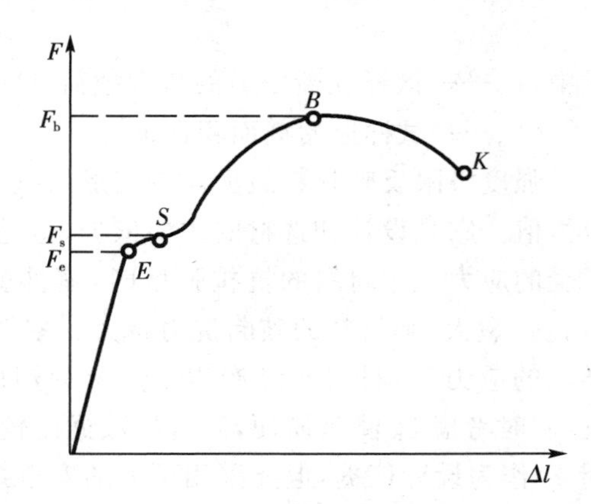


图 11－2　低碳钢拉伸曲线图

而出现一部分残留伸长。载荷消失后不能恢复的变形称为塑性(或永久)变形。当载荷达到

$F_s$ 点时，图上出现水平线段，这表示载荷虽然不增加，变形却继续增大，这种现象叫作屈服现象。此时若继续加大载荷，试样将发生明显变形伸长。当载荷增至 $F_b$ 点时，试样最弱的某一部位截面开始急剧缩小，出现缩颈现象。由于试样截面缩小，载荷逐渐降低，当达到 $K$ 点时，试样便在缩颈处拉断。

1. 弹性极限

弹性极限（弹性强度）是材料所能承受的、不产生永久变形的最大应力，用符号 $\sigma_e$（MPa）表示。

$$\sigma_e = \frac{F_e}{S_o}$$

式中：$F_e$——试样不产生塑性变形的最大载荷，N；

$S_o$——试样原始截面积，$mm^2$。

2. 屈服点（屈服强度）

屈服点是材料开始产生明显塑性变形（即屈服）时的应力，用符号 $\sigma_s$（MPa）表示。

$$\sigma_s = \frac{F_s}{S_o}$$

式中：$F_s$——试样发生屈服现象时的载荷，N；

$S_o$——试样原始截面积，$mm^2$。

有些材料（如高碳钢）在拉伸曲线上没有明显的屈服现象，它的屈服点很难测定。在这种情况下，工程技术上把试样产生 0.2% 残留变形的应力值作为屈服点，又称条件屈服点，用符号 $\sigma_{0.2}$ 表示。

机械零件在工作中一般不允许发生塑性变形，所以屈服点是衡量材料强度的重要力学性能指标，是设计和选材的主要依据之一。

3. 强度极限（抗拉强度）

强度极限是材料在断裂前所能承受的最大应力，用符号 $\sigma_b$（MPa）表示。

$$\sigma_b = \frac{F_b}{S_o}$$

式中：$F_b$——试样在断裂前的最大载荷，N；

$S_o$——试样原始截面积，$mm^2$。

强度极限反映材料最大均匀变形的抗力，是材料在拉伸条件下所能承受的最大载荷的应力值。它是设计和选材的主要依据，也是衡量材料性能的主要指标。当机械零件工作中承受的应力大于材料的抗拉强度时，零件就会产生断裂。所以 $\sigma_b$ 表征材料抵抗断裂的能力。$\sigma_b$ 愈大，则材料的破断抗力越大。零件不可能在接近 $\sigma_b$ 的应力状态下工作，因为在这样大的应力下，材料已经产生了大量的塑性变形，但从保证零件不产生断裂的安全角度出发，同时考虑 $\sigma_b$ 测量简便，测得的数据比较准确（特别是脆性材料），所以有许多设计中直接用 $\sigma_b$ 作为设计依据，但要采用更大的安全系数。

**二、塑性**

塑性是反映材料在外力载荷作用下，产生塑性变形而不发生破坏的能力。材料塑性的

好坏，用伸长率 $\delta$ 和断面收缩率 $\psi$ 来衡量。

1. 伸长率 $\delta$

是指试样拉断后的伸长量与试样原长度比值的百分数，即

$$\delta=\frac{L_1-L_0}{L_0}\times 100\%$$

式中：$L_1$——试样拉断后的标距长度，mm；

$L_0$——试样原来的标距长度，mm。

应当指出，在材料手册中常可以看到 $\delta_5$ 和 $\delta_{10}$ 两种符号，它分别表示用 $L_0=5d$ 和 $L_0=10d$（$d$ 为试棒直径）两种不同长度试棒测定的延伸率。$L_1$ 是试棒的均匀伸长和产生细颈后伸长的总和，相对来说短试棒中细颈的伸长量所占比例大。故同一材料测得的 $\delta_5$ 和 $\delta_{10}$ 值是不同的，$\delta_5$ 的值较大，例如钢材的 $\delta_5$ 大约为 $\delta_{10}$ 的 1.2 倍。所以相同符号的伸长率才能进行相互比较。

2. 断面收缩率 $\psi$

是指试样拉断处的横截面积的收缩量与试样原横截面积之比的百分数，即

$$\psi=\frac{S_0-S_1}{S_0}\times 100\%$$

式中：$S_1$——试样拉断处的最小横截面积，$mm^2$；

$S_0$——试样原横截面积，$mm^2$。

断面收缩率不受试棒标距长度的影响，因此能更可靠反映材料的塑性。

材料的伸长率 $\delta$ 和断面收缩率 $\psi$ 的数值越大，则材料的塑性越好。由于断面收缩率比伸长率更真实地反映材料的塑性，所以用断面收缩率比延伸率更为合理。

塑性是材料很重要的性能之一，它反映了材料的变形工艺性，塑性好的材料，易于冲压、拉深、冷弯、成型等。在零件设计时，往往要求材料具有一定的塑性，零件使用过程中偶然过载时，由于能发生一定的塑性变形而不至于被破坏。同时，在零件的应力集中处，塑性能起着削减应力峰（即局部的最大应力）的作用，从而保证零件不至于早期断裂，这就是大多数零件除要求高强度外，还要求具有一定塑性的道理。但塑性指标不能直接用于设计计算，选材的塑性要求一般是根据经验。

**三、硬度**

硬度是指材料表面抵抗其它更硬物体压入的能力。它反映了材料局部的塑性变形抗力，硬度愈高，材料抵抗塑性变形的抗力愈大，塑性变形愈困难。因此，硬度指标和强度指标之间有一定的对应关系。

常用的硬度有布氏硬度、洛氏硬度、维氏硬度等。

1. 布氏硬度

布氏硬度是用布氏硬度计测定的。其原理是在一定载荷的作用下，将一定直径的淬火钢球（或硬质合金圆球）压入材料表面，并保持载荷至规定的时间后卸载，然后测得压痕的直径，根据所用载荷的大小和所得压痕面积，算出压痕表面所承受的平均应力值。这个应力值就是布氏硬度。布氏硬度用符号 HBS（或 HBW）表示，即：

$$布氏硬度=\frac{F}{S}=\frac{2F}{\pi D(D-\sqrt{D^2-d^2})}$$

式中：$F$——载荷，kgf；

$S$——压痕凹印表面积，$mm^2$；

$D$——钢球直径，mm；

$d$——压痕直径，mm。

若 $F$ 的单位为 N，$D$、$d$ 单位为 mm，则

$$布氏硬度=0.102\times\frac{2F}{\pi D(D-\sqrt{D^2-d^2})}$$

布氏硬度值在 450 以下用淬火钢球压头，用 HBS 表示；硬度值在 450 以上（含 450）选用硬质合金钢球压头，并用 HBW 表示。图 11－3 为布氏硬度试验原理示意图。

布氏硬度值在标注时只需标注其符号和数值而不标注单位，如 200HBS、250HBS、400HBS 等。

2. 洛氏硬度

洛氏硬度是以顶角为 120°的金刚石圆锥体或直径为 1.588mm 的钢球作为压头，载荷分二次施压（初载荷为 100）的硬度试验法。洛氏硬度试验原理如图 11－4 所示。其硬度值是以压痕深度 $h$ 来衡量，但如果直接用压痕深度来计量指标，则会出现材料愈

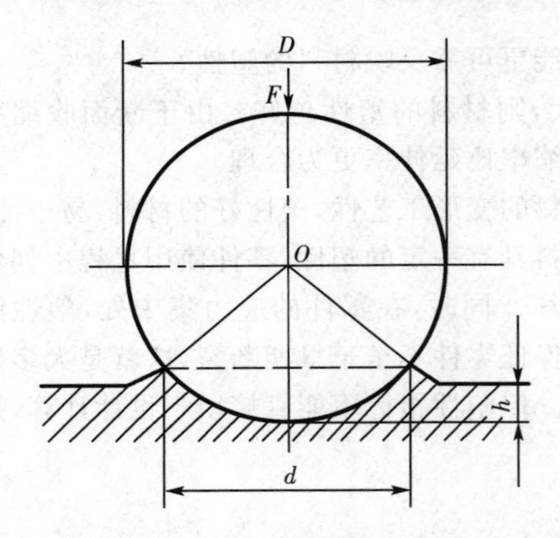

图 11－3　布氏硬度试验原理示意图

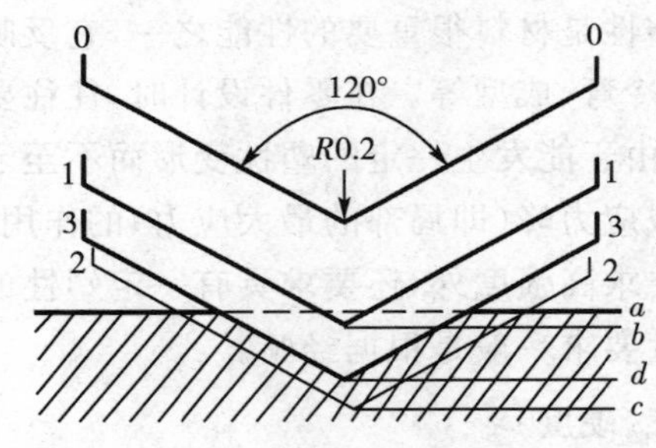

图 11－4　洛氏硬度试验原理示意图

硬，压痕的深度愈小，硬度读数愈小的情况，这与通常习惯的表示方法相矛盾。因此，洛氏硬度采用某个选定的常数 $K$，减去压痕深度值 $h$，并规定压痕深度 0.002mm 为一度，则

$$洛氏硬度=K-\frac{h}{0.002}$$

此值在硬度计上可直接读出。根据所用压头种类和所加载荷的不同，洛氏硬度分为 HRA、HRB、HRC 三种级别。

3. 维氏硬度

维氏硬度用符号 HV 表示，它的测定原理基本上和布氏硬度相同，根据单位面积上所

承受的载荷大小来测定硬度值，不同的是维氏硬度采用锥面夹角136°的金刚石四棱锥体作为压头。它适用于测量零件表面硬化层及经化学热处理的表面层(如渗碳层)的硬度。

**四、韧性**

材料抵抗冲击载荷的能力称为冲击韧性，其大小用冲击韧度表示，可用一次冲击试验法来测定。将材料首先制成如图11－5所示的标准试样，放在冲击试验机的支架上，试样的缺口背向摆锤的冲击方向，如图11－6所示。将摆锤举到一定高度，让摆锤自由落下，冲击试样。这时，试验机表盘上指针即指出试样折断时所吸收的功 $A_{KU}$，$A_{KU}$值即代表材料冲击韧度的高低。但习惯是采用冲击韧度值 $a_{KU}$来表示材料的冲击韧性。冲击韧度值是用击断试样所吸收的功除以试样缺口处的截面积表示。即

$$d_{KU}=\frac{A_{KU}}{S}$$

式中：$d_{KU}$——冲击韧度值，J/cm²；

$A_{KU}$——试样折断时所吸收的功，J；

$S$——试样缺口处的截面积，cm²。

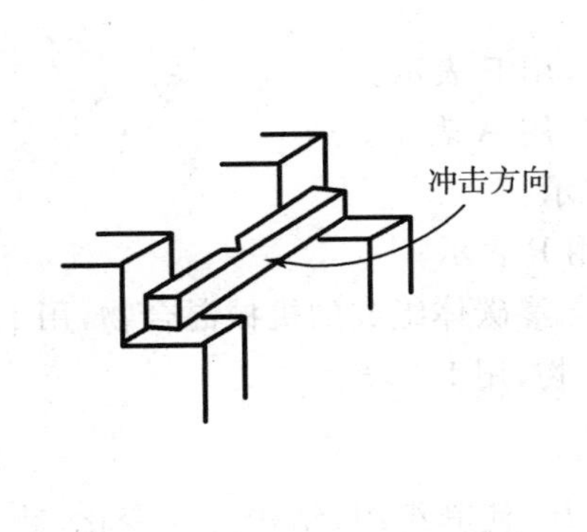


图11－5　冲击试验标准试样

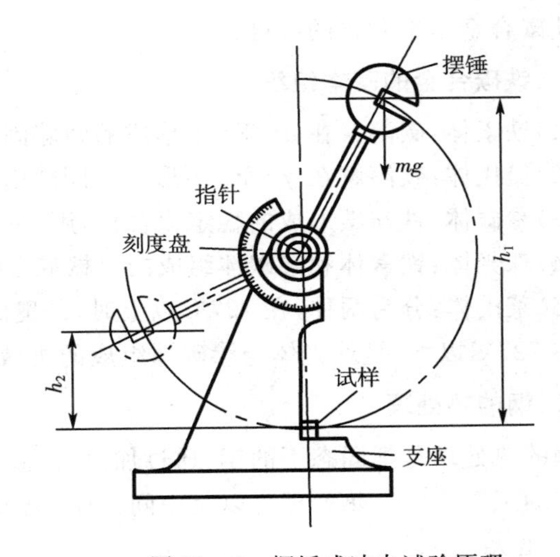


图11－6　摆锤式冲击试验原理

冲击韧度值与试验的温度和试样的尺寸、形状、表面粗糙度、内部组织等有关，因此，冲击韧度值一般只作为选择材料的参考。

一次冲击试验测定的冲击韧度，是判断材料在大能量冲击下的性能数据，而实际工作中的零件很多只承受小能量多次冲击。对于承受多次冲击的零件，如果冲击能量低、冲击次数较多时，材料多冲抗力主要取决于材料的强度；如果冲击能量较高时，材料的多冲抗力主要取决于材料的塑性。

**五、疲劳强度(疲劳极限)**

某些工作零件在工作时要承受交变载荷，其应力大小、方向是周期性变化的，例如轴、齿轮、连杆、弹簧等。这些承受交变载荷的零件在发生断裂时的应力远低于该材料的屈服点，这种现象叫做疲劳破坏。不论是韧性材料还是脆性材料，疲劳破坏总是发生在多次的应力

循环之后，并且总是呈脆性断裂。

金属材料抗疲劳的能力用疲劳强度 $\sigma_{-1}$ 来表示。疲劳强度是材料在无数次重复交变载荷的作用下不致引起断裂的最大应力。因实际上不可能进行无数次试验，故一般给各种材料规定一个应力循环基数。对钢材来说，如应力循环次数 N 达 $10^7$ 次仍不发生疲劳破坏，就认为不会再发生疲劳破坏，所以钢以 $10^7$ 次为基数。有色金属和超高强度钢则常取 $10^8$ 次为基数。

产生疲劳破坏的原因很多，一般由于材料的夹杂、表面划痕及其它能引起应力集中的缺陷，从而导致微裂纹的产生，这种微裂纹又随应力循环次数的增加而逐渐扩展，致使零件的有效截面不断减小，最后承受不住所加载荷而突然破坏。

为了提高零件的疲劳强度，除改善其结构形状、避免应力集中外，还可以降低零件表面粗糙度及对零件表面进行强化处理来达到，如喷丸处理、表面淬火及化学热处理等。

## 第二节　铁碳合金基本知识

铁碳合金是钢和铁的统称。

**一、铁碳合金的基本组织**

(1)铁素体：碳溶解在 $\alpha$—Fe 中形成的间隙固溶体，用 F 表示。

(2)奥氏体：碳溶解在 $\gamma$—Fe 中形成的间隙固溶体，用 A 表示。

(3)渗碳体：铁与碳形成的稳定化合物，用 $Fe_3C$ 表示。

(4)珠光体：铁素体和渗碳体组成的机械混合物，用 P 表示。

(5)莱氏体：分为两种，在 727℃以上时，是奥氏体与渗碳体组成的机械混合物，用 Ld 表示。在 727℃以下，是珠光体与渗碳体组成的机械混合物，用 Ld′表示。

**二、钢的热处理**

钢的热处理是把固态下的钢，通过加热、保温和冷却，使其组织、结构发生变化，获得所需性能的工艺方法。热处理可以是中间工序，也可以是最后工序。

1. 退火

退火是将钢件加热至所需要的温度，保温一定时间，然后随炉或埋入导热性较差的介质中缓慢冷却，以获得接近平衡状态组织的热处理工艺。

(1)完全退火　是将铁碳合金完全奥氏体化，随之缓慢冷却的退火工艺。其工艺过程是：将钢件加热至 $A_{c3}$ 以上 30℃～50℃，保温一定时间后，随炉或埋入石灰中缓慢冷却。

(2)球化退火　是为使钢中碳化物球状化而进行的退火工艺。其工艺过程是：将钢件加热至 $A_{c1}$ 以上 20℃～30℃，保温较长时间后，缓慢冷却至 $A_{c1}$ 以下 20℃左右，等温一段时间，再随炉冷却至 500 ℃左右出炉，空冷至室温。

(3)低温退火　即去应力退火。是为去除铸件内存在的残余应力，以及由于塑性形变加工、焊接等造成的残余应力而进行的退火，其工艺过程是将钢件加热至 $A_{c1}$ 以下某一温度，保温一定时间后缓慢冷却。

(4)再结晶退火　是一种低温退火。其工艺过程是将钢件加热至再结晶温度以上

150℃～250℃，保温适当时间后空冷。

2. 正火

正火是将钢件加热至 $A_{c3}$ 或 Acm 以上 30℃～50℃，保温一定时间后出炉，在静止的空气中冷却的热处理工艺。

3. 淬火

淬火是将钢件加热到 $A_{c3}$ 或 $A_{c1}$ 以上 30℃～50℃，保温一定时间后放在冷却介质中快速冷却的热处理工艺。淬火的目的：获得高硬度的马氏体组织，以提高钢的硬度和耐磨性，常用于各种刃具、量具、模具和滚动轴承等。

常用淬火分单介质淬火、双介质淬火、分级淬火、等温淬火。

4. 回火

回火是将淬火后的钢件加热至 $A_{c1}$ 以下某一温度，保温一定时间后置于空气或水中冷却的热处理工艺。回火的目的是降低脆性，减少内应力，调整硬度，提高塑性、韧性，稳定工件尺寸。

(1)低温回火　淬火钢在 150℃～250℃范围内的回火。回火后的组织是回火马氏体，硬度降低很少，但可以消除一定的内应力和脆性。

(2)中温回火　淬火钢件在 250℃～500℃范围内的回火。回火后的组织是铁素体基体内分布着极其细小的碳化物球状颗粒的复相组织，称为回火屈氏体。

其作用是较大的消除钢的内应力，在保持一定的韧性的前提下提高钢的弹性与屈服强度。

(3)高温回火　淬火钢件在 500℃～650℃之间的回火。回火后的组织是铁素体基体内分布着较细的碳化物球粒的复相组织，称为回火索氏体。

其作用是：大大降低钢的内应力，获得优良的综合机械性能。淬火＋高温回火称为调质。

5. 表面热处理

表面热处理是对工件表层进行热处理，以改变其组织和性能的热处理工艺。其主要用于某些承受交变载荷或在摩擦条件下工作的零件，以及要求表面具有高的硬度和耐磨性、而心部具有高韧性的零件。

(1)表面淬火　是仅对工件表层进行淬火的工艺。其工艺过程是：通过快速加热使钢件的表面迅速达到淬火温度，在热量尚来不及传到中心时立即迅速冷却。其目的是使钢的表面层淬透到一定深度，获得高硬度的表面层和有利的残余应力分布，以提高工件的耐磨性或疲劳强度，同时仍然保持心部的韧性与塑性。

表面淬火的加热方法有电感应、火焰、电接触、浴炉加热等。

(2)化学热处理　是将钢件置于特定介质中加热到一定的碳浓度梯度，将钢件在渗碳介质中加热并保温，使碳原子渗入其表层的化学热处理工艺。

化学热处理按所渗入的元素可分为渗碳、渗氮、碳氮共渗、渗硼、渗金属等。

**三、铸铁**

1. 白口铸铁

碳极少数溶于铁素体，其余都以碳化三铁的形式存在，断口呈银白色，又脆，又硬，不易机加工，可用来做可铁毛坯。

2. 灰口铸铁

碳除微量溶于铁素体，大部分以片状石墨形状存在，断口呈灰色。灰口铸铁的牌号是由HT加上一组数字组成，如HT200，表示最低抗拉强度为200MPa的灰口铸铁。

(1) 灰铸铁的化学成分　2.6%～3.6%C，1.2%～3.0%Si，0.4%～1.2%Mn，S<0.15%，P<0.3%。

(2)灰铸铁的组织　是由基体和片状石墨组成。按基体组织不同，灰铸铁可分为铁素体灰铸铁、铁素体－珠光体灰铸铁、珠光体灰铸铁。

(3)灰铸铁的性能　灰铸铁抗拉强度、塑性、冲击韧性都较低；流动性好，良好的铸造性能，切削性能好；能阻碍震动能量的传播；耐磨性能好；缺口敏感性低等性能。

3. 球墨铸铁

碳大部分以球状石墨形式存在，球墨铸铁的牌号是由QT加上二组数字组成。如牌号QT450－10，其中QT代表“球铁”；“450”表示其抗拉强度不小于350MPa；“10”表示延伸率不小于10%。

球墨铸铁按其基体组织不同可分为铁素体球墨铸铁、铁素体－珠光体球墨铸铁、珠光体球墨铸铁。

4. 可锻铸铁

碳大部分或全部以团絮状形式存在，可锻铸铁的牌号是由KT加上二组数字组成。如牌号KT350－12，其中KT代表“可铁”；“350”表示其抗拉强度不小于450MPa；“12”表示延伸率不小于12%。根据所含组织不同，牌号又有KTH、KTZ两种。

可锻铸铁是用碳、硅含量较低的铁水浇成白口铸铁件，再经过石墨化退火，即缓慢加热至900℃以上高温后，长时间保温，再按规范冷却至室温，使渗碳体发生分解，生成团絮状石墨。根据基体组织可分为铁素体可锻铸铁、珠光体可锻铸铁。

## 第三节　碳　钢

通常将含碳量小于2.11%的铁碳合金称为碳钢。实际使用的碳钢，其含碳量一般不超过1.4%。由于碳钢容易冶炼，价格低廉，性能可以满足一般工程机械、普通机械的零件、工具及日常轻工产品的使用要求，因此，碳钢在工业中得到广泛应用。在我国碳钢产量约占钢总产量的90%，所以碳钢的生产和应用在国民经济中占有重要地位。为了在生产上合理选择、正确使用各种碳钢，必须简要地了解我国碳钢的分类、编号和用途。

### 一、碳钢的分类

1. 按钢的含碳量分类

(1)低碳钢　　含碳量≤0.25%的钢。

(2)中碳钢　　含碳量在0.25%～0.60%的钢。

(3)高碳钢　　含碳量≥0.60%的钢。

2. 按钢的用途分类

(1)碳素结构钢　这类钢主要用于制造各类工程构件及各种机器零件。它多属于低碳

钢和中碳钢。

(2)碳素工具钢 这种钢主要用于制造各种刀具、量具和模具。这类钢含碳量较高，一般属于高碳钢。

3. 按质量分类

按钢中有害杂质硫、磷含量分为：

(1)普通钢 钢中含硫量≤0.055％，含磷量≤0.045％，或硫、磷含量均≤0.050％。

(2)优质钢 钢中硫、磷含量均应≤0.040％。

(3)高级优质钢 钢中含硫、磷杂质最少，含硫量≤0.030％，含磷量≤0.035％。

4. 按冶炼方法分类

工业用钢可分为平炉钢、转炉钢和电炉钢三大类，每一类按照炉衬的材料还可分为碱性和酸性两大类。

5. 根据炼钢的脱氧程度分类

分为沸腾钢、镇静钢和半镇静钢。

**二、碳钢的编号、性能和用途**

1. 碳素结构钢

这类钢对杂质及非金属夹杂物要求不高，冶炼容易，工艺性能好，价格低廉，在性能上也能满足一般工程结构及普通零件的要求，所以，应用较普遍。

碳素结构钢的牌号，用钢材的屈服点指标来表示，代号用Q，牌号用Q+数字表示。Q为“屈”汉字拼音字首，数字表示屈服点数值。例如，Q275，表示屈服点 $\sigma_s=275$MPa。如在牌号后面标注字母A、B、C、D，则表示钢材含硫、磷不同。A级，硫、磷含量最高；D级，硫、磷含量最低。若牌号后面标注字母“F”，则为沸腾钢；标注“b”为半镇静钢；不标注“F”或“b”的为镇静钢。

2. 优质碳素结构钢

优质碳素结构钢的含硫、磷量均限制严格，在0.04％以下。非金属夹杂物也较少。出厂时，既保证化学成分，又保证力学性能。因此，塑性和韧性都比碳素结构钢为佳，主要用作机械零件及弹簧等。

根据化学成分的不同，优质碳素结构钢又分为普通含锰量和较高含锰量两类。

(1)正常含锰量的优质碳素结构钢 所谓正常含锰量，对于含碳量小于0.25％的优质碳素结构钢，含锰量为0.35％～0.65％，而对于含碳量大于0.25％的优质碳素结构钢，含锰量为0.50％～0.80％。

这类钢的牌号用两位数字表示，表示平均含碳量的万分之几。例如，钢号20，表示平均含碳量为0.20％，钢号08，表示平均含碳量为0.08％，钢号45，表示平均含碳量为0.45％。

(2)较高含锰量的优质碳素结构钢 所谓较高含锰量，对于含碳量为0.15％～0.60％的优质碳素结构钢，含锰量为0.70％～1.00％；而含碳量大于0.60％的优质碳素结构钢，含锰量为0.90％～1.2％。

这类钢的表示方法是在表示含碳量的两位数字后面附以汉字“锰”或化学元素符号“Mn”。例如，钢号20Mn，表示平均含碳量为0.20％的钢；钢号40Mn，表示平均含碳量为0.40％，其含锰量均为0.70％～1.00％的钢。

3. 碳素工具钢

这类钢的编号原则是在“碳”或“T”字的后面附以数字来表示。数字表示钢中平均含碳量为千分之几。例如，T7、T8、…、T13，分别表示平均含碳量为0.7%、0.8%、…、1.3%。若为高级优质碳素工具钢，则在牌号后再附以“高”或“A”字，例如，T12A等。

这类钢热处理后具有高的硬度和耐磨性，主要用于制造各种刀具、量具、模具和耐磨零件。这类钢随着含碳量的增加，韧性逐渐下降，因此，T7、T8用于制造要求具有较高韧性的工具，如，冲头、锻模、锤等。T9、T10、T11钢用于制造要求中韧性、高硬度的刀具。T12、T13钢具有较高的强度及耐磨性，但韧性低，可制造量具、锉刀、精车刀等。

4. 碳素铸钢

铸钢含碳量一般在0.15%～0.60%之间。铸钢的熔化温度较高，铸钢在铸态时晶粒粗大，因此，铸钢件均需进行热处理。铸钢在机械制造业中，由于制造一些形状复杂难以进行锻造或切削加工，又要求较高强度和塑性的零件。但是由于铸钢的铸造性能不佳，铸钢设备价格昂贵，故近来有以球墨铸铁部分代替铸钢的趋势。

铸钢的牌号前面是“ZG”二字，为“铸钢”汉语拼音字首。后面的第一组数表示屈服点，第二组数表示抗拉强度。例如，ZG200－400，200表示屈服强度为200MPa，400表示抗拉强度为400MPa，该铸钢有良好塑性、韧性和焊接性，适用于受力不大，要求一定韧性的各种机械零件，如机座、变速箱壳等。ZG270－500的强度较高和韧性较好，铸造性好，焊接性尚好，切削加工性好，用途广泛，常用作轧钢机机架、轴承座、连杆、缸体等。ZG340－640有高的强度、硬度、和耐磨性，焊接性较差，用来作齿轮等。

## 第四节　合金钢

合金钢是用于制造机器零件和工程构件的重要材料，常用的有合金结构钢、合金工具钢、特殊性能钢。合金钢的牌号是以钢的含碳量、合金元素的种类和含量来表示的，例如，60Si2Mn表示平均含碳量为0.6%、含硅量为2%、含锰量小于1.5%（合金元素的平均含量小于1.5%时，牌号中仅标明元素，一般不标明含量）。

### 一、合金结构钢

1. 低合金结构钢

低合金结构钢其特点为低碳、低合金，所加入的合金元素主要有锰、钒、钛等。低碳、低合金使钢具有良好的塑性、韧性、焊接性能和耐蚀性。加入的合金元素提高了钢的强度；钢中的硅和加入的锰固溶强化铁素体；钒和钛等产生细晶强化和碳化物弥散强化。

通过成分合金化后，低合金结构钢的强度比普通碳素钢高30%～50%，故又称之为低合金高强度钢。这类钢一般在热轧空冷状态下使用，被广泛用于桥梁、船舶、车辆、压力容器和建筑结构等方面，以减轻重量，节约钢材。常用的有12Mn、16Mn、09MnNb等。

2. 合金渗碳钢

渗碳钢主要用于表面承受强烈磨损、并且承受动载荷的零件，如汽车齿轮、内燃机凸轮和活塞销等。这类钢采用低碳成分，经表面渗碳进行成分调整，再结合淬火＋低温回火的热处理，能够使零件表面具有良好的耐磨性和疲劳强度，心部有良好的韧性和足够的强度。渗碳零件的使用性能远高于中碳钢表面淬火后的性能。

合金渗碳钢中的铬、镍、锰、硼等合金元素提高淬透性，并且强化铁素体。钨、钼、钒、钛

等元素避免了高温渗碳时奥氏体晶粒的粗化，使工序可以简化为渗碳后直接淬火；而且还在表面形成合金碳化物弥散质点。合金渗碳钢零件的最终组织为表层不但有高碳回火马氏体，而且有合金碳化物；心部由于淬透而具有低碳回火马氏体组织。它比碳钢渗碳件的工艺性能好，使用性能高。常用的有 20Cr、20CrMnTi、20MnV 等。

3. 合金调质钢

合金调质钢为中碳成分，经淬火＋高温回火的调质处理后，钢的组织为回火索氏体，具有高强度和良好韧性的配合，即具有良好的综合力学性能，常用于制造重要的机器零件，如转动轴、机床齿轮、连杆螺栓等。

合金调质钢中的锰、硅、铬、镍、硼等元素的主要作用是提高了钢的淬透性，同时强化铁素体；钨、钼、钒、钛等元素细化晶粒，提高回火稳定性；钨和钼还具有防止第二类回火脆性的作用。

40Cr、38CrSi、40CrMn 是合金调质钢中常用的几种，40Cr 钢强度比 40 钢高 20％，塑性良好，加入 1％的铬，提高了钢的淬透性和回火稳定性，被广泛用于机械主轴、连杆等。

4. 合金弹簧钢

弹簧要求有较高的弹性极限、较高的疲劳极限和足够的韧性。因此弹簧钢采用中到高碳成分以保证强度；通过淬火＋中温回火而获得回火屈氏体组织，以满足使用性能的要求。

加入合金元素锰、硅、铬等的主要目的是提高淬透性，同时强化铁素体；硅还能显著提高钢的强度极限和屈强比，是弹簧钢的常用元素之一；但是硅增加了钢在加热时表面脱碳倾向，锰增大了钢的过热倾向。钼、钨、钒使晶粒细化，回火稳定性提高，并且能够防止第二类回火脆性及减小硅、锰带来的脱碳和过热倾向。

(1)硅锰弹簧钢　最有代表性的合金弹簧钢是 60Si2Mn，它的淬透性比碳素弹簧钢高，油淬直径可达 20～30mm；弹性极限、屈强比和疲劳极限均较高；工作温度一般在 230 摄氏度以下。主要用作机车、汽车、拖拉机上的钢板弹簧和直径小于 30mm 的螺旋弹簧。

(2)含铬、钒等元素的弹簧钢　最有代表性的是 50CrVA(A 表示高级优质合金钢)，它的淬透性更好，油淬直径可达 30～50mm；不但力学性能好，而且钢在较高温度的性能稳定。常用作大截面的重负载弹簧或工作温度较高(300 摄氏度)的弹簧，如发动机中的气门弹簧。

## 二、合金工具钢

合金工具钢常用的有合金刃具钢、高速钢、合金模具钢、合金量具钢。各类工具钢并无严格的使用界限，可以交叉使用。

1. 低合金刃具钢

低合金刃具钢是在碳素工具钢的基础上加入少量的合金元素而成的。加入铬、锰、硅、钨和钒等元素，使钢的淬透性提高，基体强化，晶体细化，回火稳定性增大。因此低合金刃具钢的耐磨性和强度比碳素工具钢高，红硬性略有提高(为 250℃)。可采用油淬，减少了变形和开裂倾向。但是合金元素加入多使临界点升高，提高了淬火加热温度，从而使脱碳倾向增大。

这类钢经淬火和低温回火后，不仅具有较高的硬度和耐磨性，而且热处理变形小，常用作形状复杂的低速切削刀具和精密量具。常用的有 9SiCr、18MnSi 等。

2. 高速钢

高速钢是红硬性和耐磨性很高的合金刃具钢，其红硬性可达 600℃，切削时能长期保持刃口锋利，故用于制造高速切削刀具和成型刀具。高速钢的优良性能决定于它的化学成分和正确的热处理。

含碳量较高，为0.7%～1.65%，并有大量的钨、钼、铬、钒等碳化物形成元素。高速钢的预先热处理为退火，以降低硬度，有利于切削加工。最终热处理为淬火和回火。其特点是，淬火加热温度很高，一般为1200～1300℃；淬火后要在560℃多次回火。常用的高速钢有：

(1)钨高速钢　常用的W18Cr4V是以往应用最广的高速钢，红硬性为600℃，61～62HRC，过热敏度性小，磨削性好。适于制造一般高速切削刀具如车刀、铣刀等，但不宜作薄刃刀具。

(2)钼高速钢　常用的W6Mo5Cr4V2可作为W18Cr4V的代用品。这种钢以钼代替一部分钨，碳化物更细小，使钢在1100℃仍有良好的热塑性便于压力加工；而且热处理后的韧性也高，适于制造耐磨性与韧性要求较好配合的刃具，如齿轮铣刀、插齿刀等；更适于制造热加工成型的薄刃刀具，如麻花钻头等。

(3)超硬度高速钢　这类钢用于加工高硬度、高强度金属(如钛合金、超高强度钢)的刀具，是在钨系或钼系高速钢的基础上加入5%～10%的钴而形成的含钴高速钢，如W18Cr4VCo10、W6Mo5Cr4V2Al。硬度高达65～70HRC，红硬性可达670℃。

各种高速钢具有高的耐磨性和红硬性，足够高的强度和韧性，不仅可以制造用于高速切削的、负载大、形状复杂的切削刀具，还可以应用于冷冲模、冷挤压模及某些要求耐磨性高的零件。由于高速钢是较贵的高合金钢，应当节约使用。

3. 合金模具钢

(1)冷作模具钢　冷作模具钢用于制造使金属冷塑性变形的模具。在受冲击、摩擦的工作过程中，要求冷作模具钢有高的硬度和耐磨性，高的强度，以及足够的韧性。冷作模具包括冲模、冷挤压模、拉丝模等。

对于形状复杂、受力不大的模具，可采用低合金刃具钢如9Mn2V、9SiCr、CrWMn、Cr2等，具有淬透性好、硬度和耐磨性高的特点。对于大型、重载的模具，常用Cr12型钢，也可采用高速钢。

Cr12型钢是最常用的冷作模具钢，牌号有Cr12和Cr12MoV。这类钢具有碳高铬的成分特点：1.45%～23C%、r11%～13%C。碳对于高硬、高耐磨性起重要作用。大量的铬极大地提高了淬透性，油淬直径可达200mm，一般空冷也能淬硬。Cr12型钢与高速钢一样，属于莱氏体钢。因此，需要经过反复锻造来破淬网状共晶碳化物，并消除其分布的不均匀性。锻造后也应进行等温退火的预先热处理。

(2)热作模具钢　热模具钢用来制造高温下使金属成型的模具，如热锻模、热挤压模、压铸模等。在工作中要求热作模具钢具有高温下良好的综合力学性能；淬透性好、回火稳定性高、回火脆性小；良好的导热性及抗氧化、抗热疲劳性能。

这类钢采用中碳成分，经淬火和中、高温回火后应获得良好的综合力学性能。加入的合金元素主要有铬、镍、锰、硅等，它们提高了钢的淬透性，强化基体。常用的热作模具钢有5CrNiMo和5CrMnMo等。

4. 合金量具钢

合金量具钢用于制造测量零件尺寸的各种量具，如卡尺、千分尺、塞规、样板等。要求有高的硬度、耐磨性、尺寸稳定性和一定的韧性，抗蚀性。为满足性能要求，形状复杂或精密的

量具常采用低合金刃具钢或轴承钢制造，如CrWMn、GCr15等。

量具钢的热处理特点是保证尺寸稳定性。对精密量具在淬火后应立即进行一次人工时效，以进一步消除组织应力。精磨后再进行一次人工时效，来消除磨削应力。

**三、特殊性能钢**

特殊性能钢是具有特殊的物理或化学性能的高合金钢，其种类很多，机械制造中应用较多的有不锈钢、耐热钢、耐磨钢和磁性钢等。

1. 不锈钢

不锈钢是指能够抵抗大气、酸、碱或其他介质腐蚀的合金钢。

不锈钢的主要元素是铬，常用的不锈钢为含铬量大于13%的低碳高铬合金钢。按正火组织的不同，不锈钢可分为铁素体不锈钢、马氏体不锈钢和奥氏体不锈钢等。

含碳量较低的1Cr13和2Cr13钢具有良好的抗大气、蒸气、海水等介质腐蚀的能力，经淬火和高温回火后，韧性较好。适于制造在腐蚀条件下工作、受冲击载荷的零件，如汽车叶片，水压机机阀等。

含碳量较高的3Cr13和4Cr13强度和硬度较高，但耐蚀性下降。经淬火和低温回火后，硬度可达50HRC，适于制造在弱腐蚀条件下工作的高硬度零件，如医疗器具、量具、轴承等。

18－8型不锈钢是应用最广的不锈钢。这类钢属于铬镍不锈钢，含碳量很低，含铬量和含镍量分别在18%和8%左右，故而得名18－8型钢。耐蚀性更好，并使组织软化。这种耐蚀性最好的不锈钢同时具有良好的塑性、韧性和焊接性，又是铁磁性的钢。常用的牌号有0Cr18Ni9、1Cr18Ni9等。

2. 耐热钢

在加热炉、锅炉、燃气机装置中，许多零件要求耐热性。耐热性是金属材料在高温下抗氧化性和高强度的总称。由此将耐热钢分为抗氧化钢和热强钢两类。

(1)抗氧化钢　抗氧化钢又称不起皮钢，加入的合金元素铬、硅、铝等因与氧的亲和力大而首先被氧化形成一层致密牢固的高熔点氧化膜($Cr_2O_3$、$SiO_2$、$A1_2O_3$)将钢与外界高温氧化性气氛隔绝，从而保证了钢不再被氧化。

抗氧化钢可在900～1100℃温度以下使用，应用较多的是2Cr20Mn9Ni2Si2N和3Cr18Mn12Si2N，这类钢不仅抗氧化，而且还有抗硫、抗渗碳的能力，同时铸、锻、焊等工艺性较好。因含碳量增多，会降低钢的抗氧化性，所以抗氧化钢一般为低碳成分。

(2)热强钢　金属的热强性是金属在高温下保持高强度的能力。提高金属的热强性，主要应提高金属的抗蠕变能力。合金化是提高钢热强性的重要方法。加入钨、钼等合金元素提高再结晶温度，使再结晶难以进行，阻碍蠕变的发展。加入铌、钒、钨、钼等碳化物形成元素，所形成的碳化物既产生了弥散强化，又阻碍了位错的移动，提高了抗蠕变能力。加入合金元素强化晶界，也可提高热强性。

3. 耐磨钢

某些机械零件，如挖掘机铲齿、碎石机颚板，铁路道岔、坦克履带等，都是在强冲击和严重磨损条件下工作的，因此要求具有很高的耐磨性和抗冲击能力。

高锰钢ZGMn13是典型的耐磨钢，这种铸钢的含碳量为1.0%～1.3%，含锰量为13%左右，高锰量是为了保证热处理后获得单相奥氏体组织。

4. 磁性钢

金属材料根据磁导率可分为铁磁材料和非铁磁材料。其中铁磁材料因为内部具有磁畴结构，所以能在外磁场作用下磁化，将磁场大大增强。工程上利用铁磁性材料的高导磁性，在许多电工设备的线圈中放入铁心，当线圈中通入不大的励磁电流，便可产生足够强的磁场。利用优质的磁性材料能够减小设备的体积和重量。

## 第五节　有色金属及其合金

通常将金属分为两大类，即黑色金属和有色金属。钢铁被称为黑色金属，铝、铜、镁、锌、铅等及合金被称为有色金属或非铁金属。由于有色金属及合金具有独特的性能，如质轻、耐腐蚀及特殊的电、磁、热膨胀等物理性能，所以是现代工业中不可缺少的工程材料。有色金属铝、镁、钛等在地壳都有丰富的含量，其中铝的含量比铁还多，由于冶炼困难、生产成本高，故其产量和使用远不如黑色金属。

### 一、铝及铝合金

1. 工业纯铝

工业上使用的纯铝，其纯度为99.7%～98%。它具有以下性能特点。

(1)纯铝的密度较小，约为2.7，仅是钢铁密度的三分之一左右。纯铝的熔点为660℃。

(2)具有良好的导电性和导热性，仅次于银、铜、金，居第四位。温室下铝的导电能力为铜的62%，但按单位重量导电能力计算，则铝的导电能力约为铜的200%。

(3)纯铝抗大气腐蚀性能好，在空气中铝的表面上形成致密的保护膜，这层膜隔开了铝和空气的接触，阻止铝继续被氧化，从而起到了保护作用，但不耐酸、碱、盐的腐蚀。

(4)纯铝的强度低，塑性好，可通过冷热加工制成线、板、带、棒、管等型材。

根据上述特点，纯铝的主要用途是制作导线；配制各种铝合金以及制作要求质轻、导热或耐大气腐蚀的器皿等。常用的牌号有L1、L2、L3、L4(号数表示纯度，号数越大，纯度越低)等。

2. 铝合金

纯铝的强度很低，不宜制作承受严重载荷的结构件，但向铝中加入一定量的合金元素(如硅、铜、锰等)，可制成强度高的铝合金。铝合金密度小，导热性好，比强度高。如果再经形边强化和热处理强化，其强度还能进一步提高。因此，铝合金广泛应用于民用与航空工业。根据铝合金的成分及生产工艺特点，可将铝合金分为变形铝合金和铸造铝合金两大类。

(1)变形铝合金　不可热处理的强化的变形铝合金主要有防锈铝合金；可热处理强化的变形铝合金主要有硬铝、超硬铝和锻铝合金。

①防锈铝合金(LF)　防锈铝合金用“铝防”汉语拼音字首“LF”加顺序号表示，属Al－Mn系合金及Al－Mg系合金，常用的有LF5、LF11、LF21等。加入锰主要用于提高合金的耐蚀能力和产生固溶强化。加入镁用于起固溶强化作用和降低密度。

防锈铝合金强度比纯铝高，并有良好的耐蚀性、塑性和焊接性，但切削加工性较差。这类合金不能进行热处理强化，而只能进行冷塑性变形强化。

防锈铝合金主要用于制造构件、容器、管道、蒙皮及需要拉深、弯曲的零件和制品。常用

的有 LF5、LF11、LF21 等

②硬铝合金(LY)　硬铝合金用“铝硬”的汉语拼音字首“LY”加顺序号表示，属 A1－Cu－Mg 系合金。常用的有 LY1、LY11、LY12 等。加入铜和镁是为了在时效过程中产生强化相。这类合金既可通过热处理(时效处理)强化来获得较高的强度和硬度，还可以进行变形强化。硬铝在航空工业中获得了广泛的应用，如用作飞机构架、螺旋浆、叶片等，但其抗蚀性较差。

③超硬铝(LC)　超硬铝代号用“铝超”的汉语拼音字首“LC”表示，后面用数字表示顺序号，属 A1－Cu－Mg－Zn 系合金。常用的有 LC4、LC6 等。这类合金经淬火加工时效后，可产生多种复杂的第二相，具有很高的强度和硬度，切削性能良好，但耐腐蚀性较差。常用作飞机受力部件，如大梁荇架、加强框和起落架等。

④锻铝合金(LD)　锻铝合金用“铝锻”的汉语拼音字首“LD”加顺序号表示，属 Al－Cu－Mg－Si 系合金。常用的有 LD5、LD6 等。元素种类很多，但含量少，因而合金的热塑性好，适于锻造、故称“锻铝”。锻铝通过固溶处理和人工时效来强化。主要用于制造外型复杂的锻件和模锻件。

(2)铸造铝合金　铸造铝合金可分为四大类：Al－Si 系、Al－Cu 系、Al－Mg 系和 Al－Zn 系，合金具有良好的力学性能、铸造性能，应用最广。

铸造铝合金的牌号用“铸铝”汉语拼音字首加顺序号表示。顺序号的三位数字中，第一位数字为合金系列，1 表示 Al－Si 系，2、3、4 分别表示 Al－Cu 系、Al－Mg 系、Al－Zn 系；后两位数字为顺序号。常用的有 ZL101、ZL203、ZL303、ZL401 等。

## 二、铜和铜合金

### 1. 纯铜

纯铜又称紫铜，因铜是用电解法获得的，故又称电解铜。其密度为 8.9g/cm$^3$，熔点为 1083℃。它具有以下性能特点。

(1)纯铜的强度低，塑性高，便于承受冷、热锻压加工。

(2)纯铜的抗腐蚀性较好，在大气、水蒸气、水和热水中基本不受腐蚀，在海水中易受腐蚀。

(3)纯铜具有很高的导电、导热性，其导电性仅次于银居第二位，故在电器工业和动力机械中得到广泛应用，如用来制造电导线、散热器、冷凝器等。

纯铜的牌号用“铜”字的汉语拼音字首“T”加顺序号表示。如 T1、T2、T3 等(号数表示纯度，号数越大，纯度越低)。

工业纯铜一般被加工成棒、线、板、管等型材，用于制造电线、电缆、电器零件及熔制铜合金等。

### 2. 铜合金

纯铜的强度低，不适于制作结构件，为此常加入适量的合金元素制成铜合金。铜合金是工业中广泛使用的有色金属材料。按化学成分的不同，铜合金可分为黄铜、青铜和白铜，这里只介绍黄铜和青铜。

(1)黄铜　黄铜是以锌为主要合金元素的铜合金，因成金黄色故称黄铜。按化学成分的不同，分为普通黄铜和特殊黄铜两种。

①普通黄铜　以锌和铜组成的合金叫普通黄铜。锌加入铜中不但能使强度增高，也能使塑性增高。当含锌量增加到30%～32%时，塑性最高。当增至40%～42%时，塑性下降而强度最高。当含锌量超过45%以后，黄铜的强度急剧下降，塑性太差，已无使用价值。

普通黄铜的牌号用"黄"的汉语拼音字首"H"加数字表示，数字表示铜的平均含量。常用的牌号有H62(表示含铜量为62%，余量为锌)、H68，等。

②特殊黄铜　在普通黄铜基础上加入其他合金元素的铜合金，称为特殊黄铜。常加入的合金元素有铅、硅、锰、锡、铁、镍、铝等。这些元素的加入都能提高黄铜的强度，其中铝、锰、锡、镍还能提高黄铜的抗蚀性和耐磨性。

特殊黄铜的牌号仍以"H"为首，后跟添加元素的化学符号，再跟数字，依次表示含铜量和加入元素的含量。铸造用黄铜的牌号前面还加一"Z"字。例如HPb59－1表示加入铅的特殊黄铜，其含铜量为59%，含铅量为1%。

(2)青铜　锡青铜是人类历史上应用最早的铜锡合金，因其外观呈青黑色，故称之为青铜。近代广泛应用于含铝、铍、铅、硅等的铜基合金，称之为特殊青铜。

①锡青铜　锡青铜的力学性能随含锡量的不同而变化，当含锡量在5%～6%以下时，合金的强度与塑性随含锡量的增加而上升，当含锡量超过5%～6%时，塑性急剧下降；当含锡量大于20%时，锡青铜的强度也急剧下降。工业用锡青铜的含锡量都在3%～14%之间。含锡量小于8%的锡青铜具有较好的塑性，适用于锻压加工；含锡量大于10%的锡青铜塑性低，只适用于锻造。常用的有QSn4－3("Q"表示"青"字的汉语拼音字首，"4"表示锡量4%，"3"表示其它元素含量3%)、ZCuSn10Zn2("Z"表示铸造锡青铜)等。

锡青铜在铸造时，因为锡青铜的结晶范围较大，流动性差，形成分散的微小缩孔，所以铸造收缩率很小，适宜铸造形状复杂、外形尺寸要求高的铸件。但因致密性差，不适于制造致密性要求高的铸件。

锡青铜抗大气、海水、蒸汽的腐蚀性能比黄铜和纯铜好，无冷脆现象，耐磨性高。

②特殊青铜

a. 铝青铜　铝青铜具有可与钢相比的强度，高的冲击韧性与疲劳强度，耐蚀，耐磨、受冲击时不产生火花等性能。铸造时由于流动性好，可获得致密的铸件。铝青铜常用来制造齿轮、摩擦片、蜗轮等要求高强度、高耐磨性的零件，常用的有QAl7等。

b. 铍青铜　铍青铜是含1.7%～2.5%Be的铜合金。因为在铜中的固溶度随温度下降而急剧降低，所以铍青铜可以通过淬火加人工时效的方法进行强化，具有很高的强度和硬度，远超过其他所有的铜合金，甚至可以和高强度钢相媲美。它的弹性极限、疲劳极限、耐磨性、抗蚀性也都很高，是综合性能很好的一种合金。另外，它具有导电、导热性好，耐寒、无磁，受冲击时不产生火花等一系列优点，只是由于价格昂贵，限制了它的使用。铍青铜在工业上用来制造重要的弹性元件、耐磨件和其它重要零件，如仪表齿轮、弹簧、航海罗盘、电焊机电极、防爆工具等。常用的有QBe2等。

## 思考与练习

**1.** 什么是强度？强度有哪些性能指标？

**2.** 什么是硬度？硬度实验有哪几种？

**3.** 碳钢中常存杂质有哪些？对钢的力学性能有何影响？

**4.** 碳钢如何根据成分、用途、质量分类？其牌号是如何表示的？

**5.** 指出下列各钢种的类别、大致含碳量、质量及用途。

Q235A，45，Q215B，T8，T12A，ZG200－400

**6.** 合金钢与碳钢相比，为什么它的力学性能好？热处理变形小？为什么合金工具钢的耐磨性、热硬性比碳钢高？

**7.** 低合金结构钢中合金元素主要是通过什么途径起强化作用？这类钢经常用于哪些场合？

**8.** 为什么要求综合力学性能较高的钢含碳量均为中碳？调质钢中常含哪些合金元素？它们的主要作用是什么？

**9.** 为什么弹簧钢大多是中碳钢、高碳钢？常含哪些合金元素？它们的主要作用是什么？

**10.** 为什么滚动轴承钢要具有高的含碳量？滚动轴承钢常含哪些合金元素？它们起什么作用？

**11.** 高速工具钢中常含哪些合金元素？为什么它具有很高的热硬性？

**12.** 合金模具钢分几类？各采用哪种最终热处理工艺？为什么？

**13.** 对量具钢有何要求？量具通常采用哪种最终热处理工艺？为什么？

**14.** 常用不锈钢有哪几种？为什么不锈钢中含铬量都超过 11.7％？1Crl3 钢和 Crl2 钢中，含铬量都超过 11.7％，为什么 1Crl3 钢属于不锈钢，而 Crl2 钢却不能作不锈钢？

**15.** 说明下列钢牌号属于何种合金钢？其数字含义如何？其主要用途是什么？

40Cr，W18Cr4V，ZGMnl3－1，1Crl8Ni9Ti，Crl2，GCrl5，60Si2Mn，5CrMnMo，30CrMnSi，9Mn2V

**16.** 说明下列铝合金牌号（代号）意义

LF1，ZLl04，LC4，ZL401，LY1，LD2。

**17.** 简述铜合金的分类、牌号及应用。

**18.** 为什么 H62 黄铜的强度高而塑性较低？而 H68 黄铜的塑性却比 H62 好？

**19.** 试比较铝基轴承合金与巴氏合金的组织特点及应用范围。

**20.** 指出下列牌号（或代号）的具体金属或合金的名称，并说明字母和数字的含义。

T2，H68，HPb60－1，ZCul6Si4，QSn6－4，QBe2，ZCuSnSbll－6，ZCuPbSbl6－16－2

# 第十二章 锻压成形

## 第一节 锻压成形工艺基础

### 一、概述

1. 锻压成形的性质

锻压是对坯料施加外力,使其产生塑性变形,改变尺寸、形状及改善性能,用以制造机械零件或毛坯的成型方法。锻压是锻造和冲压的总称。锻压和轧制、挤压、拉拔同属金属塑性加工(或金属压力加工),轧制、挤压、拉拔主要用于生产型材、板材、线材等。

2. 锻压成形加工的特点和应用

(1) 锻压成形加工的特点

① 锻压加工后,可使金属获得较细密的晶粒,可以压合铸造组织内部的气孔等缺陷,并能合理控制金属纤维方向,使纤维方向与应力方向一致,以提高零件的性能。

② 锻压加工后,坯料的形状和尺寸发生改变而其体积基本不变,与切削加工相比可节约金属材料和加工工时。

③ 除自由锻造外,其他锻压方法如模锻、冲压等都有较高的劳动生产率。

④ 能加工各种形状、重量的零件,使用范围广。

⑤ 由于锻压是在固态下成形,金属流动受到限制,因此锻件形状所能达到的复杂程度不如铸件。此外,一般铸件的精度和表面质量还需要进一步提高。

(2) 锻压成形加工的应用

锻压是生产零件或毛坯的主要方法之一,金属锻压成形在机械制造、汽车、拖拉机、仪表、电子、造船、冶金工程及国防等工业中有着广泛的应用。机械中受力大而复杂的零件,一般都采用锻件作毛坯,如主轴、曲轴、连杆、齿轮、凸轮、叶轮、炮筒等。飞机上的锻压件重量占全部零件重量的80%,汽车上70%的零件均是由锻压加工成形的。

### 二、金属的塑性变形

1. 金属塑性变形原理

金属在外力作用下产生弹性变形和塑性变形,塑性变形是锻压成形的基础,塑性变形引起金属尺寸和形状的改变,对金属组织和性能有很大影响,具有一定塑性变形的金属才可以在热态或冷态下进行锻压成形。

单晶体在外力 F 作用下被拉伸或压缩时,如图 12-1 所示,作用在某一晶面 $M-N$ 上的拉应力,可分解为垂直于该晶面的正应力 $\sigma$ 和平行于该晶面的切应力 $\tau$。正应力只能造成

晶体的弹性变形或断裂,而切应力才会使晶体产生塑性变形。

如图 12-2 所示为单晶体的变形过程,晶体未受到切应力作用时原子处于平衡状态,如图 12-2a 所示。在切应力作用下,原子离开原来的平衡位置,改变了原子间的相互距离,产生了变形,原子位能增高。由于处于高位能的原子具有返回到原来低位能平衡位置的倾向,所以当应力去除后变形也随之消失,这种变形称为弹性变形,如图 12-2b 所示。当切应力增加到大于原子间的结合力后,使某晶面两侧的原子产生相对滑移,如图 12-2c 所示。滑移后,若去除切应力,晶格歪扭可恢复,但已滑移的原子不能恢复到变形前的位置,被保留的这部分变形即塑性变形,如图 12-2d 所示。

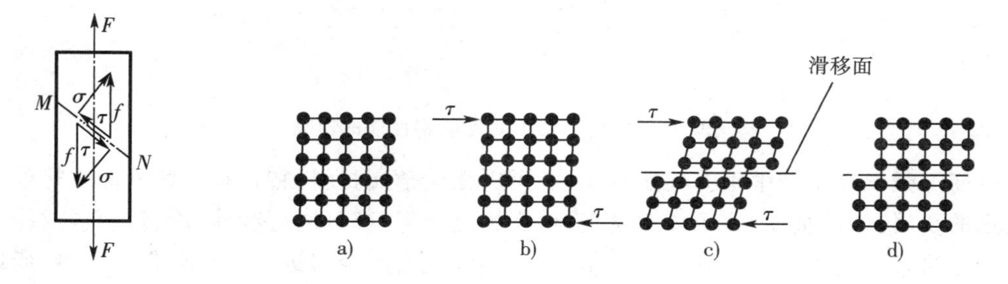


图 12-1 单晶体拉伸示意图　　图 12-2 单晶体的变形过程

单晶体的滑移是通过晶体内的位错运动来实现的,而不是沿滑移面所有的原子同时作刚性移动的结果,所以滑移所需要的切应力比理论值低很多。位错运动滑移机制的示意图如图 12-3 所示。

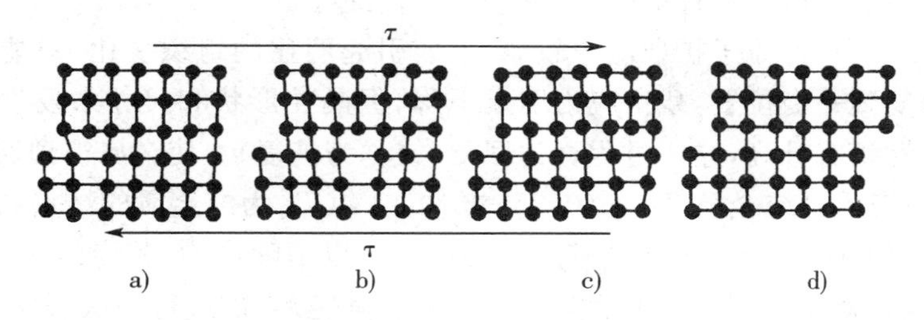


图 12-3 位错运动引起塑性变形

常用金属一般都是多晶体,其塑性变形可以看成是由许多单个晶粒产生塑性变形的综合作用。多晶体变形首先从晶格位向有利于滑移的晶粒内开始,然后随切应力增加,再发展到其他位向的晶粒。由于多晶体晶粒的形状、大小和位向各不相同,以及在塑性变形过程中还存在晶粒与晶粒之间的滑动与转动,即晶间变形,所以多晶体的塑性变形比单晶体要复杂的多。多晶体塑性变形中,晶内变形是主要的,晶间变形很小。

2. 金属塑性变形后组织和性能的变化

(1) 冷塑性变形后的组织变化　金属在常温下经塑性变形,其显微组织出现晶粒伸长、破碎、晶粒扭曲等特征,并伴随着内应力的产生。

(2) 冷变形强化(加工硬化)　冷变形时,随着变形程度的增加,金属材料的所有强度指标和硬度都有所提高,但塑性有所下降,如图 12-4 所示,这种现象称为冷变形强化。冷变形强化是由于塑性变形时,滑移面上产生了很多晶格位向混乱的微小碎晶块,滑移面附近晶格也处于强烈的歪扭状态,产生了较大的应力,增加了继续滑移的阻力所造成的。

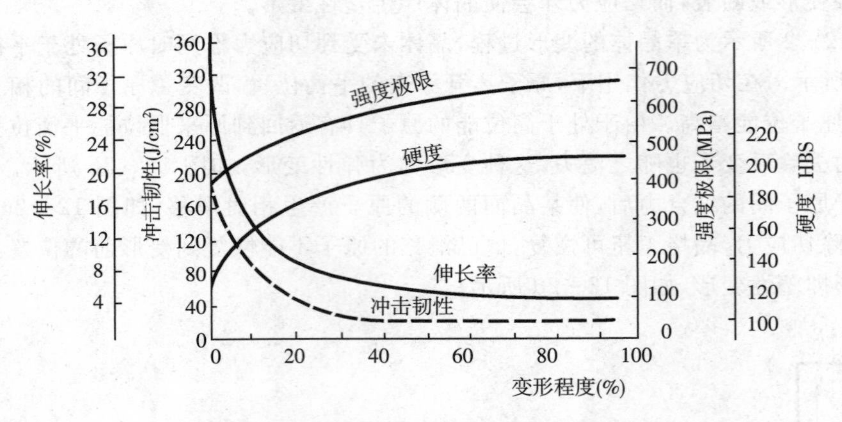


图 12-4　塑性变形对低碳钢性能的影响

冷变形强化在生产中很有实用意义，它可以强化金属材料，特别是一些不能用热处理进行强化的金属，如纯金属、奥氏体不锈钢、形变铝合金等，都可以用冷轧、冷挤、冷拔或冷冲压等加工方法来提高其强度和硬度。但是，冷变形强化会给金属进一步变形带来困难，所以常在变形工序之间安排中间退火，以消除冷变形强化，恢复金属塑性。

（3）回复与再结晶　冷变形强化的结果使金属的晶体结构处于不稳定的应力状态，畸变的晶格中处于高位能的原子有恢复到稳定平衡位置上去的倾向。但在室温下原子扩散能力小，这种不稳定状态能保持较长时间而不发生明显变化。只有将它加热到一定温度，使原子加剧运动，才会发生组织和性能变化，使金属恢复到稳定状态。

当加热温度不高时，原子扩散能力较弱，不能引起明显的组织变化，只能使晶格畸变程度减轻，原子回复到平衡位置，残留应力明显下降，但晶粒形状和尺寸未发生变化，强度、硬度略有下降，塑性稍有升高，这一过程称为回复（或称为恢复）。使金属得到回复的温度称为回复温度，$T_{回}$用表示。纯金属 $T_{回}=(0.25\sim0.30)T_{熔}$（$T_{熔}$为纯金属的熔点温度）。

生产中常利用回复现象对工件进行去应力退火，以消除应力，稳定组织，并保留冷变形强化性能。如冷拉钢丝卷制成弹簧后为消除应力使其定形，需进行一次去应力退火。

当加热到较高温度时，原子扩散能力增强，因塑性变形而被拉长的晶粒重新形成核、结晶，变为等轴晶粒，消除了晶格畸形边、冷变形强化和应力，使金属组织和性能恢复到变形前状态，这个过程称为再结晶。开始产生再结晶现象的最低温度称为再结晶温度，用 $T_{再}$ 表示，纯金属再结晶温度 $T_{再}\approx0.40T_{熔}$。

如图 12-5 所示，为冷变形后金属在加热过程中发生回复和再结晶的组织变化示意图。

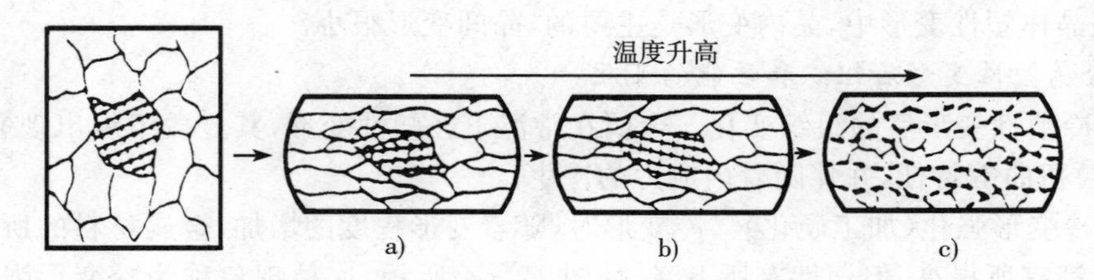


图 12-5　金属回复和再结晶过程中组织变化

a）塑性变形后的组织　b）回复后的组织　c）再结晶组织

再结晶是以一定速度进行的，因此需要一定时间。再结晶速度取决于变形时的温度和预先变形程度，变形金属加热温度越高，变形程度越大，再结晶过程所用时间越短。生产中为加快再结晶过程，再结晶退火温度要比再结晶温度高 100℃～200℃。再结晶过程完成后，若继续升高加热温度，或保温时间过长，则会发生晶粒长大现象，使晶粒变粗、力学性能变坏，故应正确掌握再结晶退火的加热温度和保温时间。

3. 冷变形和热变形（亦称成形与热成形）

金属在不同温度下变形后的组织和性能是不同的，因此塑性变形分为冷变形和热变形两类。再结晶温度以下的变形称为冷变形。冷变形过程中只有冷变形强化而无回复与再结晶现象。冷变形时变形抗力大，变形量不宜过大，以免产生裂纹。因变形是在低温下进行，无氧化脱碳现象，故可获得较高的尺寸精度和表面质量。再结晶温度以上的变形称为热变形。热变形后的金属具有再结晶组织而不存在冷变形强化现象，因为冷变形强化被同时发生的再结晶过程消除。热变形能以较小的功达到较大的变形，变形抗力通常只有冷变形的 1/5～1/10，所以金属压力加工多采用热变形。但热变形时因产生氧化脱碳现象，工件表面粗糙，尺寸精度较低。

## 三、锻造流线与锻造比

热变形使铸锭中的脆性杂质粉碎，并沿着金属主要伸长方向呈碎粒状分布，而塑性杂质则随金属变形，并沿着主要伸长方向呈带状分布，金属中的这种杂质的定向分布通常称为锻造流线。

热变形对金属组织和性能的影响主要取决于热变形的程度，而热变形的大小可用锻造比 $\gamma$ 来表示。锻造比是金属变形程度的一种表示方法，通常用变形前后的截面比、长度比或高度比来计算。

$$\gamma_{拔长}=A_0/A=\iota/\iota_0,\gamma_{镦粗}=h_0/h$$

式中：$A_0$、$A$—分别为坯料拔长变形前、后的截面积；

$\iota$、$\iota_0$—分别为坯料拔长变形前、后的长度；

$h_0$、$h$—分别为坯料镦粗变形前、后的高度。

锻造比愈大，热变形程度愈大，则金属的组织、性能改善愈明显，锻造流线也愈明显。

锻造流线使金属的性能呈各向异性。当分别沿着流线方向和垂直流线方向拉伸时，前者有较高的抗拉强度。当分别沿着流线方向和垂直方向剪切时，后者有较高的抗剪强度。

锻造流线使锻件在纵向（平行流线方向）上塑性增加，而在横向（垂直流线方向）上塑性和韧性降低。强度在不同方向上差别不大。表 12－1 为 45 钢力学性能与流线方向的关系。

**表 12－1　钢力学性能与锻造流线方向的关系**

| 取样方向 | $\sigma_b$/MPa | $\sigma_b$/MPa | $\delta$/% | $\psi$/% | $A_{KV}$/J |
|---|---|---|---|---|---|
| 纵向（平行流线方向） | 715 | 470 | 17.5 | 62.8 | 49.6 |
| 横向（垂直流线方向） | 675 | 440 | 10 | 31 | 24 |

设计和制造零件时，应使零件工作时的最大正应力方向与流线方向平行，最大切应力方向与流线方向垂直，从而得到较高的力学性能。流线的分布应与零件外轮廓相符而不被切断。

如图 12－6a 所示为采用棒料直接用切削加工方法制造的螺栓，受横向切应力时使用性能好，受纵向切应力时易损坏；若采用如图 12－6b 所示的局部镦粗方法制造的螺栓，则其受横、纵切应力时使用性能均好。图 12－7a 是用棒料直接切削成形的齿轮，齿根产生的正应力垂直纤维方向，质量最差，寿命最短；图 12－7b 是用扁钢经切削加工的齿轮，齿 1 的根部正应力与纤维方向平行，切应力与纤维方向垂直，力学性能好。齿 2 的情况正好相反，性能差，该齿轮寿命也短；图 12－7c 是用棒料镦粗后再经切削制成的齿轮，纤维方向呈放射状（径向），各齿的切应力方向均与纤维方向近似垂直，强度和寿命较高；图 12－7d 是热轧成形的齿轮，纤维方向与齿廓一致，且纤维完整未被切断，质量最好，寿命最长。

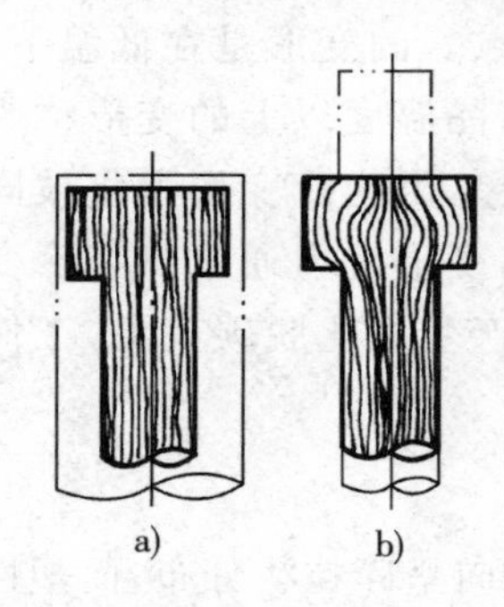


图 12－6　螺栓的纤维组织与加工方法关系

a）用切削加工法制造的螺栓毛坯

b）用局部镦粗法制造的螺栓毛坯

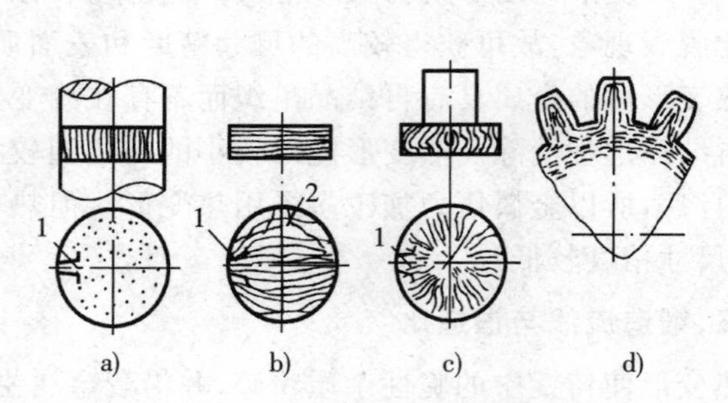


图 12－7　不同成形工艺齿轮的纤维组织分布

a）棒料经切削成形　b）扁钢经切削成形

c）棒料镦粗再经切削成形　d）热轧成形

**四、金属的锻压性能**

金属锻压变形的难易程度称为金属的锻压性能。金属塑性越好，变形抗力越小，则金属的锻压性能越好。反之，锻压性能差。金属锻压性能是金属材料重要的工艺性能，金属的内在因素和外部条件是影响锻压性能的主要因素。

1. 化学成分

纯金属的锻压性能比其合金好。碳素钢随含碳量增加，锻压性能变差。合金钢中合金元素种类和含量越多，锻压性能越差。特别是加入能提高高温强度的元素，如钨、钼、钒、钛等，锻压性能更差。

2. 组织结构

固溶体（如奥氏体等）锻压性能好，化合物（如渗碳体等）锻压性能很差。单相组织的锻压性能比多相组织好。铸态的柱状组织及粗晶粒组织不如晶粒细小而均匀组织的锻压性能好。

3. 变形温度

在不产生过热的条件下，提高金属变形温度，可使原子动能增加，结合力减弱，塑性增加，变形抗力减小。高温下再结晶过程很迅速，能及时克服冷变形强化现象。因此，适当提高变形温度可改善金属锻压性能。

4. 变形速度

变形速度即单位时间内的相对变形量。随着变形速度的提高，金属的回复和再结晶不能及时克服冷变形强化现象，使塑性下降，变形抗力增加，锻压性能变差。但是，当变形速度

超过临界值后，由于塑性变形的热效应，使金属温度升高，加快了再结晶过程，使塑性增加，变形抗力减小。

5. 应力状态

用不同的锻压方法使金属变形时，其内部也可能不同。挤压是三向压应力状态；拉拔是轴向受拉，径向受压；自由锻镦粗时，锻件是三向压应力，而侧表面层，水平方向的压应力转化为拉应力。实践证明，变形区的金属在三个方向上的压应力数目越多，塑性越好，但压应力增加了金属内部摩擦，使变形抗力增大；受拉应力数目越多，塑性越差。这是因为拉应力易使滑移面分离，使缺陷处产生应力集中，促成裂纹的产生和发展，而压应力的作用与拉应力相反。

**五、坯料的加热和锻件的冷却**

1. 坯料的加热

(1) 加热的目的　加热的目的是提高坯料的塑性，降低变形抗力，改善锻压性能。在保证坯料均匀热透的条件下，应尽量缩短加热时间，以减少氧化和脱碳，降低燃料消耗。

(2) 加热导致的缺陷

① 氧化和脱碳　氧化时产生的氧化皮硬度很高，加剧了锻模的磨损，降低了模锻件精度和表面质量。脱碳使工件表层变软，强度和耐磨性降低。但脱碳层厚度小于加工余量时，不影响锻件质量。减少氧化和脱碳的方法是严格控制送风量，快速加热，或采用少、无氧化加热等。

② 过热和过烧　过热使金属的锻压性能和力学性能降低，应尽量避免。过热的工件可通过反复锻击把晶粒打碎，或锻后进行热处理，将晶粒细化。过烧破坏了晶体间的连接，使金属完全失去塑性。过烧的坯料无法挽救，只能报废。

③ 裂纹　在加热过程中，热应力和相变应力超过金属本身的抗拉强度时将产生裂纹。

(3) 加热规范　规定坯料装炉时的炉温，预热、升温和保温时间，以及锻造温度范围，是提高锻压质量的保证。

① 始锻温度　坯料开始锻造时的温度，称始锻温度。在不出现过热的前提下，应尽量提高始锻温度以使坯料具有最佳的锻压性能，并能减少加热次数，提高生产率。碳钢的始锻温度比固相线低200℃左右，如图12-8所示。

② 终锻温度　坯料锻造成形后，停锻时的瞬时温度，称终锻温度。终锻温度应高于再结晶温度，以保证金属有足够的塑性以及锻后能获得再结晶组织。但终锻温度过高，易形成粗大晶粒，降低力学性能；终锻温度过低，锻压性能变差。碳钢的终锻温度为800℃左右，如图12-8所示。

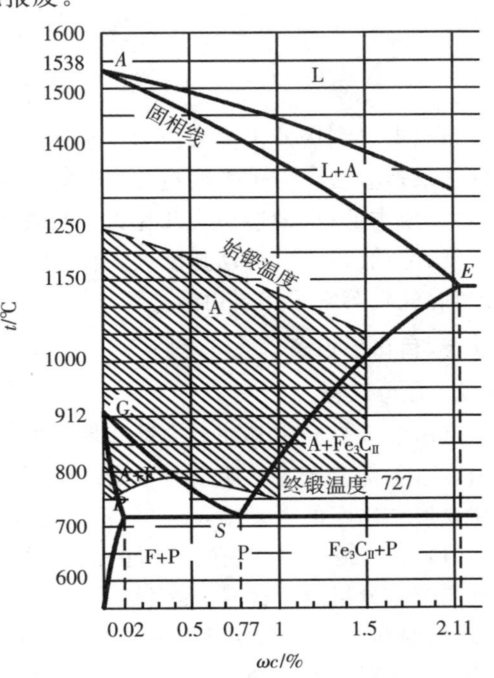


图12-8　碳钢的锻造温度范围

锻造时的温度可用仪表测量，但生产中一般用观察金属火色来大致判断。常用金属材料的锻造温度如表 12－2 所示。

**表 12－2 常用金属材料的锻造**

| 金属材料 | 始锻温度/℃ | 终锻温度/℃ | 金属材料 | 始锻温度/℃ | 终锻温度/℃ |
|---|---|---|---|---|---|
| 碳素结构钢 | 1200～1250 | 800～850 | 高速工具钢 | 1100～1150 | 900 |
| 碳素工具钢 | 1050～1150 | 750～800 | 弹簧钢 | 1100～1150 | 800～850 |
| 合金结构钢 | 1100～1200 | 800～850 | 轴承钢 | 1080 | 800 |
| 合金工具钢 | 1050～1150 | 800～850 | 硬铝 | 470 | 380 |

*2. 锻件的冷却*

锻件冷却是锻造工艺过程中必不可少的工序。若锻件冷却不当，易产生翘曲，表面硬度增高，甚至产生裂纹。一般，碳及合金元素含量越高，锻件尺寸越大，形状越复杂，冷却速度应越慢。锻件冷却方式主要有以下三种：

(1) 空冷　是指热态锻件在空气中冷却的方法。空冷速度较快，多用于的碳钢和低合金钢小型锻件的冷却。

(2) 坑冷　是指热态锻件埋在地坑或铁箱中缓慢冷却的方法。常用于碳素工具钢和合金钢锻件的冷却。

(3) 炉冷　是指锻后的锻件放入炉中缓慢冷却的方法。常用于合金钢大型锻件，高合金钢重要锻件的冷却。

## 第二节　自由锻

自由锻是利用冲击力或压力使金属在上、下两个抵铁之间产生塑性变形，从而得到所需锻件的锻造方法。有手工锻造和机器锻造两种。自由锻工艺灵活，所用工具、设备简单，通用性大，成本低，可锻造小至几克大到数百吨的锻件。但自由锻尺寸精度低，加工余量大，生产率低，劳动条件差，劳动强度大，要求工人技术水平较高。水轮发电机机轴、涡轮盘、发动机曲轴、轧辊等常采用自由锻造。

### 一、自由锻设备

*1. 自由锻锤*

自由锻锤是利用其冲击力锻造坯料的设备。自由锻锤的规格以其下落部分的总重量来表示。落下部分产生的能量并非全部消耗在坯料的变形上，其中一部分消耗于锻造工具的弹性变形和砧座的振动中，砧座的重量越大，打击效率越高。

(1) 空气锤　空气锤的结构由锤身、压缩缸、工作缸、传动机构、操纵机构、落下部分及砧座几个部分组成。锤身、压缩缸及工作缸铸成一体，传动机构包括减速机构、曲柄连杆机构等，操纵机构包括操纵手柄（或踏杆），上、下旋阀及其连接杠杆，落下部分包括工作缸活塞、锤杆、锤头及上砧铁，如图 12－9 所示。电动机 3 通过减速器 2 带动活塞 5 上下往复运动。作为动力介质的空气通过旋转气阀 7、10 交替地进入工作汽缸 8 的上部或下部，使活塞

9连同上砧铁11一起作上下运动。控制旋转气阀的位置，可使锤头完成上悬、下压、单次打击和连续打击等动作。

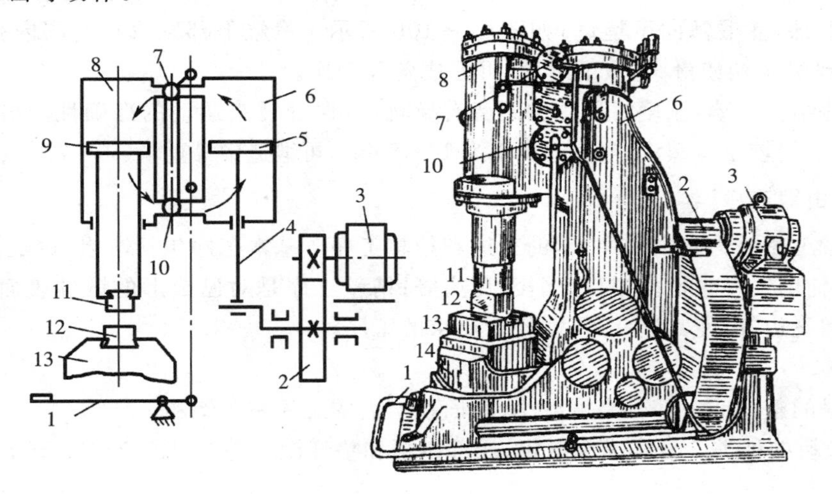


图12-9 空气锤

1—踏杆 2—减速器（齿轮） 3—电动机 4—连杆 5—压缩活塞 6—压缩汽缸 7、10—旋转气阀 8—工作汽缸 9—工作活塞 11—上砧铁 12—下砧铁 13—砧垫 14—砧座

该空气锤结构简单、操作方便、设备投资少、维修容易，其规格为650～7500N，适用于锻造50kg以下的小型锻件。

(2) 蒸汽-空气自由锻锤 是利用压力为0.70～0.90MPa的蒸汽或压缩空气为动力的锻锤。蒸汽-空气锤主要由机架、工作缸、落下部分和配汽机构等几部分组成，如图12-10所示。按机架结构形式不同分为单柱式、双柱拱式和桥式三种。

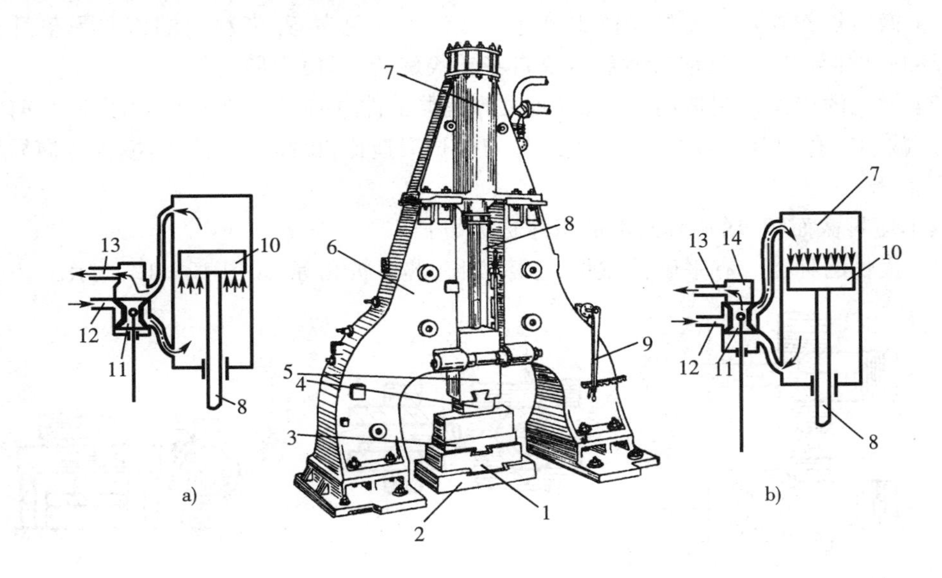


图12-10 蒸汽—空气锤

1—砧垫 2—底座 3—下砧 4—上砧 5—锤头 6—机架 7—工作汽缸 8—锤杆 9—操纵手柄 10—活塞 11—滑阀 12—进气管 13—排气管 14—滑阀汽缸

蒸汽或压缩空气从进气管 12 经滑阀 11 及气道，进入活塞 10 的下面，使锤杆 8、锤头 5、上砧 4 向上运动，如图 12－10a 所示。汽缸上部的蒸汽经排气管 13 排出。提起滑阀 11，蒸汽进入汽缸 7 上部，使锻锤向下运动，如图 12－10b 所示。汽缸下部蒸汽经滑阀内孔从排气管 13 排出。操纵手柄使滑阀上、下运动，可完成各种动作。

该锻锤结构紧凑，刚度好。锤头两旁有导轨，可保证锤头运动的准确性，打击时较为平稳，但操作空间较小。蒸汽-空气锤规格为 10～50kN，可锻造中等重量(50～700kg)的锻件。

**二、自由锻工序**

自由锻工序分为基本工序、辅助工序和精整工序。基本工序包括镦粗、拔长、冲孔、切割和弯曲等；辅助工序包括压钳口、倒棱、压肩等；精整工序是对已成形的锻件表面进行平整，清除毛刺和飞边等，使其形状、尺寸符合要求的工序。

1. 镦粗

使坯料的整体或一部分高度减小、断面积增大的工序称为镦粗。

(1) 镦粗的种类　分为完全镦粗、局部镦粗和垫环镦粗等，如图 12－11 所示。

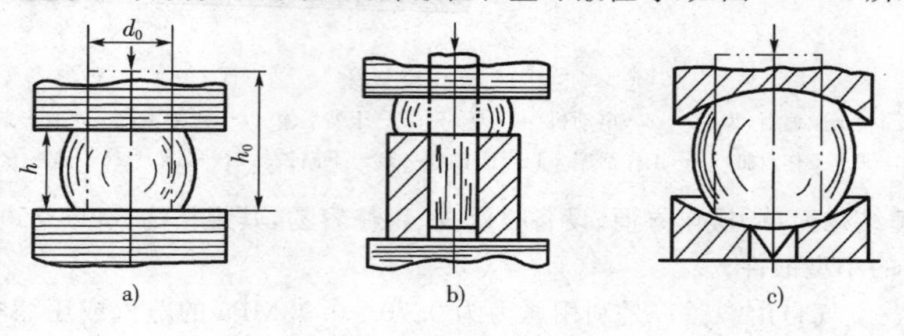


图 12－11　镦粗

a)完全镦粗　b) 局部镦粗　c) 垫环镦粗

(2) 镦粗操作要点　坯料高径比 $A_0/d_0 \leqslant 2.5$，以免镦弯；坯料两端面要平整且垂直于轴线；坯料加热要均匀，且锻打时经常绕自身轴线旋转，以使变形均匀。

(3) 镦粗的应用　制造高度小、截面大的盘类工件，如齿轮、圆盘等；作为冲孔前的准备工序，以减小冲孔深度；增加某些轴类工件的拔长锻造比，提高力学性能，减少各向异性。

2. 拔长

减小坯料截面积、增加其长度的工序称为拔长。

(1) 拔长的种类　有平砥铁拔长、芯棒拔长、芯棒扩孔等，如图 12－12 所示。

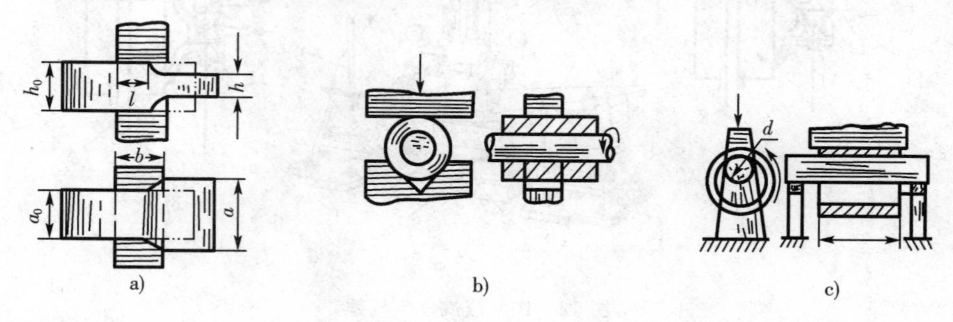


图 12－12　拔长

a)平砥铁拔长　b)芯棒拔长　c)芯棒扩孔

(2) 拔长的操作要点　坯料在平砥铁上拔长时应反复作 120°翻转，圆轴应逐步成形最后摔圆；应选用适当的送进量，以提高拔长效率，一般取送进量 $l=(0.4\sim0.8)b$；拔长后的宽高比 $a/h\leqslant2.5$，以免翻转 90°后再拔长时弯折；芯棒上扩孔时，芯棒要光滑，而且直径 $d\geqslant0.35L$。

(3) 拔长的应用　主要用于制造长轴类的实心或空心工件，如轴、拉杆、曲轴、炮筒、套筒以及大直径的圆环等。

3. 冲孔

在实心坯料上冲出通孔或不通孔的工序称为冲孔。

(1) 冲孔的种类　有空心冲子冲孔、板料冲孔等，其中实心冲子冲孔有单面冲孔和双面冲孔，如图 12-13 所示。

(2) 冲孔的操作要点　冲孔前应先镦平端面；采用双面冲孔时，正面冲到底部留 $\Delta h=(0.15\sim0.2)$h 时，将坯料翻转后再冲通；直径 $d<25$mm 的孔一般不冲出；直径 $d<450$mm 的孔用实心冲子冲孔；直径 d>450mm 的孔用空心冲子冲孔。

(3) 冲孔的应用　主要用于制造空心工件，如齿轮坯、圆环、套筒等。有时也用于去除铸锭中心质量较差的部分，以便锻制高质量的大工件。

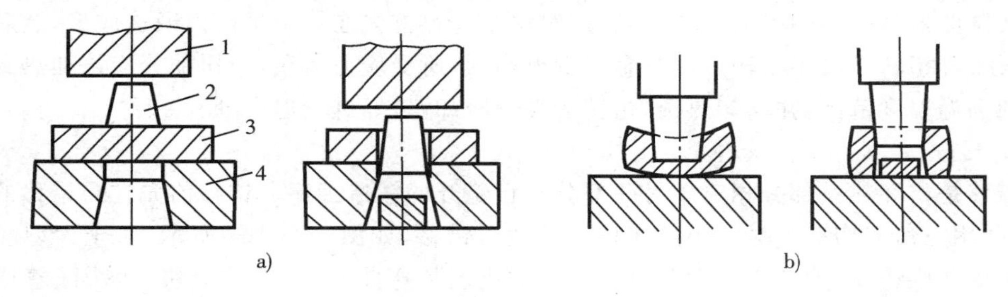


图 12-13　冲孔

a)实心冲子单面冲孔　b)空心冲子双面冲孔

1—上砧　2—冲子　3—坯料　4—漏盘

4. 切割

切割是将坯料分割开或部分割裂的锻造工序。最常用的为单面切割法，如图 12-14a 所示，利用剁刀 1 锤击切入坯料 3，直至仅存一层很薄连皮时加以翻转，锤击方铁 2 除去连皮。方铁应略宽于连皮，避免产生毛刺。薄坯料亦用直接锤击刀口略有错开的两个方铁 2 的剪性切割法，如图 12-14b 所示。

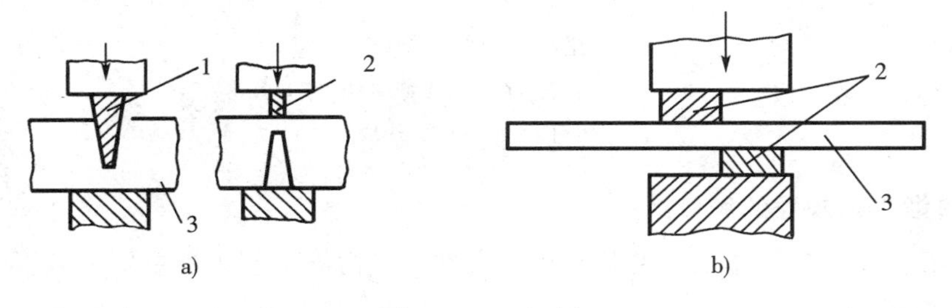


图 12-14　切割

a)单面切割法　b)剪性切割法

1—剁刀　2—方铁　3—坯料

5. 弯曲

弯曲是将坯料弯成所需形状的锻造工序。与其它工序联合使用,可以得到如吊钩、舵杆、角尺、曲栏杆等弯曲形状的锻件。弯曲方法如图 12-15 所示,可以在砧角上用大锤弯曲,也可用吊车弯曲,近来广泛采用截面相适应的胎模弯曲。

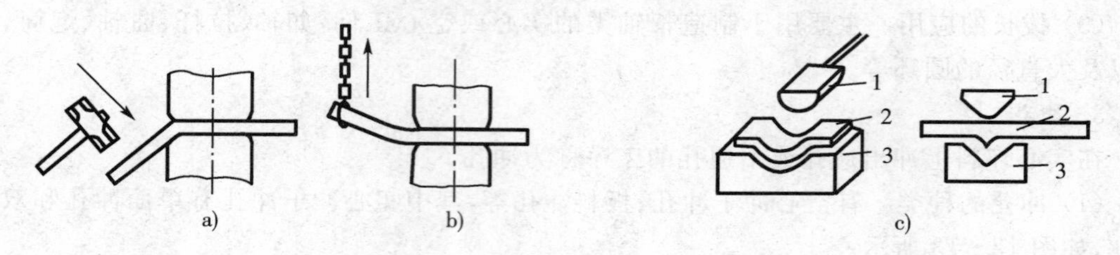


图 12-15 弯曲

a)大锤弯曲 b)吊车弯曲 c)胎模弯曲

1—成形压铁 2—坯料 3—胎模

6. 扭转

扭转是将坯料的一部分相对于另一部分绕其轴线旋转一定角度的锻造工序。扭转主要用于锻制曲柄位于不同平面内的曲轴,这时整个坯料首先在一个平面内锻造成形,然后用夹叉或扳手等扭转。由于扭转过程中金属变形剧烈,所受应力复杂,受扭部分应该加热到塑性最好的高温温度范围,并均匀热透,扭转后缓慢冷却,最好进行退火处理。

7. 错移

错移是将坯料一部分相对于另一部分平行错开的锻造工序。错移前先在需错移的部分压痕,并用三角刀切肩。对于小型坯料通过锤击错移,如图 12-16a 所示,对于大型坯料通过水压机加压错移,如图 12-16b 所示。为防止坯料弯曲,可用链式垫块支承,随着错移的进行,逐渐去掉支承垫块。

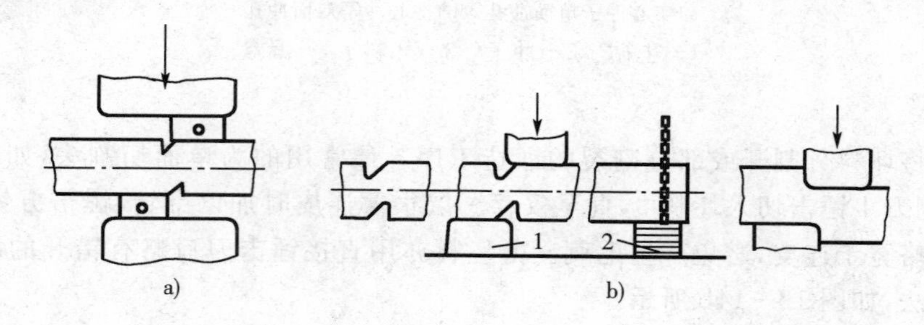


图 12-16 错移

a)小型坯料 b)大型坯料

1—下砧 2—链式垫块

## 四、自由锻工艺规程的制订

自由锻工艺规程是锻造生产的基本技术文件。自由锻工艺规程主要有以下内容:

1. 绘制锻件图

锻件图是锻造加工的依据,它是以零件图为基础并考虑机械切削加工余量、锻件公差、工艺余块等绘制的。绘制锻件图时,锻件形状用粗实线绘制;零件图外线用细双点划线或细

实线绘制；锻件尺寸和公差标注在尺寸线上面。零件尺寸加括号标注在尺寸线下面。如图12－17所示。

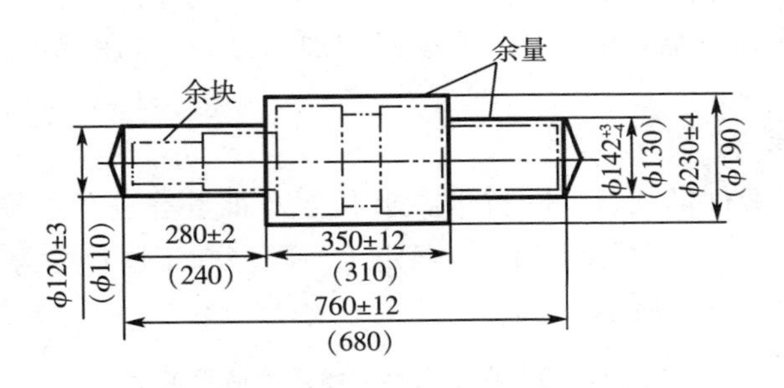


图12－17　自由锻锻件图

（1）机械切削加工余量　锻件上凡需切削加工的表面应留加工余量。加工余量大小与零件形状、尺寸、精度、表面粗糙度和生产批量有关，还受生产条件和工人技术水平等因素的影响，具体数值可参阅有关手册。

（2）锻件公差　零件的基本尺寸加上机械切削加工余量，为锻件的基本尺寸。锻件实际尺寸超过基本尺寸的称上偏差，小于基本尺寸的称下偏差，上、下偏差的代数差的绝对值为锻件公差。一般公差值取加工余量的1/4～1/3，具体数值可根据锻件形状、尺寸、生产批量、精度要求等，从有关手册中查出。

（3）余块　在锻件的某些难以锻出的部分加添一些大于余量的金属体积，以简化锻件外形及锻件的制造过程，这种加添的体积叫做余块。

2. 计算坯料质量与尺寸

（1）计算坯料质量　生产大型锻件用钢锭作坯料，中、小型锻件采用钢坯和各种型材，如方钢、圆钢、扁钢等。坯料的质量可按下式计算

$$m_{坯}=m_{锻}+m_{烧}+m_{芯}+m_{切}$$

式中：$m_{坯}$——坯料质量；

$m_{锻}$——锻件质量；

$m_{烧}$——加热时坯料表面氧化烧损的质量，与坯料性质、加热次数有关；

$m_{芯}$——冲孔时的芯料质量，与冲孔方式、冲孔直径和坯料高度有关；

$m_{切}$——锻造过程中被切掉的多余金属质量，如修切端部产生的料头等。

（2）确定坯料尺寸　确定坯料尺寸时，应满足锻造比要求，并考虑变形工序对坯料尺寸的限制。

① 采取镦粗法锻造时，为避免镦弯，坯料高径比 $h_0/d_0\leqslant2.5$，为下料方便，应使 $h_0/d_0\geqslant1.25$。将此关系代入体积计算公式，可求出坯料直径 $d_0$ 或边长 $l_0$。

a. 对于圆截面坯料：$d_0=(0.8\sim1.0)\sqrt[3]{V_0}$

b. 对于方截面坯料：$l_0=(0.75\sim0.90)\sqrt[3]{V_0}$

② 采用拔长法锻造时，拔长后的最大截面积应达到规定的锻造比 $\gamma$，即 $A_0=\gamma_{拔长}\cdot A_{max}$。由此公式求出 $A_0$，再求出坯料直径 $d_0$ 或边长 $l_0$。

式中：$A_0$——坯料截面积；

$A_{max}$——坯料经过拔长后最大截面积，$\gamma_{拔长}$ 取1.1～1.3。

a. 对于圆截面坯料：$d_0 = 1.13\sqrt{A_0}$

b. 对于方截面坯料：$l_0 = \sqrt{A_0}$

初步算出直径或边长后，还应按照国家标准加以修正，选用标准值。最后，根据 $V_0$ 和 $A_0$ 算出坯料长度。

3. 选择锻造工序

锻造工序应根据锻件形状、尺寸、技术要求和生产批量等进行选择。其主要内容是：确定锻件成型所必须的工序；选择所用工具；确定工序顺序和工序尺寸等。自由锻件的分类及其所用基本工序如表 12－3 所示。

表 12－3　自由锻件分类及锻造用工序

| 类　别 | 图　例 | 锻造用工序 | 实　例 |
|---|---|---|---|
| 轴类零件 | | 拔长（镦粗及拔长）、压肩、锻台阶、滚圆 | 主轴，传动轴 |
| 杆类零件 | | 拔长（镦粗及拔长）、压肩、锻台阶和冲孔 | 连杆等 |
| 曲轴类零件 | | 拔长（镦粗及拔长）、错移、压肩、滚圆和扭转 | 曲轴、偏心轴等 |
| 盘类、圆环类零件 | | 镦粗（镦粗及拔长）、冲孔、在芯轴上扩孔、定径 | 圆环、齿圈、端盖、套筒 |
| 筒类零件 | | 镦粗（镦粗及拔长）、冲孔、芯棒拔长、滚圆 | 圆筒、套筒等 |
| 弯曲件 | | 拔长、弯曲 | 吊钩、弯杆、轴瓦盖等 |

五、自由锻工艺规程示例

自由锻一齿轮零件，如图 12－18 所示，材料 45 钢，生产数量为 20 件，属于小批生产，其自由锻工艺规程内容如下：

(1) 绘制锻件图　为简化锻件形状，对于 8×$\phi$30孔、圆周小凹槽、小台阶等部分不予锻出，采用余块简化。外圆 $11^{+3}_{-4}$；$15^{+4}_{-6}$；高度 $10^{+2}_{-3}$。按绘制锻件图的有关规定，给出锻件图，如表 12－4 所示。

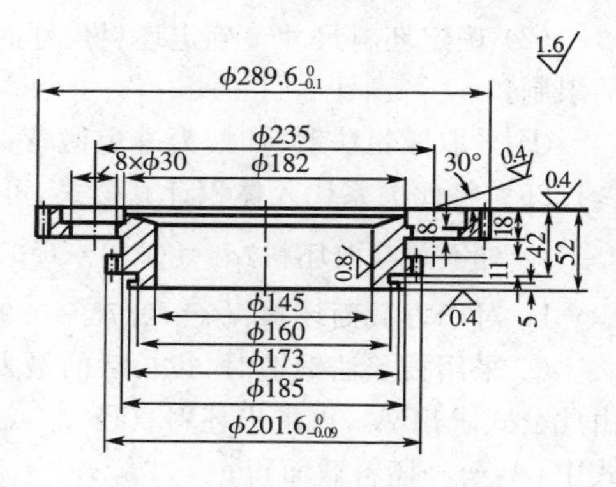

图 12－18　齿轮零件图

**表 12－4　齿轮坯锻造工艺卡**

| 锻件名称 | 齿轮 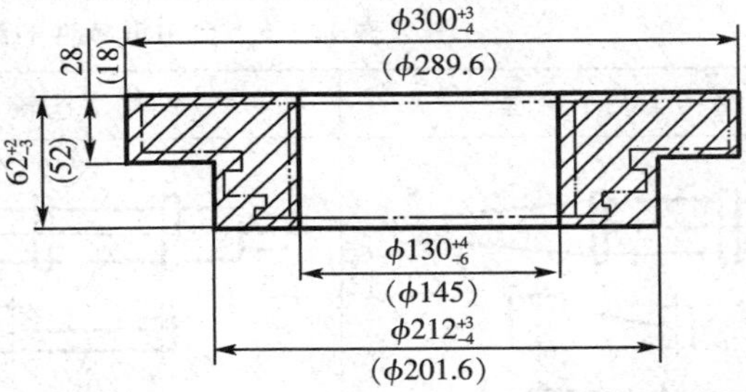 |
|---|---|
| 锻件材料 | 45 钢 |
| 坯料质量 | 19.5kg |
| 锻件质量 | 18.5kg |
| 坏料尺寸 | $\phi$120×221 |
| 每坯锻件数 | 1 |

| 火次 | 温度/℃ | 工序名称 | 变形过程 | 设备 | 工具 |
|---|---|---|---|---|---|
| 1 | 始锻温度 1200 终锻温度 800 | 镦粗 | 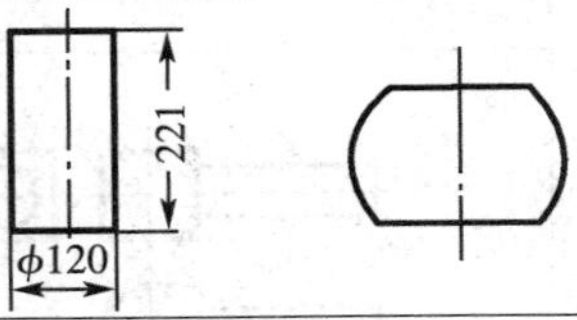  | 7500N 自由锻锤 |  |
| 2 | 1200～800 | 局部镦粗（漏盘镦粗） | 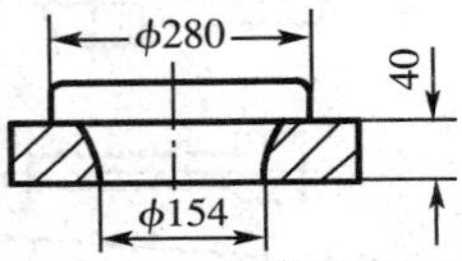  | 7500N 自由锻锤 | 普通漏盘 |
| 3 | 1200～800 | 冲孔 | 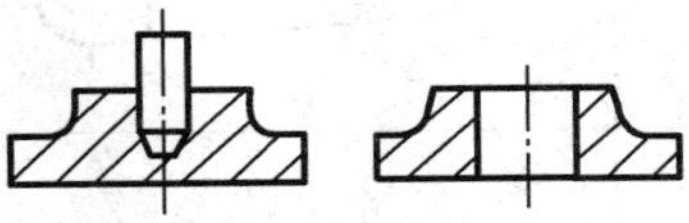  | 7500N 自由锻锤 | 冲头 |
| 4 | 1200～800 | 冲头扩孔 |  | 7500N 自由锻锤 | 冲头 |
| 5 |  | 整形 | 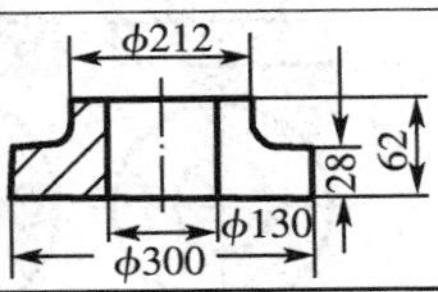  | 7500N 自由锻锤 |  |

(2) 计算坯料质量和尺寸　按有关公式算出：

锻件质量 $m_{锻}$＝18.5kg；芯料质量 $m_{芯}$＝0.3kg（第一次冲孔取 $D$＝60mm，$h_0$＝65mm，$K_2$＝1.3）；烧损质量 $m_{烧}$＝0.7kg（加热 2 次，即两火锻成，取 $K_1$＝3.5%）。

坯料质量：$m_{坯}=m_{锻}+m_{芯}+m_{烧}=19.5\text{kg}$

用镦粗法锻造，取坯料高径比为 2，计算出坯料直径 $d_0$＝122mm。根据国家标准，直径修正后选 $d_0$＝120mm 圆钢，算出坯料高度 $h_0$＝221mm。坯料尺寸为 $\phi$120mm×221mm。

(3) 确定自由锻工序　根据本锻件形状和尺寸，确定采用镦粗、局部镦粗、冲孔、冲头扩孔及整形等工序。

(4) 选择锻造设备　确定选用 7500N 自由锻空气锤。

(5) 确定坯料加热、锻件冷却和热处理方法　确定 45 钢始锻温度为 1200℃，终锻温度为 800℃。锻后空冷，冷后正火处理。

(6) 填写工艺卡片　如表 12－4 所定。

## 六、自由锻零件的结构工艺性

按照自由锻特点和工艺要求，在满足使用性能要求的条件下，应使自由锻零件形状简单,易于锻造。自由锻零件的结构工艺性如表 12-5 所示。

**表 12-5 自由锻零件的结构工艺性**

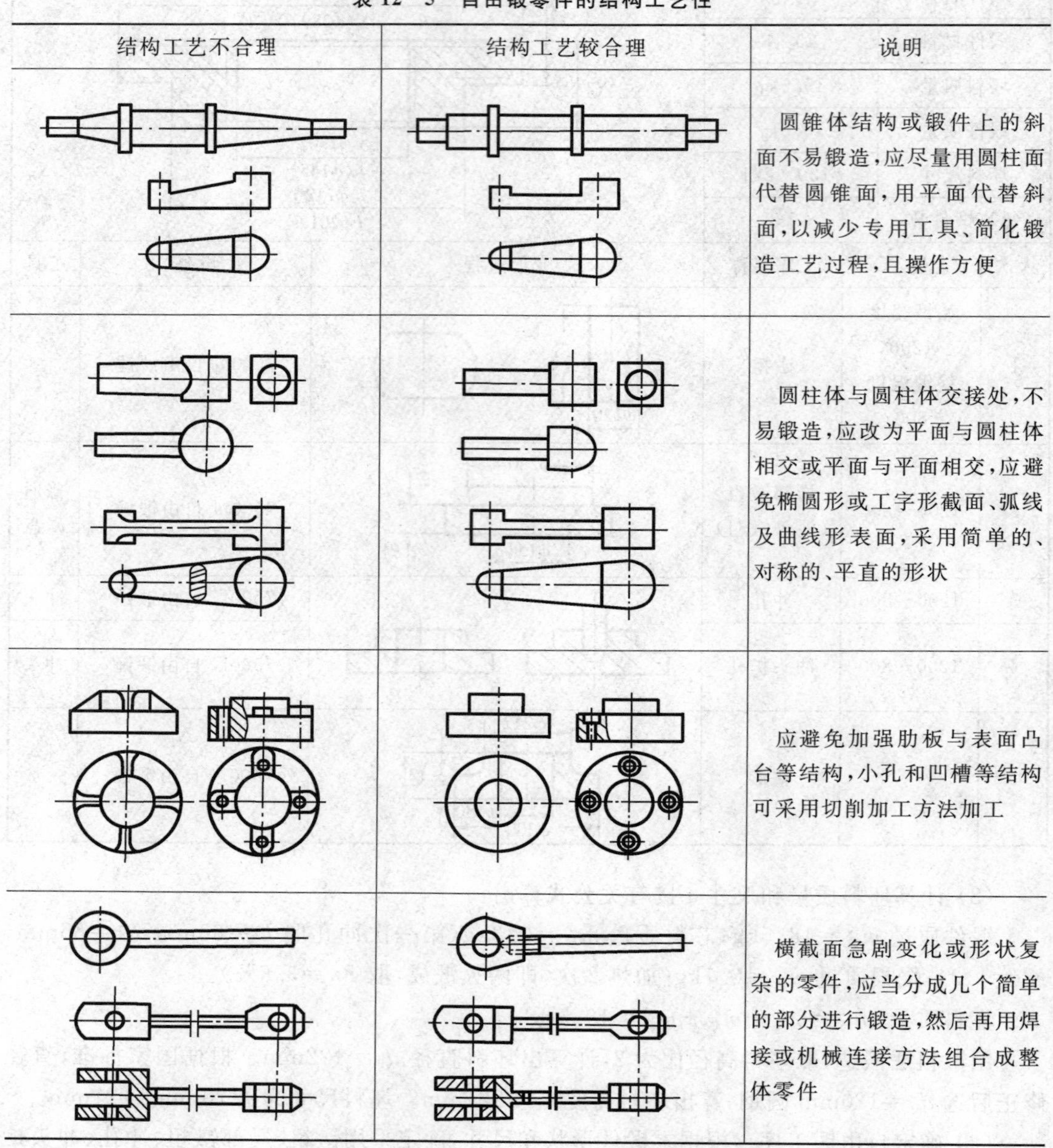

| 结构工艺不合理 | 结构工艺较合理 | 说明 |
| --- | --- | --- |
| | | 圆锥体结构或锻件上的斜面不易锻造,应尽量用圆柱面代替圆锥面,用平面代替斜面,以减少专用工具、简化锻造工艺过程,且操作方便 |
| | | 圆柱体与圆柱体交接处,不易锻造,应改为平面与圆柱体相交或平面与平面相交,应避免椭圆形或工字形截面、弧线及曲线形表面,采用简单的、对称的、平直的形状 |
| | | 应避免加强肋板与表面凸台等结构,小孔和凹槽等结构可采用切削加工方法加工 |
| | | 横截面急剧变化或形状复杂的零件,应当分成几个简单的部分进行锻造,然后再用焊接或机械连接方法组合成整体零件 |

## 第三节 模 锻

模锻是利用高强度的模具使坯料变形而获得锻件的锻造方法。模锻具有锻件尺寸精度高、表面粗糙度值小、能锻出形状复杂的锻件、余量小、材料利用率高、生产率高、操作简单、易于机械化等特点。模锻件重量一般在 150kg 以下,模锻适用于中、小型锻件的成批和大

量生产，广泛用于汽车、拖拉机、飞机、机床和动力机械等工业产品中。

## 一、锤上模锻

1. 模锻锤

锤上模锻所用设备主要是蒸汽-空气模锻锤，其工作原理与蒸汽-空气自由锻锤基本相同。但模锻锤的机架直接与砧座连接，形成封闭结构；锤头与导轨之间的间隙比自由锻锤小，提高了锤头运动的精确性，保证上、下模能对准。

2. 锻模

锤上模锻用的锻模如图 12－19 所示。由上模 2 和下模 4 组成。上、下模接触时所形成的空间为模膛 12。根据功用不同，锻模模膛分为制坯模膛和模锻模膛。

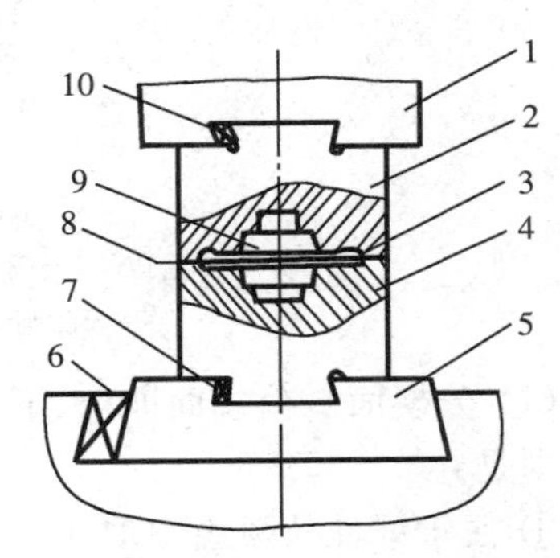


图 12－19 锤上模锻

1—锤头 2—上模 3—飞边槽 4—下模 5—模垫 6、7、10—紧固楔铁 8—分模面 9—模膛

(1) 制坯模膛 按锻件变形要求，对坯料体积进行合理分配的模膛。

(2) 模锻模膛 有预锻模膛和终锻模膛两种。

① 预锻模膛 为改善终锻时金属流动条件，避免产生充填不满和折叠，使锻坯最终成形前获得接近终锻形状的模膛，它可提高终锻模膛的寿命。

② 终锻模膛 模锻时最后成形用的模膛，和热锻件上相应部分的形状一致，但尺寸需要按锻件放大一个收缩量。沿模膛四周设有飞边槽，在上、下模合拢时能容纳多余的金属，飞边槽靠近模膛处较浅，可增大金属外流阻力，促使金属充满模膛。

(3) 锻模类型 根据锻件的复杂程度，锻模又分为单膛锻模和多膛锻模。单膛锻模是在一副锻模上只有终锻模膛。多膛锻模则有两个以上模膛，如图 12－20 所示为弯曲连杆锻件的锻模及弯曲连杆的锻造工序。

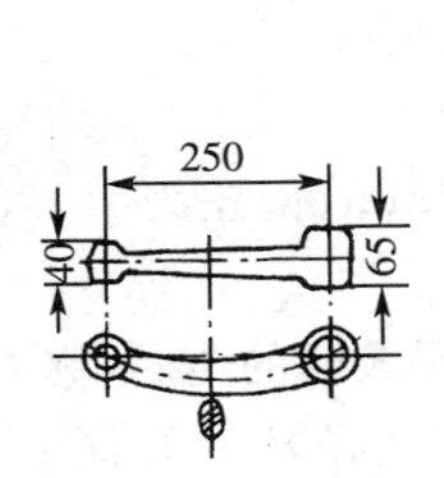


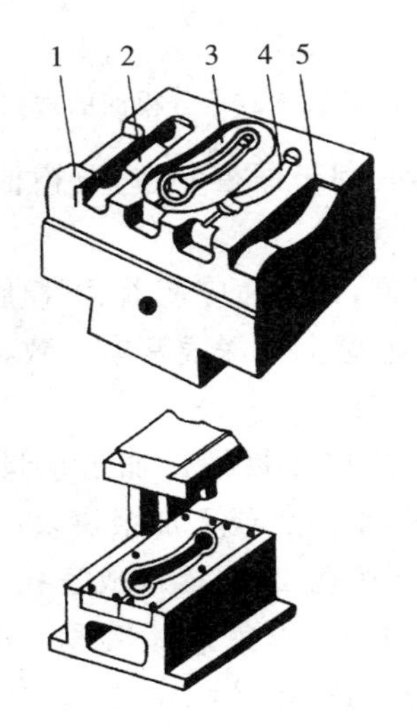


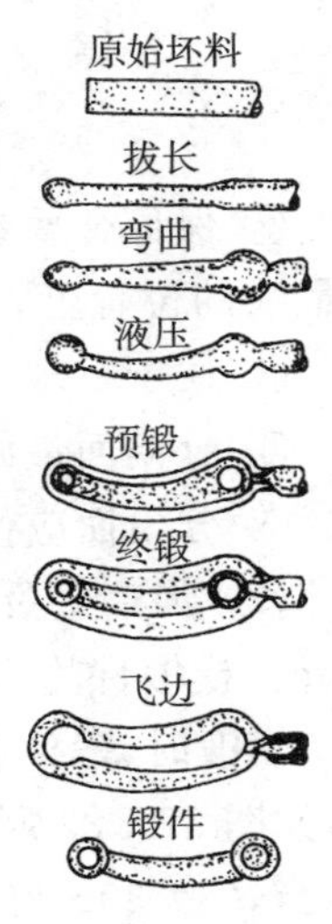


图 12－20 连杆的锻模过程

1—拔长模膛 2—滚压模膛 3—终锻模膛 4—预锻模膛 5—弯曲模膛

3. 模锻件图

根据零件图，考虑模锻工艺特点，绘制模锻件图。它是设计和制造锻模、计算坯料、检验锻件的依据，如图 12－21 所示。制定模锻件图时应考虑以下几个问题：

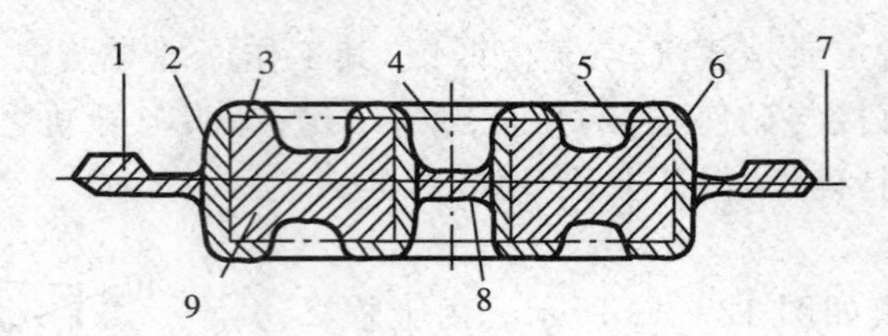


图 12－21　齿轮坯模锻件图

1—毛边　2—模锻斜度　3—加工余量　4—不通孔　5—凹圆角
6—凸圆角　7—分模面　8—冲孔连皮　9—零件

(1) 分模面　分模面即上、下模或凸、凹模的分界面，可以是平面，也可以是曲面。其选择原则是：

① 便于锻件从模膛中取出，一般分模面选在锻件最大尺寸的截面上，如图 12－22 所示。$a-a$ 处取不出锻件，$b-b$ 处模膛深度大，内孔余块多，$c-c$ 处不易发现错模，$d-d$ 处是合理的分模面。

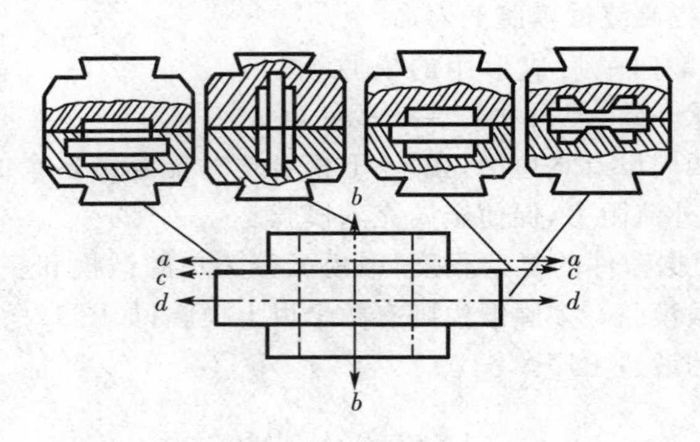


图 12－22　分模面的选择

② 保证金属易于充满模膛，有利于锻模制造，分模面应选在使模膛具有宽度最大和深度最浅的位置上。

③ 便于发现上、下模错移现象，分模面应使上、下模膛沿分模面具有相同的轮廓。

④ 分模面最好是平面，并使模膛上下深浅基本一致，以便于锻模制造。

⑤ 分模面应使锻件上所加的余块最少。

(2) 加工余量、公差、余块和连皮　模锻件加工余量一般为 1～4mm，偏差为±0.3～3mm。模锻件均为批量生产，应尽量减少或不加余块，以节约金属。

模锻时，锻件上的透孔不能直接锻出，只能锻成盲孔，中间留有一层较薄的金属，称为连皮，如图 12－23 所示。连皮不宜太薄，以免损坏模锻。连皮厚度 $\delta$ 与孔径 $d$ 和孔深 $H$ 有关，当 $d=30$～80mm 时，连皮厚度为 4～8mm。当 $d<30$mm 或冲孔深度大于冲头直径的 3 倍时，只在冲孔处压出凹穴，孔不锻出。连皮在锻造后与飞边一同切除。

(3) 模锻斜度　为便于锻件从模膛中取出，锻件与模膛侧壁接触部分需带一定斜度，此

斜度成为模锻斜度，如图 12－23 所示。模锻斜度不包括在加工余量之内，一般取 5°、7°、10°、12°等标准值。模膛深度与宽度比值($h/b$)越大，斜度值越大。内壁斜度 $\beta$ 比外壁斜度 $\alpha$ 大。

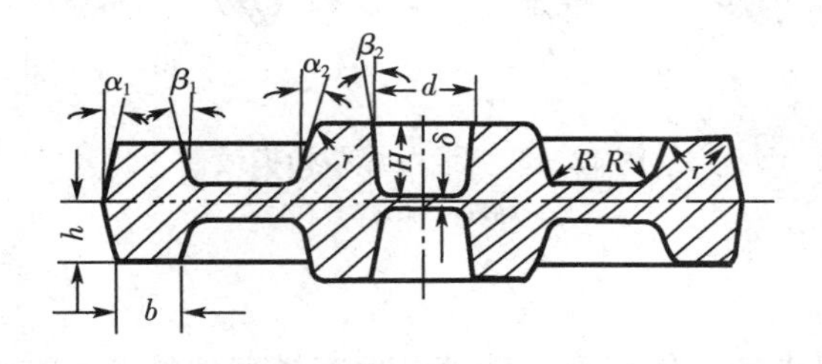


图 12－23　连皮、模锻斜度、圆角半径

(4) 圆角半径　锻件上两个面的相交处均应以圆角过渡，如图 12－23 所示。圆角可以减少坯料流入模槽的摩擦阻力，使坯料易于充满模膛，避免锻件被撕裂或流线被拉断，减少模具凹角处的应力集中，提高模具使用寿命等。圆角半径大小取决于模膛深度。外圆角半径 $r$ 取 1～12mm，内圆角半径 $R$ 为 $r$ 的 3～4 倍。

4. 模锻件的结构设计

对模锻件的结构进行设计时，为便于模锻件生产和降低成本，应根据模锻特点和工艺要求使其结构符合下列原则：

(1) 由于模锻件精度较高，表面粗糙度较低，因此零件的配合表面可留有加工余量；非配合表面一般不需要进行加工，不留加工余量。

(2) 模锻件要有合理的分模面、模锻斜度和圆角半径。

(3) 应避免有深孔或多孔结构。

(4) 为了使金属容易充满模膛、减少加工工序，零件外形应力求简单、平直和对称，尽量避免零件截面间相差过大或具有薄壁、高筋、凸起等结构。

如图 12－24a 所示，零件凸缘太薄、太高，中间下凹过深。如图 12－24b 所示，零件过于扁薄金属易于冷却，不易充满模膛，如图 12－24c 所示，零件有一个高而薄的凸缘，不仅金属难以充填，模锻的制造和锻件的取出也不容易，如改为如图 12－24d 所示形状，就易于锻造。

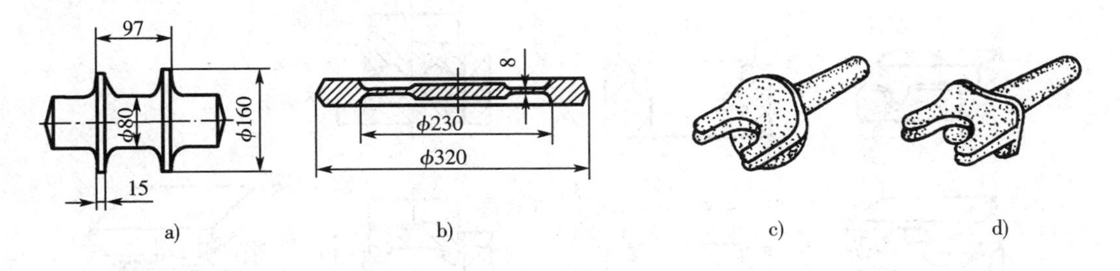


图 12－24　模锻件结构工艺性

(5) 为减少余块，简化模锻工艺，在可能的条件下，尽量采用锻、焊组合工艺，如图 12－25 所示。

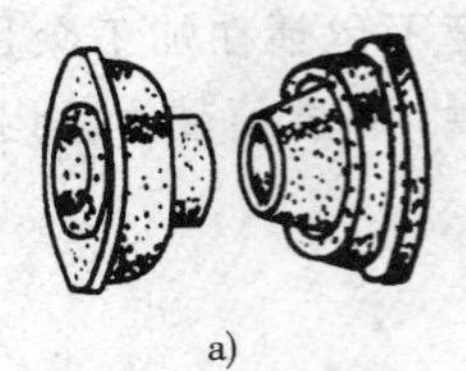

a)

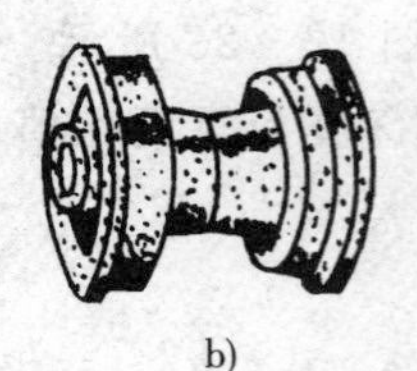

b)

图 12－25　锻—焊结构模锻件

a)锻件　b)焊合件

## 二、胎模锻

胎模锻是在自由锻设备上使用可移动模具生产模锻件的锻造方法。胎模锻一般用自由锻方法制坯，在胎模中最后成形。胎模固定在锤头或砧座上，需要时放在下砧铁上。

胎模锻与自由锻相比，具有生产率高，操作简便，短见尺寸精度高，表面粗糙度值小，余块少，节省金属，锻件成本低等优点。与模锻相比具有胎模制造简单，不需贵重的模锻设备，成本低，使用方便等优点。但胎模锻件尺寸精度和生产率不如捶上模锻高，劳动强度较大，胎模寿命短。

胎模锻适于中、小批量生产，在缺少模锻设备的中、小型工厂里应用广泛。常用的胎模结构有以下三种：

(1) 扣模　扣模由上、下扣组成，如图 12－26a 所示，或只有下扣，上扣由上砧代替。锻造时锻件不转动，初步成形后锻件翻转 120°在锤砧上平整侧面。扣模常用来生产长杆非回转体锻件的全部或局部扣形，也可用来为合模制坯。

(2) 套模　开式套模只有下模，上模用上砧代替，如图 12－26b 所示。主要用于回转体锻件(如端盖、齿轮等)的最终成形或制坯。当用于最终成形时，锻件的端面必须是平面。闭式套模由套筒、上模垫及下模垫组成，下模垫也可由下砧代替，如图 12－26c 所示。主要用于端面有凸台或凹坑的回转体类锻件的制坯和最终成形，有时也用与非回转体类锻件。

(3) 合模　合模由上、下模及导柱或导销组成，如图 12－26d 所示。合模适用于各类锻件的终锻成形，尤其是非回转体类复杂形状的锻件，如连杆、叉形件等。

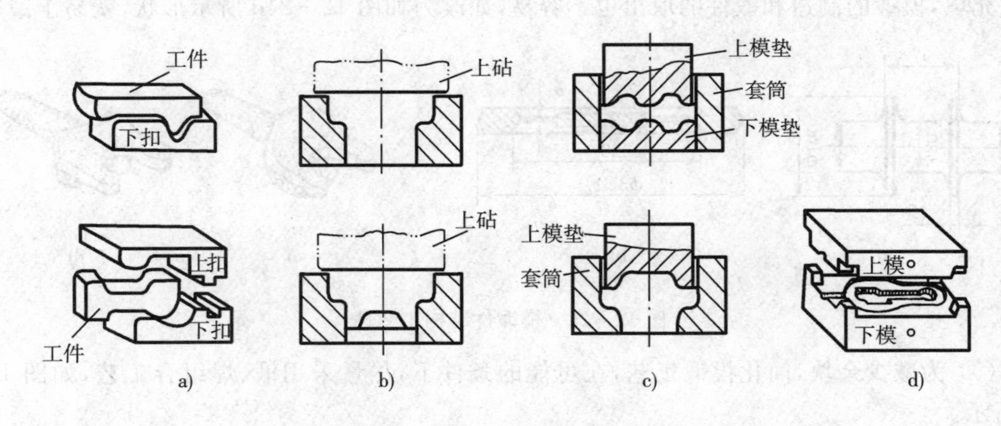


图 12－26　胎模的几种结构

a)扣模　b)开式套模　c)闭式套模　d)合模

如图 12－27 所示为端盖胎模锻过程。所用胎模为套筒模，它由模筒、模垫和冲头组成。原始坯料加热后，先用自由锻镦粗，然后将模垫和模筒放在下砧铁上，再将镦粗的坯料平放在模筒中，压上冲头后终锻成形，最后将连皮冲掉。

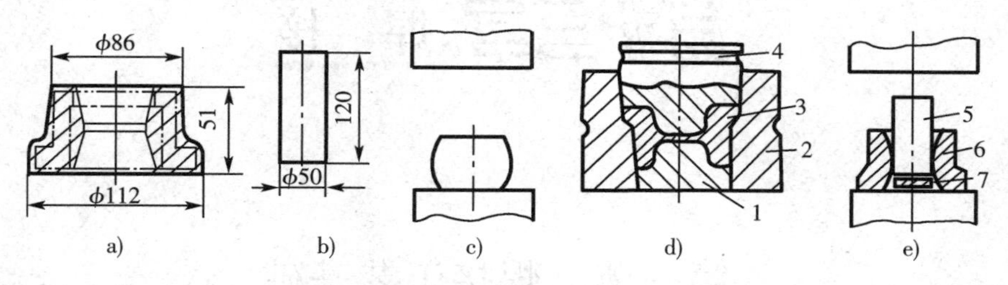


图 12－27　端盖毛坯的胎模锻过程

a)锻件图　b)下料、加热　c)镦粗　d)终锻成形　e)冲掉连皮

1—模垫　2—模筒　3、6—锻件　4—冲头　5—冲子　6—连皮

## 思考与练习

**1.** 什么是自由锻造？为什么大型锻件必须采用自由锻来锻造？

**2.** 自由锻的设备有哪几种？有什么区别？

**3.** 什么叫自由锻的基本工序，最常用的基本工序是什么？各用于锻造哪类锻件？操作时应注意的规则是什么？

**4.** 什么是自由锻件的锻件图？怎样绘制？

**5.** 模型锻造与自由锻造相比有何区别？

**6.** 锻模结构由哪几部分组成？模膛作用是什么？

**7.** 模膛分哪几类？各类模膛又包括哪几种？各有什么作用？

**8.** 什么是终锻模膛的飞边槽？有什么作用？

# 第十三章 焊 接

## 第一节 焊接工艺基础

### 一、概述

焊接是机械制造的重要组成部分,是现代工业中用来制造或维修各种金属结构和机械零件的主要方法之一,焊接的实质是使两个分离金属通过原子或分子间的相互扩散与结合而形成一个不可拆卸的整体的过程,为了实现这一过程可用加热、加压或同时加热加压等方法。

1. 焊接的种类

焊接的种类很多,按焊接过程的特点可分为三大类:

(1) 熔化焊　利用局部加热将两焊件的结合处加热成熔化状态,并形成熔池,一般还加填充金属,待凝固后形成牢固的焊接接头的方法。主要有气焊,电弧焊(包括手工电弧焊、自动埋弧焊、半自动埋弧焊)、电渣焊、等离子弧焊、气体保护焊(包括二氧化碳气体保护焊、氩弧焊)及激光焊等。

(2) 压力焊　利用加压(或同时加热)使两焊件结合面紧密接触并产生一定的塑性变形,形成焊接接头的方法。主要有电阻焊(包括对焊、点焊、缝焊)、摩擦焊、气压焊、超声波焊等。

(3) 钎焊　加热焊接工件和作为填充金属的钎料,焊件金属不熔化,待熔点低的钎料被熔化后渗透到焊件接头之间,与固态的被焊金属相互溶解和扩散,钎料凝固后将两焊件焊接在一起的方法。主要有烙铁钎焊、火焰钎焊、高频钎焊等。

2. 焊接的特点

(1) 优点

① 能减轻结构重量,节省金属,降低成本。

② 节约工时,生产率高。

③ 便于自动化、机械化。

④ 接头致密性好,可通过控制工艺提高焊接质量。

(2) 缺点

① 焊接是局部加热的过程,冶金过程也很复杂,容易产生焊接应力和变形。

② 焊接结构不可拆,维修和更换不方便。

③ 焊接接头组织性能变坏,且易产生焊接接头缺陷。

3. 焊接的应用

焊接在国民经济各个部门得到极为广泛的应用，占钢总产量50%～60%左右的钢材是经各种形式焊接而后投入使用的，例如，车辆、船舶、飞机、锅炉、高压容器、大型建筑结构等都需要进行焊接。

## 二、焊接冶金原理

1. 焊接电弧

焊接电弧是在电极与焊件间的气体介质中产生的强烈持久的放电现象。电极可以是碳棒、钨极或焊条。焊接电弧具有两个特性，即能放出强烈的光和大量的热。

(1) 焊接电弧引燃方法

① 接触短路引弧法　焊接时，先将焊条与焊件瞬间接触，由于短路产生高热，使接触处金属迅速熔化并产生金属蒸气，同时，将附近的金属强烈加热，当焊条迅速提起2～4mm时，焊条与焊件(两极)间充满了高温的、易电离的金属蒸气。由于质点热碰撞及焊接电压的作用，正离子奔向阴极，负离子及电子奔向阳极，并分别碰撞两极，产生高温，使气体介质进一步电离，从而在两极间产生强烈而持久的放电现象，即电弧。接触短路引燃法主要用于手工电弧焊和埋弧自动焊。

② 高频高压引弧法　利用高压(2000V～3000V)直接将两电极间的空气间隙击穿电离，引燃电弧。通常高频为150kHz～260kHz，高频高压引弧法主要用于氩弧焊、等离子电弧焊中。

(2) 焊接电弧结构　直流电弧是由阴极区、阳极区和弧柱三部分组成，如图13-1所示。

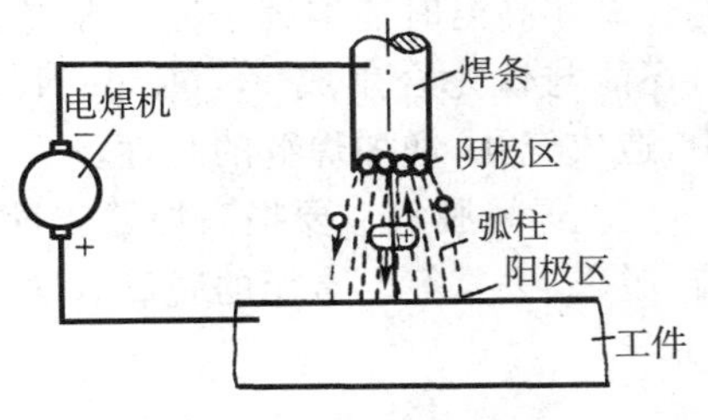


图13-1　焊接电弧的组成

① 阴极区是放射出大量电子的部分。要消耗一定的能量，产生热量较多，约占电弧中热量的38%，阴极区温度可达到2400K。

② 阳极区是电子撞击和吸入电子部分。获得很大的能量，放出热量较高，约占电弧总热量的42%，阳极区温度可达到2600K。

③ 弧柱是指两极之间气体空间区，温度可达到6000～8000K，热量约占20%。

(3) 电弧静特性　电弧引燃后为了维持继续稳定燃烧，需要一定的电弧电压。电弧电压与焊接电流之间的关系称为电弧静特性。当焊接电流小于30～50A时，电弧电压随电流增大而急剧降低；当电流大于30～50A时，电流变化而电弧电压几乎不变。

(4) 电弧电压与弧长的关系　当电弧弧长增加时，电弧电压相应增加；电弧越短，电压越低。在正常焊接时，弧长约为2～4mm，电压为16～35V。

(5) 电弧电源　由于电弧发出的热量在阴极区和阳极区有差异，因此，在用直流电弧焊电源焊接时，就有两种不同的接法，即正接和反接。

① 正接是焊件接正(+)极，焊条接负极(－)极，称为正接法。正接时，热量大部分集中在焊件上，可加速焊件熔化，有较大熔深，这种应用的最多。

② 反接是焊件接负(－)极，焊条接正(+)极，称为反接法。反接常用于薄板钢材、铸铁、有色金属焊件，或用于低氢型焊条焊接的场合。

当进行交流电焊接时，由于电流方向交替变化，两极温度大致相等，不存在正接、反接的问题。

2. 焊接冶金过程

焊接过程中，熔化金属、熔渣和气体间进行着复杂的物理、化学反应，这一高温下的相互作用过程称为焊接冶金过程。

(1) 冶金特点

① 焊接电弧和熔池金属的温度高于一般的冶炼温度，金属烧损严重，产生的有害杂质较多；

② 金属熔池体积小，熔池四周是冷金属，凝固速度快，各种反应为非平衡反应，容易产生化学成分不均、气体和夹渣等缺陷。

针对以上问题，提高焊缝质量的有效措施为：

① 造成有效的保护，限制空气浸入焊接区。焊条药皮、自动焊熔剂和惰性保护气体都起这个作用；

② 在焊条药皮中(或焊剂)中加入有用合金元素(如铁、锰等)以保证焊缝的化学成分；

③ 在药皮或焊剂中加入锰铁、硅铁等进行脱氧、脱硫和脱磷。

(2) 冶金反应

① 金属氧化　焊接过程中，空气中的 $O_2$ 等气体在电弧高温作用下发生分解，形成原子，与金属和碳发生反应。氧使金属中的 Fe、C、Mn、Si、Cr 等元素大量烧损，产生的氧化物等熔渣来不及析出而残留在焊缝中，使焊缝金属含氧量大大增加，显著降低焊缝的机械性能。氮在高温时能溶解于液态金属中，当熔池冷凝时将产生氮气孔而降低焊缝金属的性能，氮还能与铁化合生成 $Fe_4N$、$Fe_2N$，增加焊缝脆性。氢在熔池冷凝时未析出而残留在焊缝中，造成气孔，增加焊缝的脆性。

② 焊缝脱氧　要提高焊缝质量，除了要采取一些保护措施外，还要对焊缝进行脱氧、脱硫、脱磷、去氢等。常用的脱氧方法是采用锰铁、硅铁、钛铁、铝铁等脱氧剂脱氧。

## 第二节　常用焊接方法

### 一、手工电弧焊

手工电弧焊是利用电弧放电时产生的热量来熔化焊条和焊件，从而获得牢固焊接接头的方法。手工电弧焊是焊接中最基本的方法。

1. 手工电弧焊设备和工具

(1) 手工电弧焊设备　手工电弧焊设备分为直流弧焊机和交流弧焊机两类。直流弧焊机又有弧焊发电机和弧焊整流器两种。

① 直流弧焊发电机是由一台异步电动机和一台弧焊发电机组成，为了获得陡降特性，通常利用磁场或电枢反应的相互作用来调节电流，此种直流弧焊机结构复杂、噪声大、成本高及维修较困难等缺点。常用的有 AX－320、$AX_1$－500 型直流弧焊机，如图 13－2 所示。

② 弧焊整流器是一种将交流电经变压、整流转换成直流电的弧焊设备，它与直流弧焊发电机相比，具有重量轻、结构简单、噪声小、制造维修方便等优点。有代替部分弧焊发电机的趋势，其外型如图 13－3 所示。

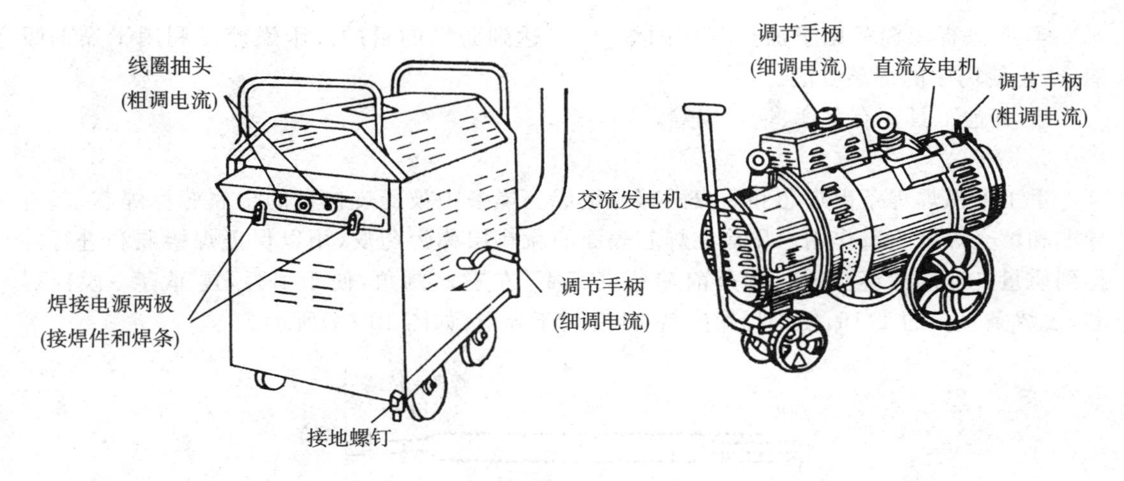


图 13－2　弧焊发电机　　　　图 13－3　弧焊整流器

③ 交流弧焊机是一种具有下降外特性的降压变压器，是手工电弧焊的常用设备。焊接空载电压为 60～80V，工作电压为 20～30V，短路时焊接电压会自动降低，趋近于零，使短路电流不致过大，电流调节范围可从十几安到几百安。常用的有 BX－500、$BX_1$－300 交流弧焊机，其外型如图 13－4 所示。

交流弧焊机的结构简单、制造方便、成本低、使用可靠，同时维修方便，但电弧稳定性较直流弧焊机差。

(2) 手工电弧焊工具　手工电弧焊工具有电焊钳、焊接电缆、面罩、焊条保温筒和干燥筒等。

① 焊钳用于夹持焊条和传导电流。具有良好的导电性，不易发热，重量轻，夹持焊条紧，更换方便，常用的有 300A 和 500A 两种规格，如图 13－5 所示。

② 焊接电缆用于连接焊条、焊接件、焊接机，传导焊接电流，外表必须绝缘，导电性能好，规格按使用的电流大小选择，通常焊接电缆的长度不超过 20～30m，中间接头不超过 2 个，接头处要保证绝缘可靠。

③ 面罩用于遮挡飞溅的金属和弧光，保护面部和眼睛，有头戴式和手持式两种。护目玻璃用来减弱弧光强度，吸收大部分红外线和紫外线，保护眼睛，护目玻璃的颜色和深浅按焊接电流大小进行选择，如图 13－6 所示。

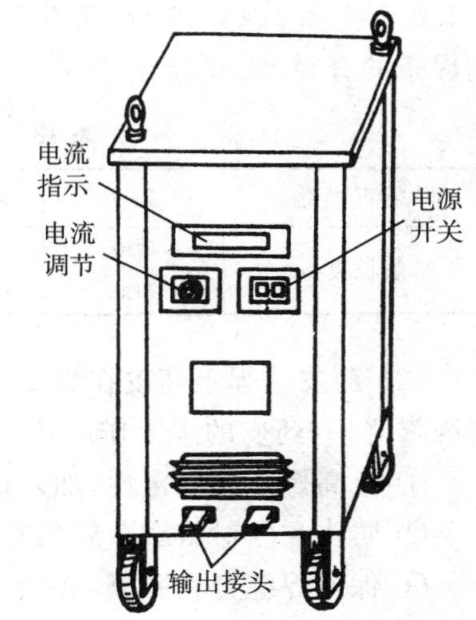


图 13－4　交流弧焊机

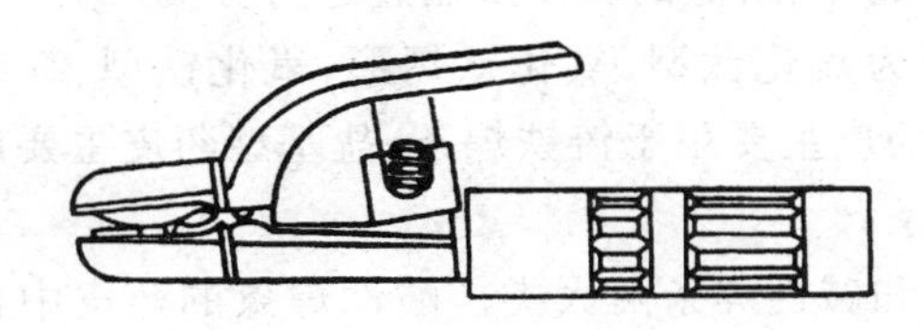

图 13－5　焊钳

图 13－6　面罩

④ 焊条保温筒是用于加热存放的焊条，以达到防潮的目的。干燥筒是利用干燥剂吸潮，防止使用中的焊条受潮。

⑤ 其他工具还有手锤、钢丝刷等。

2. 焊条

手工电弧焊焊条由焊芯和药皮两部分组成。焊条中被药皮包覆的金属芯称焊芯，起着导电和填充焊缝金属作用。压涂在焊芯表面的涂料层称为药皮，用以保证焊接顺利进行并得到质量良好的焊缝金属。焊条前端药皮有45°左右的倒角，便于引弧，尾部有一段裸焊芯，占焊条总长的1/16，便于焊钳夹持，并有利于导电，如图13－7所示。

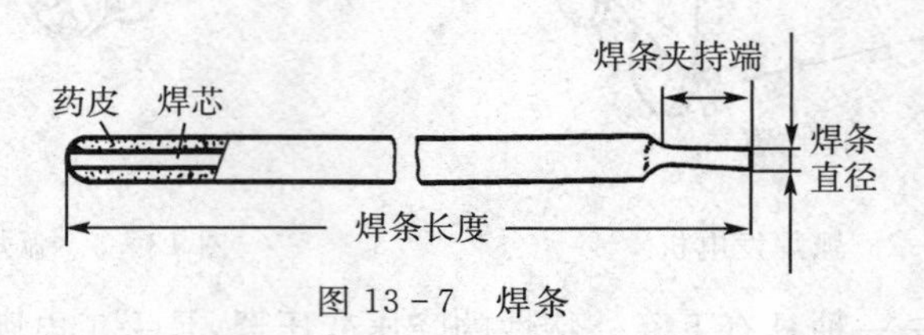


图13－7　焊条

(1) 焊芯　焊芯(焊丝)的含碳量较低(一般≤0.1%)，杂质较少，是经过特殊冶炼而成的。其化学成分应符合GB1300－1977《焊接用钢丝》的要求。焊芯直径(即焊条直径)有1.6、2.0、2.5、3.2、4、5、6mm等几种，其长度(即焊条长度)一般在250～450mm之间。部分碳钢焊条的直径和长度规格如表13－1所示。

**表13－1　部分碳钢焊条的直径和长度规格**

| 焊条直径/mm | 2.0 | 2.5 | 3.2 | 4.0 | 5.0 | 6.0 |
|---|---|---|---|---|---|---|
| 焊条长度/mm | 250<br>300 | 250<br>300 | 350<br>400 | 350<br>400 | 400<br>450 | 400<br>450 |

(2) 药皮　焊条药皮在焊接过程中，起着极为重要的作用，它是决定焊缝金属质量的主要因素之一，药皮的主要作用是：

① 提高燃弧的稳定性(加入稳弧剂)；

② 防止空气对熔融金属的有害作用(加入造气剂、造渣剂)；

③ 保证焊缝金属脱氧，并加入合金元素，使焊缝金属有合乎要求的化学成分和力学性能(加入脱氧剂、合金剂)；

④ 为了药皮牢固地粘在焊芯上，要加粘结剂；

⑤ 为了改善熔渣的性质，还加入稀渣剂等。

(3) 电焊条的分类、型号、牌号及选用

① 电焊条的品种很多，通常按焊条的药皮成分、熔渣的碱度及用途进行分类。

a. 按焊条的药皮的主要成分，焊条可以分为氧化钛型、氧化钛钙形、氧化铁型、纤维素型、低氢型、石墨型及盐基型等。其中，石墨型药皮主要用于铸铁焊条；盐基型药皮主要用于铝及合金等有色金属焊条；其余均属于碳钢焊条。

b. 按熔渣的碱度，可将焊条分为酸性焊条和碱性焊条两大类。酸性焊条的药皮中含有较多的氧化硅、氧化钛等酸性氧化物，氧化性较强、焊接过程中合金元素烧损较多，焊缝金属中氧和氢的含量较多，焊缝金属的力学性能特别是韧性较差，但电弧稳定性好，可以交直流

两用。氧化钛钙型焊条是典型的酸性焊条。碱性焊条的药皮中含有较多的大理石和萤石,具有脱氧、除硫、除磷和较强的除氢作用,焊缝金属中氧和氢的含量较少,杂质也少,具有较高的塑性和韧性。低氢型焊条是典型的碱性焊条,通常用于焊接重要的结构或钢性较大的结构。

c. 按用途可分为结构钢焊条、耐热性焊条、不锈钢焊条、堆焊焊条、低温焊条、铸铁焊条、镍及镍合金焊条、铝及铝合金焊条及特殊用途焊条等。

② 焊条的型号及牌号

a. 焊条的型号是国家标准规定的,是反映焊条主要特性的编号方法。根据 GB5117－1985《碳钢焊条》标准的规定,型号编制方法为:字母 E 表示焊条;其后两位数字表示熔敷金属抗拉强度最小值;第三位数字表示焊接位置,如"0"及"1"表示使用于全位置焊接、"2"表示使用于平焊及平角焊、"4"表示使用于立向下焊;第四位数字表示焊接电流种类和药皮类型。例如 E4303,E 表示焊条;"43"表示熔敷金属抗拉强度的最小值 43kgf/mm$^2$(420MPa);"0"表示使用于全位置焊接;"3"表示药皮钛钙型,交直流电源、正反接均可。

b. 焊条牌号是对焊条产品的具体命名,是根据焊条主要用途及性能编制的。一种焊条型号可以有几种焊条牌号。牌号通常以一个汉语拼音字母与 3 位数字表示,拼音字母表示焊条用途大类。例如,J(结)表示结构钢焊条,Z(铸)表示铸铁焊条。其中结构钢焊条牌号中的 3 位数字:第一位、第二位数字表示熔敷金属抗拉强度等级,第三位数字表示各类焊条牌号的药皮类型及焊接电源。例如 J422 结构钢焊条,"42"表示焊缝金属抗拉强度最小值 420MPa(43kgf/mm$^2$),"2"表示药皮为钛钙型,电源交直流均可。

部分结构钢焊条牌号的含义及与型号对照如表 13－2 所示。

**表 13－2　部分结构钢焊条牌号的含义及与型号对照表**

| 牌　号 | 烛、焊缝金属抗拉强度最小值 MPa/(kgf/mm$^2$) | 药皮类型 | 焊接电源种类 | 型　号(GB5117－1985,GB5118－1985) |
|---|---|---|---|---|
| J421 | 420(43) | 氧化钛型 | 交直流 | E4313 |
| J421Fe | 420(43) | 铁粉钛型 | 交直流 | E4313 |
| J422 | 420(43) | 氧化钛钙型 | 交直流 | E4303 |
| J426 | 420(43) | 低氢钾型 | 交直流 | E4316 |
| J427 | 420(43) | 低氢钠型 | 直流 | E4315 |
| J507 | 490(50) | 低氢钠型 | 直流 | E5015 |
| J507H | 490(50) | 低氢钠型 | 直流 | E5015 |

③ 电焊条的选用　焊条种类很多,选用是否恰当直接影响焊接质量、劳动生产率和生产成本。通常应根据焊件的化学成分、力学性能、抗裂性、耐腐蚀性以及性能等要求,选用相应的焊条种类。再考虑焊接结构形状、受力情况、工作条件和焊接设备等方面来选用具体型号与牌号。

a. 低碳钢和低合金钢焊件,一般要求母材与焊缝金属等强度,因此可根据钢材强度等级选用相应焊条。但应注意,钢材是按屈服强度($\sigma_s$)定等级的。而结构钢焊条的等级是指抗拉强度($\sigma_b$),切不可将钢材的 $\sigma_s$ 误认为是 $\sigma_b$。

b. 对同一等级的酸性焊条或碱性焊条的选用,应考虑钢板厚度、结构形状、负荷性质和钢材的抗裂性能而定。通常对要求塑性好、抗裂能力强、低温性能好的,应选用碱性焊条;对受力不复杂、母材质量较好的,应选用酸性焊条。

c. 要求全位置焊接,应选用钛钙型焊条。力学性能要求不高,焊件清洁有困难,可选用氧化铁型焊条。

d. 对特殊性能要求的钢,如耐热钢和不锈钢等以及铸铁、有色金属,应选用相应的专用焊条,以保证焊缝金属的主要成分与母材相同。

3. 手工电弧焊工艺

(1) 接头型式　由于焊件的结构形状、厚度及使用条件不同,常用的接头型式有对接接头、T 型接头、角接接头及搭接接头,如图 13－8 所示。

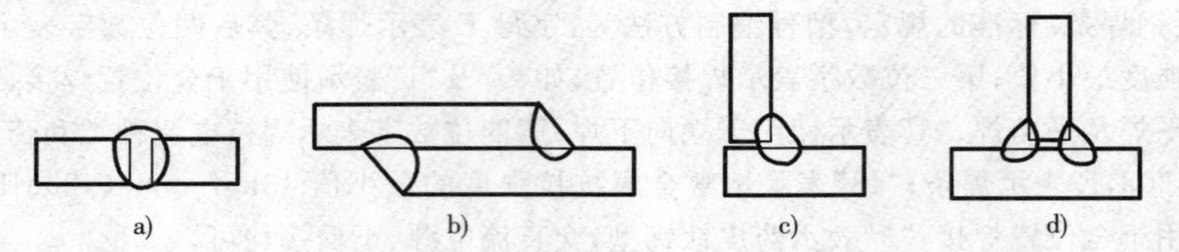


图 13－8　焊接接头型式

a)对接接头　b)搭接接头　c)角接接头　d)T 型接头

(2) 坡口型式　为了使焊缝根部能焊透,一般在焊件厚度大于 3～6mm 时应开坡口,坡口型式有 I 型、V 型、X 型、K 型、U 型等,常见的坡口型式如图 13－9 所示。开坡口时要留钝边(沿焊件厚度方向未开坡口的端面部分),以防止烧穿,并留一定间隙能使根部焊透。选择坡口、间隙时,主要考虑保证焊透、坡口容易加工、节省焊条及焊后变形量小。

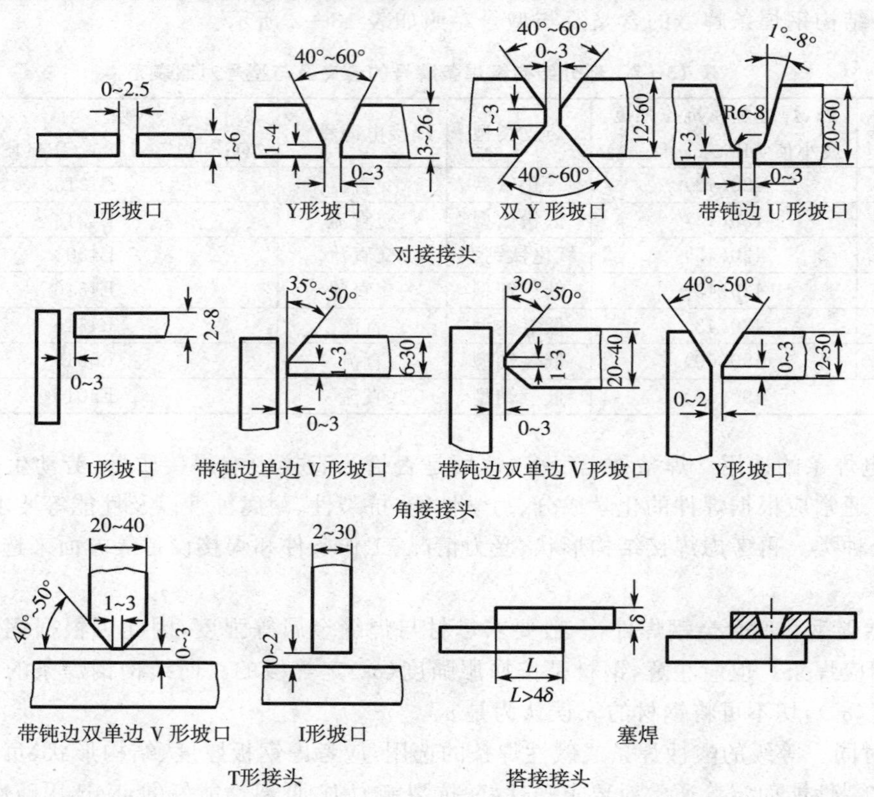


图 13－9　坡口型式

(3) 焊接位置　焊接位置可根据焊缝在空间的位置不同，分为平焊、横焊、立焊和仰焊，如图 13－10 所示。

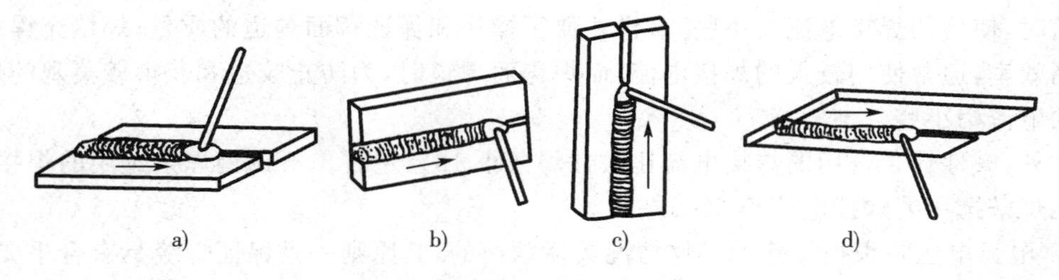

图 13－10　焊接位置
a)平焊　b)横焊　c)立焊　d)仰焊

由于平焊操作容易，劳动强度小，熔滴容易过渡，熔渣覆盖较好，焊缝质量较高，因此应尽量采用平焊。

(4) 焊接工艺参数　包括焊条牌号、焊条直径、弧焊电源、焊接电流、电弧电压、焊接速度和焊接层数等。选择合适的工艺参数，对提高焊接质量和生产效率是十分重要的。

① 焊条直径的大小与焊件的厚度、焊件的位置、焊接层数有关。

a. 厚度较大的焊件应选用直径较大的焊条；反之，薄件应选用小直径的焊条。

b. 焊件平焊时，焊条直径应比其它位置大一些；立焊时焊条直径最大不应超过 5mm；仰焊、横焊时焊条最大直径不应超过 4mm；这样可减少熔化金属的下淌。

c. 焊接层数是多层焊时，为了防止根部焊不透，应采用多道焊，对第一层焊道，应采用直径较小的焊条进行焊接，以后各层可根据焊件厚度选用较大直径的焊条。在焊接低碳钢及普通低合金钢等中厚钢板的多层焊时，每层厚度最好不大于 4～5mm。一般进行平焊时，焊条直径的选择可根据焊件厚度确定，见表 13－3。

**表 13－3　焊条直径的选择**

| 焊件厚度/mm | ≤1.5 | 2 | 3 | 4～6 | 7～12 | ≥13 |
|---|---|---|---|---|---|---|
| 焊条直径/mm | 1.6 | 2 | 2.5～3.2 | 3.2～4.0 | 4.0～5.0 | 4.0～6.0 |

② 焊接电流是影响接头质量和焊接生产率的主要因素之一，必须选用得当。电流过大，会使焊条芯过热，药皮脱落，会造成焊缝咬边、烧穿、焊瘤等缺陷，同时金属组织也会因过热而发生变化；若电流过小，则容易造成未焊透、夹渣等缺陷。焊接时决定焊接电流的依据很多，如焊条类型、焊条直径、焊件厚度、接头形式、焊缝位置和焊接层数等，但主要取决于焊条直径和焊缝位置。

a. 焊条直径愈大，熔化焊条所需要的电弧热能就愈多，焊接电流应相应增大。焊接电流与焊条直径的关系如表 13－4 所示。

**表 13－4　焊接电流的选择**

| 焊条直径/mm | 1.6 | 2.0 | 2.5 | 3.2 | 4.0 | 5.0 | 6.0 |
|---|---|---|---|---|---|---|---|
| 焊接电流/A | 25～40 | 40～65 | 50～80 | 100～130 | 160～213 | 260～270 | 260～300 |

b. 焊接电流与焊缝位置有关，焊接平焊缝时，由于运条和控制熔池中的熔化金属比较容易，因此可选用较大的电流进行焊接。但其它位置焊接时，为了避免熔化金属从熔池中流

出，要使熔池小些，焊接电流相应要小些，一般约小于13%～20%。

c. 焊接电流大小与焊道层次有关。通常焊接打底焊道时，特别是焊接单面焊双面成形的焊道时，使用的焊接电流要小些，这样才便于操作和保证背面焊道的质量；焊填充焊道时，为提高效率，通常使用较大的焊接电流；而焊盖面焊道时，为防止咬边和获得较美观的焊缝，使用的电流稍小些。

另外，碱性焊条选用的焊接电流比酸性焊条小13%左右。不锈钢焊条选用的焊接电流比碳钢焊条选用的焊接电流小20%左右。

③ 电弧电压是根据操作的具体情况灵活掌握的，其原则一是保证焊缝具有合乎要求的尺寸和外形，二是保证焊透。电弧电压主要决定于弧长，电弧长，电弧电压高，电弧短，电弧电压低。在焊接过程中，一般希望弧长始终保持一致，而且尽可能用短弧焊接。

④ 在保证焊缝所要求的尺寸和质量的前提下，焊接速度根据操作技术灵活掌握。速度过慢，热影响区加宽，晶粒粗大，变形也大；速度过快，易造成未焊透，未溶合，焊缝成形不良等缺陷。

4. 手工电弧焊操作要点

(1) 电弧的引燃方法有直击法和划擦法。

① 直击法是将焊条的末端直击焊缝，接触短路，迅速抬起，产生电弧。

② 划擦法是将焊条的末端在焊件上划过，接触短路，迅速抬起，产生电弧。

(2) 引燃电弧后，稳定地控制电弧，焊条燃烧端与焊件保持2～4mm的距离。

(3) 焊条的运作包括焊条向下送进、焊条沿焊接方向移动和焊条的横向摆动。焊条的基本运作和焊条的横向摆动方式如图13－11、13－12所示。

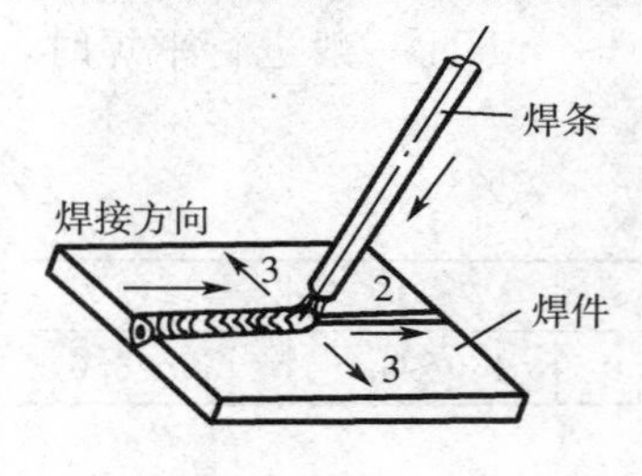


图13－11　焊条的基本运作

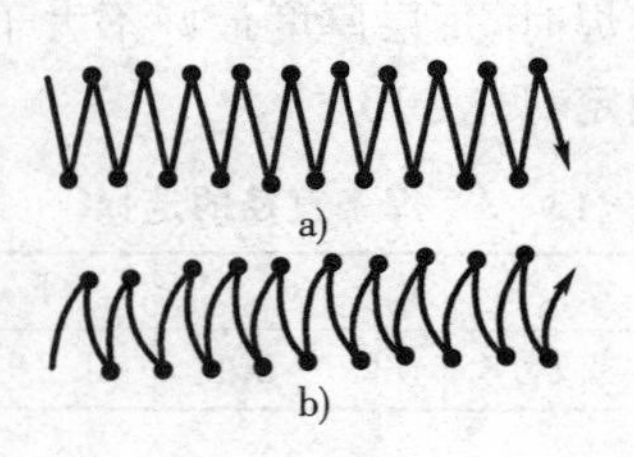


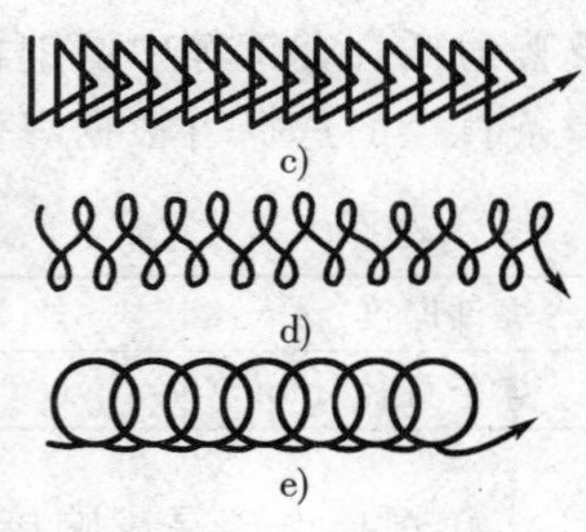


图13－12　焊条横向摆动

5. 手工电弧焊技术要求

手工电弧焊技术要求包括以下内容：

(1) 坡口；

(2) 装配钝边高度；

(3) 装配间隙；

(4) 采用与焊接件相同牌号焊条进行定位焊；

(5) 预置反变形；

(6) 装配错边量；

(7) 打底焊、填充焊、盖面焊。

6. 焊接质量评定

包括焊缝的外观、焊缝内部质量评定等。

## 二、气焊与气割

1. 气焊

气焊是利用氧气和可燃气体混合燃烧所产生的热量,使焊件和焊丝熔化而进行的焊接方法。

气焊主要是采用氧-乙炔火焰。火焰温度比电弧温度低,生产率低,因此不如电弧焊广泛。但气焊也有它的优点,例如,对焊件输入热量调节方便,熔池温度、形状及焊缝尺寸等容易控制,设备简单,操作灵活方便,特别适合薄件和铸铁焊补等。

(1)氧-乙炔焰

氧-乙炔焰是乙炔和氧混合后燃烧产生的火焰。氧-乙炔焰的外型温度分布取决于氧和乙炔的体积比,调节比值,可获得3种性质不同的火焰,如图13-13所示。

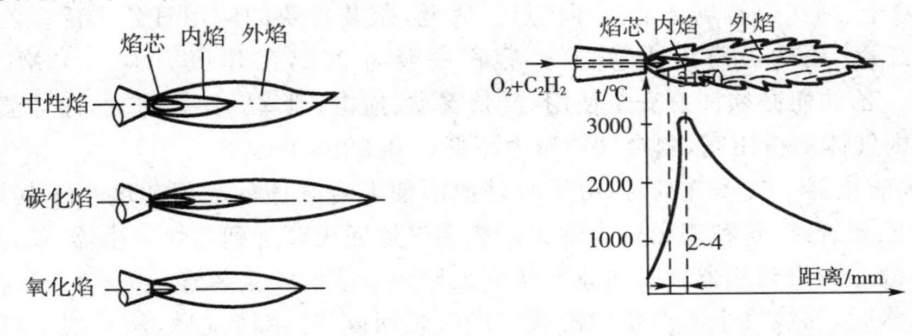


图13-13 气焊火焰　　图13-14 中性焰的温度分布

① 中性焰　中性焰也叫正常焰,氧-乙炔体积比为1.1~1.2。中性焰的温度分布如图13-14所示,火焰由焰心、内焰和外焰组成,内焰温度可达3150℃。中性焰是应用最广泛的一种火焰,常用于低碳钢、中碳钢、不锈钢、紫铜、铝及铝合金等金属的焊接。

② 碳化焰　氧-乙炔体积比小于1.1。火焰较长,焰心轮廓不清。乙炔过多时,产生黑烟。碳化焰最高温度约2700℃~3000℃,常用于铸铁、高碳钢、高速钢、硬质合金等材料的焊接。

③ 氧化焰　氧-乙炔体积比大于1.2。焰心短,内焰区消失,整个火焰长度变短,燃烧有力,火焰温度最高可达3100℃~3300℃。火焰具有氧化性,影响焊缝质量,应用较少。但焊接黄铜及镀锌薄钢板时,能使熔池表面形成一层氧化薄膜,可防止锌的蒸发。

(2)气焊设备及工具

气焊设备及工具包括氧气瓶、减压器、乙炔发生器或乙炔瓶、回火防止器或火焰止回器、胶管及焊炬等,如图13-15所示。

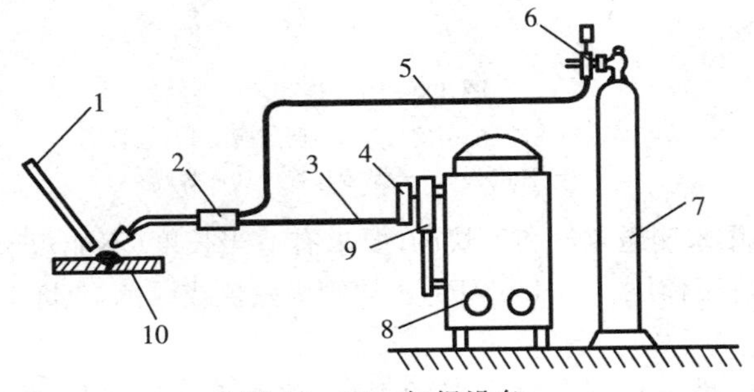


图13-15 气焊设备

1—焊丝 2—焊炬 3—乙炔胶管 4—回火防止器 5—氧气胶管
6—减压器 7—氧气瓶 8—乙炔发生器 9—过滤器 10—焊件

① 氧气瓶　氧气瓶是贮存和运输氧气的高压容器，为特制的无缝钢瓶。瓶色为天蓝色并有黑色“氧气”字样。容积一般为40L，氧气压力为14.7MPa，贮存量约为6$m^3$。在使用时应注意不允许沾染油脂、撞击或受热过高，以防爆炸。

② 减压器　减压器用来显示氧气瓶内气体的压力，并将瓶内高压气体调节成工作需要的低压气体，同时保持输入气体的压力和流量稳定不变。

③ 乙炔发生器　乙炔发生器是利用电石和水相互作用而制取乙炔的设备。

④ 乙炔瓶　乙炔瓶是贮存和运输乙炔的容器。其外型同氧气瓶相似，但构造较复杂。瓶体内装有能吸收丙酮的多孔填料。乙炔特易溶于丙酮。使用时，溶解在丙酮中的乙炔分解出来，而丙酮仍留在瓶内。瓶装乙炔具有气体纯度高、不含杂质、压力高、火焰稳定、设备轻便、比较安全、易于保持场地清洁等优点。因此，瓶装乙炔的应用日趋广泛。乙炔瓶漆成白色，并有红色“乙炔不可近火”字样。容积一般为30L，工作压力为1.47MPa，可贮存4500L乙炔。乙炔瓶必须注意安全使用，严禁震动、撞击、泄露。必须直立，瓶体温度不得超过40℃，瓶内气体不得用完，剩余气体压力不低于0.098MPa。

⑤ 回火防止器　气焊气割时，由于某种原因使混合气体的喷射速度小于其燃烧速度，火焰逆流入乙炔管路，这种现象称为回火。燃烧气体回火蔓延到乙炔发生器，就可能发生严重的爆炸事故。回火防止器就是防止乙炔回火导致事故的安全装置。

正常工作时，乙炔发生器产生的乙炔气进入止回阀，经水清洗后，从乙炔出口管送往焊矩。回火时，高温高压的燃烧气体经乙炔出口管倒流入回火防止器筒内，将水下压，关闭止回阀，切断乙炔气源。同时推开安全阀，燃烧气体排入大气，防止火焰回烧至乙炔发生器而造成事故。

⑥ 焊炬(焊枪)　焊炬使氧气与乙炔均匀的混合，并能调节其混合比例，以形成适合焊接要求稳定燃烧的火焰。焊炬的外形如图13－16所示，打开焊炬的氧气与乙炔阀门两种气体便进入混合室内均匀的混合，从焊嘴喷出，点火燃烧。焊嘴可根据不同焊件而调换，一般焊炬备有5种大小不同的焊嘴。

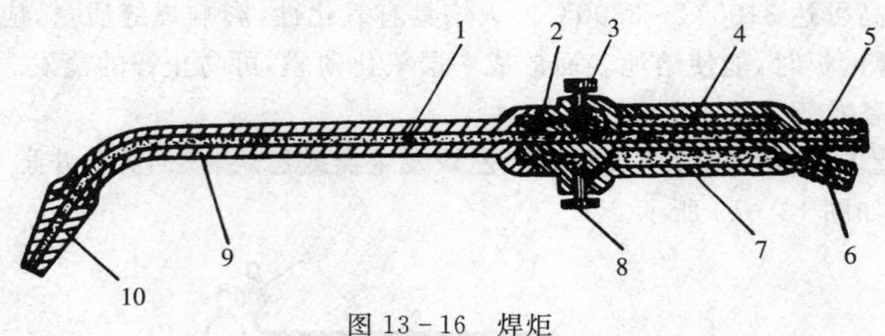


图13－16　焊炬

1—混合室　2—喷射室　3、8—调节阀　4、7—管道
5、6—管接头　9—焊嘴弯管　10—焊嘴

⑦ 胶管　胶管是用来输送氧气和乙炔的，要求有适当长度(不能短于5m)和承受一定的压力。氧气管为红色，允许工作压力为1.5MPa，乙炔管为黑色或绿色，允许工作压力为0.5MPa。

(3)气焊工艺

气焊可进行平、立、横及仰焊各种位置的焊接，接头型式以对接为主，角接用于薄钢板焊接，搭接及T字接头由于焊件变形较大，应用很少。

火焰的能率主要是根据每小时可燃气体(乙炔)的消耗量(升)来确定的。气体消耗量又

取决于焊嘴的大小。焊件愈厚,导热性愈好,熔点愈高,选择的气焊火焰能率愈大。焊接低碳钢和低合金钢时,可按下列公式计算:

$$V=(100\sim200)\delta$$

式中:$V$——火焰能率(或乙炔消耗量),L/h;

$\delta$——钢板厚度,mm。

计算出乙炔消耗量后,选择焊矩和焊嘴号数。相应焊嘴乙炔消耗量如表 13-5 所示。

**表 13-5 焊嘴与乙炔消耗量**

| 焊嘴号码 | 1 | 2 | 3 | 4 | 5 |
|---|---|---|---|---|---|
| 乙炔消耗量/(L/h) | 170 | 240 | 280 | 330 | 430 |

气焊的焊丝直径主要根据焊件的厚度和坡口形式来决定的。低碳钢气焊时,一般用直径为 1~6mm 的焊丝。板愈厚,直径也愈大。

气焊为了去除焊接过程中产生的氧化物,保护焊接熔池,改善熔池金属流动性和焊缝成型质量等目的,在焊接过程中,添加助熔剂(气焊粉)。除低碳钢不必使用气焊粉外,其他材料气焊时,应采用相应的气焊粉,例如,F101(粉 101)用于不锈钢、耐热钢,F201(粉 201)用于铸铁,F301(粉 301)用于铜及铜合金,F401(粉 401)用于铝合金。

(4)气焊基本操作

① 点火 点火前应先用氧气吹除气道中灰尘、杂质,再微开氧气阀门,后打开乙炔阀门,最后点火。这时的火焰是碳化焰。

② 调节火焰 点火后,逐渐打开氧气阀门,将碳化焰调整为中性焰,同时,按需要把火焰大小调整为合适状态。

③ 灭火 灭火时,应先关乙炔阀门,后关氧气阀门。

④ 回火 焊接中若出现回火现象,首先应迅速关闭乙炔阀门,再关氧气阀门,回火熄灭后,用氧气吹除气道中烟灰,再点火使用。

⑤ 施焊 施焊时,左手握焊丝,右手握焊矩,沿焊缝向左或向右进行焊接。正常焊接时,焊嘴与焊件的夹角 $\alpha$ 保持在 30°~50°范围内。

2. 气割

(1) 气割原理及气割条件 气割是用预热火焰把金属表面加热到燃点,然后打开切割氧气,使金属氧化燃烧放出巨热,同时,将燃烧生成的氧化熔渣从切口吹掉,从而实现金属切割的工艺,如图 13-17 所示。气割要获得平整优质的割缝,被割金属材料应具备以下几个条件:

① 金属的燃点应低于其熔点,否则形成熔割。使切口凹凸不平。

② 金属氧化物的熔点应低于基本金属的熔点,否则高熔点的氧化物就会阻碍下层金属与氧气接触,而使切割中断。

③ 金属导热性要低。

根据上述条件,含碳量 0.4%以下的中、低碳钢完全可以满足上述条件,顺利切割。当含碳量为 0.4%~0.7%碳钢时,要预热后再进行切割。切割高碳钢和强度高的低合金钢时,有淬硬和冷裂倾向,要采取提高预热火焰功率、降低切割速度或将割件预热等措施。

（2）气割设备及工具　气割设备与气焊设备基本上相同，但割炬与焊炬不同，割炬与焊炬相比，多一个切割氧气的开关及通道。割嘴中间部分为氧气通道，其四周呈环状或梅花状孔，并同心布置成预热火焰的喷口，如图 13－18 所示。

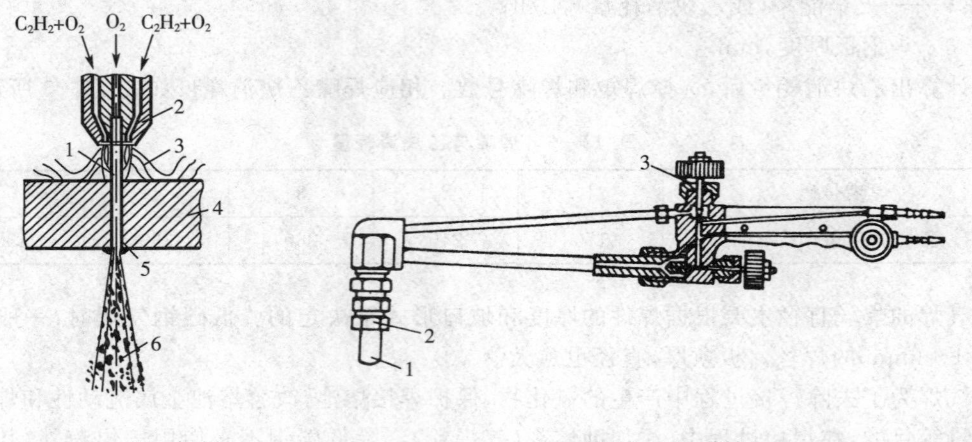


图 13－17　气割　　　　图 13－18　割炬

（3）气割应用范围　气割具有设备简单、操作方便、切割厚度范围广等优点，广泛应用于碳钢和低合金钢的切割。除用于钢板下料外，还用于铸钢、锻钢件毛坯的切割。

## 三、埋弧自动焊

1. 焊接原理

将焊条电弧焊的操作动作由机械自动来完成，是电弧在焊剂层下燃烧的一种熔焊方法。焊接电源两极分别接在导电嘴和工件上，熔剂由漏斗管流出，覆盖在工件上，焊丝经送丝轮和导电嘴送进焊接电弧区，焊丝末端在焊剂下与工件之间产生电弧，电弧热使焊丝、工件、熔剂熔化，形成熔池，如图 13－19 所示。

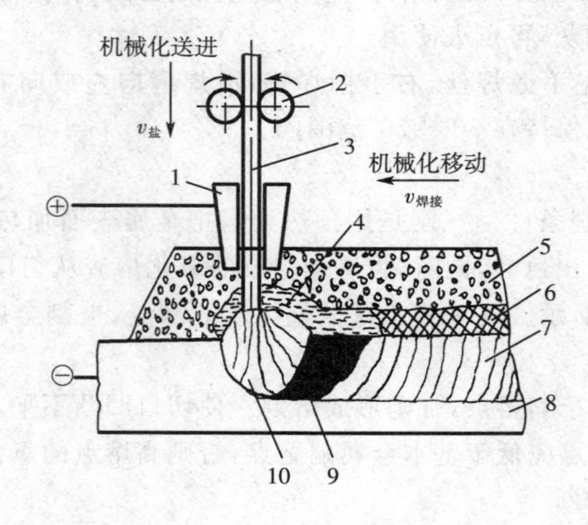


图 13－19　埋弧自动焊

1－导电嘴　2－送丝轮　3－焊丝　4－渣池　5－焊剂层　6－渣壳

7－焊缝　8－工件　9－熔池金属　10－电弧

2. 焊接的特点及应用

(1) 埋弧自动焊特点　埋弧自动焊具有生产率高、焊接质量高而稳定、节省金属和电能、劳动条件好、无弧光、无烟雾、机械操作等优点,但适应性较差。

(2) 埋弧自动焊应用　埋弧自动焊可用于造船、车辆、容器等。

**四、二氧化碳气体保护焊**

1. 焊接原理

二氧化碳气体保护焊分为自动焊和半自动焊,用二氧化碳气体从喷嘴喷出保护熔池,利用电弧热熔化金属,焊丝由送丝轮经导电嘴送进,如图 13-20 所示。

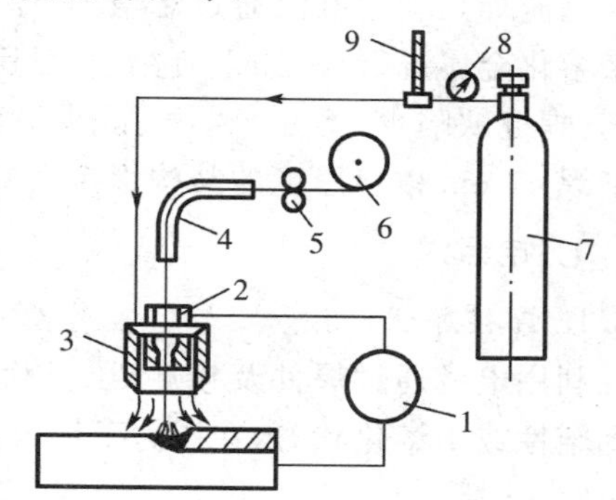


图 13-20　二氧化碳气体保护

1—焊接电源　2—导电嘴　3—焊炬喷嘴　4—送丝软管　5—送丝机构　6—焊丝盘　7—$CO_2$气瓶　8—减压器　9—流量计

2. 二氧化碳气体保护焊特点及应用

(1) 二氧化碳气体保护焊特点　二氧化碳气体保护焊具有生产率高、焊接质量好、成本低、操作性能好等优点,但飞溅大,烟雾大,易产生气孔,设备贵。

(2) 二氧化碳气体保护焊应用　二氧化碳气体保护焊适用于机车、造船、机械化工等。

**五、氩弧焊**

1. 熔化极氩弧焊

以连续送进的金属丝做电极并填充焊缝,可采用自动焊或半自动焊,可选较大的焊接电流,适用板材厚在 25mm 以下的焊件,如图 13-21a 所示。

2. 不熔化极氩弧焊(钨极氩弧焊)

常用钨棒电极,焊接时钨棒仅有少量损耗。焊接电流不能过大,只能焊 4mm 以下的薄板。焊钢材板采用直流正接法;焊铝、镁合金采用直流反接法或交流电源(交流电将减少钨极损耗),如图 13-21b 所示。

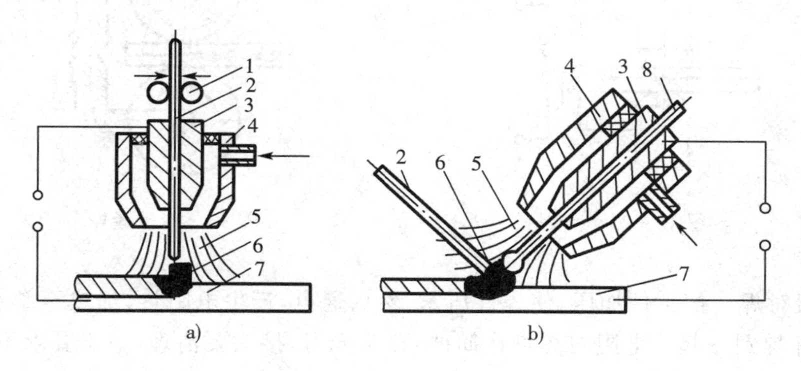


图 13-21　氩弧焊

a)熔化极氩弧焊　b)不熔化极氩弧焊

1—送丝轮　2—焊丝　3—导电嘴　4—喷嘴　5—保护气体　6—电弧　7—母材　8—钨极

3. 氩弧焊特点及应用

(1) 氩弧焊特点　氩弧焊具有保护作用好、热影响区小、操作性能好等优点。但氩气成本高，设备贵。

(2) 氩弧焊应用　氩弧焊适用于铝、铜、镁、钛、不锈钢、耐热钢等焊接。

## 六、电渣焊

电渣焊是利用电流通过熔渣所产生的电阻热作为热源来熔化金属进行焊接的。它生产率高，成本低，省电、省熔剂，焊缝缺陷少，不易产生气孔、夹渣和裂纹等缺陷。适用于焊 40mm 以上厚度的结构焊接，如图 13－22 所示。

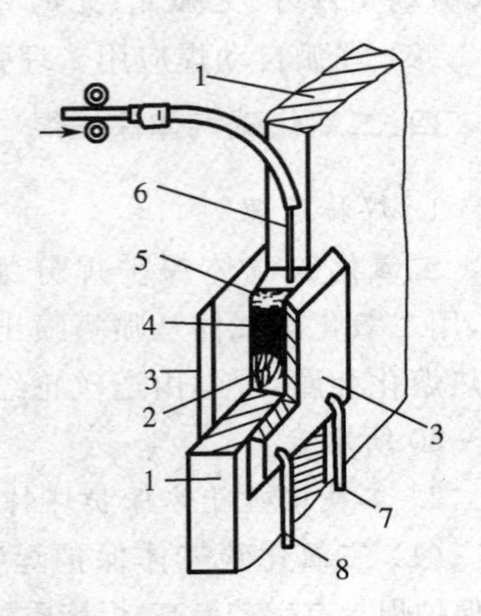


图 13－22　电渣焊

1—焊件 2—焊缝 3—冷却铜滑块 4—熔池 5—渣池 6—焊丝 7、8—冷却水进、出口

## 七、电阻焊

1. 焊接原理

利用电流通过焊件及接触处，产生电阻热，将局部加热到塑性或半熔化状态，在压力下形成接头。

2. 分类

电阻焊根据接头形式不同可分为点焊、缝焊和对焊。

(1)点焊

把清理好的薄板放在两电极之间，夹紧通电，接触面产生电阻热，使其熔化，在压力下使焊件焊在一起。电极通水冷却。点焊质量与焊接电流、通电时间、电极电压、工件清洁程度有关。相邻两点要有足够的距离，如图13－23 所示。

(2)缝焊

与点焊相似，称为重叠点焊，用旋转盘状电极代替柱状电极，焊接时滚盘压紧工件并转动，继续通电，形成连续焊点，如图 13－24 所示。

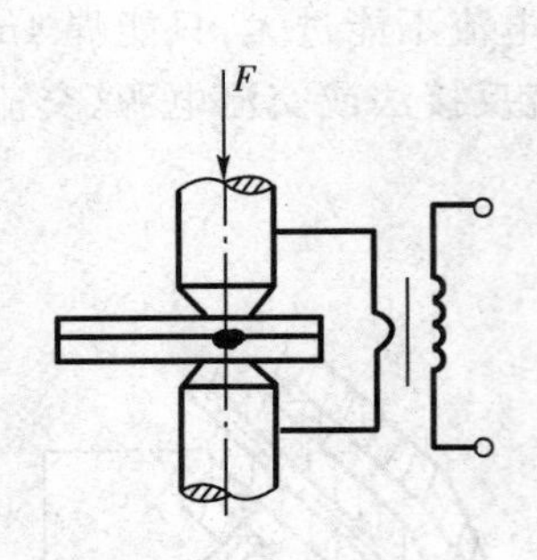


图 13－23　点焊

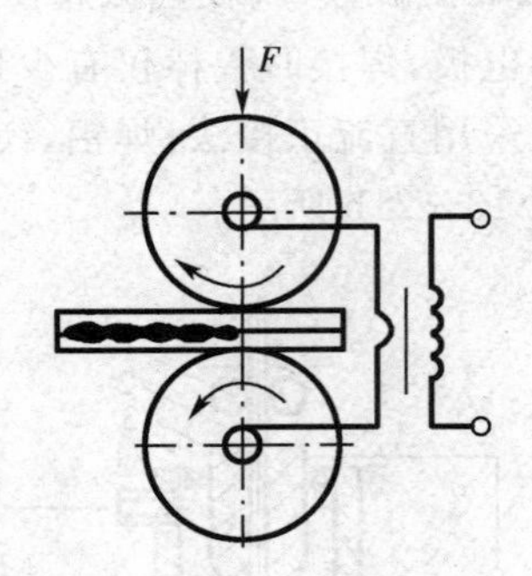


图 13－24　缝焊

(3)对焊

① 电阻对焊　把工件加压，使焊件压紧，然后通电，产生电阻热，加热至塑性状态，断电加压，使工件焊到一起。电阻对焊操作简便，接头光滑，接头要清理，适于要求不高的一些工件，如图 13－25 所示。

② 闪光对焊　工件夹好后通电，点接触，点熔化，在电磁力作用下，液体金属发生爆炸，产生闪光，送进工件全部熔化，断电加压使金属工件焊到一起。热影响区小，质量好，适于直径小于 20mm 棒料，如图 13－26 所示。

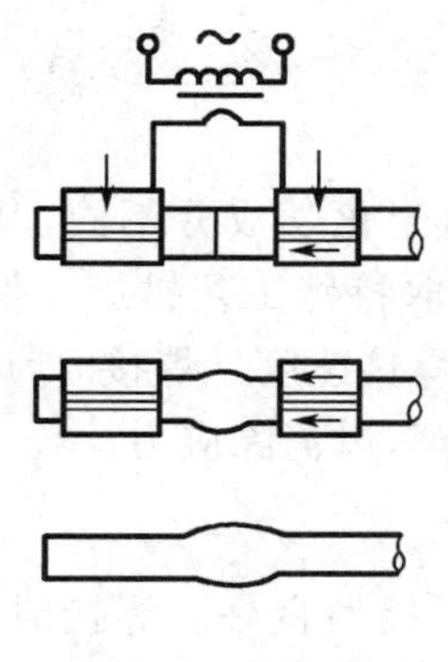

图 13－25 电阻对焊

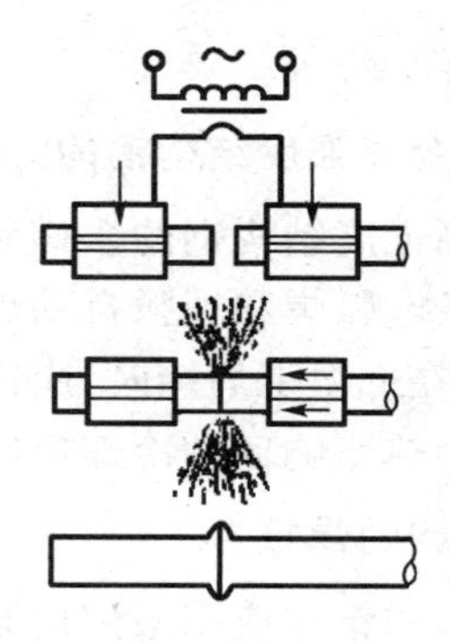
图 13－26 闪光对焊

3. 电阻焊特点及应用

(1) 电阻焊特点

接头质量好，热影响区小；生产率高，易于机械自动化；不需填加金属和焊剂；劳动条件好，焊接过程中无弧光，噪音小，烟尘和有害气体少；电阻焊件结构简单，重量轻，气密性好，易于获得形状复杂的零件；耗电量大，设备贵。

(2) 电阻焊应用

① 点焊主要用于厚度小于 4mm 的薄板冲压结构、金属网及钢筋等。

② 缝焊主要用于焊缝较规则、板厚小于 3mm 的密封结构。

③ 对焊主要用于制造封闭形零件。

## 第三节 常用金属材料的焊接

### 一、碳钢的焊接

1. 低碳钢的焊接

含碳量小于 0.25％的低碳钢焊接性优良。焊接时，不需采用特殊的工艺措施，就能获得优质的焊接接头。但在低温下焊接刚度较大的构件时，焊前应适当预热。对重要构件，焊后常进行去应力退火或正火。几乎所有的焊接方法都可用来焊接低碳钢，并能获得优良的焊接接头。应用最多的是焊条电弧焊，焊条电弧焊焊接一般结构件时，可选用 J421、J422、J423 等焊条，而焊接承受动载荷、结构复杂或厚板等重要结构件时，可选用 J426、J427、J506、J507 等焊条。埋弧自动焊一般采用 H08A 或 H08MnA 焊丝配合焊剂 HJ431 进行焊接。还可以采用电渣焊、气体保护焊和电阻焊。

2. 中碳钢的焊接

中碳钢的含碳量较高，焊接接头易产生淬硬组织和冷裂纹，焊接性较差。焊接这类钢常用焊条电弧焊，焊前应预热工件，选用抗裂性能好的低氢型焊条，如 J507。焊接时，采用细焊条、小电流、开坡口、多层焊，尽量防止含碳量高的母材过多的熔入焊缝。焊后缓冷，以防产生冷裂纹。

3. 高碳钢的焊接

高碳钢的含碳量大于 0.60％，焊接特点与中碳钢基本相似，但焊接性更差。这类钢一般不用来制作焊接结构，仅用焊接进行修补工作。常采用焊条电弧焊或气焊修补，焊前一般应预热，焊后缓冷。

**二、低合金高强度结构钢的焊接**

低合金高强度结构钢的含碳量属于低碳钢范围，但由于化学成分不同，其焊接性也不同。常用焊条电弧焊和埋弧自动焊进行焊接，一般不需采取特殊工艺措施。但若工件刚度和厚度大，或在低温下焊接时，应适当增大焊接电流，减慢焊接速度。焊接时，应调整焊接规范来严格控制热影响区的冷却速度，焊后应及时进行热处理，以消除应力。

**三、不锈钢的焊接**

奥氏体不锈钢中应用最广的是 1Crl8Ni9 钢，这类钢焊接性良好。焊接时，一般不需采取特殊工艺措施，常用焊条电弧焊和钨极氩弧焊进行焊接，也可用埋弧自动焊。焊条电弧焊时，选用与母材化学成分相同的焊条；氩弧焊和埋弧自动焊时，选用的焊丝应保证焊缝化学成分与母材相同。

焊接奥氏体不锈钢的主要问题是晶界腐蚀和热裂纹。为防止腐蚀，应合理选择母材和焊接材料，用小电流、快速焊、强制冷却等措施。为防止热裂纹，应严格控制磷、硫等杂质的含量。焊接时应采用小电流、焊条不摆动等工艺措施。

**四、铸铁的补焊**

铸铁含碳量高、杂质多、塑性低、焊接性差，故只用焊接来修补铸铁件缺陷和修理局部损坏的零件。补焊铸铁的主要问题是易出现白口组织和产生裂纹。目前，生产中补焊铸铁方法有热焊和冷焊两种。

1. 热焊

焊前将工件整体或局部预热到 600℃～700℃，补焊过程中温度不低于 400℃，焊后缓冷。这样，可有效地减少焊接接头的温差以减小应力，还可改善铸铁件的塑性，防止出现白口组织和裂纹。常用的焊接方法是气焊与焊条电弧焊。气焊时用铸铁气焊丝，如 HS401（4—铸铁类型；01—编号）或 HS402，配用焊剂 CJ201 以去除氧化物。气焊预热方便，适于补焊中小型薄壁件。焊条电弧焊时，选用铸铁芯铸铁焊条 Z248 或钢芯铸铁焊条 Z208，此法主要用于补焊厚度较大的铸铁件。

2. 冷焊

焊前对工件不预热或预热温度较低，常用焊条电弧焊进行铸铁冷焊。根据铸件的工作要求，可选用不同的铸铁焊条，如补焊一般灰铸铁件非加工面选用 Z130 焊条，补焊高强度灰铸铁件及球墨铸铁件选用 Z116 或 Z117 焊条。焊接时，应选用小电流、分段焊、短弧焊等工艺，焊后立即轻轻锤击焊缝，以减少焊接应力，防止产生裂纹。

**五、铝及铝合金的焊接**

焊接铝及铝合金的主要问题是易氧化和产生气孔。铝极易被氧化，生成难熔（熔点为 2050℃）、致密的氧化铝薄膜，且密度比铝大。焊接时，氧化铝薄膜阻碍金属熔合，并易形成夹杂使铝件脆化。液态铝能大量溶解氢，而固态铝几乎不溶解氢（氢气是水在焊接时发生分解产生的），铝的热导性好，焊缝冷凝较快，故氢气来不及逸出而形成气孔。此外，铝及铝合金由固态加热至液态时无明显的颜色变化，故难以掌握加热温度，易烧穿工件。焊接铝及其合金常用的方法有氩弧焊、电阻焊、钎焊和气焊。氩弧焊时，由于氩气保护效果好，故焊缝质量好，成形美观，焊接变形小，接头耐蚀性好。为保证焊接质量，焊前应严格清洗工件和焊

丝，并使其干燥。氩弧焊多用于焊接质量要求高的构件，所用的焊丝成分应与工件成分相同或相近。电阻焊焊接铝及铝合金时，焊前必须清除工件表面的氧化膜，焊接时应采用大电流。对焊接质量要求不高的铝及铝合金构件，可采用气焊。焊前须清除工件表面氧化膜，焊接时用焊剂CJ401去除氧化膜，选用与母材化学成分相同的焊丝。为防止焊剂对工件的腐蚀，焊后应立即将残留焊剂冲洗掉。此法灵活方便，成本低，但焊接变形大，接头耐蚀性差，生产率低。通常用于焊接薄板(厚度为0.5～2mm)构件和补焊铝铸件。

### 六、铜及铜合金的焊接

铜和铜合金的焊接性较差，主要的问题是难熔合、易变形、产生热裂纹和气孔。铜和某些铜合金的导热系数大(比钢大7～11倍)，焊接时热量传散快，使母材与填充金属难以熔合。因此，要采用大功率热源，且焊前和焊接过程中要预热；铜的线膨胀系数和收缩率比较大，而且铜及大多数铜合金导热能力强，使热影响区加宽，导致产生较大的焊接变形；铜在液态时易氧化，生成的$Cu_2O$与Cu形成低熔点脆性共晶体，使焊缝易产生热裂纹；铜液能溶解大量氢气，凝固时溶解度急剧下降，又因铜的导热能力强，熔池冷凝快，若氢气来不及逸出，将在焊缝中形成气孔。

焊接紫铜时，因焊缝含有杂质及合金元素，组织不致密等，使接头电导性也有所降低。焊接黄铜时，锌易氧化和蒸发(锌的沸点为907℃)，使焊缝的力学性能和耐蚀性能降低，且对人体有害，焊接时应加强通风等措施。

焊接铜及铜合金常用的方法有氩弧焊、气焊、焊条电弧焊、埋弧焊和钎焊等。钨极氩弧焊和气焊主要用于焊接薄板(厚度为1～4mm)。焊接板厚为5mm以上的较长焊缝时，宜采用埋弧焊和熔化极氩弧焊。

焊接铜及铜合金时，一般采用与母材成分相同的焊丝。氩弧焊、气焊焊接紫铜时，焊丝为HS201和HS202；气焊黄铜常用焊丝HS224，氩弧焊黄铜采用HS211焊丝。铜和铜合金气焊时，还需采用气焊焊剂CJ301，以去除氧化物。焊条电弧焊焊接紫铜时，采用紫铜电焊条T107，焊接黄铜时用1227焊条。

### 七、不锈钢与碳素钢的焊接

不锈钢与碳素钢的焊接特点与不锈钢复合板相似。在碳钢一侧若合金元素渗入，会使金属硬度增加，塑性降低，易导致裂纹的产生。在不锈钢一侧，则会导致焊缝合金成分稀释而降低焊缝金属的塑性和耐腐蚀性，对于要求不高的不锈钢与碳素钢焊接接头，可用奥107、奥122等焊接。为了使焊缝金属获得双相组织——奥氏体＋铁素体，提高其抗裂性和力学性能，则可采用高铬镍焊条，如奥302、奥307、奥402、奥407等焊条进行焊接。也可以采用隔离层焊接。先在碳钢的坡口边缘堆焊一层高铬镍焊条(如25－13型和25－20型焊条)的堆敷层，再用一般的不锈钢焊条焊接。

### 八、铸铁与低碳钢的焊接

1. 气焊

因铸铁的熔点低，为了使铸铁和低碳钢在焊接时能同时熔化，则必须对低碳钢进行焊前预热，焊接时气焊火焰要偏向低碳钢一侧。焊接时选用铸铁焊丝和焊粉，使焊缝能获得灰铸铁组织，火焰应是中性焰或轻微的碳化焰。焊后可继续加热焊缝或用保温方法使之缓慢冷却。

2. 电弧焊

铸铁与低碳钢电弧焊时，可用碳钢焊条或铸铁焊条。用碳钢焊条时，可先在铸铁件坡口上用镍基焊条堆焊 4～5mm 隔离层，冷却后再进行装配点焊。焊接时，每焊 30～40mm 后，用锤击焊缝，以消除应力。当焊缝冷却到 70℃～80℃时再继续焊接。对要求不高的焊件可用结 422 焊条，但易产生热裂纹。若用结 506(结 507)焊接，可以减少焊缝的热裂倾向。用碳钢焊条焊接，可以得到碳钢组织的焊缝金属，只是在堆焊层有白口组织。当用铸铁焊条焊接时，可用钢芯石墨型焊条铸 208、钢芯铸铁焊条铸 100 等。用铸 208 焊条焊接，焊缝金属为灰铸铁，因此可先在低碳钢上堆焊一层，然后与铸铁点固焊接。用铸 100 焊条焊接时，焊缝金属是碳钢组织，应在铸铁件上先堆焊一层，然后再与碳钢件点固焊接。

3. 钎焊

铸铁与低碳钢钎焊时，用氧—乙炔火焰加热，用黄铜丝作钎料。钎焊的优点是焊件本身不熔化；熔合区不会产生白口组织，接头能达到铸铁的强度，并具有良好的切削加工性能。焊接时热应力小，不易产生裂纹。钎焊的缺点是黄铜丝价格高及铜渗入母材晶界处造成脆性。钎焊的钎剂可用硼砂或硼砂加硼酸的混合物。焊前坡口要清理干净，用氧化焰可以提高钎焊强度及减少锌的蒸发。为了减少焊接时造成的应力，焊接长焊缝时宜分段施焊。每段以 80mm 为宜。第一段填满后待温度下降到 300℃以下时，再焊第二段。

**九、钢与铜及其合金的焊接**

钢和铜在高温时的晶格类型、晶格常数、原子半径都很接近，这当然对焊接有利，但熔点、导热系数、膨胀系数等差异较大，给焊接造成一定的困难。

1. 低碳钢与铜及其合金的焊接

紫铜与低碳钢焊接时，可采用紫铜作为填充金属材料，并使焊缝中铁的含量控制在 10%～43%为佳。为此，手弧焊焊接紫铜 T2 与 Q255 钢时，选用 T2 焊条。钨极氩弧焊时，为加强熔池的脱氧作用，可以采用硅锰青铜 QSi3－1 焊丝。低碳钢与硅青铜和铝青铜焊接时，可采用铝青铜作填充金属材料，如铝锰青铜 QAl9－2 等。低碳钢与铁白铜 BFe5－1 焊接时，可采用 BFe5－1 作为填充材料。若选用纯镍和含铜的镍基合金，是焊接低碳钢与铜及其合金较好的填充材料。紫铜预热温度为 600℃～700℃，铜合金为 430℃～480℃。焊接时，将电弧移至铜及铜合金一侧。

2. 不锈钢与铜及其金属的焊接

纯镍是焊接奥氏体不锈钢与铜及其合金时最好的填充材料。因为镍无论在液态或固态都能与铜无限互溶，从而能极大地排除铜的有害作用，而且还能有效地防止渗透裂纹。

## 第四节　焊接结构工艺

**一、焊接结构材料的选择**

焊接结构材料在满足工作性能要求的前提下，应优先考虑选择焊接性较好的。低碳钢和碳当量小于 0.4%的低合金钢都具有良好的焊接性，设计中应尽量选用；含碳量大于 0.4%的碳钢、碳当量大于 0.4%的合金钢，焊接性不好，设计时一般不宜选用。若必须选

用，应在设计和生产工艺中采取必要措施。

强度等级较高的低合金结构钢，焊接性能虽然差些，但只要采取合适的焊接材料与工艺，也能获得满意的焊接接头。设计强度要求高的重要结构可以选用。

强度等级低的合金结构钢，焊接性与低碳钢基本相同，钢材价格也不贵，而强度却能显著提高，条件允许时应优先选用。

镇静钢脱氧完全，组织致密，质量较高，重要的焊接结构应选用之。

沸腾钢含氧量较高，组织成分不均匀，焊接时易产生裂纹。厚板焊接时还可能出现层状撕裂。因此不宜用作承受动载荷或严寒下工作的重要焊接结构件以及盛装易燃、有毒介质的压力容器。

异种金属的焊接，必须特别注意它们的焊接性及其差异。一般要求接头强度不低于被焊钢材中的强度较低者，并应在设计中对焊接工艺提出要求，按焊接性较差的钢种采取措施，如预热或焊后热处理等。对不能用熔焊方法获得满意接头的异种金属应尽量不选用。

**二、焊缝布置**

(1) 焊缝布置应尽可能分散，避免过分集中和交叉。焊缝密集或交叉会加大热影响区，使组织恶化，性能下降。两焊缝间距一般要求大于三倍板厚，如图 13 - 27 所示。

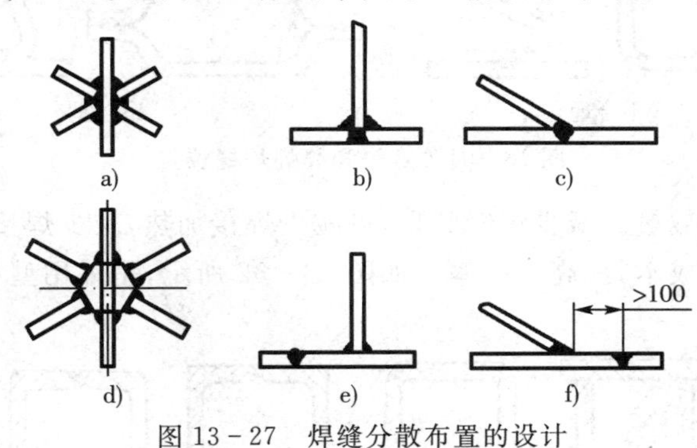


图 13 - 27　焊缝分散布置的设计

a)、b)、c)不合理　　d)、e)、f)合理

(2) 焊缝应避开最大应力和应力集中部位。焊接接头往往是焊接结构的薄弱环节，存在残余应力和焊接缺陷。因此，焊缝应避开应力较大部位，尤其是应力集中部位。如焊接钢梁焊缝不应在梁的中间而应如图 13 - 28d 所示均分；压力容器一般不用平板封头、无折边封头，而应采用碟形封头和球性封头等，如图 13 - 28a、b、c 所示。

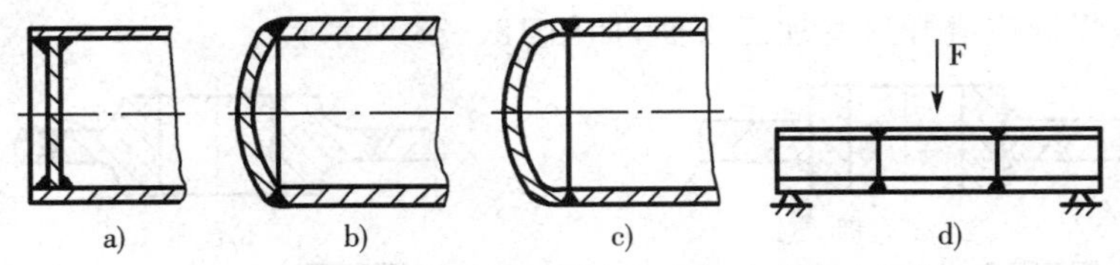


图 13 - 28　焊缝应避开最大应力和应力集中部位

a)平板封头　b)无折边封头　c)碟形封头　d)焊接钢梁

(3) 焊缝布置应尽可能对称。焊缝对称布置可使焊接变形相互抵消。如图 13 - 29a 中，偏于截面重心一侧，焊后会产生较大的弯曲变形；图 13 - 29b、c 焊缝对称布置，焊后不会产生明显变形。

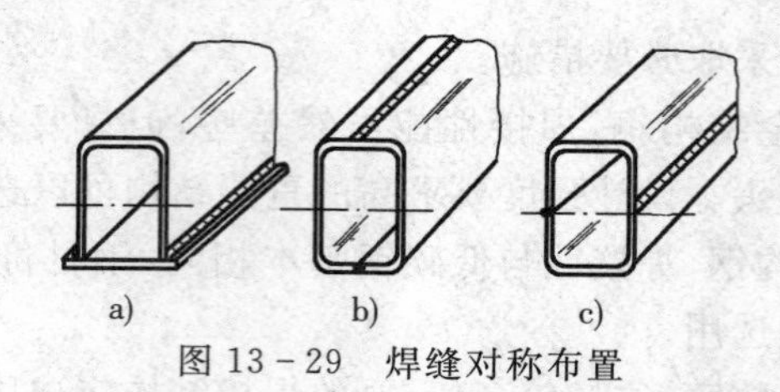

图 13-29 焊缝对称布置

(4)焊缝布置应便于焊接操作。手工电弧焊时,要考虑焊条能到达待焊部位。点焊和缝焊时,应考虑电极能方便进入待焊位置,如图 13-30、13-31 所示。

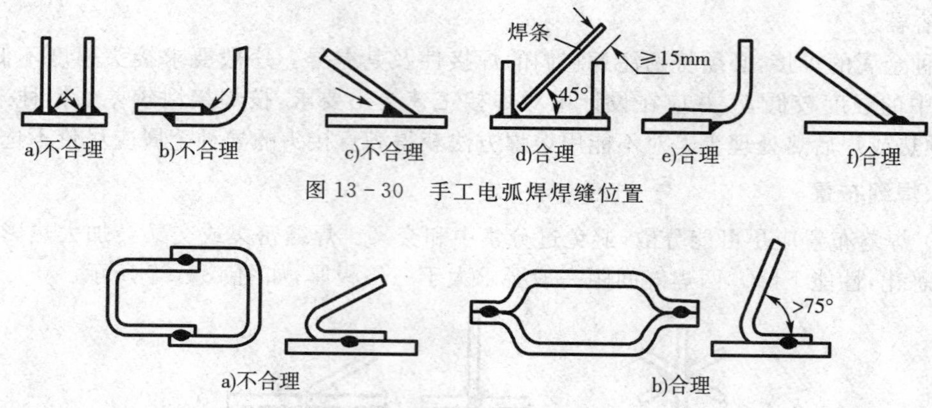

图 13-30 手工电弧焊焊缝位置

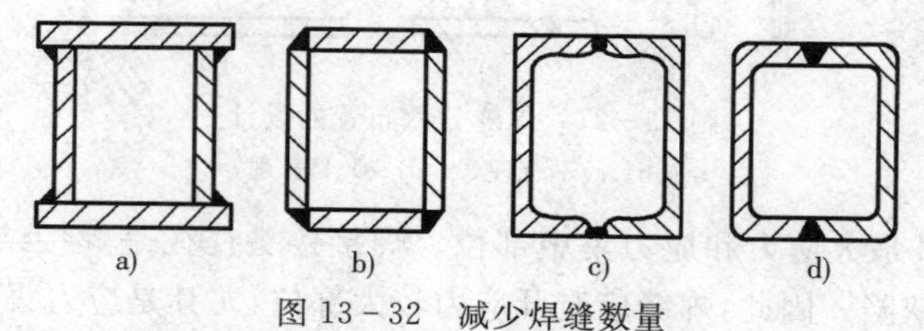

图 13-31 点焊和缝焊焊缝位置

(5)尽量减小焊缝数量。减少焊缝数量,可减少焊接加热,减少焊接应力和变形,同时减少焊接材料消耗,降低成本,提高生产率。如图 13-32 所示,是采用型材和冲压件减少焊缝的设计。

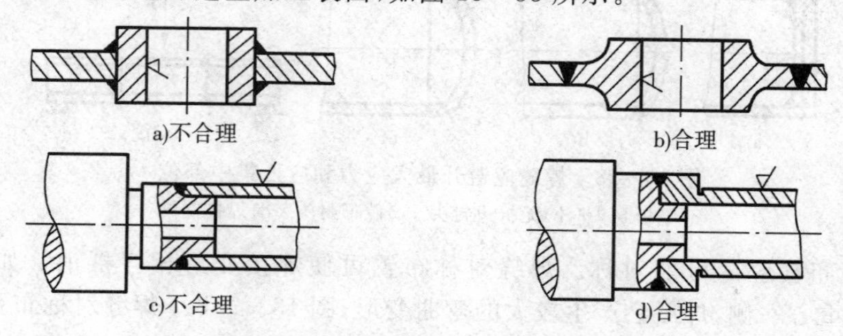

图 13-32 减少焊缝数量

a)、b)用四块钢板焊成 c)用两根槽钢焊成 d)用两块钢板弯曲后焊成

(6)焊缝应尽量避开机械加工表面。有些焊接结构需要进行机械加工,为保证加工表面精度不受影响,焊缝应避开这些加工表面,如图 13-33 所示。


图 13-33 避开机械加工表面

### 三、焊接接头型式的选择

选择焊接接头时，应考虑焊件结构形状、使用要求、焊件厚度、变形大小、焊条消耗量、坡口加工难易程度等因素。对接接头应力分布均匀，接头质量容易保证，节省材料，是焊接结构中应用最多的一种，但对焊前准备和装配要求较高。搭接接头应力分布复杂，易产生附加弯曲应力，降低接头强度，且不经济，但其焊前准备和装配要求比对接接头简单，常用于厂房屋架和桥梁等。当接头构成直角连接时，通常采用角接和 T 形接头。角接接头通常只起连接作用，不能用来传递载荷。T 形接头在船体结构中应用较广。

### 四、焊接坡口形式的选择

开坡口的目的是为了保证焊缝根部焊透，便于清除熔渣，获得较好的焊缝形状，坡口还能调节母材金属与填充金属的比例。不同板厚的工件其坡口形式也不同，如焊条电弧焊工件板厚＜6mm 时，一般不开坡口，但重要的构件，当厚度为 3mm 时，就需开坡口。板厚在 6～26mm 时，应开 V 形坡口，这种坡口便于加工，但焊后焊件易变形。板厚在 12～60mm 时，可开 X 形坡口。在相同厚度情况下，X 形坡口比 V 形坡口能减小焊着金属量 1/2 左右，工件变形较小。带钝边 U 形坡口焊着金属量更少，工件变形也更小，但加工坡口较困难，一般用于较重要的焊接结构件。

## 第五节　焊接应力和变形

### 一、焊接应力和变形产生的原因及种类

1. 焊接应力和变形产生的原因

焊接过程中，焊件受到局部的、不均匀的加热和冷却，因此，焊接接头各部位金属热胀冷缩的程度不同。由于焊件本身是一个整体，各部位是互相联系、互相制约的，不能自由的伸长和缩短，这就使接头内产生不均匀的塑性变形，所以在焊接过程中要产生应力和变形。焊接变形的根本原因是由于焊缝的横向收缩和纵向收缩所引起。

2. 焊接变形和应力的种类

(1) 焊接变形的种类

① 纵向收缩变形是焊缝纵向收缩造成的变形。收缩一般是随焊缝长度的增加而增加。另外，母材线膨胀系数大，焊后焊件的纵向收缩量也大。多层焊时，第一层收缩量最大。

② 横向收缩变形是焊缝的横向收缩造成的变形。缩短量与许多因素有关，例如，对接焊缝的横向收缩比角焊缝大；连续焊缝比间断焊缝的横向收缩量大；多层焊时，第一层焊缝的收缩量最大。另外，随母材板厚和焊缝熔宽的增加，横向收缩量也增加；同样板厚，坡口角度越大，横向收缩量也越大；同一条焊缝中，最后焊的部分，横向收缩量最大。

纵向收缩变形和横向收缩变形如图 13－34 所示。

③ 角变形是焊后构件两侧钢板离开原来位置向上跷起一个角度，这种变形叫角变形，如图 13－35 所示。角变形的大小以变形角 $\alpha$ 来进行量度。它是由于横向收缩变形在焊缝厚度方向上不均匀所引起的。

④ 弯曲变形是在焊接梁、柱、管道等焊件时发生。焊缝的纵向收缩和横向收缩都将造

成弯曲变形,如图 13－36 所示。

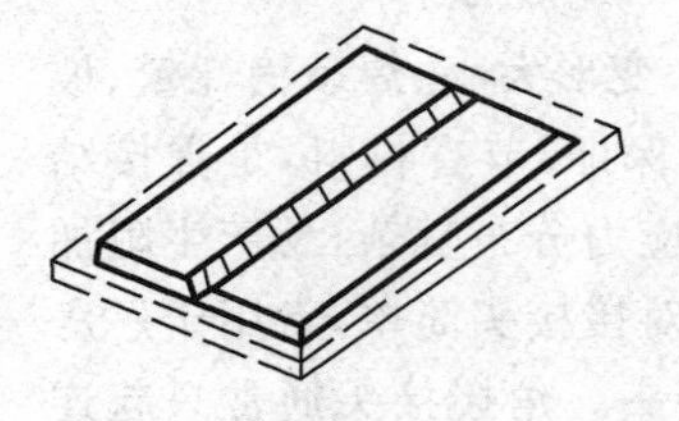
图 13－34　纵向和横向收缩变形

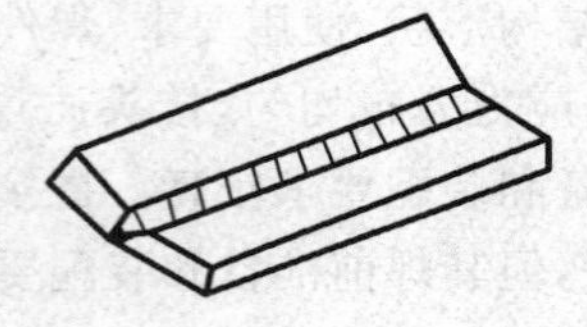
图 13－35　角变形

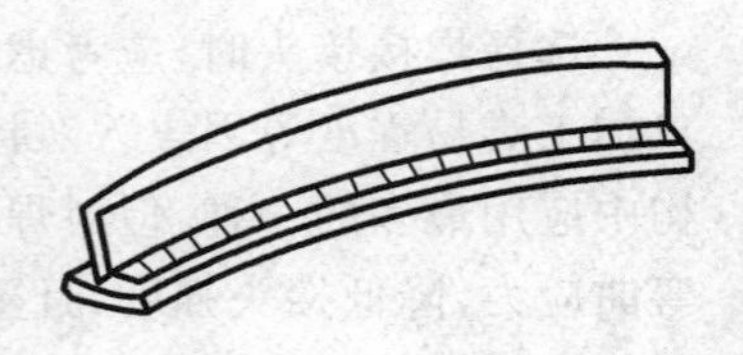
图 13－36　弯曲变形

弯曲变形的大小以挠度 $f$ 的数量来度量。$f$ 是焊后焊件的中心轴离原焊件的中心轴的最大距离。挠度 $f$ 越大,则弯曲变形越大,如图 13－37 所示。

⑤ 波浪变形容易在厚度小于 10mm 的薄板结构中产生。一是当薄板结构焊缝的纵向缩短使薄板边缘的应力超过一定数值时,在边缘会出现波浪式变形,如图 13－38 所示。二是由角焊缝的横向收缩引起的角变形所造成的,如图 13－39 所示。

图 13－37　弯曲变形的度量

图 13－38　波浪变形

图 13－39　焊接角变形引起的波浪变形

⑥ 扭曲变形容易在梁、柱、框架等结构中产生,一旦产生,很难矫正。其原因是装配之后的焊接位置和尺寸不符合图样的要求,强行装配,焊件焊接时位置搁置不当,焊接顺序、焊接方向不当都会引起扭曲变形。工字梁的扭曲变形如图 13－40 所示。

⑦ 构件厚度方向和长度方向不在一个平面上叫错边变形,如图 13－41 所示。其原因是装配质量不高或焊接本身所造成。

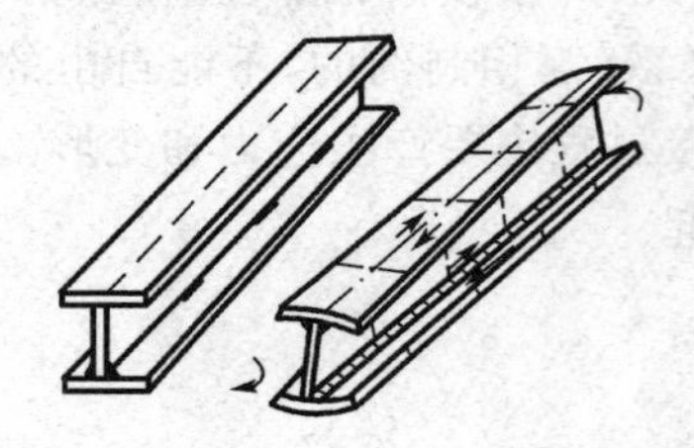

图 13－40　扭曲变形

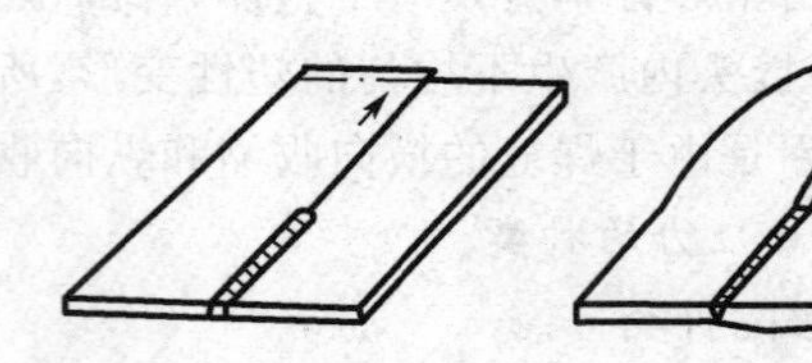

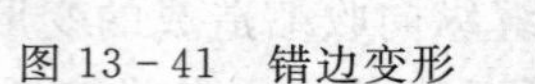
图 13－41　错边变形

(2) 焊接应力的种类按引起应力的基本原因分以下几种。

① 温度应力是由于焊接时温度分布不均匀而引起的应力,也称热应力。

② 焊接时由于温度变化引起金属的组织变化,这种组织变化引起金属局部的体积变化所产生的应力称为组织应力。

(3) 焊接时,金属熔池从液态冷凝成固态,体积收缩受到限制而产生凝缩应力。

## 二、控制焊接残余变形的工艺措施和矫正方法

### 1. 控制焊接残余变形常用的工艺措施

(1) 选择合理的焊装顺序　采用合理的焊装顺序,对于控制焊接残余变形尤为重要。可采用将结构总装后再进行焊接,以达到控制变形的目的。

（2）选择合理的焊接顺序　对于不对称焊缝，采用先焊焊缝少的一侧，后焊焊缝多的一侧，后焊的变形足以抵消前一侧的变形，总体变形减小，如图 13－42a 所示。随着结构刚性不断地提高，一般先焊的焊缝容易使结构产生变形，这样，即使焊缝对称的结构，焊后也还会出现变形的现象，所以当结构具有对称布置的焊缝时，应尽量采用对称焊接，如图 13－42b 所示。对于重要结构的工字梁，要采用特殊的焊接顺序，如图 13－42c 所示。

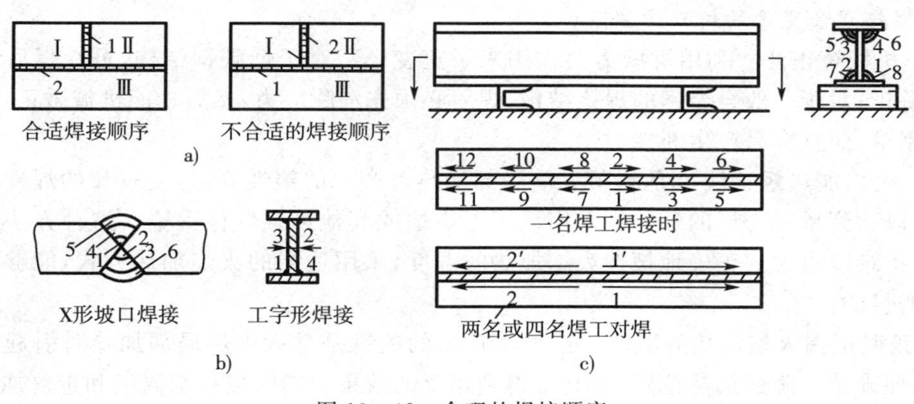


图 13－42　合理的焊接顺序

a)合理的焊接顺序　b)对称焊　c)工字梁焊接

（3）选择合理的焊接方法　长焊缝焊接时，直通焊变形最大；从中段向两端施焊变形有所减少；从中段向两端逐步退焊法变形最小；采用逐步跳焊也可以减少变形，如图 13－43 所示。

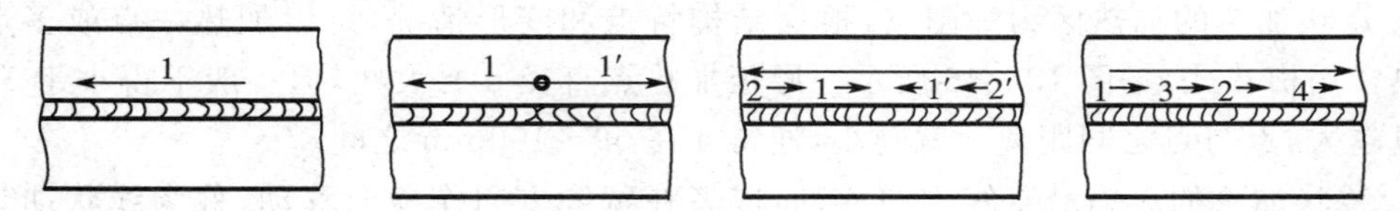

图 13－43　合理的焊接方法

（4）反变形法　为了抵消焊接变形，焊前先将焊件与焊接变形相反的方向进行人为的变形，这种方法叫反变形法。例如，为了防止对接接头的角变形，可以预先将焊接处垫高，如图 13－44 所示。

（5）刚性固定法　焊前对焊件采用外加刚性拘束，强制焊件在焊接时不能自由变形，这种防止变形的方法叫刚性固定法。例如在焊接法兰盘时，将两个法兰盘背对背地固定起来，可以有效地减少角变形，如图 13－45 所示。应当指出，焊接后，去掉外加刚性拘束，焊件上仍会残留一些变形，不过要比没有拘束时小的多。

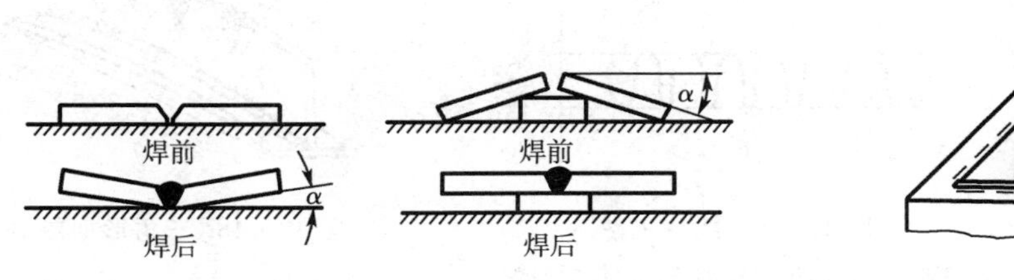


图 13－44　平板对接时的反变形法

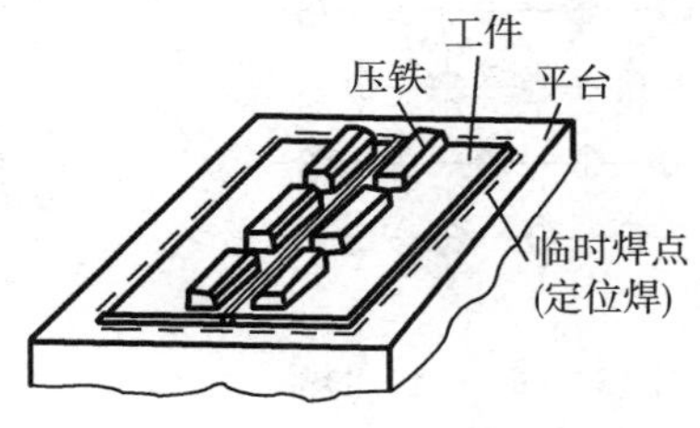


图 13－45　刚性固定防止法兰角变形

(6) 选用适当的线能量　焊接不对称的细长杆件往往可以选用适当的线能量，而不用任何变形或刚性固定克服弯曲变形。

(7) 散热法　焊接时用强迫冷却的方法将焊接区的热量散走，使受热面积大为减少，从而达到减少变形的目的，这种方法叫散热法。

(8) 自重法　利用焊件本身的自重来预防弯曲变形。

2. 焊接残余变形的矫正方法

(1) 机械矫正法　利用机械力的作用来矫正变形。对于低碳钢结构，可在焊后直接应用此法矫正；对于一般合金钢的焊接结构，焊后必须先消除应力，然后才能机械矫正，否则不仅矫正困难，而且容易产生断裂。

(2) 火焰加热矫正法　是利用火焰局部加热时产生的塑性变形，使较长的焊件在冷却后收缩，以达到矫正变形的目的。采用氧—乙炔焰或其他可燃气体火焰。这种方法设备简单，但矫正难度很大。正确地把握火焰加热的温度，采用适当的火焰加热方式，能够达到矫正变形的目的。

① 正确把握火焰加热的温度。这种矫正法的关键是掌握火焰局部加热时引起变形的规律，以便确定正确的加热位置，否则会得到相反的效果。同时应控制温度和重复加热的次数。这种方法不仅适用于低碳钢结构，而且还适用于部分普通低合金钢结构的矫正。

对于低碳钢和普通低合金结构钢，加热温度为600℃～800℃。正确的加热温度可根据材料在加热过程中表面颜色的变化来识别。

② 采用适当的火焰加热的方式

a. 点状加热的加热区为一圆点，根据结构特点和变形情况，可以加热一点或多点。多点加热常用梅花式，如图13－46所示。厚板加热点直径d要大些，但一般不得小于15mm。变形量越大，点与点之间距离a就越小，通常a在50～100mm之间。

b. 线状加热的火焰沿直线方向移动，或者在宽度方向作横向移动，称为线状加热。各种线状加热的形式，如图13－47所示。加热的横向收缩大于纵向收缩。横向收缩随加热线的宽度增加而增加。加热线的宽度应为钢板厚度的0.5～2倍左右。线状加热多用于变形量较大的结构，有时也用于厚板变形矫正。

c. 三角形加热的加热区域为一三角形，三角形的底边应在被矫正钢板的边缘，顶端朝内，如图13－48所示。三角形加热的面积较大，因而收缩量也比较大，常用于厚度较大、刚性较强焊件弯曲变形的矫正。

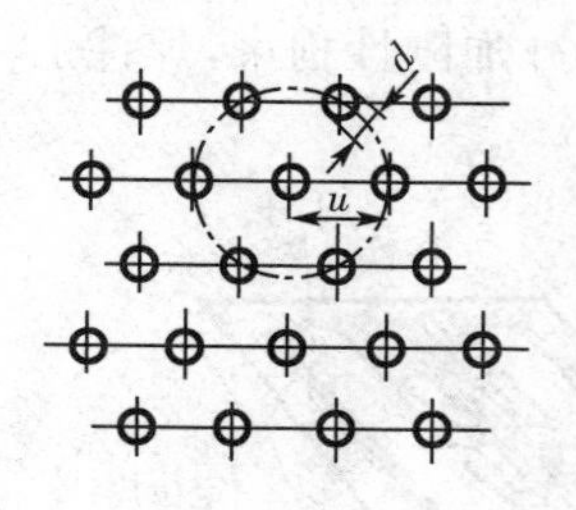


图13－46　点状加热

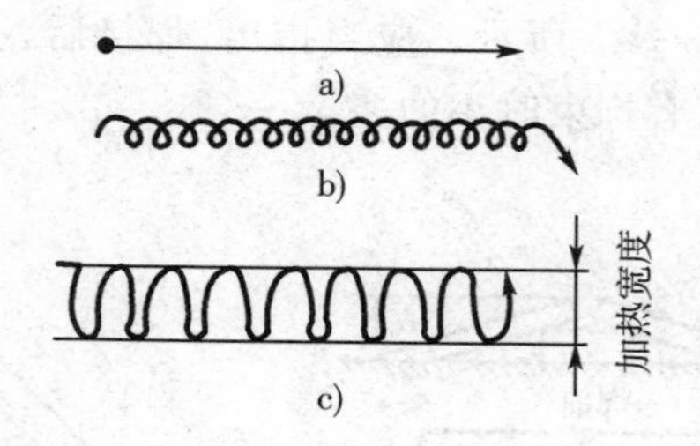


图13－47　线状加热

a)直通加热　b)链状加热　c)带状加热

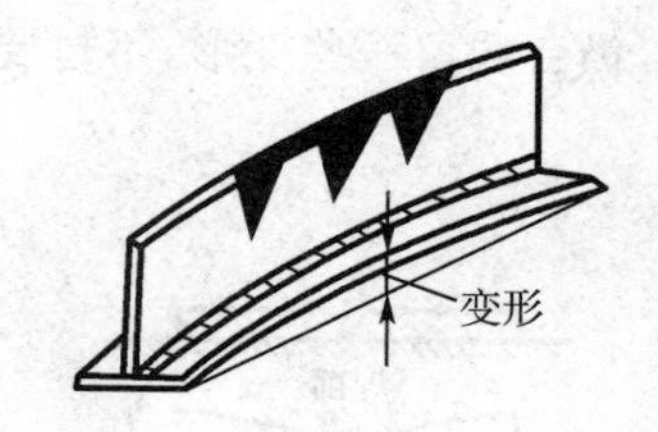


图13－48　三角形加热

### 三、减少和消除焊接残余应力的工艺措施和方法

1. 减少焊接残余应力常用的工艺措施

(1) 采用合理的焊接顺序和方向

① 先焊收缩量较大的焊缝,使焊缝能较自由地收缩,以最大限度地减少焊接应力。

② 先焊错开的短焊缝,后焊直通长焊缝。

③ 先焊工作受力较大的焊缝,使内应力合理分布。

(2) 降低局部刚性 焊接封闭焊缝或刚性较大的焊缝时,采取反变形法来降低结构的局部刚性。

(3) 锤击焊缝区 利用锤击焊缝来减小焊接应力。当焊缝金属冷却时,由于焊缝的收缩而产生应力,锤击焊缝区,应力可减少 1/2~1/4。锤击时温度应维持在 100℃~150℃之间或在 400℃以上,避免在 200℃~300℃之间进行,因为此时锤击焊缝容易断裂。多层焊时,除第一层和最后一层焊缝外,每层都要锤击,第一层不锤击是为了避免根部裂纹,最后一层不锤击是为了防止由于锤击而引起的冷作硬化。

(4) 预热法 焊接温差越大,残余应力也越大。因为焊前预热可降低温差、减慢冷却速度,所以可减少焊接应力。

(5) 加热减应区法 在焊接或焊补刚性很大的焊件时,选择焊件的适当部位进行加热,使之伸长,然后再进行焊接,这样可大大减小残余应力。这个加热部位叫做"减应区"。"减应区"原是阻碍焊接区自由收缩的部位,加热了该部位,使它与焊接区近于均匀的冷却和收缩,以减小内应力。

2. 消除焊接残余应力的方法

(1) 整体高温回火(消除应力退火) 这个方法是将整个焊接结构加热到一定温度,然后保温一段时间,再冷却。同一种材料,回火温度越高,时间越长,应力就消除得越彻底。通过整体调温回火可以将 80%~90%的残余应力消除掉。但是当焊接结构的体积较大时,需要容积较大的回火炉,增加了设备的投资费用。

(2) 局部高温回火 只对焊缝及其附近的局部区域进行加热以消除应力。消除应力的效果不如整体高温回火,但操作方法和设备简单。常用于比较简单的、拘束度较小的焊接结构。

(3) 机械拉伸法 产生焊接残余应力的根本原因是焊接后产生了压缩残余变形。因此,焊后对焊件进行加载拉伸,产生拉伸塑性变形,它的方向和压缩残余变形相反,结果使得压缩变形减小,因而残余应力也随之减小。

(4) 温差拉伸法(低温消除应力法) 基本原理与机械拉伸法相同。具体方法是在焊缝两侧加热到 150℃~200℃,然后用水冷却,使焊缝区域受到拉伸塑性变形,从而消除焊缝纵向的残余应力。常用于焊缝比较规则、厚度不大(小于 40mm)的板、壳结构。

(5) 振动法 对焊缝区域施加振动载荷,使振源与结构发生稳定的共振,利用稳定共振产生的变载应力,使焊缝区域产生塑性变形,以达到消除焊接残余应力的目的。振动法消除碳素钢、不锈钢的内应力可取得较好效果。

# 第六节　常见焊接缺陷

## 一、焊缝表面尺寸不符合要求

焊缝表面高低不平、焊缝宽窄不齐、尺寸过大或过小、角焊缝单边以及焊脚尺寸不符合要求，均属于焊缝表面尺寸不符合要求，如图 13－49 所示。

1. 产生原因

焊件坡口角度不对，装配间隙不均匀，焊接速度不当或运条手法不正确，焊条和角度选择不当或改变，加上埋弧焊焊接工艺选择不正确等都会造成该种缺陷。

2. 防止方法

选择适当的坡口角度和装配间隙；正确选择焊接工艺参数，特别是焊接电流值，采用恰当运条手法和角度，保证焊缝成形均匀一致。

## 二、焊接裂纹

在焊接应力及其他致脆因素的共同作用下，焊接接头局部地区的金属原子结合力遭到破坏而形成的新界面所产生的缝隙叫焊接裂纹。它具有尖锐的缺口和大的长宽比特征。

1. 热裂纹的产生原因与防止方法

焊接过程中，焊缝和热影响区金属冷却到固相线附近的高温区产生的焊接裂纹叫热裂纹，如图 13－50 所示。

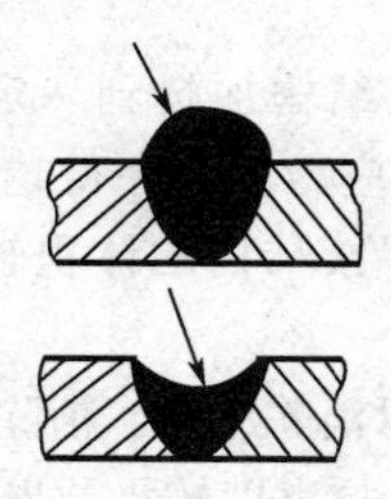

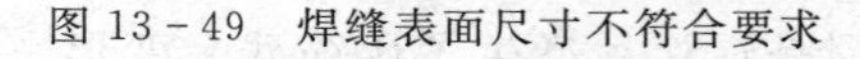

图 13－49　焊缝表面尺寸不符合要求

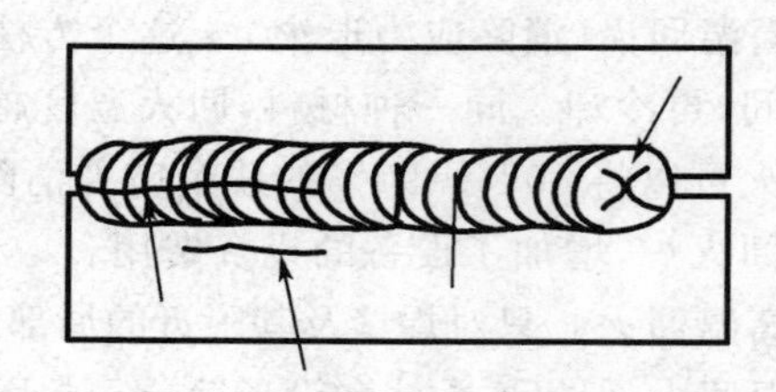

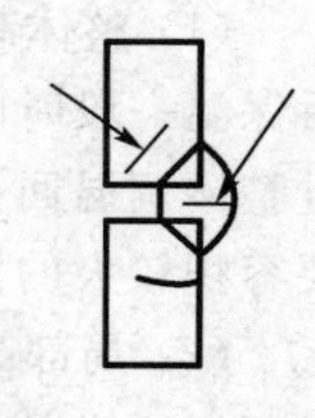

图 13－50　裂纹

(1) 产生原因　由于熔池冷却结晶时，受到的拉应力作用，而凝固时，低熔点共晶体形成的液态薄层共同作用的结果。增大任何一方面的作用，都能促使形成热裂纹。

(2) 防止方法

① 控制焊缝中的有害杂质的含量即硫、磷的含量，减少熔池中低熔点共晶体的形成。

② 预热，以降低冷却速度，改善应力状况。

③ 采用碱性焊条，因为碱性焊条的熔渣具有较强脱硫、脱磷的能力。

④ 控制焊缝形状，尽量避免得到深而窄的焊缝。

⑤ 采用收弧板，将弧坑引至焊件外面，既使发生弧坑裂纹，也不影响焊件本身。

2. 冷裂纹的产生原因及防止方法

焊接接头冷却到较低温度时(200℃～300℃)，产生的焊接裂纹叫冷裂纹。

(1) 产生原因　主要发生在中碳钢、低合金和中合金高强度钢中。原因是焊材本身具有较大的淬硬倾向，焊接熔池中溶解了大量的氢，以及焊接接头在焊接过程中产生了较大的

拘束应力。

(2) 防止方法 从减少这三个因素的影响和作用着手。

① 焊前按规定要求严格烘干焊条、焊剂,以减少氢的来源。

② 采用低氢型碱性焊条和焊剂。

③ 焊接淬硬性较强的低合金高强度钢时,采用奥氏体不锈钢焊条。

④ 焊前预热。

⑤ 后热(焊后立即将焊件进行加热和保温、缓冷的工艺措施叫后热)使焊接接头中的氢有效地逸出,是防止延迟裂纹的重要措施。但后热加热温度低,不能起到消除应力的作用。

⑥ 增加焊接电流,减慢焊接速度,可减慢热影响区冷却速度,防止形成淬硬组织。

3. 再热裂纹的产生原因与防止方法

焊后焊件在一定温度范围再次加热(消除应力热处理或其他加热过程如多层焊时)而产生的裂纹叫再热裂纹。

再热裂纹一般发生在熔点线附近,被加热至 1200℃～1350℃ 的区域中,产生的加热温度对低合金高强度钢大致为 580℃～650℃。当钢中含铬、钼、钒等合金元素较多时,再热裂纹的倾向增加。防止再热裂纹的措施,第一是控制母材中铬、钼、钒等合金元素的含量;第二是减少结构钢焊接残余应力;最后在焊接过程中采取减少焊接应力的工艺措施,如使用小直径焊条,小参数焊接等。

4. 层状撕裂的产生原因与防止方法

焊接时焊接构件中沿钢板轧层形成的阶梯状的裂纹叫层状撕裂,如图 13－51 所示。产生层状撕裂的原因是轧制钢板中存在着硫化物、氧化物和硅酸盐等非金属夹杂物,在垂直于厚度方向的焊接应力作用下(图中箭头),在夹杂物的边缘产生应力集中,当应力超过一定数值时,某些部位的夹杂物首先开裂并扩展,以后这种开裂在各层之间相继发生,连成一体,形成层状撕裂的阶梯形。

防止层状撕裂的措施是严格控制钢材的含硫量,在与焊缝相连接的钢材表面预先堆焊几层低强度焊缝和采用强度级别较低的焊接材料。

**三、气孔**

焊接时,熔池中的气泡在凝固时未能逸出,残存下来形成的空穴叫气孔,如图 13－52 所示。

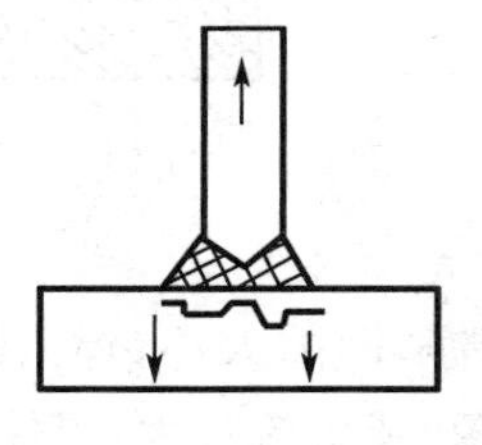

图 13－51 层状撕裂

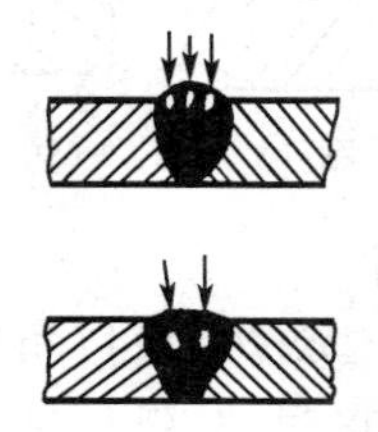

图 13－52 气孔

1. 产生原因

(1) 铁锈和水分 对熔池一方面有氧化作用,另一方面又带来大量的氢。

(2) 焊接方法 埋弧焊时由于焊缝大,焊缝厚度深,气体从熔池中逸出困难,故生成气孔的倾向比手弧焊大得多。

(3) 焊条种类　碱性焊条比酸性焊条对铁锈和水分的敏感大得多,即在同样的铁锈和水分含量下,碱性焊条十分容易产生气孔。

(4) 电流种类和极性　当采用未经很好烘干的焊条进行焊接时,使用交流电源,焊缝最易出现气孔;直流正接气孔倾向较小;直流反接气孔倾向最小。采用碱性焊条时,一定要用直流反接,如果使用直流正接,则生成气孔的倾向显著加大。

(5) 焊接工艺参数　焊接速度增加,焊接电流增大,电弧电压升高都会使气孔倾向增加。

2. 防止方法

(1) 对手弧焊焊缝两侧各 10mm,埋弧自动焊两侧各 20mm 内,仔细清除焊件表面上的铁锈等污物。

(2) 焊条、焊剂在焊前按规定严格烘干,并存放于保温桶中,做到随用随取。

(3) 采用合适的焊接工艺参数,用碱性焊条焊接时,一定要短弧焊。

**四、咬边**

由于焊接参数选择不当,或操作工艺不正确,沿焊趾的母材部位产生的沟槽或凹陷叫咬边,如图 13-53 所示。

1. 产生原因

主要是由于焊接工艺参数选择不当,焊接电流太大,电弧太长,运条速度和焊接角度不适当等。

2. 防止方法

选择正确的焊接电流及焊接速度,电弧不能拉的太长,掌握正确的运条方法和运条角度。

**五、未焊透**

焊接时接头根部未完全熔透的现象叫未焊透,如图 13-54 所示。

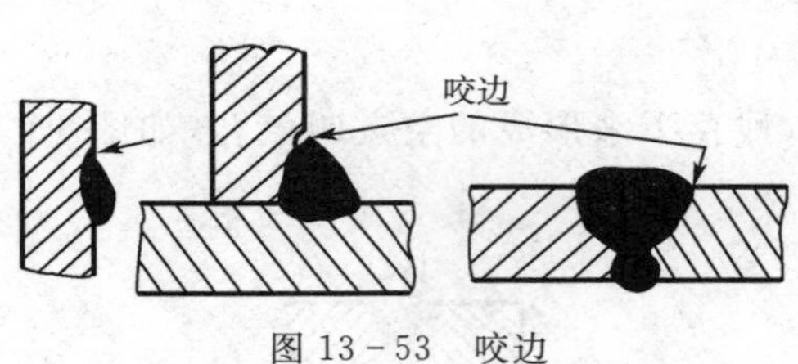

图 13-53　咬边

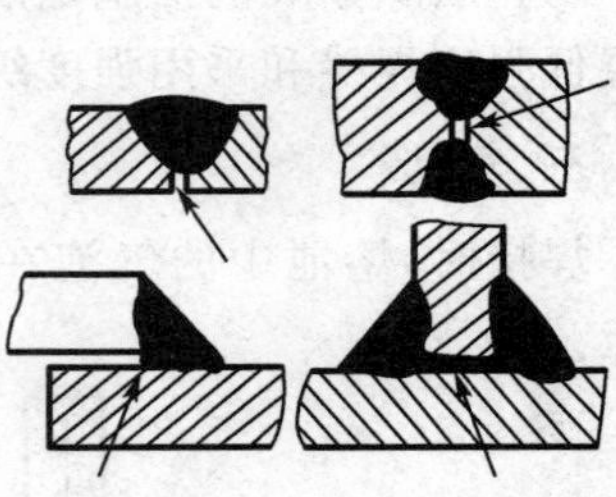

图 13-54　未焊透

1. 产生原因

焊缝坡口钝边过大,坡口角度太小,焊根未清理干净,间隙太小;焊条或焊丝角度不正确,电流过小,速度过快,弧长过大;焊接时有磁偏吹现象;或电流过大,焊件金属尚未充分加热时,焊条已急剧熔化;层间或母材边缘的铁锈、氧化皮及油污等未清除干净,焊接位置不佳等。

2. 防止方法

正确选用和加工坡口尺寸,保证必须的装配间隙,正确选用焊接电流和焊接速度,认真操作,防止焊偏等。

**六、未熔合**

熔焊时，焊道与母材之间或焊道与焊道之间，未完全熔化结合的部分叫未熔合，如图 13－55 所示。

1. 产生原因

层间清渣不干净，焊接电流太小，焊条偏心，焊条摆动幅度太窄等。

2. 防止方法

加强层间清渣，正确选择焊接电流，注意焊条摆动等。

**七、塌陷**

单面熔化焊时，由于焊接工艺选择不当，造成焊缝金属过量透过背面，使焊缝正面塌陷、背面凸起的现象叫塌陷，如图 13－56 所示。塌陷往往是由于装配间隙或焊接电流过大造成。

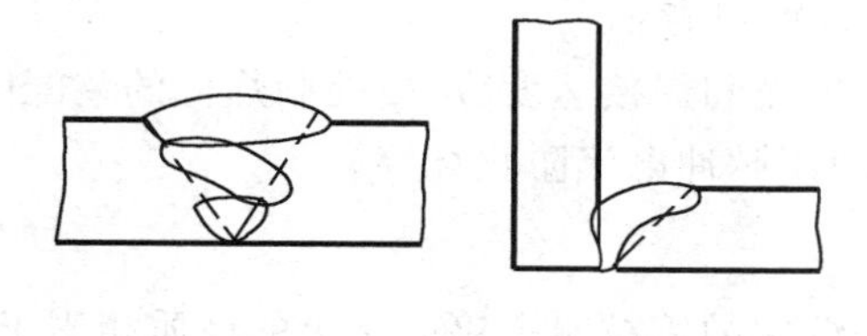

图 13－55　未熔合

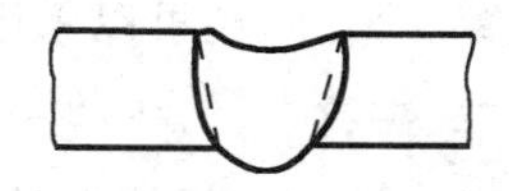

图 13－56　塌陷

**八、夹渣**

焊后残留在焊缝中的熔渣叫夹渣，如图 13－57 所示。

1. 产生原因

焊接电流太小，以致液态金属和熔渣分不清；焊接速度过快，使熔渣来不及浮起；多层焊时，清渣不干净；焊缝成形系数过小以及手弧焊时焊条角度不正确等。

2. 防止方法

采用具有良好工艺性能的焊条，正确选用焊接电流和运条角度，焊件坡口角度不宜过小，多层焊时，认真作好清渣工作等。

**九、焊瘤**

焊接过程中，熔化金属流淌到焊缝之外未熔化的母材上，所形成的金属瘤叫焊瘤，如图 13－58 所示。

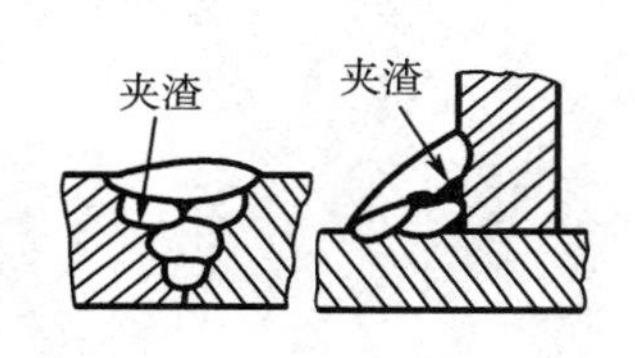


图 13－57　夹渣

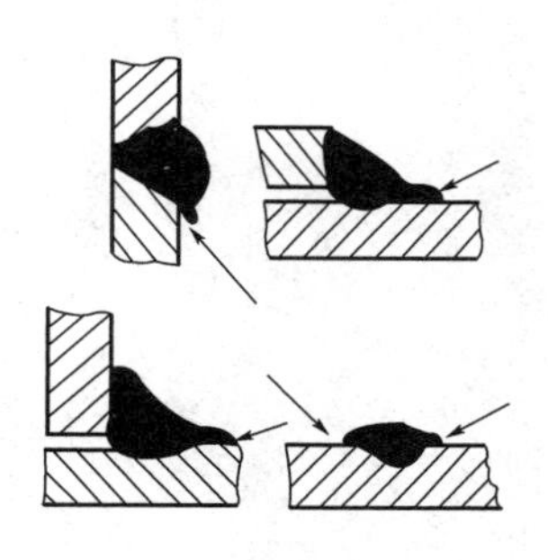

图 13－58　焊瘤

1. 产生的原因

操作不熟练和运条角度不当。

2. 防止方法

提高操作的技术水平。正确选择焊接工艺参数，灵活调整焊条角度，装配间隙不宜过大。严格控制熔池温度，不使其过高。

### 十、凹坑

焊后在焊缝表面或焊缝背面形成的低于母材表面的局部低洼部分叫凹坑，如图 13－59 所示。背面的凹坑通常叫内凹。凹坑会减少焊缝的工作截面。电弧拉得过长，焊条倾角不当和装配间隙太大等所致。

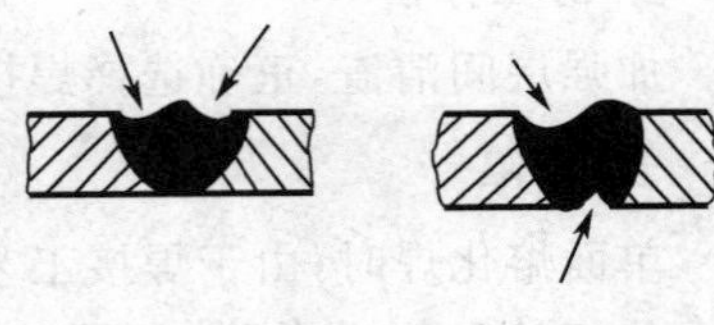

图 13－59　凹坑

### 十一、烧穿

焊接过程中，对焊件加热过甚，熔化金属自坡口背面流出，形成穿孔的缺陷叫烧穿。正确选择焊接电流和焊接速度，严格控制焊件的装配间隙可防止烧穿。另外，还可以采用衬垫、焊剂垫或使用脉冲电流防止烧穿。

### 十二、夹钨

钨极惰性气体保护焊时，由钨极进入到焊缝中的钨粒叫夹钨。夹钨的性质相当于夹渣。产生的原因主要是焊接电流过大，使钨极端头熔化，焊接过程中钨极与熔池接触以及采用接触短路法引弧等。降低焊接电流、采用高频引弧可防止夹钨。

## 思考与练习

1. 什么是焊接电弧？产生电弧应具备哪些条件？
2. 焊条的作用是什么？焊芯的作用是什么？焊条药皮有哪些作用？
3. 焊条选择的原则是什么？
4. 熔焊时常见的焊接缺陷有哪些？焊接缺陷有何危害？
5. 在实际焊接中，手工电弧焊接的技术要求包括那些内容？
6. 气焊的主要设备有哪些？气焊的操作要点是什么？
7. 产生焊接变形与应力的主要原因是什么？焊接应力与焊接变形对焊接结构各有哪影响？

# 第十四章 钳工基础

## 第一节　概　述

钳工是利用各种手工工具对金属材料进行切削加工的一种操作方法。钳工操作大部分要用手工来完成，因此生产率较低，劳动强度大。但由于钳工工具简单，加工灵活，可以完成机械加工所不能完成的工作，如某些形状复杂的精密零件量具、模具、样板和夹具等的制造，此外，机械设备的装配、调整以及维护、检修等工作。

钳工工作的内容很广，主要有划线、锯割、錾削、锉削、钻孔、扩孔、铰孔、研磨、攻丝和套扣等。

钳工常用的工具有：

（1）钳工工作台　它是一个厚实的桌子，要求坚实和平稳，用来安装台虎钳、放置工具和工件等。桌面应包有铁，以起保护作用；其上装有防护网，高度约 800～900mm；装上台虎钳后，钳口高度恰好齐人的手肘为宜；长度和宽度随工作需要而定。

（2）台虎钳　它是用来夹持工件的通用夹具，有固定式（图 14－la）和回转式（图 14－lb）两种类型。台虎钳固定在工作台上以夹持零件。台虎钳的规格以钳口的宽度表示，有 100mm、125mm、150mm 等。

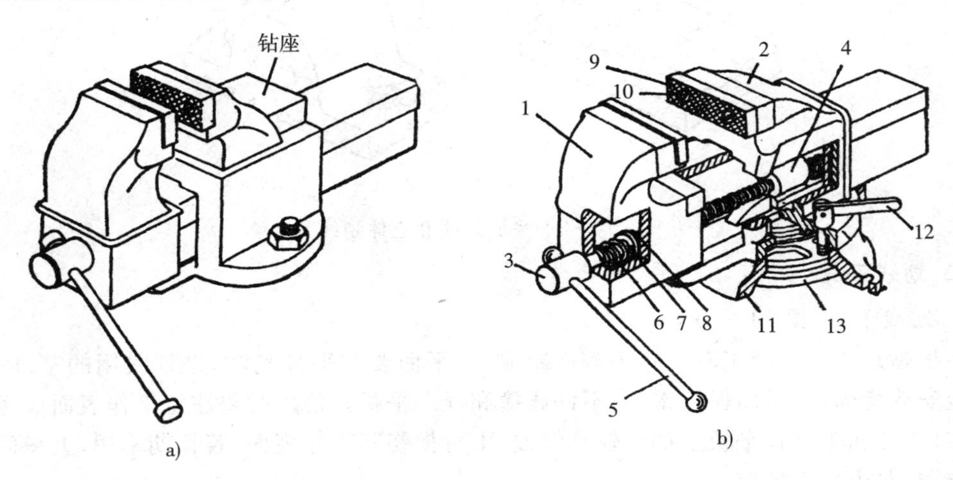


图 14－1　台虎钳

台虎钳由固定部分与活动部分组成，钳口上有齿纹，使夹持工件牢固，同时也保护铸铁钳口。当夹持光洁及软质表面时，可在钳口上垫上铜质或铝质护片。加工工件时，工件应夹持在虎钳钳口中部，以使钳口受力均匀。锤击工件只可在砧座上进行。

台虎钳在钳台上安装时，必须使固定钳身的工作面处于钳台边缘以外，以保证夹持长条形工件时，工件的下端不受钳台边缘的阻碍。

(3) 砂轮机　用来刃磨钻头、錾子(凿子)等刀具或其它工具等。它一般由电动机、砂轮和机体组成。

(4) 钻床　用来对工件进行各类圆孔的加工。有台式钻床、立式钻床和摇臂钻床等。

(5) 其它常用工量具　常用工具有划线用的划针、划针盘、划规、样冲和平板，錾削用的手锤和各种錾子，锉削用的各种锉刀，锯割用的锯弓和锯条，孔加工用的麻花钻，各种锪钻和铰刀，攻丝、套丝用的各种丝锥、板牙和绞手，刮削用的刮刀，各种扳手和起子等。常用量具有钢尺、刀口直尺、内外卡钳、游标卡尺、千分尺、直角尺、量角器、厚薄规、百分表等。

## 第二节　划　线

### 一、划线的作用和种类

1. 划线的作用

根据图纸要求，在毛坯或半成品上划出加工界限，作为加工依据的准备工作称为划线。划线的作用：一是在工件上划出加工线，作为加工工件和安装工件的依据；二是检查毛坯的尺寸和校对毛坯的几何形状是否符合图纸要求，并通过划线合理的分配各加工表面的余量。

2. 划线的种类

划线分为平面划线(图 14－2a)和立体划线(图 14－2b)两类。在工件的一个平面上划线称为平面划线；在工件的长、宽、高三个方向上划线称为立体划线。

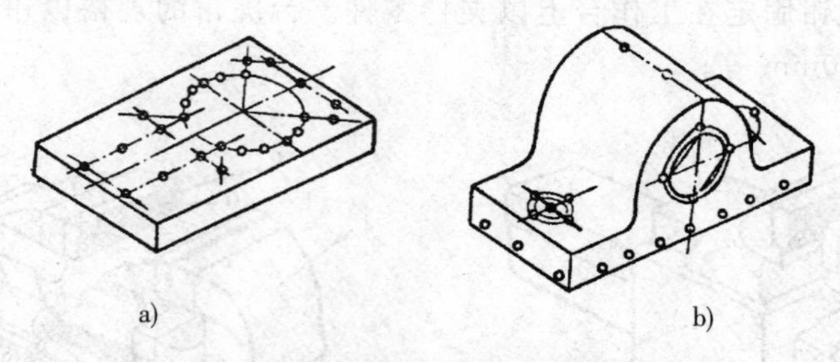


图 14－2　平面划线和立体划线

### 二、划线工具

1. 划线平板(图 14－3)

平板是划线的基准工具。它用铸铁制成，上平面要求平直光洁，是划线用的基准平面。平板应安放稳固，上平面保持水平，不许碰撞和锤击平板。使用时要注意工作表面应经常保持清洁；工件和工具在平板上都要轻拿轻放，不可损伤其工作表面；若长期不用，上平面应涂机油防锈，并用木板护盖。

2. 方箱

方箱用于划线时夹持较小的工件。通过在平板上翻转方箱，即可在工件表面上划出相互垂直的线来，如图 14－4 所示。

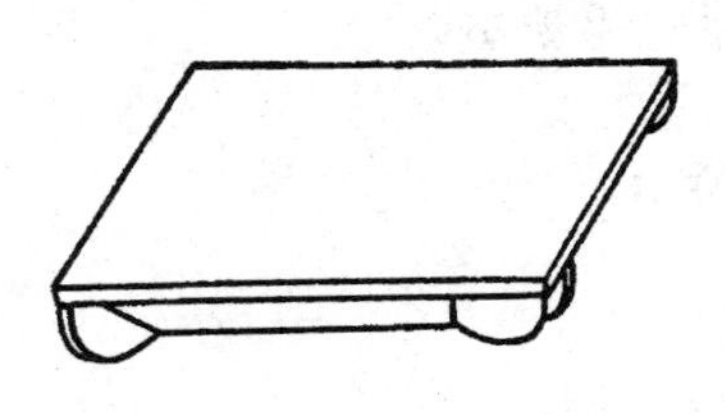

图 14-3　划线平板

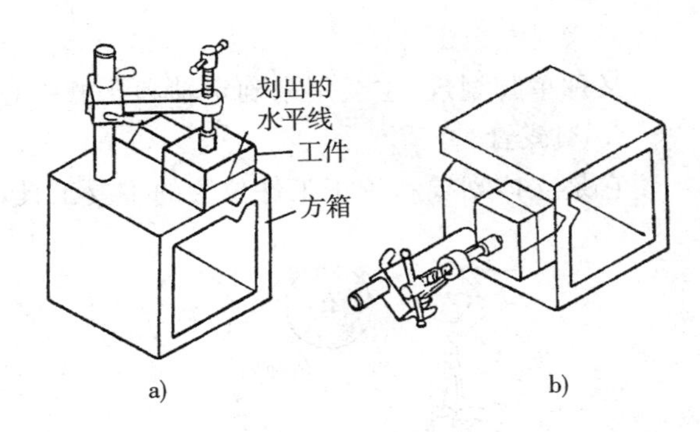


图　14-4　方箱及其用途

3. 千斤顶

千斤顶是在平板上支承工件用的，其高度可以调整，以便找正工件。通常用三个千斤顶支承一个工件，如图 14-5 所示。

4. V 型铁

V 型铁用于支承圆柱形工件，使工件轴线与平板平行，如图 14-6 所示。

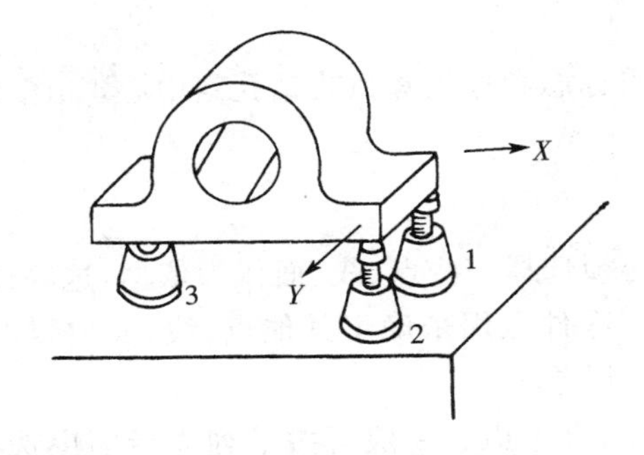


图 14-5　千斤顶及其用途

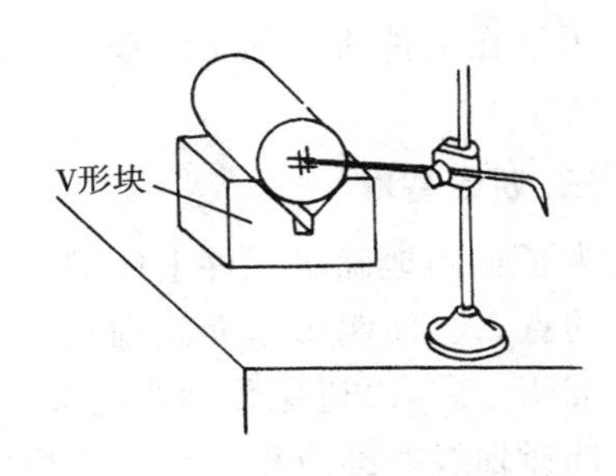


图 14-6　V 型铁及其用途

5. 划规、划针

它们都有很硬的尖端，可在工件表面划出明显的线划痕，如图 14-7、14-8 所示。

在划线前，为使划出的线条清晰，应在工件划线表面上涂料，铸、锻件用大白浆，已加工面用紫色(龙胆紫加虫胶和酒精)或绿色(孔雀绿加虫胶和酒精)。划线时，工件夹持要稳固，以防滑倒或移动。在一次支承中，应把所需要划出的平行线划全，以免用支承补划，造成误差。

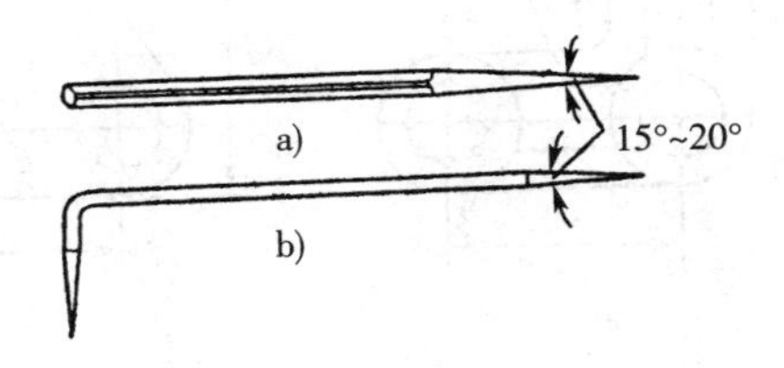


图 14-7　划针

a)高速钢直划针　b)钢丝弯头划针

图 14-8　划规

6. 划卡

又称单脚划规，主要用来确定轴和孔的中心位置的，如图 14－9 所示。

7. 划线盘

它是立体划线和校正工件位置的主要工具，如图 14－10 所示。

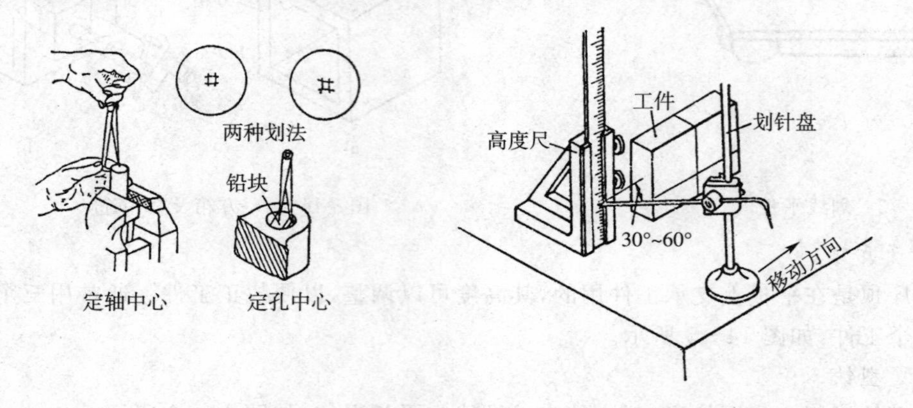


图 14－9　划卡及其用途　　图 14－10　划针盘、高度尺及其用途

8. 样冲

用于在工件所划加工线条上冲点，作加强界限标志和作划圆弧或钻孔定中心，如图 14－11 所示。

## 三、划线基准

为了正确地确定工件上所需划的点、线、面，必须选择一些点、线、面作为依据，这些作为依据的点、线、面叫做基准。划线时，划线基准应与零件上用来确定其他点、线、面位置的设计基准相一致，以避免因划线基准选择不当而产生误差。

选择划线基准应根据工件的形状和加工情况综合考虑。一般可按下列先后顺序选择：工件上有已加工表面，则应以已加工表面为划线基准，这样能保证待加工表面与已加工表面的位置和尺寸精度；如工件为毛坯，则应选择重要孔的轴线为基准；如果没有重要的孔，则应选择较大的平面为划线基准，如图 14－12 所示。

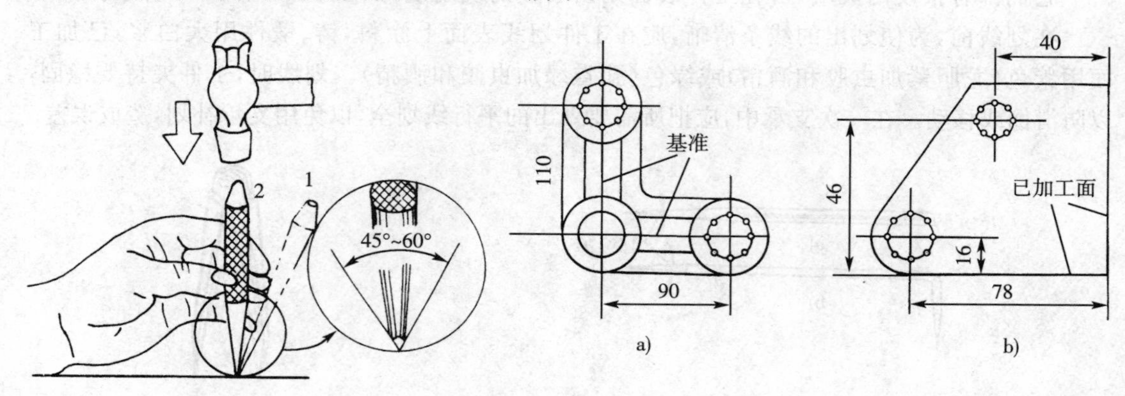


图 14－11　样冲及其用途

图 14－12　划线基准

a)以孔的轴线为基准　b)以已加工表面为基准

**四、划线基本操作方法**

1. 划线前准备

为了使工件表面上划出的线条正确、清晰，划线前表面必须清理干净，如锻件表面的氧化皮，铸件表面的粘砂都要去掉；半成品要修毛刺，并洗净油污；有孔的工件划圆时，还要用木块或铅块塞孔，以便找出圆心；划线表面上要涂色，锻铸件一般是涂石灰水，小件可涂粉笔；半成品则涂蓝油或硫酸铜溶液。涂色要均匀。

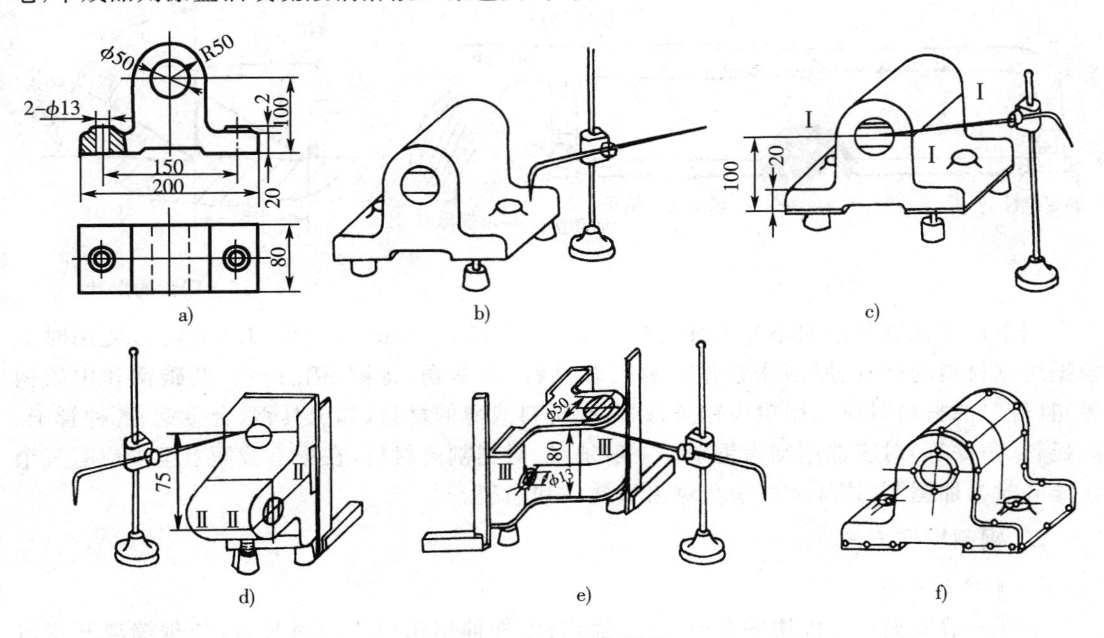


图 14-13　立体划线

a)轴承座零件图　b)根据孔中心及上平面调节千斤顶，使工件水平

c)划底面加工线和孔水平中心线　d)转 90°，用直尺找正，划螺钉孔中心线

e)再翻转 90°，用直尺两个方向找正，划螺钉孔及大端面加工线　f)打样冲眼

2. 划线操作

划线分平面划线和立体划线两种。平面划线是在工件的一个表面划线。立体划线是在工件的几个表面上划线。平面划线和机械制图的画图相似，所不同的是用钢板尺、角尺、划针和圆规等工具在金属工件上作图。轴承座的立体划线方法如图 14—13 所示。划线时应注意工件支承平稳。同一面上的线条应在一次支承中划全，避免再次调节支承补划，否则容易产生误差。

## 第三节　锯　割

**一、基本知识**

锯割是用手锯切断材料或在工件上切槽的操作。锯割工件的精度较低，需要进一步加工。

1. 手锯构造

手锯由锯弓和锯条构成，如图 14-14 所示。手锯锯弓是用来安装锯条的，它有可调式和固定式两种。固定式锯弓只能安装一种长度的锯条，可调式锯弓通过调整可以安装几种长度的锯条，并且，可调式锯弓的锯柄形状便于用力，所以目前被广泛使用。

2. 锯条的正确选用

锯条齿形如图14－15所示。为了减少锯条切削时两侧面的摩擦，避免夹紧在锯缝中，锯齿应有规律的向左右两面倾斜，形成交错式两边排列。

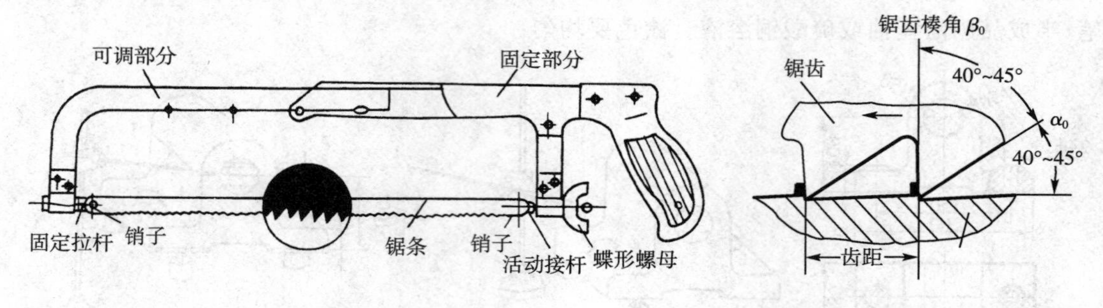


图14－14 手锯　　图14－15 锯齿的形状

锯条锯齿根据牙距大小分为细齿（1.1mm）、中齿（1.4mm）、粗齿（1.8mm）。使用时应根据所锯材料的软硬、厚薄来选用。锯割软材料（如紫铜、青铜、铝、铸铁、低碳钢和中碳钢等）且较厚的材料时应选用粗齿锯条；锯割硬材料或薄的材料（如工具钢、合金钢、各种管子、薄板料、角铁等）时应选用细齿锯条。一般地说，对锯割薄材料，在锯割截面上至少应有三个齿能同时参加锯割，这样才能避免锯齿被钩住和崩裂。

## 二、锯割操作方法

1. 工件的夹持

工件一般应夹在台虎钳的左面，以便操作；工件伸出钳口不应过长，应使锯缝离开钳口侧面约20mm左右，防止工件在锯割时产生振动，锯缝线要与钳口侧面保持平行（使锯缝线与铅垂线方向一致），便于控制锯缝不偏离划线线条；夹紧要牢靠，同时要避免将工件夹变形或夹坏已加工面。

2. 锯条的安装

手锯是在前推时才起切削作用，因此锯条安装应使齿尖的方向朝前，如图14－16所示，如果装反了，就不能正常锯割了。在调节锯条松紧时，蝶形螺母不宜旋得太紧或太松，太紧时锯条受力太大，在锯割中用力稍有不当，就会折断；太松则锯割时锯条容易扭曲，也易折断，而且锯出的锯缝容易歪斜。其松紧程度可用手扳动锯条，以感觉硬实即可。锯条安装后，要保证锯条平面与锯弓中心平面平行，不得倾斜和扭曲，否则，锯割时锯缝极易歪斜。

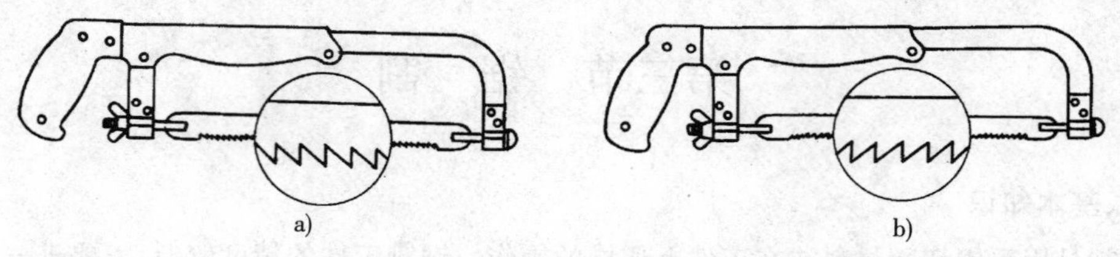


图14－16 锯条安装

a)正确 b)不正确

3. 起锯方法

起锯是锯割工作的开始。起锯质量的好坏，直接影响锯割质量，如果起锯不正确，会使锯条跳出锯缝，将工件拉毛或者引起锯齿崩裂。起锯有远起锯（图 14－17a）和近起锯（图 14－17c）两种。起锯时，左手拇指靠住锯条，使锯条能正确地锯在所需要的位置上，行程要短，压力要小，速度要慢。起锯角约在 15°左右。如果起锯角太大，则起锯不易平稳，尤其是近起锯时锯齿会被工件棱边卡住引起崩裂（图 14－17b）。但起锯角也不宜太小，否则，由于锯齿与工件同时接触的齿数较多，不易切入材料，多次起锯往往容易发生偏离，使工件表面锯出许多锯痕，影响表面质量。

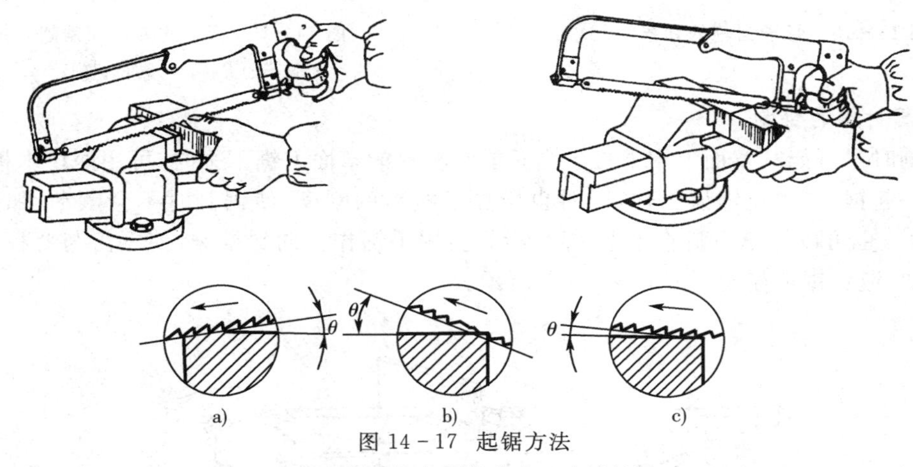


图 14－17　起锯方法

a)远起锯　b)起锯角太大　c)近起锯

一般情况下采用远起锯较好，因为远起锯锯齿是逐步切入材料，锯齿不易卡住，起锯也较方便。如果用近起锯而掌握不好，锯齿会被工件的棱边卡住，此时也可采用向后拉手锯作倒向起锯，使起锯时接触的齿数增加，一再作推进起锯就不会被棱边卡住。起锯锯到槽深有 2～3mm，锯条已不会滑出槽外，左手拇指可离开锯条，扶正锯弓逐渐使锯痕向后（向前）成为水平，然后往下正常锯割。正常锯割时应使锯条的全部有效齿在每次行程中都参加锯割。

**三、各种材料的锯割方法**

1. 棒料的锯割

如果锯割的断面要求平整，则应从开始连续锯到结束。若锯出的断面要求不高，可分几个方向锯下，这样，由于锯割面变小而容易锯入，可提高工作效率。

2. 管子的锯割

锯割管子前，可划出垂直于轴线的锯割线，由于锯割时对划线的精度要求不高，最简单的方法可用矩形纸条（划线边必须直）按锯割尺寸绕住工件外圆，如见图 14－18 所示，然后用滑石划出。锯割时必须把管子夹正。对于薄壁管子和精加工过的管子，应夹在有 V 形槽的两木衬垫之间，如图 14－19a 所示，以防将管子夹扁和夹坏表面。

锯割薄壁管时不可在一个方向从开始连续锯割到结束，否则锯齿易被管壁钩住而崩裂。正确的方法应是先在一个方向锯到管子内壁处，然后把管子向推锯的方向转过一定角度，并连接原锯缝再锯到管子的内壁处，如此逐渐改变方向不断转锯，直到锯断为止（图 14－19b）。

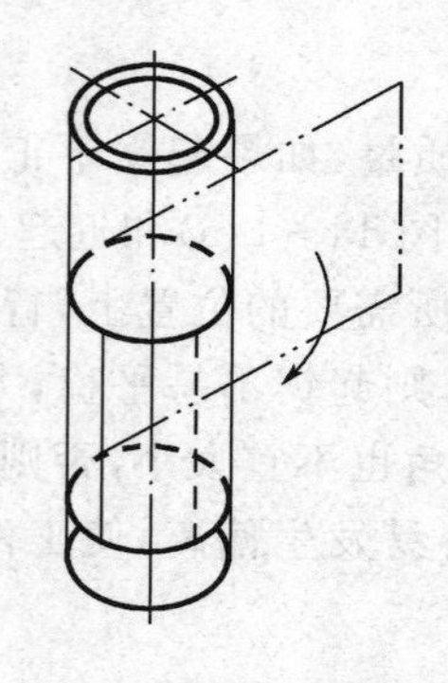

图 14-18 管子锯割的划线

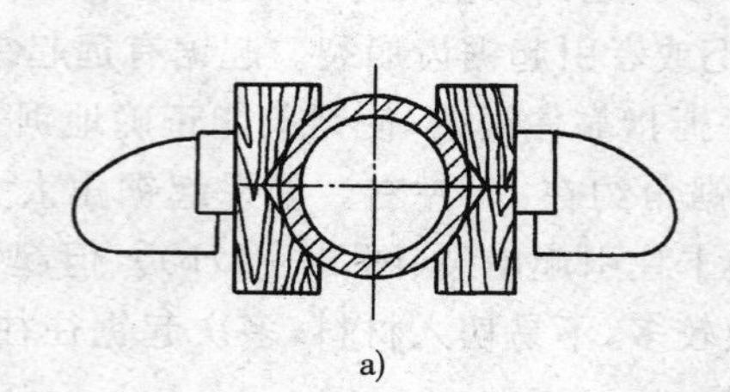

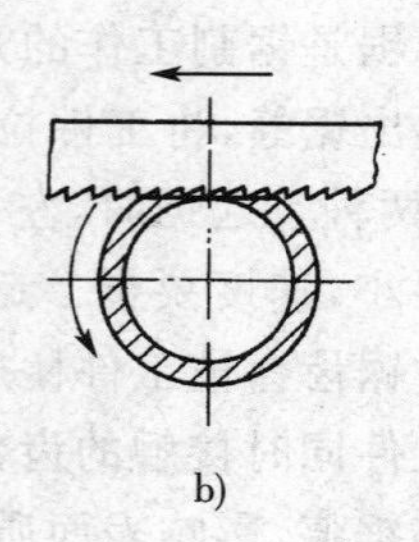

a)    b)

图 14-19 管子的夹持和锯削

a)管子的夹持 b)转位锯削

3. 薄材料的锯割

锯割时尽可能从宽面上锯下去。当只能在板料的窄面上锯下去时,可用两块木板夹持,连木块一起锯下,避免锯齿钩住,同时也增加了板料的刚度,使锯割时不会颤动,如图 14-20a 所示。也可以把薄板料直接夹在台虎钳上,用手锯作横向斜推锯,使锯齿与薄板接触的齿数增加,避免锯齿崩裂,如图 14-20b 所示。

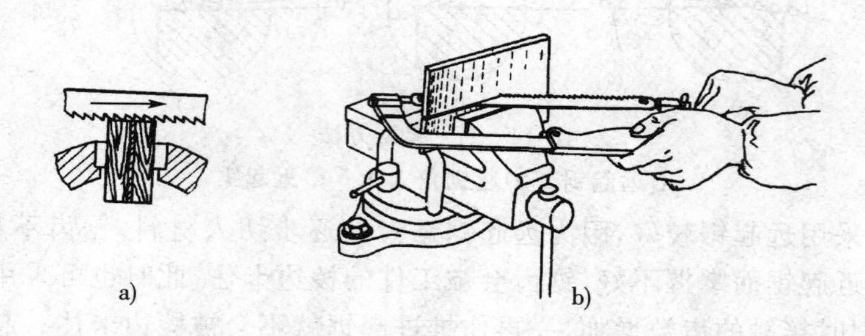

a)    b)

图 14-20 薄板料锯削方法

4. 深缝锯割

当锯缝的深度超过锯弓的高度时,如图 14-21a 所示,应将锯条转过 90°重新安装,使锯弓转到工件的旁边,如图 14-21b 所示,当锯弓横下来其高度仍不够时,也可把锯条安装成使锯齿在锯内进行锯割,如图 14-21c 所示。

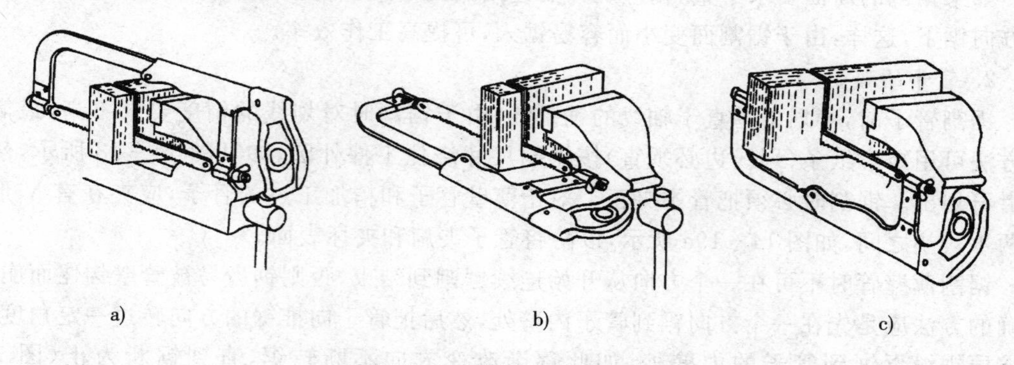

a)    b)    c)

图 14-21 深缝的锯削方法

## 第四节　锉　削

锉削是用锉刀对工件表面进行切削加工的操作。它可以加工平面、孔、曲面、沟槽及内外倒角等，所加工出表面粗糙度 $R_a$ 值可达到 0.8μm，是钳工最基本的操作。

### 一、锉刀

1. 锉刀构造

锉刀各部分如图 14－22 所示。主要由锉面、锉边和锉柄等组成。其大小以其工作部分的长度表示。锉刀是锉削所用的刀具，多用碳素工具钢制造，其锉齿多是在剁锉机上剁出，然后经淬火、回火处理，其形状如图 14－23 所示。锉刀的锉纹多制成双纹，以便锉削时省力，锉面不易堵塞。锉刀的粗细，是以每 10mm 长的锉面上锉齿的齿数来划分的。粗锉刀 4～12 个齿，齿间大，不易堵塞，适于粗加工或锉铜、铝等软金属；细锉刀 13～24 个齿，适于锉削钢和铸铁等；光锉刀 30～40 个齿，又称油光锉，只用于最后修光表面。锉刀愈细，锉出工件表面愈光，但生产率也愈低。

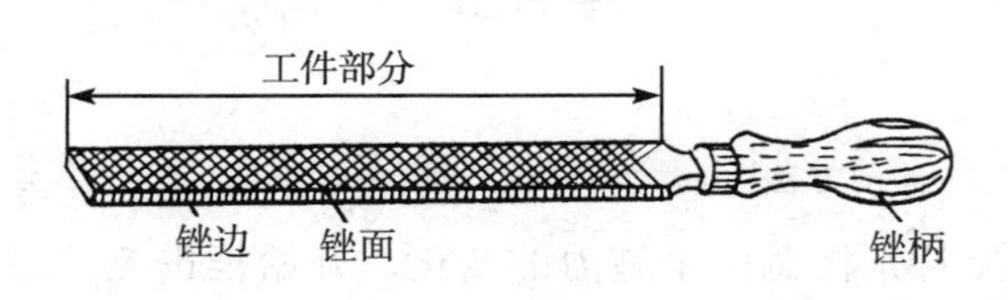


图 14－22　锉刀的各个部分

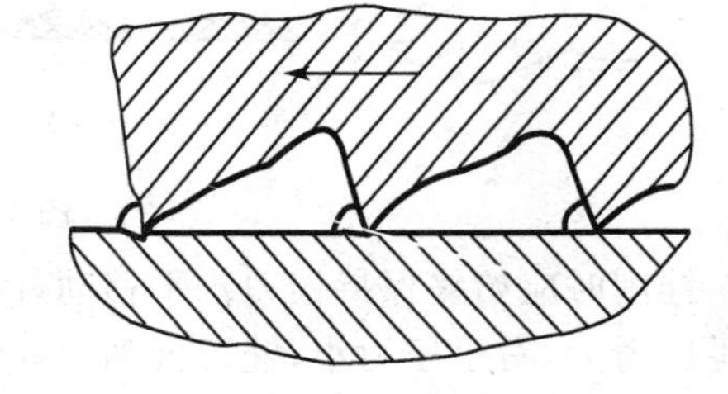

图 14－23　锉齿形状

2. 锉刀种类

根据形状不同，锉刀可分平锉（亦称板锉）、半圆锉、方锉、三角锉及圆锉等，如图 14－24 所示。其中以平锉用得最多。

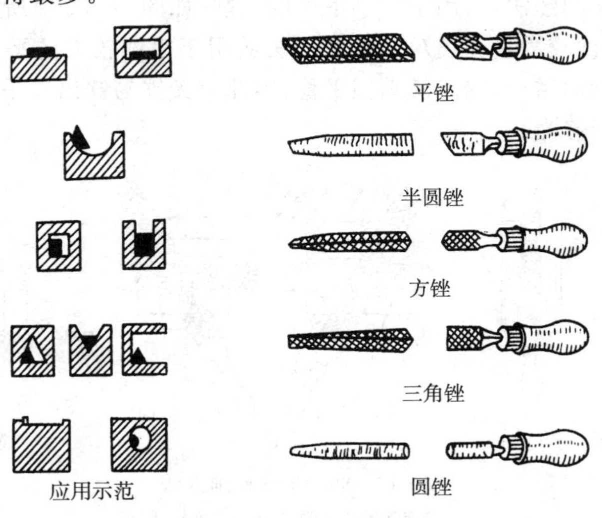


图 14－24　锉刀的种类

## 二、锉削操作

1. 工件装夹

工件必须牢固地夹持在虎钳钳口的中部，并略高于钳口。夹持已加工表面时，应在钳口与工件之间加垫铜皮或铝皮。

2. 锉刀的选用

锉刀的长度按工件加工表面的大小选用；锉刀的断面形状按工件加工表面的形状选用；锉刀齿纹粗细的选用要根据工件材料、加工余量、加工精度和表面粗糙度等情况综合考虑；粗加工或锉削铜、铝等软金属多选用粗齿锉刀，半精加工或锉削钢、铸铁多选用中齿锉刀，细齿锉刀只用于表面最后修光。

3. 锉刀的使用

锉削时应正确掌握锉刀的握法及施力的变化。使用大的锉刀时，右手握住锉柄，左手压在锉刀前端，使其保持水平，如图 14－25a 所示。使用中型锉力时，因用力较小，可用左手的拇指和食指握住锉刀的前端部，以引导锉刀水平移动，如图 14－25b 所示。

图 14－25　锉削方法

锉削时应始终保持锉刀水平移动，因此要特别注意两手施力的变化。开始推进锉刀时，左手压力大，右手压力小；锉刀推到中间位置时，两手的压力大致相等；再继续推进锉刀，左手的压力逐渐减小，右手的压力逐渐增大。

4. 锉削方法

常用的锉削方法有顺锉法、交叉锉法、推锉法和滚锉法。前三种用于平面锉削，后一种用于弧面锉削。

顺锉法是最基本的锉法，适用于较小平面的锉削，如图 14－26a 所示。顺锉可得到正直的锉纹，使锉削的平面较为整齐美观。交叉锉法适用于粗锉较大的平面，如 14－26b 所示。由于锉刀与工件接触面增大，锉刀易掌握平稳；因此交叉锉易锉出较平整的平面。交叉锉之后要转用顺锉法进行修光。

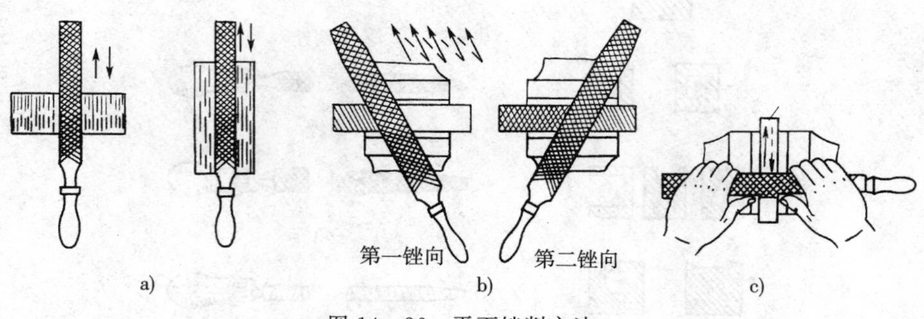


图 14－26　平面锉削方法

a)交叉锉　b)顺锉法　c)推锉法

推锉法仅用于修光，尤其适宜窄长平面或用顺锉法受阻的情况，如图 14－26c 所示。两手横握锉刀，沿工件表面平稳地推拉锉刀，可得到平整光洁的表面。

锉削平面时，工件的尺寸可用钢尺或卡尺测量。工件平面的平直及两平面之间的垂直情况，可用直角尺贴靠是否透光来检查。

滚锉法用于锉削内外圆弧面和内外倒角，如图 14－27 所示。锉削外圆弧面时，锉刀除向前运动外，还要沿工件被加工圆弧面摆动；锉削内圆弧面时，锉刀除向前运动外，锉刀本身还要作一定的旋转运动和向左移动。

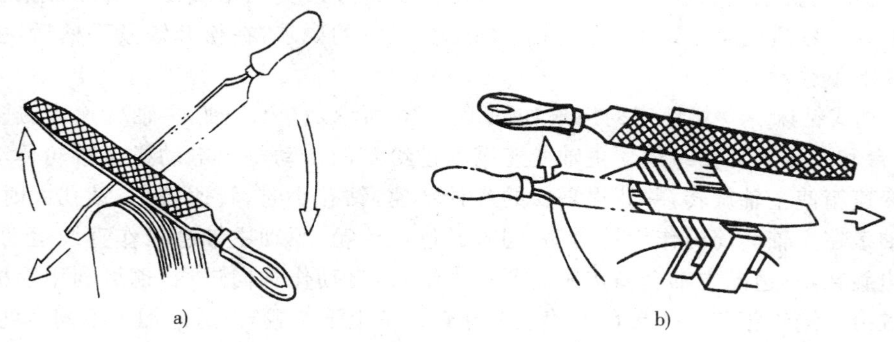


图 14－27　圆弧面锉削方法

a)锉削外圆弧面　b)锉削内圆弧面

**三、锉削操作注意事项**

(1) 不要用新锉刀锉硬金属、白口铸铁和淬火钢；

(2) 锉削操作时，锉刀必须装柄使用，以免刺伤手心；

(3) 由于虎钳钳口淬火处理过，不要锉到钳口上，以免磨钝锉刀和损坏钳口；

(4) 锉削过程中不要用手抚摸工件表面，以免再锉时打滑；

(5) 锉下来的屑末要用毛刷清除，不要用嘴吹，以免屑末进入眼内；锉面被屑末堵塞后，用钢丝刷顺着锉纹方向刷去屑末；

(6) 锉刀放置时，不要伸出工作台面之外，以免碰落摔断或砸伤脚背。

## 第五节　孔加工

钳工的孔加工包括钻孔、扩孔、铰孔等，如图 14－28 所示。

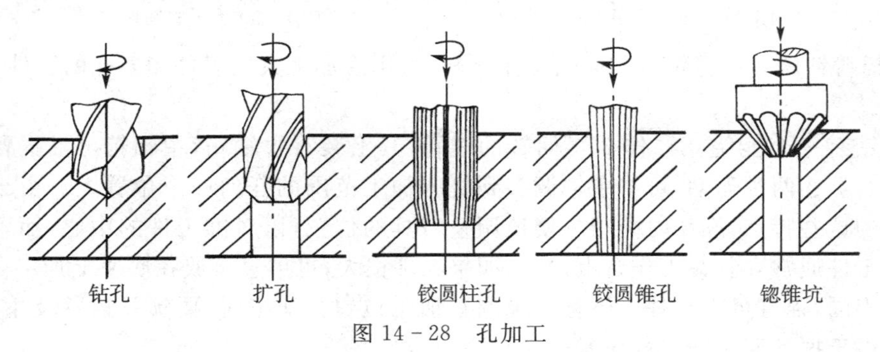


图 14－28　孔加工

## 一、钻孔

钻孔是用钻头在实体材料上加工出孔的方法,钻出的孔的精度较低,孔壁较粗糙。精度要求较高的孔,经钻孔后还需要扩孔和铰孔。

1. 钻床

(1) 台式钻床　台式钻床是一种放在台桌上使用的小型钻床,故称台钻,如图 14－29 所示。台钻的钻孔直径一般在 ϕ13mm 以下,最小可加工 ϕ0.1mm 的孔。台钻小巧灵活,使用方便,是钻小直径孔的主要设备。其主轴变速是通过改变三角胶带在塔形带轮上的位置来调节的。主轴进给是手动的,为适应不同工件尺寸的要求,在松开锁紧手柄后,主轴架可以沿立柱上下移动。

(2) 立式钻床　立式钻床的组成如图 14－30 所示,它由主轴、主轴变速箱、进给箱、立柱、工作台和底座等部件组成。主轴变速箱和进给箱的传动是由电动机经带轮传动的。通过主轴变速箱使主轴旋转,并获得需要的各种转速,钻孔小时,转速较高,钻孔大时,转速较低。主轴是在主轴套筒内作旋转运动,同时通过进给箱,驱动主轴套筒作直线运动,从而使主轴一边旋转,一边随主轴套筒按所需要的进给量,自动作轴向进给,也可利用手柄实现手动轴向进给。进给箱和工作台可沿着立柱导轨调整上下位置,以适应加工不同高度的工件。立式钻床的主轴不能在垂直其轴线的平面内移动,要使钻头与工件孔的中心重合,必须移动工件,因此,立式钻床只适应加工中小型工件。

这类钻床钻孔的最大直径为 ϕ25、ϕ35、ϕ40、ϕ50mm 等几种。

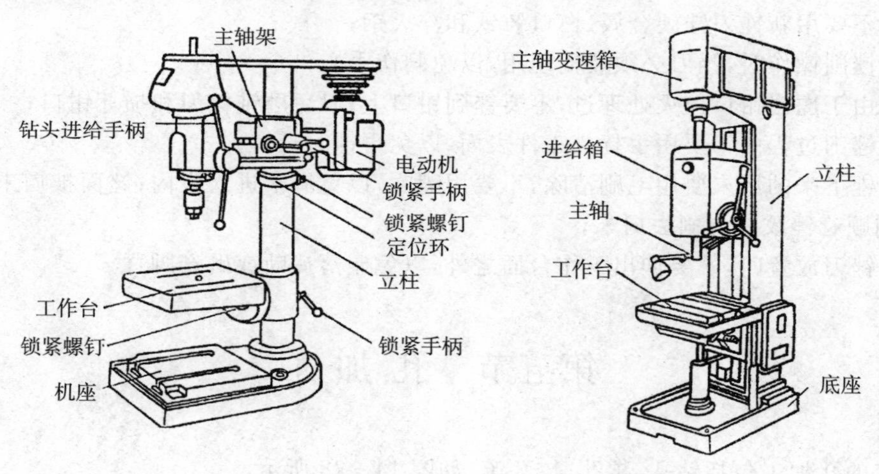


图 14－29　台式钻床　　图 14－30　立式钻床

(3) 摇臂钻床　摇臂钻床与立式钻床比较,适用于加工大型工件和多孔的工件,如图 14－31 所示。

摇臂钻有一个能绕立柱作 360°回转的摇臂,其上装有主轴箱,主轴箱可沿摇臂的水平导轨移动。上述两种运动,可将主轴调整到机床加工范围的任何一个位置上。由于摇臂钻床结构上的这些特点,操作时能很方便地调整刀具的位置,以对准工件的中心,而不需要移动工件。工件通常安装在工作台上加工,如果工件很大,也可直接放在底座上加工。根据工件的高度不同,摇臂可沿立柱上下移动来调整加工位置。加工时,要锁紧摇臂及主轴箱,以免加工中由于振动而影响工件质量。

2. 钻孔

在钻床上钻孔时，工件固定不动，钻头旋转（主运动）并作轴向移动（进给运动），钻孔加工精度一般为IT12左右，表面粗糙度 $R_a$ 为值12.5μm左右。

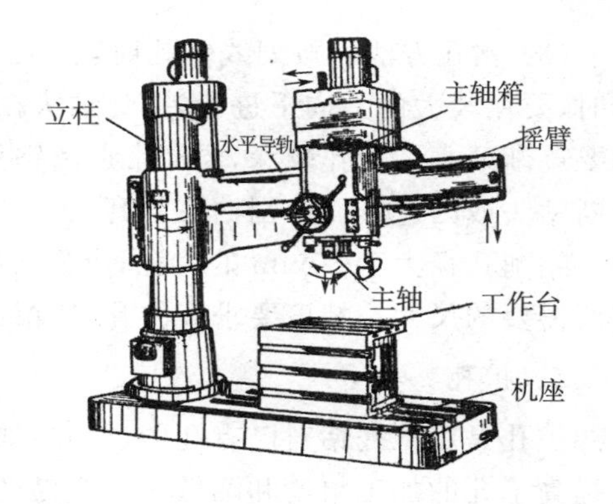


图 14-31 摇臂钻床

（1）麻花钻头 钻孔用的刀具主要是麻花钻头。麻花钻由三部分组成，即柄部、颈部和工作部分组成，其结构如图 14-32 所示。

① 柄部是钻头的夹持部分，用来传递钻孔时所需要的扭矩。钻柄有直柄和锥柄两种形式。直柄传递的扭矩较小，一般用于直径小于12mm的钻头。锥柄一般采用莫氏1～6号锥度，它可直接插入钻床主轴的锥孔内。锥柄钻头的扁尾可增加传递的扭矩，避免钻头在主轴孔或钻套中转动，并可通过扁尾来拆卸钻头。

② 颈部位于工作部分和柄部之间，它是磨削钻柄而设的越程槽。钻头的规格和厂标常刻在颈部。

③ 工作部分是钻头的主体，它由切削部分和导向部分组成。切削部分包括两个主刀刃、两个副刀刃和横刃，如图 14-33 所示，钻头的螺旋槽表面为前刀面（切屑流经的面），顶端两曲面为主后面，它们面对工件的加工表面（孔底）。与工件的已加工表面（孔壁）相对应的棱带（刃带）为副后面。两个主后面的交线是横刃。横刃是在刃磨二个主后面时形成的，用来切削孔的中心部分。导向部分在钻孔时，引导钻头方向，也是切削部分的后备部分。它包括螺旋槽和两条狭长的螺旋棱带起导向作用，它引导钻头切削并修光孔壁。螺旋槽用来形成切削刃和前角，并起到排屑和输送冷却液的作用。

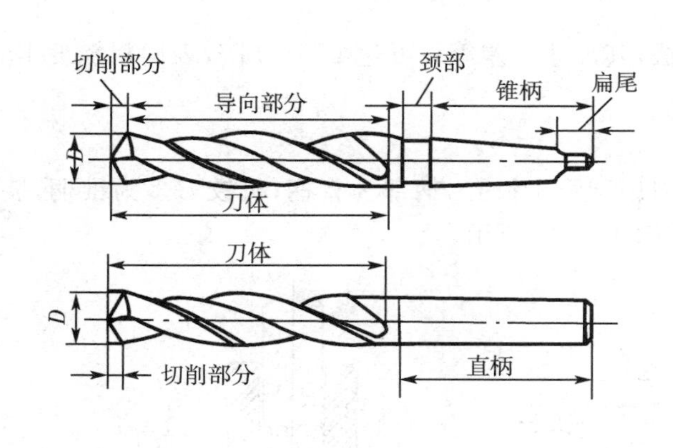


图 14-32 麻花钻

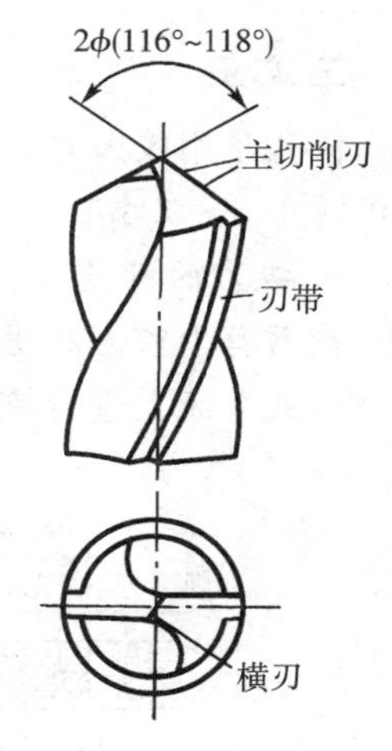


图 14-33 麻花钻的切削部分

（2）工件装夹 根据工件的大小，选择合适的装夹方法。一般可用手虎钳、平口钳和台虎钳装夹工件。在圆柱面上钻孔应放在V形铁上进行。在台钻或立钻上钻孔，工件多采用平口钳装夹。对于不便于平口钳装夹的、较大的工件，可采用压板螺栓装夹。工件在钻孔之前，一般要先按划线找正孔的位置。

(3) 钻孔方法　按划线钻孔时，一定要使麻花钻的尖头对准孔中心的样冲眼。钻削开始时，要用较大的力向下进给，以免钻头在工件表面上来回晃动而不能切入；临近钻透时，压力要逐渐减小。若孔较深，要经常退出钻头以排除切屑和进行冷却，否则切屑堵塞在孔内易卡断钻头或因过热而加剧钻头的磨损。

钻削孔径大于 30mm 的大孔，应分两次钻。先钻 0.4～0.6 倍孔径的小孔，第二次再钻至所需要的尺寸。精度要求高的孔，要留出加工余量，以便精加工。

## 二、扩孔

扩孔是用扩孔钻对已有孔的进一步加工，以扩大孔径。扩孔可以校正孔的轴线偏差，适当提高了孔的加工精度和降低表面粗糙度。扩孔属于半精加工，尺寸公差等级可达 IT10～IT9，表面粗糙度 $R_a$ 一般为 6.3～3.2μm。

扩孔钻的形状与麻花钻相似，如图 14－34 所示。不同的是：扩孔钻有 3～4 个切削刃，钻芯较粗，无横刃，刚性和导向性较好，切削较平稳．因而加工质量比钻孔高。

在钻床上扩孔的切削运动与钻孔相同，如图 14－35 所示。扩孔可作为孔加工的最后工序，也可作为铰孔前的准备工序。扩孔的加工余量为 0.5～4mm，小孔取较小值，大孔取较大值。

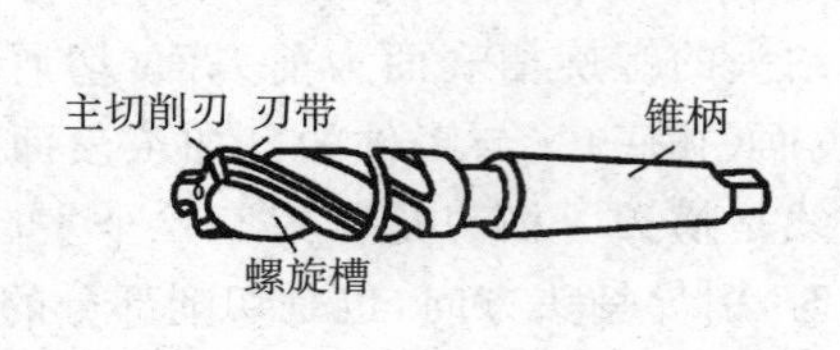


图 14－34　扩孔钻

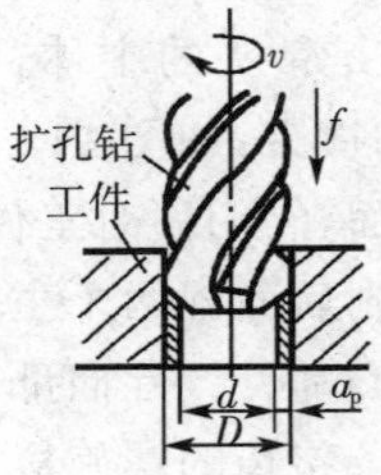

扩孔钻
工件
$v$
$f$
$d$
$D$
$a_p$

图 14－35　扩孔及其切削运动

## 三、铰孔

铰孔是用铰刀对孔进行精加工的方法，其尺寸公差等级可达 IT8～IT7，表面粗糙度 Ra 值可达 1.6～0.8μm。

1. 铰刀的种类

铰刀有手铰刀和机铰刀两种。手铰刀用于手工铰孔，柄部为直柄；机铰刀多为锥柄，装在钻床或车床上进行铰孔，铰刀及铰孔如图 14－36 所示。

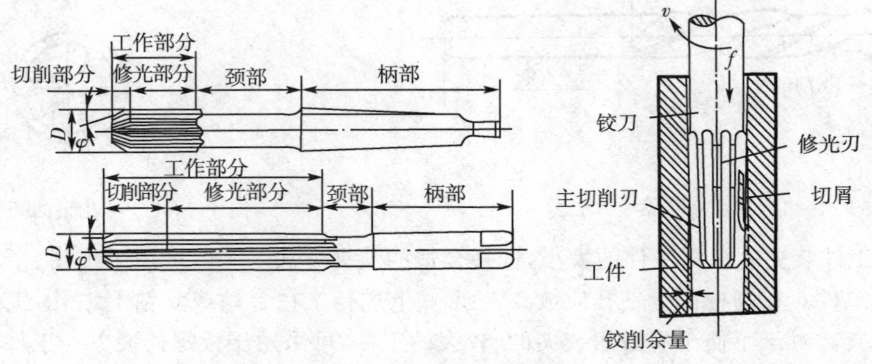


图 14－36　铰刀与铰孔

2. 铰孔方法

(1) 在手铰铰孔时，可用右手通过铰孔轴线施加进刀压力，左手转动。正常铰削时，两手用力要均匀、平稳地旋转，不得有侧向压力，同时适当加压，使铰刀均匀地进给，以保证铰刀正确引进和获得较小的加工表面粗糙度，并避免孔口成喇叭形或将孔径扩大。

(2) 铰刀铰孔或退出铰刀时，铰刀均不能反转，以防止刃口磨钝以及切屑嵌入刀具后面与孔壁间，将孔壁划伤。

(3) 机铰时，应使工件一次装夹进行钻、铰工作，以保证铰刀中心线与钻孔中心线一致。铰毕后，要铰刀退出后再停车，以防孔壁拉出痕迹。

(4) 铰尺寸较小的圆锥孔，可先留取圆柱孔精铰余量，钻出圆柱孔，然后用锥铰刀铰削即可。对尺寸和深度较大的锥孔，为减小铰削余量，铰孔前可先钻出阶梯孔，然后再用铰刀铰削。铰削过程中要经常用相配的锥销来检查铰孔的尺寸。

铰削时必须选用适当的切削液来减少摩擦并降低刀具和工件的温度，防止产生积屑瘤并减少切屑细末粘附在铰刀刀刃上，以及孔壁和铰刀的韧带之间，从而减少加工表面的表面粗糙度与孔的扩大量。铰孔的加工余量一般为 0.05～0.25mm。

# 第六节　攻丝和套扣

## 一、攻丝

用丝锥加工内螺纹的方法叫攻丝，如图 14-37 所示。

1. 丝锥和绞杠

丝锥是加工内螺纹的工具。丝锥的结构如图 14-38 所示，它是一段开槽的外螺纹，由切削部分、校准部分和柄部所组成。切削部分磨成圆锥形，切削负荷被分配在几个刀齿上。校准部分具有完整的齿形，用以校准和修光切出的螺纹，并引导丝锥沿轴向运动。丝锥有 3～4 条容屑槽，便于容屑和排屑。柄部有方头，用以传递扭矩。绞杠是用来夹持丝锥的工具，有普通绞杠(图 14-39)和丁字绞杠(图 14-40)两类。丁字绞杠主要用在攻工件凸台旁的螺纹或机体内部的螺纹。各类绞杠又有固定式和活动式两种。固定式绞杠常用于攻 M5 以下的螺纹，活动式绞杠可以调节夹持孔尺寸。

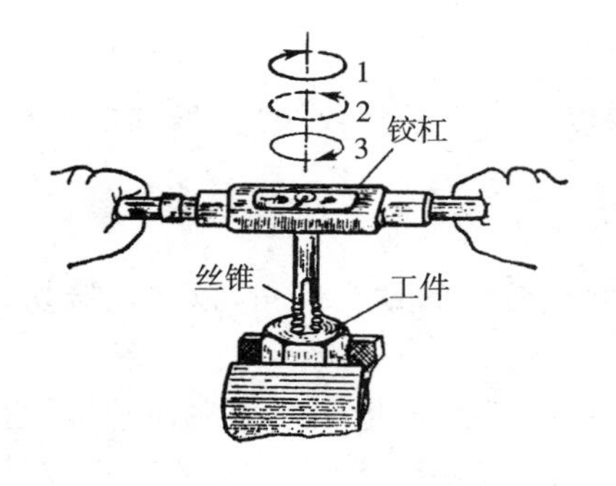


图 14-37　攻丝

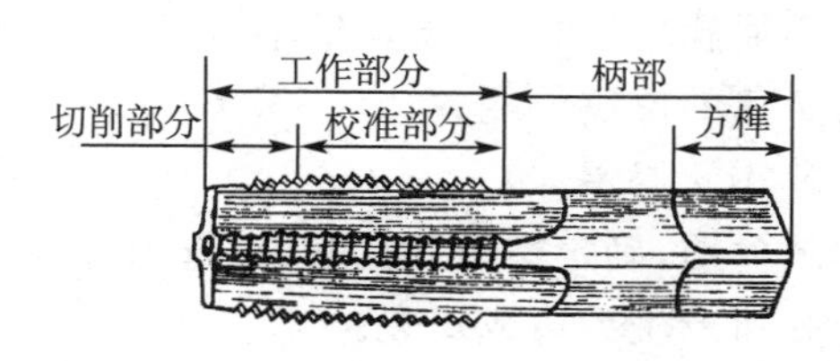


图 14-38　丝锥

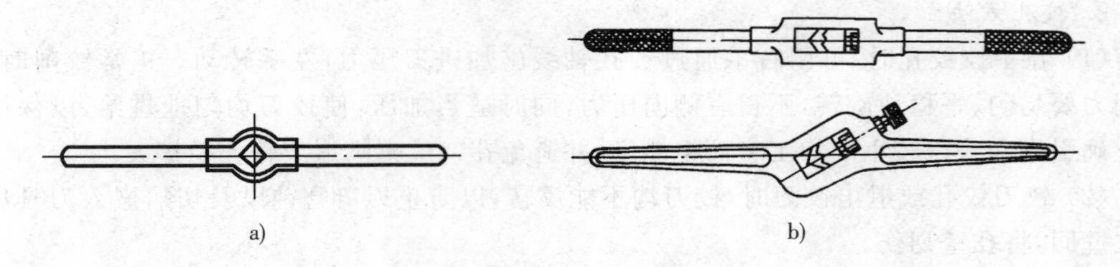


图 14-39 普通绞杠

a)固定绞杠 b)活动绞杠

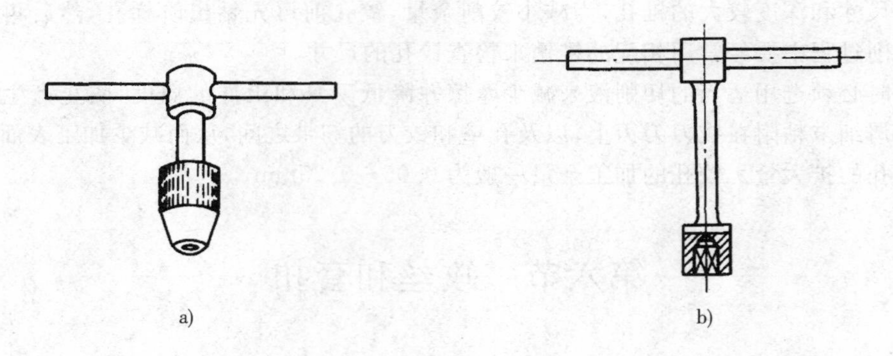


图 14-40 丁字绞杠

a)活动丁字绞杠 b)固定丁字绞杠

2. 攻丝前螺纹底孔直径和深度的确定

攻丝时，丝锥除了切削金属以外，还有挤压作用，如果工件上螺纹底孔直径与螺纹内径相同，那么被挤出的材料将嵌到丝锥的牙间，甚至咬住丝锥，使丝锥损坏，加工塑性高的材料时，这种现象尤为严重，因此，工件上螺纹底孔直径要比螺纹内径稍大些。

确定底孔直径可用下列经验公式计算：

钢料及韧性金属：$D \approx d - t$，mm；

铸铁及脆性金属：$D \approx d - 1.1t$，mm。

式中：D——底孔直径，mm；

d——螺纹外径，mm；

t——螺距，mm。

不通孔攻丝时，由于丝锥不能切到底，所以钻孔深度要稍大于螺纹长度，增加的长度约为0.7倍的螺纹外径。

3. 攻丝方法

攻丝前，确定螺纹底孔直径，选用合适钻头钻孔，并用较大的钻头倒角，以便丝锥切入，防止孔口产生毛边或崩裂。

头攻时，将丝锥头部垂直放入孔内。右手握铰杠中间，并用食指和中指夹住丝锥，适当加些压力。左手配合沿顺时针转动，待切入工件1～2圈后，再用目测或直尺校准丝锥是否垂直，然后继续转动，直至切削部分全部切入后，就用两手平稳地转动铰杠，这时可不加压力，而旋到底。为了避免切屑过长而缠住丝锥，每转1～2转后要轻轻倒转1/4转，以便断屑

和排屑。不通孔攻丝时，可在丝锥上做好深度标记，并要经常退出丝锥，清除留在孔内的切屑，否则会因切屑堵塞使丝锥折断或达不到深度。当工件不便倒向进行清屑时，可用弯曲的小管子吹出切屑，或用磁性针棒吸出。

在钢材上攻螺纹时，要加浓乳化液或机油。在铸铁件上攻丝时，一般不加切削液，但若螺纹表面光洁度要求较高时，可加些煤油。

二攻和三攻时，先用手指将丝锥旋进螺纹孔，然后再用铰杠转动，旋转铰杠时不需加压。

**二、套扣**

用板牙加工外螺纹的方法叫套扣，如图 14－41 所示。套扣又称为套丝。

1. 板牙和板牙架

板牙是加工外螺纹的工具，常用的圆板牙如图 14－42a 所示。圆板牙螺孔的两端各有一段 40°的锥度，是板牙的切削部分。图 14－42b 为套扣用的板牙架。

图 14－41　套扣

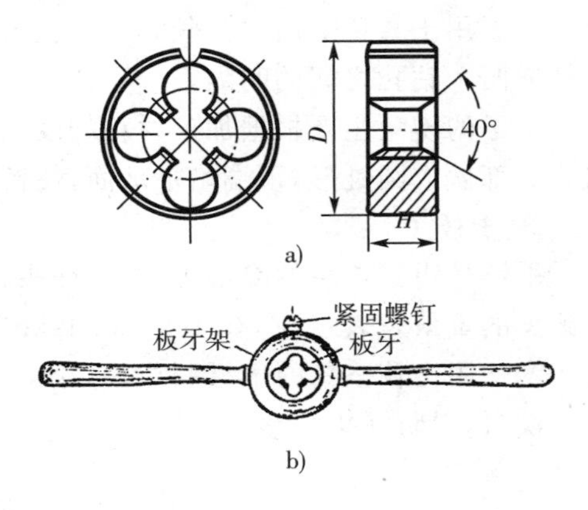


图 14－42　板牙和板牙架

2. 套扣前圆杆直径的确定

套丝和攻丝的切削过程一样，工件材料也将受到挤压而凸出，因此圆杆的直径应比螺纹外径小些，一般减小 0.2～0.4mm，也可由下列经验公式计算

$$d_g = d_o - 0.13\,t,\text{mm}$$

式中：$d_g$——圆杆直径，mm；

$d_o$——螺纹外径，mm；

$t$——螺距，mm。

3. 套扣方法

首先检查要套扣的圆杆直径，尺寸太大，套扣困难，尺寸太小，套出的螺纹牙齿不完整。圆杆直径可用下列经验公式计算

$$\text{圆杆直径 } d_o = \text{螺纹大径 } d - 0.13 \times \text{螺距 } p$$

圆杆的端面都必须倒角，然后进行套扣。套扣时板牙端面必须与圆杆严格保持垂直，开始转动板牙架时，要适当加压；套入几扣后，只需转动，不必加压，而且要经常反转，以便断屑。套扣时可施加机油润滑。

# 第七节　錾　削

錾削是用手锤锤击錾子，对工件进行加工的操作。錾削可加工平面、沟槽、切断金属及清理铸、锻件上的毛刺等。每次錾削金属层的厚度为0.5～2mm。

## 一、錾削工具

### 1. 錾子

錾子是錾削工件的刀具，用碳素工具钢（T7A或T8A）锻打成型后再进行刃磨和热处理而成。钳工常用錾子主要有阔錾（扁錾）、狭錾（尖錾）、油槽錾和扁冲錾四种，如图14-43所示。

阔錾用于錾切平面、切割和去毛刺，狭錾用于开槽；油槽錾用于錾切润滑油槽，扁冲錾用于打通两个钻孔之间的间隔。

錾子的楔角主要根据加工材料的硬软来决定。柄部一般做成八棱形，便于控制錾刃方向。头部做成圆锥形，顶端略带球面，使锤击时的作用力易与刃口的錾切方向一致。

### 2. 手锤

手锤是钳工常用的敲击工具，由锤头、木柄和楔子组成，如图14-44所示。手锤的规格以锤头的重量来表示，有0.46kg、0.69kg和0.92kg等。锤头用T7钢制成，并经热处理淬硬。木柄用比较坚韧的木材制成，常用的0.69kg手锤柄长约350mm。木柄装入锤孔后用楔子楔紧，以防锤头脱落。

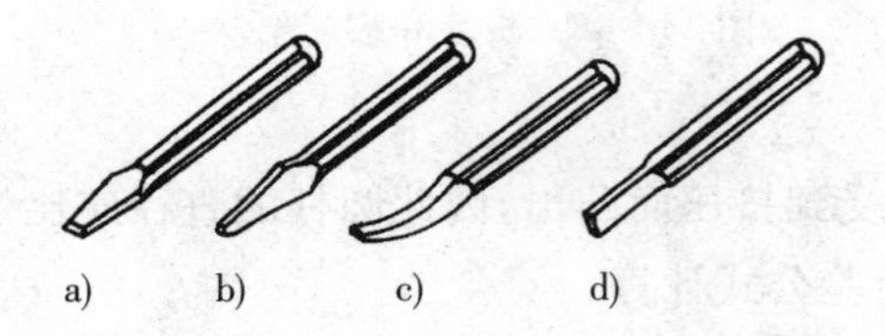


图14-43　常用錾子

a)阔錾　b)狭錾　c)油槽錾　d)扁冲錾

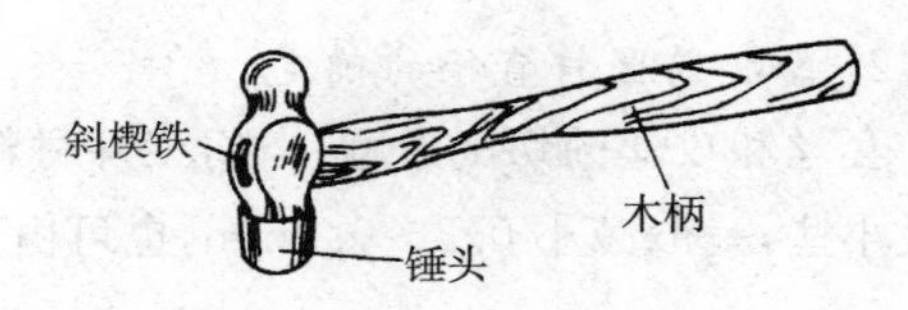


图14-44　手锤

### 3. 錾削角度

錾子的切削刃是由两个刀面组成，构成楔形，如图14-45所示。錾削时影响质量和生产率的主要因素是楔角$\beta$和后角$\alpha$的大小。楔角$\beta$愈小，錾刃愈锋利，切削愈省力，但太小时刀头强度较低，刃口容易崩裂。一般是根据錾削工件材料来选择。錾削硬脆的材料如工具钢等，楔角要大些，$\beta=60°\sim70°$。錾削较软的低碳钢或铜、铝等有色金属，楔角要选小些，$\beta=30°\sim50°$。錾削一般结构钢时，$\beta=50°\sim60°$。

后角$\alpha$的改变将影响錾削过程的进行和工件加工质量，其值在$5°\sim8°$范围内选取。粗錾时，切削层较厚，用力重，应选小值；精细錾时，切削层较薄，用力轻，$\alpha$角应大些。若$\alpha$角选择得不合适，太大了容易扎入工件，太小时錾子容易从工件表面滑出，如图14-46所示。

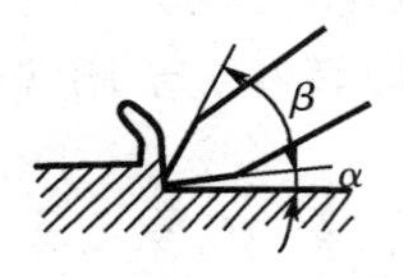


图 14－45　錾削角度

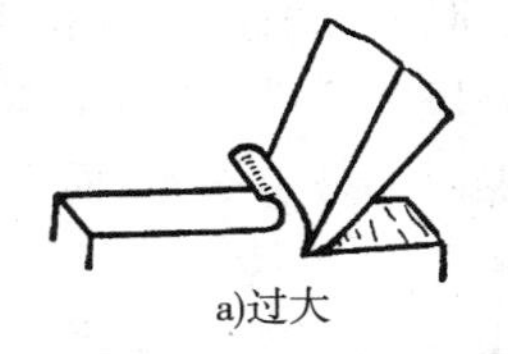


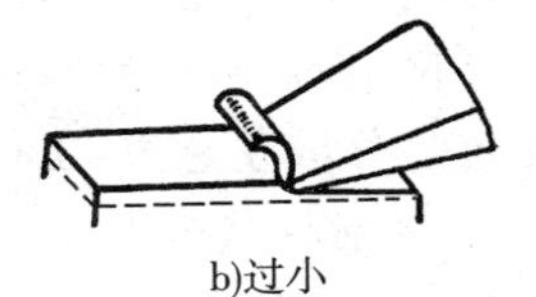


图 14－46　錾削角度

## 二、錾削方法

### 1. 錾子和手锤的握法

錾子用左手中指、无名指和小指松动自如地握持，大拇指和食指自然地接触。錾子头部伸出长度约 20～25mm。手锤用右手拇指和食指握持，其余各指当锤击时才握紧。锤柄端头约伸出 15～30mm，如图 14－47 所示。

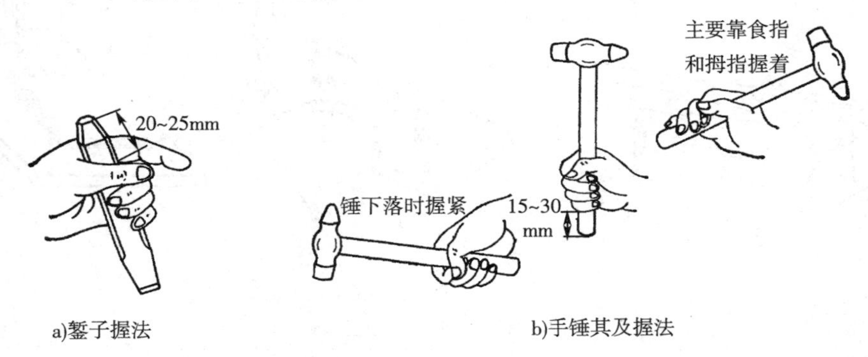


图 14－47　錾子和手锤的握法

### 2. 錾削操作过程

錾削可分为起錾、錾切和錾出三个步骤，如图 14－48 所示。起錾时，錾子要握平或将錾头略向下倾斜以便切入。錾切时，錾子要保持正确的位置和前进方向。锤击用力要均匀。锤击数次以后应将錾子退出一下，以便观察加工情况，有利刃口散热，也能使手臂肌肉放松，有节奏地工作。錾出时应调头錾切余下部分，以免工件边缘部分崩裂。特别是錾削铸铁、青铜等脆性材料尤其要注意。

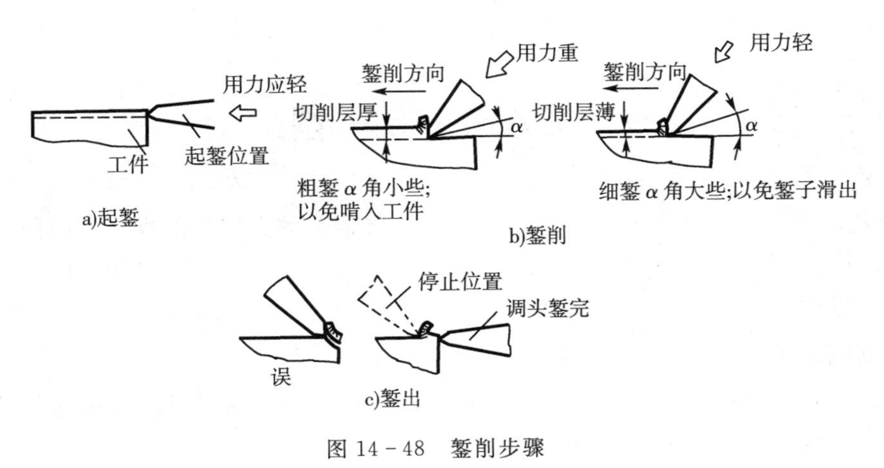


图 14－48　錾削步骤

錾削的劳动量较大，操作时要注意所站的位置和姿势，尽可能使全身不易疲劳，又便于用力。锤击时，眼睛要看到刃口和工件之间，不要举锤时看錾刃而锤击时转看錾子尾端部，这样容易分散注意力，工件表面不易錾平整，而且手锤容易打到手上。

3．錾削操作示例

（1）板料切断　薄板料切断可以夹在虎钳上进行。用扁錾沿着钳口并对工件成45°方向，自右向左切削。錾削较厚或形状较复杂的工件时，为了避免切断后翘曲变形，可在轮廓周围钻出密集的小孔，然后再切断，如图14－49所示。

（2）錾切平面　錾切较大的平面时，先用窄錾开槽，然后再用扁錾錾平。槽间的宽度约为扁錾刃口宽度的3/4。扁錾刃口应与槽的方向成45°角，如图14－50所示。

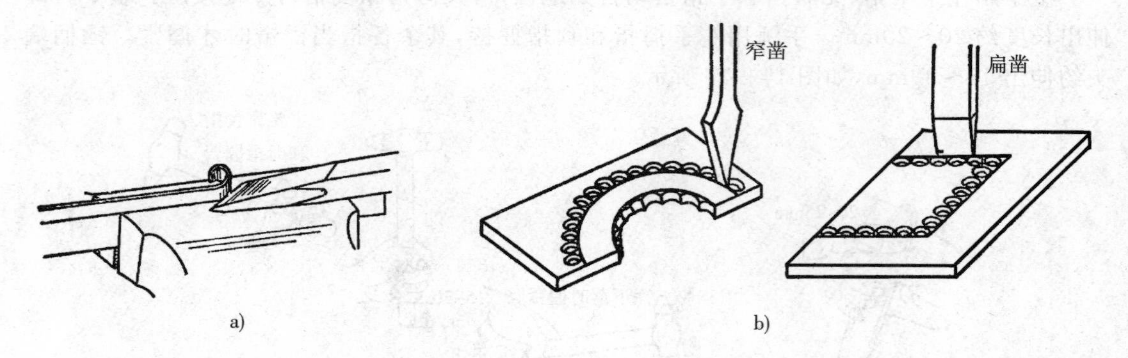


图14－49　板料切断

a)薄板切断　b)厚板切断

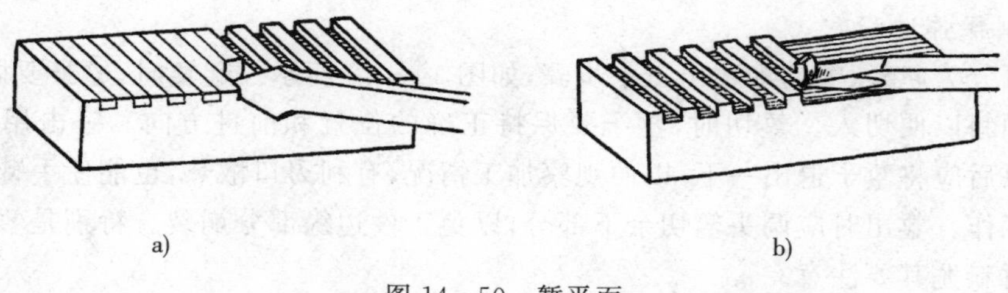


图14－50　錾平面

a)先开槽　b)錾成平面

## 第八节　刮　削

刮削是利用刮刀在工件已加工表面上刮去一层很薄的金属层的操作。刮削后的表面，其粗糙度 $R_a$ 值可达到1.6～0.8μm，并有良好的平直度。刮削每次的切削层很薄，生产率低，劳动强度大，所以加工余量不能大。

### 一、刮削工具

刮刀头一般由T12A碳素工具钢或耐磨性较好的GCrl5滚动轴承钢锻造，并经磨制和热处理淬硬而成。刮刀分平面刮刀和曲面刮刀两大类。

1. 平面刮刀

用来刮削平面和外曲面，刮刀刀头采用碳素工具钢或轴承钢制作，刀身则用中碳钢，通过焊接或机械装夹而成，如图14－51所示。

2. 曲面刮刀

用来刮削内曲面，如滑动轴承等，用工具钢锻制，如图14－52所示。

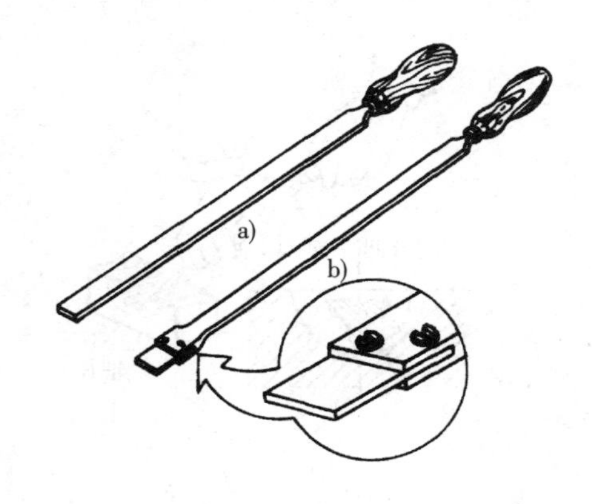


图14－51　平面刮刀

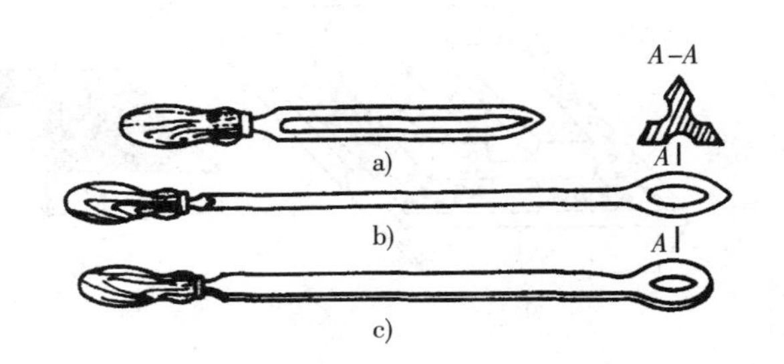


图14－52　曲面刮刀

## 二、刮削方法

1. 平面刮削

是用平面刮刀刮平面的操作，如图14－53所示。平面刮削分为粗刮、细刮和精刮。

工件表面粗糙、有锈斑或余量较大时(0.1～0.05mm)应进行粗刮。粗刮用长刮刀，施较大的压力，刮削行程较长，刮去的金属多。粗刮刮刀的运动方向与工件表面原加工的刀痕方向约成45°角，各次交叉进行，直至刀痕全部刮除为止，如图14－54所示，然后再进行研点检查。

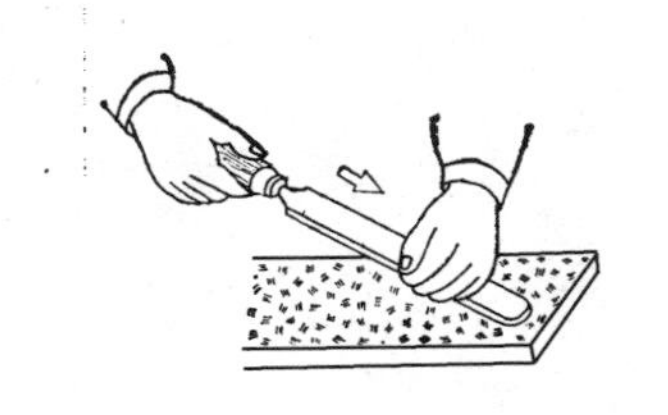

图14－53　平面刮削

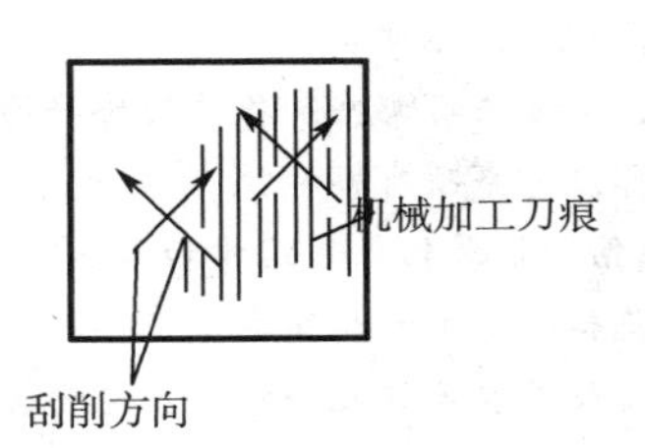


图14－54　粗刮方向

研点检查法是刮削平面的精度检查方法，先在工件刮削表面均匀地涂上一层很薄的红丹油，然后与校准工具(如平板、心轴等)相配研。工件表面上的高点经配研后，会磨去红丹油而显出亮点(即贴合点)，如图14－55所示。每$25\times25mm^2$内亮点数目表示了刮削平面的精度。粗刮的贴合点为4～6个。

细刮和精刮是用短刮刀进行短行程和施小压力的刮削。它是将粗刮后的贴合点逐个刮去，并经过反复多次刮削，使贴合点的数目逐步增多，直到满足要求为止。普通机床的导轨面为8～10点，精密的则要求为12～15点。

2. 曲面刮削

对于某些要求较高的滑动轴承的轴瓦和轴孔等，除了镗、磨和铰孔之外，还要进行刮削加工，以得到良好的配合。曲面刮削时，一般用三角刮刀。曲面检验与平面检验一样用磨点法，每次要用标准轴或工件本身在轴承上磨点子，以便改变刮削方向或部位，如图 14－56 所示。

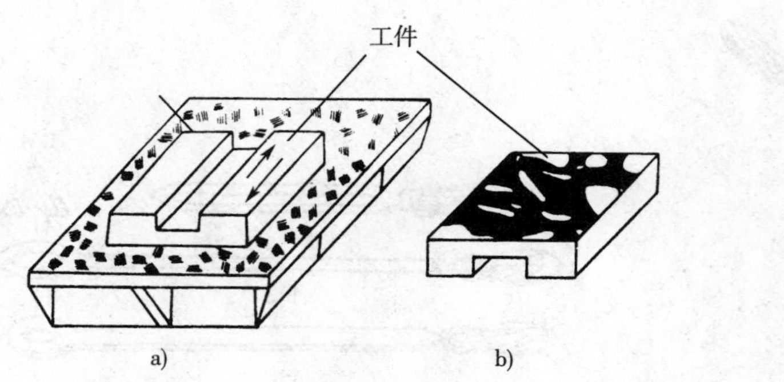


图 14－55 研点

a)配研 b)工件上的粘合点

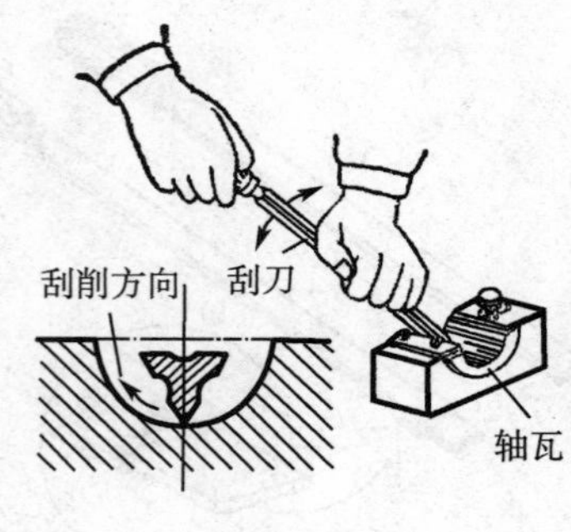


图 14－56 曲面刮削

刮削是钳工加工中的一种精加工方法。刮削可以提高工件表面质量，还可以增加零件相互配合表面的接触面积。减少摩擦和磨损，提高零件使用寿命。另外也可以在零件表面刮出各种花纹和图案，增加其零件的美观性。

## 思考与练习

**1.** 划线的作用是什么？常用划线工具有哪些？

**2.** 试述轴承座的立体划线过程。

**3.** 安装锯条时应注意什么？

**4.** 常见的锉削方法有哪些？各适用哪些场合？

**5.** 锉削操作注意事项有哪些？

**6.** 台钻、立钻和摇臂钻床的结构和用途有何不同？

**7.** 试述麻花钻的基本结构组成。

**8.** 为什么攻丝前要检查孔径？套扣前要检查杆径？

**9.** 錾削角度的大小对錾削有何影响？应如何选择？

**10.** 刮刀的种类有哪些？

# 第五篇　机械加工基础

本篇主要学习金属切削基本知识，车削、铣削、刨削、镗削、磨削加工，机械制造工艺基础等。

# 第十五章 金属切削基本知识

## 第一节　概　述

金属切削加工是利用机床切除工件上多余(或预留)的金属材料,使工件的形状、尺寸及技术要求都符合预定要求的加工过程。其主要方法有车、铣、刨、钻、镗、磨削加工等。

**一、表面成形运动**

为了获得所需零件的表面形状,必须完成一定的运动,这种运动称为表面成形运动。

表面成形运动可获得各种平面、圆柱面、圆锥面以及成形面等。

圆柱面是以直线为母线,以圆为轨迹,且母线垂直于轨迹所在平面作旋转运动时所形成的表面,如图 15－1a 所示。圆锥面是以直线为母线,以圆为轨迹,且母线与轨迹所在平面相交成一定角度作旋转运动时形成的表面,如图 15－1b 所示。平面是以直线为母线,以另一直线为轨迹作平移运动时所形成的表面,如图 15－1c 所示。成形面是以曲线为母线,以圆为轨迹作旋转运动或以直线为轨迹作平移运动时所形成的表面,如图 15－1d、e 所示。

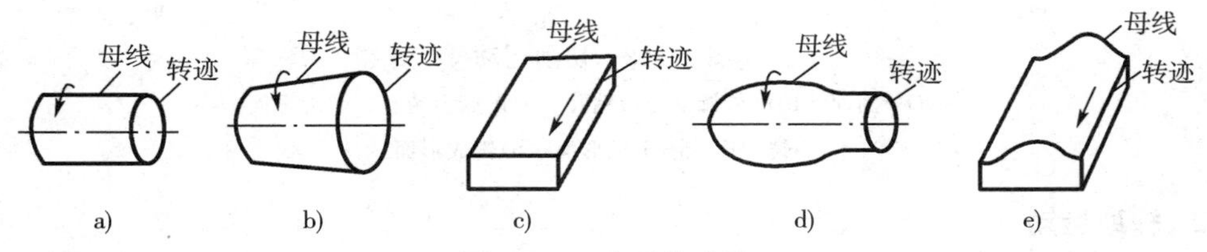


图 15－1　表面的成形

成形运动按其组成情况不同,可分为简单成形运动和复合成形运动两种。

(1)简单成形运动　以上所提到的成形运动都是旋转运动和直线运动,这两种运动最简单,也最容易得到,因而统称为简单成形运动。例如,用普通车刀车削外圆柱面时如图 15－1a 所示,工件的旋转运动和刀具的直线移动就是两个简单运动。在机床上,简单成形运动一般是主轴的旋转、刀架和工作台的直线移动。

(2)复合成形运动　如果一个独立的成形运动,是由两个或两个以上的旋转运动或直线运动,按照某种确定的运动关系组合而成,则称此成形运动为复合成形运动。由复合成形运动分解的各个运动,虽然都是直线运动或旋转运动,与简单运动相像,但本质是不同的。前者是复合运动的一部分,各个部分必然保持严格的相对运动关系,是互相依存,而不是独立的。而简单运动之间是互相独立的,没有严格的相对运动关系。

根据切削过程中所起的作用不同,表面成形运动又可分为主运动和进给运动。

(1)主运动　主运动是切除工件上的被切削层,使之转变为切屑的主要运动,如图 15-2 所示的Ⅰ运动。主运动是切屑被切下所需的最基本的运动,是提供切削可能性的运动。也就是说,没有这个运动就无法切削。它的特点是在切削过程中速度最高、消耗机床动力最多。切削加工中只有一个主运动,其形式有旋转和直线运动两种,它可由刀具完成,也可由工件完成。如车削时工件的旋转;钻削和铣削时刀具的旋转;牛头刨床刨削时刨刀的移动;磨削时砂轮的旋转等。

(2)进给运动　在切削过程中,进给运动是使刀具连续切下金属层所需的运动,如图 15-2 所示的Ⅱ运动,是提供继续切削可能性的运动。也就是说,没有这个运动切削就不能继续进行下去。通常它的速度较低,消耗动力较少,其形式有旋转运动和直线运动两种,而且既可连续,也可间歇,由于加工方法不同可以有一个或几个进给运动。如车刀、钻头的移动;铣削和牛头刨床刨削平面时工件的移动;磨削外圆时工件的旋转和往复移动等。

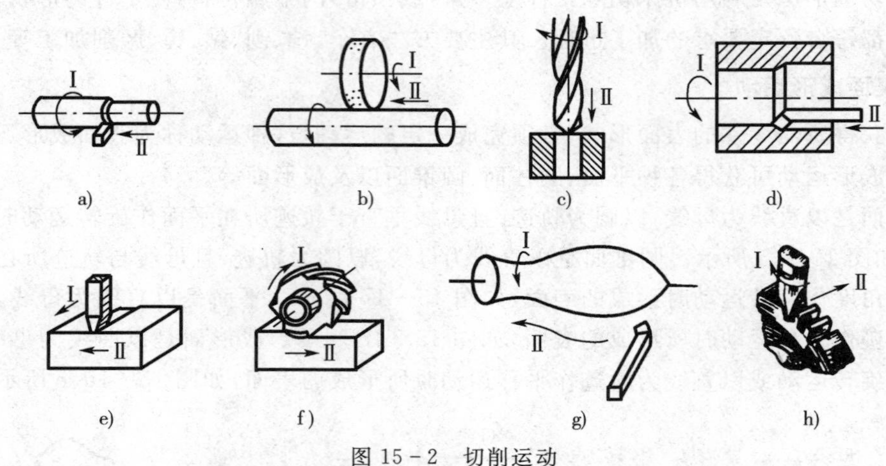


图 15-2　切削运动

a)车外圆面　b)磨外圆面　c)钻孔　d)车床上镗孔　e)刨平面
f)铣平面　g)车成形面　h)铣成形面

## 二、辅助运动

机床在加工过程中除完成成形运动外,还需完成其他一系列运动,这些与表面成形过程没有直接关系的运动,统称为辅助运动。辅助运动的作用是实现机床加工过程中所需的各种辅助动作,为表面成形创造条件,它的种类很多,一般包括:

(1)切入运动　刀具相对工件切入一定深度,以保证工件获得一定的加工尺寸。

(2)分度运动　加工若干个完全相同的均匀分布的表面时,为使表面成形运动得以周期性地继续进行的运动称为分度运动。例如,多工位工作台、刀架等的周期性转位或移位,以便依次加工工件上的各有关表面,或依次使用不同刀具对工件进行顺序加工。

(3)操纵和控制运动　操纵和控制运动包括起动、停止、变速、换向、部件与工件的夹紧、松开、转位以及自动换刀、自动检测等。

(4)调位运动　加工开始前机床有关部件的移动,以调整刀具与工件之间的正确相对位置。

(5)各种空行程运动　空行程运动是指进给前后的快速运动。例如,在装卸工件时为避

免碰伤操作者或划伤已加工表面，刀具与工件应相对退离；在进给开始之前刀具快速引进，使刀具与工件接近；进给结束后刀具应快速退回。

**三、切削要素**

切削要素包括切削用量要素和切削层的几何参数。

1. 切削用量

在切削加工过程中，工件上有三个不断变化着的表面，如图 15－3 所示，已加工表面 1，是工件上经刀具切削后产生的新表面；过渡表面 2，是工件上由切削刃形成的那部分表面，它在下一切削行程，刀具或工件的下一转里被切除，或者由下一切削刃切除；待加工表面 3，是工件上有待切除的表面。待加工表面与切削刃之间的相对运动速度、待加工表面转化为已加工表面的速度、已加工表面与待加工表面之间的垂直距离等，是调整切削过程的基本参数。这三个基本参数实际上就是切削速度、进给量和背吃刀量，即切削的三要素。

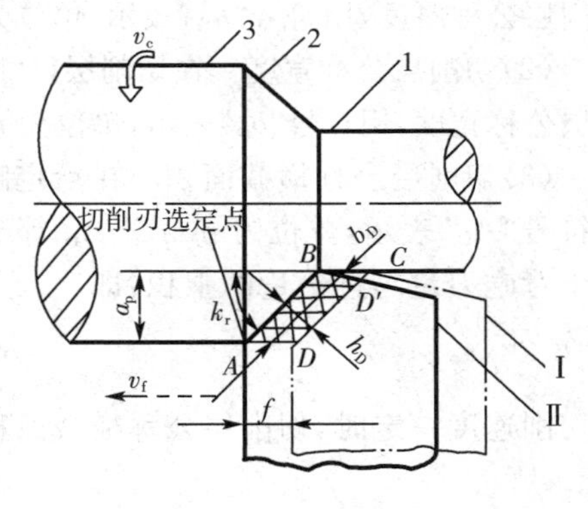


图 15－3　车削加工切削要素

1—已加工表面　2—过渡表面　3—待加工表面

(1)切削速度　切削加工时，刀具切削刃上选定点相对于工件主运动的瞬时速度，称为切削速度，用“$v_c$”表示，单位为 m/s；当主运动为旋转运动(车、钻、镗、铣、磨削加工)时，切削加工表面的 R 最大线速度

$$v_c=\frac{\pi dn}{1000}$$

若主运动为往复直线时，则常以往复运动的平均速度作为切削速度

$$v_c=\frac{2Ln}{1000}$$

式中：$d$——工件或刀具的最大直径，mm；

$n$——工件或刀具的转速，r/min；

$L$——工件或刀具作往复运动的行程长度，mm。

(2)进给量　刀具在进给运动方向相对于工件的位移量，称为进给量。车削加工的刀具进给量常用工件每转一转刀具的位移量来表述进给量，用符号“$f$”表示，单位为 mm/r。

(3)背吃刀量　背吃刀量就是已加工表面与待加工表面之间的径向距离，用符号“$a_p$”表示，对于外圆车削

$$a_p=\frac{d_w-d_m}{2}$$

式中：$d_w$——工件待加工表面直径，mm；

$d_m$——工件已加工表面直径，mm。

2. 切削层几何参数

如图 15－3 所示外圆车削，工件转一周，车刀由位置Ⅰ移动到位置Ⅱ，其位移量为 $f$，在

这一过程中，位于 $DC$ 与 $AB$ 之间的一层金属被切除，称为切削层金属。通过切削刃基点（通常指主切削刃工作长度的中点）并垂直于该点主运动方向的平面，称为切削层尺寸平面。在切削层尺寸平面上测得的切削层几何参数，称为切削层尺寸平面要素。

(1)切削层公称厚度　在切削层尺寸平面上垂直于切削刃方向所测得的切削层尺寸，称为切削层公称厚度，用符号“$h_D$”表示，单位为 mm。切削层公称厚度代表了切削刃的工作负荷。

(2)切削层公称宽度　在切削层尺寸平面上，沿切削刃方向所测得的切削层尺寸，称为切削层公称宽度，用符号“$b_D$”表示，单位为 mm。切削层公称宽度通常等于切削刃的工作长度。

(3)切削层公称横截面积　在给定瞬间，切削层在切削层尺寸平面上的实际横截面积，用符号“$A_D$”表示，单位为 $mm^2$。$A_D$ 等于切削层公称厚度与切削层公称宽度的乘积，也必然等于背吃刀量与进给量的乘积，即

$$A_D = h_D b_D = a_p f$$

当切削速度一定时，切削层公称横截面积代表了生产率。

# 第二节　金属切削机床的基础知识

## 一、金属切削机床的分类及型号

1. 机床的类型及代号

(1)按加工性质和所用刀具进行分类　目前我国机床分 12 大类，在每一类机床中，又按工艺范围、布局形式和结构性能等不同，分为若干组，每一组又细分为若干系或型，如磨床类分为 M、2M、3M 三个分类。机床名称以汉语拼音字首（大写）表示，并按汉字名称读音，如表 15－1 所示。

表 15－1　机床分类及代号

| 机床类型 | 车床 | 钻床 | 镗床 | 磨床 | | | 齿轮加工机床 | 螺纹加工机床 | 刨插床 | 拉床 | 铣床 | 特种加工机床 | 锯床 | 其他机床 |
|---|---|---|---|---|---|---|---|---|---|---|---|---|---|---|
| 代号 | C | Z | T | M | 2M | 3M | Y | S | B | L | X | D | G | Q |
| 读音 | 车 | 钻 | 镗 | 磨 | 二磨 | 三磨 | 牙 | 丝 | 刨 | 拉 | 铣 | 电 | 割 | 其 |

(2)按其应用范围分类

①通用机床（万能机床）　这类机床可以加工多种零件的不同工序，加工范围较广，通用性较大，但结构比较复杂。这种机床主要适用于单件小批生产，例如，卧式车床、卧式镗床、万能升降台铣床等。

②专门化机床　这类机床的工艺范围较窄，专门用于加工某一类（或几类零件）的某一道（或几道）特定工序，如曲轴机床、齿轮机床等。

③专用机床　这类机床的工艺范围最窄，只能用于加工某一零件的某一道特定工序，适用于大批量生产。如加工机床主轴箱的专用镗床、加工车床导轨的专用磨床等。各种组合机床也属于专用机床。

(3)按照加工精度分类　有普通精度机床、精密机床和高精度机床。

(4)按照其自动化程度分类　有手动、机动、半自动、自动和程序控制机床。

(5)按其质量与尺寸分类　有仪表机床、一般机床、大型机床(重量达 10t 及以上)、重型机床(重量在 30t 以上)、超重型机床(重量在 100t 以上)。

(6)按机床主要工作部件的数目分类　有单轴、多轴、单刀或多刀机床。

(7)按机床具有的数控功能分类　有普通机床、一般数控机床、加工中心和柔性制造单元等。

2. 机床型号

机床型号是机床产品的代号,例如 CM6132 型精密卧式车床,型号中字母及数字含义为:C——机床类别代号(车床类);M——机床通用特性代号(精密机床);6——机床组别代号(落地及卧式车床组);1——机床系别代号(卧式车床系);32——主参数代号(床身上最大回转直径的 1/10,即 320mm)。

(1)机床特性代号　代表机床所具有的特殊性能,在机床型号中列在机床类别代号的后面,并按特性用汉语拼音字首(大写)表示。机床特性代号分为通用特性和结构特性代号。在各类机床型号中通用特性代号有统一的表达含义,如表 15－2 所示。对主参数相同而结构、性能不同的机床,在型号中用结构特性代号予以区别。结构特性代号在型号中没有统一的含义。当型号中既有通用特性代号又有结构特性代号时,通用特性代号排在结构特性代号之前;若型号中没有通用特性代号,结构特性代号直接排在类型代号之后。例如 CA6140 车床,A 在特性表中没有列出,表示普通型。

表 15－2　机床特性及代号

| 通用特性 | 高精度 | 精密 | 自动 | 半自动 | 数控 | 加工中心(自动换刀) | 仿形 | 轻型 | 加重型 | 简式 |
|---|---|---|---|---|---|---|---|---|---|---|
| 代号 | G | M | Z | B | K | H | F | Q | C | J |
| 读音 | 高 | 密 | 自 | 半 | 控 | 换 | 仿 | 轻 | 加 | 简 |

(2)机床组别代号　每类机床按用途、性能、结构相近或派生关系分为若干组;每组机床又分为若干系,同一系机床的主参数、基本结构和布局形式相同,工件和刀具的运动特点基本相同。在机床型号中,在类别代号和特性代号之后,第一位阿拉伯数字表示组别;第二位阿拉伯数字表示系别。机床的组、系别及代号见表 15－3 所示。

(3)机床主参数　机床的主参数代表机床规格的大小,各类机床以什么尺寸作为主参数有一定规定。主参数代号以其主参数的折算值表示,位于组系代号之后。当折算值大于 1 时,则取整数,前面不加“0”;当折算值小于 1 时,则取小数点后第一位数,并在前面加“0”。在某些机床型号中还标出第二主参数,也用其折算值表示,位于型号的后部,并以“×”(读作“乘”)分开。表 15—3 给出了常见机床的主参数及折算系数。

(4)机床的重大改进顺序号　当机床的结构、性能有更高的要求,并需按新产品重新设计、试制和鉴定时,才按改进的先后顺序选用汉语拼音字母 A、B、C、…(但“I”、“O”两个字母不得选用),加在型号基本部分的尾部,以区分原机床型号。

(5)其他特性代号及其表示方法

①其他特性代号,置于辅助部分之首。其中同一型号机床的变型代号,应放在其他特性

代号之首位。

②其他特性代号主要用以反映各类机床的特性，如：对于数控机床，可用来反映不同的控制系统等；对于加工中心，可用以反映控制系统、自动交换主轴头、自动交换工作台等；对于柔性加工单元，可用以反映自动交换主轴箱；对于一机多能机床，可用以补充表示某些功能；对于一般机床，可以反映同一型号机床的变型等。

③其他特性代号，可用汉语拼音（“I、O”两个字母除外）表示。当单个字母不够用时，可将两个字母组合起来使用，如 AB、AC、AD、…，或 BA、CA、DA、…。

（6）企业代号及其表示方法

①企业代号包括机床生产厂及机床研究单位代号。

②企业代号置于辅助部分的尾部，用“—”分开，读作“至”。若在辅助部分仅有企业代号，则不加“—”。

通用机床型号示例：

示例 1：北京机床研究所生产的精密卧式加工中心，其型号为 THM6350/JCS。

示例 2：大河机床厂生产的经过第一次重大改进，其最大钻孔直径为 25mm 的四轴立式排钻床，其型号为 Z5625×4A/DH。

示例 3：中捷友谊厂生产的最大钻孔直径为 40mm，最大跨距为 1600mm 的摇臂钻床，其型号为 Z3040×16/S2。

示例 4：瓦房店机床厂生产的最大车削直径为 1250mm，经过第一次重大改进的数显单柱立式车床，其型号为 CX5112A/WF。

示例 5：新乡机床厂生产的，光球板直径为 800mm 的立式钢球光球机，其型号为 3M7480/XX。

示例 6：最大回转直径为 400mm 的半自动曲轴磨床，其型号为 MB8240。根据加工的需要，在此型号机床的基础上变换的第一种型式的半自动曲轴磨床，其型号为 MB8240/1，变换的第二种型式则为 MB8240/2，以此类推。

（7）专用机床型号：专用机床的型号一般由设计单位代号和设计顺序号组成。

①设计单位代号包括机床生产厂和机床研究单位代号（位于型号之首），见 GB/T 15375—1994 金属切削机床型号的编制方法附录 A。

②专用机床的设计顺序号，按该单位的设计顺序号排列，由 001 起始，位于设计单位代号之后，并用“—”隔开，读作“至”。

专用机床的型号示例：

示例 1　沈阳第一机床厂设计制造的第一种专用机床为专用车床，其型号为 SI—001。

示例 2　上海第一机床厂设计制造的第 15 种专用机床为专用磨床，其型号为 H—015。

示例 3　北京第一机床厂设计制造的第 100 种专用机床为专用铣床，其型号为 BI—100。

（8）机床自动线型号　由通用机床或专用机床组成的机床自动线，其代号为“ZX”，（读作“自线”），位于设计单位代号之后，并用“—”分开，读作“至”。机床自动线设计顺序号的排列与专用机床的设计顺序号相同，位于机床自动线代号之后。

机床自动线的型号示例：

北京机床研究所为某厂设计的第一条机床自动线，其型号为 JCS—ZX001。

**表 15－3　机床的组、系别及其代号和主参数及其折算值**

| 类别 | 代号 | 机床名称 | 组别 | 系别 | 主参数名称 | 主参数折算系数 |
|---|---|---|---|---|---|---|
| 车床 | C | 单轴纵切自动车床 | 1 | 1 | 最大棒料直径 | 1 |
| | | 单轴横切自动车床 | 1 | 2 | 最大棒料直径 | 1 |
| | | 单轴转塔自动车床 | 1 | 3 | 最大棒料直径 | 1 |
| | | 多轴棒料自动车床 | 2 | 1 | 最大棒料直径 | 1 |
| | | 多轴卡盘自动车床 | 2 | 2 | 卡盘直径 | 1/10 |
| | | 立式多轴半自动车床 | 2 | 6 | 最大车削直径 | 1/10 |
| | | 回轮车床 | 3 | 0 | 最大棒料直径 | 1 |
| | | 滑鞍转塔车床 | 3 | 1 | 卡盘直径 | 1/10 |
| | | 滑枕转塔车床 | 3 | 3 | 卡盘直径 | 1/10 |
| | | 曲轴车床 | 4 | 1 | 最大工件回转直径 | 1/10 |
| | | 凸轮轴车床 | 4 | 6 | 最大工件回转直径 | 1/10 |
| | | 单柱立式车床 | 5 | 1 | 最大车削直径 | 1/100 |
| | | 双柱立式车床 | 5 | 2 | 最大车削直径 | 1/100 |
| | | 落地车床 | 6 | 0 | 最大工件回转直径 | 1/100 |
| | | 卧式车床 | 6 | 1 | 床身上最大回转直径 | 1/10 |
| | | 马鞍车床 | 6 | 2 | 床身上最大回转直径 | 1/10 |
| | | 卡盘车床 | 6 | 4 | 床身上最大回转直径 | 1/10 |
| | | 球面车床 | 6 | 5 | 刀架上最大回转直径 | 1/10 |
| | | 多刀车床 | 7 | 5 | 刀架上最大回转直径 | 1/10 |
| | | 卡盘多刀车床 | 7 | 6 | 刀架上最大回转直径 | 1/10 |
| | | 轧辊车床 | 8 | 4 | 最大工件直径 | 1/10 |
| 钻床 | Z | 立式坐标镗钻床 | 1 | 3 | 工作台面宽度 | 1/10 |
| | | 深孔钻床 | 2 | 1 | 最大钻孔直径 | 1/10 |
| | | 摇臂钻床 | 3 | 0 | 最大钻孔直径 | 1 |
| | | 万向摇臂钻床 | 3 | 1 | 最大钻孔直径 | 1 |
| | | 台式钻床 | 4 | 0 | 最大钻孔直径 | 1 |
| | | 圆柱立式钻床 | 5 | 0 | 最大钻孔直径 | 1 |
| | | 方柱立式钻床 | 5 | 1 | 最大钻孔直径 | 1 |
| | | 可调多轴立式钻床 | 5 | 2 | 最大钻孔直径 | 1 |
| | | 中心孔钻床 | 8 | 1 | 最大工件直径 | 1/10 |
| | | 平端面中心孔钻床 | 8 | 2 | 最大工件直径 | 1/10 |

（续表）

| 类别 | 代号 | 机床名称 | 组别 | 系别 | 主参数名称 | 主参数折算系数 |
|---|---|---|---|---|---|---|
| 镗床 | T | 立式单柱坐标镗床 | 4 | 1 | 工作台面宽度 | 1/10 |
| | | 立式双柱坐标镗床 | 4 | 2 | 工作台面宽度 | 1/10 |
| | | 卧式坐标镗床 | 4 | 6 | 工作台面宽度 | 1/10 |
| | | 卧式镗床 | 6 | 1 | 镗轴直径 | 1/10 |
| | | 落地镗床 | 6 | 2 | 镗轴直径 | 1/10 |
| | | 落地铣镗床 | 6 | 9 | 镗轴直径 | 1/10 |
| | | 单面卧式精镗床 | 7 | 0 | 工作台面宽度 | 1/10 |
| | | 双面卧式精镗床 | 7 | 1 | 工作台面宽度 | 1/10 |
| | | 立式精镗床 | 7 | 2 | 最大镗孔直径 | 1/10 |
| 磨床 | M | 无心外圆磨床 | 1 | 0 | 最大磨削直径 | 1 |
| | | 外圆磨床 | 1 | 3 | 最大磨削直径 | 1/10 |
| | | 万能外圆磨床 | 1 | 4 | 最大磨削直径 | 1/10 |
| | | 宽砂轮外圆磨床 | 1 | 5 | 最大磨削直径 | 1/10 |
| | | 端面外圆磨床 | 1 | 6 | 最大回转直径 | 1/10 |
| | | 内圆磨床 | 2 | 1 | 最大磨削孔径 | 1/10 |
| | | 立式行星内圆磨床 | 2 | 5 | 最大磨削孔径 | 1/10 |
| | | 落地砂轮机 | 3 | 0 | 最大砂轮直径 | 1/10 |
| | | 落地导轨磨床 | 5 | 0 | 最大磨削宽度 | 1/100 |
| | | 龙门导轨磨床 | 5 | 2 | 最大磨削宽度 | 1/100 |
| | | 万能工具磨床 | 6 | 0 | 最大回转直径 | 1/10 |
| | | 钻头刃磨床 | 6 | 3 | 最大刃磨钻头直径 | 1 |
| | | 卧轴矩台平面磨床 | 7 | 1 | 工作台面宽度 | 1/10 |
| | | 卧轴圆台平面磨床 | 7 | 3 | 工作台面直径 | 1/10 |
| | | 立式圆台平面磨床 | 7 | 4 | 工作台面直径 | 1/10 |
| | | 曲轴磨床 | 8 | 2 | 最大回转直径 | 1/10 |
| | | 凸轮轴磨床 | 8 | 3 | 最大回转直径 | 1/10 |
| | | 花键轴磨床 | 8 | 6 | 最大磨削直径 | 1/10 |
| | | 曲线磨床 | 9 | 0 | 最大磨削长度 | 1/10 |

（续表）

| 类别 | 代号 | 机床名称 | 组别 | 系别 | 主参数名称 | 主参数折算系数 |
|---|---|---|---|---|---|---|
| 齿轮加工机床 | Y | 弧齿锥齿轮磨齿机 | 2 | 0 | 最大工件直径 | 1/10 |
| | | 弧齿锥齿轮铣齿机 | 2 | 2 | 最大工件直径 | 1/10 |
| | | 直齿锥齿轮刨齿机 | 2 | 3 | 最大工件直径 | 1/10 |
| | | 滚齿机 | 3 | 1 | 最大工件直径 | 1/10 |
| | | 卧式滚齿机 | 3 | 6 | 最大工件直径 | 1/10 |
| | | 剃齿机 | 4 | 2 | 最大工件直径 | 1/10 |
| | | 珩齿机 | 4 | 6 | 最大工件直径 | 1/10 |
| | | 插齿机 | 5 | 1 | 最大工件直径 | 1/10 |
| | | 碟形砂轮磨齿机 | 7 | 0 | 最大工件直径 | 1/10 |
| | | 车齿机 | 8 | 0 | 最大工件直径 | 1/10 |
| 铣床 | X | 龙门铣床 | 2 | 0 | 工作台面宽度 | 1/100 |
| | | 圆台铣床 | 3 | 0 | 工作台面直径 | 1/100 |
| | | 平面仿形铣床 | 4 | 3 | 最大铣削宽度 | 1/10 |
| | | 立体仿形铣床 | 4 | 4 | 最大铣削宽度 | 1/10 |
| | | 立式升降台铣床 | 5 | 0 | 工作台面宽度 | 1/10 |
| | | 卧式升降台铣床 | 6 | 0 | 工作台面宽度 | 1/10 |
| | | 万能升降台铣床 | 6 | 1 | 工作台面宽度 | 1/10 |
| | | 床身铣床 | 7 | 1 | 工作台面宽度 | 1/100 |
| | | 万能工具铣床 | 8 | 1 | 工作台面宽度 | 1/10 |
| | | 键槽铣床 | 9 | 2 | 最大键槽宽度 | 1 |
| 刨床 | B | 悬臂刨床 | 1 | 0 | 最大刨削宽度 | 1/100 |
| | | 龙门刨床 | 2 | 0 | 最大刨削宽度 | 1/100 |
| | | 龙门铣磨刨床 | 2 | 2 | 最大刨削宽度 | 1/100 |
| | | 牛头刨床 | 6 | 0 | 最大刨削长度 | 1/10 |
| | | 模具刨床 | 8 | 8 | 最大刨削长度 | 1/10 |
| | | 卧式外拉床 | 3 | 1 | 额定拉力 | 1/10 |
| 拉床 | L | 连续拉床 | 4 | 3 | 额定拉力 | 1/10 |
| | | 立式内拉床 | 5 | 1 | 额定拉力 | 1/10 |
| | | 卧式内拉床 | 6 | 1 | 额定拉力 | 1/10 |
| | | 立式外拉床 | 7 | 1 | 额定拉力 | 1/10 |
| | | 汽缸体平面拉床 | 9 | 1 | 额定拉力 | 1/10 |

**二、机床的构造**

机床一般由以下几个主要部分组成：

(1)主传动部件　用来实现机床的主运动。

(2)进给传动部件　用来实现机床的进给运动和用来实现机床的调整、退刀及快速运动等。

(3)工件安装装置　用来安装工件。

(4)刀具安装装置　用来安装刀具。

(5)支承件　用来支承和连接机床各零件。

(6)动力源　用来为机床提供动力的电动机。

**三、机床的传动方法**

常用的机床传动方法有机械传动和液压传动。

1.机械传动

(1)定比传动机构　常见的定比传动元件有传动带与带轮、齿轮与齿轮、蜗杆与蜗轮、齿轮与齿条以及丝杠螺母等。每一对传动元件称为传动副。

(2)变速机构　改变机床部件运动速度的机构。常用的有塔轮变速机构、滑移齿轮变速机构、离合器齿轮变速机构、配换齿轮变速机构。

(3)换向机构　即变换机床部件运动方向的机构。

(4)操纵机构　即来用来实现机床运动部件变速、换向、启动、停止制动及调整的机构。

2.液压传动

常用机床的液压传动由以下几部分组成：

(1)动力元件　如液压泵，作用是将电动机输入的机械能转换为液体压力能。

(2)执行元件　如液压缸或液压马达，作用是把液压泵输入的液体压力能转变为工作部件的机械能。

(3)控制元件　作用是控制和调节油液的压力、流量及流动方向。

(4)辅助装置　作用是创造必要条件，以保证液压系统正常工作，如油箱、油管等。

(5)工作介质　如矿物油。

## 第三节　金属切削刀具

**一、常用刀具材料**

切削过程中，完成切削工件的是刀具。刀具切削部分受到很高的温度、压力、磨擦、冲击和震动，因此刀具切削部分的材料必须具备高硬度和耐磨性，其硬度必须大于工件的硬度，一般60HRC以上；还要具有足够的强度和韧性。

常用的刀具材料有碳素工具钢、合金工具钢、高速钢、硬质合金，陶瓷材料等。

1.碳素工具钢

碳素工具钢淬火后硬度可达59～64HRC。但是，其耐热性差。当切削温度达到200℃～250℃时，材料的硬度明显下降。另外，其热处理工艺性能也差，容易出现淬火变形和裂

纹。碳素工具钢用于制造简单手工刀具，如锉刀、刮刀、手锯等。常用的碳素工具钢牌号有T10A、T12A等。

2. 合金工具钢

在碳素工具钢中加入少量的Cr、W、Mn、Si等元素，形成合金工具钢。有较好的耐磨性，热处理变形小。

3. 高速钢

含有W、Cr、V、Mo等主要合金元素。热处理后，其硬度可达到62～67HRC，耐热性也明显高于碳素工具钢。高速钢具有较高的抗弯强度和较好的冲击韧度，具有一定的切削加工性和热处理工艺性。因此高速钢适用于制造形状复杂的刀具，如钻头、成形车刀、铣刀、拉刀、齿轮刀具等。常用的高速钢牌号有W18Cr4V、W6Mo5Cr4V2等。

4. 硬质合金

以高硬度、高熔点的金属碳化物（WC、TiC）等作基体以金属Co等作粘结剂，用粉末冶金的方法制成的一种合金。它的硬度高、耐磨性好、耐热性高。硬质合金按成分分为三大类。

(1)钨钛类YG　韧性好，硬度、耐磨性稍差，适用于加工铸铁、有色金属等脆性材料。

(2)钨钛钴类YT　硬度、耐磨性较好，但性脆，适用于加工钢材。

(3)钨钛钽(铌)类YW　其硬度、耐磨性、耐热性、抗弯强度、冲击韧度比前两类好，适用于加工钢、铸铁、有色金属。

5. 陶瓷材料

主要成分$Al_2O_3$，刀片硬度高、耐磨性好、耐热性高、但性脆、不能切削黑色金属，主要用于磨料。

(1)人造金刚石　极高的耐磨性，刃口锋利，能切下极薄的切屑。但性脆、不能切削黑色金属，主要用于磨料。

(2)六方氮化硼(CBN)　耐热性、化学稳定性远高于金刚石，切削性能好。适用于非铁族和铁材料加工。

## 二、车刀切削部分的组成

金属切削刀具的种类很多，形状各异。但就其切削部分而言，都有共同的特点。外圆车刀是最基本、最典型的切削刀具，其切削部分由三面、两刃、一尖构成。三面是指前面、主后面、副后面；两刃是指主切削刃和副切削刃；一尖是指刀尖，如图15-4所示。其它刀具的切削部分均可视为由车刀切削部分演变而来。

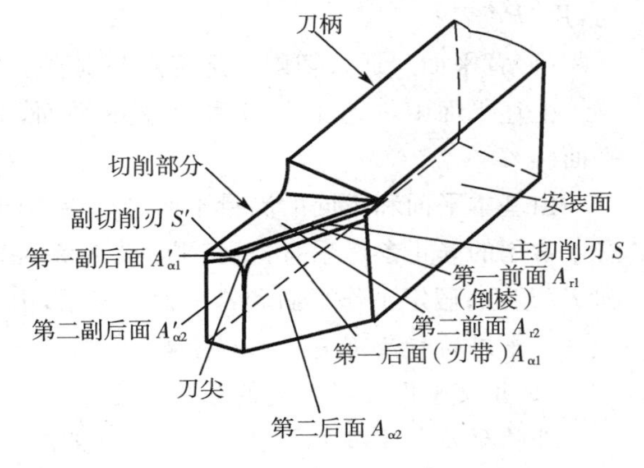


图15-4　车刀的组成

(1)前面　前面是指刀具上切屑流过的表面，用符号“$A_r$”表示。如果前面是由几个相互倾斜的表面组成的，则从切削刃开始，依次把它们称为第一前面($A_{r1}$)、第二前面($A_{r2}$)等。

(2)主后面　主后面是指刀具上同前面相交形成主切削刃的后面,用符号“$A_\alpha$”表示。同样,也可分为第一后面($A_{\alpha1}$)、第二后面($A_{\alpha2}$)等。

(3)副后面　副后面是刀具上同前面相交形成副切削刃的后面,用符号“$A_\alpha'$”表示。

(4)主切削刃　起始于切削刃上主偏角为零的点,并至少有一段切削刃拟用来在工件上切出过渡表面的那个整段切削刃。但它不是一条几何线,而是具有一定刃口圆弧半径的切削刃,担任主要切削工作,用符号“$S$”表示。

(5)副切削刃　切削刃上除主切削刃以外的刃,亦起始于主偏角为零的点,但它背离切削刃的方向延伸。辅助主切削刃并影响已加工表面粗糙度的大小,用符号“$S'$”表示。

(6)刀尖　它是主、副切削刃相交而形成的一部分切削刃。但它不是一个几何点,而是具有一定圆弧半径的刀尖。

## 三、车刀的标注角度

### 1.车刀标注角度参考系

为确定刀具切削部分的几何形状和角度,即确定各刀面和切削刃的空间位置,首先必须建立一个空间坐标参考系。刀具角度的参考系有两种:静止参考系和工作参考系。前者用于刀具的设计、制造和刃磨时定义几何角度的参考系;后者是用规定刀具切削时的几何角度的参考系。车刀静止参考系主要由以下坐标平面组成。

(1)基面　过切削刃上选定点的平面,它平行或垂直于刀具在制造、刃磨及测量时适合于安装或定位的一个平面或轴线,一般来说其方位要垂直于假定的主运动方向,用“$P_r$”表示。

(2)切削平面　通过切削刃选定点与切削刃相切并垂直于基面的平面,用“$P_s$”表示

(3)正交平面　通过切削刃选定点并同时垂直于基面和切削平面的平面。显然,正交平面垂直于主切削刃在基面上的投影,用“$P_o$”表示。

(4)法平面　通过切削刃选定点并垂直于切削刃的平面,用“$P_n$”表示。

(5)假定工作平面　通过切削刃选定点并垂直于基面,它平行或垂直于刀具在制造刃磨及测量时适合安装或定位的一个平面或轴线、一般来说其方位要平行于假定的进给运动方向,用“$P_f$”表示。

(6)背平面　通过切削刃选定点并垂直于基面和假定工作平面的平面,用“$P_p$”表示。

上述平面中,$P_r$ 和 $P_s$ 又称为基本平面,两者相互垂直;$P_o$、$P_n$、$P_f$ 和 $P_p$ 又称为测量平面。

由基本平面和不同的测量平面可构成不同的静止参考系。

常用的静止参考系有:正交平面参考系,由 $P_r$、$P_s$ 和 $P_o$ 组成;法平面参考系,由 $P_r$、$P_s$ 和 $P_n$ 组成;假定工作平面和背平面参考系,由 $P_r$、$P_f$ 和 $P_p$ 组成。如图 15-5 所示。

### 2.车刀的标注角度

(1)正交平面参考系内的标注角度

外圆车刀在该参考系中的基本角度如图 15-6 所示。

①主偏角 $K_r$　主切削平面与假定工作平面间的夹角,在基面中测量。

②副偏角 $K_r'$　副切削平面与假定工作平面间的夹角,在基面中测量。

③前角 $\gamma$　前面与基面间的夹角在正交平面中测量。前角的正、负方向按图示规定表示。

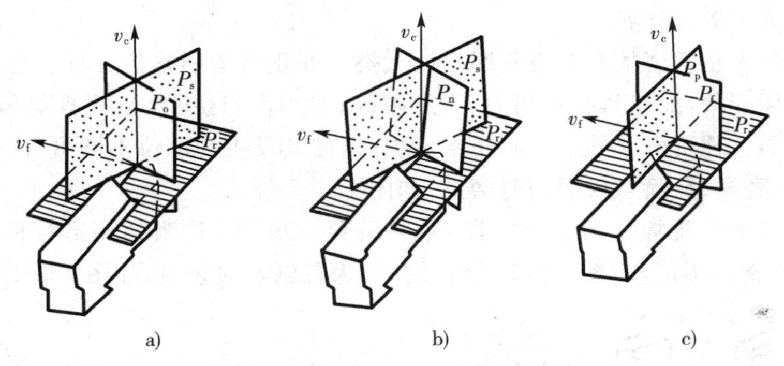

图 15－5　车刀静止参考系

a)正交平面参考系　b)法平面参考系　c)假定工作平面和背平面参考系

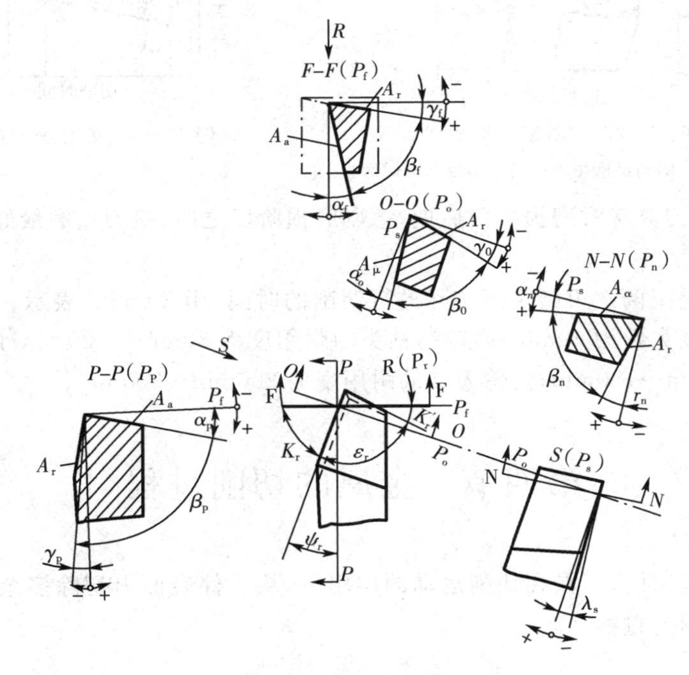

图 15－6　车刀的标注角度

④后角 $\alpha$　后面与切削平面间的夹角，在正交平面中测量。

⑤刃倾角 $\lambda_s$　主切削刃与基面间的夹角，在主切削平面中测量。刃倾角的正负方向按图示规定表示。

⑥副后角 $\alpha_0'$　副后刀面与副切削平面间的夹角，在副正交平面中测量。

(2)法平面参考系内的标注角度　以及假定工作平面和背平面参考系内的标注角度，如图 15－6 所示。

**四、刀具磨损和刀具耐用度**

在切削过程中，刀具使用一段时间后，切削刃与刀尖由锋利变钝，以致降低生产效率、恶化加工质量，但是经过重新刃磨以后，切削刃恢复锋利，仍可继续使用。刀具从开始切削到完全报废，实际切削时间的总和称为刀具寿命。

1. 刀具磨损形成与过程

刀具磨损分为正常磨损和非正常磨损两大类。非正常磨损是指刀具在切削过程中突然或过早产生损坏现象，如刀具突然崩刃、刀片破碎、卷刃等，这主要是刀具材料、刀具角度及切削用量选择不合理所引起的。刀具正常磨损时，按其发生的部位不同可分为三种形式，即后面磨损、前面磨损、前面与后面同时磨损，如图 15－7 所示。

刀具的磨损过程通常分为三个阶段：第一阶段（*OA* 段）称为初期磨损阶段；第二阶段（*AB* 段）称为正常磨损阶段；第三阶段（*BC* 段）称为急剧磨损阶段，如图 15－8 所示。

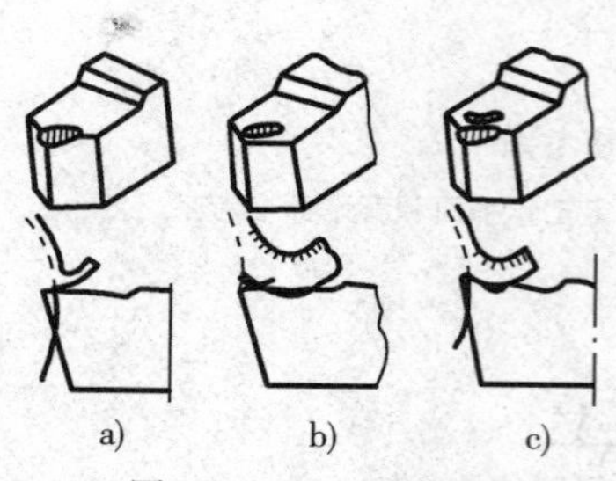

图 15－7　刀具磨损形成

a)后面磨损　b)前面磨损　c)前面与后面同时磨损

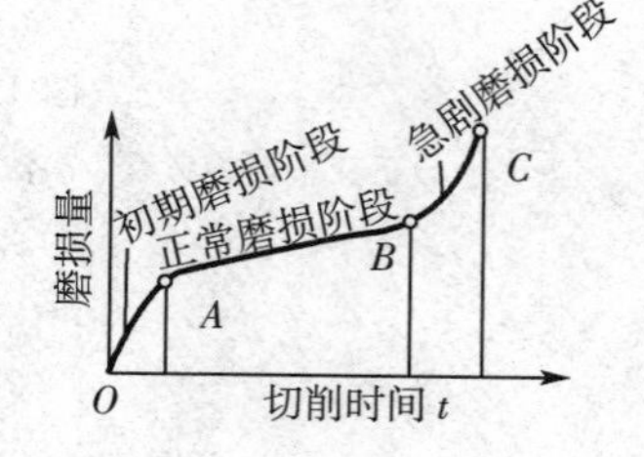

图 15－8　刀具磨损过程

实践证明，在刀具正常磨损阶段后期，急剧磨损阶段之前，换刀重磨最好。

2. 刀具耐用度

刀具耐用度是指两次刃磨之间实际进行切削的时间，用 T(min)表示。通常，硬质合金焊接车刀的耐用度大致为 60min；高速钢钻头的耐用度为 80min～120min；硬质合金端铣刀的耐用度为 120min～180min；齿轮刀具的耐用度为 200min～300min。

## 第四节　金属的切削过程

金属切削过程，是指刀具在切削运动的作用下，从工件表面上切除多余的金属层，形成切屑和已加工表面的过程。

### 一、切屑

1. 切屑的形成过程

金属切削过程是被切削金属层在刀具切削刃和前刀面的作用下经受挤压而产生剪切、滑移变形的过程。切削时，刀具向前推进与工件接触，开始产生弹性变形，随着刀具前进，金属内部的应力应变继续加大。当应力达到材料的屈服点（塑性材料）时，产生塑性变形。刀具继续前进，表面金属被挤裂而切离。

2. 切屑的种类

由于工件材料不同，切削条件不同，切削过程中的变形程度不同。因而所产生的切屑种类也很多。一般有以下四类：带状切屑、节状切屑、单元切屑、崩碎切屑，如图 15－9 所示。

(1)带状切屑(图 a)　内表面光滑、外表面毛茸。一般加工塑性材料，切削厚度较小，切削速度较高，刀具前角较大易得这类切屑。

(2)节状切屑(图 b)　外表面呈锯齿形，内表面有时有裂纹，一般切削速度较低，切削厚度较大时易产生这类切屑。

(3)单元切屑(图 c) 在切屑形成过程中,如果整个剪切面上剪应力超过了材料的破裂强度时,易产生这类切屑。

(4)崩碎切屑(图 d) 切削脆性金属时,由于材料的塑性小,抗拉强度低,刀具切入后切削层内靠近切削刃和前刀面的局部金属未经明显塑性变形就在张应力状态下脆断,形成不规则的碎块状切屑。同时使工件加工表面凹凸不平,这类切屑为崩碎切屑。

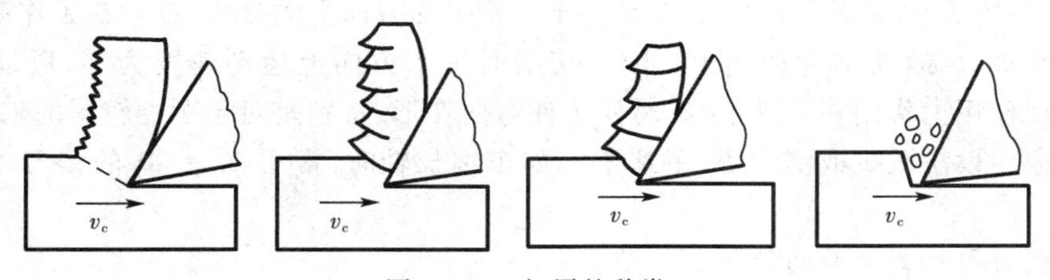


图 15-9 切屑的种类

a)带状切屑 b)节状切屑 c)单元切屑 d)崩碎切屑

## 二、积屑瘤

切削塑性好的金属时,在前刀面靠近切削刃附近粘结着一块楔形硬块,这就是积屑瘤,如图 15-10 所示。

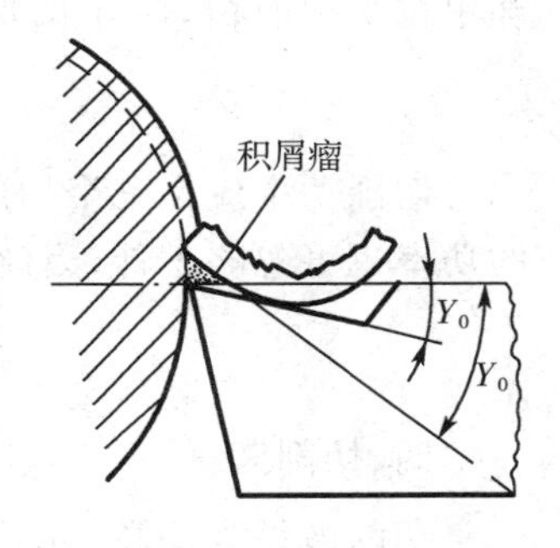


图 15-10 积屑瘤图

### 1. 积屑瘤的形成

切削塑性金属时,在一定的切削条件下,随着切屑和刀具前刀面温度的提高,压力的增大,摩擦阻力增大,使切削刃处的切屑底层流速降低,当摩擦阻力超过这层金属与切屑本身分子间的结合力时,这部分金属便粘附在切削刃附近,形成积屑瘤。

### 2. 积屑瘤对切削过程的影响

积屑瘤经过强烈的塑性变形而被硬化,其硬度很高通常是工件材料的 2～3 倍,能代替刀刃进行切削,在粗加工时对刀具有保护作用,但积屑瘤的轮廓很不规则,从刀刃上伸出的长度又不一致,这就会将已加工表面划出沟痕,部分脱落的积屑瘤碎片还会嵌进已加工表面,更为严重地影响加工表面质量。

### 3. 避免积屑瘤的措施

采用低速(2～5m/min)或高速(＞75m/min)切削,避免中速切削,减少进给量,增大刀具前角,适当选用切削液、提高刀具刃磨质量,可以防止积屑瘤产生。

## 三、切削力和切削功率

### 1. 切削力的形成与分解

以外圆切削为例,总切削力 $F$ 可以分解为三个互相垂直的分力,如图 15-11 所示。

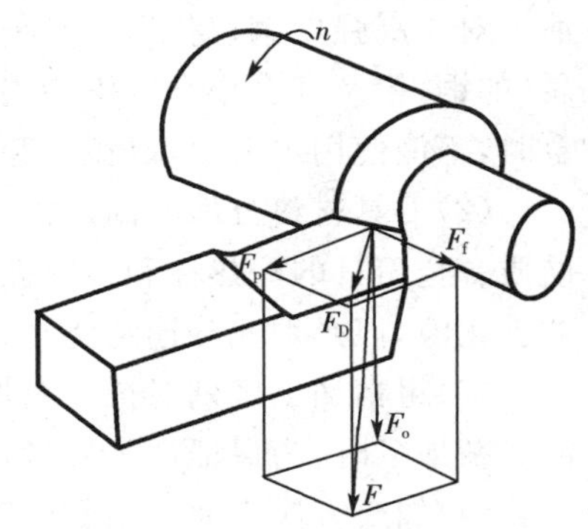


图 15-11 切削力的分解

(1)主切削力 $F_o$ 总切削力 $F$ 在主运动方向上的正投影,它垂直于工作基面,和切削速度方向相同,故又称切向力。其大小约占总切削力的 80%～90%,消耗的机床功率也最多，约占车削总功率的90%以上，是计算机床动力、主传动系统零件强度和刚度的主要依据。作用在刀具上的切削力过大时，可能使刀具崩刃；其反作用力作用在工件上，过大时就发生闷车现象。

(2)进给力 $F_f$　总切削力 $F$ 在进给方向上的正投影。它投影在工作基面上，并与工件轴线相平行，故又称为轴向力。凡是设计和验算进给机构所必需的数据，一般消耗总功率的1%～5%。

(3)背向力 $F_p$　是总切削力 $F$ 在垂直于工作平面方向上的分力，投影在工作基面上，并与工件轴线垂直，故又称为径向力。因为切削时这个方向上运动速度为零，所以 $F_p$ 不做功。但其反作用力作用在工件上，容易使工件弯曲变形，特别是对于刚性较弱的工件尤为明显，所以，应当设法减少或消除 $F_p$ 的影响。如车细长轴时，常用 $K_r=90°$ 的偏刀，就是为了减小 $F_p$。

2.切削力与切削功率的计算

在实际应用中，主切削力 $F_c$ 可用测力仪直接测出，也可用经验公式来计算。经验公式是建立在大量实验基础上，并根据影响主切削力的各个因素，总结出各种修正系数。如果已知单位切削面积 $A_D$ 上的切削力 $P$(单位 N/mm²)，可用下式估算切削力 $F_c$ 的大小

$$F_o=PA_D=pa_pf \quad (\mathrm{N})$$

切削功率应是三个切削分力消耗功率的总和。但在车削外圆时，$F_p$ 不作功，$F_p$ 所消耗的功率也可忽略不计，因此，切削功率 $P_m$(单位 kW)可用下式计算

$$P_m=F_cv_c10^{-3}(v_c\text{ 的单位 m/s})$$

## 四、切削液

切削液是为提高切削加工效果而使用的液体。切削液的作用有冷却作用、润滑作用、清洗和排屑作用等。常用的切削液有水溶液、乳化液和切削油三大类。

加工时，要兼顾工件材料、刀具材料、加工方法等情况，并根据加工要求有所侧重，合理选择。

(1)工件材料方面　切削一般钢料等塑性材料时，需用切削液。而切削铸铁、黄铜等脆性材料时，一般不使用切削液，以免碎屑粘附在机床导轨与溜板间，使其遭到阻塞与擦伤。在低速精加工(如宽刃精刨、精铰)时，为了保证表面质量，可选用润滑性较好而粘度小的煤油。对于高强度钢、高温合金等难加工材料，应选用含极压添加剂的切削液。在切削有色金属(如铜、铝及其合金)时，不能用含硫的切削液，因硫对这类金属有腐蚀作用。在切削镁合金时，不能使用水溶液，以免引起燃烧。

(2)刀具材料方面　高速钢刀具的高温硬度低，为了保证刀具寿命，应适当选用切削液。硬质合金刀具的耐热性和耐磨性较好，一般可不用切削液。必要时也可用水溶液或低浓度的乳化液，但必须充分连续浇注，以免冷热不均匀，导致刀片碎裂。

(3)粗精加工区别对待　粗加工时，金属切余量大，切削温度高，应选冷却作用好的切削液。精加工时，为保证加工质量，应选用润滑性好的极压切削液。

(4)加工方法方面　钻孔(特别是深孔)、攻螺纹、铰孔、拉削和用成形刀切削时，宜选用极压切削液，并充分加注，以保持刀具的形状与尺寸精度并保证排屑良好。磨削时，温度很

高，且所产生的细小磨屑容易堵塞砂轮，工件也容易烧伤，应大量加注冷却性能好的水溶液或低浓度的乳化液。磨削不锈钢、高温合金时宜选用润滑性较好的极压水溶液和极压乳化液。

**五、工件材料的可切削性**

切削加工性是指材料被切削加工的难易程度。评定材料切削加工性的主要指标有：

(1)一般情况下以刀具耐用度在到 $T=60\text{min}$ 时所允许的切削速度 $v_{60}$ 来评定。$v_{60}$ 愈高，则表示工件的切削加工性愈好，$v_{60}$ 愈低，表示工件的切削加工性愈差。

(2)精加工时以工件被加工表面的表面粗糙程度来评定。粗糙度值愈大，切削加工性愈差。

(3)深孔加工和在自动机床上加工时，以断屑的难易程度来评定。愈不易断屑的材料，切削加工性愈差。

(4)切削力　在相同的切削条件下，切削力较小的材料，切削加工性较好。

直接影响材料切削加工性的主要因素是物理、力学性能。可以通过适当的热处理，改变材料的力学性能，从而达到改善其切削加工性能的目的。另外可以通过适当调整材料的化学成分来改善其切削加工性。

## 思考与练习

1. 切削运动按其功能可分为几种？
2. 试说明下列加工方法的主运动和进给运动：
   车端面；车床钻孔；车床车孔；钻床钻孔；镗床镗孔；铣床铣平面；牛头刨床刨平面；龙门刨床刨平面；外圆磨床磨平面。
3. 如何选择刀具的前角、后角和主偏角？
4. 刀具材料应具备哪些性能？常用刀具材料有哪些？
5. 何谓切削力？切削用量中对切削力影响最大的因素是哪一个？
6. 粗加工时为什么允许产生积屑瘤？精加工时为什么要防止积屑瘤产生？
7. 车刀的切削部分是由哪几个部分组成？

# 第十六章 车削加工

## 第一节 概 述

车削加工是切削加工中最常用的一种方法。在车床上能加工各种内、外回转面。加工范围如图 16-1 所示。

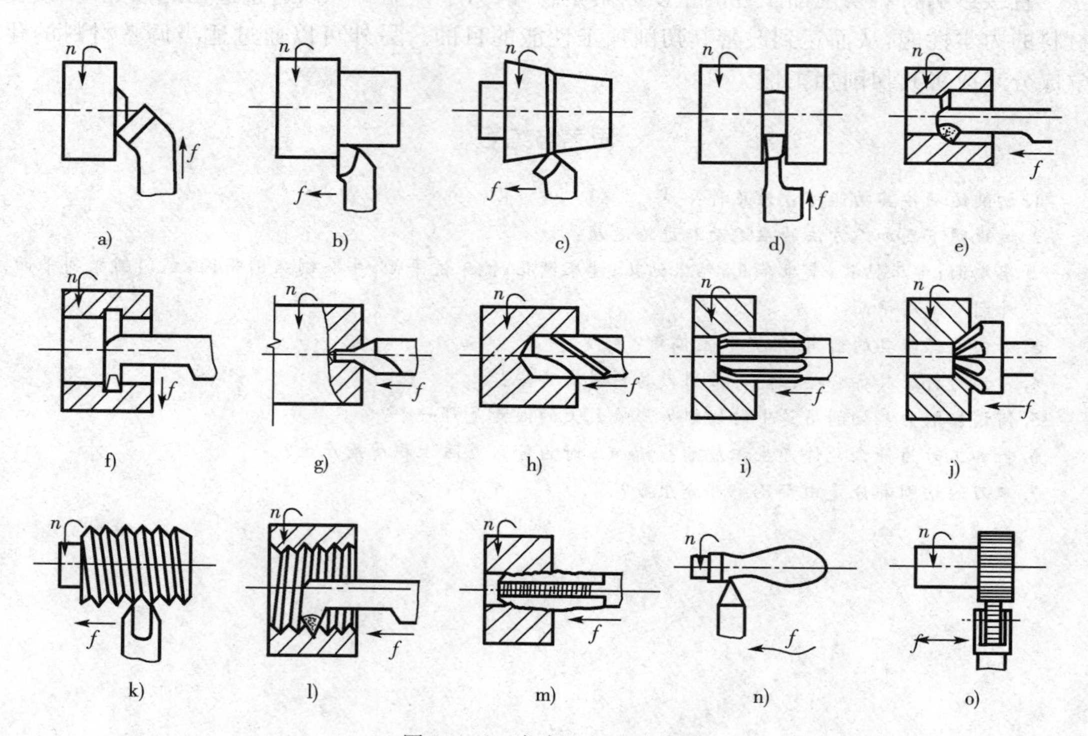


图 16-1 车床的加工范围

a)车端面 b)车外圆 c)车外锥面 d)切槽与切断 e)车孔 f)车内槽 g)钻中心孔 h)钻孔 i)铰孔 j)锪孔 k)车外螺纹 l)车内螺纹 m)攻螺纹 n)车成形面 o)滚花

车削加工的工艺特点：

(1)采用前后顶尖传动加工阶梯轴或采用卡盘安装加工短轴和盘类零件。在一次装夹中，可加工较多平面，由于各加工面具有同一回转轴线，故可较好地保证各加工表面间的位置精度要求。

(2)一般情况下，车削过程是连续进行的，当刀具几何形状以及 $a_p$ 和 $f$ 一定时，切削层

的截面尺寸稳定不变，切削面积和切削力基本不变，故切削过程比较稳定。又由于车削的主运动为回转运动，避免了惯性力和冲击力的影响，所以车削允许采用较大的切削用量，进行高速切削或强力切削，有利于生产率的提高。

(3)适用于有色金属零件的精加工。当有色金属零件要求精度较高，表面粗糙度值较小时，不宜用磨削。改用精细车，用金刚石车刀或细颗粒硬质合金车刀进行加工时，加工表面的尺寸精度、表面粗糙度达到一定要求。

(4)刀具简单，使用灵活，易于选择合理的几何角度，有利于提高加工质量和生产率。

## 第二节　车　床

车床的种类很多，主要有卧式车床、转塔车床、立式车床、多刀车床、自动与半自动车床，以及数控车床等。其中卧式车床应用较广，如图 16-2 所示。

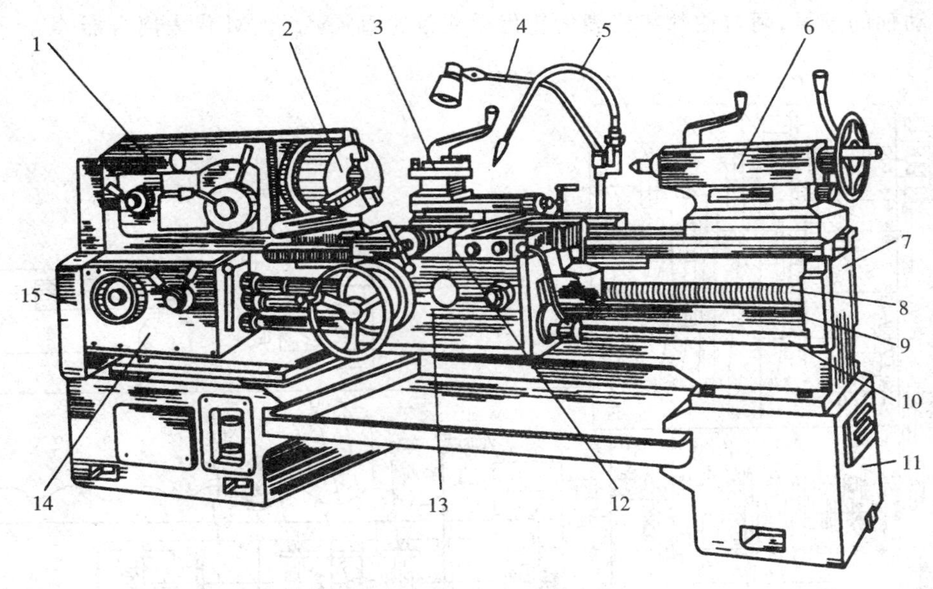


图 16-2　CA6140 卧式车床

1—主轴箱　2—卡盘　3—四方刀架　4—照明灯　5—切削液软管　6—尾座　7—床身　8—丝杠　9—光杠　10—操纵杆　11—床腿　12—床鞍　13—溜板箱　14—进给箱　15—挂轮箱

### 一、车床的主要部件和作用

(1)主轴箱　用来把电动机的旋转运动传给主轴，再通过装在主轴上的夹具带动工件旋转。箱内有变速机构，变换箱外手柄的位置，便可改变主轴的转速。

(2)挂轮箱　是把主轴的旋转运动传给进给箱的过渡部件。调换挂轮箱内的齿轮，可改变进给量或车螺纹时所需的螺距(或导程)。

(3)进给箱　内有变速机构，用来把挂轮箱传来的旋转运动传给光杠或丝杠，并变换其转速，以便变换进给量或螺距。

(4)溜板　它由上、中、下三层组成。下溜板(又叫床鞍)，是纵向进给时用的。中溜板是车外圆时控制吃刀量和车端面时横向进给用的。上溜板是在纵向调节车刀位置或作手动纵向进给用的。

(5)溜板箱　用来把光杠或丝杠的旋转运动变为溜板及车刀的进给运动。变换溜板箱外手柄的位置,可控制车刀纵向或横向进给运动的方向,以及启动或停止。

(6)刀架　用来装夹刀具。

(7)尾座　它有一根由手柄带动沿主轴轴线方向移动的心轴,在心轴的锥孔里插上顶尖,可以支承较长工件的一端。还可以换上钻头、铰刀等刀具实现孔的钻削和铰削加工。

(8)床身　用来安装上述各部件。此外,床身上面有两条导轨,可分别为床鞍及尾座的往复运动导向。

**二、卧式车床的传动系统**

图 16-3 为 CA6140 型卧式车床传动系统图。它表示了机床运动和传动情况。图中规定符号代表各种传动元件,各传动元件按照运动传递的先后顺序,以展开图的形式画出来。传动系统图只能表示传动关系,而不能代表各元件的实际尺寸和空间位置。图中罗马数字代表传动轴的编号,阿拉伯数字代表齿轮齿数或带轮直径,字母 M 代表离合器等等。

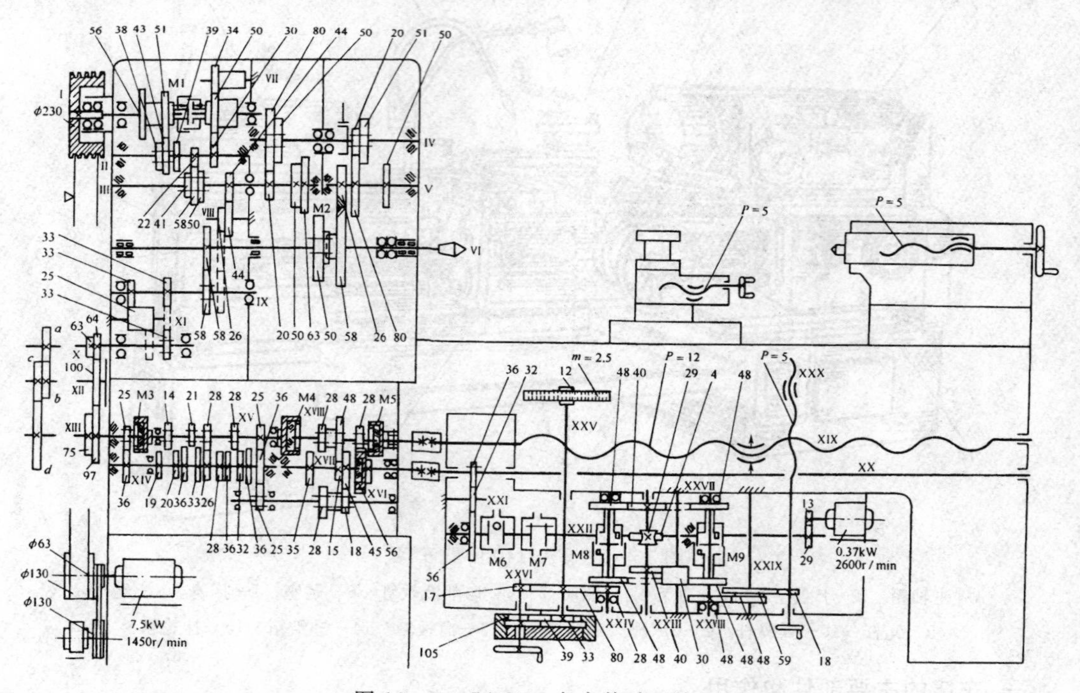


图 16-3　CA6140 车床传动系统图

1. 主运动传动系统

主运动即主轴的旋转运动,是由电动机至主轴之间的传动系统来实现的。其传动路线为:电动机→带轮→主轴箱→主轴。主运动传动路线可表示为:

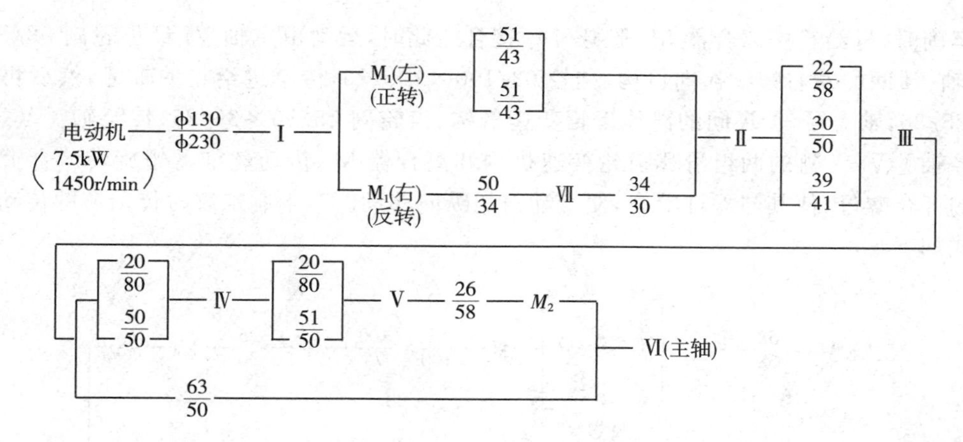


CA6140 型卧式车床的主传动链可使主轴获得 24 级正转转速（10r/min～1400r/min）及 12 级反转转速（14r/min～1580r/min）。其传动路线是，运动由主电动机（7.5kW，1450r/min）经 V 带传至主轴箱中的轴Ⅰ，轴Ⅰ上装有一个双向多片式摩擦离合器 $M_1$，用以控制主轴的起动、停止和换向。离合器 $M_1$ 向左接合时，主轴正转；向右接合时，主轴反转；左、右都不接合时，主轴停转。轴Ⅰ的运动经离合器 $M_1$ 和轴Ⅰ-Ⅲ间变速齿轮传至轴Ⅲ，然后分两路传给主轴，当主轴 VI 上的滑移齿轮 Z50 处于左边位置时（图示位置），运动经齿轮副 63/50 直接传给主轴，使主轴得到高转速；当滑移齿轮 Z50 处于右边位置，与齿轮式离合器 $M_2$ 接合时，则运动经轴Ⅲ-Ⅳ-Ⅴ间的背轮机构和齿轮副 26/58 传给主轴，使主轴获得中、低转速。

2. 主轴的转速级数与转速计算

根据传动系统图和传动路线表达式，主轴可获得 30 级转速，但由于轴Ⅲ-Ⅴ间的四种传动比为

$$u_1 = 20/80 \times 20/80 = 1/16 \qquad u_2 = 50/50 \times 20/80 = 1/4$$

$$u_3 = 20/80 \times 51/50 \approx 1/4 \qquad u_4 = 50/50 \times 51/50 \approx 1$$

其中 $u_2$ 和 $u_3$ 近似相等，所以运动经背轮机构这条路线传动时，主轴实际上只能得到 $2 \times 3 \times (2 \times 2 - 1) = 18$ 级正转转速，加上经齿轮副 63/50 直接传动时的 6 级转速，主轴实际上只能获得 24 级正转转速。

同理，主轴反转时也只能获得 $3 + 3(2 \times 2 - 1) = 12$ 级不同转速。

主轴的转速可按下列运动平衡式计算

$$n_{主} = 1450 \times 130/230 \times (1 - \varepsilon) u_{Ⅰ-Ⅱ} u_{Ⅱ-Ⅲ} u_{Ⅲ-Ⅳ}$$

式中：$n_{主}$——主轴转速，r/min；

$\varepsilon$—— V 带传动的滑动系数，$\varepsilon = 0.02$；

$u_{Ⅰ-Ⅱ}$、$u_{Ⅱ-Ⅲ}$、$u_{Ⅲ-Ⅳ}$——分别为轴Ⅰ-Ⅱ、Ⅱ-Ⅲ、Ⅲ-Ⅳ间的可变传动比。

主轴反转时，轴Ⅰ-Ⅱ间的传动比大于正转时的传动比，所以反转转速高于正转。主轴反转主要用于车螺纹。

3. 螺纹车削进给传动

车削米制螺纹时，必须保证主轴每转一转，刀具准确地移动被加工螺纹一个导程的距

离。车削时，进给箱中离合器 $M_3$ 脱开，$M_5$ 接合。此时，运动由主轴 VI 经齿轮副 58/58，轴 IX 至轴 XI 间的左右螺纹换向机构、挂轮 63/100×100/75，传至进给箱的轴Ⅻ，然后再经齿轮副 25/36，轴ⅩⅤ-ⅩⅣ间的滑移齿轮变速机构、齿轮副 25/36×36/25，传至轴ⅩⅤ，接下去再经轴ⅩⅤ-ⅩⅦ的两组滑移齿轮变速机构和离合器 $M_5$ 传动丝杠ⅩⅧ旋转。合上溜板箱中的开合螺母，使其与丝杠啮合，便带动刀架纵向移动。车米制螺纹时传动链的传动路线表达式如下：

$$\text{主轴 VI} - \frac{58}{58} - \text{IX} - \begin{bmatrix} \dfrac{33}{33} \\ \text{(右旋螺纹)} \\ \dfrac{33}{25} \times \dfrac{25}{33} \\ \text{(左旋螺纹)} \end{bmatrix} - \text{XI} - \frac{63}{100} \times \frac{100}{75} - \text{XII} - \frac{25}{36} - \text{XIII} - \mu_{基} -$$

$$- \text{XIV} - \frac{25}{36} \times \frac{36}{25} - \text{XV} - \mu_{倍} - \text{XVII} - M_5 - \text{XVIII}(\text{丝杠 } P=12\text{mm}) - \text{刀架}$$

$u_{基}$ 为轴Ⅹ-Ⅷ间变速机构的可变传动比，共 8 种：

$u_{基1}=26/28=6.5/7$　$u_{基2}=28/28=7/7$　$u_{基3}=32/28=8/7$　$u_{基4}=36/28=9/7$

$u_{基5}=19/14=9.5/7$　$u_{基6}=20/14=10/7$　$u_{基7}=33/21=11/7$　$u_{基8}=36/21=12/7$

它们近似按等差数列的规律排列。上述变速机构是获得各种螺纹导程的基本机构，故通常称其为基本螺距结构，或称基本组。

$u_{倍}$ 为轴ⅩⅤ-ⅩⅦ间变速机构的可变传动比，共 4 种：

$u_{倍1}=28/35\times35/28=1$　$u_{倍2}=18/45\times35/28=1/2$

$u_{倍3}=28/35\times15/48=1/4$　$u_{倍4}=18/45\times15/48=1/8$

它们按倍数关系排列。这个变速机构用于扩大机床车削螺纹导程的种数，一般称其为增倍机构或增倍组。

## 三、车刀

### 1. 车刀的组成

车刀由刀头和刀体两部分组成。刀头用于切削，又称切削部分；刀体使车刀便于夹持在刀架上，也称刀杆。车刀刀头一般由三个表面、二个切削刃和一个刀尖所组成，如图 16-4 所示。

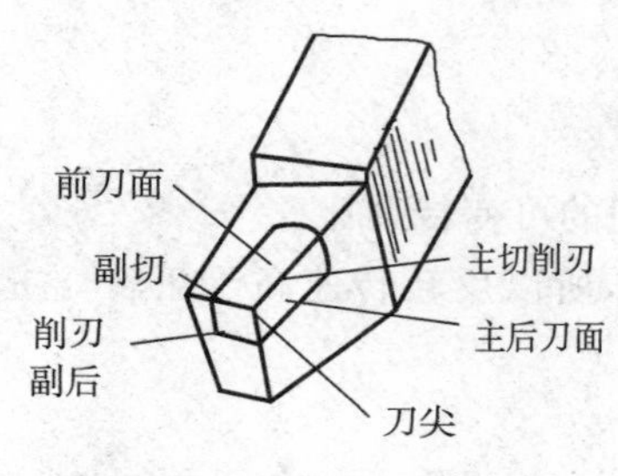


图 16-4　车刀的组成

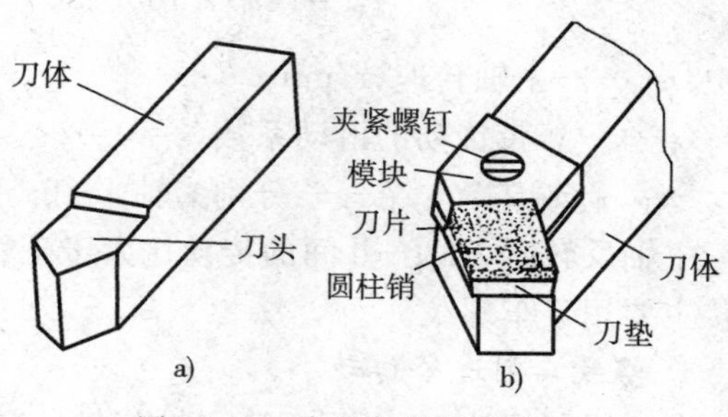


图 16-5　车刀的结构形式

(1)前刀面　切屑切离工件时所流过的表面，也就是车刀的上面。

(2)主后刀面　刀头上与工件加工表面相对的表面。

(3)副后刀面　刀头上与工件已加工表面相对的表面。

(4)主切削刃　又称主刀刃，是前刀面与主后刀面的交线，它担负着主要的切削工作。

(5)副切削刃　又称副刀刃，是前刀面与副后刀面的交线，它担负着少量的切削工作。

(6)刀尖　主切削刃和副切削刃的相交部分，它通常是一小段过渡圆弧。

2. 车刀的结构形式与种类

(1)车刀的结构　常用车刀的结构形式有三种：将刀头焊在刀体上的焊接车刀(图16－4)；刀头和刀体成一整体的整体车刀(图16－5a)；将刀片紧固在刀体上的车刀(图16－5b)。

(2)车刀的种类　按其用途分有外圆车刀、端面车刀、切断刀、镗孔刀、成形车刀、螺纹车刀等。常用车刀如图16－6所示。

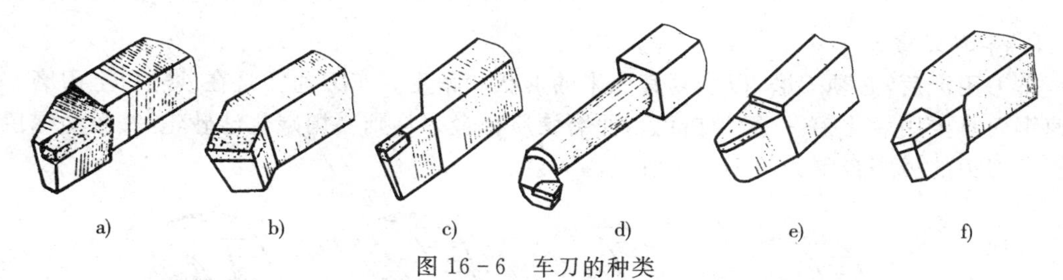


图16－6　车刀的种类

a)偏刀　b)弯头刀　c)切刀　d)镗刀　e)成形车刀　f)螺纹车刀

3. 车刀的选材

(1)高速工具钢　切削加工铸铁、轻合金以及硬度在300～320HBS的结构钢，切削速度在25 m/min～55m/min，承受大的冲击，形状复杂的车刀，一般采用高速工具钢制造；加工马氏体不锈钢、超高强度钢等难加工材料，切削速度在30 m/min～90m/min，且承受大的冲击、外形较复杂的车刀，可选用超硬高速钢W6Mo5Cr4V2A1等来制造。

(2)硬质合金　在切削速度为100m/min～300m/min，被切削材料为铸铁、非铁金属及非金属材料时，车刀可选用钨钴类硬质合金或通用硬质合金，如YG8、YW1等来制造；而当被切削材料为低碳钢或淬火钢等难加工材料时，可选用钨钛钴类硬质合金或通用硬质合金，如YT5、YW1等来制造。

(3)合金刃具钢　当切削速度低时(8m/min～10m/min)，被切削材料为一般金属材料，如铸铁、有色金属以及一般结构钢时，可选用合金刃具钢如Cr2等来制造。

4. 车刀的安装

车刀安装在方刀架上，刀尖应与工件轴线等高。一般用安装在车床尾架上的顶尖来校对车刀刀尖的高低，在车刀下面放置垫片进行调整，垫片要放平整，数量尽可能少，并与刀架对齐。此外，车刀在方刀架上伸出的长度要合适，通常不超过刀体高度的1.5～2倍。车刀至少要用两个螺钉紧固在刀架上，并逐个轮流拧紧。车刀的安装如图16－7所示。

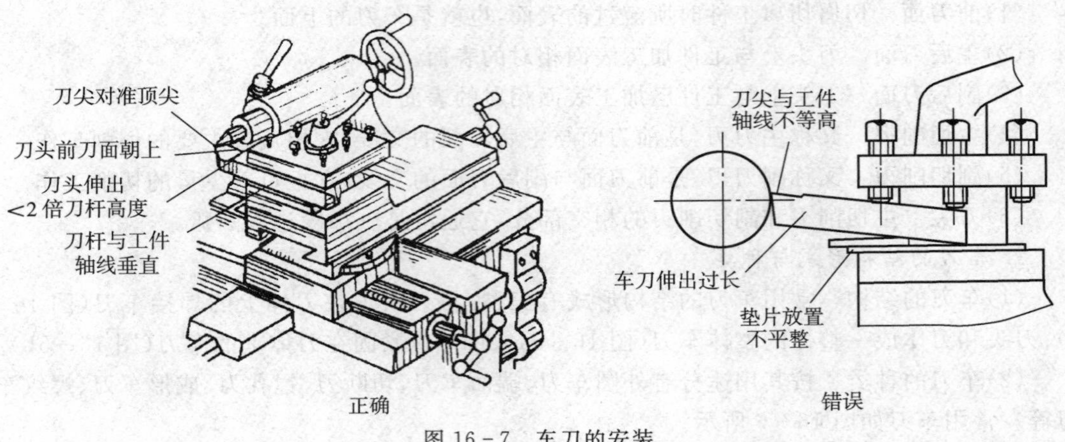


图 16－7　车刀的安装

5．*车刀刃磨*

车刀用钝后，必须刃磨，以恢复其原来的形状和角度。车刀通常是在砂轮机上刃磨。磨高速钢刀具要用氧化铝（一般为白色），而磨硬质合金刀具则要用碳化硅砂轮（一般为绿色）。外圆车刀刃的刃磨步骤如图 16－8 所示。

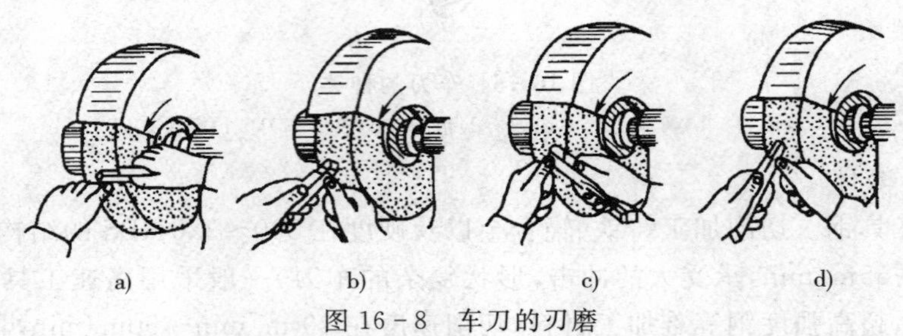


图 16－8　车刀的刃磨

a)磨前刀面　b)磨主后刀面　c)磨副后面　d)磨刀尖圆弧

刃磨车刀时的注意事项如下：

(1)刃磨时，双手拿稳车刀，使刀杆靠于支架，并让受磨面轻贴砂轮。倾斜角度要合适，用力应均匀，以免挤碎砂轮，造成事故。

(2)将刃磨的车刀在砂轮圆周面上左右移动，使砂轮磨耗均匀，不出沟槽，切勿在砂轮两侧用力精磨车刀，以免砂轮受力偏摆、跳动，甚至破碎。

(3)刃磨高速钢车刀，当刀头磨热时，应放入水中冷却，以免刀具因温升过高而软化。刃磨硬质合金车刀时，刀头磨热后应将其刀杆置于水内冷却，切勿刀头过热沾水急冷，这将产生裂纹。

(4)不要站在砂轮的正面，以防砂轮破碎使操作者受伤。

## 第三节　工件的安装及所用附件

### 一、用三爪卡盘安装工件

三爪卡盘是车床上最常用的附件，三爪卡盘的构造如图 16－9 所示。转动小伞齿轮时，

与它相啮合的大伞齿轮随之转动，大伞齿轮背面的平面螺纹带动三个卡爪同时移向中心或退出，因而可以夹紧不同直径的工件。由于三个卡爪是同时移动的，用于夹持圆形截面工件的可自行对中，其对中的准确度约为0.05～0.15mm。三爪卡盘还可安装截面为正三边形、正六边形的工件。若在三爪卡盘上换上三个反爪（有的卡盘可将卡爪反装成反爪），即可用来安装直径较大的工件，如图16－9c所示。

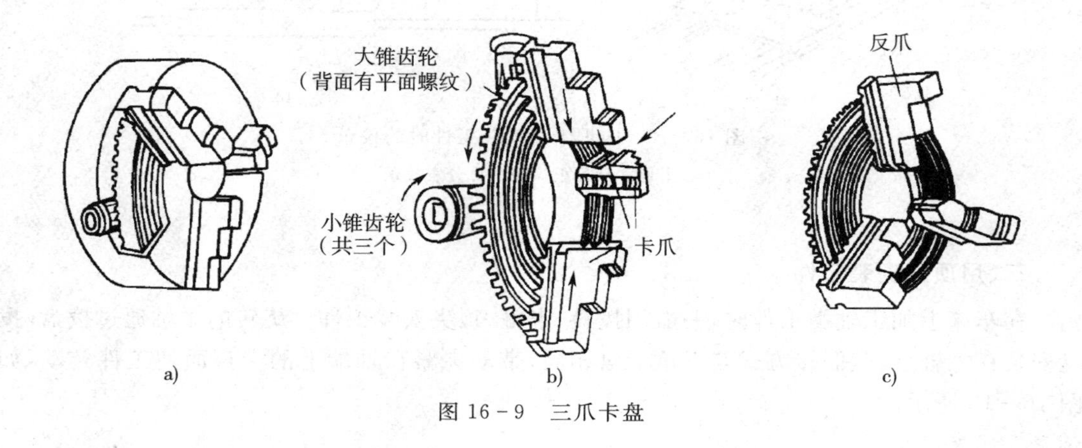


图16－9　三爪卡盘

## 二、用四爪卡盘安装工件

四爪卡盘的外形如图16－10所示。它的四个卡爪通过四个调整螺杆独立移动。

四爪卡盘通用性好，不但可以装夹截面是圆形的工件，还可以装夹截面是方形、长方形、椭圆或其它不规则形状的工件，如图16－11所示。

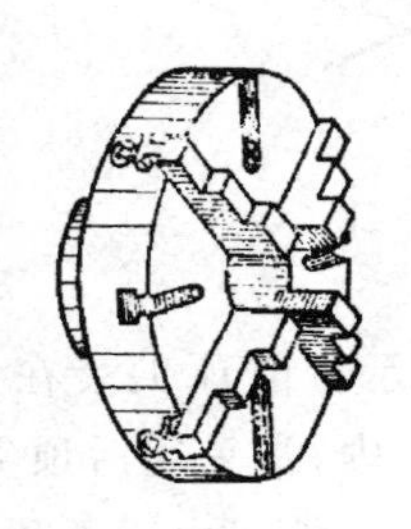

图16－10　四爪卡盘

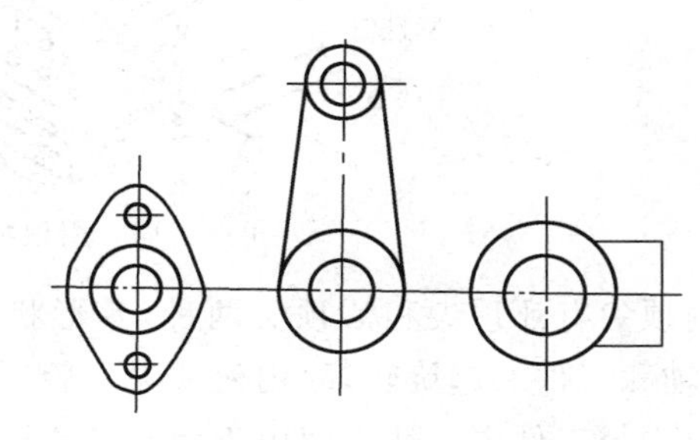

图16－11　四爪卡盘装夹零件举例

若在圆盘工件上车偏心孔也常用四爪卡盘装夹。此外，四爪卡盘较三爪卡盘的夹紧力大，所以也用来装夹较重的圆形截面工件。如果把四个卡爪各自调头作为反爪安装到卡盘体上，即可安装较大的工件。

由于四爪卡盘的四个卡爪是独立移动的，所以在安装工件时须进行仔细地找正。一般用划针盘按工件外圆或孔找正，也常按预先在工件上划出的加工线找正，如图16－12a所示。如工件的安装精度要求很高，也往往用四爪卡盘安装，用百分表进行找正，如图16－12b所示，其安装精度可达0.01mm。

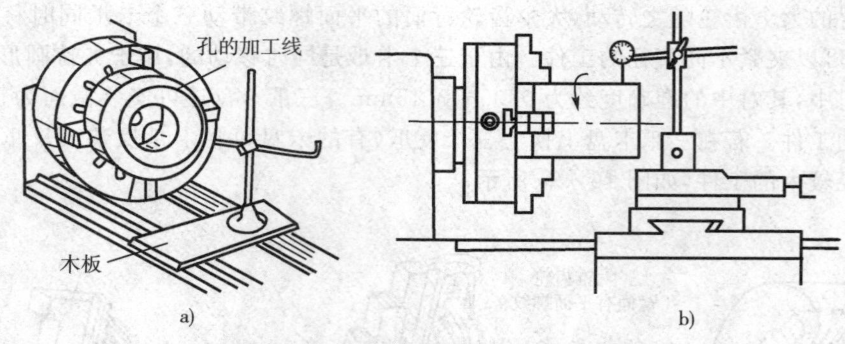


图 16－12　四爪卡盘安装工件时的校正

a)用划针盘找正　b)用百分表找正

## 三、用顶尖安装工件

在车床上加工轴类工件时，一般用拨盘、卡箍、顶尖安装工件。旋转的主轴通过拨盘(拨盘安装在主轴上，其联接方式与三爪卡盘相同)带动夹紧在轴端上的卡箍而使工件转动，如图 16－13 所示。

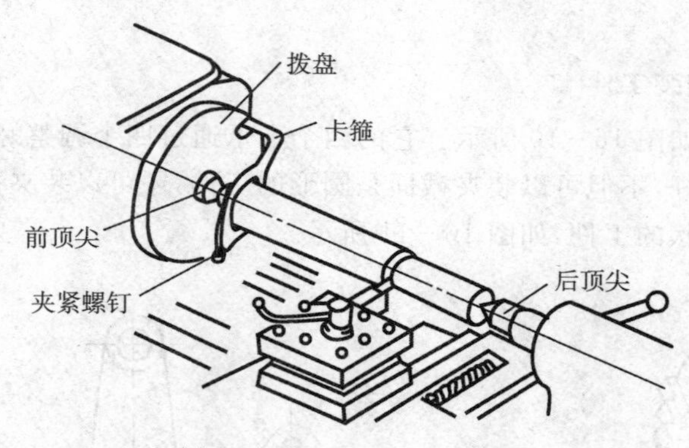


图 16－13　用顶尖安装工件

常用的顶尖有死顶尖和活顶尖两种，其形状如图 16－14 所示。前顶尖装在主轴锥孔内，并随主轴和工件一起旋转，故用死顶尖。后顶尖装在尾架套筒内，常采用活顶尖，这是为了防止后顶尖与工件中心孔之间由于摩擦发热烧损或研坏顶尖和工件。由于活顶尖的精度不如死顶尖高，故一般用于轴的粗加工和半精加工。轴的精度要求高时，后顶尖也应使用死顶尖，但要合理选择切削速度。

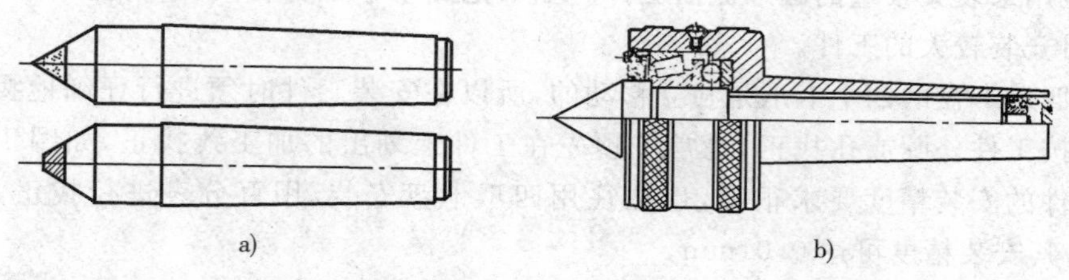


图 16－14　顶尖

a)死顶尖　b)活顶尖

用顶尖安装轴类工件的步骤：

(1)在轴的两端打中心孔　中心孔的形状如图16－15所示，有普通中心孔和双锥面中心孔。中心孔的60°锥面是和顶尖的锥面相配合的，前面的小圆柱孔是为了保证顶尖与锥面能紧密接触，同时可贮存润滑油。双锥面中心孔的120°锥面为保护锥面，用于防止60°锥面被碰坏。中心孔多用中心钻在车床上钻出，加工之前一般先把轴的端面车平。

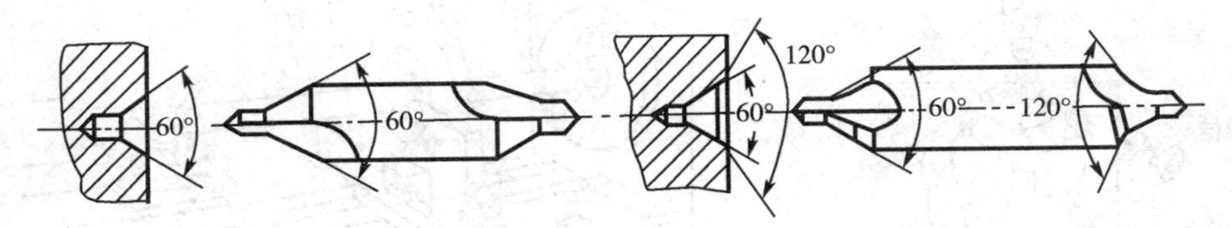


图16－15　中心孔

(2)安装并校正顶尖　顶尖是依靠其尾部锥面与主轴或尾架套筒的锥孔配合而固紧的。安装时要先擦净锥孔和顶尖，然后对正撞紧，否则装不牢或装不正。校正时将尾架移向床头箱，检查前后两个顶尖的轴线是否重合，如图16－16所示。对于精度要求较高的轴，仅用目测观察来校正顶尖是不能满足要求的，要边加工、边度量、边调整。如果两顶尖的轴线不重合，安装在顶尖上的工件的轴线则与进给方向不平行，轴将被加工成锥体，如图16－17所示。

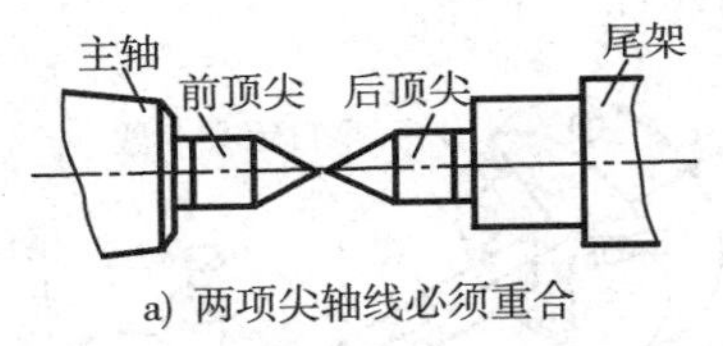


a) 两项尖轴线必须重合

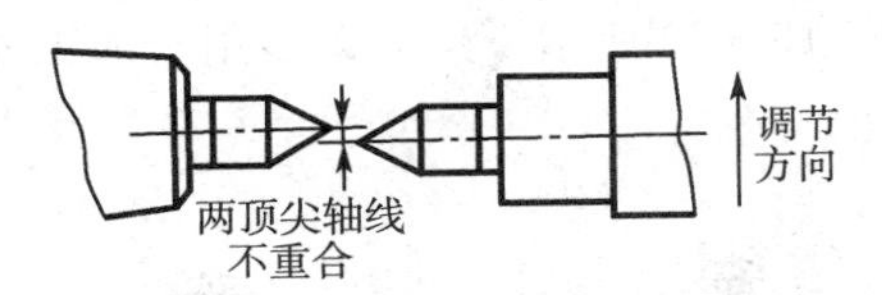


b) 横向调节尾架体使顶尖轴线重合

图16－16　校正顶尖

(3)安装工件　首先在轴的一端安装卡箍，将卡箍夹紧在轴端上(图16－18)。若夹在已加工表面上，则应垫以开缝的小套或薄铁皮以免夹伤工件。在轴的另一端中心孔里涂上黄油，若用活顶尖可不必涂黄油。

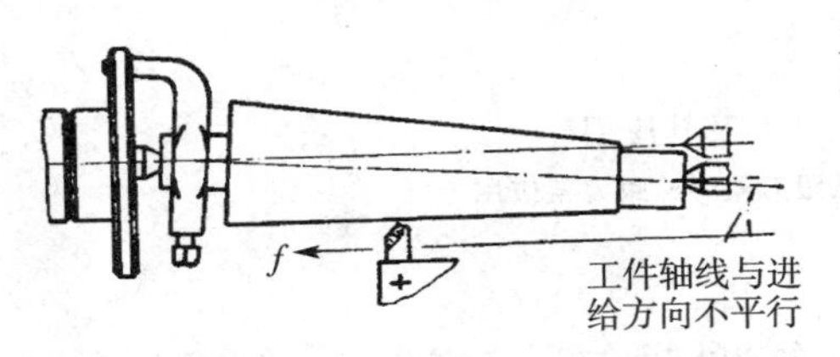


图16－17　两顶尖的轴线不重合加工成锥体

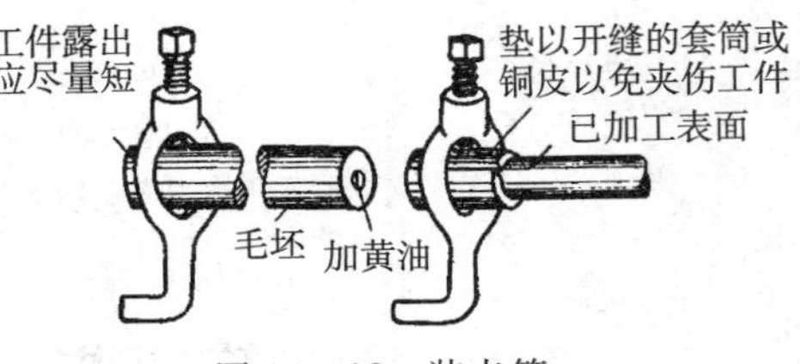


图16－18　装卡箍

## 四、中心架与跟刀架的使用

加工细长轴时，为了防止轴受切削力的作用而产生弯曲变形，往往需要使用中心架或跟刀架。使用中心架和跟刀架时，对支承爪要加机油润滑。工件的转速不能过高，以免工件与支承之间摩擦过热而使得支承爪磨损或烧坏。

### 1. 中心架

中心架固定于床面上。支承工件前先在工件上车出一小段光滑表面，然后调整中心架的三个支承爪与其接触，再分段进行车削。图 16－19 是利用中心架车外圆，工件的右端加工完毕后调头再加工另一端。加工长轴的端面和轴端的孔时，可用卡盘夹持轴的左端，用中心架支承轴的右端。

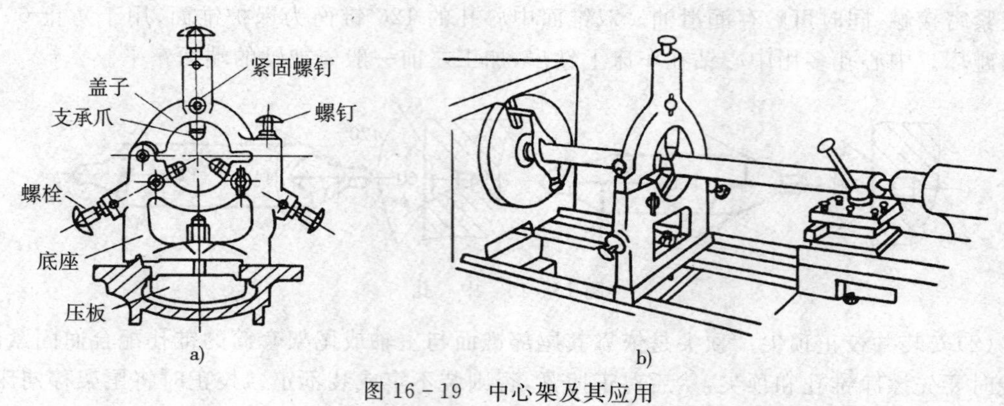


图 16－19　中心架及其应用

a)中心架　b)利用中心架车长轴

2. 跟刀架

跟刀架与中心架不同，它固定于大刀架上，并随大刀架一起作纵向移动。使用跟刀架需在工件上靠后顶尖的一端车出一小段外圆，根据它来调节跟刀架的支承，然后再车出工件的全长，如图 16－20 所示。跟刀架多用于加工光轴和丝杠等工件。

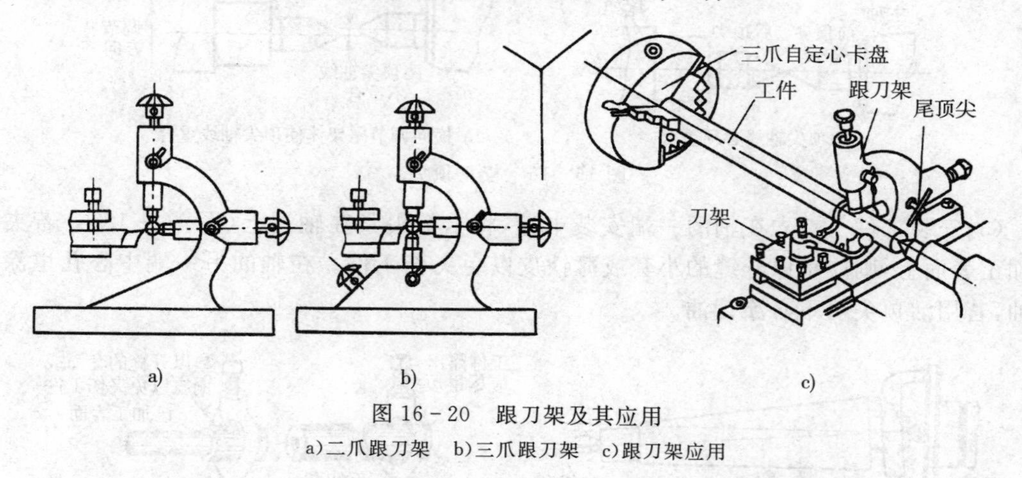


图 16－20　跟刀架及其应用

a)二爪跟刀架　b)三爪跟刀架　c)跟刀架应用

# 第四节　车削加工

## 一、车外圆和台阶

车外圆是车削加工中最基本、最常见的工作，其主要形式如图 16－21 所示。

尖刀主要用于粗车没有台阶或台阶不大的外圆；弯头刀用于粗车外圆和车有 45°台阶的外圆，也用于车端面和倒角；主偏角 $K_r$ 为 90°的偏刀，车外圆时径向力很小，常用来粗、精车有直角台阶的外圆和车细长轴。

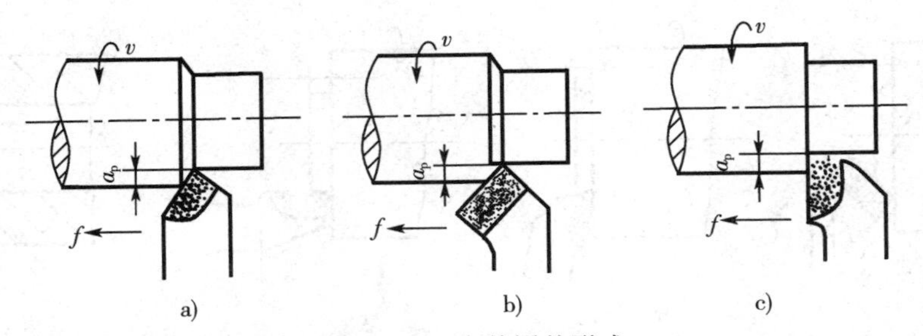


图 16-21 车外圆的形式

a)尖刀车外圆 b)弯头刀车外圆 c)偏刀车外圆

车削高度在 5mm 以下的台阶，可在车外圆时同时车出，如图 16-22 所示。对于垂直台阶，为了使车出的台阶端面垂直于工件的轴线，可利用先车好的端面对刀，将主切削刃和端面贴平。

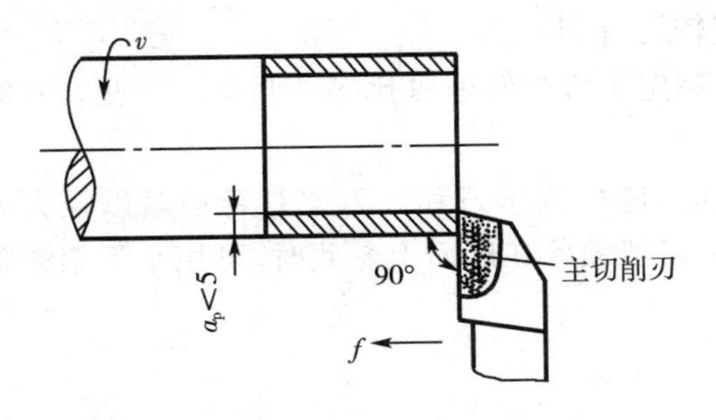


图 16-22 车低台阶

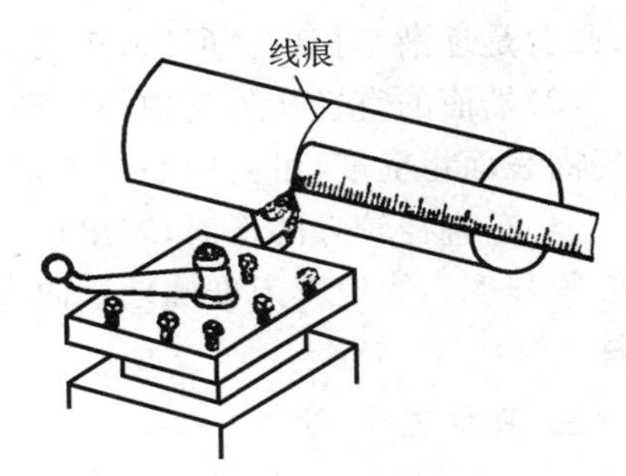


图 16-23 用钢尺确定台阶长度

台阶的长度可用钢尺确定(图 16-23)。车削时先用刀尖车出线痕，以此作为加工界线。但这种方法不准确，线痕所定的长度一般应比要求的长度略短，以留有余地。台阶的准确长度常用深度游标卡尺来测量，如图 16-24 所示。

若车削高度在 5mm 以上的垂直台阶，装刀时应使主偏角 $K_r$ 大于 90°，然后分层纵向进给车削，在末次纵向进给后，车刀横向退出，车出 90°台阶，如图 16-25 所示。

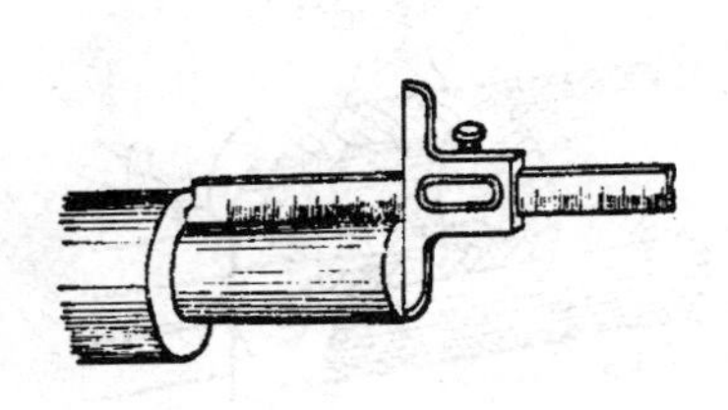

图 16-24 用深度尺测量台阶长度

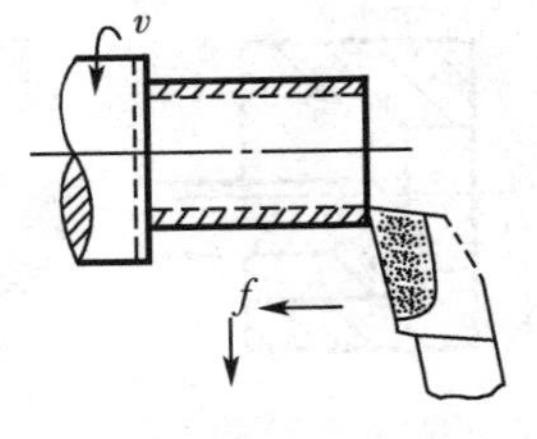


图 16-25 高台阶分层车出

## 二、车端面

常用的端面车刀和车端面的方法，如图 16-26 所示。

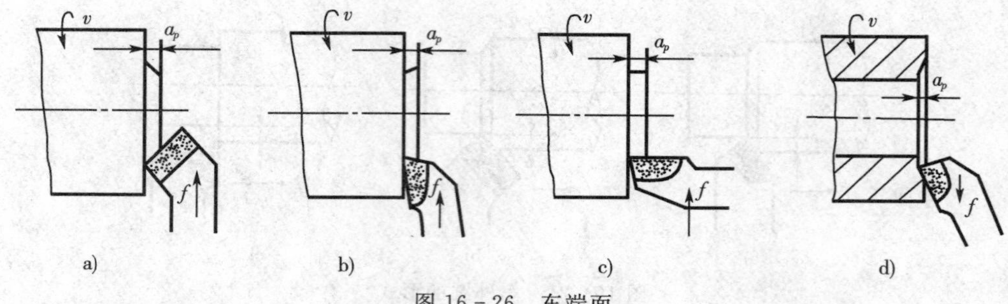


图 16－26　车端面

a)弯头刀车端面　b)右偏刀由外向中心车端面　c)左偏刀车端面　d)右偏刀由中心向外车端面

车端面时应注意以下几点：

(1)车刀的刀尖应对准工件中心，以免车出的端面在中心留有凸台和崩坏刀尖。

(2)用偏刀车端面，到工件中心时，将凸台一下子车掉，容易损坏刀尖。用弯头刀车端面，凸台是逐渐车掉的。所以，车端面用弯头刀较为有利。

(3)端面的直径从外到中心逐渐减小，因此确定工件的转速可比车外圆略高一些。有时为提高表面粗糙度，可由中心向外切削。

(4)车直径较大的端面，若出现凹心或鼓肚时，应检查车刀和方刀架是否锁紧以及大刀架松紧程度。为使车刀准确地横向进给，应将大刀架锁紧在床面上。此时，可用小刀架调整切深。

## 三、孔加工

在车床上可以用钻头、镗刀、扩孔钻、铰刀进行钻孔、镗孔、扩孔和铰孔。

### 1. 镗孔

镗孔是对锻出、铸出或钻出的孔作进一步加工。镗孔刀及镗孔方法如图 16－27 所示。镗通孔使用主偏角 $K_r$ 小于 90°的镗刀。镗不通孔或台阶孔时，镗刀的主偏角 $K_r$ 应大于 90°，当镗刀纵向进给至孔深时，需作横向进给加工内端面，以保证内端面与孔轴线垂直。不通孔及台阶孔的孔深控制，可在刀杆上做一记号，如图 16－28 所示，精加工时需用深度尺测量。

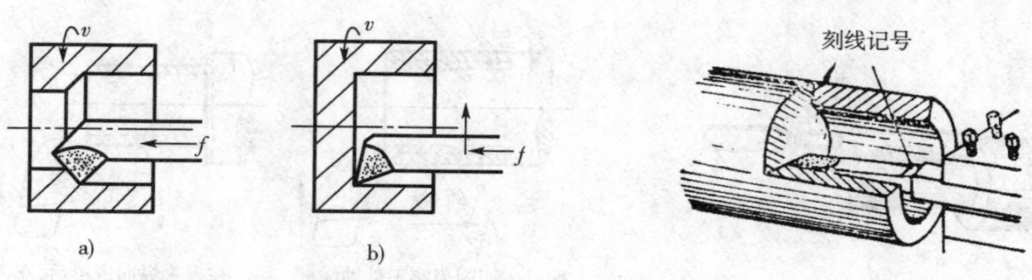


图 16－27　镗孔

a)镗通孔　b)镗不通孔

图 16－28　控制孔深的方法

镗刀的刀杆应尽可能粗些。镗刀安装在刀架上伸出的长度应尽量小。刀尖装得要略高于主轴中心，以减少颤动及避免扎刀和镗刀下部碰坏孔壁。由于镗刀刚度较差，容易产生变形与振动，镗孔时选用的切深 $a_p$ 和进给量 $f$ 比车外圆要小些。

### 2. 钻孔、扩孔、铰孔

在车床上钻孔，如图 16－29 所示(扩孔、铰孔与钻孔相似)，钻头装在尾架套筒内。工件

旋转为主运动，手摇尾架手柄带动钻头纵向移动为进给运动，这一点与钻床钻孔不同。

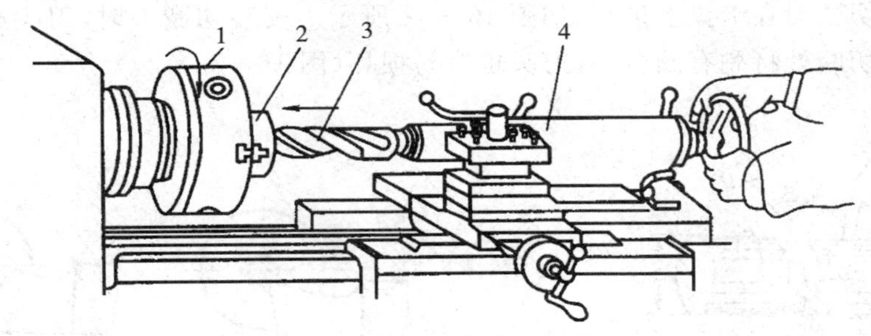


图 16－29　在车床上钻孔

1—三爪卡盘　2—工件　3—钻头　4—尾座

钻孔前必须先把工件端面车平，然后将尾架固定在合适的位置上。锥柄钻头装入尾架套内，直柄钻头用钻卡头夹持。为了防止钻头偏斜，可先用刀划一个坑或用中心钻钻出中心孔作为引导。钻孔时要施加冷却液。钻较深的孔时，必须经常退出钻头以便排出切屑。

在车床上加工直径较小而精度和粗糙度要求较高的孔，通常采用钻孔、扩孔、铰孔的方法。

## 四、切槽与切断

### 1. 切槽

在车床上既可切外槽，也可切内槽和端面槽，如图 16－30 所示。

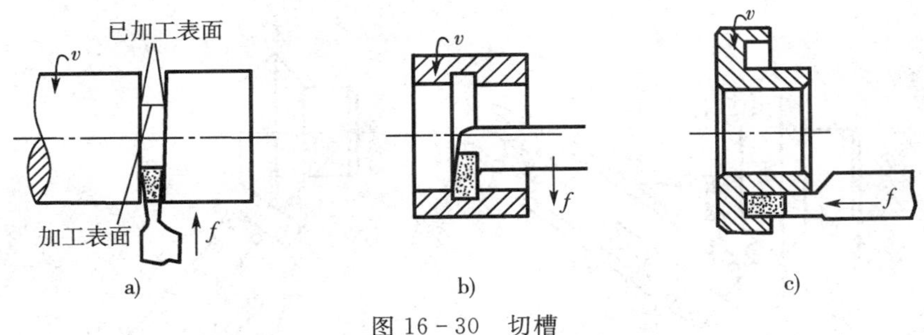


图 16－30　切槽

a）切外槽　b）切内槽　c）切端面槽

切削 5mm 以下的窄槽，可以将主切削刃磨得和槽等宽，一次切出。切削宽槽可按图 16－31 所示的方法进行。

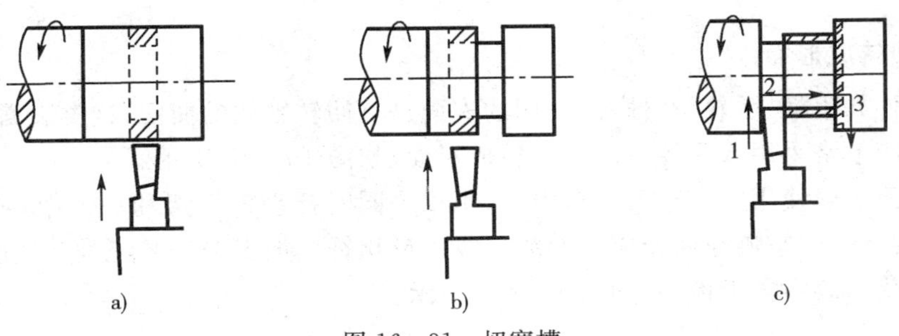


图 16－31　切宽槽

a）第一次横向进给　b）第二次横向进给　c）最后一次横向送进后，再做纵向进给精车槽底

2. 切断

切断要用切断刀在卡盘上进行，如图 16－32 所示。安装切断刀时，刀尖必须与工件中心等高。否则切断处将剩有凸台，且刀头也容易损坏（图 16－33）。

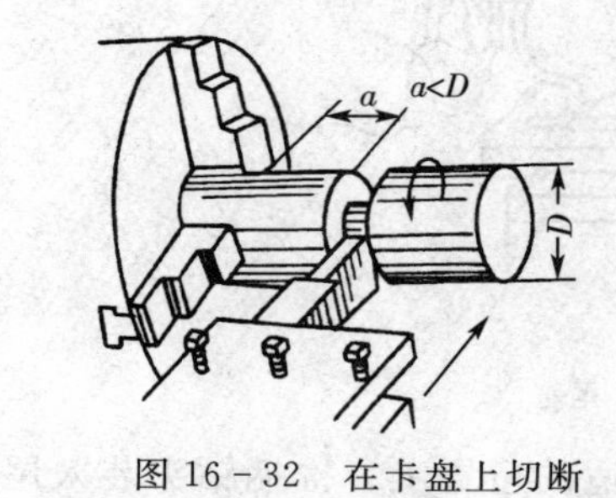


图 16－32　在卡盘上切断

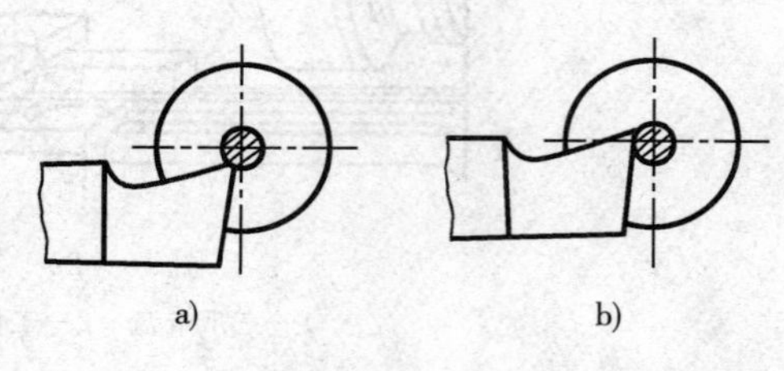


图 16－33　刀尖必须与工件中心等高

a）切断刀安装过低，刀头易被压断

b）切断刀安装过高，不易切削

## 五、车锥度

小刀架转位法车锥面如图 16－34 所示。根据零件的圆锥角 α，把小刀架下的转盘顺时针或逆时针扳转 α/2 角后再锁紧。当用手均匀摇动小刀架手柄时，刀尖则沿着锥面的母线移动，从而加工出所需要的锥面。

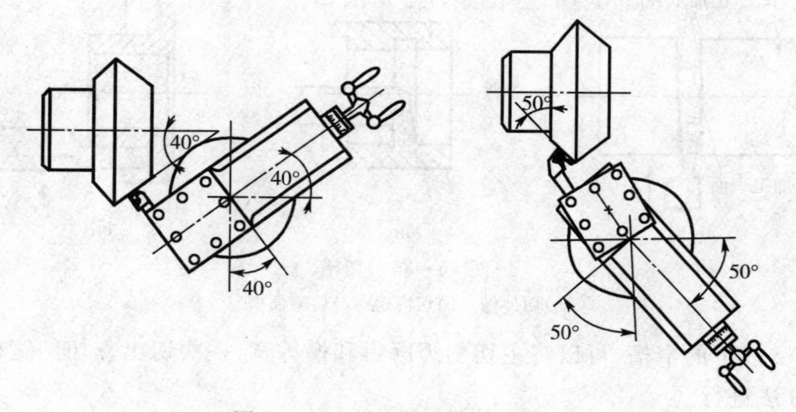


图 16－34　小刀架转位法车锥面

## 六、车回转成形面

有些零件如手柄、手轮、圆球等，它们的表面是有回转轴线的曲面，这类表面称作回转成形面。在车床上常采用双手控制法车回转成形面，如图 16－35 所示。

车成形面一般使用圆头车刀。车削时，用双手同时摇动横刀架和小刀架（或大刀架）的手柄，使刀尖所走的轨迹与回转成形面的母线尽量相符。加工中需要经过多次度量和车削。成形面的形状一般用样板检验，如图 16－36 所示。

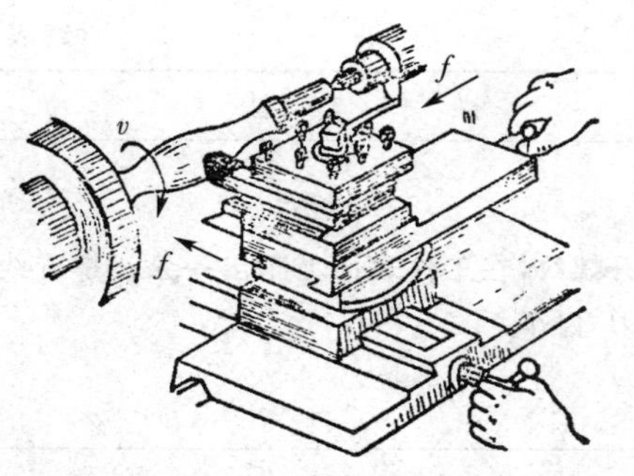


图 16-35　用双手控制法车成形面

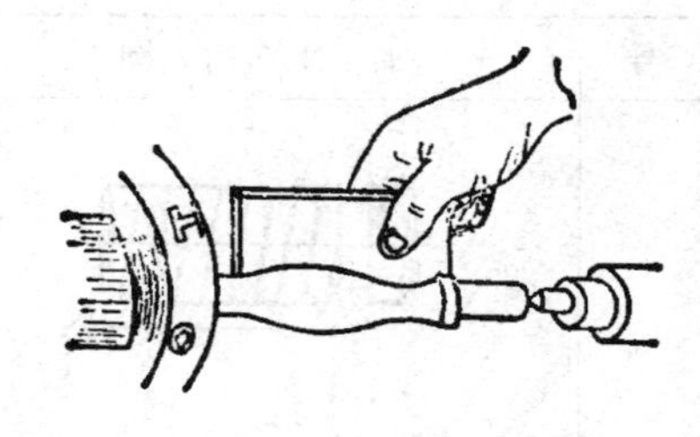

图 16-36　用样板度量

**七、车螺纹**

下面以车削三角形外螺纹为例，说明车削螺纹的方法。

1. 调整机床

在车床上车削单头螺纹的实质就是使车刀的进给量等于工件的螺距，即工件转一转，车刀准确地移动一个螺距（多头螺纹为一个导程）。这种关系是靠调整机床的传动关系来实现的，如图 16-37 所示。调整时，首先通过手柄将丝杠接通，再根据工件的螺距或导程，按车床铭牌上所示的手柄位置，变换挂轮箱中的挂轮的齿数及进给箱的各手柄的位置。调整三星齿轮的啮合位置，可车削右旋或左旋螺纹。

2. 选择、安装刀具

车螺纹时，车刀的刀尖角等于螺纹牙形角。螺纹车刀的安装如图 16-38 所示。要求刀尖对准工件的中心，并用样板对刀，以保证刀尖角的角平分线与工件回转中心线垂直，且刀杆伸出长度不宜过大。

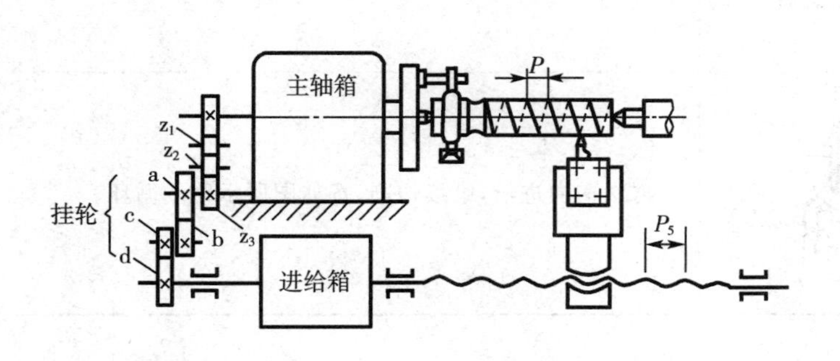


图 16-37　车螺纹时机床的传动调整图

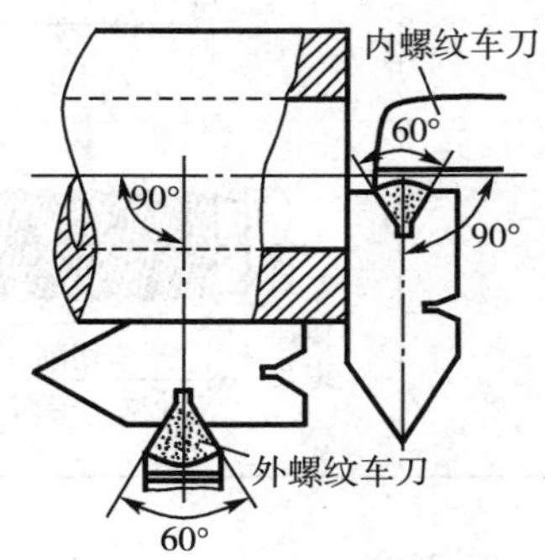


图 16-38　螺纹车刀对刀与检验

3. 车削螺纹方法

车削外螺纹的常用操作方法和步骤如表 16-1 所示。

**表 16-1　车削外螺纹的常用操作方法和步骤**

| 序　号 | 加　工　简　图 | 操　作　方　法 |
| --- | --- | --- |
| 1 | | 开车，使车刀与工件轻微接触，记下刻度盘读数，向右退出车刀 |

（续表）

| 序号 | 加工简图 | 操作方法 |
|---|---|---|
| 2 |  | 合上对开螺纹，在工件表面上车出一条浅螺旋线，横向退出车刀，停车 |
| 3 |  | 开反车使车刀退到工件右端，停车，用钢尺检查螺距是否正确 |
| 4 |  | 利用刻度盘调整切深，开车切削，车钢料时加机油润滑 |
| 5 |  | 车刀将至行程终点时，应做好退刀停车准备，先快速退出车刀，然后停车，开反车退回刀架 |
| 6 | 快速退出 开车切削 进刀 开反车退回 | 再次横向进给，继续切削，按如图所示路线循环 |

## 八、滚花

工具和机器手柄部分常需滚花以增加摩擦力。滚花是一种表面修饰加工方法，通常是用滚花刀在车床上对工件滚压加工而成。

(1)花纹种类　花纹有直纹和网纹两种，每种又有粗纹、中纹和细纹之分。

(2)滚花刀　由滚轮与刀体组成，滚轮的直径为20～25mm。滚花刀有单轮、双轮和六轮三种，如图16－39所示。单轮滚花刀用于滚直纹；双轮滚花刀有一个左旋轮和一个右旋轮，用于滚网纹；六轮滚花刀是在同一把刀体上装有三对粗细不等的斜纹轮。

(3)滚花方法　将滚花轮安装在车床刀架上，使滚轮圆周表面与工件平行接触，如图16－40所示。滚花时，工件低速旋转，滚压轮径向挤压工件后，再作纵向进给。往复滚压几次，直到花纹凸出高度符合要求。

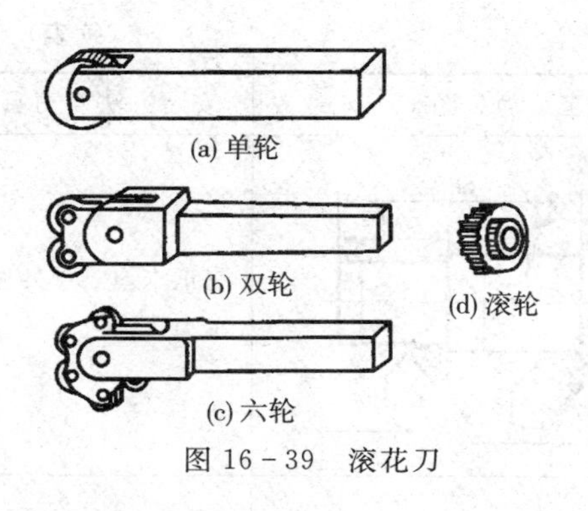


图 16－39　滚花刀

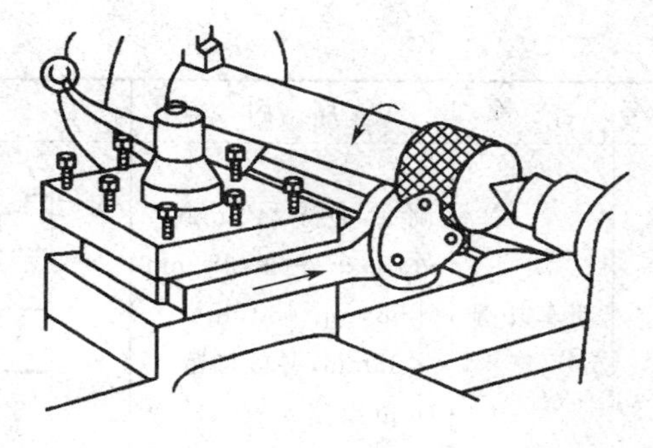

图 16－40　滚花方法

## 九、车削实例

### 1. 车削传动轴

(1)传动轴加工图　如图 16－41 所示。

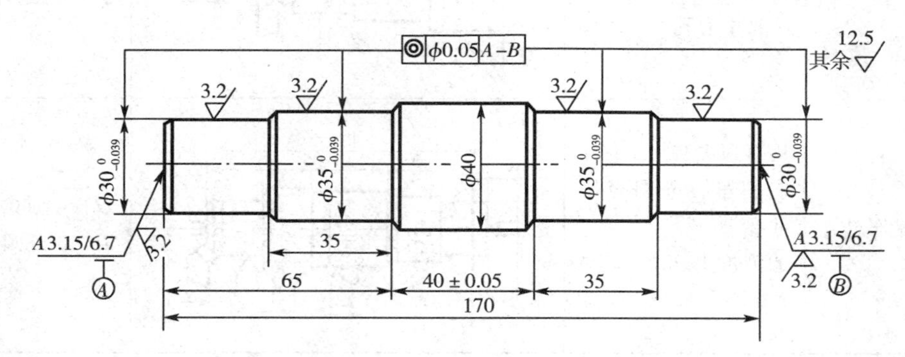


图 16－41　传动轴

(2)传动轴车削加工步骤　如表 16－2 所示。

**表 16－2　传动轴车削步骤**

| 序　号 | 名　称 | 工　序　内　容 | 加　工　简　图 | 安装方法及刀具 |
|---|---|---|---|---|
| 1 | 车端面、钻中心孔 | 夹持坯料 ϕ45 外圆<br>①车平端面<br>②钻中心孔 | ϕ45 | 三爪卡盘、45°外圆车刀、中心钻 |
| 2 | 粗车外圆 | 安装同上<br>车 ϕ40mm×110mm、ϕ35mm × 67mm、ϕ30mm × 32mm 外圆，各段均留 1mm 余量 | 110　67　32　ϕ45　ϕ40　ϕ35　ϕ30 | 三爪卡盘、90°外圆车刀 |

（续表）

| 序号 | 名称 | 工序内容 | 加工简图 | 安装方法及刀具 |
|---|---|---|---|---|
| 3 | 粗车外圆 | 调头，夹持 φ40 mm 外圆，车外圆 φ35 mm ×68 mm、φ30 mm ×33mm，各段均留 1mm 余量 | | 三爪卡盘、90°外圆车刀 |
| 4 | 车端面、钻中心孔 | 安装同上<br>①车平端面，控制工件全长尺寸 170mm<br>②钻中心孔 | | 三爪卡盘、45°外圆车刀、中心钻 |
| 5 | 精车外圆 | 用双顶尖装夹工件<br>①精车各外圆至尺寸要求<br>②倒角 1mm×45°共 3 处 | | 双顶尖、90°外圆车刀、45°外圆车刀 |

2. 车削轴套

(1)轴套加工图　如图 16－42 所示。

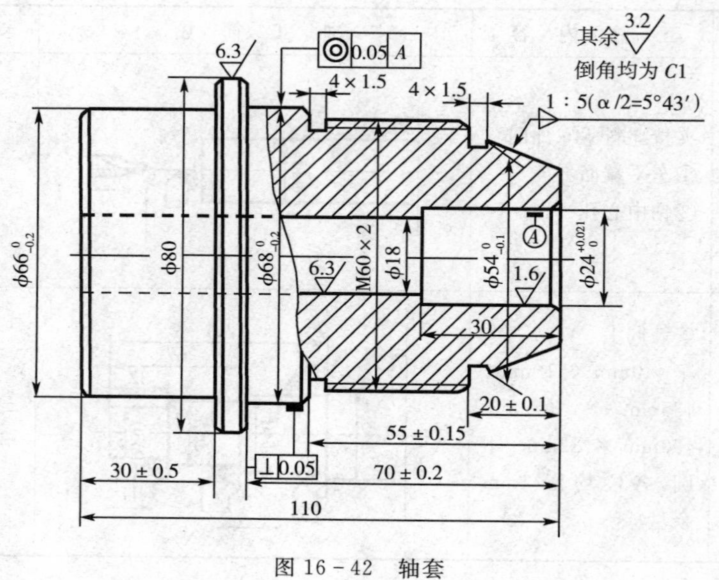


图 16－42　轴套

(2)轴套车削加工步骤　如表16－3所示。

**表16－3　轴套车削步骤**

| 序　号 | 加　工　简　图 | 加　工　内　容 | 刀具、量具 |
|---|---|---|---|
| 1 | ≥50　$\phi$85　120 | 车端面,用三爪自定心卡盘装夹,伸出长度≥50mm,端面车平 | 45°弯头车刀,钢直尺 |
| 2 | 45　$\phi$80 | 车外圆 $\phi$80mm,长度为45mm | 45°弯头车刀,游标卡尺,钢直尺 |
| 3 | 30±0.5　$\phi60_{-0.2}^{0}$ | 车台阶面,外圆为 $\phi66_{-0.2}^{0}$ mm,长度 30±0.5mm | 90°偏刀,游标卡尺 |
| 4 |  | 倒角2处1×45° | 45°弯头车刀 |
| 5 | $\phi60_{-0.2}^{0}$　80 | 车端面,调头装夹 $\phi66_{-0.2}^{0}$ mm,保证长度80mm | 45°弯头车刀,卡尺 |

（续表）

| 序　号 | 加　工　简　图 | 加　工　内　容 | 刀具、量具 |
| --- | --- | --- | --- |
| 6 | 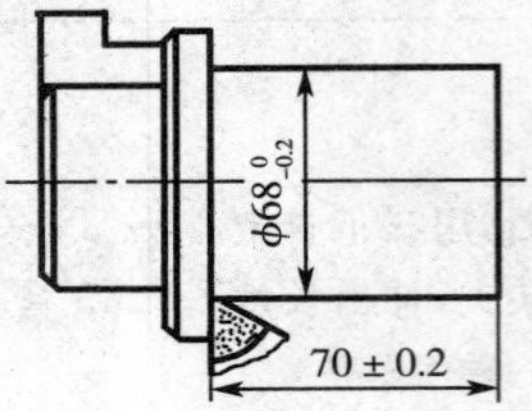  | 车台阶面，外圆为 $\phi68_{-0.2}^{\ 0}$ mm，长度 70±0.2mm | 90°偏刀，游标卡尺 |
| 7 | 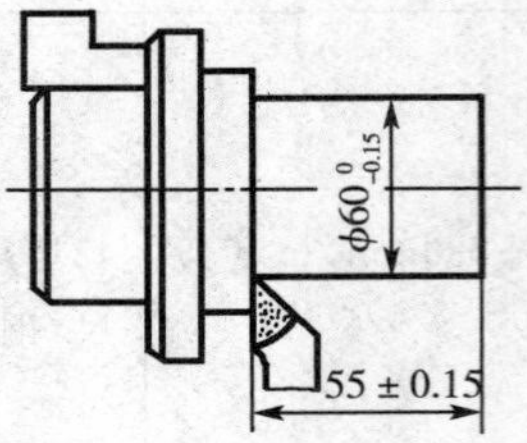  | 车台阶面，外圆为 $\phi60_{-0.2}^{\ 0}$ mm，长度 55±0.15mm | 90°偏刀，游标卡尺 |
| 8 | 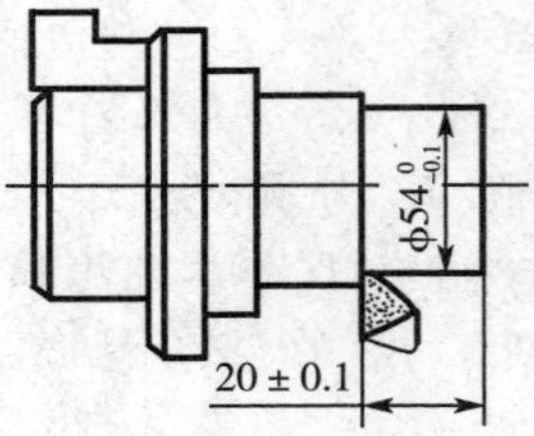  | 车台阶面，外圆为 $\phi54_{-0.1}^{\ 0}$ mm，长度为 20±0.1mm | 90°偏刀，游标卡尺 |
| 9 | 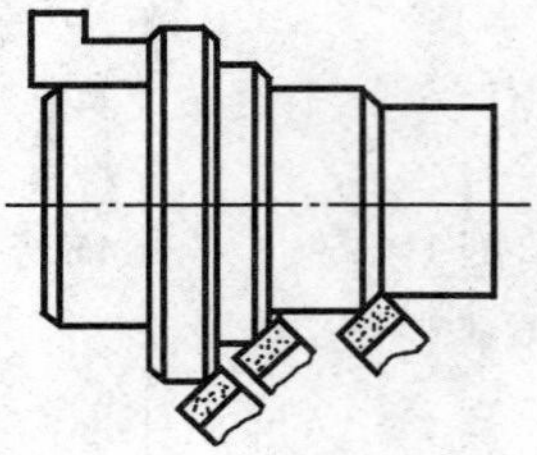  | 倒角 3 处 1×45° | 45°弯头车刀 |
| 10 | 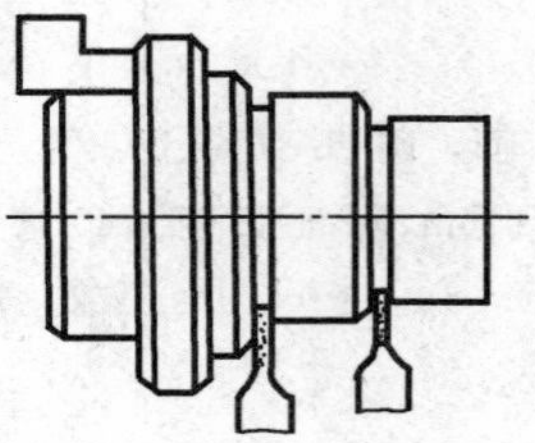  | 切槽 2 处 4×1.5 | 切槽刀，卡尺 |

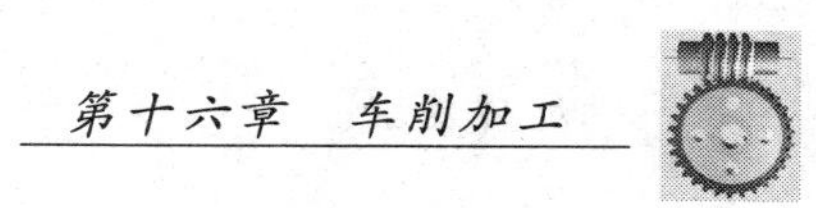

（续表）

| 序　号 | 加　工　简　图 | 加　工　内　容 | 刀具、量具 |
|---|---|---|---|
| 11 | | 钻中心孔 $\phi3.5$mm | 中心钻 |
| 12 | | 钻通孔 $\phi18$mmm | 麻花钻头 |
| 13 | 30<br>$\phi24^{0.021}_{0}$ | 车内圆，内径为 $\phi24^{+0.021}_{0}$ mm，孔深 30mm | 不通孔内圆车刀，内径百分表，游标卡尺 |
| 14 | | 车内倒角 1×45° | 45°弯头车刀 |
| 15 | $\phi54^{0}_{-0.1}$<br>1∶5<br>(α/2=5°43′) | 车锥度，锥度 1∶5，$\alpha/2=5°43'$，大端直径 $\phi54^{0}_{-0.1}$mm | 45°弯头车刀，游标卡尺，量角器 |

（续表）

| 序　号 | 加　工　简　图 | 加　工　内　容 | 刀具、量具 |
|---|---|---|---|
| 16 | M60×2 | 车螺纹 M60×2 | 螺纹车刀，钢直尺，螺纹千分尺，螺距规 |
| 17 | $\phi68_{-0.2}^{0}$ | 调头，车内倒角 1×45° | 45°弯头车刀 |

## 思考与练习

**1.** 试述 CA6140 型车床由哪几部分组成？各部分的主要作用是什么？

**2.** 车削加工的内容有哪些？

**3.** 车刀是由哪些部分组成的？

**4.** 为什么车槽比车外圆困难，车断比车槽困难？

**5.** 车螺纹时如何保证牙型、螺距符合要求？

**6.** 车细长轴时，常采用哪些增加工件刚性的措施？为什么？

# 第十七章 铣削、刨削、镗削、磨削加工

## 第一节　铣削加工

### 一、铣削加工范围

铣削加工是用铣刀对工件进行切削加工的方法。铣刀是多齿刀具，铣削时铣刀回转运动是主运动，工件作直线或曲线运动，是进给运动。铣刀一般有几个齿同时参加切削，铣削能形成的工件型面有平面、槽、成形面、螺旋槽、齿轮和其他特殊型面，如图 17－1 所示。

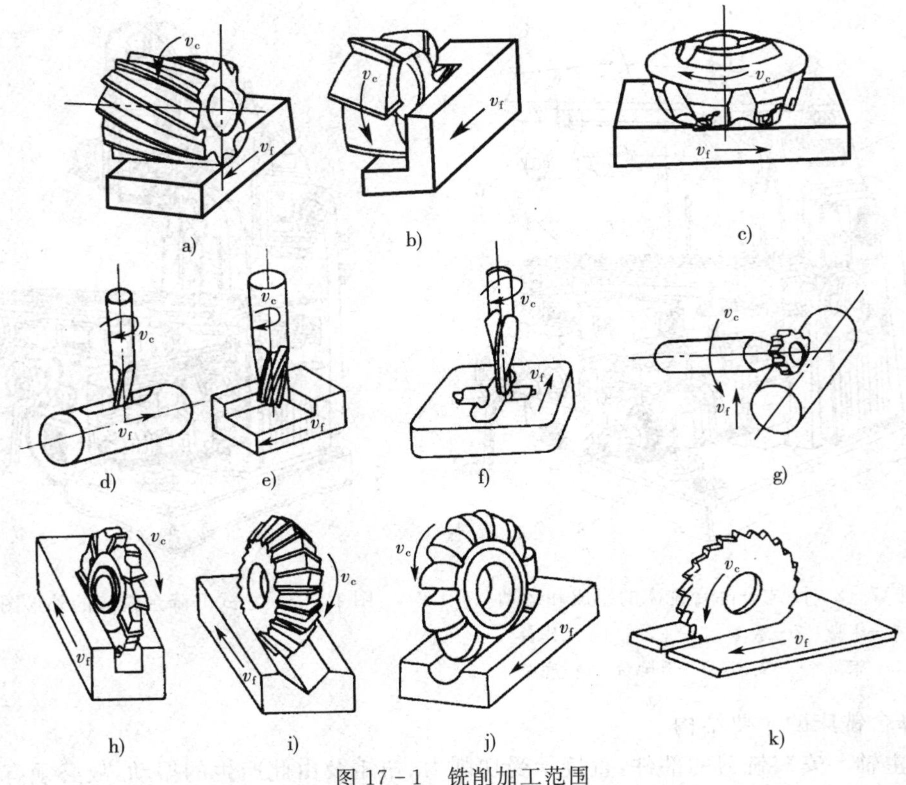


图 17－1　铣削加工范围

a)铣平面　b)铣台阶面　c)铣平面　d)铣键槽　e)铣台阶面　f)铣型腔　g)铣键槽　h)铣沟槽　i)铣成形面　j)铣成形面　k)切断

铣削加工的经济精度为 IT9～IT7，最高精度达 IT6；经济的表面粗糙度值为 6.2～3.2μm，最低可达 0.8μm。

二、铣削加工工艺特点

铣削加工是应用较为广泛的加工工艺，其主要特点为：

(1)生产率较高　由于铣削是多齿刀具，铣削时有几个刀齿同时参加切削，总的切削宽度较大。铣削的主运动是铣刀的旋转，有利于高速铣削，所以铣削的生产率一般比刨削高。

(2)刀齿散热条件较好　铣刀刀齿在切离工件的一段时间内，可以得到一定的冷却，散热条件较好。但是，切入和切离时热和力的冲击，将加速刀具的磨损，甚至可能引起硬质合金刀片的碎裂。

(3)容易产生振动　由于铣削时参加切削的刀齿数以及在铣削时每个刀齿的切削厚度的变化，会引起切削力和切削面积的变化，因此，铣削过程不平稳，容易产生振动。铣削过程的不平稳性，限制了铣削加工质量和生产率的进一步提高。

三、铣床

在现代机器制造中，铣床约占金属切削机床总数的 25% 左右。常用的铣床为升降台铣床。升降台铣床是应用较为广泛的铣床类型，可分为卧式升降台铣床(图 17－2)、立式升降台铣床(图 17－3)和工具铣床三种。

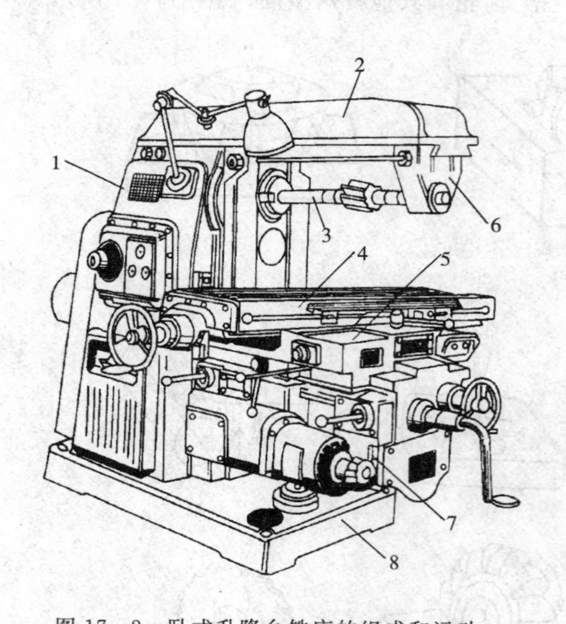


图 17－2　卧式升降台铣床的组成和运动

1—床身　2—悬臂　3—主轴　4—工作台

5—床鞍　6—支架　7—升降台　8—底座

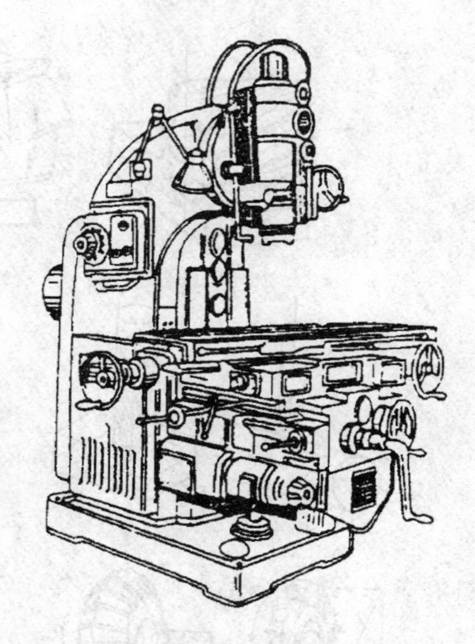

图 17－3　立式升降台铣床的外形图

升降台铣床的主要结构：

(1)主轴　安装铣刀的部件，直接承受切削力、扭矩及由此产生的振动，故必须有足够的强度、刚度和良好的抗振性，保证切削过程平稳，因此主轴部件是铣床的关键部件。

(2)升降台　带动工作台、转台和横向溜板沿床身垂直导轨移动，以调整台面到铣刀间的距离。升降台内部装有进给运动的电机及传动系统。

(3)滑座　用以带动工作台沿升降台水平导轨作横向移动，在对刀时调整工件与铣刀间

的横向位置。万能升降台铣床在工作台和滑座之间增加了一层转台，允许工作台在水平面内转动±45°。

(4)工作台 用来安装工件和夹具，通过传动丝杠可带动工作台作纵向进给运动。

## 四、铣刀及铣削要素

铣削是一种高生产率的平面加工方法。铣削时，刀具的旋转是主运动，工件作直线进给运动。铣刀是一种多齿刀具，由刀齿和刀体两部分组成。刀齿分布在圆周上的铣刀称为圆柱铣刀，刀齿分布在刀体端面上的铣刀称为面铣刀。

铣削要素包括铣削速度 $v$，进给量 $f$，铣削深度 $a_P$和铣削宽度 $a_c$，如图 17－4 所示。

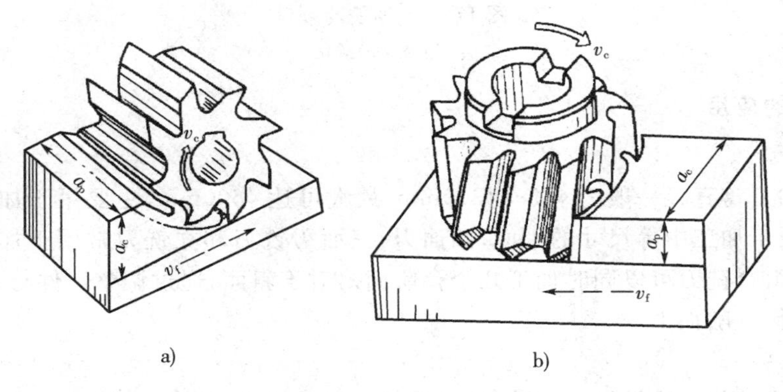


图 17－4 铣削时的切削用量要素

a)圆柱铣刀铣削 b)面铣刀铣削

(1)切削速度 $v_c$ 铣削时，切削刃选定点通常是指铣刀最大直径外切削刃上的一点。铣削时的切削速度则是该选定点的圆周速度。

(2)进给速度 $v_f$或进给量 $f$ 进给速度是切削刃上选定点相对于工件的进给运动的瞬时速度，单位为 mm/s。进给速度也可以用每齿进给量 $f_z$或每转进给量 $f$ 表示。每齿进给量 $f_z$是铣刀在每转中每齿相对工件在进给运动方向的位移量。

(3)背吃刀量 $a_p$ 铣削时的背吃刀量是指平行于铣刀轴线方向测量的切削层尺寸，单位为 mm。

(4)侧吃刀量 $a_e$ 铣削时的侧吃刀量是指垂直于铣刀轴线和工件进给方向测量的切削层尺寸，单位为 mm。

## 五、铣削方式

### 1. 端铣和周铣

端铣是指用面铣刀铣削工件的表面，如图 17－1c 所示。周铣是指用圆柱铣刀铣削工件的表面，如图 17－1a 所示。

### 2. 顺铣和逆铣

铣削时，在铣刀与工件的接触处，若铣刀的回转方向与工件的进给方向相同，则称为顺铣；若铣刀的回转方向与工件的进给方向相反，则称为逆铣，如图 17－5 所示。

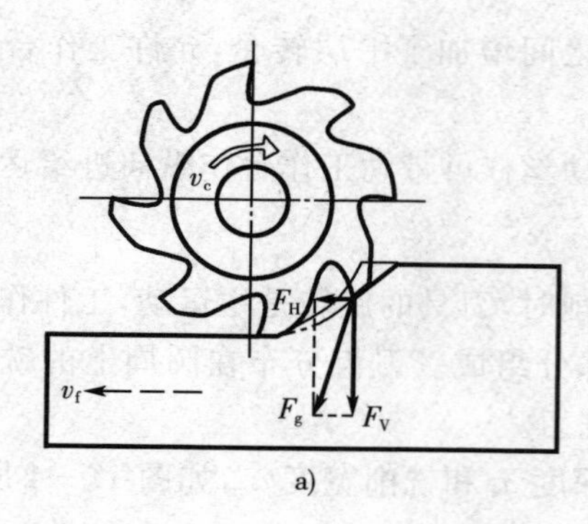


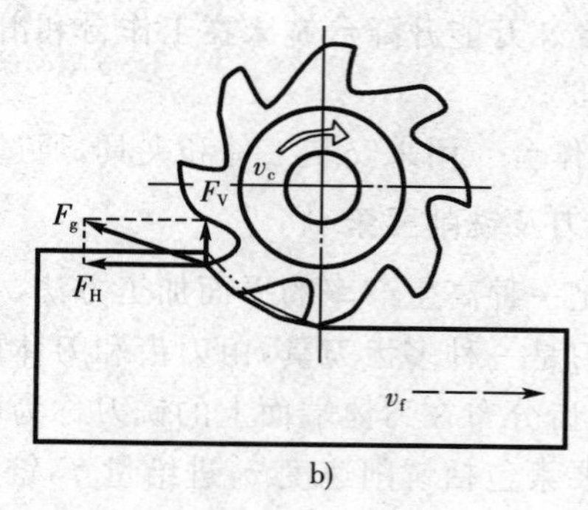


图 17-5　逆铣与顺铣

a）逆铣　b）顺铣

**六、铣削的应用**

1. 铣平面

面铣刀的刀盘直径一般为 ϕ75～ϕ300mm，最大可达 ϕ600mm，主要用于加工大平面；圆柱铣刀主要用于加工中等尺寸的平面；两面刃、三面刃铣刀和立铣刀常用于加工小平面、小台阶面；采用组合铣刀可以同时加工几个台阶面。对于斜面，通过调整工件与刀具的相对位置，也可以进行铣削加工。

2. 铣槽

(1)普通槽　普通槽是指外键槽、开口槽等。封闭式平底键槽可采用立铣刀加工。但立铣刀不能轴向进给，所以要预先在槽的一端钻一个落刀孔，使立铣刀沿孔落下，再沿水平方向进给加工。键槽铣刀既能轴向进给，又能径向进给，不常落刀孔。三面刃铣刀可用于开口槽。

(2)成形槽　成形槽是指 V 形槽、燕尾槽、T 形槽等。成形槽的截面形状通常由铣刀的形状保证。角度铣刀加工 V 形槽，燕尾槽铣刀加工燕尾槽。铣削燕尾槽和 T 形槽时，应先用立铣刀或三面刃铣刀铣出直槽。

(3)螺旋槽　在卧式铣床上用盘形铣刀铣螺旋槽，铣前应调整计算：首先，扳转工作台，使铣刀的旋转平面与槽的方向一致。铣右旋螺旋槽时，应逆时针方向扳转；铣左旋螺旋槽时，应顺时针方向扳转。其次，计算交换齿轮的齿数。

3. 铣成形面

大批量生产中，采用成形铣刀加工成形表面。

## 第二节　刨削加工

**一、刨床**

刨床主要用于刨削各种平面、沟槽和成形表面。刨床的主运动是直线往复运动。常见的刨床有牛头刨床、龙门刨床、插床三种。图 17-6 为牛头刨床。

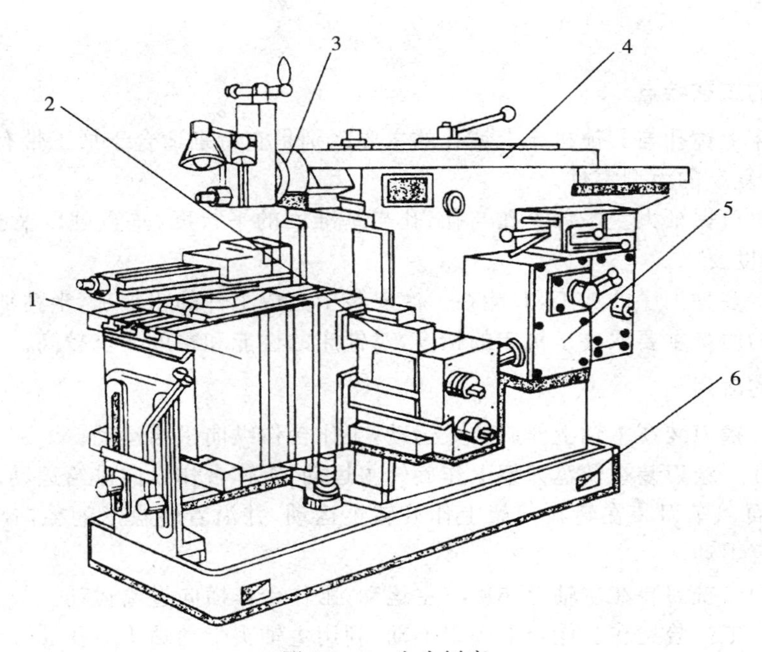


图 17－6　牛头刨床

1—工作台　2—滑座　3—刀架　4—滑枕　5—床身　6—底座

**二、刨床的加工范围**

刨床的加工范围如图 17－7 所示。

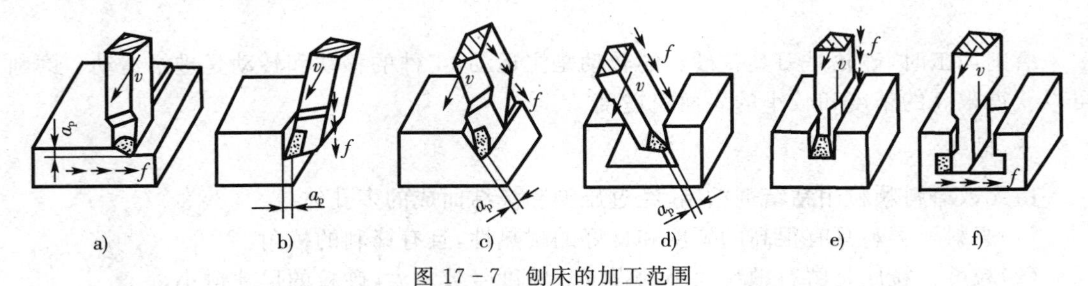


图 17－7　刨床的加工范围

a)刨水平面　b)刨垂直面　c)刨斜面　d)刨燕尾槽　e)刨直槽　f)刨 T 形槽

**三、刨削的工艺特点**

(1)刨削使用刀具简单，刨刀制造刃磨容易，易选择刀具几何形状角度。

(2)刨削通用性能好，能加工各种平面、沟槽和成形面。

(3)刨削精度低。

(4)刨削生产率低，用于单件小批生产及修配工作。

## 第三节　镗削加工

镗削加工是用镗刀进行孔加工的。可以得到较高尺寸精度和形状精度，易保证孔的位置精度，特别适于加工箱体、机架等结构复杂、外形尺寸较大的零件。镗床分为卧式镗床、立式镗床等。

**一、镗削的工艺特点**

(1)在镗床上镗孔与其他机床上钻孔的主要区别是它特别适合于加工带有孔系的箱体、机架等结构件复杂的大型零件。

(2)镗孔时可保证大型零件上孔与孔、孔与基准面的平行度、垂直度以及孔的同轴度和中心距尺寸精度要求。

(3)可进行多种工序的加工,并能在一次安装中完成工件的粗加工、半精加工和精加工。

(4)镗孔的质量主要取决于机床的精度,对镗床的性能和精度要求较高。

**二、镗床的应用**

(1)镗孔　镗刀装在主轴上作旋转主运动,工作台作纵向进给运动。

(2)镗大孔　镗刀装在转盘刀架上作旋转主运动,工作台作纵向进给运动。

(3)车端面　车刀装在转盘刀架上作旋转主运动,并沿着转盘上的径向导轨作进给运动,工件台固定不动。

(4)铣平面　铣刀装在主轴上作旋转主运动,工作台作横向进给运动。

(5)钻孔　工件装夹在工作台上固定不动,利用主轴头带动钻头钻孔。

(6) 车螺纹　主轴带动螺纹车刀旋转,工作台作纵向进给。

## 第四节　磨削加工

磨削加工时,砂轮是刀具。砂轮的转动是主运动,工件的移动和转动是进给运动。磨削可以获得很高的精度和较小的表面粗糙度。

**一、砂轮**

由无数磨料颗粒用粘结剂粘结,经过压型和烧结而成的多孔体。

(1)磨料　磨料具有很高的硬度和良好的耐热性,且有锋利的棱角。

(2)粒度　粒度是磨料颗粒大小的程度。粒度号数愈大,砂粒的尺寸愈小。

(3)粘结剂　将磨料粘结在具有一定形状和足够强度的砂轮上。常用粘结剂有:陶瓷、树脂、橡胶粘结剂。

(4)硬度　硬度即磨削时在磨削力的作用下,磨料从砂轮表面脱落的难易程度。硬砂轮难脱落,软砂轮易脱落。

(5)组织　组织即磨料和粘结剂结构的疏密程度。组织分紧密、中等、疏松三大类。

(6)形状和尺寸　为了适应在不同类型的磨床上磨削各种形状和尺寸的工件,砂轮制成各种形状的尺寸。常用的砂轮形状有:平形砂轮,双面凹砂轮,双斜边砂轮。

**二、磨削的工艺特点**

(1)精度高,表面粗糙度小;

(2)能加工硬度很高的材料;

(3)磨削的径向分力较大;

(4)磨削温度高。

**三、磨削的应用**

磨削加工的方法有:外圆磨削、内圆磨削、平面磨削、无心磨削、螺纹磨削、齿轮磨削,如图 17-8 所示。

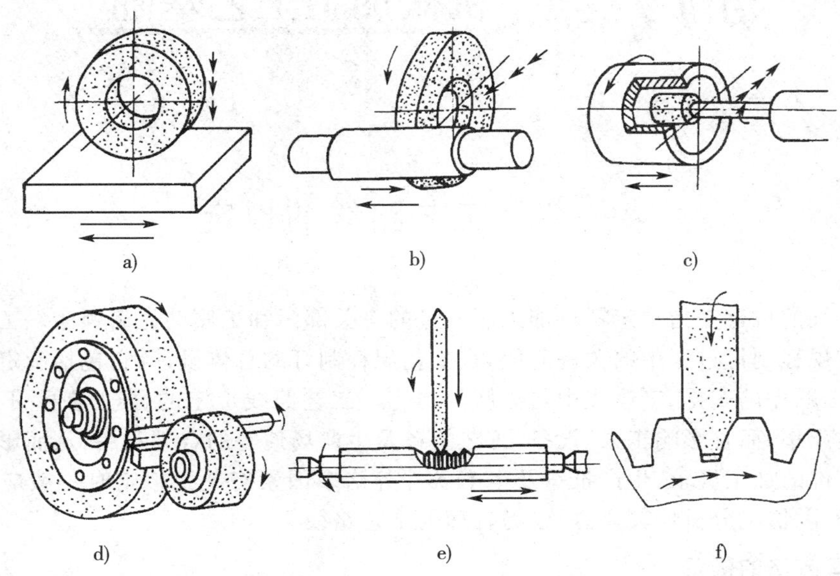


图 17-8 常见的磨削方式

a)平面磨削 b)外圆磨削 c)内圆磨削 d)无心磨削 e)螺纹磨削 f)齿轮磨削

(1)外圆磨削 外圆磨削一般在外圆磨床上进行。在外圆磨床上磨外圆时,轴类工件常用顶尖装夹,方法与车削时基本相同。但磨削所用顶尖都不随工件一起转动。套盘类工件则利用心轴和顶尖安装。磨削方法有:纵磨法、横磨法、综合磨法、深磨法等。

(2)内圆磨削 内圆磨削可以在内圆磨床上进行,也可以在万能的外圆磨床上进行。常用的内圆磨床多是卡盘式,可以加工圆柱孔,圆锥孔,成形内圆面。

(3)平面磨削 平面磨削一般都在平面磨床上进行。其磨削方式分周磨与端磨两种。周磨是利用砂轮的圆周面磨削平面;端磨是利用砂轮的端面磨削平面。磨削时,砂轮做高速旋转运动,工作台带动工件作直线往复运动。砂轮还沿本身轴线作周期性的横向进给运动。

4. 无心磨削 属于外圆磨削的一种特殊方式。无心磨削是在无心磨床上进行的。主要用于磨削大批量的细长的轴及无中心孔的轴、套、销等零件。无心磨削的方法分贯穿法和切入法。

另外随着尖端工业发展,有高精度、低粗糙度磨削,高速磨削等。

## 思考与练习

**1.** 铣削加工工艺特点有哪些?

**2.** 常用的铣床附件有哪些? 各起什么作用?

**3.** 镗削的加工范围和工艺特点是什么?

**4.** 刨削的加工范围和工艺特点是什么?

**5.** 磨削的加工范围和工艺特点是什么?

# 第十八章 机械加工工艺基础

## 第一节 工艺路线的拟定

工艺路线的拟定是指拟定零件加工所经过的有关部门和工序的先后顺序。工艺路线的拟定是工艺规程制订过程中的关键阶段，是工艺规程制订的总体设计，它包括确定加工方法的确定、加工顺序的安排、工序集中与分散等内容。工艺路线拟定的合理与否，不仅影响加工质量和生产率，而且影响工人、设备、工艺装备及生产场地等的合理利用，从而影响生产成本。它与零件的加工要求，生产批量及生产条件等诸多因素有关。拟定时一般应提出几种方案，结合实际情况分析比较，确定较为合理的工艺路线。

### 一、加工方法的确定

确定加工方法时，一般先根据表面的加工精度和表面粗糙度要求，选定最终加工方法，然后再确定从毛坯表面到最终成形表面的加工路线，即确定加工方案。由于获得同一精度和同一粗糙度的方案有好几种，在具体选择时，还应考虑工件的结构形状和尺寸、工件材料的性质、生产类型、生产率和经济性、生产条件等。

*1. 加工经济精度和经济表面粗糙度*

任何一个表面加工中，影响选择加工方法的因素很多，每种加工方法在不同的工作条件下所能达到的精度和经济效果均不同。也就是说所有的加工方法能够获得的加工精度和表面粗糙度均有一个较大的范围。例如，选择较低的切削用量，精细地操作，就能达到较高精度。但是，这样会降低生产率，增加成本。反之，如增大切削用量，提高生产率，成本能够降低，但精度也降低了。所以在确定加工方法时，应根据工件的每个加工表面的技术要求来选择与经济精度相适应的加工方案，而这一经济精度指的是在正常加工条件下（采用符合质量标准的设备、工艺装备和标准技术等级的工人，合理的加工时间）所能达到的加工精度，相应的粗糙度称为经济粗糙度。

表 18－1、表 18－2、表 18－3 分别摘录了外圆、平面、孔的加工方法、加工方案及其经济精度和经济表面粗糙度。

表 18－4、表 18－5 摘录了轴心线平行、轴心线垂直的孔的位置精度，供选用时参考。

表 18-1 外圆柱面加工方法

| 序号 | 加工方法 | 加工经济精度（公差等级表示） | 经济表面粗糙度值 $R_a/\mu m$ | 适用范围 |
|---|---|---|---|---|
| 1 | 粗车 | IT11～13 | 12.5～50 | 适用于淬火钢以外的各种金属 |
| 2 | 粗车—半精车 | IT8～10 | 3.2～6.3 | |
| 3 | 粗车—半精车—精车 | IT7～8 | 0.8～1.6 | |
| 4 | 粗车—半精车—精车—滚压（或抛光） | IT7～8 | 0.025～0.2 | |
| 5 | 粗车—半精车—磨削 | IT7～8 | 0.4～0.8 | 主要用于淬火钢，也可用于未淬火钢，但不宜加工有色金属 |
| 6 | 粗车—半精车—粗磨—精磨 | IT6～7 | 0.1～0.4 | |
| 7 | 粗车—半精车—粗磨—精磨—超精加工（或轮式超精磨） | IT5 | 0.012～0.1（或 $R_z$0.1） | |
| 8 | 粗车—半精车—精车—精细车（金刚车） | IT6～7 | 0.025～0.4 | 主要用于要求较高的有色金属加工 |
| 9 | 粗车—半精—粗磨—精磨—超精磨（或镜面磨） | IT5 以上 | 0.006～0.025（或 $R_z$0.05） | 极高精度的外圆加工 |
| 10 | 粗车—半精车—粗磨—精磨—研磨 | IT5 以上 | 0.006～0.1（或 $R_z$0.05） | |

表 18-2 平面加工方法

| 序号 | 加工方法 | 加工经济精度（公差等级表示） | 经济表面粗糙度值 $R_a/\mu m$ | 适用范围 |
|---|---|---|---|---|
| 1 | 粗车 | IT11～13 | 12.5～50 | 端面 |
| 2 | 粗车—半精车 | IT8～10 | 3.2～6.3 | |
| 3 | 粗车—半精车—精车 | IT7～8 | 0.8～1.6 | |
| 4 | 粗车—半精车—磨削 | IT6～8 | 0.2～0.8 | |
| 5 | 粗刨（或精铣） | IT11～13 | 6.3～25 | 一般不淬硬平面（端铣表面粗糙度 $R_a$ 值较小） |
| 6 | 粗刨（或粗铣）—精刨（或精铣） | IT8～10 | 1.6～6.3 | |

（续表）

| 序号 | 加工方法 | 加工经济精度（公差等级表示） | 经济表面粗糙度值 $R_a/\mu m$ | 适用范围 |
|---|---|---|---|---|
| 8 | 粗刨（或粗铣）－精刨（或精铣）－刮削 | IT6～7 | 0.1～0.8 | 精度要求较高的不淬硬平面，批量较大时宜采用宽刃精刨方案 |
| 8 | 以宽刃精刨代替上述刮研 | IT7 | 0.2～0.8 | |
| 9 | 粗刨（或粗铣）－精刨（或精铣）－磨削 | IT7 | 0.2～0.8 | 精度要求高的淬硬平面，或不淬硬平面 |
| 10 | 粗刨（或粗铣）－精刨（或精铣）－粗磨－精磨 | IT6～7 | 0.25～0.4 | |
| 11 | 粗铣－拉 | IT7～9 | 0.2～0.8 | 大量生产，较小的平面（精度视拉刀精度而定） |
| 11 | 粗铣－精铣－磨削－刮研 | IT5 以上 | 0.006～0.1（或 $R_z$0.05） | 高精度平面 |

**表 18－3 孔加工方法**

| 序号 | 加工方法 | 加工经济精度（公差等级表示） | 经济表面粗糙度值 $R_a/\mu m$ | 适用范围 |
|---|---|---|---|---|
| 1 | 钻 | IT11～13 | 12.5 | 加工未淬火钢及铸铁的实心毛坯，也可用于加工有色金属。孔径小于 15～20mm |
| 2 | 钻－扩 | IT8～10 | 1.6～6.3 | |
| 3 | 钻－粗铰－精铰 | IT7～8 | 0.8～1.6 | |
| 4 | 钻－扩 | IT10～11 | 6.3～12.5 | 加工未淬火钢及铸铁的实心毛坯，也可用于加工有色金属。孔径小于 15～20mm |
| 5 | 钻－扩－铰 | IT8～9 | 1.6～3.2 | |
| 6 | 钻－扩－粗铰－精铰 | IT7 | 0.8～1.6 | |
| 7 | 钻－扩－机铰－手铰 | IT6～7 | 0.2～0.4 | |
| 8 | 钻－扩－拉 | IT7～9 | 0.1～1.6 | 大批量生产（精度由拉刀的精度而定） |

（续表）

| 序号 | 加工方法 | 加工经济精度（公差等级表示） | 经济表面粗糙度值 $R_a/\mu m$ | 适用范围 |
|---|---|---|---|---|
| 9 | 粗镗（或扩孔） | IT11～13 | 6.3～12.5 | 除淬火钢外各种材料，毛坯有铸出孔或锻出孔 |
| 10 | 粗镗（粗扩）—半精镗（精扩） | IT9～10 | 1.6～3.2 | |
| 11 | 粗镗（粗扩）—半精镗（精扩）—精镗（铰） | IT7～8 | 0.8～1.6 | |
| 12 | 粗镗（粗扩）—半精镗（精扩）—精镗—浮动镗刀精镗 | IT6～7 | 0.4～0.8 | |
| 13 | 粗镗（扩）—半精镗—磨孔 | IT7～8 | 0.2～0.8 | 主要用于淬火钢，也可用于未淬火钢，但不宜用于有色金属 |
| 14 | 粗镗（扩）—半精镗—粗磨—精磨 | IT6～7 | 0.1～0.2 | |
| 15 | 粗镗—半精镗—精镗—精细镗（金刚镗） | IT6～7 | 0.05～0.4 | 主要用于精度要求较高的有色金属加工 |
| 16 | 钻（扩）—粗铰—精铰—珩磨；钻（扩）—拉—珩磨；精镗—半精镗—精镗—珩磨 | IT6～7 | 0.025～0.2 | 主要用于精度要求很高的孔 |
| 17 | 以研磨代替16中的珩磨 | IT5～6 | 0.006～0.1 | |

**表 18-4 轴心线平行的孔的位置精度（经济精度）** mm

| 加工方法 | 工具的定位 | 两孔轴心线间的距离误差或从孔轴心线到平面的距离误差 | 加工方法 | 工具的定位 | 两孔轴心线间的距离误差或从孔轴心线到平面的距离误差 |
|---|---|---|---|---|---|
| 立钻或摇臂钻上钻孔 | 用钻模 | 0.1～0.2 | 卧式镗床上镗孔 | 用镗模 | 0.05～0.08 |
| | 按划线 | 1.0～3.0 | | 按定位样板 | 0.08～0.2 |
| 立钻或摇臂钻上镗孔 | 用镗模 | 0.05～0.08 | | 按定位器的指示读数 | 0.04～0.06 |
| 车床上镗孔 | 按划线 | 1.0～2.0 | | 用块尺 | 0.05～0.1 |
| | 用带有滑座的尺 | 0.1～0.3 | | 用内径或用塞尺 | 0.05～0.25 |
| 坐标镗床上镗孔 | 用光学仪器 | 0.004～0.015 | | 用程序控制的坐标装置 | 0.04～0.05 |
| 金刚镗床上镗孔 | | 0.008～0.02 | | 用游标尺 | 0.2～0.4 |
| 多轴组合机床上镗孔 | 用镗模 | 0.03～0.05 | | 按划线 | 0.4～0.6 |

表 18-5 轴心线相互垂直的孔的位置精度(经济精度) mm

<table>
<tr><th>加工方法</th><th>工具的定位</th><th>在100长度上轴心线的垂直度</th><th>轴心线的倾斜度</th><th>加工方法</th><th>工具的定位</th><th>在100长度上轴心线的垂直度</th><th>轴心线的倾斜度</th></tr>
<tr><td rowspan="2">立钻钻床上钻孔</td><td>用钻模</td><td>0.1</td><td>0.5</td><td rowspan="5">卧式镗床上镗孔</td><td rowspan="2">用镗模</td><td rowspan="2">0.04～0.2</td><td rowspan="2">0.02～0.06</td></tr>
<tr><td>按划线</td><td>0.5～1.0</td><td>0.2～2</td></tr>
<tr><td rowspan="2">铣床上镗孔</td><td>回转工作台</td><td>0.02～0.05</td><td>0.1～0.2</td><td>回转工作台</td><td>0.06～0.3</td><td>0.03～0.08</td></tr>
<tr><td>回转分度头</td><td>0.05～0.1</td><td>0.3～0.5</td><td>按指示器调整零件回转</td><td>0.05～0.15</td><td>0.1～1.0</td></tr>
<tr><td>多轴组合机床镗孔</td><td>用镗模</td><td>0.02～0.05</td><td>0.01～0.03</td><td>按划线</td><td>0.5～1.0</td><td>0.5～2.0</td></tr>
</table>

根据经济精度和经济表面粗糙度的要求，采用相应的加工方法和加工方案，以提高生产率，取得较好的经济性。例如，加工除淬火钢以外的各种金属材料的外圆柱表面，当精度在IT11～IT13、表面粗糙度值 $R_a$ 在 12.5～50μm 之间时，采用粗车的方法即可；当精度在 IT7～IT8、表面粗糙度值 $R_a$ 在 0.8～1.6μm 之间时，可采用粗车－半精车－精车的加工方案，这时，如采用磨削加工方法，由于其加工成本太高，一般来说是不经济的。反之，在加工精度为 IT6 级的外圆柱表面时，需在车削的基础上进行磨削，如不用磨削，只采用车削，由于需仔细刃磨刀具、精细调整机床、采用较小的进给量等，加工时间较长，也是不经济的。

2. 工件的结构形状和尺寸

工件的形状和尺寸影响加工方法的选择。如小孔一般采用钻、扩、铰的方法；大孔常采用镗削的加工方法；箱体上的孔一般难以拉削或磨削而采用镗削或铰削；对于非圆的通孔，应优先考虑用拉削或批量较小时用插削加工；对于难磨削的小孔，则可采用研磨加工。

3. 工件材料的性质

经淬火后的表面，一般应采用磨削加工；材料未淬硬的精密零件的配合表面，可采用刮研加工；对硬度低而韧性较大金属，如铜、铝、镁铝合金等有色金属，为避免磨削时砂轮的嵌塞，一般不采用磨削加工，而采用高速精车、精镗、精铣等加工方法。

4. 生产类型

所选用的加工方法要与生产类型相适应。大批量生产应选用生产率高和质量稳定的加工方法，例如，平面和孔可采用拉削加工，单件小批生产则应选择设备和工艺装备易于调整，准备工作量小，工人便于操作的加工方法，例如，平面采用刨削、铣削，孔采用钻、扩、铰或镗的加工方法。又如，为保证质量可靠和稳定，保证有高的成品率，在大批量生产中采用珩磨和超精磨加工精密零件，也常常降级使用一些高精度的加工方法加工一些精度要求并不太高的表面。

5. 生产率和经济性

对于较大的平面，铣削加工生产率较高，窄长的工件宜用刨削加工；对于大量生产的低

精度孔系，宜采用多轴钻；对批量较大的曲面加工，可采用机械靠模加工、数控加工和特种加工等加工方法。

6. 生产条件

选择加工方法，不能脱离本厂实际，充分利用现有设备和工艺手段，发挥技术人员的创造性，挖掘企业潜力，重视新技术、新工艺的推广应用，不断提高工艺水平。

**二、加工顺序的安排**

零件一般不可能在一个工序中加工完成，需要分几个阶段来进行加工。在加工方法确定以后，开始安排加工顺序，即确定哪些结构先加工，哪些结构后加工，以及热处理工序和辅助工序等。零件加工顺序的合理安排，能够提高加工质量和生产率，降低加工成本，获得较好的经济效益。

1. 加工阶段的划分

(1)粗加工阶段　主要切削除各表面上的大部分加工余量，使毛坯形状和尺寸接近于成品，为后序加工创造条件。

(2)半精加工阶段　完成次要表面的加工，并为主要表面的精加工做准备。

(3)精加工阶段　保证主要表面达到图样要求。

(4)光整加工阶段　对表面粗糙度及加工精度要求高的表面，还需进行光整(达到IT6级以上和 $R_a < 0.32\mu m$)，提高表面层的物理力学性能。这个阶段一般不能用于提高零件的位置精度。

有些毛坯的加工余量大，表面极其粗糙，应进行荒加工阶段(即去皮加工阶段)，通常在毛坯准备车间进行。对有些重型零件或加工余量小、精度不高的零件，则可以在一次装夹后完成表面的粗精加工。

2. 划分加工阶段的原因

(1)利于保证加工质量　工件粗加工因加工余量大，其切削力、夹紧力也较大，将造成加工误差，工件在划分加工阶段后，可以在以后的加工阶段中纠正或减小误差，以提高加工质量。

(2)便于合理使用设备　粗加工可采用刚性好、效率高、功率大、精度相对低的机床，精加工则要求机床精度高。划分加工阶段后，可以充分发挥各类设备的优势，满足加工的要求。

(3)便于安排热处理工序　粗加工后，工件残余应力大，一般要安排去应力的热处理工序。精加工前要安排淬火等最终热处理，其变形可以通过精加工予以消除。

(4)便于及时发现毛坯缺陷　毛坯经粗加工阶段后，可以及时发现和处理缺陷，以免造成对缺陷工件继续加工而造成浪费。

(5)避免损伤已加工表面　精加工工序安排在最后，可以避免加工好的表面在搬运和夹紧中受到损伤。

应当指出，工艺过程划分阶段是指零件加工的整个过程而言，不能从某一表面的加工或某一工序的性质来判断。例如，某些定位基准面的精加工，在半精加工甚至粗加工阶段就加工的很准确，无须放在精加工阶段。

3. 工序集中与工序分散

工序集中与工序分散是拟定工艺路线时，确定工序数目或工序内容多少的两种不同的原则，它与设备类型的选择有密切关系。

(1)工序集中与工序分散的性质

工序集中就是将工件的加工集中在少数几道工序内完成,每道工序的加工内容较多。工序集中可采用技术上措施集中,称为机械集中,如多刃、多刀加工,自动机床和多轴机床加工等,也可采用人为的组织措施集中,称为组织集中,如卧式车床的顺序加工。工序分散就是将工件的加工分散在较多的工序内进行,每道工序的加工内容较少,有些工序只包含一个工步。

(2)工序集中与工序分散的特点

①工序集中的特点

a. 采用高效率的机床或自动线、数控机床等,生产率高。

b. 工件装夹次数减少,易于保证表面间位置精度,还能减少工序间运输量,利于缩短生产周期。

c. 工序数目少,可减少机床数量、操作人员数量和生产面积,还可减化生产计划和生产组织工作。

d. 因采用结构复杂的专用设备及工艺装备,故投资大,调整和维修复杂,生产准备工作量大,转换新产品比较费时。

②工序分散的特点

a. 机床设备及工艺装备简单,调整和维修方便,工人易于掌握,生产准备工作量少,易于平衡工序时间,能较快的更换和生产不同产品。

b. 可采用最为合理的切削用量,减少基本时间。

c. 设备数量多,操作工人多,战用场地大。

d. 对工人的技术水平要求较低。

(3)工序集中与工序分散的选用

工序集中与工序分散各有利弊,应根据生产类型、现有生产条件、企业能力、工件结构特点和技术要求等进行综合分析,具体选择原则如下:

①单件小批生产适用于采用工序集中的原则,以便简化生产计划和组织工作。成批生产宜适当采用工序集中的原则,以便选用效率较高的机床。大批量生产中,工件结构较复杂,适用于采用工序集中的原则,可以采用各种高效组合机床、自动机床等加工;对结构较简单的工件,如轴承和刚性较差、精度较高的精密工件,也可采用分散原则。

②产品品种较多,又经常变换,适用于采用工序分散的原则。同时,由于数控机床和柔性制造系统的发展,也可以采用工序集中的原则。

③工件加工质量要求较高时,一般采用工序分散原则,可以用高精度机床来保证加工质量的要求。

④对于重型工件,易于采用适当集中原则,减少工件装卸和运输的工作量。

4. 加工顺序的确定

工件的加工过程通常包括机械加工工序,热处理工序,以及辅助工序。在安排加工顺序时,常遵循以下原则:

(1)机械加工工序的安排

①基面先行　先以粗基准定位加工出精基准,以便尽快为后续工序提供基准,如基准不统一,则应按基准转换顺序逐步提高精度的原则安排基准面加工。

②先粗后精　先粗加工，其次半精加工，最后安排精加工和光整加工。

③先主后次　先考虑主要表面（装配基面、工作表面等）的加工，后考虑次要表面（键槽、螺孔、光孔等）的加工。主要表面加工容易产废品，应放在前阶段进行，以减少工时的浪费。由于次要表面加工量较少，而且又和主要表面有位置精度要求，因此，一般应放在主要表面半精加工或光整加工之前完成。

④先面后孔　对于箱体、支架、连杆等零件（其结构主要由平面和孔所组成），由于平面的轮廓尺寸较大，且表面平整，用以定位比较稳定可靠，故一般是以平面为基准来加工孔，能够确保孔与平面的位置精度，加工孔时也较方便，所以应先加工平面，后加工孔，

⑤就近不就远　在安排加工顺序时，还要考虑车间的机床的布置情况，当类似机床布置在同一区域时，应尽量把类似工种的加工工序就近布置，以避免工件在车间内往返搬运。

(2)热处理工序的安排

①预备热处理

a. 退火、正火和调质处理。退火、正火和调质处理的目的是改善工件材料机械性能和切削加工性能，一般安排在粗加工以前或粗加工以后、半精加工之前进行。放在粗加工之前可改善粗加工时材料的切削加工性能，并可减少车间之间的运输工作量；放在粗加工与半精加工之间有利于消除粗加工所产生的内应力对工件的影响，并可保证调质层的厚度。

b. 时效处理。时效处理的目的是消除毛坯制造和机械加工过程中产生的内应力，一般安排在粗加工以后、精加工以前进行。为了减少运输工作量，对于加工精度要求不高的工件，一般把消除内应力的热处理安排在毛坯进入机械加工车间之前进行。对于机床床身、立柱等结构复杂的铸件，则应在粗加工前、后都要进行时效处理。对于精度要求较高的工件（如镗床的箱体）应安排两次或多次时效处理。对于精度要求很高的精密丝杠、主轴等零件，则应在粗加工、半精加工之间安排多次时效处理。

②最终热处理。

a. 普通淬火　淬火的目的是提高工件的表面硬度，一般安排在半精加工之后、磨削等精加工之前进行。因为工件在淬火后，表面会产生氧化层，而且产生一定的变形，所以在淬火后必须进行磨削或其它能够加工淬硬层的工序。

b. 渗碳淬火　渗碳淬火的目的是改善工件的表面机械性能，高温渗碳淬火工件变形大，一般将渗碳淬火工序放在次要表面加工之前进行，待次要表面加工完毕以后再进行淬火，以减少次要表面的位置误差。

c. 渗氮、氰化处理　目的也是改善工件的表面机械性能，可根据零件的加工要求，安排在粗、精磨之间或精磨之后进行。

(3)辅助工序的安排

辅助工序一般包括去毛刺、倒棱、清洗、防锈、去磁、检验等。检验工序是主要的辅助工序，是保证产品质量的重要措施。除了各工序操作者自检外，在粗加工结束后精加工开始前、重要工序或工序较长的工序前后、零件换车间前后、零件全部加工结束以后，均应安排检验工序。

**三、机床与工艺装备的选择**

机床与工艺装备是零件加工的物质基础，是加工质量和生产率的重要保障。机床与工艺装备包括机械加工过程中所需的机床、夹具、量具、刀具等。机床和工艺装备的选择是制

定工艺规程的一个重要环节，对零件加工的经济性也有重要影响。为了合理的选择机床和工艺装备，必须对各种机床的规格、性能和工艺装备的种类、规格等进行详细的了解。

1. 机床的选择

在工件的加工方法确定以后，加工工件所需的机床就已基本确定，由于同一类型的机床中有多种规格，其性能也并不完全相同，所以加工范围和质量各不相同，只有合理地选择机床，才能加工出理想的产品。在对机床进行选择时，除对机床的基本性能有充分了解之外，还要综合考虑以下几点。

(1)机床的技术规格要与被加工的工件尺寸相适应。

(2)机床的精度要与被加工的工件要求精度相适应。机床的精度过低，不能加工出设计的质量；机床的精度过高，又不经济。对于由于机床局限，理论上达不到应有加工精度的，可通过工艺改进的办法达到目的。

(3)机床的生产率应与被加工工件的生产纲领相适应。

(4)机床的选用应与自身经济实力相适应。既要考虑机床的先进性和生产的发展需要，又要实事求是，减少投资。要立足于国内，就近取材。

(5)机床的使用应与现有生产条件相适应。应充分利用现有机床，如果需要改造机床或设计专用机床，则应提出与加工参数和生产率有关的技术资料，确保零件加工质量的技术要求等。

2. 工艺装备的选择

(1)夹具的选择　单件小批量生产应尽量选用通用夹具和机床自带的卡盘、钳台和转台。大批量生产时，应采用高生产率的专用机床夹具，在推行计算机辅助制造，成组技术等新工艺或为提高生产效率时，应采用成组夹具、组合夹具。夹具的精度应与零件的加工精度相适应。

(2)刀具的选择　一般选用标准刀具，刀具选择时主要考虑加工方法、加工表面的尺寸、工件材料、加工精度、表面粗糙度、生产率和经济性等因素。在组合机床上加工时，由于机床按工序集中原则组织生产，考虑到加工质量和生产率的要求，可采用专用的复合刀具，这样可提高加工精度、生产率和经济效益。自动线和数控机床所使用的刀具应着重考虑其寿命期内的可靠性，加工中心机床所使用的刀具还应注意选择与其配套的刀夹和刀套。

(3)量具、检具和量仪的选择　主要依据生产类型和要检验的精度。对于尺寸误差，在单件小批量生产中，广泛采用通用量具，如游标卡尺、千分尺等，对于形位误差，在单件小批量生产中，一般采用百分表和千分表等通用量具，大批量生产应尽量选用效率高的量具、检具和量仪，如各种极限量规、专用检验器具和测量仪器等，

**四、切削用量的确定**

切削用量的确定是切削加工中十分重要的环节，选择合理的切削用量，必须考虑合理的刀具寿命。切削用量的合理确定，能够充分发挥刀具切削性能和机床性能，对确保加工质量、提高生产率和获得良好的经济效益都有着十分重要的意义。

1. 刀具寿命的确定

确定刀具寿命是确定切削用量所要考虑的一个重要内容，确定刀具寿命应考虑工序费用和生产率，按工序费用最少的原则确定的刀具寿命，称为刀具的经济寿命，按切削生产率最高的原则确定的刀具寿命，称为最高生产率寿命。

(1)刀具的经济寿命 $T_C$(min)　刀具的经济寿命 $T_C$ 是按工序加工成本最低的原则确定的刀具寿命。工序加工时的工序费用 $C$(单位为元)计算如下

$$C = t_m M + t_{ct}\frac{t_m}{T}M + \frac{t_m}{T}C_t + t_{ot}M$$

式中：$t_m$ 工序的切削时间，min；$t_m = KT^m$，其中 $K$ 为常数，$T$ 为刀具寿命；

$t_{ct}$—— 换刀一次所需要的时间，min；

$t_{ot}$—— 除换刀外的其他辅助时间，min；

$M$—— 单位时间内的全厂费用分摊，包括所有人员的工资、厂房与设备的折旧、动力消耗等各种费用，但有关刀具刃磨的费用计算，如刀具费用 $C_t$ 中，不计入 $M$，元 /min；

$C_t$—— 包括刃磨费用在内的，刀具寿命期间与刀具有关的费用，称刀具费用，元。

工序费用 $C$ 对刀具寿命 $T$ 求导，并令其等于零，即 $\frac{dC}{dT} = 0$。可得到工序加工成本最低的刀具的经济寿命 $T_C$ 即为

$$T_c = \frac{1-m}{m}(t_{ct} + \frac{C_t}{M})$$

其中 $m$ 为速度影响系数。

(2) 刀具的最高生产率寿命 $T_P$(min)　刀具的最高生产率寿命是按工序加工时间最少的原则确定的刀具寿命。单件工序工时 $t_w$ 为

$$t_w = t_m + t_{ct}\frac{t_m}{T} + t_{ot}$$

为求 $t_w$ 的最小值，令 $\frac{dt_w}{dT} = 0$，则最高生产率寿命 $T_P$ 为

$$T_P = (\frac{1-m}{m})t_{ct}$$

(3) 刀具寿命的合理选择　刀具的最高生产率寿命 $T_P$ 比经济寿命 $T_C$ 低，即 $T_P$ 所允许的切削速度比 $T_C$ 所允许的切削速度高。通常在制定工艺规程时，常采用刀具的经济寿命及其所允许的切削速度，在特殊情况下才采用最高生产率寿命 $T_P$ 及其所允许的较高的切削速度。由于普通机床是有级调速的，所须切削速度不可能刚好与机床主轴相吻合，在误差范围内也可。

表 18-6 摘录了几种常用刀具材料寿命的近似计算公式，表 18-7 摘录了常用刀具寿命的推荐值，供选用时参考。

**表 18-6　刀具寿命的近似计算公式**

| 刀具寿命 | 高速钢 | 硬质合金 | 陶瓷 |
|---|---|---|---|
| 经济寿命 | $T_C = 7(t_{ct} + \frac{C_t}{M})$ | $T_C = 4(t_{ct} + \frac{C_t}{M})$ | $T_C = 7(t_{ct} + \frac{C_t}{M})$ |
| 最高生产率寿命 | $T_P = 7t_{ct}$ | $T_P = 4t_{ct}$ | $T_P = t_{ct}$ |

表 18－7　常用刀具寿命的推荐值　min

| 刀具类型 | 刀具寿命 $T$ | 刀具类型 | 刀具寿命 $T$ |
| --- | --- | --- | --- |
| 可转位车刀 | 10～15 | 高速钢钻头 | 80～120 |
| 硬质合金车刀 | 20～60 | 齿轮刀具 | 200～300 |
| 高速钢车刀 | 30～90 | 自动线上的刀具 | 240～480 |
| 硬质合金端铣刀 | 120～180 | | |

2. 切削用量的合理选择原则

(1) 切削用量要与加工生产率相适应　加工生产率可用 $Q=1/t_m$ 表示，其中

$$t_m=(\pi \Delta d_w L_w)/(10^3 v_c a_p f)$$

式中：$d_w$—— 车削前工件的毛坯直径，mm；

$L_w$—— 工件车削部分长度，mm；

$\Delta$—— 加工余量，mm；

$v_c$—— 切削速度，m/min；

$a_p$—— 背吃刀量，mm；

$f$—— 进给量，mm/r；

由于 $\Delta$、$d_w$、$L_w$ 均为常数，令 $10^3/(\pi \Delta d_w L_w)=A_0$，则加工生产率 $Q=A_0 v_c a_p f$。由此可见，加工生产率与切削用量三要素呈线性关系，选择合理的切削用量就是要选择切削用量三要素的最佳组合，在确保刀具合理寿命的前提下，使 $a_p$、$f$、$v_c$ 三者的乘级最大，以获得最高的生产率。所以在选择切削用量时，首先选择尽可能大的 $a_p$，再根据机床动力和刚性限制条件，选取尽可能大的 $f$，最后参照切削用量手册选取或利用公式计算确定 $v_c$。

(2) 切削用量要与加工表面质量相适应　在切削用量三要素中，对已加工表面粗糙度影响最大的是进给量 $f$，进给量增大，已加工表面的残留面积及其峰谷高差尺寸相应增大，表面粗糙度也相应增大。对于半精加工和精加工，进给量是限制切削生产率提高的主要因素。由于切削速度 $v_c$ 是影响切削温度的主要因素，切削温度的变化对积屑瘤的生成、形状、尺寸产生决定影响，而积屑瘤又对表面粗糙度产生影响，故切削温度影响加工表面质量。背吃刀量 $a_p$ 对表面加工质量也有影响，过大的背吃刀量将影响表面粗糙度。

(3) 切削用量要与刀具寿命相适应　在切削用量三要素中，对刀具寿命影响最大的因素是切削速度 $v_c$，其次是进给量 $f$，影响最小的是背吃刀量 $a_p$，所以在选择切削用量时，在机床、刀具、工件的强度以及工艺系统刚性允许的条件下，首先选择尽可能大的背吃刀量，其次选择在加工条件和加工要求限制下允许的进给量，最后按刀具寿命的要求确定一个合适的切削速度 $v_c$。

3. 切削用量的合理确定

(1) 背吃刀量 $a_p$ 的确定　粗加工时，除了将半精加工、精加工的余量留下来，如表 18－8 所示，在机床功率和刀具强度允许的情况下，剩下的余量应尽可能在一次走刀下切除。但粗加工在以下情况下一般分两次或多次走刀：① 工艺系统刚性不足，或加工余量极不均匀，一次走刀会引起系统较大的振动；② 加工余量太大，导致机床功率不足或刀具强度不够；③ 间歇切削，刀具受到较大振动冲击，容易造成走刀。一般第一次走刀切去余量的2/3～

3/4，第二次走刀切去剩下余量的 1/3 ～ 1/4。在粗加工锻件或铸件时，由于毛坯硬皮、缩孔、砂眼、气孔等缺陷而造成断续切削，为了保护刀刃，第一次走刀的背吃刀量应取较大值。

**表 18－8　加工余量和背吃刀量 $a_p$**　　mm

| 加工类型 | 表面粗糙度 $R_a/\mu m$ | 背吃刀量 $a_p$ |
|---|---|---|
| 粗加工 | 50 ～ 12.5 | 8 ～ 10 |
| 半精加工 | 6.3 ～ 3.2 | 0.5 ～ 2.0 |
| 精加工 | 1.6 ～ 0.8 | 0.05 ～ 0.4 |

半精加工、精加工一般多采用较小的背吃刀量 $a_p$，根据刀具刃口的锋利程度确定背吃刀量，对于刃口较锋利的高速钢刀具不应小于 0.005mm；对于刃口不太锋利的硬质合金刀具，背吃刀量要大一些。

（2）进给量 $f$ 的确定　粗加工时一般不考虑进给量对表面粗糙度的影响，采用较大的进给量。根据机床进给机构的强度、车刀刀杆刚度、刀片强度、工件装夹刚度等因素确定，每个因素给出一个对应的进给量，最后选出一个最小的进给量作为切削用量，在制定大批量生产工艺规程时，应根据以上因素，通过计算和比较来确定合理的进给量。但实际生产中，常常根据工件材料、工件直径、背吃刀量、车刀刀杆尺寸等因素，经验确定进给量，如表 18－9 所示。

**表 18－9　用硬质合金车刀粗车外圆及端面时的进给量（经验值）**

| 工件材料 | 车刀刀杆尺寸 /mm | 工件直径 /mm | 背吃刀量 $a_p$/mm | | | | |
|---|---|---|---|---|---|---|---|
| | | | ≤3 | ＞3 ～ 5 | ＞5 ～ 8 | ＞8 ～ 12 | ＞12 |
| | | | 进　给　量　$f$/(mm/r) | | | | |
| 碳素钢<br>合金钢<br>耐热钢 | 16 × 25 | 20 | 0.3 ～ 0.4 | — | — | — | — |
| | | 40 | 0.4 ～ 0.5 | 0.3 ～ 0.4 | — | — | — |
| | | 60 | 0.5 ～ 0.7 | 0.4 ～ 0.6 | 0.3 ～ 0.5 | — | — |
| | | 100 | 0.6 ～ 0.9 | 0.5 ～ 0.7 | 0.5 ～ 0.6 | 0.4 ～ 0.5 | — |
| | | 400 | 0.8 ～ 1.2 | 0.7 ～ 1.0 | 0.6 ～ 0.8 | 0.5 ～ 0.6 | — |
| | 20 × 30<br>25 × 25 | 20 | 0.3 ～ 0.4 | — | — | — | — |
| | | 40 | 0.4 ～ 0.5 | 0.3 ～ 0.4 | — | — | — |
| | | 60 | 0.6 ～ 0.7 | 0.5 ～ 0.7 | 0.4 ～ 0.6 | — | — |
| | | 100 | 0.8 ～ 1.0 | 0.7 ～ 0.9 | 0.5 ～ 0.7 | 0.4 ～ 0.7 | — |
| | | 400 | 1.2 ～ 1.4 | 1.0 ～ 1.2 | 0.8 ～ 1.0 | 0.6 ～ 0.9 | 0.4 ～ 0.6 |
| 铸铁<br>铜合金 | 16 × 25 | 40 | 0.4 ～ 0.5 | — | — | — | — |
| | | 60 | 0.6 ～ 0.8 | 0.5 ～ 0.8 | 0.4 ～ 0.6 | — | — |
| | | 100 | 0.8 ～ 1.2 | 0.7 ～ 1.0 | 0.6 ～ 0.8 | 0.5 ～ 0.7 | — |
| | | 400 | 1.2 ～ 1.4 | 1.0 ～ 1.2 | 0.8 ～ 1.0 | 0.6 ～ 0.8 | — |
| | 20 × 30<br>25 × 25 | 40 | 0.4 ～ 0.5 | — | — | — | — |
| | | 60 | 0.6 ～ 0.9 | 0.5 ～ 0.8 | 0.4 ～ 0.7 | — | — |
| | | 100 | 0.9 ～ 1.3 | 0.8 ～ 1.2 | 0.7 ～ 1.0 | 0.5 ～ 0.8 | — |
| | | 400 | 1.2 ～ 1.8 | 1.2 ～ 1.6 | 1.0 ～ 1.3 | 0.9 ～ 1.1 | 0.7 ～ 0.9 |

由上表可以看出，车刀尺寸较大或者工件直径较大时，可以选用较大的进给量。背吃刀量较大时，由于切削力较大，应该选用较大的进给量。加工铸铁的切削力比加工钢的切削力小，可以采用较大的进给量。

半精加工和精加工时，最大进给量主要受加工精度和表面粗糙度的限制，当车刀的刀尖圆弧半径较大或车刀副偏角较小，且切削速度较高时，进给量可以选大一些。表 18－10 摘录了硬质合金车刀半精车与精车钢和铸铁工件外圆时，按加工表面粗糙度，经验选择的进给量，可供选用时参考。

应该指出的是，单件小批量生产时，为了简化工艺文件，常不具体规定切削用量，而由操作者根据具体情况自行确定。

**表 18－10　硬质合金车刀半精车外圆时按表面粗糙度选择的进给量(经验值)**

| 粗糙度 $R_a/\mu m$ | 工件材料 | 副偏角(度) | 切削速度 $v_c$/(m/min) | 刀尖圆弧半径/mm | | |
|---|---|---|---|---|---|---|
| | | | | 0.5 | 1.0 | 2.0 |
| | | | | 进给量 $f$/(mm/r) | | |
| 10 | 钢 | 5 | 100～120 | — | 0.55～0.70 | 0.70～0.88 |
| | 铸铁 | 10～15 | 50～70 | — | 0.45～0.60 | 0.60～0.70 |
| 5 | 钢 | 5 | <50 | 0.20～0.30 | 0.25～0.35 | 0.30～0.45 |
| | | | 50～100 | 0.28～0.35 | 0.35～0.40 | 0.40～0.55 |
| | | | >100 | 0.35～0.40 | 0.40～0.50 | 0.50～0.60 |
| | | 10～15 | <50 | 0.18～0.25 | 0.25～0.30 | 0.30～0.40 |
| | | | 50～100 | 0.25～0.30 | 0.30～0.35 | 0.35～0.50 |
| | | | >100 | 0.30～0.35 | 0.35～0.40 | 0.50～0.55 |
| | 铸铁 | 5 | 50～70 | — | 0.30～0.50 | 0.45～0.65 |
| | | 15 | | | 0.25～0.40 | 0.40～0.60 |
| 2.5 | 钢 | ≥5 | 30～50 | — | 0.11～0.15 | 0.14～0.22 |
| | | | 50～80 | | 0.14～0.20 | 0.17～0.25 |
| | | | 80～100 | | 0.16～0.25 | 0.23～0.35 |
| | | | 100～130 | | 0.20～0.30 | 0.25～0.39 |
| | | | >130 | | 0.25～0.30 | 0.35～0.39 |
| | 铸铁 | ≥5 | 60～80 | — | 0.15～0.25 | 0.20～0.35 |
| 1.25 | 钢 | ≥5 | 100～110 | — | 0.12～0.15 | 0.14～0.17 |
| | | | 110～130 | | 0.13～0.18 | 0.17～0.23 |
| | | | >130 | | 0.17～0.26 | 0.21～0.27 |

（3）切削速度 $v_c$ 的确定　粗车时，背吃量和进给量都比较大，切削速度应选低。根据已确定的背吃量、进给量和刀具寿命，由下式计算

$$v_c = \frac{c_v}{T^m a_p^{x_v} f^{y_v}} k_v$$

式中：$C_V$—— 与切削条件有关的常数；

$x_v$、$y_v$、$m$—— 指数；

$k_v$—— 切削速度修正系数。对于不重要的加工，可直接选 $k_v = 1$；在大批量生产时，$k_v$ 应进行仔细计算。

计算得到 $v_{c0}$ 后，根据加工工件直径计算相应的转速 $n_0$，公式如下

$$n = 1000 v_c / (\pi d_W)$$

式中：$d_W$—— 工件直径，mm；

$v_c$—— 切削速度，m/min；

$n$—— 主运动速度，r/min；

计算出 $n_0$ 以后，再按照机床的实际可能，确定一个可实现的转速 $n$，然后再根据这个转速 $n$，计算实际的切削速度 $v_c$。有关系数和指数可参照 18－11 表选取。

**表 18－11　切削速度计算中的指数和系数**

| 工件材料 | 刀具材料 | 进给量 $f/(\mathrm{mm/r^{-1}})$ | 系数和指数 | | | |
|---|---|---|---|---|---|---|
| | | | $c_v$ | $x_v$ | $y_v$ | $m$ |
| 外圆纵车<br>碳素结构钢<br>$\sigma_b = 0.65\mathrm{GPa}$ | P10<br>（干切） | $f \leqslant 0.30$ | 291 | 0.15 | 0.2 | 0.2 |
| | | $f \leqslant 0.70$ | 242 | | 0.35 | |
| | | $f > 0.70$ | 235 | | 0.45 | |
| | W6Mo5Cr4V2<br>W18Cr4V<br>（加切削液） | $f \leqslant 0.25$ | 67.2 | 0.25 | 0.33 | 0.125 |
| | | $f > 0.25$ | 43 | | 0.66 | |
| 外圆纵车<br>灰铸铁<br>190HBS | K20<br>（干切） | $f \leqslant 0.40$ | 189.8 | 0.15 | 0.2 | 0.2 |
| | | $f \leqslant 0.40$ | 158 | | 0.4 | |
| | W6Mo5Cr4V2<br>W18Cr4V<br>（干切） | $f \leqslant 0.25$ | 24 | | 0.3 | 0.1 |

半精加工、精加工时由于背吃刀量和进给量比较小，应采用高的切削速度，同时也为了避开积屑瘤发生区域；工件材料的强度、硬度低，切削加工性较好时，选择较高的切削速度；刀具的切削性愈好，切削速度就愈高；断续切削时，应适当降低切削速度，避免切削力冲击和切削热冲击；工件材料的强度、硬度高，选择较低的切削速度；在易发生振动的情况下，所确定的切削速度应避免自激振动的临界区域；加工大件、细长件和薄壁件时，所确定的切削速度应适当降低，这样可有效地保证加工精度。

## 五、工时定额的计算

工时定额是指在一定生产条件下，规定生产一件产品或完成一道工序所消耗的时间。它是安排生产计划、进行成本核算、考核工人完成任务情况、新建和扩建工厂或车间时确定所需设备和工人数量的主要依据。

制定合理的工时定额是调动工人积极性的重要手段，可以促进工人技术水平的提高，从而不断提高生产率。一般是技术人员通过计算或类比的方法，或者通过对实际操作时间的测定和分析的方法进行确定。在使用中，工时定额应定期修订，以使其保持平均先进水平。

在机械加工中，为了便于合理地确定工时定额，把完成一个工件的一道工序的时间称为单件工序时间 $T_p$，包括如下组成部分。

1. 基本时间

基本时间 $T_b$ 是直接改变生产对象的尺寸、形状、相对位置、表面状态或材料性质等工艺过程所消耗的时间。对机械加工而言，是指从工件上切除材料层所耗费的时间(包括刀具的切入或切出时间)，基本时间可按公式求得。例如车削基本时间 $T_b$ 为

$$T_b = \frac{L_j Z}{n f a_p}$$

式中：$T_b$—— 基本时间，min；

$L_j$—— 工作行程的计算长度，mm，包括加工表面的长度，刀具的切入或切出长度(切入、切出长度可查阅有关手册确定)；

$Z$—— 工序余量，mm；

$n$—— 工件的旋转速度，r/min；

$f$ —— 刀具的进给量，mm/r；

$a_P$—— 背吃刀量，mm。

2. 辅助时间

辅助时间 $T_a$ 是为实现工艺过程所必须进行的各种辅助动作所消耗的时间。这些辅助动作包括：装夹和卸下工件；开动和停止机床；改变切削用量；进、退刀具；测量工件尺寸等。

辅助时间的确定方法随生产类型而异。大批量生产时，为使辅助时间规定的合理，需将辅助动作分解，再分别确定各分解动作的时间，最后予以综合。中批量生产可根据以往的统计资料来确定。单件小批量生产常用基本时间的百分比估算。

基本时间和辅助时间的总和，称为工序作业时间，即直接用于制造产品或零、部件所消耗的时间。

3. 布置工作地时间

布置工作地时间 $T_s$ 是为使加工正常进行，工人照管工作地(如更换刀具、润滑机床、清理切屑、收拾工具等)所消耗的时间。布置工作地时间可按照工序作业时间的 $\alpha$ 倍(一般 $\alpha = 2\% \sim 7\%$)来估算。

4. 休息和生理需要时间

休息和生理需要时间 $T_r$ 是工人在工作班内为恢复体力和满足生理上的需要所消耗的时间。它可按工序作业时间的 $\beta$ 倍(一般 $\beta = 2\% \sim 4\%$)来估算。

上述四部分的时间之和称为单件工时，因此，单件工时为

$$T_p = T_b + T_a + T_s + T_r = (T_b + T_a)(1 + \alpha + \beta)$$

5. 准备和终结时间

对于成批生产还要考虑准备与终结时间，准备和终结时间 $T_e$ 是工人为了生产一批产品或零、部件，进行准备和结束工作所消耗的时间。这些工作包括：熟悉工艺文件、安装工艺装备、调整机床、归还工艺装备和送交成品等。

准备和终结时间对一批工件只消耗一次，工件批量 $n$ 越大，则分摊到每一个工件上的这部分时间越少。所以，成批生产时的单件工时为

$$T_p = T_b + T_a + T_s + T_r + \frac{T_e}{n} = (T_b + T_a)(1 + \alpha + \beta) + \frac{T_e}{n}$$

在大量生产时，每个工作地点完成固定的一道工序，一般不需考虑准备和终结时间。

## 第二节　加工余量的确定

工件的加工工艺路线拟订之后，在进一步安排各个工序的具体内容时，就要对每道工序进行详细设计，其中包括确定每道工序应保证的工序尺寸。而工序尺寸的确定与工序的加工余量有着密切关系，本节主要讨论有关加工余量的一些问题。

### 一、加工余量的概念

工件要达到应有的精度和表面粗糙度，必须经过多道加工工序，故应留有加工余量，加工余量是指加工过程中从加工表面切去的材料层厚度。加工余量主要分为工序余量和加工总余量两种。

1. 工序余量

工序余量是相邻两工序的工序尺寸之差，即在一道工序中从某一加工表面切除的材料层厚度。

(1) 基本余量　由于毛坯制造和各个工序尺寸都存在误差，加工余量的变动值。当工序尺寸用基本尺寸计算时，所得到的加工余量称为基本余量。

对于非对称的加工表面，如图 18－1 所示，加工余量是单边余量。

对于外表面，如图 18－1a 所示，基本余量为

$$Z = a - b$$

对于内表面，如图 18－1b 所示，基本余量为

$$Z = b - a$$

式中：$Z$—— 本工序的基本余量，mm；

$a$—— 前工序的工序尺寸，mm；

$b$—— 本工序的工序尺寸，mm。

对于内孔、外圆等回转表面，其加工余量是双边余量，即相邻两工序的直径差。

对于外圆，如图 18－1c 所示，基本余量为

$$Z = d_a - d_b$$

对于内孔，如图 18－1d 所示，基本余量为

$$Z = d_b - d_a$$

式中：$Z$—— 直径上的基本余量，mm；

$d_a$—— 前工序加工直径，mm；

$d_b$—— 本工序加工直径，mm。

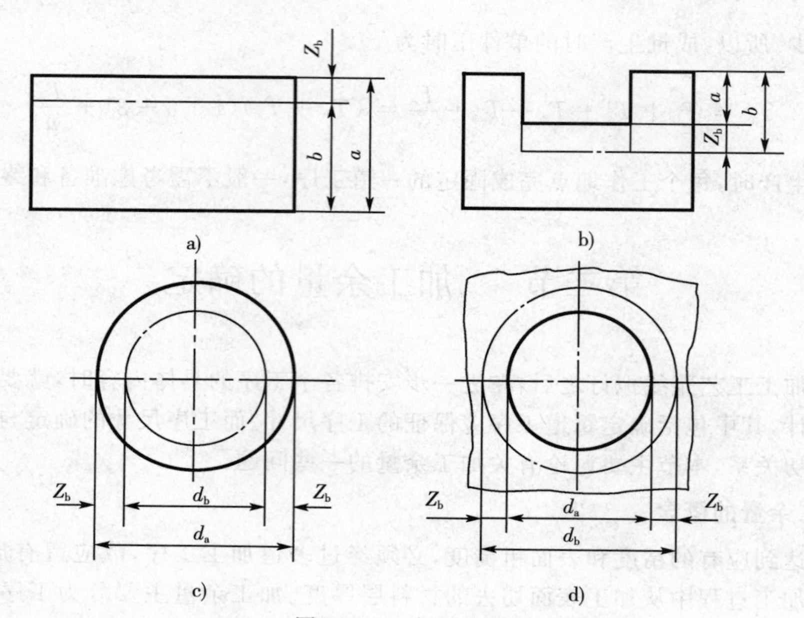


图 18－1　加工余量

当加工某个表面的一道工序包括几个工步时，相邻两工步尺寸之差就是工步余量，即在一个工步中从某一加工表面切除的材料层厚度。

(2) 最大余量、最小余量和余量公差　由于毛坯制造和各个工序加工后的工序尺寸都不可避免地存在误差，加工余量也是变动值，有最大余量、最小余量之分，余量的变动范围称为余量公差，如图 18－2a 所示。对于被包容面来说，基本余量是前工序和本工序基本尺寸之差；最小余量是前工序最小工序尺寸和本工序最大工序尺寸之差，是保证该工序加工表面的精度和质量所需切除的金属层最小厚度；最大余量是前工序最大工序尺寸和本工序最小工序尺寸之差，如图 18－2b 所示。对于包容面来说则相反。余量公差即加工余量的变动范围（最大加工余量与最小加工余量的差值），等于前工序与本工序两工序尺寸公差之和。最大余量、最小余量和余量公差可表示为

最大余量：$Z_{max} = a_{max} - b_{min}$

最小余量：$Z_{min} = a_{min} - b_{max}$

余量公差：$T_Z = Z_{max} - Z_{min} = (a_{max} - a_{min}) + (b_{max} - b_{min}) = T_a + T_b$

式中：$T_Z$—— 本工序余量公差，mm；

$T_a$—— 前工序的工序尺寸公差，mm；

$T_b$—— 本工序的工序尺寸公差，mm。

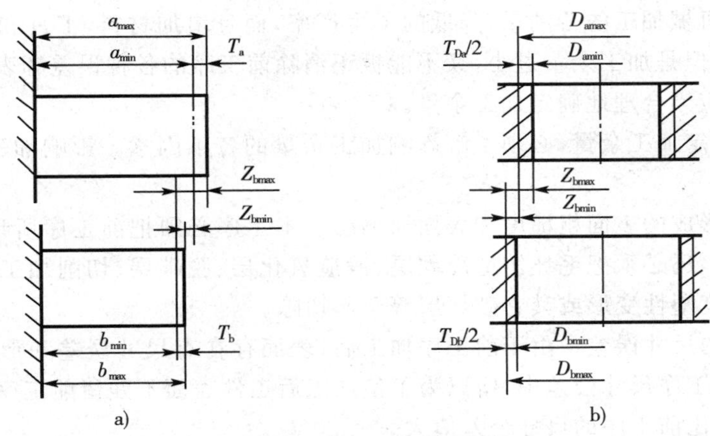


图 18－2　最大余量、最小余量和余量公差

工序尺寸的公差带的分布，一般规定在工件的"入体"方向，故对于被包容表面（轴），工序尺寸即最大尺寸；对于包容面（孔），则工序尺寸是最小尺寸。毛坯尺寸的公差一般采用双向标注。

2. 加工总余量

毛坯尺寸与零件图样的设计尺寸之差称为加工总余量。加工总余量等于各工序余量之和，即

$$Z_{总} = \sum_{i=1}^{n} Z_i$$

式中：$Z_i$—— 第 $i$ 道工序的工序余量，mm；

$n$—— 该表面总加工的工序数。

加工总余量也是个变动值，其值及公差一般可从有关手册中查找或经验确定。如图 18－3 所示，在内孔和外圆表面经过多次加工后，加工总余量、工序余量和加工尺寸的分布。

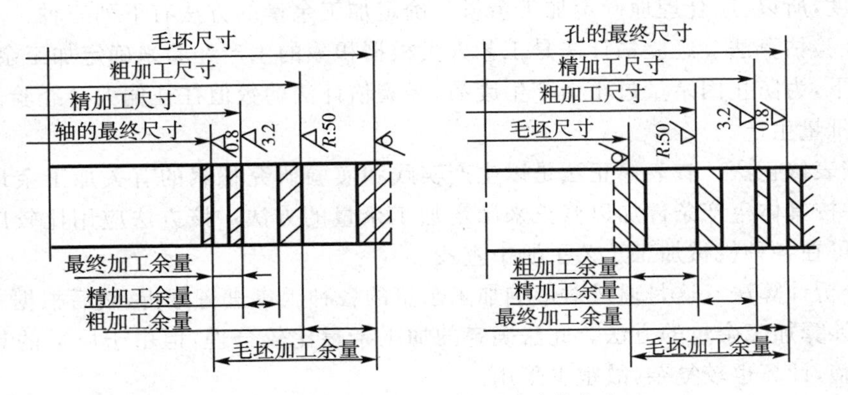


图 18－3　加工余量和加工尺寸的分布

**二、影响加工余量的因素**

加工余量的大小对于零件的加工质量、生产率和生产成本均有较大的影响。加工余量过大，不仅增加机械加工的劳动量，降低的了生产率，而且增加材料、工具和电力等的消耗，加工成本增高。但是加工余量过小，又不能扳正消除前工序的各种误差和表面缺陷，甚至产生废品。因此，应当合理地确定加工余量。

为了合理确定加工余量，必须了解影响加工余量的各项因素。影响加工余量的因素有以下几个方面；

(1)前工序形成的表面粗糙度和表面缺陷层　本工序必须把前工序所形成的表面粗糙度层切去。此外，还必须把毛坯铸造冷硬层、锻造氧化层、脱碳层、切削加工残余应力层、表面裂纹、组织过度塑性变形或其它破坏层等全部切除。

(2)前工序的尺寸误差　由于前工序加工后，表面存在有尺寸误差和形位误差，而这些误差一般包括在工序尺寸公差中，所以为了使加工后工件表面不残留前工序这些误差，本工序加工余量值应比前工序的尺寸公差值大。

(3)前工序的形位误差　它是指不由尺寸公差所控制的形位误差。当形位误差和尺寸公差之间的关系是独立原则或最大实体原则时，尺寸公差不控制形位误差。为了能消除前道工序加工后产生的形位误差，本工序的加工余量值应比前工序的形位误差值大。

(4)本工序的装夹误差　装夹误差包括工件的定位误差和夹紧误差，若用夹具装夹时，还应考虑夹具本身的误差。这些误差会使工件在加工时的位置发生偏移，所以加工余量还必须考虑这些误差的影响。例如，用三爪卡盘夹持工件外圆磨削内孔时，由于三爪卡盘定心不准，使用工件轴心线偏离主轴旋转轴线 e 值，造成孔的磨削余量不均匀，为了确保前工序各项误差和缺陷的切除，孔的直径余量应增加 2e。

(5)其他特殊因素　例如，对于需要热处理的工件，当热处理后变形较大时，加工余量应适当增加，淬火件的磨削余量一般就比不淬火的大。

**三、加工余量的确定方法**

加工余量的大小，直接影响工件的加工质量和生产率。加工余量过大，不仅增加机械加工劳动量，降低生产率，而且增加消耗，提高成本。加工余量过小，可能达不到应有的精度和表面粗糙度，所以，应合理地确定加工余量。确定加工余量的方法有下列三种：

(1)经验估算法　经验估计法是工艺人员根据积累的生产经验来确定加工余量的方法。一般情况下，为防止因余量过小而产生废品，经验估计法的数值往往偏大。经验估计法常用于单件小批量生产。

(2)查表修正法　查表修正法是以生产实践和实验研究积累的有关加工余量资料数据为基础，并按具体生产条件加以修正来确定加工余量的方法。该方法应用比较广泛。加工余量数值可在各种机械加工工艺手册中查找。

(3)分析计算法　这是通过对影响加工余量的各种因素进行分析，然后根据一定的计算关系式来计算加工余量的方法。此法确定的加工余量比较合理，但由于所需的具体资料目前尚不完整，计算也较复杂，故很少采用。

## 第三节　工序尺寸及其公差的确定

工序尺寸是指某一个工序加工应达到的尺寸，其公差即为工序尺寸公差，各个工序的加工余量确定后，即可确定工序尺寸及其公差。

工件从毛坯加工至成品的过程中，要经过多道工序，每道工序都将得到相应的工序尺寸。制定合理的工序尺寸及其公差是确保加工工艺规程、加工精度和加工质量的重要内容。工序尺寸及其公差可根据加工基准情况分别予以确定。

### 一、基准重合时，工序尺寸及其公差的计算

*1. 根据零件图的设计尺寸及公差确定工序尺寸及其公差*

利用零件图的设计尺寸及公差作为工序尺寸及其公差，如图 18－4 所示，在一个长方形钢板上加工通孔，钻孔工序需确定三个工序尺寸，分别是孔本身的直径尺寸、孔中心线在两个方向上的位置尺寸。为确保孔的直径尺寸 $\phi10$，采用 $\phi10$ 的钻头钻孔，以 $A$、$B$ 面为定位基准，直接采用设计尺寸 50±0.15 及 20±0.15 作为工序尺寸进行加工，能够确保两个方向上的位置尺寸。

*2. 在确定加工余量的同时确定工序尺寸及其公差*

对于加工内外圆柱面和某些平面，在确定加工余量同时确定工序尺寸及其公差。确定时只需考虑各工序的加工余量和该种加工方法所能达到的经济精度，确定顺序是从最后一道工序开始向前推算，其步骤如下：

(1)确定各工序余量和毛坯总余量。确定工序尺寸及其公差。

(2)确定各工序尺寸公差及表面粗糙度。最终工序尺寸公差等于设计公差，表面粗糙度为设计表面粗糙度。其他工序公差和表面粗糙度按此工序加工方法的经济精度和经济粗糙度确定。

(3)求工序的基本尺寸。从零件图的设计开始，一直往前推算带毛坯尺寸，某工序基本尺寸等于后道工序基本尺寸加上或减去后道工序余量。

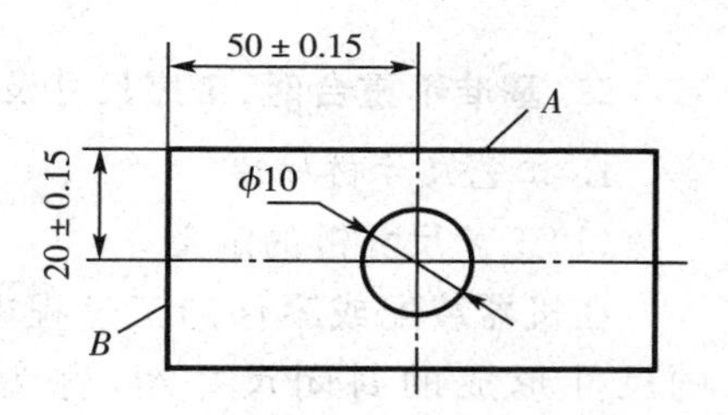


图 18－4　根据零件设计尺寸确定工序尺寸及其公差

(4)标注工序尺寸公差。最后一个工序按设计尺寸公差标注，其余工序尺寸按“单向入体”原则标注。

例如，某法兰盘零件上有一个孔，孔径为 $\phi60^{+0.03}_{0}$ mm，表面粗糙度 $R_a$ 值为 0.8μm，如图 18－5 所示，毛坯为铸钢件，需淬火处理，其工艺路线如表 18－12 所示。

其步骤如下：

(1)根据各工序的加工性质，查表得它们的工序余量(见表 18－12 的第 1 列)。

(2)确定各工序的尺寸公差及表面粗糙度。由各工序的加工性质查有关经济加工精度和经济粗糙度(见表 18－12 中的第 2 列)。

(3)根据查的余量计算各工序尺寸(见表 18－12 中的第 3 列)。

(4)确定各工序尺寸的上下偏差。按“单向入体”原则，对于孔，基本尺寸值为公差带的

下偏差，上偏差取正值；对于毛坯偏差应取双向对称偏差（见表 18－12 的第 4 列）。

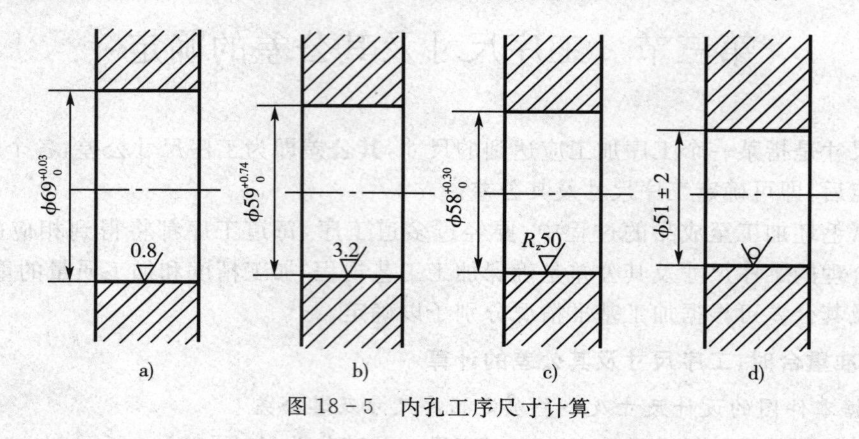


图 18－5　内孔工序尺寸计算

**表 18－12　工序尺寸及其公差的计算**　mm

| 工序名称 | 工序余量 | 工序所能达到的精度等级 | 工序尺寸（最小工序尺寸） | 工序尺寸及其上、下偏差 |
|---|---|---|---|---|
| 磨孔 | 0.4 | H7（$^{+0.030}_{0}$） | 60 | $60^{+0.030}_{0}$ |
| 半精镗孔 | 1.6 | H9（$^{+0.074}_{0}$） | 59.6 | $59.6^{+0.030}_{0}$ |
| 粗镗孔 | 7 | H12（$^{+0.300}_{0}$） | 58 | $58^{+0.300}_{0}$ |
| 毛坯孔 | | ±2 | 51 | 51±2 |

## 二、基准不重合时，工序尺寸及其公差的计算

1. 工艺尺寸链概述

(1)工艺尺寸链的定义

在机器装配或零件加工过程中，由相互连接的尺寸形成的封闭尺寸组，称为尺寸链，如图 18－6所示，用零件的表面 1 定位加工表面 2 得尺寸 $A_1$，再加工表面 3，得尺寸 $A_2$，自然形成 $A_0$，于是 $A_1-A_2-A_0$ 连接成了一个封闭的尺寸组，形成尺寸链。在机械加工过程中，同一个工件的各有关尺寸链称为工艺尺寸链。

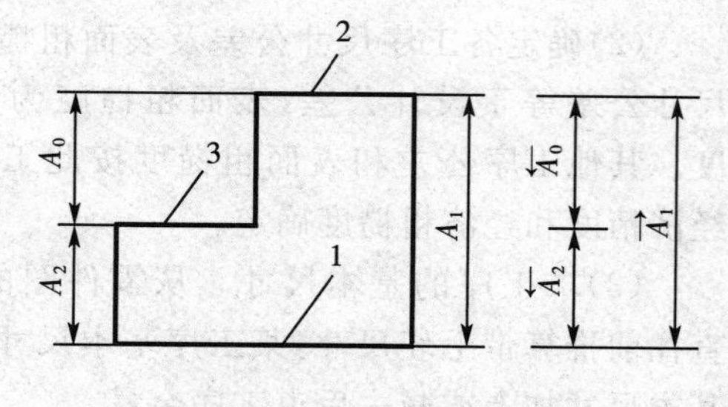


图 18－6　加工尺寸链示例

(2)工艺尺寸链的特征

①尺寸链有一个自然形成的尺寸与若干个直接得到的尺寸所组成。如图 18－6 所示，尺寸 $A_1$、$A_2$是直接得到的尺寸，而 $A_0$ 是自然形成的。其中自然形成的尺寸和精度受直接得到的尺寸大小和精度的影响。并且自然形成的尺寸精度必然低于任何一个直接得到的尺寸的精度。

②尺寸链一定是封闭的且各尺寸按一定的顺序首尾相连。

(3)尺寸链的组成　组成尺寸链的各个尺寸称为尺寸链的环。如图 18－6 所示，$A_1$、$A_2$、$A_0$ 都是尺寸链的环，它们可以分为封闭环和组成环。

①封闭环　在加工(或测量)过程中最后自然形成的环称为封闭环,如图 18－6 所示的 $A_0$。每个尺寸链必须有且仅能有一个封闭环,用 $A_0$ 表示。

②组成环　在加工(或测量)过程中直接得到的环称为组成环。尺寸链中除了封闭环外,都是组成环。按其对封闭环的影响,组成环可分为增环和减环。

③增环　尺寸链中,由于该类组成环的变动引起封闭环同相变动。则该类组成环称为增环,如图 18－6 所示的 $A_1$,增环用 $\overrightarrow{A}$ 表示

④减环　尺寸链中,由于该类组成环的变动引起封闭环反相变动,则该类组成环称为减环,如图 18－6 所示的 $A_2$,减环用 $\overleftarrow{A}$ 表示。

⑤增环和减环的判别　为了简易的判别增环和减环,可在尺寸链上先给封闭环任意定出方向并画出箭头,然后依此方向环绕尺寸链回路,顺次给每个组成环画出箭头。此时凡与封闭环箭头相反的组成环称为增环,相同的称为减环,如图 18－7 所示。

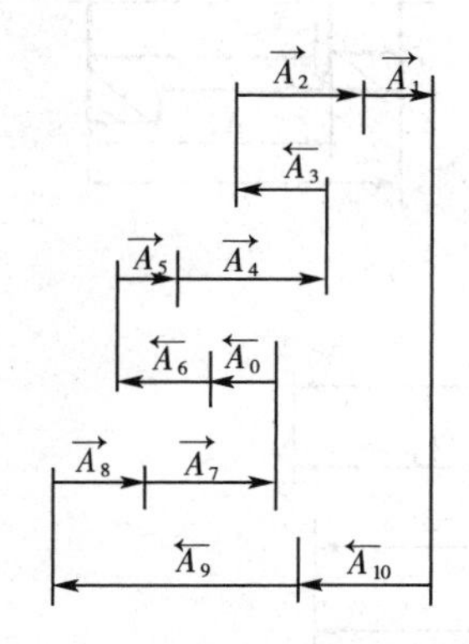


图 18－7　增环和减环的判别

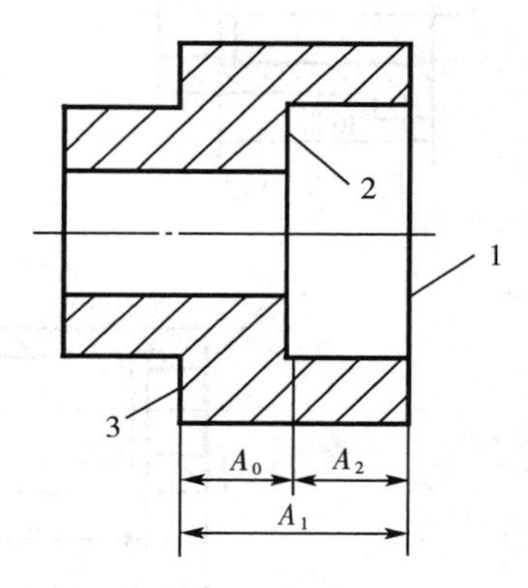


图 18－8　封闭环的判定

2. 工艺尺寸链的建立

工艺尺寸链的建立并不复杂,但在尺寸链的建立中,封闭环的判定和组成环的查找却应引起初学者的重视。因为封闭环的判定错误,整个尺寸链的解将得出错误的结果;组成环的查找不对,将得不到最少链环的尺寸链,解的结果也是错误的,下面将分别予以讨论。

(1)封闭环的判定　在工艺尺寸链中,封闭环是加工过程中自然形成的尺寸。因此,封闭环是随着零件加工方案的变换而变化的。仍以图 18－6 为例,若以 1 面定位加工 2 面得到尺寸 $A_1$,然后以 2 面定位加工 3 面,得到尺寸 $A_0$,则 $A_0$ 为直接得到的尺寸,而 $A_2$ 为自然形成的尺寸,即 $A_2$ 为封闭环。又如图 18－8 所示的零件,当以表面 3 定位加工表面 1 而获得尺寸 $A_1$,然后以表面 1 为测量基准加工表面 2 而直接获得尺寸 $A_2$,则自然形成的尺寸 $A_0$ 为封闭环;但以加工过的表面 1 为测量基准加工表面 2,直接获得尺寸 $A_2$,再以表面 2 为定位基准加工表面 3 直接获得尺寸 $A_0$,此时尺寸 $A_1$ 便为自然形成的而成为封闭环。所以封闭环的判定必须根据零件加工的具体方案,紧紧抓住“自然形成”这一要领。

(2)组成环的查找　组成环的查找,从结构封闭的两表面开始,同步地按照工艺过程的顺序,分别向前查找各表面最后一次加工的尺寸,之后再进一步查找此加工尺寸的工序基准的最后一次加工时的尺寸,如此继续向前查找,知道两条路线最后得到的加工尺寸的工序基准重合(即重合的工序基准为同一表面),至此上述尺寸系统即形成封闭轮廓,其过程是工艺尺寸链。

查找组成环必须掌握的基本特点为:组成环是加工过程中“直接获得”的,而且对封闭环有影响。下面以图 18-9 为例,说明尺寸链建立的具体过程。如图 18-9 所示为套类零件,为便于讨论问题,图中只标出轴向设计尺寸,轴向尺寸加工安排顺序如下:①以大端面 $A$ 定位,车端面 $D$ 获得 $A_1$;并车小外圆至 $B$ 面,保证长度 $40_{-0.2}^{\ 0}$ mm,如图 18-9b 所示;②以端面 $D$ 定位,精车大端面 $A$ 获得尺寸 $A_2$,并车大孔时车端面 $C$,获得孔深尺寸 $A_3$,如图 18-9c 所示;③以端面 $D$ 定位,磨大端面 $A$ 保证全长尺寸 $40_{-0.5}^{\ 0}$ mm,同时保证孔深尺寸为 $36_{\ 0}^{+0.5}$ mm,如图 18-9d 所示。

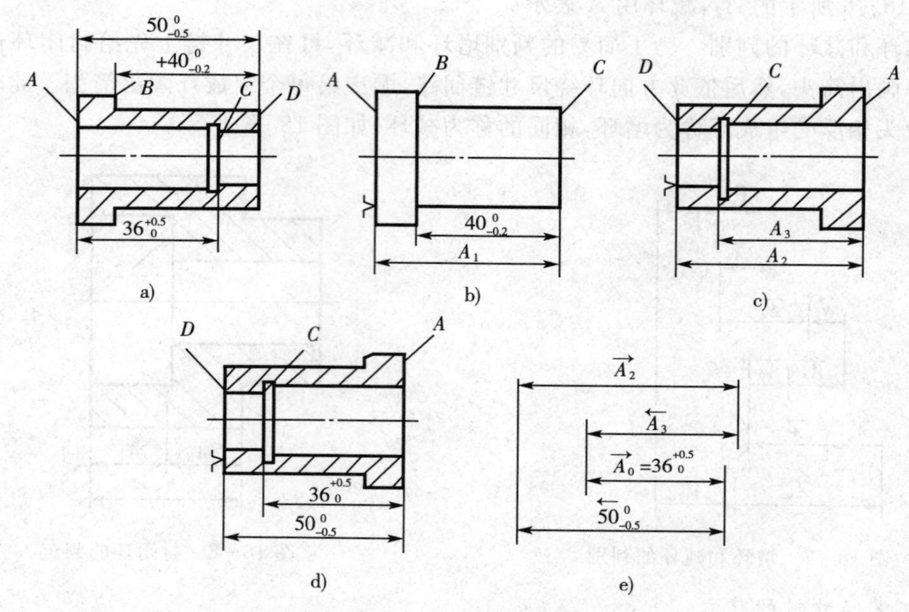


图 18-9　工艺尺寸链的建立过程

由以上工艺过程可知,孔深尺寸为 $36_{\ 0}^{+0.5}$ mm 是自然形成的,应为封闭环。从构成封闭环的两界面 $A$ 面和 $C$ 面开始查找组成环,$A$ 面的最近一次加工是磨削,工艺基准是 $D$ 面,直接获得的尺寸是 $50_{-0.5}^{\ 0}$ mm;$C$ 面最近一次加工是车孔时的车削,测量基准是 $A$ 面,直接获得的尺寸是 $A_3$。显然上述两尺寸的变化都会引起封闭环的变化,是欲查找的组成环。但此两环的工序基准各为 $D$ 面与 $A$ 面,不重合,为此要进一步查找最近一次加工 $D$ 面和 $A$ 面的加工尺寸。$A$ 面的最近一次加工的是精车,直接获得的尺寸是 $A_2$,工序基准为 $D$ 面,正好与加工尺寸 $50_{-0.5}^{\ 0}$ mm 的工序基准重合,而且 $A_2$ 的变化也会引起封闭环的变化,应为组成环。至此,找出 $A_2$、$A_3$、$50_{-0.5}^{\ 0}$ mm 为组成环,$36_{\ 0}^{+0.5}$ mm 为封闭环,它们组成了一个封闭的尺寸链,如图 18-9e 所示。

3. 工艺尺寸链计算的基本公式

工艺尺寸链的计算方法有两种:极值法和概率法。目前生产中多采用极值法计算,下面仅介绍极值法计算的基本公式,概率法将在装配尺寸链的时候介绍。如图 18-10 所示为尺寸链各种尺寸的偏差的关系,表 18-13 列出了尺寸链计算中所用的符号。

表 18－13 尺寸链计算使用符号

| 环名 | 符号名称 | | | | | | | |
|---|---|---|---|---|---|---|---|---|
| | 基本尺寸 | 最大尺寸 | 最小尺寸 | 上偏差 | 下偏差 | 公差 | 平均尺寸 | 中间偏差 |
| 封闭环 | $A_0$ | $A_{0max}$ | $A_{0min}$ | $ES_0$ | $EI_0$ | $T_0$ | $A_{0av}$ | $\Delta_0$ |
| 增环 | $\overrightarrow{A}_i$ | $\overrightarrow{A}_{imax}$ | $\overrightarrow{A}_{imin}$ | $ES_i$ | $EI_i$ | $_i$ | $A_{iav}$ | $\Delta_i$ |
| 减环 | $\overleftarrow{A}_i$ | $\overleftarrow{A}_{imax}$ | $\overleftarrow{A}_{imin}$ | $ES_i$ | $EI_i$ | $_i$ | $A_{iav}$ | $\Delta_i$ |

(1)封闭环基本尺寸

$$A_0=\sum_{i=1}^{n}\overrightarrow{A}_i-\sum_{i=n+1}^{m}\overleftarrow{A}_i \qquad (18-1)$$

式中：$A_0$——封闭环基本尺寸；

$n$——增环数目；

$m$——组成环数目。

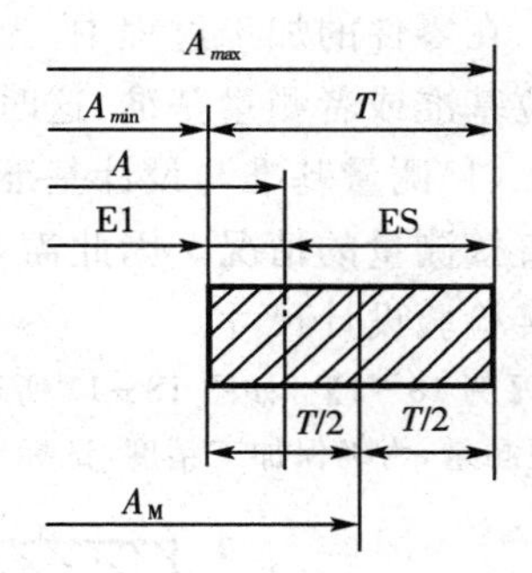



图 18－10 各种尺寸和偏差的关系

(2)封闭环的中间偏差

$$\Delta_0=\sum_{i=1}^{n}\overrightarrow{\Delta}_i-\sum_{i=n+1}^{m}\overleftarrow{\Delta}_i \qquad (18-2)$$

式中：$\Delta_0$——封闭环的中间偏差；

$\overrightarrow{\Delta}_i$——第 $i$ 组成增环的中间偏差；

$\overleftarrow{\Delta}_i$——第 $i$ 组成减环的中间偏差。

中间偏差是上偏差和下偏差的平均值，即

$$\Delta=\frac{1}{2}(ES+EI) \qquad (18-3)$$

(3)封闭环公差

$$T_0=\sum_{i=1}^{m}T_i \qquad (18-4)$$

(4)封闭环极限偏差：

上偏差 $$ES_0=\Delta_0+\frac{T_0}{2} \qquad (18-5)$$

下偏差 $$EI_0=\Delta_0-\frac{T_0}{2} \qquad (18-6)$$

(5)封闭环极限尺寸

最大极限尺寸 $$A_{0max}=A_0+ES_0 \qquad (18-7)$$

最小极限尺寸 $$A_{0min}=A_0+EI_0 \qquad (18-8)$$

(6)组成环平均公差

$$T_{iav}=\frac{T_0}{m} \qquad (18-9)$$

(7)组成环极限偏差

上偏差 $$ES_i=\Delta_i+\frac{T_i}{2} \qquad (18-10)$$

下偏差 $$ES_i=\Delta_i-\frac{T_i}{2} \qquad (18-11)$$

(8)组成环极限尺寸

最大极限尺寸 $$A_{imax}=A_i+ES_i \qquad (18-12)$$

最小极限尺寸 $$A_{imax}=A_i+ES_i \qquad (18-13)$$

4. 工序尺寸及公差的确定

在零件的加工过程中,为了便于工件的定位或测量,有时难于采用零件的设计基准作为定位基准或者测量基准,这时就需要应用工艺尺寸链的原则进行工序尺寸及公差的计算。

(1)测量基准与设计基准不重合　在零件加工时会遇到一些表面加工后设计尺寸不便于直接测量的情况。因此需要在零件上选一个易于测量的表面作为测量基准进行测量,以间接检验设计尺寸。

**【例 18-1】** 如图 18-11 所示的套筒类零件,$A$、$B$ 端面已加工完成,孔底 $C$ 加工时,设计尺寸 $10_{-0.35}^{\ 0}$ 不便测量,为确保加工精度,试标出测量尺寸。

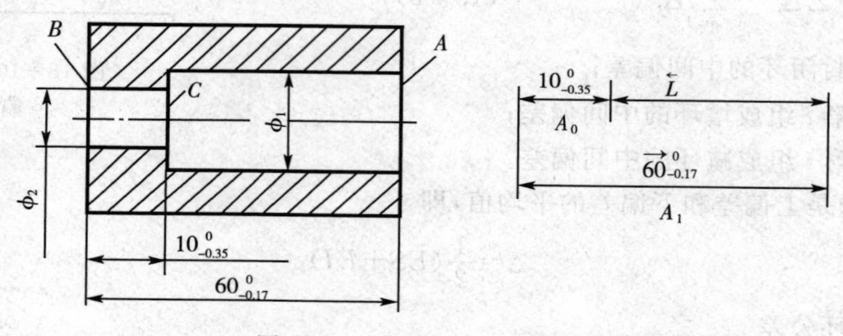


图 18-11　测量尺寸的计算

**【解】** 由于 $\Phi_1$ 孔的深度可用游标卡尺方便地测出,因此设计尺寸 $10_{-0.35}^{\ 0}$ 可通过设计尺寸 $60_{-0.17}^{\ 0}$ 和 $\phi_1$ 孔的深度尺寸间接求得,根据尺寸链的计算公式计算如下:

由(18-1)式得

$$A_0=\overrightarrow{A_1}-\overleftarrow{L}$$

$$L=A_1-A_0=60-10=50\text{mm}$$

由(18-2)式得

$$\Delta_0=\overrightarrow{\Delta_{A_1}}-\overleftarrow{\Delta_L}$$

$$\Delta_L=\Delta_{A_1}-\Delta_0=\frac{1}{2}(0-0.17)-\frac{1}{2}(0-0.35)=0.09\text{mm}$$

由(18-4)式得

$$T_0=T_{A_1}+T_L$$

$$T_L=T_0-T_{A_1}=0.35-0.17=0.18\text{mm}$$

由(18-10)和(18-11)式得

$$ES_L=\Delta_L+\frac{T_L}{2}=0.09+\frac{1}{2}\times0.18=0.18\text{mm}$$

$$EI_L=\Delta_L-\frac{T_L}{2}=0.09-\frac{1}{2}\times0.18=0$$

最后得 $L=50^{+0.18}_{0}$ mm

测量基准与设计基准不重合时，需要通过工艺尺寸链对工艺尺寸进行尺寸计算，依计算出来的工艺尺寸进行加工来间接确保设计尺寸，但计算出来的工艺尺寸的精度要求明显比设计尺寸的精度要求高，所以给加工增加了难度。对定位基准与设计基准不重合时也存在这种情况。

(2)定位基准与设计基准不重合　零件在加工的过程中，在遇到加工表面的定位基准和设计基准不重合时，可以采用工艺尺寸链的计算公式确定工序尺寸，通过该工序尺寸加工零件，以间接保证设计尺寸的精度。

**【例 18-2】** 如图 18-12 所示的套类零件，$A$、$C$、$D$ 表面在上道工序均已加工，本工序要求加工缺口 $B$ 面，设计基准为 $D$，设计尺寸为 $8^{+0.35}_{0}$ mm，定位基准为 $A$，试确定工序尺寸及其公差。

**【解】** 从加工工艺和工艺方法可知，上道工序已保证尺寸 $40^{0}_{-0.35}$ mm 和 $15^{0}_{-0.10}$ mm，本工序直接保证尺寸为 $L$，因此，设计尺寸 $8^{+0.35}_{0}$ mm 成为自然形成的尺寸，即为封闭环。同时尺寸 $40^{0}_{-0.35}$ mm、$15^{0}_{-0.10}$ mm 和 $L$ 的变化对设计尺寸 $8^{+0.35}_{0}$ mm 均有影响，所以，这三个尺寸为组成环。根据工艺尺寸链的计算公式得：

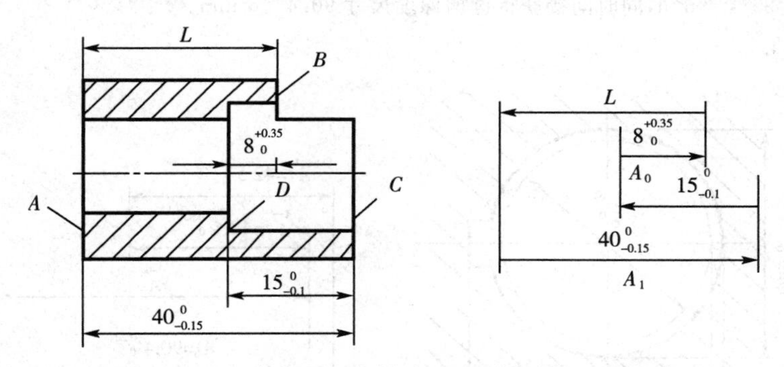


图 18-12　定位基准与设计基准不重合的尺寸换算

由式(18-1)得

$$A_0=\overrightarrow{L}+\overrightarrow{A_2}-\overleftarrow{A_1}$$

$$8=L+15-40$$

$$L=33\text{mm}$$

由式(18-2)得

$$\Delta_0=\overrightarrow{\Delta_L}+\overrightarrow{\Delta_2}-\overleftarrow{\Delta_1}$$

$$\Delta_L=\Delta_0+\Delta_1-\Delta_2=\frac{1}{2}(0.35+0)+\frac{1}{2}(0-0.15)-\frac{1}{2}(0-0.1)=0.15\text{mm}$$

由式(18-4)得

$$T_0=T_L+T_2+T_1$$

$$0.35=T_L+0.1+0.15$$

$$T_L=0.1\text{mm}$$

由式(18－10)和(18－11)得

$$ES_L=\Delta_L+\frac{T_L}{2}=0.15+\frac{0.1}{2}=0.20\text{mm}$$

$$EI_L=\Delta_L+\frac{T_L}{2}=0.15-\frac{0.1}{2}=0.10\text{mm}$$

最后得：$L=33^{+0.20}_{+0.10}$mm

从尺寸链的计算结果可以看出，虽然设计尺寸 $8^{+0.35}_{0}$ 的加工公差为0.35mm，但是因定位基准与设计基准不重合，使本工序尺寸公差减小到0.10mm，提高了加工精度。采用上述加工方案，工件定位方便，夹具设计结构简单。所以，在工艺设计时，要全面考虑问题，以求得到最佳方案。

(3)从尚需继续加工的表面标注工序尺寸时工艺尺寸链的确定

**【例18－3】** 如图18－13所示为一带键槽的齿轮内孔，镗孔后需热处理再磨削，因设计基准内孔要继续加工，所以键槽深度的最终尺寸不能直接获得，插键槽时的深度只能作为加工中间的工序尺寸，其加工顺序为：

①镗内孔至 $\phi84.8^{+0.07}_{0}$mm；

②插键槽至尺寸 $A_3$；

③淬火热处理；

④磨内孔至 $\phi85^{+0.035}_{0}$mm，同时间接获得键槽深度尺寸 $90.4^{+0.20}_{0}$mm。

试确定工序尺寸 $A_3$。

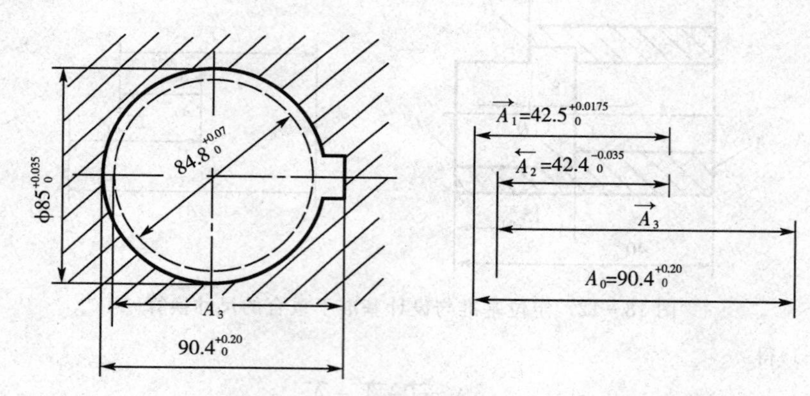


图18－13 内孔和键槽工艺尺寸链计算

**【解】** 从加工过程可以看出，最后一道工序磨内孔产生两个尺寸，一个是内孔尺寸，另一个是键槽深度尺寸。在工艺过程中，加工一个表面同时产生两个或多个尺寸时，工艺上只能保证一个尺寸，其余尺寸是间接保证的。本题中最后磨内孔产生的内孔尺寸和键槽尺寸中，内孔尺寸的公差要求严，工艺上应直接保证内孔尺寸 $\phi85^{+0.035}_{0}$mm；键槽深度尺寸 $90.4^{+0.20}_{0}$mm 通过插键槽工序引入的工序尺寸 $A_3$ 间接保证，因此是封闭环；对封闭环有影响的工序尺寸 $\phi85^{+0.035}_{0}$mm、$\phi84.8^{+0.07}_{0}$mm 及 $A$ 是组成环。工序尺寸 $A_3$ 用工艺尺寸链计算公式计算如下：

由式(18－1)得

$$A_0=\overrightarrow{A_3}+\overrightarrow{A_1}-\overleftarrow{A_2}$$

$$A_3=A_0+A_2-A_1=90.4+42.4-42.5=90.3\text{mm}$$

由式(18－2)得

$$\Delta_0 = \overrightarrow{\Delta_3} + \overrightarrow{\Delta_1} - \overleftarrow{\Delta_2}$$

$$\Delta_3 = \Delta_0 + \Delta_2 - \Delta_1 = \frac{1}{2}(0+0.2) + \frac{1}{2}(0.035+0) - \frac{1}{2}(0.0175+0) = 0.10875\text{mm}$$

由式(18-4)得

$$T_0 = T_1 + T_2 + T_3$$

$$T_3 = T_0 - T_1 - T_2 = 0.2 - 0.0175 - 0.035 = 0.1475\text{mm}$$

由式(18-10)和(18-11)得

$$ES_3 = \Delta_3 + \frac{1}{2}T_3 = 0.10875 + \frac{1}{2}\times 0.1475 = 0.183\text{mm}$$

$$EI_3 = \Delta_3 - \frac{1}{2}T_3 = 0.10875 - \frac{1}{2}\times 0.1475 = 0.0.35\text{mm}$$

最后得：$A_3 = 90.3^{+0.183}_{+0.035}$mm

## (4)保证渗碳、渗氮层厚度的工序尺寸的计算

**【例18-4】** 如图18-14所示某零件内孔，为改善其表面性能，对其进行渗碳、渗氮处理。孔径为$\phi145^{+0.04}_{0}$，内孔表面要求渗氮，渗氮层深度为0.3～0.5mm（单边深度为$0.3^{+0.2}_{0}$，双边深度为$0.6^{+0.4}_{0}$）。其加工过程为：

①内孔至$\phi144.76^{+0.04}_{0}$；

②渗氮处理；

③精磨孔至$\phi145^{+0.04}_{0}$，并保证渗氮层深度 $t_0$ ＝0.3～0.5mm。

试求精磨前渗氮层深度 $t_1$。

**【解】** 从工艺过程看出，磨削后渗氮层深度$0.6^{+0.4}_{0}$是间接获得的尺寸，是封闭环；$\phi144.76^{+0.04}_{0}$、渗氮层深度 $t_1$、内孔 $\phi145^{+0.04}_{0}$是直接保证尺寸，因此是组成环。渗氮层深度 $t_1$ 用工艺尺寸链计算公式计算如下：

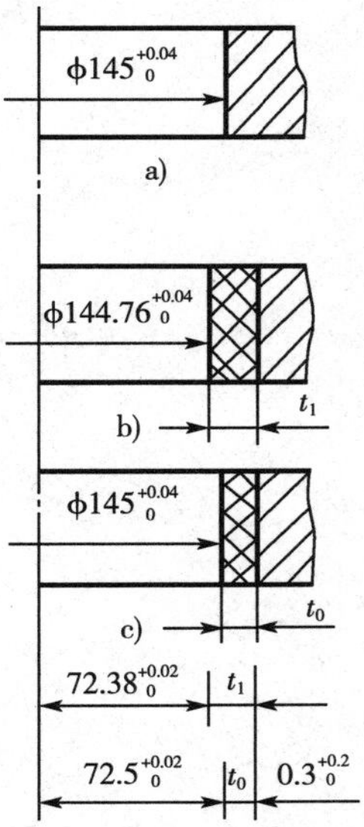

由式(18-1)得

$$t_0 = \overrightarrow{t_1} + \overrightarrow{A_1} - \overleftarrow{A_2}$$

$$t_1 = A_2 + t_0 - A_1 = 145 + 0.6 - 144.76 = 0.84\text{mm}$$

由式(18-2)得

$$\Delta_0 = \overrightarrow{\Delta_{A1}} + \overrightarrow{\Delta_{t1}} - \overleftarrow{\Delta_{A2}}$$

$$\Delta_{t1} = \Delta_0 + \Delta_{A_2} - \Delta_{A_1}$$

$$= \frac{1}{2}(0.4+0) + \frac{1}{2}(0.04+0) - \frac{1}{2}(0.04+0)$$

$$= 0.2\text{mm}$$

由式(18-4)得

$$T_0 = T_{A_1} + T_{A_2} + T_{t_1}$$

$$T_{t_1} = T_0 - T_{A_1} - T_{A_2} = 0.4 - 0.04 - 0.04 = 0.32\text{mm}$$

由式(18-10)和(18-11)得

图18-14　保证渗氮层厚度的工序尺寸计算

$$ES_{t_1}=0.2+\frac{1}{2}\times0.32=0.36\text{mm}$$

$$EI_{t_1}=0.2-\frac{1}{2}\times0.32=0.04\text{mm}$$

最后得 $t_1=0.84^{+0.36}_{+0.04}\text{mm}$

此工序尺寸为双边尺寸，所以就单边而言，渗氮层深度应为 0.44～0.6mm。

## 思考与练习

**1.** 什么是生产纲领和生产类型，它们之间有何内在联系？

**2.** 什么是基准？基准分哪几种？

**3.** 试述粗、精基准的选择原则。

**4.** 划分加工阶段的目的是什么？

**5.** 确定加工方法需要考虑那些因素？

**6.** 如何选择加工机床与工艺装备？

**7.** 切削用量的选择原则是什么？

# 参考文献

[1]刘思俊主编．工程力学．北京:机械工业出版社,2003
[2] 吴建生主编．工程力学．北京:机械工业出版社,2002
[3] 吴绍莲主编．工程力学．北京:机械工业出版社,2002
[4] 杜建根,陈庭吉主编．工程力学．北京:机械工业出版社,2003
[5] 刘庚寅主编．公差测量基础与应用．北京:机械工业出版社,1996
[6] 忻建昌主编．公差配合与测量技术．北京:机械工业出版社,1993
[7] 吕永智主编．公差配合与测量技术．北京:机械工业出版社,2001
[8] 杨可桢,程光蕴主编．机械设计基础．北京:高等教育出版社,2003
[9] 何元庚主编．机械原理与机械零件．北京:高等教育出版社,1999
[10] 范顺成主编．机械设计基础．北京:机械工业出版社,2001
[11] 黄森彬主编．机械设计基础．北京:机械工业出版社,2003
[12] 汤慧瑾主编．机械设计基础．北京:机械工业出版社,1997
[13] 李彦青,张国俊主编．机械设计基础．北京:机械工业出版社,2002
[14] 胡家秀主编．机械设计基础．北京:机械工业出版社,2004
[15] 陈庭吉主编．机械设计基础．北京:机械工业出版社,2002
[16] 张久成主编．机械设计基础．北京:机械工业出版社,2001
[17] 霍震生主编．机械设计基础．北京:机械工业出版社,2003
[18] 郭仁生主编．机械设计基础．北京:清华大学出版社,2001
[19] 陈立德主编．机械设计基础．北京:高等教育出版社,2000
[20] 栾学钢主编．机械设计基础．北京:高等教育出版社,2001
[21] 胡家秀主编．简明机械零件设计实用手册．北京:机械工业出版社,1999
[22] 吴宗泽主编．机械设计师手册．上册．北京:机械工业出版社,2002
[23] 许德珠主编．机械工程材料．北京:高等教育出版社,1992
[24] 戴枝荣主编．工程材料．北京:高等教育出版社,1992
[25] 张万昌主编．热加工工艺基础．北京:高等教育出版社,1991
[26] 杨慧智主编．工程材料与金属工艺基础．北京:机械工业出版社,1999
[27] 房世荣主编．工程材料与金属工艺学．北京:机械工业出版社,1994

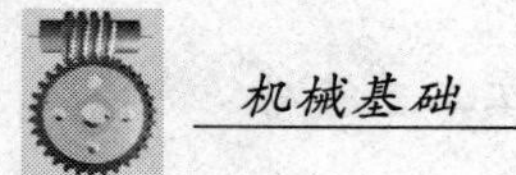



[28] 邓文英主编．金属工艺学．北京:高等教育出版社,2000

[29] 丁德全主编．金属工艺学．第 4 版．北京:机械工业出版社,2000

[30] 司乃钧,许德珠主编．热加工工艺基础．北京:高等教育出版社,1991

[31] 王荣声,陈玉琨主编．工程材料及机械制造基础(实习教材)．北京:机械工业出版社,1997

[32] 李振明,陈寿祖主编．金属工艺学．北京:高等教育出版社,1989

[33] 傅水根主编．机械制造工艺基础．北京:清华大学出版社,1998

[34] 翁世修,吴振华主编．机械制造技术基础．上海:上海交通大学出版社,1999

[35] 卢秉恒主编．机械制造技术基础．北京:机械工业出版社,1999

[36] 王先逵主编．机械制造工艺学．北京:机械工业出版社,1995

[37] 刘建亭主编．机械制造基础．北京:机械工业出版社,2001

[38] 苏建修主编．机械制造基础．北京:机械工业出版社,2001